ESSAI

D'UNE

AMPÉLOGRAPHIE UNIVERSELLE

PAR

M. LE COMTE JOSEPH DE ROVASENDA

MEMBRE DU COMITÉ CENTRAL AMPÉLOGRAPHIQUE ITALIEN
ET DE LA COMMISSION INTERNATIONALE D'AMPÉLOGRAPHIE

TRADUIT DE L'ITALIEN

ANNOTÉ ET AUGMENTÉ AVEC L'AUTORISATION ET LA COOPÉRATION DE L'AUTEUR

PAR MM.

LE DOCTEUR F. CAZALIS
DIRECTEUR DU MESSAGER AGRICOLE
DU MIDI

LE PROFESSEUR G. FOËX
DE L'ÉCOLE NATIONALE D'AGRICULTURE
DE MONTPELLIER

AVEC LE CONCOURS

DE MM. H. BOUSCHET DE BERNARD — A. PELLICOT — PULLIAT — TOCHON, ETC.

Ouvrage honoré des souscriptions du Ministère de l'Agriculture

MONTPELLIER
CAMILLE COULET, LIBRAIRE-ÉDITEUR
LIBRAIRE DE L'ÉCOLE NATIONALE D'AGRICULTURE
GRAND'RUE, 5

PARIS
A. DELAHAYE & E. LECROSNIER
LIBRAIRES-ÉDITEURS
PLACE DE L'ÉCOLE DE MÉDECINE, 23

M DCCC LXXXI

ESSAI

D'UNE

AMPÉLOGRAPHIE UNIVERSELLE

Non eadem arboribus pendet vindemia nostris,
Quam **Methymnæo** carpit de palmite Lesbos.
Sunt **Thasiæ** vites, sunt et **Mareotides** albæ;
Pinguibus hæ terris habiles, levioribus illæ.
Et passo **Psithia** utilior, tenuisque **Lageos**,
Tentatura pedes olim, vincturaque linguam ;
Purpureæ, Preciæque ; et quo te carmine dicam
Rhætica ? nec cellis ideo contende **Falernis**.
Sunt etiam **Aminææ** vites, firmissima vina,
Tmolius assurgit quibus et rex ipse **Phanæus**,
Argitisque minor, cui non certaverit ulla,
Aut tantum fluere aut totidem durare per annos.
Non ego te, dis et mensis accepta secundis,
Transierim, **Rhodia**, et tumidis, **Bumaste**, racemis.
Sed neque, quam multæ species, nec nomina quæ sint,
Est numerus; neque enim numero comprendere refert :
Quem qui scire velit, Libyci velit æcquoris idem
Discere quam multæ Zephiro turbentur arenæ ;
Aut, ubi navigiis violentior incidit Eurus,
Nosse, quot Ionii veniant ad littora fluctus.

(P. Virgilii *Georgicon*, lib. II.)

ESSAI

D'UNE

AMPÉLOGRAPHIE UNIVERSELLE

PAR

M. LE COMTE JOSEPH DE ROVASENDA

MEMBRE DU COMITÉ CENTRAL AMPÉLOGRAPHIQUE ITALIEN
ET DE LA COMMISSION INTERNATIONALE D'AMPÉLOGRAPHIE

TRADUIT DE L'ITALIEN

ANNOTÉ ET AUGMENTÉ AVEC L'AUTORISATION ET LA COOPÉRATION DE L'AUTEUR

PAR MM.

LE DOCTEUR F. CAZALIS
DIRECTEUR DU MESSAGER AGRICOLE DU MIDI

LE PROFESSEUR G. FOËX
DE L'ÉCOLE NATIONALE D'AGRICULTURE DE MONTPELLIER

AVEC LE CONCOURS

DE MM. H. BOUSCHET DE BERNARD — A. PELLICOT — PULLIAT — TOCHON, ETC.

Ouvrage honoré des souscriptions du Ministère de l'Agriculture

MONTPELLIER
CAMILLE COULET, LIBRAIRE-ÉDITEUR
LIBRAIRE DE L'ÉCOLE NATIONALE D'AGRICULTURE
GRAND'RUE, 5

PARIS
A. DELAHAYE & E. LECROSNIER
LIBRAIRES-ÉDITEURS
PLACE DE L'ÉCOLE DE MÉDECINE, 23

M DCCC LXXXI

Montpellier, Imprimerie centrale du Midi. — HAMELIN Frères.

AVANT-PROPOS

L'ouvrage dont nous donnons aujourd'hui la traduction n'est que la première partie d'une œuvre plus considérable que M. le comte de Rovasenda compte publier successivement.

Cette première partie contient un Catalogue général des vignes et expose un nouveau système de classification des cépages.

La seconde partie contiendra la description de la plupart des cépages connus et indiquera le mode de culture qui convient le mieux à chaque variété.

Dans la troisième et dernière partie, les principaux cépages seront distribués d'après le système de classification qui a été exposé dans la première partie.

Le Catalogue général des vignes de M. de Rovasenda a été jugé très-favorablement par les ampélographes français les plus distingués, et c'est pour répondre aux désirs qu'ils avaient exprimés que nous avons entrepris la traduction de ce Catalogue, le plus complet, sans contredit, de tous ceux qui ont paru jusqu'à ce jour.

M. de Rovasenda, dont la modestie égale le savoir, s'exprime ainsi dans sa préface : « Personne n'est plus convaincu que moi de l'imperfection de mon travail ; mais, s'il » inspire à d'autres personnes le désir de le corriger et de l'améliorer, je me croirai suffi- » samment dédommagé des fatigues et des dépenses qu'il m'a occasionnées. »

Nous avons donc pensé être agréable à l'Auteur en ne nous bornant pas à une simple traduction de son Catalogue, et nous avons cherché à le corriger, à l'améliorer et à le compléter, en faisant appel aux lumières de quelques ampélographes français. Les notes intéressantes qui nous ont été envoyées par MM. H. Bouschet, de Montpellier; Pellicot, de Toulon ; Pulliat, du Rhône ; Tochon, de la Savoie, et par M. de Rovasenda lui-même, font de notre nouvelle édition une œuvre considérable et presque nouvelle, qui, nous l'espérons, sera favorablement accueillie par tous les viticulteurs.

Cette édition étant destinée principalement au public français, nous avons cru devoir attribuer une place importante aux documents qui se rapprochent de près ou de loin à la question du Phylloxera. C'est ainsi que les noms de nombreuses espèces ou variétés américaines ont été ajoutés à ceux déjà donnés par M. le comte de Rovasenda, et que des indications relatives à ces dernières elles-mêmes ont été souvent étendues ou rectifiées. Les matériaux qui ont servi de base à ce travail sont : 1° l'ouvrage sur les Vignes américaines, de M. Planchon (1); 2° le catalogue de MM. Bush et Meissner (2), enfin les notes sur les expériences entreprises à l'École d'agriculture de Montpellier par M. Foëx (3).

La résistance ou la non-résistance et la valeur de chaque cépage comme porte-greffe ou comme producteur direct n'ont été indiquées que lorsqu'une expérience suffisamment prolongée, faite en France, permettait de se prononcer avec des garanties de probabilité convenables.

Dans le but de faciliter les études des viticulteurs méridionaux sur les vignes américaines, nous avons indiqué ceux des types de cette origine qui figurent dans les collections de l'École d'agriculture de Montpellier.

Nous avons cru devoir également donner les noms des vignes asiatiques proposées par M. Lavallée comme peut-être résistant au Phylloxera et susceptibles de recevoir la greffe de nos *Vitis vinifera*. Nous avons, enfin, mentionné d'une manière spéciale les cépages que l'expérience a démontrés capables de bien supporter la submersion.

Ce ne sera pas aux Français seulement que pourront être utiles tous ces renseignements, et notamment ceux que nous donnons sur les vignes américaines : l'Espagne, le Portugal, la Suisse et l'Autriche sont depuis quelque temps déjà envahis par le Phylloxera, et l'Italie elle-même, malgré toutes les sages précautions prises par son Gouvernement pour fermer ses frontières au redoutable insecte, a constaté tout récemment plusieurs points d'attaques sur divers points de son territoire. On pourra peut-être bien, par l'arrachage ou par l'emploi de divers insecticides, tels que le sulfocarbonate et le sulfure de carbone, retarder pendant quelque temps la perte des vignobles ; mais toute vigne attaquée est une vigne vouée à la mort, et il faudra toujours recourir aux vignes américaines, lorsqu'il s'agira de remplacer par de nouvelles plantations les vignes détruites par le Phylloxera.

Les Traducteurs,

F. CAZALIS et G. FOËX.

(1) *Les Vignes américaines, leur culture, leur résistance au Phylloxera et leur avenir en Europe*, par J.-E. Planchon. — Montpellier, Coulet, 1875.

(2) *Bushberg Catalogue illustrated descriptive.* Bush and son and Meissner. — Saint-Louis. M. O. États-Unis, 1875.

(3) *Rapport à M. le Directeur de l'Ecole d'agriculture de Montpellier sur les expériences de viticulture entreprises par M. Foëx.* — Montpellier, Coulet, 1879, et diverses notes manuscrites.

PRÉFACE

I. M'étant occupé depuis plusieurs années d'œnologie, et surtout des cépages, j'ai eu bien souvent l'occasion de constater la confusion qui règne dans la nomenclature ampélographique.

Cette confusion provient, à mon avis, de causes diverses. Nous voyons, par exemple, que la *Balsamina* de Lombardie et de l'Italie centrale est appelée tantôt *Balsimina, Balsimira;* tantôt *Berzamina, Berzemina* et même *Marzemina,* et porte encore plusieurs autres noms.

Ces différences deviennent encore plus nombreuses à cause des diverses manières dont on écrit les noms qu'on a entendu prononcer, et surtout quand on veut italianiser ces noms. C'est ainsi que l'*Erbalus* est écrit *Erbaluce* ou *Erbalucente* ou même *Albalucente;* que la *Mossana* est aussi appelée tantôt *Maussana,* tantôt *Mussana* ou *Mussania,* et qu'en Allemagne le *Clevner* porte, suivant les divers auteurs, les noms de *Klevner, Klapfner* ou *Kloevner.*

On commet aussi de fréquentes erreurs en écrivant les noms d'après les étiquettes illisibles ou incorrectes que portent les raisins ou les plants de vignes expédiés. J'ai trouvé en France, dans plusieurs endroits, le *Dolcetto* sous le nom de *Dolutz noir.* Évidemment celui qui avait voulu déchiffrer le mot *Dolcetto* ne connaissait pas la langue italienne ; il avait changé le *ce* en *u* et l'*o,* par un trait de plume, en un *z,* formant ainsi le mot *Dolutz.* Dans les *Annales horticoles de la Belgique,* le *Dolcetto* est désigné sous le nom de *Dolutz.* Une autre cause d'erreur provient de la manie qu'ont certains pépiniéristes de remplir leurs catalogues de noms divers sans prendre la peine de vérifier l'orthographe. Je ne veux blesser personne, mais il suffit de parcourir quelques catalogues pour trouver des erreurs si graves que souvent les mots signifient tout autre chose et parfois même le contraire de ce qu'ils devraient exprimer.

C'est un défaut commun à beaucoup de pépiniéristes, très-occupés généralement par leurs travaux de chaque jour, de ne pas apporter une exactitude suffisante dans la rédaction de leurs annonces. Si le temps leur manque pour faire ce travail avec soin, ils devraient au moins faire revoir les noms par des personnes capables de les corriger. Je puis citer à l'appui de mon assertion le catalogue de la collection dite *du Luxembourg* (maintenant *du Bois de Boulogne,* à Paris). Ce catalogue, dont je parlerai plus tard, n'est pas moins incorrect que les autres.

Aux causes d'erreur que nous venons d'indiquer, nous pourrions ajouter peut-être la mauvaise foi de quelques pépiniéristes et d'un grand nombre de semeurs qui, abusant de la confiance de leurs clients, mettent des noms nouveaux à de vieilles plantes ; mais je ne veux pas insister plus longtemps sur un pareil sujet.

II. Il m'a semblé que, pour remédier à cet état de choses, il serait très-utile d'avoir un catalogue général des cépages où se trouveraient, autant que possible, les synonymies, c'est-à-dire les noms qui font double emploi, les noms erronés et les noms certains et principaux qu'il faudrait adopter, de préférence à d'autres d'un usage moins général.

Depuis quelque temps déjà, les viticulteurs de tous les pays semblent vouloir s'occuper de l'étude des divers cépages qu'ils cultivent. La France et l'Allemagne, ainsi que l'Italie, ont montré, soit par leurs Congrès, soit par leurs publications, toute l'importance qu'elles attachent aux études ampélographiques.

La plus grande facilité des communications, soit littéraires, soit commerciales, que nous devons à la presse et aux chemins de fer, a beaucoup favorisé les échanges de cépages et permis dès lors de les mieux étudier ; on peut donc présumer que le mouvement ampélographique qui se manifeste amènera des progrès sérieux dans la viticulture.

Les études ampélographiques doivent avoir pour base une dénomination exacte des cépages, et par cela même un catalogue qui les comprenne tous.

Comme il n'y avait pas encore en Italie un travail de ce genre(1), j'entrepris, il y a déjà plusieurs années, pour faciliter mes études, et au besoin celles des autres, sur les raisins, j'entrepris, dis-je, de faire un Catalogue général de tous les raisins, c'est-à-dire de composer une table par ordre alphabétique, dans laquelle j'inscrirais successivement toutes les nouvelles variétés à mesure qu'elles arriveraient à ma connaissance, en indiquant autant que possible les diverses synonymies et en citant les auteurs qui en auraient déjà parlé. En dressant ce catalogue, j'étais persuadé que tous ceux qui s'occupent de viticulture parviendraient peu à peu à le perfectionner, en éclairant les uns après les autres les points confus ou douteux, et que cet ouvrage arriverait ainsi un jour à avoir toute la clarté et toute la précision si désirables en pareille matière.

Tel qu'il est, ce Catalogue m'a coûté beaucoup plus de peines, de temps et de fatigues, qu'on ne pourrait le supposer, et je crois pouvoir dire qu'il n'y a pas eu jusqu'à présent un catalogue général aussi étendu et qui contienne plus de citations que celui que je soumets aujourd'hui au public. J'espère que d'autres personnes voudront bien poursuivre mon œuvre, et que mon premier travail, quelque imparfait qu'il soit d'ailleurs, quand on songe à tout ce qui reste encore à faire, pourra être utile à mon pays, en excitant les viticulteurs à s'occuper avec le plus grand soin de ce qui constitue la base la plus certaine des opérations pratiques de viticulture, à savoir : de la nomenclature et du diagnostic certain des cépages.

Personne n'est plus convaincu que moi de l'imperfection de mon travail; mais, s'il inspire à d'autres personnes le désir de le corriger et de l'améliorer, je me croirai suffisamment payé des fatigues et des dépenses qu'il m'a occasionnées.

Les noms des raisins que j'ai réunis et les synonymies que j'ai indiquées prouvent, par leur nombre même si considérable, qu'ils ne sauraient être tous bien exacts ni bien vérifiés. Plusieurs synonymies que j'ai relevées dans divers auteurs sont contradictoires, et, si je les ai fait figurer dans mon catalogue, c'est pour montrer les questions qui restent encore à résoudre, les points douteux qu'il faut élucider.

III. Pour ceux qui connaissent l'énorme extension qu'a prise la nomenclature des cépages, la confusion qui y règne, l'emploi si fréquent des mêmes noms pour indiquer des raisins différents ou de noms différents pour indiquer les mêmes raisins, il est facile de comprendre qu'un simple particulier, occupé de ses propres affaires, réduit à ses seules ressources et dépourvu des aides et du concours que le chef ou le directeur d'un établissement trouve habituellement chez ses subordonnés, ne pouvait guère éclairer tous les points douteux ni relever toutes les erreurs dans un labyrinthe aussi inextricable.

Actuellement encore ne trouve-t-on pas dans plusieurs régions de l'Italie et aussi de l'étranger un grand nombre de propriétaires qui ignorent presque entièrement quels sont les principaux raisins et les meilleurs de leurs régions, et des vignerons ou des métayers qui, eux-mêmes, ne connaissent pas non plus la plupart des cépages qu'ils cultivent, et ignorent quels sont les défauts et les qualités de leurs produits (2)?

(1) Le baron Ant. Mendola a publié un très-beau catalogue de raisins qui contient des indications très-utiles, mais où il ne cite que les espèces de sa collection. Ce catalogue a paru à Favara (Sicile) en 1868.

(2) Voyez *Economia rurale*, 1877, p. 58.

C'est absolument comme si un fabricant d'étoffes prenait des matières gréges de laine, de coton, ou de tout autre textile, pour les mélanger, sans savoir ce qu'il a entre les mains ni quel produit pourra résulter de leur mélange.

Et, à ce propos, je voudrais qu'il me fût permis d'ajouter, au risque de m'écarter de mon sujet, que le grand nombre de cépages différents qui se trouvent dans les vignobles européens sont pour moi une preuve certaine de l'ignorance et de la nonchalance de la plupart des cultivateurs qui persistent toujours dans la même routine.

Il ne me paraît pas possible, en effet, que, pour satisfaire à toutes les exigences de climat, de sol et d'exposition, qu'on peut rencontrer dans les divers vignobles de l'Europe, on ait besoin d'un nombre de variétés si considérables que je n'hésite pas à croire qu'il dépasse deux mille.

IV. Quand un très-grand nombre de cépages de tous les pays se trouvent réunis dans un seul vignoble, on voit bientôt certains d'entre eux se distinguer des autres par des mérites divers; ces cépages sont précisément ceux dont la culture est la plus répandue dans les diverses régions de l'Europe, même les plus éloignées, et dans celles qui sont les plus renommées pour la bonté de leurs vins. De telle sorte qu'un viticulteur qui ne connaîtrait aucun nom de vigne, mais qui serait un bon observateur, s'il était chargé, après quelques années d'observations, de choisir les cépages de cette collection qu'il jugerait supérieurs aux autres, choisirait certainement, pour les trois quarts au moins, les cépages qui sont les plus appréciés dans les diverses régions, à cause des qualités qu'une longue expérience a fait reconnaître en eux. Cela revient à dire que la prééminence d'un cépage ne se limite pas ordinairement à des conditions restreintes de climat ni à des zones de terrain d'une petite étendue, mais qu'elle se manifeste en général sur une vaste échelle, à moins que ce cépage ne rencontre des conditions tout à fait contraires à son parfait développement. C'est ce que j'ai pu constater d'une manière évidente dans ma collection, à de rares exceptions près.

D'où l'on peut conclure qu'avec le dixième seulement des cépages existants, on pourrait probablement peupler, avec plus de profit et de meilleurs résultats, tous les vignobles européens, en les débarrassant des mauvaises espèces qui en détériorent les produits.

On ne saurait se lasser de répéter aux viticulteurs de tous les pays qu'ils ont grand tort de laisser dans leurs vignes un grand nombre de cépages peu méritants, car on n'ignore pas que les vignobles qui produisent les vins les plus renommés ne sont plantés que d'un petit nombre de cépages. Si l'on persiste encore à cultiver tant de variétés de peu de mérite, cela tient à ce que, leurs raisins étant mélangés avec d'autres meilleurs, on ne se rend pas un compte exact de la médiocrité de leurs produits.

Chez nous, en Italie, si les Comices, les Jurys et tous ceux qui fondent des prix dans les Expositions en destinaient quelques-uns aux viticulteurs qui auraient des vignes plantées d'un seul cépage ou d'un petit nombre seulement, je crois qu'on arriverait ainsi à introduire de réelles améliorations dans la viticulture. Je voudrais que de pareils prix fussent établis de préférence dans les régions où règne la plus grande confusion des cépages.

V. Je ne crois pas qu'en pareil cas il fût nécessaire, dans le but d'obtenir l'amélioration des vins, d'indiquer aux vignerons quelles sont les espèces qui leur conviendraient le mieux. Guidés par leur bon sens et par leur intérêt, les viticulteurs sauraient exclure de leurs plantations les cépages trop décriés. Il est probable que, laissés libres dans leur choix, ils planteraient dans ces vignes spéciales les cépages qui ont la réputation de produire les meilleurs vins, ainsi que ceux dont la production est la plus abondante. On pourrait alors comparer les divers cépages et arriver ainsi à apprécier chacun d'eux à sa juste valeur, au point de vue œnologique et économique.

D'après toutes les expériences que j'ai pu faire jusqu'à présent, rien ne saurait plus contribuer, à mon avis, aux progrès de l'œnologie que ces essais de vinification séparée. Quand on a goûté le produit d'un cépage distingué et qu'on le compare à celui que donne un cépage moins méritant, on arrive bientôt à se demander pourquoi on s'obstine à mêler ces deux produits, qui ne peuvent fournir qu'un vin de qualité bien inférieure à celui qu'aurait donné le premier cépage, s'il eût été vinifié à part. On objectera peut-être qu'il y a parfois plus de profit à avoir une récolte abondante et assurée, de qualité médiocre, qu'une petite récolte d'une qualité supérieure. C'est là précisément une de ces questions que la vinification séparée pourrait peut-être résoudre, car on obtiendrait par elle des termes exacts de comparaison.

Je croirais donc, je le répète, très-utile au progrès de l'œnologie de pousser les viticulteurs à planter des vignes entières ou des rangées de vignes avec un seul cépage. S'il était possible d'organiser une société composée de personnes intelligentes qui, moyennant une modeste mise de fonds, achèteraient des raisins dont les espèces seraient rigoureusement séparées et vinifiées à part, afin qu'on pût ensuite comparer les produits obtenus, je crois qu'une semblable société rentrerait facilement dans ses déboursés par la vente des vins qu'elle aurait faits avec soin ; elle aurait, en outre, des termes de comparaison des plus utiles qu'un simple particulier n'aurait pu se procurer qu'avec beaucoup de difficultés. Ne pourrait-on pas également confier aux stations agricoles le soin de faire de semblables opérations ? Ce serait pour ces établissements un champ pratique d'études qui aurait bien son utilité.

VI. Il est malheureusement à craindre que le Phylloxera ne bouleverse complétement l'ordre actuel des choses et ne nous dispense un jour d'étudier les trop nombreuses variétés qui peuplent aujourd'hui les vignobles d'Europe.

Mais, même dans cette prévision, j'espère qu'on n'aurait pas à regretter les longs travaux et les nombreuses expériences qui auraient eu pour objet les divers cépages ; car, si le naufrage doit avoir lieu, nous aurions déjà appris à connaître les objets les plus précieux qu'il faudrait, de préférence, tâcher de soustraire à la terrible bourrasque qui les menace.

Et puisque, à ce qu'il paraît, le seul espoir de salut qu'on ait jusqu'à présent réside dans plusieurs cépages américains, dont la résistance plus ou moins grande au Phylloxera est admise par tous les viticulteurs, il faudra que les personnes qui possèdent quelques-unes de ces vignes exotiques s'efforcent de les multiplier pour pouvoir plus tard y greffer à demeure, de préférence, les variétés les plus estimées de nos cépages européens, celles qui ont donné jusqu'à présent les meilleurs produits.

Et ici, en présence du grand danger qui menace nos vignobles, je dois signaler l'opportunité des mesures sévères qui ont été prises par le Gouvernement pour interdire l'introduction dans notre pays de toutes plantes provenant des régions phylloxérées. Loin de réclamer contre une pareille sévérité, nous la voudrions plus grande encore ; car, alors même que cette défense d'importation occasionne quelque préjudice à certaines personnes, c'est bien peu de chose quand on songe qu'il suffirait de l'introduction d'un seul plant phylloxéré pour amener la ruine de la principale richesse de l'agriculture italienne.

VII. Parmi les vignes mentionnées dans ce catalogue, il en est quelques-unes dont je n'ai pu indiquer ni le lieu d'origine, ni la provenance ; parce que, lorsque je prenais mes notes, soit dans les ouvrages, soit dans les vignes même, je ne pensais pas que je dusse publier un jour le résultat de mes recherches. J'ai cru néanmoins devoir laisser subsister tous ces noms de cépages, parce qu'il sera facile plus tard de compléter pour plusieurs les indications qui nous font aujourd'hui défaut.

On trouvera peut-être que j'ai mis beaucoup de noms inutiles, les uns n'étant évidemment que le résultat de fautes grossières, tandis que d'autres ne sont que des synonymes d'autres noms d'un usage plus général. J'ai cru toutefois devoir faire figurer tous ces noms dans mon Catalogue, sans omettre aucune des variantes, même les plus légères, afin que la personne la moins exercée puisse trouver facilement le mot qu'elle cherche, accompagné, quand c'est possible, de quelques notions sur le cépage. On aura, en outre, ainsi un point de départ pour juger de l'état où se trouve aujourd'hui la nomenclature des raisins dans les catalogues si nombreux des écrivains et des pépiniéristes, et l'on comprendra mieux la nécessité de l'exactitude des dénominations et l'utilité de n'avoir désormais qu'un seul nom pour désigner chaque cépage.

D'un autre côté, en trouvant des vignes cultivées dans des pays divers, sous des noms qui ne varient guère, les viticulteurs pourront avoir une idée de la plus grande extension de leur culture. Pour exclure ou modifier quelques-unes de ces dénominations, il faudrait tout d'abord s'assurer de l'identité des cépages qu'elles désignent ; mais, au lieu de procéder moi-même à ces éliminations, je préférerais qu'un pareil travail fût fait par des assemblées d'hommes compétents et avec l'aide de plusieurs ampélographes expérimentés.

VIII. Je ne me suis pas borné à rédiger ce Catalogue ; j'ai aussi décrit avec beaucoup de soin un grand nombre de cépages, et je me propose de publier plus tard ces descriptions, si Dieu m'accorde l'aide et le temps nécessaires. J'aurais pu, grâce aux nombreux matériaux que j'ai réunis, entrer dans plus de détails sur les divers cépages qui figurent dans mon Catalogue ; mais le temps m'a fait défaut, et je n'ai pas d'ailleurs voulu enlever de son intérêt à la publication que je compte faire plus tard de mes descriptions de cépages et de mes expériences de culture. Je me réserve d'étudier alors avec plus d'attention les diverses synonymies et de signaler aussi certaines différences entre divers cépages, que je n'ai pas eu le temps de noter ici. Je me propose aussi de publier, par la suite, la liste de toutes les vignes de ma collection, classées d'après le système que j'ai imaginé, en les divisant d'après leurs caractères différentiels les plus tranchés ; mais c'est là un travail délicat, que je ne pourrai terminer qu'en me livrant à de nouvelles études. J'ai cru néanmoins devoir joindre à ce Catalogue un tableau explicatif de mon système de classification.

Quoi qu'on fasse, quelque système qu'on adopte, il y aura toujours beaucoup d'inconvénients à vouloir séparer ce qu'en réalité la nature n'a pas divisé, et qui ne finit par changer de forme et de figure que par de légères variations graduelles et des changements difficiles à saisir. J'ai pensé qu'il valait mieux, plutôt que de ne rien faire pour vouloir faire trop bien, adopter un système quelconque, celui qui me paraissait présenter pour le moment le moins de difficultés, en laissant ensuite aux autres le soin de le perfectionner plus tard. C'est pour cela que je me suis mis à l'œuvre et que j'ai adopté la classification que j'expliquerai plus loin.

Je sais que des personnes dont le nom fait autorité ne croient pas qu'il soit possible d'arriver à une bonne et utile classification des raisins ; parmi elles se trouve, à mon grand regret, M. Pulliat, dont l'opinion est d'un si grand poids en pareille matière ; mais néanmoins je n'ai pas perdu courage, et j'espère qu'on voudra bien me pardonner d'avoir essayé d'établir un nouveau système de classification.

IX. Je dois faire remarquer, pour ma justification, que, si j'ai péché, c'est par trop de bonne volonté. J'ai peut-être beaucoup trop élargi le cercle de mes études en les faisant porter sur plus de 3,500 cépages de provenances différentes dans ma vigne d'essai, chiffre hors de proportion avec les forces d'un propriétaire et qui (mettant de côté la question de la dépense) a pu être cause, dans quelques circonstances, d'une exactitude moins grande dans mes appréciations et dans mes observations. Quoi qu'il en soit, il ne me reste plus en ce moment qu'à suivre la voie où je suis entré. J'avoue que je ne suis pas complétement satisfait de mon travail; j'aurais voulu le corriger encore et comparer de nouveau des cépages dont je cherche chaque année à constater l'identité ; mais, tout en me réservant de revoir mes descriptions pour les modifier, si c'est nécessaire, au fur et à mesure que je les publierai, j'ai cru ne pas devoir attendre plus longtemps pour mettre au jour mon Catalogue. Cette idée d'un catalogue avait d'ailleurs été approuvée par le Congrès ampélographique international, et je tenais à prouver aux étrangers que les études ampélographiques n'avaient pas été négligées en Italie, bien qu'on s'obstine à dire que ce pays est encore dans l'enfance de la viticulture (1).

X. Il m'a paru indispensable de faire figurer dans mon Catalogue, non-seulement tous les cépages italiens, mais encore ceux qui sont cultivés à l'étranger, afin de faciliter les études des per-

(1) Au moment d'entreprendre ma publication, j'ai eu connaissance du catalogue ampélographique publié en langue allemande par M. Herman Goëthe. Cette publication, ayant paru la première, pourra peut-être enlever de son mérite à la mienne ; mais comme mon intention, ainsi que je l'ai déjà dit, était uniquement de préparer une base pour les études et les rectifications ultérieures, je n'ai pas voulu suspendre mon travail. Comme je n'ai pas une suffisante connaissance de la langue allemande pour tirer parti de cet ouvrage, je me bornerai à citer les raisins allemands qui y figurent et que j'avais oubliés, sans chercher à profiter des rectifications relatives à d'autres raisins allemands que j'aurais pu trouver dans une œuvre d'un aussi grand mérite.

sonnes qui ne veulent pas s'occuper seulement des cépages de leur propre région, mais qui tiennent aussi à connaître les meilleures espèces de tous les pays.

Les vignes peuvent avoir une nationalité d'origine, et encore est-elle le plus souvent incertaine ; mais elles ne doivent pas avoir, à mon avis, une nationalité de culture.

Il est évident que le viticulteur qui voudra obtenir les meilleurs produits possible ira chercher les cépages les plus méritants, sans se préoccuper de leur provenance. On prend naturellement partout où on le trouve ce qu'on croit bon et convenable. Dans l'étude des cépages à laquelle je me livrais, je devais nécessairement m'occuper des raisins étrangers, dont un bon nombre a déjà été introduit en Italie.

Nous croyons qu'il est nécessaire, pour la régularité et la clarté d'un catalogue alphabétique définitif, et dans l'intérêt aussi du progrès ampélographique international, de supprimer toutes les initiales exceptionnelles et spéciales à une ou à un petit nombre de langues, lorsqu'elles ne sont pas absolument indispensables.

Le viticulteur qui aurait, par exemple, examiné tous les raisins allemands inscrits sous la dénomination de Clevner, n'aurait encore rien fait s'il s'en trouvait encore une seconde série sous la dénomination de Klevner, Klapfner. Ces variantes devront être supprimées, si l'on ne veut pas continuer à assigner à chaque cépage assez répandu dix à quinze noms différents, suivant le plus ou moins grand nombre de localités dans lesquelles il est cultivé (1).

XI. Depuis que, pour la rédaction de ce Catalogue, j'ai commencé à tenir note des auteurs qui ont décrit des raisins, je me suis fait un scrupule de citer autant que je l'ai pu toutes les sources où j'ai puisé quelques renseignements ; car il n'est rien de plus injuste que de vouloir s'approprier le mérite des autres, et il est d'ailleurs fort utile de signaler aux viticulteurs les auteurs qui ont parlé spécialement de tel ou tel cépage, pour qu'ils puissent consulter leurs ouvrages.

Mes lecteurs trouveront, d'ailleurs, l'indication détaillée de tous les ouvrages que j'ai cités dans la table explicative des abréviations employées dans mon Catalogue.

J'aurais voulu pouvoir enrichir mon travail d'un plus grand nombre de synonymies ; c'est là pour un ampélographe le point le plus scabreux, car il lui impose une très-grande assiduité dans les observations. Avant de pouvoir donner comme certaines plusieurs des synonymies que j'indique ici pour la première fois, il m'a fallu, pendant plusieurs années de suite, comparer entre eux et examiner avec soin divers cépages.

Les synonymies qui m'ont paru douteuses, bien qu'elles figurent dans quelques catalogues, sont suivies d'un point d'interrogation, afin qu'à l'occasion elles puissent être mieux vérifiées.

Je n'ai cité qu'un petit nombre d'auteurs anglais, parce que, la culture de la vigne ne se faisant qu'en serre dans les Iles Britanniques, et le plus souvent pour les raisins de table seulement, leurs observations perdaient beaucoup de leur intérêt pour les pays où les produits de la vigne sont destinés

(1) Je voudrais rappeler à ce propos ce que disait notre regretté abbé Baruffi, voyageur et savant distingué : « Si je me trouve à Turin, dit-il, et si l'on me demande qui je suis, je réponds que je suis natif de Mondovi, c'est-à-dire de la province ; si je vais à Gênes, je suis Piémontais ; quand je suis à Paris, alors je suis Italien. Arrivé à l'isthme de Suez, je ne suis plus qu'un Européen. »

Les ampélographes devront être uniquement Européens, s'ils se réunissent dans un Congrès international, pour mettre un peu de clarté dans l'ampélographie universelle.

Plût à Dieu que l'intérêt général de toutes les nations prévalût toujours sur les intérêts particuliers de tel ou tel peuple, et que l'ambition de chacune d'elles se bornât à vouloir être la première dans la littérature, dans les arts et dans les sciences ! Mais quand on voit que, pour obtenir la supériorité des forces matérielles, chaque peuple fait à l'envi des lois despotiques qui enlèvent des bras à l'agriculture, privent les hommes de leur liberté et font servir les progrès des sciences et des arts à trouver des moyens plus perfectionnés d'extermination et de désolation au grand détriment de la fortune publique, alors il est évident que le sentiment d'ambition nationale, loin d'être une source de progrès, n'est plus qu'un esprit d'hostilité cruelle qui conduit à la misère et à la barbarie. L'exemple de la crise industrielle et commerciale vers laquelle marche la grande puissance germanique, malgré les immenses richesses qu'elle a prélevées sur son ennemi, prouvent combien ces tendances sont funestes, puisqu'elles ne procurent aucun gain à aucune des parties, pas même au vainqueur. Espérons que la politique ne s'introduira jamais dans les régions sereines des études ampélographiques et de la viticulture.

à la vinification. Je n'ai pas voulu non plus énumérer les très-nombreuses variétés de vignes américaines qui figurent dans les catalogues descriptifs et parfois même illustrés de plusieurs pépiniéristes, parce que je crois que leur nomenclature et leur synonymie sont encore un peu confuses et laissent beaucoup à désirer. Et d'ailleurs, à moins que le fléau du Phylloxera ne nous y oblige, nous devons espérer qu'on n'aura pas, en Europe, à faire une connaissance étendue et pratique avec ces cépages, qui, s'ils l'emportent par la vigueur de leurs racines sur nos vignes européennes, sont loin de les égaler pour la bonté de leurs produits.

Ne pensant pas avoir jamais besoin de cépages américains, je n'avais pas songé à en introduire les nombreuses variétés dans ma collection. Maintenant il faudra s'occuper spécialement des variétés résistant au Phylloxera, et nous pourrons pour cela mettre à profit la triste expérience des viticulteurs français. Ceux qui voudraient se tenir au courant de ce qui concerne les cépages américains pourront consulter le journal *la Vigne américaine,* par MM. Robin et Pulliat. —Vienne (France), imprimerie E.-J. Savigné, — ainsi que le *Messager agricole,* publié à Montpellier, par M. le Dr Frédéric Cazalis.

XII. Il est très-utile, dans un dictionnaire, de mettre toujours le nom principal avant l'adjectif qui l'accompagne ; c'est pour cela que, même pour les raisins allemands, j'ai pris la liberté de faire cette transposition, quoique ce soit contraire à l'usage adopté par les auteurs. Les raisins se trouvant ainsi à côté de ceux des autres pays, il devient plus facile de les comparer entre eux. Au lieu, par exemple, de mettre Weisser Muskateller à la lettre W, ce qui aurait rejeté ce cépage bien loin de ses congénères, j'ai écrit Muskateller Weisser, le rapprochant ainsi des muscats de France et d'Italie. J'en ai fait de même autant que je l'ai pu pour d'autres noms.

N'ayant jamais visité aucune collection ni aucune exposition de raisins en Autriche et en Allemagne, quoique je connaisse ces pays où j'ai été dans ma jeunesse, — mais alors je ne m'occupais guère d'ampélographie,—je crains bien que la synonymie que je donne des raisins tudesques, soit entre eux, soit avec les raisins français ou italiens, synonymie que j'ai empruntée à divers auteurs, ne laisse beaucoup à désirer.

Je ne crois pas d'ailleurs, dans l'état actuel de nos connaissances, que l'on puisse donner dans un dictionnaire toutes les synonymies exactes des divers raisins de tous les pays.

XIII. Plusieurs des cépages mentionnés dans le présent Catalogue ont été observés et le plus souvent décrits dans les localités même où leur culture est le plus répandue. Beaucoup d'autres l'ont été dans ma collection ou le seront dès qu'ils auront atteint un développement suffisant. J'ai indiqué par l'abréviation *Bic.* toutes les espèces que je cultive dans ma vigne d'essai qui porte le nom de *Bicocca.* J'ai souvent reçu de diverses régions plusieurs exemplaires de certains cépages, et je les ai tous plantés dans des terrains variés et à des expositions différentes. Quand j'en publierai les descriptions, je ferai connaître, autant que possible, les résultats de mes cultures.

J'ai cru devoir citer tous les raisins du Catalogue dit *du Luxembourg* (aujourd'hui du *Bois de Boulogne*), soit à cause de l'importance réelle de cette ancienne collection, soit pour signaler à ceux qui dirigent cette collection les inexactitudes qu'on y trouve. Il est réellement bien fâcheux que le Catalogue d'une des plus anciennes collections de cépages, qui a été publié sous le patronage de la grande société des agriculteurs de France, dans le pays qui est le premier de tous pour la viticulture, contienne tout autant de dénominations erronées que d'autres catalogues moins importants. Les services que pourrait rendre cette importante collection sont singulièrement diminués par les erreurs dont son catalogue fourmille, et aussi par le prix exorbitant auxquels sont cotés les sarments des divers cépages mis en vente par cet établissement (1).

(1) Cette collection n'a jamais été sous le patronage de la Société des Agriculteurs de France; elle avait été donnée par l'Empereur à M. Drouyn de Lhuys, président de la Société d'acclimatation, et c'est à cette Société, qui a accepté ce don, qu'incombent moralement les reproches qu'on peut adresser au Catalogue de ses vignes. M. Drouyn de Lhuys était également président de la Société des Agriculteurs de France; c'est là sans doute ce qui a fait supposer à M. de Rovasenda que la collection du Luxembourg appartenait à cette Société. (*Note des Traducteurs.*)

J'ai également cité les catalogues des établissements Leroy (d'Angers) et des frères Simon Louis (de Metz), pépiniéristes de premier ordre, ainsi que d'autres catalogues qu'on trouvera dans le tableau explicatif des abréviations.

J'ai indiqué par l'abréviation PUL. la collection du célèbre ampélographe français V. Pulliat, une des plus importantes, sans contredit, de France et même d'Europe, par le soin tout particulier avec lequel elle est tenue. J'indique par *Vign.* les raisins qui ont été décrits et figurés par M. Pulliat dans sa publication *le Vignoble.*

J'ai indiqué par l'abréviation MEND. la collection de l'illustre et très-méritant baron Antonio Mendola, de Favara (Sicile), qui a grandement contribué à propager les bons cépages dans notre pays.

XIV. En jetant un rapide regard sur la géographie ampélographique de l'Europe, nous voyons qu'en général chaque pays a des cépages qui lui sont propres et qui diffèrent de ceux des autres pays. Peut-être les provinces placées sur les bords du Rhin sont-elles les seules régions dans lesquelles deux nations différentes, la France et l'Allemagne, ont les mêmes cépages sur une étendue de territoire importante.

En Italie, d'après ce que j'ai pu constater, toutes les régions, celles-là même qui n'ont qu'un territoire peu étendu, ont en général des cépages différents. Ainsi, dans le Piémont, les raisins de la partie élevée de la province de Novare ne sont pas les mêmes que ceux de l'arrondissement d'Ivrée. Dans la province de Novare dominent la Nespolina, les Pignoli, etc.; dans l'arrondissement d'Ivrée, les Neretti, la Mostera et quelques autres espèces, toutes différentes des premières. Dans l'arrondissement de Suse, on trouve surtout l'Avanas, qui diffère des cépages cités plus haut et qui s'étend aussi dans l'arrondissement de Pignerol, le Carcairone ou Gamet et les Bécuet ou Persan, originaires de la France et de la Savoie; dans l'arrondissement de Pignerol et dans celui de Saluces, nous trouvons encore d'autres cépages qui ne sont pas cultivés dans les arrondissements que nous venons de citer, tels que la Bolgnina, la Montanera et la Neiretta.

Il y a aussi d'autres cépages dans les arrondissements d'Asti, d'Alexandrie, de Pavie, dans les Langhes et la Ligurie, et ces cépages diffèrent dans chacune de ces régions.

XV. Il y a toutefois un certain nombre de cépages plus répandus que d'autres et dont la culture n'est pas limitée à des territoires restreints. Le précieux Nebbiolo s'est propagé dans toutes les régions des Basses-Alpes, sous les noms de Spanna, de Melasca, de Picotener, etc. Le Dolcetto est le cépage qui domine dans la grande zone des Apennins attenant aux Alpes et sur les collines qui s'y rattachent, presque jusqu'à la Ligurie. La Lambrusca ou Croetto, dite aussi Moretta, est l'espèce qu'on cultive le plus dans les plaines d'Alexandrie ; elle s'étend, aussi en se ramifiant, jusqu'aux collines qui sont fort éloignées de ces plaines. Le San Gioveto toscan se trouve aussi dans de larges proportions, à ce que je crois, dans les Abruzzes, où il porte le nom de Montepulciano. Sur les coteaux de Voghera, de Casteggio et de Pavie, à la droite du Pô, j'ai trouvé tous les cépages qu'on cultive à Gattinara et dans la partie élevée de la province de Novare.

Les muscats employés pour la vinification, dans divers pays, sont généralement identiques; c'est le même cépage qui porte les noms de muscat de Frontignan, de Syracuse, de Canci, de Ciambava, etc.

Sur les collines de Chieri et sur celles qui sont au-dessus de Turin, le cépage qui domine depuis longtemps est la Fresa. C'est à cause de sa grande résistance aux intempéries des saisons qu'il s'est propagé plus que tout autre et qu'il est cultivé dans des régions assez éloignées les unes des autres, tantôt sous le nom de Monferrina ou de Spana Monferrina, tantôt sous d'autres noms. Sur quelques coteaux de la province d'Asti, les cépages qu'on préfère sont le Grignolino ou la Barbera ; ce dernier cépage s'est beaucoup propagé depuis qu'on a su apprécier sur les grands marchés d'Asti l'alcoolicité et la qualité du vin qu'il produit.

Les synonymies que nous avons citées montrent comment les cépages les plus méritants et les plus renommés arrivent à se répandre, et il faut espérer qu'à mesure qu'ils se propageront, on délaissera les espèces les moins méritantes. Ce sera un très-grand progrès, car toute amélioration dans la viticulture et l'œnologie doit avoir pour base l'unité de cépage, telle que la définit le savant Dr Bellati, ou au moins la culture d'un très-petit nombre de variétés.

XVI. Ayant presque terminé mon Catalogue avant d'avoir eu l'honneur de faire partie du Comité central ampélographique italien, il est possible que j'aie été un peu incomplet dans la partie qui concerne l'Italie méridionale ; mais l'ampélographie de cette région va être étudiée avec soin par les Commissions ampélographiques que le Ministère de l'agriculture a nommées à cet effet.

J'espère que, grâce à l'institution de ces Commissions qui aboutissent toutes au Comité central, l'Italie connaîtra avant peu tous ses cépages. Une publication spéciale qui nous paraît appelée à rendre de grands services aux viticulteurs donnera successivement les descriptions et les dessins de toutes les variétés.

Et, puisque j'ai cité le Comité ampélographique, je ne puis publier un ouvrage qui se rapporte à l'objet de ses études sans exprimer hautement l'estime que je professe pour le Président et pour tous les membres du Comité que j'ai la bonne fortune d'avoir pour collègues (1).

Il ne faut pas croire que l'ampélographie se borne à décrire et à dessiner tous les raisins pour les recommander tous également, et laisser les choses comme elles sont ; elle doit, au contraire, fournir aux viticulteurs tous les éléments de comparaison qui peuvent leur permettre d'apprécier chaque cépage à sa valeur véritable, afin qu'ils comprennent qu'il n'est pas juste que de mauvais cépages occupent la place d'autres espèces beaucoup plus méritantes. C'est en s'appuyant principalement sur l'expérience des viticulteurs et en faisant elle-même de nouvelles expériences, si c'est nécessaire, qu'elle pourra déterminer quels sont les cépages qui s'accommodent le mieux aux circonstances locales de chaque circonscription. Je me croirai suffisamment récompensé des travaux que j'ai faits dans l'intérêt de mon pays si, des nombreux cépages qui figurent dans mon Catalogue et qui peuplent aujourd'hui les vignobles de notre belle Péninsule, il ne restait plus au bout d'un certain temps que quelques douzaines d'espèces pour la vinification et deux ou trois fois autant pour l'usage de la table. Les noms des cépages abandonnés et sacrifiés constitueraient un vaste trophée qui attesterait les progrès accomplis par la viticulture.

XVII. Avant de commencer ce Catalogue, je suis heureux d'adresser publiquement mes remerciements à toutes les personnes qui, par leurs gracieuses correspondances ou par leurs généreux envois de cépages, m'ont permis d'étudier et de faire des expériences de viticulture et d'ampélographie. Ces personnes sont :

MM. Pulliat (Victor), de Chiroubles (Rhône).
Mendola (le baron Antonio), de Favara (Sicile).
Pellicot, président du Comice agricole de Toulon (Var).
Lawley (le chevalier Francesco), président du Comité central ampélographique italien.
Bouschet (Henri), membre de la Société d'agriculture de l'Hérault, à Montpellier.
Marès (Henri), correspondant de l'Institut, secrétaire perpétuel de la Société centrale d'agriculture de l'Hérault, à Montpellier.
Francesetti de Mezzenile (comte), de Turin.
Panizzardi, professeur, de Rivoli.
Agazzotti (François), de Modène.
Della Torre (le commandeur), de la Spezia.
Guelpa, notaire, de Biella.
Manuel di San Giovanni (le baron), de Dronero.
Peiroleris (le commandeur), secrétaire général au Ministère des affaires étrangères.
Giovanni Nasi (le chevalier), de Rivoli.
Corsi (le comte), de Nizza della Paglia.

(1) Le Comité ampélographique italien est composé comme suit: *Président*, Chev. Lawley (François), à Florence, pour la Toscane. *Membres*, prof. Frojo (Joseph), à Naples, pour les provinces méridionales; ingénieur de Bosis (François), pour les Marches et les Abruzzes; commandeur Nicola Miraglia, chef de division au ministère de l'agriculture, à Rome; le professeur Jacobini, à Rome, pour la province romaine, et le comte Joseph de Rovasenda pour les provinces subalpines.

ISOLA SAVERIO (le baron), de Turin.
CALORI (le comte), de Casale.
PERRIN, ingénieur, de la Sardaigne.
BIANCONCINI (le comte Carlo), de Bologne.
VIGLIETTI (le comte), de Fenile.
SANDONA, ingénieur, de Roveredo.
BELLATI (le docteur), de Feltre.
CARPENÈ, professeur, de Conegliano.
ARCOZZI (le chevalier), président du Comice de Turin.
BON GAGLIASSO (le commandeur).
GUFFANTI, de Rovescala.
ARNALDI (le comte Francesco), de Finalborgo.
CERA, sculpteur sur bois, de Nice-Maritime.
CHIAPUSSO, avocat, de Suse.
BRAGIO (le chevalier), de Strevi.
POMPEO-MARINI, de Fermo, ingénieur, mon collègue dans le jury des vins aux foires de Turin. Il a eu l'obligeance de me procurer plusieurs cépages de la Marche d'Ancone.
ROVASENDA (le chevalier Louis de), mon frère, qui m'a fourni une collection de cépages du jardin botanique de Naples.
CERLETTI, ingénieur, ancien directeur de la Station agricole de Gattinara.
RAMBALDI (le chevalier), de Port-Maurice.
GIULIETTI (le chevalier Charles), de Casteggio.
BECCARIA-INCISA (le général), de Santo Stefano.
FENILE DELLA RIVA (le chevalier), et peut-être encore d'autres personnes dont les noms ne reviennent pas en ce moment à ma mémoire, mais que j'aurai sans doute occasion de citer dans le courant de cet ouvrage.

EXPLICATION DES ABRÉVIATIONS

DES NOMS DES AUTEURS ET DES OUVRAGES CITÉS DANS LE PRÉSENT CATALOGUE

AC. 220. Acerbi décrit à la page 220 *delle Vite italiane*. Milano, Silvestri.
AGAZ. Agazzotti. *Catalogo descrittivo di vitigni*. Modena, 1867.
Alb. T. Album ampélographique photographique des raisins de la province de Trévise.
Amp. Pugl. *Ampélographie des Pouilles,* par le prof. Frojo (Bolletino ampelografico).
Amp. Sal. *Ampélographie salinoise,* par Charles Rouget. Salins.
Ann. Vit. En. *Annali di viticoltura ed enologia.* Milano.
(B.) *Bushberg Catalogue.* St-Louis. M. O. 1875.
BAB. *Die Wein und Tafeltrauben,* Babo et Metzger. Mannheim, 1836.
(B. et M.) Bush et Meissner, horticulteurs américains.
BEYS. Beysson (Léonce). *Notice sur quelques cépages algériens cultivés au Hamma (province de Constantine).* Messager agricole, 1878.
BIANC. Comte Bianconcini, agronome à Bologne.
Bic. Bicocca. Localité située à Verzuolo, arrondissement de Saluces, où se trouve la collection de vignes de l'auteur. Les raisins de cette collection et beaucoup d'autres seront décrits ultérieurement, en grande partie, dans le cours de l'ouvrage et classés.
Boll. amp. *Bolletino ampelografico italiano,* publié par les soins du Ministère de l'agriculture. Rome.
BOUSC. Bouschet (Henri), semeur très-méritant de raisins à jus coloré. Montpellier.
BOS. *Descrizione e sinonimia dei vitigni principali delle Marche ed Abbruzzi,* par l'ingénieur de Bosis (Bolletino ampelografico. Rome).
BUR. Bury. *Catalogue des cépages du Jardin des Plantes de Saumur.*
Cat. Catalogue.
Cat. INC. Catalogue du marquis Incisa.
Cat. LER. Catalogue de Leroy (André). Angers.
Cat. LUX. *Catalogue du Luxembourg, maintenant du Bois de Boulogne.* Paris, 1869, ou *Catalogue des vignes cultivées au Jardin zoologique d'acclimatation du Bois de Boulogne, dressé par M. Antoine Quihou* (juillet 1876).
C. BRON. Carl Bronner. Wieslock. *Catalogue.*
CARP. Dr Carpené. Rapport. Conegliano Veneto.
CERL. Cerletti, directeur de l'Ecole de viticulture et d'œnologie de Conegliano Veneto.
CIN. Cinelli Origene. *Ampelografia di Sinalunga.* Plaisance, 1873.
Coll. DORÉE. Collection de la Dorée, près Tours, appartenant au comte Odart.
Com. agr. Comice agricole.
COP. Dom. Coppa-Zuccari. *La Viticoltura di città S. Angelo* (Abbruzzi).
CRESC. De Crescenzi (Petrus). *Opus ruralium commodorum.* Cet auteur cite 40 vignes italiennes.

CROCE. *Della Eccellenza dei vini nelle montagne di Torino*, par J.-B. Croce, joaillier de S. A. R. le duc de Savoie, Turin, 1600.

Cult. Lyon. *Le Cultivateur de la région lyonnaise,* journal bi-mensuel. Lyon.

Décr. Décrit ou description.

Décr. AL. Décrit à Alexandrie par la Commission ampélographique, 1871. Presque toutes ces descriptions se trouvent dans l'ampélographie de MM. Leardi et Demaria, qui n'était pas encore publiée quand l'auteur prenait ses notes pour le présent Catalogue.

Décr. INC. Décrit par le marquis Incisa. *Catalogo descrittivo e ragionato*. Asti, 1869.

Décr. MEND. Décrit par le baron Antonio Mendola, Favara, près Girgenti.

Décr. MEY. Décrit par I. G. Meyer. *Der Weinstock.*

Décr. MUL. Décrit par Jean Müller.

Décr. PUL. Décrit par M. Pulliat, de Chiroubles (Rhône). *Descriptions et synonymies de mille variétés de vignes.*

Dess. AL. Dessiné par les soins de la Commission ampélographique d'Alexandrie.

Dess. BON. Dessiné par les soins de Bonafous, savant piémontais, correspondant du comte Odart.

Dess. GAL. Dessiné dans la *Pomone* du comte Gallesio de Finalborgo.

Dess. GOËT. Dessiné par Goëthe. *Atlas werthvollster Traubensorten mit Abbildung.* Vienne.

Dess. METZ. Dessiné par Metzger et Babo. Mannheim, 1836. *Der Wein und Tafeltrauben.*

Dess. REND. Dessiné dans l'*Ampélographie* de Rendu.

Dess. SING. Dessiné dans l'ouvrage de Single Christian, *Abbildungen der Traubensorten.* Wurtemberg.

Dess. *Vit.* Dessiné dans le *Journal de viticulture* de Paris.

DIT. Dittrich.

DOCH. Dochnahl. *Der Weinkeller*, etc. Francfort sur-Mein, 1873.

DOW. Downing.

EC. MONTP. Figure aux collections de l'École d'agriculture de Montpellier.

Exp. AL. Exposition d'Alexandrie (Piémont).

FL. Docteur Fleurot. *Essais glucométriques.* Dijon.

Fl. Sard. *Flora sardoa* de Morris, professeur de botanique à Turin (texte en latin).

FRO. Professeur Giust. Frojo. *Sul miglior modo di coltivare la vigna.* Naples.

G. Cette lettre indique les raisins dont l'auteur a pris note dans des jardins particuliers ou chez des pépiniéristes.

GAL. Comte Gallesio de Finalborgo.

GAND. Gandi. *Descrizioni di uve nel circondario di Cesena (Annali di viticoltura ed Enologia italiana,* vol. V, p. 34.

GAR-VAL. Garnier-Valetti, habile fabricant de fruits en cire. Notes inédites sur les raisins.

GARN. Garneroni. *Notizie desunte dagli autori tedeschi.* Turin.

GAT. Gatta (D[r]). *Descrizione dei vitigni del Circondario di Ivrea. Valle d'Aosto.* (Repertorio d'agricoltura).

G. MEY. Fr. G. Meyer. *Der Weinstock.*

GUY. Guyot (Dr Jules). *Études sur les vignobles de France.* Paris.

G. V. V. *Giornale la Vite e il Vino.* Milan.

H. GOET. Hermann Goëthe. *Ampelographisches Wörterbuch* Vienne, 1876.

Id. Identique.

J. de *V.* *Journal de viticulture pratique.*

J. Bot. DIJ. Jardin botanique de Dijon.

J. Bot. GEN. Jardin botanique de Genève.

J. Ess. ALG. Jardin d'essai d'Alger.

LAL. Laliman, viticulteur bordelais très-connu, qui possède une belle collection de vignes américaines.

LAW. Chevalier François Lawley, président du Comité central ampélographique italien. *Manuale del vignaiuolo.* Florence. Il a eu l'obligeance de communiquer à l'auteur les descriptions que son frère, le chev. Robert, célèbre géologue, avait faites des raisins pisans.

LEAR. et DEM. Leardi et Demaria. *Ampelografia della provincia di Alessandria,* 1876.

LOL. Dr Lolli. Merate. (Lombardie). *Lezioni d'enologia.*

MAR. Marès (Henri). *Des Vignes du midi de la France* dans le *Livre de la Ferme*, publié par Joigneaux.

MEND. Baron Antoine Mendola, à Favara (Sicile). Catalogue de sa collection de vignes.

Mess. agr. *Messager agricole,* journal mensuel publié à Montpellier depuis 1859, par le Dr Frédéric Cazalis.

METZ. Metzger.

MICH. Micheli.

MIL. Milano, professeur. *Descrizione dei vitigni del circondario di Biella* (Ragazzoni, *Repertorio d'agricoltura*).
NAS. Chevalier Jean Nasi, viticulteur distingué. Rivoli (Turin). Voir son catalogue.
NIC. Nicolosi Angelo. Journal *la Vite e il Vino*. Milan, 1870.
OD. Comte Odart. *Ampélographie universelle*, 3ᵉ édit. Paris, librairie agricole.
OTT. Ottavi. *Il vino da pasto*. Casale, 1874.
PAN. Professeur Panizzardi, vice-président de la Commission ampélographique de Turin.
PELL. Pellicot, président du Comice agricole de Toulon, auteur du *Vigneron provençal*.
Pép. Pépiniéristes. Par ce mot, qui bien que français est usité en Piémont, l'auteur a voulu indiquer les raisins que les semeurs de pepins ont décorés de noms pompeux pour donner plus d'attrait à leurs catalogues.
PER. Perelli-Minetti, dans un article sur les vignes des Pouilles (*Annali di viticoltura ed enologia italiana*, vol. V, p. 34).
PICC. Piccioli. *Catalogo della Societa toscana di orticoltura*. Florence.
PLANC. Planchon, professeur de botanique à la Faculté des sciences de Montpellier. *Les Vignes américaines*. Montpellier, 1875.
PUL. Pulliat. Son catalogue descriptif. Chiroubles (Rhône).
PUL. *Rap*. Pulliat. *Rapport ampélographique*. Lyon.
PROV. Province.
PROV. NAP. Provinces napolitaines.
ROB. et PUL. Robin et Pulliat. *La Vigne américaine*, journal mensuel. Vienne 1877.
ROB. LAW. Robert Lawley. Florence.
ROUG. Rouget. *Les Cépages du Jura*. Salins.
ROX. Don Simon Roxas Clemente. *Essai sur les variétés de la vigne qui végètent en Andalousie* (texte espagnol).
SCH. Scharrer.
ST. Stoltz. *Ampélographie rhénane*. Paris.
SIM. L. Catalogue des Frères Simon Louis, de Metz.
Syn. Synonyme.
Soc. agr. Rov. Société agricole de Rovereto.
SOD. Jean-Victor Soderini. *Trattate delle viti*.
TARG. Targioni-Tozzetti, professeur à Florence.
TOCH. Tochon. *Les Cépages de la Savoie*.
Voy. Voyez.
Vign. *Le Vignoble*, journal illustré. Paris, librairie Masson.
V. amér. Vigne américaine.
VIV. Vivier, viticulteur français distingué, dont le catalogue a été communiqué à l'auteur, mais avec lequel, dans la crainte du phylloxera, il n'a pas pu faire d'échanges de cépages.

Les numéros placés entre parenthèses, à la suite de l'abréviation *Bic*. ou à la fin des indications données sur les cépages, indiquent la petite case de classification à laquelle ceux-ci appartiennent par leurs caractères. Dans le tableau explicatif du système de classification le lecteur trouvera indiqué d'une manière très-claire ce que ces chiffres signifient.

Les additions faites dans la présente édition par M. de Rovasenda ont été intercalées dans le texte.

Celles de MM. H. Bouschet, Pellicot, Pulliat et Tochon, sont placées entre deux crochets [ ] et signées. Enfin celles des traducteurs sont placées également entre deux crochets, mais ne sont pas signées.

OUVRAGES ANCIENS

QU'ON A CRU UTILE DE MENTIONNER

Caton, *de Re rustica,* chap. vi et vii, cite huit espèces de vignes.

Térence Varron, *Rerum rusticarum de agricultura,* liv. I, chap. xxv, liv et lviii, fait connaître deux espèces de raisins et recopie les huit espèces de Caton.

Virgile, dans les *Géorgiques,* liv. II (vers 89 à 108), énumère les 15 variétés de vignes les plus appréciées de son temps.

Columelle, *de Re rustica,* liv. III, chap. ii, décrit 58 variétés de vignes, parmi lesquelles se trouvent 10 de celles que Virgile avait mentionnées.

Pline, *Historia naturalis*, liv. XIV, chap. i, ii, iii et iv, parle de 83 vignes parmi lesquelles figurent les 8 de Caton, 8 à 10 de Virgile et 41 de Columelle. Il fait peu usage des caractères mentionnés par Columelle.

Palladius Rutilius, *de Re rustica,* liv. III, titre xix, parle des *Aminées* et des *Apiane.*

Petrus de Crescentiis, *Opus ruralium commodorum,* liv. IV, chap. ii et iv, parle de 40 variétés de vignes italiennes.

Alonso de Herrera, *Agricoltura general,* liv. II, chap. ii.

Agriculture et maison rustique de MM. Charles Estienne et Jean Liébault, à Lyon, 1668, lib. XVI, chap. viii à x. Les auteurs parlent de 10 variétés de raisins noirs et de 11 de blancs.

Bacius, *de Naturali vinorum Historia, de Vinis Italiæ.* Romæ, 1596.

CATALOGUE GÉNÉRAL

DES

VIGNES

Abbadia bianca. Obtenue, je crois, de semis. *Bic.* PUL. Me paraît identique à l'**Ugni blanc** du midi de la France. [D'après le comte OD. (*Manuel du Vigneron*, p. 88), l'**Abbadia** serait originaire de l'île de Sardaigne (PUL.)] — [L'**Abbadia bianca** figurait à la collection du Luxembourg sous le nom de **Allabadia**, n° 1827. C'est l'**Ugni blanc** de PROVENCE (BOUSC.)]

Abbruzzese bianca. Cultivée dans les POUILLES.
— CAMPOMAGGIORE dans la BASILICATE.

Abdona ou **Balocchino.** Décr. AL.

Abejera. ESPAGNE. ROXAS. Grains obovales verts.

Abeiloum. *Cat.* LUX.

Abelione. ARDÈCHE. Syn. de **Chasselas.** PUL. [Écrit **Abellione** dans le *Cat.* LUX.]

Abendroth. Syn. de **Blank blauer**, d'après H. GOET.

Abourlah. *Cat.* LER. Voyez **Albourlah.**

Abraham (Plant d'). H. GOET le dit syn. de **Gamai de Malain?** PUL. le croit id. au **Pinot de Pernant.** [J'ai cultivé le **Gamai de Malain**, qui se rapproche beaucoup des **Petits Gamays**; quant au **Pinot de Pernant**, le comte OD. le croit une hybridation du **Pinot** et du **Gamay** et le place dans la tribu des **Noiriens** ou **Pinots** (PEL.)]

Abrahimof. PERSE. Raisin rouge.

Abrajato bianco. G.

Abrofi. SALUCES en ITALIE. Raisin qu'on doit condamner à l'oubli. *Bic.* (16).

Abrostine ou **Abrostino,** id. à l'**Abrostolo.** Décr. AC., 259, parmi les raisins toscans.

Abrostine nero. FERMO. MARINI. *Bic.*

Abrostolo. G. *Cat.* LUX. MEND. TOSCANE.

[**Abrostolo dolce.** *Cat.* LUX.]

[**Abrostolo forte.** *Cat.* LUX.]

Abrustano nero. TOSCANE?

Abrusco nero de TOSCANE. *Cat.* INC. *Bic.* (16). M'a paru d'une saveur singulièrement astringente, si toutefois le cep que je possède est la véritable vigne toscane de ce nom.

Abrusio. *Cat.* PUL. Y a-t-il une faute d'impression au lieu de **Abrusco?**

Abrustine. AC., 249. TOSCANE. Voyez **Abrostine.**

Absenger blanc. Syn. de **Heunisch,** d'après H. GOET ou de **Barthainer.**

Abundans. SARDAIGNE. Syn. de **Nuragus blanche** (MORIS, *Fl. Sard.*) *Bic.* (48).

Aburtiva. AMÉRIQUE? VIV.

[**Abyssinie** (d'). *Cat.* LUX.)]

Accessetone nero. PROV. NAP.

Acchianca palmiento. OSTUNI (*Amp. Pugl.*).

Acidula. Syn. de **Manzezu** (*Fl. Sard.*).

Acitana. Raisin sicilien du côté de MESSINE, à gros raisins blancs juteux.

Acquatrello. Raisin toscan. Syn. de **Pisciancio noir,** d'après R. LAW.

Acqui. Raisin de LOMBARDIE et de VÉNÉTIE, d'après FRO. C'est le **Raisin d'Acqui** ou **Dolcetto.**

Acsai. Raisin blanc de Hongrie.

Actonihia aspra. OD., 573. Des ILES IONIENNES. Syn. de **Pizzutello.** Veut dire serres d'aigle, à cause de la longueur des grains du raisin.

Adago. Doit être un raisin blanc de Hongrie.

[**Adélaïde** (B). V. Amér. Hybride de **Concord** et de **Muscat-Hambourg,** obtenu par RICKETT. Raisin noir.]

Adelfranke blanche. Syn. de **Grunling,** d'après BAB., cité par H. GOET.

Adelina Colonetti. *Pép.* PIÉMONT. *Bic.* M'a paru id. au **Muscat à fleur d'oranger.**

Adirondac. V. amér., de l'espèce des *Labrusca.*

D'après le *Cat.* des frères SIM. L., cette vigne a une grappe grosse, ailée, compacte. Grains gros, sphériques, à pulpe tendre, noirs, opaques.

Adjeme Miskett. OD. 401. MEND. Est-ce le **Muscat de Syrie?** TAURIDE. [**Adjemé Mysket** n'est pas un muscat; bon raisin de table précoce, ressemble à la **Clairette** du Midi (BOUS.)]

Admirable. *Cat.* LUX.

Admirable beau noir. PUY-DE-DÔME. VIV.

Admiral. *Pép.* Syn. de **Frankental**.

[**Advance** (B). V. amér. Hybride de **Clinton** et de **Black-Hambourg**, obtenu par RICKETT. Raisin noir.]

Æchter traminer. OD. 290. *Voy.* **Traminer**. **Æchter** signifie **légitime.**

Æstival d'Elsimbourg. *Pép*. V. amér. Raisin violet-bleu, pédicelles rouges? [Il faudrait dire **Elsimbourg** (*Æstivalis*). (PUL).] — [EC. MONTP.]

Æstivalis. Famille de raisins américains résistant au phylloxera. Cultivée principalement dans les États du Sud. [Feuilles tantôt entières, tantôt lobées, un peu épaisses; les jeunes couvertes sur les deux faces d'un duvet épais et s'étalant à plat dès leur sortie; les adultes portant sur les nervures un duvet floconneux dense ou clair-semé; vrilles non continues; grappes à petits grains non foxés, renfermant des graines à chalaze circulaire et saillante et à raphé proéminent. La structure de leurs racines, dense et serrée, permet aux vignes de cette espèce de résister aux attaques du phylloxera sûrement d'une manière relative et probablement d'une manière définitive.]

[**Æstivalis de Spannhorst.** V. amér. EC. MONTP.]

Affenthaler blauer. Dess., SING. ST. Raisin du WURTEMBERG. Paraît syn. de **Pinot noir**, d'après quelques personnes, et de **Trollinger** ou **Frankental**, suivant d'autres. PUL. croit qu'il se rapproche beaucoup du **Pinot**, sans être le **Pinot.**

Affinis. Syn. de **Bovalis**. SARDAIGNE (*Fl. Sard.*).

Affumé ou **Enfumé**. ANCIENNE LORRAINE. Syn. de **Pinot gris**. ST. OD., 177.

Africana bianca. Décr. AL., *Cat.* INC.

Africogna. Pour donner une idée des notions qui, en fait d'ampélographie, se trouvent dans quelques auteurs anciens, je citerai ce que de CRESC. (p. 9) dit au sujet de ce raisin : « Il y en a une espèce dite **Affricogna** qui n'est pas agréable à manger et qui vient merveilleusement en grande quantité sur les arbres, et qui se plaît surtout là où les hommes enlèvent le raisin, et cette espèce, ainsi que la susdite Buranaise, parmi les autres espèces, sont aimées des gens de PISTOIE. » Et voilà tout.

Afrique (**Raisin d'**). *Cat.* LUX.

Agadella. AC., 295. FRIOUL.

Agapanthe. FRANCE. Raisin de semis peu méritant. [*Cat.* LUX].

Agawam. ROGER. Vigne américaine hybride obtenue de semis. PLANC., 163, *Cat.* SIM. L. Grappe compacte, grains ronds, couleur rouge marron. [Non résistant au phylloxera, d'après PLANC.; est mort des attaques de cet insecte, à sa troisième feuille, à l'École d'agriculture de Montpellier].

Agérié. CORRÈZE. GUY., II, 127.

Aghedone. PIÉMONT. Raisin de cuve. Grain rond? noir.

Agherusti?

Agliana, au lieu de **Lugliana** ou **Luglienga** (*de juillet*). BRESCIA. AC. 201.

Aglianica, ou **Glianica**, ou **Piè di Colombo**. *J. Bot.* NAP. *Bic.* Dans l'Ampélographie napolitaine, le **Piè di Colombo**, (*Pied de Pigeon*), est décrit comme différent de l'**Aglianica**, dont on cite quatre variétés différentes: 1° **Aglianica; 2° Aglianica femelle** ou **Aglianichella; 3° Aglianico mâle** ou **Spriema; 4° Aglianicone** ou **Ruopolo.**

Aglianico bianco. ARIANO. PROV. NAP.

Aglianico ou **Ellenico** (*Grec*) de CAMPOMAGGIORE. BASILICATE. *Bic.* (11.) OD. 554. Raisin noir, fertile.

Aglianico noir. SAINT-SÉVÉRIN. PROV. NAP., un des meilleurs raisins pour la vinification.

Aglianico. TURI et aussi **Agnanico.** MEND. *Bic.*

Aglianico zerpoluso noir. AVELLINO. PROV. NAP.

Agliano pour **Aglianico.** SANMARZANO. POUILLES.

Agliano (d'). Gros noir. PIÉMONT. *Bic.* (15.)

Agostegna spaccarella du VÉSUVE. FRO.

Agostenga. PIÉMONT. *Bic.* (36). *Vign.*, I, 3. Id. au **Prié blanc** de la vallée d'AOSTE et à la **Madeleine verte de la Dorée**, du comte OD. CROCE, écrit **Aostenga** dans la description qu'il donne, à la fin de l'année 1600, des vignes de la montagne de Turin. Diffère de la **Luglienga** et n'est peut-être pas moins précoce. Dans le *Boll. amp.*, III, parmi les synonymes du **Piede di Palumbo** (*Pied de pigeon*) se trouve aussi improprement le mot d'**Agostengo**, puisque ce raisin mûrit du 15 au 25 octobre et non en août. [Écrit **Agostinga** dans le *Cat.* LUX.]

Agostigna. AC., 305. NAPLES. Je crois que l'**Agostina** ou **Agostigna** des provinces méridionales, diffère de l'**Agostenga** des provinces septentrionales de l'ITALIE.

Agracera noire. ANDALOUSIE. A des raisins

très-gros, une souche très-frêle. D'après la description de ROX., on pourrait croire que ce raisin est id. à l'**Uva di tre volte** de GALLESIO.

Agraguscia ou **Scorzamara**, citée parmi les vignes parmésanes.

Agrecone noir. PROV. NAP.

Agreste noir. D'après ST., ce serait un syn. du **Teinturier.**

Agresto blanc. TOSCANE.

Agresto noir. AC., 259, le donne pour syn. de l'**Uva di tre volte.** C'est ce que je pense aussi du raisin qui m'a été expédié sous ce nom par M. PICC. *Bic.* (38.)

Agresto verde ? A été présenté, je crois, à une exposition de raisins par M. CENDRINI, de MODÈNE. Raisins presque ronds, d'un vert olivâtre.

Agresto violaceo ?

Agrestone. AC., 139, le met au nombre des vignes romaines.

Agrier. OD., 279. CORRÈZE. Id. au **Chabrillou.** Sert à faire la moutarde de BRIVES

Agrifone ou **Agrifogno bianco**. TOSCANE. R. LAW. Je l'ai vu à l'Exposition de LUCQUES de 1877. Raisins ronds.

Agrio. OD., 577. ASIE MINEURE. Vigne assez médiocre et presque sauvage.

[**Agrio mavro.** GRÈCE. Grains noirs oblongs, plus allongés que ceux du **Boudalès**; raisin de table (BOUS.)]

Agroguscia. LOMBARDIE. MEND. Voyez aussi **Agraguscia.**

[**Agrumel negré.** MAGNOL. C'est le **Gros Guillaume** (BOUS.)]

Agudet blanc. OD., 375. *Cat.* LUX. Vigne du TARN-ET-GARONNE. Ressemble aux **Sauvignons** par la saveur, quoique moins agréable, et par la forme des raisins qui est un peu plus allongée. OD. dit que les raisins sont d'un goût très-délicat et que les grains sont plus allongés que ceux de la plupart des raisins.

Agudet noir. OD., 483 et 375. Vigne du TARN-ET-GARONNE, estimée pour la vinification. PUL. *Bic.* (47.)

Aguzelle blanche. ISÈRE. Paraît identique à la **Clairette.**

Aguzelle noire. ISÈRE. Syn. de **Persan.**

[**Ah meur bou ah meur.** AFRIQUE. *Cat.* LUX.]

Ahorntraube blanche. Raisin de la STYRIE et de l'ILLYRIE.

Ahumat blanc. BASSES-PYRÉNÉES.

Aiamis de Totana. *Cat.* LUX.

Aibatly - isium. CRIMÉE. OD., 582. PUL. MEND. *Bic.* (38, 42.) INC. Raisin blanc de table à longues grappes.

Aicante de Robert. *Cat.* SIM. L. N'y a-t-il pas là une erreur typographique ; n'est-ce pas **Alicante ?**

[**Aidoness de Santorin.** *Cat.* LUX.]

Aidonnesse. *Cat.* LUX.

Aiga passera. OD., 428, 534. AC. Syn. de **Uva passolina** ou **Corinthe,** dans le pays de NICE.

Aigre blanc. SAVOIE à la MOTTE-SERVOLEX. Syn. de **Mondeuse blanche** (TOCH.)

Ailonichi noire. GRÈCE. H. GOET.

Ain. *Cat.* LUX.

[**Ain el Kelb** (*Œil de chien*). Raisin blanc d'Algérie, à belles grappes, mais peu fertile ; donne un vin sec qui a un peu d'analogie avec le Madère.]

Aïrel hima. MASCARA. AFRIQUE. D'après PUL., signifie *Œil de Chouette* [Le nom de ce cépage, d'après PUL. (*Mess. agr.*, XX, 173,) est **Aïn el hima.** Dans ses *Descrip. et syn.*, PUL. avait écrit **Air el hima.**]

Aitella noire. De l'ILE D'ISCHIA, d'après FRO.

Ala bianca (*Aile blanche*). SICILE. Dans la plaine de CÉFALÙ, on la regarde comme plus productive que le **Cataratto**. FRO.

Alabar. VIVIE. Je l'ai reçu de M. PICC. PUL. dit qu'il a été obtenu de semis par MOREAU ROBERT. Beau raisin noir de table. *Bic.* (14.)

Alahama ou **Alabama ?** AMÉRIQUE. Syn. de **Jacquez.**

Alamis blanc. ESPAGNE. *Cat.* BUR.

— **de Cieza noir.** *Cat.* LUX.

Alantermo bianca. HONGRIE.

Alba matta di Salò. (*Blanche folle de Salò*). Syn. de **Bianchetto.** Docteur CARP. *Rap.*

Alba canina. Raisin des ABRUZZES. MEND. PUL.

Albacia. SYRACUSE (SICILE). MEND.

Albamat nero. BRESCIA. AC. 306.

Alban real. Vigne espagnole citée par OD., 517. A, d'après ROX, des raisins gros, blancs, ronds, sapides; feuilles légèrement tomenteuses.

Albana. Décrite par AC., 36, comme étant cultivée dans la PROV. de CRÉMONE. Décr. AGAZ.

Albana bianca. FERMO. MARINI. *Bic.*

— **bianca.** BOLOGNE. Comte BIANC.

— **bianca** de TOSCANE. MEND. Cultivée sur les coteaux de CESENA. Voy. *Ann. di vit.*, 2e année, vol. III, 167.

Albana dell' Occhio. CESENA

— **gentile.** CESENA.

— **grossa** ou **Albanaccia** et **Albatica**. CESENA.

— **nera** ou **rossa**. CESENA.

— d'ISTRIE. D'après le prof. CARP. Syn. de **Bianchetto** de TRÉVISE.

Albanella ou **Greco bianco.** MARCHES.

Albanello de SYRACUSE **bianco**. Un des meilleurs vins de liqueur que j'aie goûtés était fait leurs vins de liqueur que j'aie goûtés était fait avec ce raisin. *Bic.* (47). MEND.

Albano de ROME.

— de PESARO. Syn. de **Greco** d'ANCONE?

— de SINALUNGA. Décrit par CIN.

Alban real. OD., 517. ROX.

Albarola (Uva), du comté de GÊNES. OD., 560. Dess. GAL.

Albarola trebbiana de MASSA et SARZANA. AC. 156, la décrit parmi les raisins des 5 terres.

Albatichi. BOLONAIS. Raisin noir qui, d'après de CRESC., craint la rouille; produit un vin âpre, qui sert à colorer les autres vins.

Albesa. Raisin de PALLANZA (NOVARE).

Albese. Voyez **Negro dolce** (*noir doux*). NOVOLI.

Alben. Voyez **Elben.** BAB.

Albido. *Cat.* LUX.

Albig et **Albé**. Syn. de **Elben.** BAB. ST.

Albigio. Vocabulaire PALMA.

Albillo Castellano. ESPAGNE. J'ajoute le syn. de **Racemosissima** (*qui a beaucoup de grappillons*), qui lui a été donné par ROX. parce qu'il donne une idée de la structure de ce raisin. En général, les vignes du nom d'**Albillo** produisent beaucoup de vin.

Albillo de Granada. ESPAGNE. Raisins blancs, oblongs.

Albillo de huebla. ESPAGNE. OD., 517. Vigne espagnole très-cultivée à TREBUGÈNE et à port SAINTE-MARIE. A des grappes longues, compactes, et des raisins demi-ronds, verts jaunâtres, bruns à la partie exposée au soleil, juteux, assez doux, à saveur aromatique.

Albillo Loco. ESPAGNE. Grains serrés, blancs-verdâtres.

Albillo Negro. SAN LUCAR et XÉRÈS. ESPAGNE.

— **Pardo.** ESPAGNE.

Albillon cogalon. ESPAGNE. VIV.

Albinazza et **Albanizza.** BORGO PANICALE. BOLOGNE. CRESC. dit que le raisin est blanc, non luisant, mais très-tacheté et merveilleusement doux; grains ronds, fait un vin très-doux. Il recommande la taille longue.

Albino américain. Genre *Labrusca.* PLANC.

Albourlah. CRIMÉE. OD., 435, 581. PUL. l'appelle **Albourlah kirmisi isium**. C'est un beau raisin rouge qui m'a déjà donné des fruits depuis plusieurs années. *Bic.* (34) (38.) MEND. l'appelle **Kirmisi Misk Isium.**

Albourlah rose. MAR. Id. au précédent. *Bic.*

Albourlah rosso grosso. MEND.

Albuelis. SCHUBLER. Syn. de **Elben.** ST. l'appelle **Albuelin.**

Albumanna de SARDAIGNE et **Arbumannu.** MEND. Raisin de table précoce, grains blancs, ronds (*Fl. Sard.*). Syn. **Robusta.** *Bic.* (22.) Syn. **Paradisa?** J'ai vu quelque part citer ce synonyme, qui est à vérifier.

Alcantino. OD. *App.* 26. *Bic.* Quelques pépiniéristes vendent sous ce nom le **Corbeau.** Voyez *Cult. lyon.*, 1876, p. 67.

[**Alcantino de Florence.** *Cat.* LUX. Il n'y a point de cépage du nom d'**Alcantino** à FLORENCE.]

Aldone.

Aleatichina. MODÈNE. Décrit par AGAZ.

Aleatico bianco. ROME. AC. décr. 130. *Bic.* Un raisin est cultivé sous ce nom dans le VOGHERESE et aussi sur les coteaux de TURIN. C'est presque toujours le **Muscat commun.** [C'est un **Muscat blanc**, différent du **Muscat blanc commun**, bien moins fertile et qui demande la taille longue. (BOUSC.)]

Aleatico ciliegino ou **ceragino.** *Bic.* (83.) Très-beau muscat rouge que j'ai reçu de M. MECHETTI de LUCQUES, où il paraît assez commun. Je l'ai trouvé id. à un autre raisin, qui me fut expédié de LUCQUES sous le nom d'**Occhio di pernice** (*Œil de perdrix*). Cette espèce, d'après ce que j'ai appris du chevalier LAW., n'est pas le même que l'**Œil de perdrix** des environs de FLORENCE.

Aleatico commune. TOSCANE. Voyez aussi **Aleatico noir.** OD., 400, 554 (AC. 225, décr. 264). (Dess. BON.) (Dess. AL.) (Décr. INC.) (Décr. AGAZ.) (Décr. GAT). *Vign.* I, 143. LAW *Bic.* (52). Le nom d'**Aleatico** serait plutôt donné, dans la CAPITANATE, au **Negro amaro** ou **Lacrima**. En PIÉMONT, on cultive en général sous le nom d'**Aleatico** le vrai **Aleatico** de TOSCANE.

Aleatico de CORSE. *Bic.* M'a paru identique à l'**Aleatico** de TOSCANE.

Aleatico de POJANO. Ac. décr. 223 parmi les raisins du VERONAIS.

Aleatico d'ESPAGNE? AC.

— **Facinelli.**

— **gentile.** Je le crois id. au **commun.**

— **lungo.** *J. Bot* NAP.

Aleatico ou **moscatele livatiche**, nom donné par CRESC.

Aleatico nero (AC. décr. 137). Parmi les raisins de ROME. Décrit par le Com. agr. de FLORENCE, (décr. INC.) (Décr. GANDI.) (Décr. AZELLA).

Aleatico nero. FERMO. MARCHES (AC. décr. 123). *Bic.* (55)? *Boll. amp.*, I, II.

Aleatico rosso. RIMINI. AC. 297. Peut-être id. à l'**Aleatico ciliegino?**

Aleatico sciolto?

— **tondo.** *J. bot.* NAPL. *Bic.* Différent de celui de TOSCANE.

— **vellutato.**

Alemagna? Exp. AL.

Alemanna nera. *J. bot.* NAPL. FRO.

Alep noir. SYRIE. *Cat. Bur.*

Aleppo. Doit être syn. de **Morillon panaché.**

[**Aletha.** (B.) V. amér. (*Vit. Labrusca*), jus presque noir, goût foxé.

Alexanderii d'America? *Pép.* Je trouve dans les notices de GARNIER-VALETTI: grains ovales, peu serrés, rouge foncé ; grappe subcylindrique.

Alexander's. V.am. du genre *Labrusca*, PLANC.

Alexandrie noir. DOUBS. VIV.

Alexandrinische Frontignac. *Pép.* Syn. de **Moscatellone** ou **Muscat d'Alexandrie.** En Angleterre principalement, le mot **Frontignan** signifie **Muscat.**

Alfoldy. TISSA. OD., 318. Syn. de **Bakator.** Vigne blanche hongroise. Id. à la suivante.

Alfoldytraube weisse. H. GOET.

Alger. *Cat.* LUX.

Algiana de CHIARI. D'après l'album ampélographique de la PROV. de TRÉVISE, c'est peut-être la **Luglienga** du PIÉMONT.

Algnenga. Voyez **Luglienga.** Nom donné improprement par AC., 78 et 86, qui en décrit plusieurs espèces.

[**Alicante Bouschet.** Semis de M. H. BOUSC. en 1855; hybride, comme les suivants, du **Grenache** et du **Petit Bouschet.** Vigne à jus rouge, extrêmement coloré; vin de bonne qualité. Variété très-fertile.]

[**Alicante Bouschet à feuilles découpées**; variété du précédent, grains plus petits, à jus rouge ; grappes nombreuses, mais un peu dégarnies.]

[**Alicante Bouschet à grains oblongs,** à jus rouge et très-hâtif.]

[**Alicante Bouschet à sarments érigés,** remarquable par son port; raisins moyens, nombreux, à jus rouge; bon vin.]

[**Alicante Bouschet précoce,** mûrissant aussitôt que le **Pinot,** à jus très-coloré, pouvant convenir à la région du Nord. Bon vin.]

[**Alicante Bouschet tardif,** ressemble, par son feuillage, à l'**Alicante Bouschet, à feuilles découpées;** mûrit à la 3me époque.

Alicante d'Espagne. OD., 510. Nom donné dans divers départements de la France méridionale au **Granaxa** d'Aragon et employé aussi comme syn. de **Mourvède** en ANDALOUSIE. OD., 462. Dans le département de TARN-et-GARONNE, ce nom est donné au **Grec rouge.** OD., 552. Sous ce nom j'ai reconnu aussi le **Granaccia** à VERZUOLO, dans un ancien couvent de capucins, maintenant église paroissiale. *Bic.* (33.) A l'Exp. d'ALEXANDRIE, il était id. au **Grenache.** Dans nos pays, il est aussi employé comme syn. de **Grenache.** BAB. décrit le *weisser* et le *blauer*, c'est-à-dire le blanc et le noir.

Alicante Barletta. Syn. de **Zagarese.**

— **gros blanc.** *Cat.* BUR.

— **preto.** ESPAGNE. Syn. de **Cornichon.**

Alicante rose. Cité par GUY. parmi les vignes de l'Ariége.

Aligoté blanc. BOURGOGNE. *Bic.* (12.) *Vign.* II, 3. Appelé aussi **Melon** et **Giboulot blanc.** Ce raisin se montre d'une grande fertilité dans une plantation que j'en ai fait à ROVASENDA (HAUT-NOVARAIS). Dans quelques localités de la vallée de SUSE, il est cultivé sous le nom de **Carcairone blanc.** Je dois faire remarquer que le comte OD. en a parlé dans les deux premières éditions de son *Ampélographie,* mais il n'en dit plus rien dans la troisième, comme si cette vigne ne méritait pas d'être citée. Je trouve cette espèce meilleure que le **Gouais** le **Gamet blanc** et autres variétés.

Alionga au lieu de **Alionza** se trouve par erreur dans le catalogue d'INC.

Alionza bianca. BOLOGNE. Une des meilleures espèces pour le vin, d'après les renseignements qui m'ont été fournis par le comte C. BIANC., grand amateur de viticulture.

Alisio bianco. ASTI. *Bic.* (11.)

Alkerbnistraube. H. GOET.

[**Alkermes blanc.** Ident. au **Frankenthal** (BOUSC.).]

Alkermes rosso. *Pép. Bic.* Je l'ai trouvé id. au **Feldlinger rose.**

Alkermes piccolo (*petit Alkermès*).

[**Allabadia.** *Cat.* LUX. Pour **Abbadia.** Raisin blanc de cuve.]

Allemand. OD., 304. Syn. de **Burger.** BAB. place **Allemand** et **Burger** parmi les syn. de **Elben** ou **Elbling.** ST. et d'autres auteurs en font autant.

[**Allems.** *Cat.* LUX. Sans doute pour **Allen's hybride.**]

Allen's hybride. AMÉRIQUE. Raisin blanc qui dérive, croit-on, du **Chasselas** et de l'**Isabelle?** Il est précoce et n'a pas le goût de fraise ou *foxé,* comme disent les Américains. [non résistant, d'après PLANCHON].

Alliana bianca de LOMBARDIE et VÉNÉTIE. FRO.

Allianico. ABRUZZES. Voyez **Aglianico.** Je ne crois pas à l'identité de ce cépage avec l'**Aleatico toscan,** ainsi que je l'ai vu dans quelque ouvrage ampélographique.

Allicots ou **Plant d'Alicoc.** FRANGY. SUISSE. OD., 297.

Alma-isium. OD., 581, le dit synonyme de **Rosa Reveliotti ??**

[**Alma noir.** Semble le **Pinot noir** (BOUSC.)]

Almandis. *Cat.* LUX. AC. *J. bot.* GEN.

Almaria *Cat.* LER. *Sem.* Voyez **Almeria.**

Almeria. ANGERS. Obtenu de semis par MOREAU. Raisin de table blanc.

Almunecar. ESPAGNE. A pour syn. **Longa**, **Uva de Pasa**, etc. Raisins blancs, oblongs, à grains espacés. Sert à faire le raisin sec de Malaga, et comme tel se vend le double des autres raisins. ROX.

Almunecen ou **Largo bianco**. MALAGA. ESPAGNE. Grappe à grains peu serrés. Raisins oblongs, durs. Ingénieur MARSICH. *G. V. V.*, II.

[**Alsembergii**. *Cat.* LUX. Voyez **Elsinburg**.]

Altessa bianca. Voyez **Altesse**.

Altesse blanche de CHYPRE (SAVOIE). *Bic.* On suppose qu'elle a été importée d'ORIENT du temps des croisades. [L'**Altesse blanche** de la SAVOIE est syn. de **Roussette haute**. (TOCH.).]

Altesse verte (SAVOIE). Id. au **Vionnier vert** ou **Marclou**. TOHC. Voy. **Anet**. [L'**Altesse verte**, **Prin blanc**, est l'**Altesse** ou **Roussette haute** cultivée en treille et non le **Vionnier**, le **Marclou**. (TOCH.).]

Altramare. Raisin de SOSTEGNO (HAUT-NOVARAIS).

Altrugo. ROVESCALA, BOBBIO, VOGHERA. *Bic.*; id. au **Barbesino bianco**.

Alvano nero ou **Montonico**. PROV. NAP.

Alvarelhao. Ecrit ainsi par M. PUL., qui conteste son indentité avec le **Portugieser**, dans le *Vignoble*, en s'appuyant sur l'autorité de M. VILLAMAJOR, portugais. *Vign.* I, 181. [L'**Alvarelhao** ou **Alvarilhao** n'est pas du tout syn. du **Portugais noir**; c'est un cépage tout à fait différent. (PUL.).]

Alvarilhao. OD., 519 le dit syn. de **Portugieser**. *Bic.* (2).

Alvese bianco. TURI (POUILLES). MEND. *Bic. Cat* LUX., AGAZ. *G. V. V.* Grappes longues, ouvertes; raisins ronds, peau délicate. Maturité tardive. Donne un vin spiritueux, de couleur dorée.

Alvey noir. (*Æstivalis*). AMÉRIQUE. PUL. *Cat.* SIM. L. [Ne paraît pas être un *Æstivalis* pur, mais bien un hybride d'*Æstivalis*. Donne un bon vin. EC. MONTP.]

Alvino bianco d'après l'avocat CONSOLE, ou **Uvese** ou **Olivese**, est un raisin qui a beaucoup de tannin et d'âpreté.

Alvino verde. BARLETTA. Voyez **Verdeca**.

Amabilis. Syn. de **Nascu** (MORIS, *Fl. Sard.*).

Amadon. *Cat.* SIM. L. Raisins blancs.

Amadon blanc. CHARENTE-INFÉRIEURE. VIV.

Amanda. V. amér., espèce de *Labrusca*. PLANC.

Amandorla ? Exp, AL.

Amarat ?. *Cat.* LUX.

Amaro nero. BASELICE, BÉNÉVENT. Voy. **Amoroso**.

Amaroguscia. Décr. AGAZ. *Bic.* Cité parmi les raisins fins de SASSUOLO (MODÈNE).

Amarot. LANDES. VIV. PICC. Beau raisin noir, mauvais pour faire du vin, mais bon pour la table, de maturité tardive. *Bic.* (27) (31).

Amatora. *Cat.* descriptif de PUL.

Amber muscadine. Syn. de **Chasselas** de FONTAINEBLEAU.

Amboucla *Cat.* LUX.

Ambra ou **Erbalus ?** LANGHE, MONTICELLI.

Ambrosia. *Cat.* LUX. *Pép.*

Ambrostine (TOSCANE) ou **Abrostine ?** MEND. *Cat.* LUX. Le baron MEND la croit identique à la **Lambrusca** de SORBARA.

Ambrusco. MEND. Voyez **Lambrusca ?**

Ambrusco rosso toscan. Voyez **Lambrusca ?**

[**Amella**. Semis de VIBERT, d'ANGERS. Raisin noir, peut-être issu du **Gros Ribier**. (BOUSC.)]

Amella bianca raisin de cuve. C. BRON.

[**Amellal el Adare**. AFRIQUE. Raisin blanc à gros grains (BOUSC.).]

[**Amellal tasservant**. (BOUSC.).]

Americana. Exp. AL. *Bic.* On distingue le plus souvent sous ce nom générique l'**Isabelle**, qui est la vigne américaine la plus répandue.

[**Aminia**. (B). V. amér. hybride; probablement le n° 39 de ROGER.]

Amoroso bianco. BÉNÉVENT. Décr. BULLET, ampélographe italien.

Amoroso nero. BÉNÉVENT, ou **Amaro** ou **Morese**. Décr. BULLET, ampélographe.

[**Amoureux**. Syn. du **Rulander** américain].

Ampollana nera. Décr. AL.

Ampreau. *Cat.* LUX.

Amri weisse. H. GOET.

Amsonica. PICC. Beau raisin blanc de table qui m'a paru identique à l'**Insolia** ou **Calabrais blanc**. Il faudra le confronter avec l'**Anzonica** des PROV. NAP.

[**Amurensis**. (*V. amurensis*) MAXIM. de l'ASIE ORIENTALE (fleuve AMOUR); dioïque, a mal végété jusqu'ici à l'École d'agriculture de Montpellier; a péri du phylloxera chez M. Reich, à Armeillières, près Arles (Bouches-du Rhône); se rapproche assez du type *V. vinifera*. EC. MONTP].

Anadasauli noir ou **Andasaouli** du CAUCASE. PUL. *Bic.* (48). Id. à l'**Oktaouri**. Raisin de peu de mérite qui ne convient pas à nos cultures.

Ananas ou **Isabelle** d'AMÉRIQUE. Décr. AGAZ.

Anascetta. PROV. de CUNEO (*Ann. Vit. En.*, 14).

Anatolische bianca. GRÈCE. H. GOET.

Andrà. INC. Vient par corruption de **Neretto**, savoir : **Neret**, **Neré**, **Anré** et **Anra** ou **Andrà**. Tous ces noms sont employés selon les différentes localités.

Andrani ?

André ou **Anneré**. Décr. AL. Syn. de **Neretto** de MARENGO.

Andreouli nera. PERSE. Raisin de table et de cuve.

[**Aneb Dequer** *(Raisin mâle)*. C'est d'après M. L. BEYS. *(Mess. agr.* XIX, 417 la **Lambrusque algérienne**. Fait beaucoup de fleurs, mais la fleur coule et ne retient pas.]

[**Aneb el Attari**. *(Le raisin de vente)*. ALGÉRIE Décr. L. BEYS, *Mess. agr.* XIX, 422. Deux variétés, l'une blanche, l'autre noire; ce cépage ressemble à une vigne sauvage.]

Anèche. ISÈRE. Id. au **Pelourseau**.

Anet. ISÈRE. Syn. de **Vionnier**. Pourtant PUL. le dit syn. de **Maclou-Côte-Rôtie**, lequel serait, d'après lui, différent du **Vionnier**.

Angela. SOD. et Alb. T. Peut-être id. à l'**Angiola**.

Angelico. OD., 138. GIRONDE. Syn. de **Musquette** ou **Guilhan muscat**.

Angelina.

Angelina bianca. *Exp.* de LUCQUES, 1877. Grains ovales.

Angers noir hâtif. *Cat.* LER ou. **Angers noir précoce**. *Bic.* Voy. **Noir précoce d'Angers**.

Angers rouge hâtif. *Cat.* LER.

Angevin noir. AC., 326. *J. bot.* GEN.

Angiola bianca. BOLOGNE. Un des meilleurs raisins pour la table, se conservant bien pendant l'hiver.

Anguur-ali-dereci. PERSE et ARMÉNIE. OD., 432, 586. Vigne des environs d'ISPAHAN (PERSE), dont les grappes délicieuses ont une longueur de 40 à 50 centimètres et les raisins noirs, gros comme les prunes de l amas. **Anguur** veut dire raisin.

Anguur asii. PERSE et ARMÉNIE. OD., 585. Donne du vin moins estimé que ses homonymes; toutefois Kempfer l'a trouvé si bon, après l'avoir goûté, qu'il le compare au vin d'Hermitage. Son raisin est noir.

Anguur Askery. PERSE et ARMÉNIE. OD., 586. Raisins blancs, très-petits et très-doux.

Anguur Atabeky. PERSE et ARMÉNIE. OD., 586. Vigne blanche des plus estimées pour la bonté de son vin.

Anguur Chahamy. PERSE et ARMÉNIE. OD., 585. Raisin noir; donne du bon vin.

Anguur Hallagueh. PERSE et ARMÉNIE. OD., 586. Remarquable par la grosseur et la longueur de ses raisins, sans pepins et noirs.

Anguur Kismisi. Id. à la **Passaretta bianca**.

Anguur Maderpetcheh. PERSE et ARMÉNIE. OD., 586. Grappe constamment composée de raisins blancs gros, mêlés à de petits.

Anguur rich baba. PERSE et ARMÉNIE. OD., 432. Vigne d'ISPAHAN dont le nom fait allusion à la forme cylindrique et entourée de ses raisins blancs très-gros. Ils sont très-doux, très-agréables et sans pepins. Ce cépage est cultivé en CRIMÉE sous le même nom.

Anguur Samarkandi. PERSE et ARMÉNIE. OD., 585. Sert à la fabrication du vin de SCHIRAZ; raisin noir.

Anguur tebrizy. PERSE et ARMÉNIE. OD., 586. Ses grappes à raisins longs, noirs et souvent sans pepins, se conservent très-bien.

Ani Sowoi. *Cat.* LUX.

Anna bianca. Espèce de *Labrusca*. AMÉRIQUE. PLANC. *Cat.* SIM.L. Maturité précoce.

Anneré. ALEXANDRIE. Voyez **Neretto de Marengo**.

Anoué. SALUCES. *Bic.* Raisin noir de cuve, cépage fertile; id. à **Antom**.

Anrà nostrano. AC. décr. 105. Signifie **Neretto**, dont le nom a été altéré dans la PROV. d'ALEXANDRIE.

Anrà buono. AC. décr. 105.

Anrà français. AC. décr. 114.

Ansorie. SOD. TOSCANE.

Ansonica bianca. Très-cultivée dans l'ILE D'ELBE. L'**Ansonica del giglio** *(du lis)*, que j'ai vue dans le jardin de la Société d'agriculture de FLORENCE était le **Trebbiano**.

[**Antartica (Vit. Antartica)**. BENTH. de l'AUSTRALIE. Syn. de **Cissus antartica**. N'est pas une vraie vigne.]

Antibo. SALUCES. Gros raisin noir qui a été introduit à SALUCES; grappe très-cassante. *Bic.* (43), Raisin de table.

Antiboulen. OD., 418. Syn. de **Tibouren**.

Antom ou **Raisin d'Antom**. CASTIGLIONE (SALUCES). Raisin de cuve, très-fertile. *Bic.* (12.)

Antonia. *Cat.* LER. Raisin noir de table.

Antonius rebe. Raisin noir de table. *Cat.* C. BRON.

Antournerin. ISÈRE. Syn. de **Sirah**, d'après PUL.

Antrita nera. EBOLI. PROV. NAP.

Anvernat blanc? *Cat.* LER. au lieu de **Auvernat**.

Anzonica nera ou **Inzolica** et peut-être **Insolia**. PROV. NAP.

Apasulo nero. PROV. NAP.

Apesorgia bianca. SARDAIGNE. MEND. Décr. INC. *Bic* (34). Appelée aussi **Regina**. Dans la *Fl. sard.* a pour syn. **Laxissima**. Je la crois id. à la **Bermestia bianca**.

Apesorgia nera. SARDAIGNE. MEND. Décr. INC. *Bic*.

Apesorgia niedda. SARDAIGNE. MEND. Raisins rougeâtres ou noirs, oblongs (*Fl sard.*), pour la table. Je la crois identique à la **Bermestia**

la table. Je la crois identique à la **Bermestia violacea**. *Bic.* (38).

Apiana des anciens qu'on croit être le **muscat blanc** commun. AC., 270.

Apographie ? GRÈCE. SCHMIDT., H. GOËT.

[**Appesargie**. SARDAIGNE. *Cat.* LUX. Voy. **Apesorgia**].

Aprafer et **Aprofeher**. SYRMIE. Syn. de **Klein weiss**, d'après H. GOET.

Appretadilla. *Cat.* LUX.

Apro Galamb. *Cat.* LUX. [Raisin blanc].

Aragonais. Nom donné au **Granaxa** dans les vignobles de MADRID. OD., 510.

Aragonèse. *Cat.* LUX. [C'est le **Morastel** à petits grains. (BOUSC.)]

Araignan blanc. Syn. de **Ulliade blanche** dans le département du Var, d'après M. PELL. J'en ai pris la description en PROVENCE, à VILLELAURE, sous la dictée de M. PUL.

Araignan noir ou **Aragnan sec**. PUL. VILLELAURE (PROVENCE). Vu par moi et décrit sur les lieux.

Aramangius ? Voyez aussi **Arremangiau**, raisin de SARDAIGNE.

Aramon. MIDI DE LA FRANCE. BOUSC. *Vign.*, I, 105. Dess. et décr. par RENDU. Décr. par MARÈS. *Bic.* (36.) C'est le raisin noir de cuve le plus productif du midi de la France. D'après le calcul du docteur GUYOT, il arrive à produire jusqu'à 5 litres de vin par chaque cep, en moyenne, dans les terrains les plus fertiles, à CONGÉNIES (VAR). Aramon est le nom d'une petite ville du Gard, sur le Rhône. [Supporte bien la submersion dans l'HÉRAULT, le GARD et les BOUCHES-DU-RHÔNE; réussit bien greffé sur le **Clinton**.]

[**Aramon Bouschet**. Hybride à jus rouge, semis de M. H. BOUSCHET, qui cultive sous ce nom deux variétés, le n° 1 et le n° 2.]

Arancina ?

Aranka formint. Syn. de **Kolner rother**. H. GOËT.

Aratalao. SARDAIGNE. *Pép.* Voyez **Arratalau**.

Arayon. *Cat.* LUX.

Arbanne blanche. AUBE. GUY. III, 96. Donne de bons vins, tantôt secs, tantôt mousseux.

Arbara. HAUT-NOVARAIS. PIÉMONT.

Arbaraissu bianca. SARDAIGNE. *Bic.* PERRIN. M'a paru id. à l'**Arbixedda**, si toutefois on m'a donné la véritable vigne de ce nom. Je crois qu'on l'a aussi appelée **Regina bianca**.

Arbese. POUILLES. Syn. de **Negro amaro**. *Bic.*

Arbixedda bianca. SARDAIGNE. *Bic.*(48). PERRIN.

Arbois blanc. (*Voy.* aussi **Orbois**). *Cat.* LUX. Dans la HAUTE-SAÔNE est syn. de **Poulsard blanc** ; dans le LOIR-ET-CHER est syn. de **Meslier**. Dans quelques catalogues, le **Rais. d'Arbois** est synonyme de **Chasselas** de FONTAINEBLEAU.

Arbois noir. *Cat.* LUX. HAUTE-SAÔNE (FRANCE) *Cat.* SIM. L.

Arbonne. *Cat.* LUX. AC., 329. *J. bot.* GEN. Syn. de **Meslier** dans le département de la HAUTE-MARNE. Voyez aussi **Arbanne**.

[**Arborea** (*V. Arborea*) WILD. Syn. **Ampelopsis bipinnata**. N'est pas une vraie vigne]

Arbst blauer. Dans l'OBERLAND BADOIS principalement est synonyme de **Pinot**, d'après A. *Bic.* Décr. GUY. MEND. BAB. ST.

Arbumannu ou **Albumannu**. SARDAIGNE. (MORIS, *Fl. sard.*). Syn. **Robusta**. Me paraît un des meilleurs raisins de table de SARDAIGNE.

Archina. HAUT-NOVARAIS. PIÉMONT.

Arciprete bianca. COLLINES ROMAINES.

Arella de LOMELLINA.

Arenone. *Cat.* INC. Raisin blanc de table. *Bic.* (31).

Aretoian bianco. Décr. INC. Ce doit être **Aratalau** ou **Aretalau**. *Bic.* Voy. **Arratalau**

Aretolan nero. SARDAIGNE. Décr. INC.

Argant noir. *Cat.* LUX. VIV. *Vign.*, II, 35. Feuille glabre grande, sinuée ; grappe au-dessus de la moyenne, conique, ailée, peu compacte ; grains moyens noirs qui mûrissent à la seconde époque (d'après PUL.) A été aussi décrit par M. ROUGET parmi les vignes du JURA. Syn. de **Gros Margilien**.

Argelen ou **Argelene**. Syn. de **Olivette de Cadenet**. VAUCLUSE. PUL.

Argentin bianca. *Cat.* C. BRON. WIESLOCH *Cat. descr.* PUL. Raisin blanc de table. Grains ronds.

Argitis minor des Romains. SPRENGEL présume que c'est le **Riessling du Rhin ?**

Arridu di gaddu. SICILE. MEND. Serait id. au **Pizzutello**. [Id. avec le **Pizutello di Roma**, le **Crochu de Provence**. (BOUSC.)]

Arillo nero. PROV. NAP.

Arimtalou. *Bic.* Serait syn. de **San Antoni** (d'après MAR., si je ne me trompe).

Arione. HAUT-NOVARAIS (PIÉMONT).

[**Arizona** ou *V.* **Arizonica**. PLANC. V. amér. Douteuse en tant qu'espèce].

Arlandino. ALEXANDRIE. Feuilles glabres ou presque glabres en dessous, trilobées, tachées en rouge en octobre. Grappe tantôt pyramidale, tantôt ailée, agglomérée ; raisins noirs bleus, moyens, ronds, beaux ; pédicelles rouges.

Arlecchina ou **Bizzarria**. VOGHERA. Voyez aussi **Bizzarria**.

Arminio. Soc. agr. de ROVERETO.

Armurensis. J'ai trouvé le **Feldlinger** sous ce nom chez BURDIN.

Arnasca. Vallée de SUSE. Raisin blanc. Décr. Chev. NASI.

Arnavassa. HAUT-NOVARAIS (PIÉMONT).

Arneis. CORNEGLIANO D'ALBA.

Arnoasca. HAUT-NOVARAIS. Probablement id. à l'**Arnavassa**.

Arnois rouge. Coll. DORÉE. MEND.

Arnoison blanc. Syn. d'**Epinette** ou **Morillon**, ou de **Pinot blanc**, dans l'INDRE-ET-LOIRE. OD., 184, 272. *Bic.* (3).

Arnoison rouge. INDRE-ET-LOIRE, GANIER. *Bic.* GUY. II, 655.

Arnold's. Syn. de plusieurs raisins. Nom à abandonner pour ne pas faire de confusions. [Ce mot doit toujours être suivi de celui d'*hybride* (**Arnold's hybride**, *hybride d'Arnold*), pour désigner l'origine de plusieurs raisins qui sont dus à cet habile semeur. (PUL.).]

Arnopolo nero. PROV. NAP.

Arratalau. MEND. décr. INC. et **Arratellau**; raisins blancs, ronds? Peau d'une grande finesse. *Bic.* 31? 15? — Quelques marcottes m'arrivèrent de SARDAIGNE un peu mêlées, en me laissant quelques doutes sur l'exactitude des noms qu'elles portaient; parmi elles était l'**Arratalau**. MORIS, dans la *Flora sardoa*, l'appelle **Pelluscens**; d'autres, **Tralucente**. Un raisin identique à celui-là me fut vendu par des pépiniéristes sous le nom de **Perle Blanche**. Je l'ai aussi trouvé dans les vignobles de BUSCA et CARAGLIO (CUNEO), sous les noms de **Valentino** et de **Vermentino bianco**.

Arratalau nero. SARDAIGNE. Décr. INC.

Arreflat. *Cat.* LUX.

Arremangiau et **Aramangius**. SARDAIGNE. MEND. MORIS. Syn. **Speciosa** et aussi **Vistosella bianca**. *Bic.* (48). [Écrit **Arramungiau** dans le *Cat.* LUX.]

Arrobal. ESPAGNE. Raisins moyens, rouges, olivoïdes. ROX.

Arrot. AMÉRIQUE. VIV.

Arrouya. OD., 494. PYRÉNÉES. (*J. de V. P.*, IV, 511) *Bic.* GUY., 352, l'appelle **Aroyat**. Bon pour la cuve et pour la table.

[**Arroya blanc**. *Cat.* LUX. Voy. **Arrouya**].

[**Arroya noir**. *Cat.* LUX. Voy. **Arrouya**.]

Arsadora nera. PAVIE.

Arseise bianca. Décr. AL. Est aussi de la PROV. de CUNEO.

Arsenica di giglio?

Arsetto. Nom donné, on ne sait comment ni pourquoi, à un raisin présenté à l'Exp. d'ALEXANDRIE comme raisin français de l'HERMITAGE.

Arteminonero ou **Artimino**. MODÈNE et PARME. Décr. AGAZ.

Artimino bianco. Vigne de la VALTELINE. *G. V. V.*

Arunenta. HAUT-NOVARAIS (PIÉMONT).

Arvina. PETRALIA. *Bic.* (47). MEND.

Arzese.

Arzioli veronese. AC., 241, décr.

Aschgraue traube. HONGRIE. Syn. de **Hamvas**. H. GOET.

Ascera nera. CONEGLIANO. *Alb.* T.

Asctate. OD., 499. Vigne des PYRÉNÉES FRANÇAISES.

Asctate saumé. *Cat.* LUX. [Nom défiguré de l'**Estaco saumo** (BOUSC.).]

Aserat. Syn. de **Rulender** ou **Burgunder**, d'après H. GOET.

Askari roth. RÉGIONS CAUCASIQUES. Raisin de table et de cuve. SCHARRER cité par H. GOET.

Asma. *Cat.* LUX.

Asmannshæuser rother. Syn. de **Burgunder** ou **Pinot gris**. ST.

Asperogia nera. Lisez **Apesorgia**.

Aspiran blanc. Midi de la FRANCE. *Bic.* Id. à **Piran** ou **Spiran**. ASPIRAN est un bourg de l'HÉRAULT.

[**Aspiran Bouschet**. Semis BOUSC. à jus rouge].

Aspiran gris. *Bic.* (48). D'après PUL., le **gris** et le **noir** ont les mêmes caractères; le **blanc** est différent.

Aspiran noir. *Bic.* (48). Raisin de table et de cuve.

Aspiran violet. *Bic.* Le même que le noir.

Asprigna. AC., 306, cite cette vigne parmi celles des environs de NAPLES. Mis peut-être à la place de **Asprino**.

Asprinio. BASILICATE. CAMPOMAGGIORE. MEND. *Bic. G. V. V.*, 147.

Asprino bianco. MEND. *Bic.* (47). Cultivée dans les POUILLES (*Ann. Vit. En.*, IV, 224).

Asprino biànco (LECCE), ou **Ragusano**, ou **Olivese**. *Amp. Pugl.*

Asprino nero. LECCE. De cuve et de table. *Bic.* (43). Très-répandu. MEND.

Assyrischer weisser. Syn. de **Pis de chèvre blanc?** DITTRICH.

Astigiana?

Ataubi. GRENADE. Gros raisins verdâtres. ROX.

A tre colori (*à trois couleurs*) ou **Bizzarria** *Pép.*

Attigno bianco ou raisin de Saint-Pierre. POUILLES. Raisin précoce, croquant, mûr en même temps que le muscat.

Aubain. *Cat.* LUX. OD., 256, l'écrit **Aubin**. FRANCE ORIENTALE (MEUSE. MOSELLE).

Aubin blanc ou **jaune**. MAGNY (MOSELLE). Anciennement cultivé à BRIOUDE. Il sera nécessaire de décider si l'on doit écrire **Aubain** ou **Aubin**.

Aubin vert. Le comte OD. dit qu'il doit être distingué du **jaune.** L'**Aubin** est un cépage vigoureux; il a des feuilles très-rugueuses ou tourmentées, un peu cotonneuses en dessous. Grappes hâtives avec des raisins ronds, dorés, très-sucrés, excellents.

Aubier franc blanc. *Cat.* LUX. OD. le dit syn. de **Couloumbaou,** à RIEZ, près MARSEILLE.

Aubier vert. BASSES-ALPES. GUY., 57.

Aubrais. *Cat.* LUX.

Aubray blanc. VENDÉE. *Cat.* BUR.

Augellina.

Augibi ou **Passerille noire,** dans le GARD (FRANCE). OD., 362. *Bic.*

Augibi blanc. *Bic.* et aussi **Jubi.**

Augibi muscat (HÉRAULT). Syn. de **Muscat d'Alexandrie** ou **Moscatellone.**

Augster. ST. *Cat.* LUX. OD., 327.

Augster weisser. Syn. de **Malvasier weisser Früher?** Décr. MUL.

Augustaner (TRANSYLVANIE et ALLEMAGNE). Syn. de **Luglienga** et non de **Agostenga.**

August clewner. Syn. de **Pinot Madeleine.**

Augustine. HAUTE-VIENNE. GUY., II, 140.

Augustiner. Si je ne me trompe, ST. le dit syn. de **Feuille ronde,** nom avec lequel il paraît indiquer un **Pinot?**

Augustiner. A GRATZ, syn. de **Pinot Madeleine.** BAB.

August Pioneer. V. amér., genre *Labrusca.* PLANC.

Augustraube. BAB. En ALSACE serait syn. de **Pinot Madeleine** ou **Ischia.** ST. le cite aussi comme un des synonymes du **Pinot.**

Augustraube weisse. Serait identique au **Sylvaner,** en ALLEMAGNE.

Augwik. Raisin noir d'AMÉRIQUE. PLANC., 192. [C'est un *Cordifolia.*]

Auretta. AC., 100, le décrit parmi les raisins de VALENZA (PIÉMONT).

Ausonia.

Austera. Syn. de **Vernaccia** (*Fl. sard.*) ou **Carnaccia** ou **Varnaccia.** *Bic.*

Austriaco bianco. Soc. agr. de ROVERETO.

Autuchon (Arnold's). Vigne hybride AMÉRICAINE à très-beau fruit blanc, qu'on croit issue d'un **Chasselas** et du **Clinton.** *Cat.* SIM. L. [Très-vigoureux à sa troisième feuille à l'Ec. d'AGR. de MONTP. Résistance néanmoins incertaine. (FOEX).]

Auvergnant blanc. Je le crois id. au **Pinot blanc.**

Auvergnant grigio pour **Auvernat gris.**

Auvergnant nero. Doit être le **Pinot noir.**

Auvernat blanc. OD., 184. Syn. de **Epinette blanche** ou **Pinot,** dans le HAUT-RHIN, le LOIRET et le LOIR-ET-CHER. GUY., II, 689.

Auvernat gris. MOSELLE. Syn. de **Pinot gris.** OD., PUL.

Auvernat gris de Dornot. LOIRET, INDRE-ET-LOIRE. Syn. de **Pinot gris ?** PUL. le considère comme une variété à grappe moins compacte. OD., 178. *Bic.*

Auvernat noir. HAUT-RHIN. LOIRET. LOIR-ET-CHER. OD., 171. Syn. de **Pinot de Ribeauviller** de RENDU. Dans la NIÈVRE serait syn. de **Troyen,** d'après GUY., II, 689, et III, 173. OD. en fait un grand éloge.

Auvernat teint noir. C'est, je crois, le **Teinturier.**

Auxerras blanc. MOSELLE. Syn. de **Epinette** ou **Morillon, blanc.** OD., 184.

Auxerrat. MOSELLE. Serait-il syn. de **Pinot gris?** OD., 177.

Auxerrois et **Auxois.** Tandis qu'il est syn. du **Cot de Touraine,** dans le territoire de CAHORS (LOT), GUY., II, 26, il est dans la MOSELLE syn. de divers **Pinots.** GUY. critique la taille courte qu'on donne à cette vigne dans le département du LOT.

Auxerrois et **Auxois blanc.** MOSELLE. Syn. de **Epinette de la Champagne.** OD., 255. GUY. lui donne aussi comme syn. **Ericey.**

Auxerrois de Dornot. MOSELLE. Variété? de **Pinot gris,** qui a des grappes plus claires et est meilleure que l'**Auxerrois** et **Auxois gris** et que le **vert.** OD., 256.

Auxerrois du Mans. PUL. le dit identique au **Cot.** La plante que j'ai reçue sous ce nom ne m'a pas paru exactement semblable au **Cot de Bordeaux.** *Bic.* (12).

Auxerrois et **Auxois gris.** MOSELLE. Syn. de **Pinot gris.** OD., 255.

Auxerrois le fin. LOT. Syn. de **Cot à queue rouge.** OD., 238.

Auxerrois le gros. LOT. Est aussi syn. de **Cot** ou **Malbek.**

Auxerrois vert et **Auxois.** MOSELLE. Variété ? de **Pinot gris** plus productive, mais inférieure pour la vinification.

Auxois blanc-gris-vert. Voy. **Auxerrois.** Dans la MOSELLE, syn. de **Pinot,** et dans le LOT, syn. de **Cot.** OD., 177, 184, 225.

Avanà. Avanas et **Avanato.** Arrondissements de SUSE et de PIGNEROL. Raisin de cuve. *Bic* (II). Ce raisin produit les vins de CHIOMONTE qui enlèvent l'usage des jambes avant de porter à la tête, à ceux qui en boivent avec intempérance. Deux raisins différents sont cultivés sous ce nom : l'**Avanà** de CHIOMONTE est identique au **Varenne** des Français; celui de SUSE est différent et se classe (3).

Avanale. C'est ainsi que G. B. CROCE appelait l'**Avanà** à la fin de 1600.

Avané. SCIOLZE. Voyez **Avanà.**

Avarasto.

Avarena. SAN REMO. APRICALE. Peut être ident. au **Crovino** de FINALBORGO, du comte GAL.

Avarengo nero. PIGNEROL. SALUCES. Raisin de cuve et très-délicat pour la table. *Bic.* (15)? Dess. BON. (Les dessins de BONAFOUS sont déposés aux archives de la Commission ampélographique de TURIN).

Avarengo ramabessa. PIGNEROL. Ainsi appelé à cause de ses sarments habituellement divisés en deux. INC. décr. Je ne crois pas que ce soit une variété constante. [PUL., dans le *Vign.*, II, 187, donne le nom d'**Avarengo** à l'**Avarengo nero** ou **commune**, et à l'**Avarengo ramabessa,** qui ne sont pour lui que des variétés insignifiantes du même cépage.]

Avenà. PIGNEROL. INC. au lieu de **Avanà.**

Avillan et **Avilleran.** ISÈRE. Syn. de **Marsanne.**

Axina a tres bias. SARDAIGNE. Raisin de table. MEND.

Axina de tres bortas. Vigne de treille. Raisins noirs, oblongs (*Fl. Sard.*). A pour syn. **Trifera** ou **Uva di tre volte.**

Axina de Jérusalem ou **Hierosolimitana.** Raisins rougeâtres ou noirs, oblongs (*Fl. Sard.*) Pour la table.

Axinangelus ou **Axina de Angiulus.** SARDAIGNE. MEND. Vigne de treille. Raisins blancs, oblongs. A pour syn. **Serotina** dans la *Fl. Sard. Bic.* (47). M'a paru identique au **Crujidero** et à l'**Olivette de Cadenet.**

Ayme (Vigne d'). *Cat.* LUX.

Aygras. OD., 421. Syn. de **Bourdelas** ou **Brumestre.**

[**Ayio de Liebre.** *Cat.* LUX. ESPAGNE. Probablement de la tribu des **Panses.** (BOUSC.).]

Azulatraube blaue de CROATIE. TRUMMER. Raisin de cuve et de table.

B

Babonenc nero. NICE. Cette vigne, à entre-nœuds courts, m'a paru se rapprocher de la **Carignane,** autant qu'il m'a été possible d'en juger, à NICE même, où les plantes, souffrant de la sécheresse, ne présentaient pas tous les caractères normaux bien apparents. On m'a dit que cette espèce résistait un peu mieux que les autres au phylloxera.

Babotraube rothe. Décrit MUL. BAB. *Bic.* Syn. de **Malvoisie rose du Pô?** Voyez aussi **Rothe Babotraube.**

Babotraube weisse. BAB.

Baca. *Cat.* LUX. Raisin de l'ITALIE CENTRALE, probablement.

Bacarello. Raisin de l'OMBRIE.

Baccarina de BOLOGNE, d'après FRO.

Bacellona. TOSCANE.

Baccelluto bianco. PROV. SENESE.

Bacchera nera. BOLOGNE. Je la crois id. au **Baccarina.** Il y a aussi la variété blanche.

Bacheracher. AC., 321. *J. bot.* GEN.

Bacheracher traube. AC., 329. *J. bot.* GEN.

Bachsia ou **Fodscha** de la Tauride. OD., 581.

Baclan gros et **Petit Baclan.** JURA FRANÇAIS. MEND. PUL. *Bic.* (6). Excellent pour la vinification; réussit à la taille courte et sans soutien; la grappe mûre se conserve sur la plante sans se gâter. Convient beaucoup aux collines de SALUCES, à cause de sa précocité.

Badin. AC., 112, le décrit parmi les raisins de VALENZA. (PIÉMONT).

Badin (Plant de). HAUTES-ALPES. MEND. *Bic.*

Badino nero. ASTI. *Bic.* (Décr. INC.). Je le crois identique au **Croetto** et à la **Lambrusca** d'ALEXANDRIE.

Badischuri. Vigne du CAUCASE. *Cat.* SIM. L.

Bœzinger. FRIBOURG. Syn. de **Salviner.** ST.

Baffa. VAL SUGANA. TRENTE. AC., 302.

Bagazzana nera. Citée parmi les espèces les plus productives de MIRANDOLE. MODÈNE (*G. V. V.*, vol. II, p. 58).

Baggialla.

Baggiana.

Bagoual. OD., 522. Vigne de l'île de MADÈRE, plus productive que le **Viduno** qui donne des vins plus doux, mais moins alcooliques. Voyez **Bual.**

Bakator de TOKAI. *Cat.* LER. [*Cat.* LUX. C'est le **Muscat noir de Hongrie** (BOUSC.).]

Bakator ou **Alfody.** HONGRIE et Comitat de BIHAR. Vigne qui fait un excellent vin blanc. D'après le comte OD., 318, il a des raisins ovales ou elliptiques, très-charnus et toutefois juteux. J'ai reçu sous ce nom une vigne, *Bic.* (15); mais c'est peut-être une erreur, car ses grains n'ont pas les caractères indiqués par le comte OD.; ils sont ronds.

Bakator Granat tzin. Beau raisin rouge, que le comte OD., 318, croit être une variété du précédent. *Vign.*, IV, 191.

Bakator. *Cat.* LUX.

[**Bakator rouge.** *Cat.* LUX. HONGRIE. Très-beau raisin, grain d'un beau rouge, saveur relevée comme celle de l'**Albourlah rose** (BOUSC.).

Bajonner en Alsace ? Serait, d'après BAB., syn. de **Farber.**

Balafant ou **Balafont.** Hongrie. Raisin blanc de table. OD., 314. *Bic.* (15). *Cat.* SIM. L.

[**Balafant blanc.** Hongrie. M. CARLOWITZ le classe parmi les **Malvoisie** et lui donne pour syn. **Féher Goher.** Le nom générique serait **Früher weisser Augster** (BOUSC.)].

Balafant? de Tokai. *Cat.* Lux. Serait semblable au précédent, puisque Tokai se trouve en Hongrie.]

Balaran grosso e piccolo. Arrondissement d'Asti. Décr. INC. Décr. AL. Raisin noir cultivé principalement à Rocchetta-Tanaro. Grappes pyramidales, ailées; grains sphériques; vin coloré. INC. Par erreur, je pense, la **Fresa** m'a été envoyée sous ce nom.

Balard d'août ? *Pép.*

Balau ou **Balaou.** Piémont. D'autres écrivent **Balauro.** Se vend en hiver pour la table, à Turin. *Bic.* (27). Raisin noir.

Balavrie blanc et **Balavrie du Pô ?** BAB. Grappe grosse ; raisins charnus, compactes.

Balavri noir. Italie. *Cat.* VIV. Ce doit être probablement le **Balau** [EC. MONT.].

Balcheri ? *Pép.* Piémont. Raisins verdâtres, à grains ronds, transparents.

Bal di Gaban. Casale Monferrato. MEND. prof. G. OTTAVI.

Baldwin le noir. Amérique. PLANC., 169. [*Id.* au **Lenoir** de BUSH, au **Devereux** et au **Black-July.** (FOEX).]

Balestra. Valenza. AC. décr. 115.—Décr. AL.

Bálint. Hongrie. Serait syn. de **Kleinweiss.** H. GOET.

Balkan rose (Raisin de). *Cat.* Lux.

Ballauro. Sciolze. C'est le **Balau** plus ou moins heureusement italianisé. J'ai pris note à la fin de 1866 des caractères suivants : grappe conique, raisins ronds ou presque ronds, à peau coriace ; ce qui correspond à la description du fruit qu'on vend à Turin.

Ballegatto. Saluces. *Bic.* Raisin de table, de maturité tardive. Ce cépage étant assez rare, je n'ai pas encore eu l'occasion de le voir en fruit.

Ballociora.

Ballociorone.

Ballon de Suisse. OD., 203. Syn. de **Tressot bigarré.**

Ballottona. Vicence. AC. décr. 219. D'après l'*Alb.* T., la **Ballottona** du Padouan serait identique à l'**Ascera** de Conegliano.

Balocchino. Syn. de **Abdona.** Décr. AL.

Balocchino nero. Lomelline.

Balousat. A Bordeaux est syn. de **Malbek** ou **Cot.** GUY., II, 51, le cite parmi les cépages de l'Aveyron et écrit **Balouzat.**

Balsac. *Cat.* Lux. Voyez **Balzac.**

Balsamea nera. Haute Italie. M'a paru identique à la **Bonarda** du Haut Novarais.

Balsamera. MEND. Prov. d'Alexandrie. Appelé aussi **Balsamira.**

Balsamina bianca. Décr. AL. Ce nom a été donné également au raisin **Biancame** dans la Prov. d'Ancone.

Balsamina nera. Cultivée dans l'Italie centrale, en Lombardie, et principalement dans la province de Venise et le Tyrol. AC., 251, la décrit parmi les vignes du Milanais. Décr. AL. Décr. INC. PUL. lui assigne une grappe moyenne, des grains moyens, ronds, peu compactes, assez noirs. *Bic.* (11.)

Balsamina nera. Fermo. Marches. *Bic* (48).

Balsamira. Fermo. Alexandrie. MEND. *Bic.* Voyez aussi **Balzemino.**

Balsamma ? Prov. de Pavie, *s'il n'y a pas une erreur calligraphique.*

Balschina. AC., 113. Variété ? de **Luglienga.** Je ne connais pourtant qu'une seule espèce de **Luglienga**, et, bien que j'en aie reçu souvent de localités différentes, je les ai toujours trouvées identiques.

Balsimina bianca. Macerata. Id. au raisin **Santa Maria.** Voy. dans le *Cat.* MEND. plusieurs syn. de la **Balsamina**, qui est peut-être un des raisins qui porte le plus de noms différents, mais que j'ai reçue identique de plusieurs régions éloignées les unes des autres.

Balstré. AC. décr. 116 parmi les raisins de Valenza. Id. au **Bastré.** Alexandrie. Raisin noir de cuve.

Balustre. Charente. OD., 153. Syn. de **Cognac.** Raisin blanc, à grains allongés, cité par GUY., II, 481.

Balzac. Syn. de **Mourvède.** C'est le cépage dominant parmi les vignes à raisin noir, dans la Charente-Inférieure. GUY., II, 458. Est aussi très-cultivé dans la Vienne. OD., 148 et 462. Ailleurs, le comte OD. paraît croire que le **Balzac** a les raisins plus gros que le **Mourvède ?** [**Balzac**, nom du **Mourvèdre** dans la Charente. L'auteur ajoute que le comte ODART paraît croire que le **Balzac** aurait les grains plus gros que le **Mourvèdre.** J'ai reçu du comte ODART lui-même le **Balzac** et je n'y ai trouvé aucune différence avec nos **Mourvèdres.** Du reste, quand l'arrondissement de Brignoles (Var) produisait encore du vin, ses **Mourvèdres** donnaient des grappes plus belles, des grains plus gros que ceux de l'arrondissement de Toulon, sauf ceux de Beausset (PELLICOT).]

Balzar. Ecrit ainsi par GUY. au lieu de **Balzac**, en citant les vignes de la HAUTE-VIENNE.

Balzellona. ITALIE CENTRALE.

Balzemino. CREMONE. AC., 43. Les variantes si nombreuses des mêmes noms engendrent une confusion telle, qu'on doit comprendre combien il est nécessaire de les écrire correctement et d'en choisir un comme principal : je proposerais celui de **Marzemino**.

Bambino bianco. PROV. MÉRID. DE L'ITALIE. MEND. Voy. aussi **Bombino bianco** et **Bommino** des POUILLES. *Bic.* (11). Donne de grands produits, mais de seconde qualité.

Bammerer. Cité par BAB. parmi les synonymes du **Trollinger noir.**

Bansa. BOLONAIS. CRESC. Fait de grandes grappes ; cultivé pour faire du vin.

Baragar *Cat.* LUX.

Baranti. AC. Décr. 179 parmi les vignes de TERMINI.

Barata Suha. *Cat.* LUX. [Raisins blancs moyens, très-serrés. (BOUSC.).]

Baraudo. ALEXANDRIE. Voyez **Balau.**

Barat-tzin-szœllo. OD., 316. Décrit par AC., p. 318, qui cite ce raisin rouge comme une variété du **Bakator.**

Barbaran ou **Balaran.** Pays d'ASTI. MEND. INC. *Bic.*

[**Barbaraffa.** *Cat.* LUX. Pour **Barbarossa**.]

[**Barbarassa rose de Naples.** *Cat.* LUX. Lisez **Barbarossa**.]

[**Barba-rosa.** *Cat.* LUX.]

Barbarina. AC., 299. Jardin de MONZA.

Barbarina bianca. BRIANZA. LOL.

Barbarossa. AC., 159, la décrit parmi les vignes des 5 terres, et à la page 259 parmi celles de TOSCANE. TRINCI la classe aussi parmi ces dernières.

Barbarossa à feuilles cotonneuses. C'est l'espèce de FINALBORGO, LIGURIE, dessinée et décrite par GAL., différente de celle du PIÉMONT et aussi de celle de TOSCANE. *Vign. Bic.* (44) (48) ?

Barbarossa à feuilles découpées Voyez **Barbarossa** du PIÉMONT.

Barbarossa Barletta. BARI et POUILLES (*Ann. Vit. En.*, IV, 224. Décrite parmi les raisins rouges dans l'*Amp. Pugl.*

Barbarossa di Cornegliano. ALBA. *Bic.* La même que celle du PIÉMONT.

Barbarossa di Favara. MEND. M'a donné un raisin noir ou noirâtre et des grains de raisins ellipsoïdes. *Bic.* (46). Je ne sais si c'est bien cette espèce que j'ai.

[**Barbarossa di Finale.** S'il n'y a pas eu erreur dans l'envoi de M. de ROVASENDA, cette vigne, très-différente de la **Barbarossa** du PIÉMONT et du **Barbaroux** de PROVENCE, m'a paru semblable au **Buon amico** de TOSCANE, dont le raisin est noir (BOUSC.) *.]

Barbarossa di Lucca. TRINCI décr. *Bic.* (16, 32). Différente de celle du PIÉMONT. Elle m'a donné des raisins qui se rapportaient exactement à la description de TRINCI. Je crois que c'est la **Barbarossa Toscana.** Elle est très-belle. C'est celle dont parle AC., 259.

Barbarossa di Ruggiero. *J. bot.* NAP.

Barbarossa nera ?

Barbarossa. *J. bot.* NAP. *Bic.*

Barbarossa ovale. On appelle ainsi celle du PIÉMONT et celle de la LIGURIE.

Barbarossa Piemontese rossa. Dess. BON. Décr. INC. La meilleure espèce, à mon avis. C'est un raisin exquis, élégant, pour la table, se conservant très-bien, et qui se vend à Turin, en automne et en hiver, beaucoup plus cher que les autres raisins. *Bic.* 38.

Barbarossa sarvaggia. Décr. par AC., 137, comme une mauvaise vigne de TERMINI (SICILE).

Barbarossa verdona. LIGURIE. OD., 552. Je la crois semblable à celle de FINALBORGO ; et, si elle reste de couleur verte foncée (**verdona**), c'est par quelque accident de culture. *Bic.* Dans mes cultures, je n'ai découvert aucune différence entre cette variété et celle de FINALBORGO.

Barbarossa. VERZUOLO (SALUCES). On cultive sous ce nom le **Grec rouge** du VAR. Ce même **Grec rouge** se cultive aussi à NICE sous le nom de **Barberousse.** Les observations que j'ai faites sur les **Barbarosse,** dont j'ai parlé plus haut, doivent convaincre mes lecteurs que l'on cultive sous ce nom, en Italie, plusieurs variétés différentes de ces raisins.

Barbaroux. *Bic.* On appelle ainsi en LANGUEDOC le **Grec rouge.** OD., 552. Dans le VAR, je crois qu'on désigne sous ce nom la **Greca rosea** des pépiniéristes, autant du moins que j'ai pu l'observer chez M. PELLICOT. Pour éviter toute confusion, je donnerai à ce raisin le nom de **Greca rosea** et aussi de **Barbaroux,** et non celui de **Grec** ou **Decandolle.**

Barbarussa. AC. Décr. 178 parmi les vignes de TERMINI.

Barbassese bianco. Décr. AL.

Barbassese ou **rossese ?** BRAGIO. STREVI. *Bic.* (11).

Barbelinot. *Cat.* LUX.

Barbellone. ALEXANDRIE. Chev. DA PONTE.

* [La **Barbarossa de Finale** ou **Finalborgo** a les raisins rouge foncé ; mais peut-être le climat plus chaud du midi de la FRANCE a-t-il fait prendre aux raisins une couleur presque noire. (Note de M. de ROVASENDA.)]

Barbera amara. PIÉMONT. Dess. GAL. Dess. BON. Dess. AL. (*Vig.*, I. 167). Très-bon raisin pour la cuve, surtout dans les terrains argileux. Vin ayant du corps et de la couleur.

Barbera bianca. VALENZA. AC., 118. *Bic*. Cette espèce n'a pas les caractères de la **Barbera nera**, sauf pour la forme ovale des raisins.

Barbera fina. CORNEGLIANO. ALBA. *Bic*. Ne m'a pas encore donné de fruits.

Barbera fina, du comte OD. S'est trouvée, chez moi, être la **Fresa**.

Barbera grossa, de la Coll. du comte OD. Le cépage que GANIER, son successeur, m'a envoyé, n'était pas une **Barbera**. Décr. INC.

Barbera nera à pédoncules rouges. AC. décr. 110.

Barbera nera à pied vert. AC. décr. 111. Je crois que ces différences proviennent de simples accidents de maturation et de localité.

Barbera piccola ? Décr. INC. Il faudrait, je crois, abandonner toutes ces soi-disant variétés. Je ne connais qu'une seule **Barbera**.

[**Barberina**. *Cat.* LUX.]

Barbero ? *Cat.* LUX.

Barberousse. A NICE, au lieu de **Barbaroux** ou **Grec rouge**.

Barbesino bianco. BOBBIO. Id. à l'**Altrugo de Rovescala**. (STRADELLA.) Voyez aussi **Barbsin bianco**.

Barbesino nero. Exp. AL. Id. au **Grignolino**. On cultive aussi en LOMBARDIE une vigne de ce nom. *Bic*.

Barbezina ? PUL. MEND.

Barbezzana bella.

Barbian.

Barbin de Villard-d'Hery. SAVOIE. Identique à la **Roussane** de la DRÔME. TOCH.

Barbirono ou **Grec rose**. ILE DE CORSE. *Bic*. OD., 553. A des feuilles petites et profondément découpées, comme le **Grec rouge**, mais les a tomenteuses en dessous ? Différence notable : se met très-tardivement à fruit. Fait des grappes magnifiques, mais d'une maturité tardive ? d'après OD. Le cépage que j'ai reçu sous ce nom ne m'a pas montré ces différences et je l'ai trouvé id. au **Grec rouge**. [Ne serait-ce pas le **Sciacarello** de CORSE, qui nous semble être distinct du **Grec rouge**, quoiqu'il s'en rapproche beaucoup ? (PUL.).]

Barbisello. Raisin de GRUMELLO DEL MONTE. *G. V. V.*

Barbisina. Décr. AC. 57 et 257 parmi les raisins au delà du Pô DE PAVIE et des PROV. de MILAN et de NOVARE.

Barbisino. Décr. AL. Je le crois identique au **Grignolino**.

Barbisone d'Espagne. VOGHERA.

Barbosina de BOLOGNE ? d'après FRO.

Barbsin agglomerato. VALENZA. AC. décr. 114.

Barbsin bianco. VALENZA. VOGHERA. AC. décr. 81. *Bic*. (15, 31).

Barbsin dalla mano lunga ? VALENZA. AC. décr. 100

Barbsin rosato. VALENZA. AC. décr. 111.

Barcelonia. ISTRIE. Décr. AC., 197.

Barcelluto. SINALUNGA. Décrit par CINELLI.

[**Bardareil blanc** et **Bardareil noir**. ROUSSILLON, raisins peu répandus. (BOUSC.).]

Barducis. VIV. Obtenu de semis en France. [Variété de **Chasselas blanc** obtenue de semis par VIBERT, d'ANGERS. (BOUSC.).]

Bargeois. AISNE. GUY. III, 441, l'appelle **Fin Plant**.

Barghigiana ou **Barghigiano**.

Bargine ou **Plant de Hongrie**. JURA. GUY., II, 384, *Vign.* III, 39.

Bariadorgia ou **Verzolina bianca**. SARDAIGNE. MEND. Décr. INC. *Bic*. (37). Dans la *Fl. Sard.*, a pour synonyme **Præcox**. *Vign.*, II, 161.

[**Barlantin**. GARIDEL. Syn. du **Danugue** du VAR, du **Grand plant de la Barre** des BOUCHES-DU-RHÔNE (BOUSC.)].

Barlantine. CHAPTAL. Syn. **Olivette ?** ST.

Barmak ou **Frauenfinger**. Vigne de la TAURIDE.

Barnes. AMÉRIQUE. Espèce de *Labrusca*. PLANC.

Barolo. PIÉMONT. OD., 220, le dit syn. de **Gamai blanc**; c'est à tort, puisqu'à BAROLO il n'y a jamais eu aucune espèce de **Gamai**. Le comte OD. a probablement fait une confusion entre des vignes d'une autre provenance et celles qu'il avait reçues de BAROLO. Un raisin dit **Barolo** est cultivé dans l'arrond. de VOGHERA. Je ne saurais dire si c'est le **Nebbiolo**.

Barone bianca du VÉSUVE et de MONTE SOMMA. FRO.

Barry. ROGER. Vigne hybride, AMÉRICAINE, espèce méritante, à fruit noir. D'après le *Cat.* SIM. L. a une grappe grosse, courte, compacte; grains ronds. [Non résistant, d'après PLANC.]

Barsamino. DALMATIE. INC. *Bic*. Voyez aussi **Barzamino**.

Barselogna. Syn. de **Barcelonia**. ISTRIE. AC. décr. 197.

Bar-sur-Aube. Id. au **Chasselas de Bar-sur-Aube**.

Barthainer weisser. Décr. MUL.

Barthainer gruner. Décr. MUL.

Barth der alten. BAB. Syn. de **Zottler weisse**.

Barttraube walscher. Voyez **Walscher**.

Barzami. BERGAME. Id. au **Barzamino**.

Barzamino. LOMBARDIE. AC., 292. *Bic*.

Barzamino nero. GORITZ. *Bic*. (11).

[**Barzamino** et **Marzemino**. DALMATIE. INC. Raisin noir (BOUSC.).]

Basgana nera. POLÉSINE. AC., 293.

Basgano nero. PAVIE. Décr. AC. 60. Voyez aussi **Besgana** et **Besegano**.

Basgano et **Bersegano bianco**. VOGHERA et BOBBIO.

Basilicum traube. De semis? Raisin blanc. J'ai eu sous ce nom un **Pinot noir**.

Bassanese nera. MONTEBELLUNE. TRÉVISE. D'après l'*Alb.* T. correspondrait peut-être à la **Marzemina Bastarda**? C'est un cépage à végétation luxuriante, assez fertile, ayant des sarments minces, rougeâtres, à nœuds rapprochés ; bourgeons petits, pointus, avec des villosités à peine apparentes. Est cité dans le rapport du Dr CARPENÉ.

Bastardo. PORTUGAL. OD., 519.

Bastardo de MADÈRE. *Bic.* (48). Je l'ai trouvé id. au **Chaucé noir** du POITOU.

Bastré dit aussi **Balstré**. Décr. AL. MEND. Raisin noir de cuve et aussi de table que je n'ai pas encore eu occasion d'observer.

Battaja noir. *Cat.* LUX. Peut-être au lieu de **Bottaja**.

Batarde et **Batarde longue**. SAVOIE. Syn. de **Persan**.

Battistina bianca. VOGHERA.

Battraube blaue. ALLEMAGNE. BAB. Dess. METZ. Dans ce dessin, la feuille est entière, plus large que longue ; la grappe rameuse, courte, ailée, tronquée à la pointe.

Baude. DRÔME. Vigne fertile, assez précoce, peu ou point propre à la vinification. PUL. la décrit ainsi : feuille sur-moyenne, sinuée, duveteuse, glabre, très-sinuée ; grappe grande, cylindrico-conique, peu serrée ; grains gros, ellipsoïdes, noirs, de maturité moyenne. J'ai trouvé ailleurs que c'est un beau raisin de table, un peu semblable au **Cinqsaut**, mais plus précoce et dont les gros grains ovales pourrissent assez facilement. A été dernièrement figuré et décrit dans le *Vignoble*, II, 115. Voyez ce que M. PUL. en dit dans cet ouvrage.

Bauernweinbeer. Syn. de **Heunisch**. H. GOET.

[**Bauschling**. *Cat.* LUX. pour **Rauschling**?]

[**Bauschling petit**. *Cat.* LUX. pour **Rauschling petit**. Raisin blanc.]

Baxter. AMÉRIQUE. (*Æstivalis*) Feuille plus que moyenne, sinuée, peu duveteuse. Grappe conique, ailée, peu serrée ; grains petits, noirs, pruinés ; troisième époque de maturité. PUL. [EC. MONTP.]

Bayonner. Serait le **Teinturier?** ST.

Bazza.

Bazzagana. Vigne du MANTOUAN. C'est une variante dans la prononciation de **Besgano**.

Bazzano.

Bazzolina. Citée parmi les vignes PARMESANES. *(G. V. V.)*

Bazzotto.

Béarnais ou **Morillon blanc**. ÉPINEUIL (YONNE). GUY., III, 147.

Beaujolais blanc. *Bic.* Noms génériques à rejeter ainsi que le suivant.

Beaujolais rouge. *Bic.* En général ce nom indique le **Gamet**.

Beau blanc. On a expédié sous ce nom à PUL., il ne sait d'où, l'**Oseri du Tarn**.

Beau dur. *Cat.* LUX.

Beau noir. *Cat.* LUX.

Beaunois. YONNE et MARNE. OD., 184. Syn. d'**Épinette** ou **Morillon blanc**, ou **Pinot**. Dans la TOURAINE, d'après RENDU, serait syn. de **Melon**.

Beausset. CHARENTE. OD., 463. Variété de **Mourvèdre?** Un peu plus gros, mais ayant les mêmes caractères que le **Gros Mourvèdre**, dans le VAR.

Beautiful (*The*). Syn. de **Tokalon**. AMÉRIQUE.

Beba. ESPAGNE. ROX. Raisins très-gros, blancs, oblongs.

Beccu et **Beccuette** et **Begu**. SAVOIE. Syn. de **Persan**. Voyez aussi **Becuet**.

Bec d'oiseau. Syn. de **Cornichon**.

Bechleri grun. SCHMIDT. C'est, je crois, le **Begler cohino**.

Beclan. JURA. Voyez **Baclan**. (*Vign.*, I. 101.)

Becquet et **Becuet**. SAVOIE et SUSE. PIÉMONT Syn. de **Persan**.

Becudel. CORRÈZE. GUY., II, 12.

Beerheller. BAB., 139. Syn. de **Walschriessling**.

Begler aspro ou **Begler blanc**. PERSE. Préférable au **Begler cohino**, d'après OD., 577.

Begler cohino ou **Begler rouge**. PERSE. OD., 577. *Bic.* Malheureusement, on m'a donné par erreur, sous ce nom, un raisin noir ; je ne puis donc pas en parler.

[**Begler cokino**. GRÈCE. (BOUSC.).]

Begu. ISÈRE. Syn. de **Persan**.

Beguë. *Cat.* LUX.

Béguin. *Cat.* LUX.

Beguin blanc. GIRONDE. *Cat.* BUR. GUY., 456, écrit **Bequin**.

Beina. VOGHERA.

Bela branicevh. Serait syn. de **Kadarka**. HONGRIE. H. GOET.

Bela dinka. OD., 299, le dit syn. de **Grun Muscateller**. BAB. le donne aussi pour syn. du **Muscat blanc** dans le duché de SIRMIG. J'ai eu de chez M. PUL. une vigne portant le nom de **Dinka**, à fruit rouge et à saveur simple, comme provenant de HONGRIE.

Bela kadarkas. OD. 322. Bon raisin blanc de HONGRIE.

Bela okrugla ranka. Duché de SIRMIG. OD., 321. Signifie blanc, rond, précoce. Est syn. de **Honigler blanc de Bude**.

Bela slakamenka., OD. 322. Une des meilleures vignes blanches de HONGRIE.

Beletto nero. NICE. Nom donné, à Nice, à la **Fuella**. OD., 531. Je croirais que ce raisin est un de ceux qui conviennent le mieux dans la LIGURIE pour faire du vin.

Belfortese bianco. PROV. de MACERATA.

[**Belinot**. *Cat.* LUX.]

Belisses et **Belisse** ou **Belissas**? PIÉMONT? Décr. INC. D'autres supposent que cette vigne est française. Raisin blanc de table. *Bic.* (27).

Bellino nero, RIVOLI. *Bic.* (20). *Vign.*, I, 159 (80). Raisin de table exquis qui a été peut-être reproduit par semis sous le nom d'**Impérial noir**, qui lui est tout à fait semblable.

Bello bragano. ROME. AC., 139.

Bello cencioloso. ROME. AC., 134.

Bellola nera. CHIAVENNA. *Bic.* CERL.

Bello romanesco. AC. décr. 134. *Bic.* Je l'ai pris pour ma collection dans les environs de ROME.

Bello velletrano. ROME. AC., 134.

Bellochin rouge. TARENTAISE. PUL.

Bellona bianca. PORT MAURICE.

Bellone bianco. COLLINES ROMAINES.

Bellora nera TOSCANE. INCISA le dit fertile, avec des grappes écrasées, grains sphériques? Raisin de cuve. *Bic.* (27)? Dans ses descriptions R. LAWL. ne parle que de la **Bellora bianca** ou **Uva vecchia**. PISE.

Bellorina bianca. TOSCANE. Décr. R. LAWL.

Belmestia. Voyez **Bermestia**.

Belmestra. *Exp.* AL.

Belonta. Raisin du district de COME.

Belosard et **Belossard**. OD., 261. D'après PUL., identique au **Belossard du Bugey** (AIN).

Belsamina. Voyez **Balsamina**.

Beltramo. Voy. **Uva di Beltramo**. J'ai vu à MONDOVI un raisin nommé **Beltramo** ou **Osella**, qui m'a paru semblable à la **Brunetta**. Cette vigne, à feuilles cotonneuses en dessous, est très-cultivée dans les hautains de JAULE, MORETTA RUFIA, pour sa bonne qualité, quoique d'une maturité tardive.

[**Belvidere** (B.). V. amér. (*Labrusca*).]

Benada ou **Benadat** ou **Berardi**. VAUCLUSE. *Cat.* LUX. OD., 462. Syn. de **Mourvède**. GUY., 192, cite le **Benadut** cultivé entre ARLES et TARASCON, qui est probablement le même plant.

Beni-Carlo. OD., 462. Syn. de **Mourvèdre**, dans la DORDOGNE. (FRANCE). [Écrit **Beni-Carlos** dans le *Cat.* LUX.].

Beni-Salem. ILES BALÉARES. OD. 420. *Bic.* (47)? *Vign.*, III, 59, 212. PUL. croit qu'il appartient au groupe des **Olivettes** françaises.

Beou. ALPES-MARITIMES. Syn. de **Ugni blanc**. PUL.

Beouna nera. PIÉMONT. Citée dans le *Cat.* INC. comme particulière à l'arrondissement de PIGNEROL, où elle est très-appréciée. Ressemble au **Franc-Pinot**? MEND.

Bequin blanc. GIRONDE. GUY., 456. [BUR. écrit **Beguin**.]

Bequignaou noir. BORDELAIS. *Vign.*, nº de janvier 1879.

[**Beran**. *Cat.* LUX. Raisin violet de cuve].

[**Berana** ou **Perana** (AFRIQUE). *Cat.* LUX]

Berau. Voyez **Plant de Berou**.

Berardi. Voyez **Benada**.

Berardi noir. VAUCLUSE. *Cat.* BUR.

Berdanel. ARIÈGE (FRANCE). Vigne que le docteur GUY. cite comme cultivée spécialement à PAMIERS, sans y ajouter aucune autre observation *.

[**Berhs** (B). Vigne amér. (*Labrusca*.) Semis de **Catawba**.]

Berdzoula. CAUCASE. PUL.

Beregi rozsas. HONGRIE. Raisin de table. *Cat.* C. BRON.

Beretignack. *Cat.* LUX.

Berga nera? TOSCANE. Voyez **Bergo**.

Bergamasca bianca. VALTELLINE. *Bic.*

Bergamina di Grumello del Monte. (*J. Vit. Vin.*)

Bergamina pour **Berzamina**. Prov. de COME. Très-répandu.

Bergamotto. *Exp.* AL. Grappe cylindrique, ailée; grains presque ronds.

Bergamo bianca. TOSCANE. R. LAWL.

* En lisant l'œuvre remarquable du Dr Guyot, *Études sur les vignobles de France*, les viticulteurs doivent éprouver un vif regret en voyant qu'un écrivain aussi savant ne connaissait pas les vignes (voyez pag. 344) et n'a pas pu dès-lors tirer parti de ses excursions dans les départements français pour apporter un peu de clarté dans la synonymie des cépages qu'il visitait. Au point de vue de l'ampélographie, l'ouvrage du Dr Guyot, résultat de la mission qui lui avait été confiée par le gouvernement français, est tout à fait défectueux. Pourquoi le gouvernement actuel, qui doit se préoccuper autant des intérêts de la viticulture que ses prédécesseurs, ne chercherait-il pas à combler une lacune aussi fâcheuse? La France a dans la personne de M. Victor Pulliat une véritable spécialité viticole ampélographique. En lui donnant une mission semblable à celle du Dr Guyot, les lacunes que nous signalons seraient vite comblées et toutes les vignes françaises seraient décrites et définies avec beaucoup plus de clarté.

Je crois qu'il est d'un grand intérêt pour une nation de mettre à profit l'intelligence des spécialistes qu'elle a la chance de posséder.

Bergan pour **Besgan**. Voyez **Besgano**. Pizzocorno. Bobbio. Voghera.

Bergana di Enna. AC. le décr. 217 parmi les raisins de Vicence.

Bergerac. *Cat*. Lux.

Bergeron de St-Jeoire et Chignin. Savoie. Id. à la **Roussane** de la Drôme. TOCH.

Bergnon bianco. *Exp*. AL. Raisin de belle apparence, mais de peu de mérite.

Bergo bianco. Toscane. AC., 260, le donne pour syn. de **Verdea bianca**, qu'il décrit à la page 277. TRINCI, à la page 110, et VILLIFRANCHI sont du même avis.

Bergo nero. G. AC., 260, le cite parmi les raisins de la Toscane.

Bergo rosso. MEND. PUL.

Bërla d' crava. Prov. de Turin.

Bermestega. Voghera. Je suppose que c'est un syn. de **Bermestia**.

Bermestia. Valenza. AC. décr. 108.

Bermestia bianca. MEND. INC. *Bic*. (34). *Vign*., II, 89 (141). [De la tribu des **Olivettes** (BOUSC.).]

Bermestia nera? *Bic*. MEND. Cité parmi les raisins de Mirandole. Modène (*G. V. V*., II, 58).

Bermestia rossa ou **violetta**. INC. *Vign*., II, 91 (142). [De la tribu des **Olivettes** (BOUSC.)].

Bermestica Vogherese. AC. décr. 61. Identique à **Bermestia**.

Bermestone rosso. Décr. AGAZ.

Bernala negra. San Lucar. Espagne. ROX. Ressemble à la **Vitis vulpina** de JACQUIN, et est de la famille des **Perruno**.

Bernardtraube blanc. Syn. de **Wildbacher**? A Gratz. BAB.

Bernardy. *Cat*. Lux. [Raisin blanc de table; ressemble un peu au **Chasselas**, mais avec des grains obronds. (BOUSC.).]

Bersagliere.

Bersaglina.

Bersanello ou **Bressanello**. Pavie.

Bersegana. AC. 60. Voyez **Besgano**.

Bertadura nera. Acqui. Décr. LEAR et DEM.

Bertinoro. Rimini. AC. 297.

Bertolino ou **Carico l'asino** (*charge l'âne*). Décr. AL. Grain ovale, blanc, un peu jaunâtre, très-joli.

Bertoncina.

Berzami. Brescia. AC. décr. 201, 203, 204, 205.

Berzamina moscata. Vicence. AC. décr. 216.

Berzamino. Modène. Décr. AGAZ.

Berzemin. Syn. de **Marzemino nero**. Dr. CARP., rap.

Berzemina bianca di Breganze. Raisin de l'arrondissement de Vicence. AC. décr. 220.

Berzemina di Breganze nera. AC. décr. 116.

Berzemina nera. Bari. MEND. *Bic*.

Berzemina passa. La meilleure des **Berzemines** de Sassuolo (Modenais).

Berzemina semplice ou **Marzemina**. Dess. GAL. AC. décr. 216. OD. 543. La **Berzemina** ou **Marzemina** est peut-être, parmi les nombreuses espèces de vignes que j'ai fait venir de différents pays, celle qui a généralement le moins varié dans les divers échantillons que j'ai reçus.

Berzemino rosso di collina. Plaisance. *Bic*. (48). L'habitude de désigner comme rouges les raisins noirs occasionne souvent des confusions. Cette espèce est noire et diffère des autres **Berzemines**.

Berzemino di pianura. Plaisance. *Bic*.

Besegana. AC. décr. 42 et 60. Voyez **Besgano**.

Besgano bianco. Bobbio.

Besgano nero. Pavie. Feuilles très-duveteuses et blanchâtres en dessous, rugueuses comme celles de l'**Olivette noire**. Sinus pétiolaire ouvert; grains gros, légèrement allongés.

Besgano. Pavie. Plaisance. Syn. de **Grignolo** ? AC. 251. *Bic*.

Besgano rosso. Plaisance. *Bic*.

Bessara. AC. le décr. 155, parmi les raisins des Cinq Terres.

Bettler traube, ou Raisin de mendiant, noir. Décr. MUL. Raisin de table et de cuve.

Bettschisser. BAB. ST. Syn. de **Heunisch gelben** dans la Brisgavie.

Bettue de l'Isère. OD. 246. Serait un **Teinturier**, le **Teinturier femelle** ou le moins coloré.

Beuna. Voyez **Beouna**.

Beurot. Voyez **Burot**.

Beva. Espagne. ROX.

Bevert bianca. Frioul. MEND.

Bia blanc. Isère. OD. 277. Id. au **Bia blanc** de la Drôme. *Vign*. II. 145 (169).

Bia noir. Haute-Vienne. MEND.

Bian aigre à Grésy-sur-l'Isère (Savoie). Syn. de **Mondeuse blanche**. TOCH.

Bianca Bergamasca. Chiavenne. CERL. *Bic*.

Bianca Capello. *Bic*. *Pép*.

Bianca d'Alessano. Carovigno. (*Amp. Pugl*.)

Bianca da tavola. (*Blanche de table*). Basilicate.

Bianca di Montaldo Roero. Albe. *Bic*.

Bianca d'inverno. (*Blanche d'hiver*). Sicile. Vigne pour treilles. MEND.

Bianca di Petralia Sottana. Sicile. MEND. *Bic*.

Bianca di pianta bassa. MEND.

Bianca di Valperga. Décr. GAT.

Bianca grossa. AC. 302. *Exp*. AL.

Bianca maggiore. COME. Id. à la **Comersee-traube ?** d'ALLEMAGNE. H. GOET.

Bianca naturale. MIL. OD. 537.

Bianca ou **Butta** de PALMENTO. POUILLES (*Amp. Pugl.*)

Bianca tenera de table. *Pép. Bic.*

Bianca verace. ILE D'ISCHIA. FRO.

Biancame à PESARO et OLIMO. Est syn. de **Bianchello** de CESENA. GAND. Dans quelques localités est syn. de **Grec**. C'est un raisin des MARCHES. On le cite aussi parmi les raisins de SIENNE. Voyez *Bull. amp.*, IX, 790.

Biancame Sinalunga. Syn. d'**Albana**, d'après CINELLI.

Biancara ou **Pignola Veronese**. AC. décr. 242. Dr CARP., rap.

Biancarola bianca. AC. 302.

Biancazita. PROV. NAP. Une des meilleures variétés pour la vinification.

Biancazza. TRENTIN. AC. 302.

Biancheddu ou **Bianchedda**. SARDAIGNE. MEND. (*Flor. Sard.*) Grains ronds. [Écrit **Bianchodda** dans le *Cat.* LUX].

Bianche de PORTERCOLE. SOD.

Bianchello. CESENA. Syn. de **Biancame** (*Ann. Vit. En.*)

Bianchera. PROV. MILANAISE. AC. décr. 257.

Bianchetta. COME. *Bic.*

Bianchetta. CONEGLIANO et FELTRE. *Bic.* (47). De second ordre pour la vinification. CARP. rap.

Bianchetta genovese. Syn. d'**Albarola**. OD. 560.

Bianchetto. PIÉMONT. Dess.BON. AC. décr. 77.

Bianchetto. GHEMME. HAUT-NOVARAIS. CERL. *Bic.*

Bianchetto. SCIOLZE. (Collines au delà de SUPERGA, arrondissement de TURIN.) *Bic.* Grappe moyenne, conique, puis cylindrique à la pointe. Raisin rond, verdâtre, brûlé à la partie soleillée.

Bianchetto de SALUCES. Différente de celle de SCIOLZE. *Bic.* (II).

[**Bianchodda**. (SARDAIGNE.) *Cat.* LUX.]

Bianco d'ASSANO. Pouilles. (*Ann. Vit. En.* IV, 224.)

Bianco de LATIANO. NOVOLI. Donne, d'après MEND., du moût excellent.

Bianco de VALDIGNA. MORGEX. VALLÉE D'AOSTE. Syn. de **Prié blanc**. Je l'ai trouvé identique à l'**Agostenga** du PIÉMONT.

Bianco Lassame. BARI. *Bull. amp.* I. *G. V. V.* 16.

Biancolella. ILE d'ISCHIA. FRO. GUY. 127 la cite parmi les vignes de CORSE.

Biancolina. MODÈNE. Décr. AGAZ.

Biancolisano. TURI. MEND. *Bic.* Je crois que le **Bianco** d'**Assano**, le **Bianco Lassame** et le **Biancolisano**, sont le même cépage des POUILLES, qui donne un très-bon vin sec alcoolique, d'après ce que m'écrit l'avocat CONSOLE.

[**Biancoma**. *Cat.* LUX., au lieu de **Biancona** ou de **Biancame**.]

Biancona. NICE. OD. 533. Voyez **Blancona**.

Biancone. BOLOGNE. MEND. *Bic.*

Biancone ou **Ciccia di morto**. (*viande de mort*). TOSCANE. R. LAWL.

Biancone. ILE D'ELBE. Probablement id. ? à l'**Albarola genovese**. Le comte OD. la compare à la **Folle verte** d'OLÉRON.

Biancone. FERMO. OMBRIE et MARCHES. *Bic.* Quelques personnes la croient id. à l'**Albana** et à la **Biancame romana**.

Biancorello. LUCQUES. *Bic.* (47).

Biancuccio. FERMO. MARCHES. *Bic.*

Biancuva. CHIETI. ABRUZZES.

Biaune noir. LOIRE. Syn. de **Sirah**. On l'appelle aussi **Plant de Biaune**.

Bibiola. SALUCES. *Bic.* (12, 28). Raisin de cuve.

Bicane ou **Bicaine**. INDRE-ET-LOIRE. Magnifique raisin blanc de table qui a pour syn. **Panse jaune**. OD. 360, 403. *App.* 19. *Bic.* (37). *Vign.* [Écrit **Bécanne** dans le *Cat.* LUX.].

Bicane de la CHARENTE. *Cat.* LER.

Bicane du CHER. *Cat.* LER.

Bicane du RHÔNE. Je crois que toutes ces variétés sont identiques. [Dans la TOURAINE, la **Bicane** du RHÔNE est syn. de **Gamay noir**. (PUL.)]

Bicane noire? *Bic.* Sous ce beau nom, j'ai reçu un **Gamet**.

Bicerone.

Bicolore. OD, 491. **Picardan** à deux couleurs.

Bicuet. Voyez **Bécuet** ou **Persan**.

Bidwil's seedling. Vigne de semis. Malheureusement, j'ai perdu cette espèce, qui était dans ma collection.

Bielowaczha. BOHÈME. Syn. de **Elben**, BAB.

[**Bielowaska**. CARLOWITZ. **Bieloglaska**. *Cat.* LUX. Sous ce nom était cultivé le **Cornichon musqué** de HONGRIE. (BOUSC.).]

Bigarella bianca. MIRANDOLE. MODÈNE. *G. V. V.*

Bigasse Kokour ou **Bigesse Kokier**. OD., 433, 580. *Cat.* LUX. Vigne de CRIMÉE plus productive que le **Kakour**, également de maturation tardive, à fruit blanc, moins bon au goût, sur lequel pourtant le comte OD. n'a pu émettre un jugement fondé, ne l'ayant jamais eu à bonne maturité. [D'après un viticulteur de CRIMÉE, son vrai nom est **Bijasse Kokour** ; il l'a reconnue dans la collection de M. H. BOUSCHET ; à raisin noir, violet, semblable pour la forme aux grains du **Pis de chèvre violet**. (BOUSC.).]

Bigia. Voyez **Grisa.**

Bignona. Décr. AL. Est dans quelques endroits syn. de **Dolcetto.**

Bignonia. Décr. AL.

Bigolona Veronese. AC. décr. 242.

Bigourdin. *Cat.* LUX.

Bigourdin noir. VENDÉE. *Cat.* BUR.

Bily muscatel. BOHÈME. **Muscat blanc.**

Bindarella ? VÉRONE. CARP. Je l'ai entendu appeler **Dindarella.**

Biona. Décr. AL. Est ainsi mentionné par GAT. parmi les raisins d'IVRÉE. Je l'ai eu de feu le prof. NUITZ. *Bic.* (5). L'espèce décrite par MM. LEAR. et DEM., d'après un sarment qui leur avait été envoyé de MONTECHIARO D'ASTI paraît différente.

Bionda bianca. POUILLES. (*Ann. Vit. En.* IV, 224.)

Bionnet. AUVERGNE. BRIOUDE. Semblable au **Frankental.** Grains plus petits.

Birara. MASSA et CARRARA. AC., 298.

Birbigoni. ITALIE-CENTRALE. CRESC., 10, dit que l'on en fait du bon vin, et, comme pour beaucoup d'autres raisins, il ajoute que les **Birbigoni** ont de grandes grappes.

[**Bird's Egg.** (B.), V. amér. (*Labrusca*). C'est probablement un semis de **Catawba.**]

Bironetti bianco. CONI, SAN-DAMIANO. Peu cultivé ; donne un vin léger, se conservant bien.

Biron. *Cat.* LUX.

Biscotiella nera. PROV. NAP.

Bisulana. *Cat.* LUX. Le comte OD. dit que ce raisin a une saveur fade.

Bissulana blanc. *Cat.* BUR.

[**Biternata** (V. **Biternata**). Hort. Segrz. Syn. de **Cissus orientalis.** N'est pas une vigne. Les tentatives de greffe de **V. vinifera** sur cette plante ont échoué.]

Bitondo. Raisin dessiné à l'Exp. agric. de 1869 à CHIETI, grains sphériques, gros, de couleur rouge-brique, grappes à long pédoncule, grapillons distincts.

Bizzarria variegata. G. Raisin à deux couleurs : blanc et noir. A été dessiné et décrit par GAL.

Black Ballace? *Cat.* LER. [Sans doute **Black Bullace.** (PUL).]

Black Bullou ou **Bullace.** Vigne d'AMÉRIQUE, sauvage, du genre *Vulpina.* PUL. dit que cette variété est dicline, c'est-à-dire qu'elle a les sexes séparés.

[**Black Cape** (B.) V. amér. Syn. d'**Alexander.**]

Black King. (B.) V. amér. (*Labrusca*). Foxé.

Blackembourg? *Cat.* LUX. Pour **Black Hambourg.**

Black Cluster. Serait syn. de **Meunier,** d'après BAB. En Angleterre est syn. de **Pinot noir.**

[**Black Pearl.** EC. MONTP. V. amér.; se rapproche du **Riparia,** très-vigoureuse.]

Blak Constantia. Syn. de **Muscat noir.**

Blak Damascus. Semis de MOREAU. *Bic.* 38.

Black Defiance. (B.) V. amér. Hybride d'UNDERHILL, nº 8-8. **Black St-Peters** et **Concord.** Fruit noir. EC. MONTP.]

[**Black Eagle.** (B.) V. amér. Hybride d'UNDERHILL nº 8-12. **Labrusca** et **Vinifera.** Vigoureuse, à fruit noir et foxé. EC. MONTP.]

Blak Frontignan. Est le **Muscat noir.** En ANGLETERRE, **Frontignan** s'emploie pour **Muscat.**

Blak German. AMÉRIQUE. Voir **York Madeira.**

Blak Gibraltar. Syn. de **Frankental?**

Blak Hambourg. *Bic.* Semis qui a reproduit le **Frankenthal.**

Blak Hambourg Frogmor. PUL. Simple variante du **Frankenthal,** plus délicate, raisins plus gros ?

Blak Hawk. AMÉRIQUE. Feuilles moyennes, duveteuses. Grappe plus que moyenne, peu serrée, cylindrique, ailée ; grains plus que moyens, sphériques, noirs, de maturité assez précoce. * [EC. MONTP.]

Blak ingram. *Sem.*

Blak July. Synonyme : **Devereux.** AMÉRIQUE. Feuilles moyennes ou sur-moyennes, peu tomenteuses, peu sinuées ; grappes sous moyennes, cylindriques, serrées ; grains petits, sphériques, noirs. Décr. PUL. [La vigne que nous avons décrite dans nos *Descriptions et synonymies* sous le nom de **Blak July** est le **Rulander.** Le **Blak July** est différent (PULL.)]. [Celui-ci a pour syn. **Lenoir** (B) et **Baldwin Lenoir** ; ressemble assez au **Cunningham ;** feuilles presque entières, couvertes en-dessous de poils courts et raides, très-peu blanches sur les deux faces et assez rosées sur les bords quand elles sont jeunes ; port plus érigé que celui du **Cunningham ;** grappes petites, compactes, à grains petits, d'un noir bleuâtre. Vin franc de goût et de bonne qualité. EC. MONTP.]

* Que le lecteur ne s'étonne pas de voir décrits dans ce Catalogue les caractères de quelques raisins de qualité secondaire de préférence à d'autres plus importants. En insérant maintenant ce qu'il sait sur les premiers, l'auteur pourra ne plus s'en occuper, lorsqu'il donnera dans le cours de l'ouvrage la description des cépages plus recommandables.

Blak Lombardy. Identiqne au **West's S. Peter's.**

Blak monukka. *Cat.* SIM. L.

Blak morocco. *Cat.* SIM. L.

Blak muscadine. [(B.) Syn. de **Flowers**.]

Blak Portugal. Syn. de **Frankenthal?**

Blak Prince. *Bic.* PULL. Syn. de **Frankenthal**.

Blak Smith's withe cluster. Syn. de **Diamant traube**.

Blak Spanish. ALABAMA. AMÉRIQUE. Syn. de **Jacquez?** ou **Jacques**. [EC. MONTP.]

Blak Teneriffe. Syn. de **Frankenthal**.

Blak Tokay?

Blamancep. VIENNE (FRANCE), GUY., II, 554. Syn. de **Chenin blanc**.

Blamet. PROV. de TURIN.

Blanca buena costa de CARAVACA. *Cat.* LUX.

Blanc aigre. ARDÈCHE. Feuilles moyennes, planes, très-duveteuses et très-sinuées ; grappe longue, ailée, sur-moyenne, serrée ; grains petits, sphériques, blanc-verdâtres, mûrs à la 2ᵉ époque, PUL,

Blanc aigre. SAVOIE. Syn. de **Mondeuse blanche**.

[**Blanc allongé**. *Cat.* LUX.]

Blanc brun. OD., 272, le dit une variété du **Savagnin vert**, plus productive, mais plus tardive, très-répandue dans les vignes de SALINS en FRANCE. Il faut lui laisser à la taille un sarment de 8 à 10 yeux.

Blanc cadillac. Voir **Cadillac** ou **Muscadelle**.

Blanc cardon. LOT-ET-GARONNE. PUL. Feuilles grandes, peu duveteuses, peu boursoufflées ; grappe longue, ailée, serrée, sur-moyenne ; grains petits, sphériques, blanc-verdâtres, mûrs à la 2ᵉ époque. Raisin de cuve.

[**Blanc Claire**. *Cat.* LUX.]

Blanc clairet. CHER. *Cat.* BUR.

Blanc commun. VALLÉE D'AOSTE. Décr. GAT.

Blanc copi. LOT-ET-GARONNE. PUL. *Vign.* 11, 139 (166). Feuilles moyennes, duveteuses, sinuées. Grappe cylindrique, ailée, peu serrée ; grains moyens, sphériques, blanc-jaunâtres, 2ᵉ époque. Raisin de cuve.

Blanc d'Ambre. *Cat.* LER. PUL. le dit syn. de l'**Oserie** du TARN. J'ai reçu de l'établissement Burdin, sous ce nom, un raisin différent qui était semblable au **Nemorin**. *Bic.* (48). Je le crois de semis. [Semis de VIBERT d'ANGERS ; raisin de table, sans pépins? plus hâtif que le **Chasselas**, sujet à la coulure. (BOUSC).]

[**Blanc d'automne**. *Cat.* LUX.]

Blanc de Champagne. MOSELLE-ET-MEURTHE. Syn. d'**Epinette blanche**. OD., 272.

Blanc d'Epernay. MARNE. *Cat.* BUR.

Blanc de Foster. Vigne de grande production, mais de second ordre. *Cat.* SIM. L. Serait syn. de **Foster's withe seedling**.

Blanc de Gandiah. Voir **Schiradzouli**. PUL. [**Plant de Gandjah**.]

Blanc de Grangea. *Cat.* SIM. L. [Écrit **Blanc de Grandjea** dans le *Cat.* LUX.]

Blanc de Kientsheim. Serait syn. de **Lignan** du JURA et par conséquent de **Luglienga**.

Blanc de la Drôme.

[**Blanc de Lunel**. *Cat.* LUX.]

[**Blanc d'Oporto**. *Cat.* LUX.]

Blanc de Pagès. Syn. de **Lignan** ou **Luglienga**, dans la HAUTE-LOIRE.

Blanc des Flandres. *Cat.* SIM. L. Raisins gros, sphériques, blanc-jaunâtres.

Blanc de Saint-Peray. OD. MEND.

Blanc de Sedan. AISNE. GUY., III, 441.

Blanc de Varais. AIN. Est un **Chasselas**, GUY., II, 354.

Blanc de Zante. OD.. 573. Feuilles grandes, duveteuses, planes, très-sinuées. Grappe longue, cylindrique, ailée ; grains moyens, sphériques, blanc-verdâtres ; maturité 3ᵉ époque. Cette description de PUL. concorde avec la mienne. Je crois que cette vigne est identique à la **Malvasia Toscana**. *Vign.*, II, 71 (132). [Sous ce nom et celui de **Gros blanc de Zante**, on cultivait dans la Coll. du LUX. deux variétés de raisins blancs différentes. (BOUSC).]

Blanc d'Orléans. OISE. GUY. III, 486.

Blanc doux. BORDELAIS. AC., 390. OD. la donne comme syn. à MARSEILLE du **Muscat durebaie ?** S'appelle aussi **Douce blanche**. *Bic.* MEND.

Blanc doux du Jura. *Bic.* AC., 319.

Blanc fendant. Voir **Chasselas**.

Blanc fumé. NIÈVRE. Syn. de **Sauvignon blanc** pour la saveur spéciale de ce raisin, que l'on pourrait comparer à celle d'une bonne figue sèche.

Blanc hâtif de Saumur. Syn. de **Courtiller précoce**.

Blanche ou **Blanchette** à CULOZ (FRANCE). Est Syn. de **Mondeuse blanche**. TOCH.

Blanche feuille. MEUSE et MOSELLE. OD., 174. syn. de **Pinot meunier**.

Blancheton ou **Folle-blanche**. LOIR et CHER. GUY., II, 689.

Blanchou (Petit). ARDÈCHE. C'est le **Poulsard blanc** du JURA. Feuilles moyennes, glabres, très-sinuées. Grappes moyennes, ailées, cylindriques, peu serrées ; grains moyens, elliptiques, blanc-jaunâtres, de 2ᵉ époque de maturité. De cuve et de table.

Blanck blauer ou **Bleda Zerna**. STYRIE. Dess. MUL. et H. GOET.

Blanc madame. AC., 323. *J. Bot.* GEN.

Blanc Mansois. *Cat.* LUX. Diffère probablement du **Mansois** de l'AVEYRON, qui, d'après GUY, est un raisin noir.

[**Blanc Massé**. *Cat.* LUX. [Écrit **Blanc Macé** dans le *Cat.* de BUR. VIENNE.]

Blanc Mausais? *Cat.* SIM. L.

Blanc Ochtenaug. *Cat.* PUL. V. **Ochsenauge**.

Blancona NICE. VIV. Ce raisin, à grains éllipsoïdes, blanc dorés, pruineux, peu doux au 28 août, a été examiné par moi à NICE même.

[**Blancoma.** *Cat.* LUX.]

[**Blanc pacquant**. *Cat.* LUX. Écrit **Blanc pagnant** dans le *Cat.* BUR. MEURTHE.]

[**Blanc petit**. *Cat.* LUX.]

[**Blanc petit d'Argos.** *Cat.* LUX.]

[**Blanc précoce.** *Cat.* LUX.]

[**Blanc verdâtre.** *Cat.* LUX.]

Blanc paschal. Voir **Paschal blanc**.

Blanc précoce de Malingre. *Bic.* Dess. *Vit.*, tom. IV, p. 12. Voyez **Malingre**.

Blanc précoce musqué. Voir **Courtiller musqué** ou **Madelaine musquée de Courtiller**. Il me semble que ce dernier nom, qui a déjà été employé par le comte ODART, à cause de la précocité de ce raisin, doit être préféré à tout autre. Il faut, à mon avis, mettre de côté ces noms trop génériques de blanc précoce ou autres semblables, qui peuvent s'appliquer à un grand nombre de raisins.

Blanc ramé. CHARENTE. GUY., II, 481.

Blanc semillon. OD., 135. Voir **Sémillon**.

Blanc Urétault. AISNE. GUY., III, 441.

Blanc verdan. TARENTAISE.

Bland Américana. V. amér. (*Labrusca*). PLANC.

Bland's Madeïra. V. amér. PLANC.

Bland's pale red America. Vigne amér. PLANC.

Bland's Virginia. V. amér. PLANC.

Blank blauer. Décr. MUL. Voir **Blanck**.

Blanquecina negra. SAN LUCAR. ESPAGNE. ROX. Ainsi nommée à cause de la blancheur de ses sarments. De maturité tardive.

Blanquette. Départements de l'ARIÈGE et de l'AUDE, Syn. de **Mauzac blanc**. OD., 486. *Bic.* Dans l'HÉRAULT et les départements de l'Est est syn. de **Clairette**. Parmi les vignes du Gers, GUY. nomme la **Blanquette** et le **Mozac**. [Sous ce nom et sous celui de **Clairette**, on cultive la même variété dans presque tous les départements méditerranéens, mais elle diffère complétement du **Mauzac blanc**. (BOUSC.).]

Blanquette de Limoux. Syn. de **Clairette blanche**. PUL. J'ai eu sous ce nom le **Mauzac blanc**, qui est le syn. que lui assigne MARÈS. *Bic.* (43) [C'est le **Mauzac blanc**. Ce cépage produit un vin mousseux ; cultivé dans le TARN, à GAILLAC, il donne une Blanquette aussi estimée que celle de LIMOUX. (BOUSC).]

Blanquette du Fau. Syn. de **Quillard** dans l'arrondissement de MOISSAC, d'après OD., 497.

Blanquette du Gard et de la Dordogne. *Bic.* (47). D'après OD., mûrit six semaines avant la **Clairette**, mais ne se conserve pas. De son vigneron GANIER, j'ai reçu cette **Blanquette du Gard**, qui ne m'a paru identique ni à la **Clairette** ni au **Mauzac**.

Blanquette violette. PYRÉNÉES-ORIENTALES. VIV.

Blatomo dorato. PETRALIA. MEND. *Bic.*

Blattertraube blaue. Synonyme de **Sparse blaue ?**

Blau bodensee traube. Dans le WURTEMBERG, syn. de **Burgunder** et par conséquent de **Pinot noir**. BODENSÉE, lac des Quatre-Cantons. Serait, d'après BAB., cité par OD., 303, 304, le **Pinot de Ribeauviller** de RENDU. Voir aussi **Bodensee**.

Blauer Alicant. Voir **Alicant**. Dess. METZ.

Blauer Augster. OD., 227. Grains olivoïdes, clairs, noirs. Il vaut mieux dire **Augster blauer**.

Blaufranchischer ou **Français bleu.** *Bic.* (37). J'ai reçu du FRIOUL, sous ce nom, un raisin qui a beaucoup de rapports avec le **Portugieser** quant à la précocité, mais qui ne me paraît pas identique. Pour l'examen de cette vigne, on doit consulter les descriptions de M. H. GOET. qui, pour les raisins de sa région, fera certainement autorité.

Blaufrankisch. *Soc. agr.* ROVER. D'après une citation de SING. faite par GARN., ce raisin serait le **Limberger** [ou **Portugieser Leroux**. (PUL)]

Blauer Frankentaler traube ou **Trollinger schwarzer**. MEY.

Blauer Gansfusser. Voir **Gansfusser blauer**.

Blauer Hangling. *Cat.* SIM. L.

Blauer Hartwegstraube. Dess. METZ.

Blauer muskateller ou **Muscat noir**. OD., 300. Voir **Muskateller**.

Blauer Oporto. OD., 369. Syn. de (**Früh**) **Portugieser blauer**.

Blauer Portugieser. PUL. a introduit ce cépage dans le BEAUJOLAIS en grande culture, comme plus robuste que le **Gamet**. Dans l'empire d'Autriche, la culture de cette vigne, déjà très-répandue, va toujours en augmentant. Je conseille aux viticulteurs italiens de l'essayer (en même temps que le **Cot**), principalement dans les localités où on laisse monter la vigne sur les arbres; elle donnerait là, à cause de sa précocité, des fruits plus mûrs que ceux qu'on y récolte habituellement. On devrait appeler cette espèce **Portugieser blauer ou noir.**

Blauer Rauschling. Dess. METZ. Le dessin montre des feuilles trilobées et à cinq lobes. Grappe petite comme celle d'un petit **Pinot**. Voir aussi **Rauschling**.

Blauer Silvaner. WURTEMBERG. OD., 303. C'est, je crois, un **Pinot noir.**

Blauer St-Laurent. Syn. de **Pinot Madelaine.** [Le **St-Laurent noir** est bien différent du **Pinot madelaine.** (PUL).]

Blauer Tokayer. Dess. METZ. Me parait être le **Pinot noir.**

Blauer Trolling. OD., 367. Syn. de **Frankental.**

Blauer Trollinger. Dess. METZ. Syn. de **Frankental.**

Blaustiel blauer. Cité comme raisin français dans le *Cat.* de H. GOET. PUL. doute de cette origine.

Blaustingel weisser. Serait syn. de **Pikolit blanc?** H. GOET.

Blaustock Syn. de **Tantowina blaue.** H. GOET.

Blauwâlsche. Syn. de **Trollinger fruher blauduftiger**.

[**Blaver.** *Cat.* LUX. pour **Blavet.**]

Blavet. ARDÈCHE. Raisin rouge clair, de maturité tardive.

Blavez gelber. DOCH.

Bleda Zerna. Syn. de **Blanck blauer.** H. GOET.

Blenzi. MASCARA. (AFRIQUE).

Blesez. Syn. de **Elbling blanc.** H. GOET.

[**Bleu prune.** *Cat.* LUX.]

Bliniza. Syn. de **Zimmttraube blanc.** H. GOET.

Blona bianca. VOGHERA.

Blona rossa. VOGHERA. A comparer avec le **Biona.**

Blood's Blak. AMÉRIQUE. PLANC.. [*Labrusca.*]

Blood's whithe. AMÉRIQUE. PLANC. [*Labrusca.*]

Bloomburg Laura Reverly. Voir **Crewelling.** AMÉRIQUE.

[**Blue Dyer.** (B.) V. amér. (*V. Riparia.*) Ressemble beaucoup au **Franklin.** EC. MONTP.]

[**Blue Favorite.** EC. MONTP. V. amér. (*Æstivalis*). Fruit noir.]

[**Blue grape.** Syn. de **Black July.** PLANC.]

Blue impérial. AMÉRIQUE. [*Labrusca.*]

Blussard blanc. Voir **Poulsard.** *Bic.*

Blussard fruher blauer. Décr. MUL.

Blussard noir. *Cat.* LUX. Voir **Poulsard.**

Blussard spat blauer. Décr. MUL.

Blussard weisser. Décr. MUL. BAB.

Bluttraube. Syn. de **Farber rothsaftiger.** H. GOET. ou **Teinturier.** ST.

Boâ ou **Bella.** GÊNES. *Bic.* Je l'ai pris dans les vignes des environs de CARIGNAN.

Boana. RIVOLI. *Bic.* Chev. NASI.

Boasedda. Syn. de **Zinercu.**

Bocal. *Cat.* LUX.

Bocksaugen ou **Bockshoden.** Nom donné à COBLENTZ au **Trollinger,** d'après BAB. H. GOET. y ajoute comme syn. **Bocksleutel** et **Bockstraube.** D'après MEY. **Bocksaugen** est syn. de **Trollinger gelbholziger schwarz blauer** ou **Frankental.** ST. donne aussi ce syn. près COBLENTZ. Signifie *œil de chèvre.*

Bodensee traube. SUISSE, LAC DE CONSTANCE et AUTRICHE. Syn. de **Sylvaner noir,** d'après ST. *Bic.* Je le crois un **Pinot.** On l'appelle aussi **Blau Bodensee traube.**

Boerhaave. Raisin de semis à grains noirs violets, olivoïdes, précoce. *Cat.* SIM. L.

Bœzinger. FRIBOURG. ST. Identique à **Feuille ronde?**

Boffera bianca. LESSONA et COSSATO. BIELLA. Syn. de **Croassera bianca,** d'après le prof. MIL. et très-rapproché de la **Mostera bianca?**

Boffera nera. Syn. de **Croassera?** Prof. MIL.

Boggiaja.

Boglar blaue. H. GOET.

Bohême (Raisin de).

Böhmischer SILÉSIE. Syn. de **Pinot noir?**

Bois-dur. Syn. de **Carignane,** d'après MAR. Syn. de **Morrastel,** d'après OD., 514. * [Dans l'HÉRAULT, c'est la **Carignane** et non le **Morastel.** (BOUSC.).]

Bois jaune. HÉRAULT. AUDE. Syn de **Grenache.** MAR. En hiver, le **Grenache** se distingue des autres cépages par la couleur jaunâtre clair de ses sarments.

Bojetto. PROV. DE TURIN.

Bolana. SALUCES. *Bic.* 48. Très-beau raisin blanc de table, de maturation tardive.

Boldenasca ? AC. décr. 253 parmi les raisins milanais.

Bolen. PROV. DE TURIN.

Boletto nero. OD., 531. Il y a, je crois, dans

[* La première indication est la seule vraie ; la seconde repose sur une confusion de noms. La **Carignane** est désignée en PROVENCE sous le nom de **Monestel** ou **Monesteou** ; mais ce cépage est très-différent du **Morrastel,** qui est inconnu en PROVENCE. La similitude des deux noms avait induit en erreur le comte Odart. (PELL.)]

l'*Ampélographie,* une faute d'impression ; c'est probablement le **Beletto nero** de NICE, que le comte OD. a voulu désigner.

Bolgnino nero. SALUCES, ou **Nebbiolo** de DRONERO. Fait un vin coloré. *Bic.* (16). (12).

Bolgomone nero. BITONTO. POUILLES.

Bollo à nœuds courts. *Cat.* LUX. ?

Bolognese bianca. MEND. *Bic.*

Bolymio. H. GOET. Faute d'impression, au lieu de **Bolgnino**.

Bombino bianco AZZ. *G.V.V.*, 16 et 147. Décr. dans le *Bull. amp.* I, où on lui donne pour syn. **Bon vino** et **Colatamburro.** Probablement identique au **Bambino.** Voir ce cépage.

Bombino nero. POUILLES. MOLFETTA. (Décr. *Amp. Pugl.*)

Bombino rosso. Voir **Uva di Bitonto** (Décr. *Amp. Pugl.*)

Bommer blauer. BAB.

Bommerer. Syn. de **Trollinger gelbholziger shhwarz blauer,** MEY., et par conséquent de **Frankental.**

Bonafous ou **Taggia.** Raisin blanc. *Pép.* TURIN.

Bona in cà. TYROL *Bic.* Je l'ai eu avec plusieurs autres espèces de M. SANDONA de ROVEREDO. Il m'a paru être la **Luglienga.**

Bonamico bianco ? TOSCANE.

Bonamico nero. TOSCANE. Voir **Buonamico** (*Vign*, II, 93 (143.)

Bonarda. (Décr. AC., 61, 99.) On apporta à l'Exposition d'ALEXANDRIE un raisin de ce nom avec de gros grains ovales, noirs, envoyé par CHIODI LORENZO. GAMALERO. La **Bonarda** du PIÉMONT a, au contraire, des raisins ronds, noirs, à peau fine et pourtant ferme, à pulpe juteuse et douce.

Bonarda à grandes grappes. *Bic.* (12). PIÉMONT. (Dess. BON. IVRÉE. (Dess. AL.) (Décr. INC.) (Décr. GAT.) (Décr. ROVASENDA, *Economia rurale*, 25 février 1873). Très-bon raisin noir de table et de cuve. Une vigne de ce nom doit aussi être cultivée dans la région de LODI; je ne sais si elle est identique à l'espèce de GATTINARA, à celle du PIÉMONT ou à celle de PAVIE, toutes différentes entr'elles.

Bonarda arricciata ?

Bonarda de CAVAGLIA et de GATTINARA. Différente de celle du PIÉMONT. *Bic* (51). J'en ai reçu quelques plants avec le nom de **Balsamea.** C'est plutôt un raisin de table que de cuve.

Bonarda de GHEMME. CERL. *Bic.* Identique à la précédente.

Bonarda de ROVESCALA. PROVINCE DE PAVIE. M'a paru identique à la **Crovattina nera.** Je l'ai eue de M. GUFFANTI. Raisin de cuve plutôt que de table. C'est le même qui est appelé improprement **Nebbiolo** à GATTINARA.

Bonarda grossa ?

Bonarda piccola ?

Bonardera de SETTIMO. *Bic.* M'a paru identique à la **Giridada.**

Bonardona. Décrite par le prof. MIL. qui la donne pour syn. de **Balsamina maggiore** et de **Neret** de CAVAGLIA.

Bonardone. Exp. AL. Grappes coniques, compactes; raisins gros, ronds, noirs. MELLANA.

Bona Signora bianca.

Bona Signora nera.

Bonaverde. RIVIÈRE LIGURIENNE DE L'OUEST.

Bon-avis. Syn. de **Mourvède** dans la DRÔME. OD., 462. PELL, 37. **Avis** veut dire sarment ou vigne, en langage provençal.

Bonbertó. GATTINARA. Raisin noir de table ressemblant à la **Bermestia.**

Bon blanc. DOUBS et HAUTE-SAÔNE. Syn. de **Savagnin.** OD., 270. Syn. de **Pinot blanc** dans la VENDÉE, d'après GUY., II, 504. A St-JULIEN, dans la MAURIENNE, est syn. de **Mondeuse blanche.** TOCH.

Bon blanc des douze chainées. PUL. le croit le type blanc du **Petit gamai.**

Bon blanc fendant. GENÈVE. AC., 323.

Bon bourgeois. HAUT-RHIN. GUY., III, 143. C'est le **Burger** des Allemands.

Bon chrétien. LOT. *Bic.* PUL. Me paraît être le **Sauvignon blanc.**

Bonda ou **Prié rouzo** (**rosso**). VALLÉE D'AOSTE. (Décr. GAT.)

Bonenca. AC., 303. TRIESTE. Je la crois identique à la **Bona in cà** ou **Luglienga.**

Bonera de PEZZE (ou TEZZE?). MILANAIS. AC., 300.

[**Bonicarlos.** *Cat.* LUX. pour **Beni-Carlo.** OD.]

Bonifacienco. CORSE. Syn. de **Carcagiola.** OD., 557.

Bonigana. LOMELLINE.

Boniverga rossa de PIGNEROL.

Bonne Dame. *Pép. Bic.*

Bonne noire. *Pép. Bic.*

Bon noir. VENDÉE. Syn. de **Pinot.** GUY., II, 504.

Bon plant. ISÈRE.

Bontempo. ISTRIE. AC. décr. 196, deux variétés : la grosse et la petite.

Bon Tressot. YONNE. OD., 200. Syn. de **Tressot à bon vin.**

Bood bianca. Raisin du pays de GÊNES, d'après FRO.

Bon vino bianco. MACERATA.

Bon vino. TRANI. Syn. de **Bombino bianco.** BARLETTA, d'après l'*Amp. Pugl.*

Bordara. BASSANO MAROSTICA. AC., 300.

Bordeaux bianco. Décr. INC. Ces cépages à noms génériques ne sont vendus en général que dans les établissements de second ordre. J'ai reçu 14 vignes différentes portant le nom de **Bordeaux** ou **Bordelais.**

Bordeaux nero. décr. INC.

Bordeaux rosso. décr. INC.

Bordelais noir. TARN-ET-GARONNE. CORRÈZE et ailleurs. OD., 134. Est dans plusieurs endroits syn. de **Grosse Mérille** de la GIRONDE. Ailleurs, par exemple au cap BRETON, en FRANCE, **Bordelais** est employé pour **Carmenet** ; c'est sous ce nom que ce raisin m'a été vendu par des pépiniéristes de TURIN.

Bordelais blanc à longue queue. GANIER. *Bic.* M'a paru identique au **Guilhan** du BORDELAIS. Dans quelques localités, on désigne le **Sémillon** sous le nom de **Bordelais blanc.** GUY.

Bordelais rouge.

Bordò ? rosso. Décr. INC. Encore un de ces noms génériques qui engendrent la confusion.

Bordò nero. *Jard. bot.* de NAPLES. FRO.

Borgesa nera. AVIGLIANA. PIÉMONT. *Pép.* On m'a dit que cette vigne était bonne et fertile.

Borgia à ORAN (ALGÉRIE). Serait syn. de **Sabalkanskoi.**

Borgiana ?

Borgiano ?

Borgione nero. TOSCANE. Raisin de cuve. Décr. par le Com. agr. de FLORENCE. *Bic.* (28) ? A pour syn. **Inganna cane.** (*Trompe chien*). Le cépage que je cultive sous ce nom ne répond pas à la description de l'**Inganna cane,** que je possède aussi ; il y a donc une erreur sur l'un ou sur l'autre. Je crois exact l'**Inganna cane** qui est classé au petit carré (48)

Borgogna bianca. AC., 299. INC. MEND. Nom générique à supprimer comme les suivants.

Borgogna nera. INC. En ALLEMAGNE, on appelle généralement **Burgunder** le **Pinot.** Je crois qu'en ITALIE on désigne aussi le **Pinot** sous ces noms génériques de **Bourgogne.**

Borgogna rossa. INC. TRENTIN.

Bormenc. PROVENCE. FRANCE. OD., 419. Syn. de **Majorquen.**

Boromeo grosso blauer, d'après H. GOET. **Boromeo Grüner,** d'après C. BRON.

Boros. HONGRIE. Raisin blanc.

Bortolomeo ou **Bortolomio Veronese.** AC. décr. 237.

[**Borwood Muscat.** *Cat.* LUX. Voyez **Muscat Bowood.**]

Borzenauer. SUISSE. Identique au **Heunisch.** ST.

Boscarola. BRESCIA. AC., 306.

Boschera bianca. Dans l'*Alb. T* est dit identique à la **Peverella.**

Bosco bianco. de la PROV. de GÊNES, dit aussi **Uva bosco.** Est très-productif. *Bic.*

Bosco nero.

Bos-Kokour. Le comte OD., 580, le croit identique au **Kakour.** Il a des raisins blancs surmoyens.

Boskokwi. *Cat.* C. BRON. Cité dans le *Cat.* SIM. L.

Bossolera nera. VOGHERA.

Botacciara AC., 303. Raisin de TRENTE.

Boton de Gallo bianco. ROX. Grains petits, dorés, très-doux.

Boton de Gallo negro. XÉRÈS. ROX. Semblable au blanc.

Bottaccia. ROMAGNE. AC., 294.

Bottacina. Raisin du HAUT NOVARAIS.

Bottaccione. SINALUNGA. Dess. CIN.

Bottajo bianco. SINALUNGA. D'après CIN. serait syn. de **Bottaccione.** Ailleurs on l'appelle **Bottato** et aussi **Bottara** et **Empibotte** dans la PROV. D'ANCONE. Impossible d'éviter des confusions si l'on ne réduit pas ou si l'on ne simplifie pas toute cette nomenclature.

Bottassera. MILANAIS. AC., 300, et **Botascera** id. à **Margellana.** BRIANZA.

Bottone ou **Bottona.** BOLOGNE. AC., 294.

Bottone ou **Bottona bianca.** BOLOGNE. AC.

Bottonetto. Syn. de **Neretto ?** Décr. AL. *Bic.*

Bottonino bianco. PIÉMONT. INC. *Bic.* (11 ?)

Bottonino nero. PIÉMONT. INC.

[**Bottsi.** EC. MONTP. V. amér. *Æstivalis.* Ressemble beaucoup à l'**Herbemont.** Sujet comme lui à la chlorose.]

Botzinger en BRESLAU. Syn. de **Sylvaner gruner ?** BAB.

Bouan. ALPES - MARITIMES. Syn. de **Ugni blanc.**

Boucalon bianca. BOBBIO.

Bouchalès. HAUTE-GARONNE, et aussi **Bouchallès.** D'après M. LAURENS. (*Journ. Vit.* II, 280) il est identique au **Cot** de BORDEAUX. GUY. le dit une variété du **Cot.** D'après M. LAUJOULET. (*Journ Vit.* I, 292), le **Bouchalès,** est un des trois meilleurs cépages de ce département. GUY. fait l'éloge des vins qu'il produit. Une plante que j'ai reçue sous ce nom m'a paru identique au **Cot,** mais plus tardive, peut être accidentellement. Un autre cépage du même nom m'a paru se rapprocher davantage du **Tanat.** *Bic.* (28) (12), si toutefois on ne donne pas aussi ce nom à deux cépages différents. Dans les LANDES, dans les HAUTES et BASSES-PYRÉNÉES, il est syn. de **Cot** ou **Malbec,** d'après GUY. PUL. lui assigne les mêmes caractères qu'au **Cot à queue verte,**

mais avec moins de précocité. Il a reçu sous ce nom la **Mérille**.

Boucharès. *Cat.* LUX. Voyez **Bouchalès**.

Bouche cendrée noir. YONNE. *Cat.* BUR.

Bouchereau. Obtenu de semis par TOURRÈS. *Bic.* (39). Raisin de table. D'après PUL., il a des feuilles sur-moyennes, glabres, lisses, planes. Grappe cylindrico-conique-rameuse, peu serrée; raisins gros, légèrement elliptiques, rouges, pruinés. A été obtenu de semis par M. TOURRÈS et dédié à M. BOUCHEREAU; maturité à la 3e époque.

Bouchet. Nom donné au **Cabernet-Sauvignon** dans l'arrondissement de LIBOURNE et au **Cabernet franc** à St-EMILION. Ne pas confondre avec le **Bouschet**, qui est un autre cépage.

Bouchy. HAUTES-PYRÉNÉES. GUY., 343, le cite comme syn. de **Pinot**.

Boudalès ou **Bourdalès**. PYRÉNÉES. Syn. de **Ulliade**. OD., 494 et 495. Syn. de **Cinsaut** dans les PYRÉNÉES-ORIENTALES, d'après MAR., 290. *Bic.* (47). PUL., dans le *Vignoble*, II, 85, (139) conteste l'identité du **Boudalès** et de l'**Ulliade**. [Supporte bien la submersion, d'après M. FAUCON.] [Le **Cinsaut** de l'HÉRAULT. diffère de **l'Ulliade** noire; mais le nom d'**Ulliade** lui est donné improprement dans quelques départements, notamment à VAUCLUSE. Dans l'ARIÈGE, le **Boudalès** se nomme **Marocain**; on l'appelle **Plant d'Arles** à AIX-EN-PROVENCE. Je l'ai reçu du comte ODART sous le nom de **Milhaud du Pradel**. (BOUSC.).]

Boudalès blanc. S'est trouvé chez moi un **Chasselas**.

Boudalès jaune doré. *Bic.* C'est aussi un **Chasselas blanc**. Je n'oserais pas assurer que ces noms n'aient pas été inventés par les pépiniéristes pour se procurer un plus grand débouché. [C'est improprement que l'on donne le nom de **Boudalès blanc** au **Chasselas**. Ces deux cépages sont trop différents pour qu'on leur fasse porter le même nom. (PULL.).]

Boudet. *Cat.* LUX.

Bougeart. Cépage du ROUSSILLON. ISÈRE.

Bougneton. *Cat.* LUX.

Bouillan clair. LOT. PUL. Voir **Bouillenc**.

Bouillant blanc. CORRÈZE. GUY. II, 127.

Bouillard ? *Cat.* LUX.

Bouillenc du TARN. Il y a le blanc, le rouge et le noir; ce sont, d'après OD., 248, des vignes fertiles qui méritent d'être étudiées. J'ai reçu de M. PUL. une vigne avec le nom de **Bouillenc vert** qui me parut identique au **Gouais blanc** et une autre avec celui de **Bouillenc clair**; celle-ci me paraît identique au **Quillard** ou **Jurançon**. Ce nom ne pourrait-il pas être le résultat d'une confusion entre **Quillard** et **Bouillenc** en lisant les noms manuscrits? non de la part de M. PUL., mais de celui qui le lui transmit. GUY. II, 134, cite, parmi les vignes de la CORRÈZE, le **Bouillenc** comme syn. de **Vionnier**. Malgré l'autorité de ce célèbre œnologue français, je crois que cette synonymie a besoin d'être vérifiée.

Bouillenc noir ? MIDI DE LA FRANCE. MEND.

Bouillenc clair. LOT. PUL. *Bic.* Ident. au **Jurançon**.

Bouillenc rose. *Bic.* (48). OD., 490, le dit syn. de **Feldlinger**; je l'ai trouvé tel. BURDIN, à Turin, vend ce raisin sous le nom de **Feldanger**.

Bouillenc Vionnier ? GUY, II, 134.

Bouissalés et **Bouissolés**, syn. de **Bouchallés** et **Bouchalis** dans le GERS, les LANDES et les PYRÉNÉES. *Journ. Vit.*, II, 16. A quelque rapport avec le **Cot** et le **Tanat**. *Bic.* (28). Voir aussi **Bouyssalés**.

[**Boulenc**. *Cat.* LUX. ou **Bouillenc**.]

Bounarda. Voir **Bonarda**.

Bouquettraube grün. H. GOET.

[**Bourbon**. *Cat.* Lux., probablement pour **Bourdon ?**]

Bourbonnais blanc. *Cat.* LER.

Bourbonnais rose. Etablissement BURDIN. *Bic.*

Bourboulenc. VAUCLUSE. OD., 491. GUY. 210. Dess. RENDU. Je l'ai vu avec des raisins ovales, blancs ambrés chez M. SAHUT, à MONTPELLIER, et à VILLELAURE de PROVENCE en plein vignoble, où il paraissait résister assez bien au phylloxera. Il a des feuilles grandes, sinuées, très-duveteuses, grappe sur-moyenne, conico-cylindrique. Sa maturité n'est ni précoce, ni tardive.

[**Bourboulenc**. OLIVIER DE SERRES. VAUCLUSE. Son vrai nom est **Bourboulenque**. Raisin blanc ayant quelque analogie avec la **Clairette blanche**. (BOUSC.).]

[**Bourboulenque** ou **Frappade**. COUVERCHEL. [BOUSC.] **Pic aragnan**. LARDIER. **Blanquette du Gard** et **Clairette menue**. *Cat.* LUX. (BOUSC.).]

Bourboulenque rouge. NICE MARITIME. Serait syn. de **Brachetto ??**

Bourbouling ? *Cat.* LER.

Bourdalès. PYRÉNÉES-ORIENTALES. Syn. de **Boudalès**. MAR.

Bourdelas. JURA ? VIV. OD., 421. Doit être notre **Bermestia** et peut-être la **Bumaste** de PLINE. [**Bourdelas** ou **Verjus** (ancienne *Maison rustique*). C'est le **Gros Guillaume**, très-différent de la **Bermestia**, peut être le **Bumasta** de VIRGILE. (BOUSC.)]

Bourdon. OD, 276, le dit syn. de **Corbeau**.

GUY, II, 274, parmi les vignes du ROUSSILLON et de l'ISÈRE, cite la **Douce noire** ou **Corbeau** et le **Bourdon** ou **gros plant**, comme deux cépages différents.

Bourdon bianco. *Bic.* Sous ce nom erroné, j'ai reçu de la Colonie agricole de MONCUCCO un raisin provenant de FRANCE qui m'a paru être le **Cot** de BORDEAUX.

Bourdoulès noir. TARN. *Cat.* BUR.

Bouré gris. *Cat.* LER. Serait le **Terret Bourret.**

[**Bouret blanc.** *Cat.* LUX.]

[**Bourgelas.** *Cat.* LUX. Probablement pour **Bourdelas** ou **Bourdalés.**]

Bourgogne. OD., 205. Dans les environs de TOURS est syn. de **Lombard** de l'YONNE. *Bic.*

Bourguignon blanc. C'est ainsi que dans le BEAUJOLAIS on appelle le **Gamai blanc.** Dans l'AIN, d'après GUY., il est syn. de **Pinot blanc.**

Bourguignon noir. SEINE-ET-MARNE. MEURTHE. OD., 200. Syn. de **Tressot.** D'après M. HARDY, jardinier en chef du Luxembourg, est syn. du **Tressot Leclerc.** GUY., II, 354, le dit syn. de **Gamet** dans l'AIN. Dans la SAÔNE-ET-LOIRE et dans l'AIN, il est syn. de **Cot à queue rouge,** mais à tort, d'après OD., 239. Il est syn. de **Pinot noir** dans le BEAUJOLAIS L'abbé ROZIER et quelques autres l'ont employé comme syn. de **Gamai.** Il faut abandonner ces noms génériques de provinces, quand surtout ils servent à désigner des espèces aussi diverses. J'ai lu, dans un opuscule de GUEYFFIER, que le **Pinot** fut porté de la BOURGOGNE dans l'AUVERGNE avec le nom de **Bourguignon**; puis, de l'AUVERGNE dans l'ORLÉANAIS avec le nom d'**Auvergnat,** et de l'ORLÉANAIS dans l'ALSACE avec le nom de **Orleanais.** Ce cépage changeait donc de nom suivant sa provenance. Cela prouve la nécessité de l'étude des cépages ou de l'ampélographie, afin de revenir ou d'arriver à l'unité de dénomination.

Bourmat. *Cat.* LUX. **Bourmat noir.** ISÈRE. *Cat.* BUR.

Bourme ou **Bourmi.** PUL.

Bournat noir. ISÈRE. *Cat.* BUR.

Bournot. ARDÈCHE. Syn. de **Chasselas.**

Bourret blanc ? DROME VIV. *Cat.* LER. Le **Bourret** doit être le **Terret bourret blanc** ou le **gris.**

[**Bourret blanc.** GARD, HÉRAULT. Variété du **Terret Bourret** qui est sujet à passer tantôt au noir, tantôt au blanc, par un fait d'atavisme commun à certaines variétés grises; on remarque des variations semblables sur le **Piquepoul gris.** (BOUSC.).]

Bouteillan à grains blancs. OD. 468. Paraît meilleur que le noir pour faire du vin. Syn. de **Calitor blanc**; pourrit facilement.

Bouteillan à gros grains. OD., 467. Syn. de Calitor ? MAR. PELL. dit qu'à DRAGUIGNAN, l'**Ugni noir** ou **Aramon** est désigné sous le nom de **gros bouteillan.** Il conteste l'identité du **Bouteillan** (le **petit Bouteillan** de DRAGUIGNAN) avec le **Pécoui-Touar** ou **Calitor noir,** et indique les caractères qui les différencient.

Bouteillan à petits grains. VAR et BOUCHES-DU-RHÔNE. OD. MEND. GUY., 54, dit que le **Bouteillan,** dans le département des BASSES-ALPES, a été abandonné à cause de sa disposition à l'oïdium et remplacé par le **Grenache.**

Bouteillant, ainsi écrit dans le *Cat.* VIV.

Boutezat. HAUTE VIENNE. GUY., II, 140. Serait le **Pulsart** du JURA ?

Boutigne. *Cat.* LUX.

Boutignon blanc. PUL.

Boutineaux. DROME. VIV. écrit **Boutinoux.** Raisin blanc, grains moyens.

[**Boutinous blanc.** *Cat.* LUX. Sans doute pour **Boutineaux ?**]

[**Boutinous noir.** *Cat.* LUX.]

Bouyssalés. OD., 242, ou **Bouyssoulés,** et, d'après RENDU, **Bouysalé**; d'après GUY., 384, **Bouyssoulis** et **Bouchalés**; variété du **Cot,** mais plus tardive d'après PUL. Dans le GERS, dans les LANDES et dans les HAUTES et BASSES-PYRÉNÉES, est syn. du **Cot à queue verte.** GUY. le croit identique à ce raisin. OD. et RENDU le croient différent. Voir aussi **Bouchalés.**

Bovale. SARDAIGNE. INC. Voir **Bovalis.** Une vigne qui m'avait été donnée sous ce nom par le marquis INC. était identique au **Girò.**

Bovaleddu bianca. SARDAIGNE. MEND. Paraît semblable à la **Morajola minore.** *Bic.* (31) ?

Bovalimannu. SARDAIGNE. Syn. de **Morajola maggiore.** MEND. Grains ronds, plus gros et moins serrés que ceux du **Bovali.** Est moins cultivé, parce qu'il s'emporte trop en bois (*Fl. Sard.*)

Bovalis ou **Bovali.** SARDAIGNE. Semblable à la **Monica.** Grains noirs, ronds. Dans la *Flora Sardoa,* on lui donne le syn. **d'Affinis.** Décr. INC.

Bovoods. *Pép. Bic.* M'a paru identique à l'**Axinangelus.** C'est un nom nouveau donné à un vieux cépage.

Bowood Muscat. Voir **Muscat Bowood.**

Box hoder. OD., 368. Syn. de **Frankenthal.**

Brachet jurançon blanc. NICE. VIV. Peut-être identique au **Bouteillan blanc ?**

Brachet violet. BORDS DU VAR. VIV. PELL. 55,

dit qu'on lui a assuré que cette vigne, qui a les caractères du **Pécoui Touar** pour ses feuilles et ses sarments, donne des raisins bien meilleurs pour la vinification. Voir **Braquet.**

Brachetto bianco. OD., 530. Syn. de **Jurançon blanc** ou de **Quillard** dans le comté de NICE, d'après OD. 497. Les observations que j'ai faites dans une vigne de NICE ne m'ont pas confirmé cette assertion, puisqu'on m'a montré sous ce nom un raisin à feuilles entières, semblable au **Colombeau** et aux grains légèrement ovales, tandis que le **Quillard** a des feuilles à cinq lobes et des grains ronds. Néanmoins, cette identité est à vérifier.

Brachetto des jardins. OD.,530. Vigne donnée au comte OD. avec le faux nom de **Brachetto.**

Brachetto nero. NICE. AC. 296. Le **Brachetto** de NICE est identique au **Calitor** ou **Pecoui-Touar** français et différent du **Brachetto** du PIÉMONT, ainsi que j'ai pu m'en assurer par moi-même, puisque celui-ci a une saveur musquée, tandis que l'autre a une saveur simple.

Brachetto nero. ALEXANDRIE. (Dess. AL.)(Décr. INC.). Différent de celui de NICE, lequel, comme je l'ai dit, n'a pas de saveur musquée, tandis que le **Brachetto d'Alexandrie** la possède. Voir aussi *Amp.* LEARD. et DEM.

Brachetto nero. ASTI. Toutes les vignes cultivées en PIÉMONT sous ce nom ne sont pas identiques; la plupart d'entre elles donnent des raisins parfumés ou à saveur de muscat.

Braciano. *Bic* C'est pour moi la **Luglienga.**

Bracciola. AC., 156, 298, la décrit parmi les raisins des CINQ-TERRES.

Bracciuola. SOD. dit que cette vigne donne beaucoup de vin lorsqu'elle est dans des sols qui lui conviennent, pas trop gras et surtout à proximité de la mer.

Bragar blanc. *Cat.* LER.

Bragère blanc. Syn. de **Pis de chèvre blanc.** Au moins je l'ai eu tel. *Bic.* (47).

Braida. Syn. de **Wipbacher weisser.** H. GOET.

Bramestone bianco. CRÉMONE. AC. décr. 39.

Bramestone nero. CRÉMONE. AC. décr. 48. Identique à **Bermestia.**

Bramestone rosso. CRÉMONE. AC. décr. 48.

Brancone bianco. TOSCANE. FRO.

Brandolesa bianca. PROV. de PAVIE. AC. décr. 54.

Brandolone. *Cat.* BUR.

Brangal. *Cat.* LUX.

Branicerka. Syn. de **Kadarka noir.** H. GOET.

Brant. ARNOLD. Vigne hybride AMÉRICAINE à très-beau raisin noir.

Braquet. NICE. Syn. de **Pécoui-Touar** dans le VAR et les ALPES-MARITIMES. PELL. 55. PUL. le décrit ainsi : feuilles moyennes très duvetées, sinuées ; grappe sur-moyenne, cylindrique, conique, allongée, ailée ; grains légèrement ellipsoïdes, sur-moyens, rouge foncé, pruinés; maturité 3me époque (cépage donné par l'auteur à M. PULL). Ajoutons : extrémités des lobes lancéolées, aiguës. [Malgré toutes les autorités ampélographiques, le **Braquet** n'est pas notre véritable **Pécoui-Touar.** Je les possède l'un et l'autre et le **Braquet** qui m'a été envoyé de NICE est bien moins fécond que le **Pécoui-Touar** ; son raisin plus petit est plus noir et fait du meilleur vin que le **Calitor**, qualifié d'infâme par le comte OD. La vigne est plus faible; du reste les deux cépages se ressemblent et le **Pécoui-Touar** n'est qu'une variété du **Braquet** (PELL.).]

Braquet des jardins. OD. Voyez **Brachetto.** [Je l'ai reçu du comte ODART dans ma collection de la CALMETTE, et il s'est trouvé être le **Gros Damas violet** (BOUSC).]

Brasserille. *Cat.* LER. Peut-être pour **Passerille ?**

Brassorà, Brassourà ou **Brassolà bianca** TURIN (Dess. BON) et **Brosolà** dans l'arrondissement de SALUCES. CROCE écrivait **Brazolata** vers 1600. A SCIOLZE, j'ai noté les caractères suivants : grappe pyramidale, ailée, grosse. Raisin rond, blanc verdâtre, grillé à la partie exposée au soleil. *Bic.* (16).

Braun Grobes. VURZBURG. Syn. de **Elben rother ?** BAB.

Brauner à VURZBURG. Serait syn. de **Traminer.** ST. et BAB.

Brecciano. PORT MAURICE. A comparer avec le **Bracciano.**

Bregin noir. *Pép. Cat.* LUX. Très-cultivé dans le DOUBS d'après GUY, II, 396, et dans le JURA d'après ROUGET. D'après leurs descriptions, ces deux cépages seraient différents. Dans le JURA, il a pour syn. **Rougin.** PUL. le dit peu méritant. Vign. III. 43 (214).

Bregiola. Raisin noirâtre du HAUT NOVARAIS, robuste, plutôt de table que de cuve. *Bic.* (12).

Breisgauer et aussi **Breisgauer sussling** dans le duché de BADE et en SUISSE. Syn. de **Burgunder weisser** ou **Borghignone bianco**, c'est-à-dire **Pinot,** d'après MEY., ST., et BAB.

Breuk. Syn. de **Hainer grosser gruner.** H. GOET.

Brepon Molinara. AC. 224, le décrit parmi les vignes VÉRONAISES. *Ann. Vit. En.* 249.

Brepon nero. VERONE Dr CARP., rap.

Bresana ou **Pignolone.** Décrite à la fin de 1600

par J. B. CROCE dans son traité sur les vins de la montagne de TURIN. J'ai observé qu'elle a des feuilles bullées, légèrement cotonneuses en dessous ; sinus pétiolaire fermé, pinceau du pédicelle brun.

Bresciana. AC. décr. 253 parmi les raisins MILANAIS.

Brescianella dans l'arrondissement de LODI.

Brésilien. *Cat.* LUX.

Bresparola bianca. VICENCE. Dr CARP., rap.

Bressana de PONTE VALTELLINA. CERL. *Bic.* Probablement identique au **Bresciana.**

Bressana nera. Cultivée dans l'ARR. de COME et dans la BRIANZA.

Bressanello. PAVIE. *Bic.*

Bretagne noir ? *Bic.* Est pour moi le *Pulsart* noir. *Pép.*

Breton. OD. 126. Dess. RENDU. Syn. de **Carmenet** d'après PULL., et, d'après le comte OD., dans l'INDRE-ET-LOIRE, et, d'après GUY., II, 554, dans la VIENNE.

Bretonneau. HAUTE-VIENNE. GUY. II, 140.

Brezzola. Voir **Brizzola.**

Briachiello bianco. BARLETTA. Raisin de cuve.

Briansotto nero. PAVIE.

Brianzola. Vigne cultivée dans la province de LODI.

Brianzone nera. PAVIE.

Brigler. *J. bot.* GEN. AC., 322.

[**Brighton.** EC. MONTP. V. amér. (*Labrusca*).].

Brindisina bianca. TERRE d'OTRANTE.

Brizzola. Dans la LIGURIE serait syn. de **Barbarossa** . Il y a à GATTINARA un raisin de table de ce nom appelé aussi **Bregiola,** qui est noirâtre, et que j'ai classé. *Bic.* (12).

Brocal ou **Brocala.** *Cat.* LUX.

Broccola. Le comte OD. dit que le raisin de cette vigne est énorme.

Brocol. TARN. GUY. II. 12.

Brogione nero de la TOSCANE d'après FRO. Peut-être pour **Borgione.**

Brognola. MANTOUE. AC. 290. On cultive aussi dans le COMASCO la **Brognola nera** ou **Brugnola**

Brognolera ou **Corba.** AC. décr. 206 parmi les raisins de **Brescia.**

Bromes blanc. NICE-MARITIME. OD. 533. *Bic.* Raisins oblongs.

Bromes noir. NICE-MARITIME. OD. 533. *Bic.* Raisins oblongs.

Bromeste de NICE. PUL. le suppose identique au **Pumestre** ; je crois qu'il ne diffère pas de la **Bermestia.** [Le **Bromeste** de NICE, que nous tenons de M. H. BOUSCHET, est bien différent de la **Bermestia** italienne. Cette dernière est à feuilles glabres, tandis que la **Bromeste** de NICE (H. BOUSC.) est à feuilles bien duveteuses. Cette vigne ne nous a pas été signalée (sous ce nom du moins) dans les vignobles de NICE lorsque nous les avons parcourus en 1875. (PUL).]

Bromestina. CASTELGOFFREDO. MANTOUE. AC. 289.

Bromesto nero. NICE. AC. 296. Je crois que c'est la **Bermestia.**

Bromestone. Id. au **Bramestone** et **Bermestia.**

Bronner. Vigne de semis ? *Cat.* LER.

Bronner's traube. *Cat.* C. BRON.

Bronner traube blaue. BAB.

Bronner traube roth. H. GOET.

Bronner traube weisse. BAB.

Brontolona nera. CONEGLIANO. *Alb.* T.

Broodland sveet blanche. Raisin de table.

Brosolà. SALUCES. Voir **Brassorà.**

Brougamat noir. LOZÈRE. *Cat.* BUR.

Brown. V. amér. (*labrusca*).

Brown. HAMBOURG. Syn. de **Frankenthal.**

Bru. CORRÈZE. GUY. II. 127.

Brucanico gentile bianco. MEND. Doit-être cultivé à l'Ile d'ELBE et en TOSCANE. J'ai reçu de l'Ile d'ELBE un raisin blanc qui, malheureusement, ne portait aucun nom.

[**Bruchet.** *Cat.* LUX].

Bruchinè ? pour **Cruchinet ?** *Cat.* LER.

Brucianico. OD. *Append.* 25. Voir **Brucanico.**

Brucianico blanc. TOSCANE. VIV.

Brucianico gentile de MONTEPULCIANO. AC. 278.

Bruciano. *Pép.* Je le crois id. au **Brucianico.**

Brugamot noir. LOZÈRE. *Cat.* BUR.

Bruganico gentile nero. TOSCANE. LAWL. et FRO. Voir aussi **Brucanico** et **Brucianico.**

Brugnara. Vigne PARMÉSANE, cultivée principalement sur les coteaux.

Brugnenti rouge. MACERATA. Je le crois id. au **Brun gentile.**

Brugnola de DERVIO. MODENAIS.

Brugnola de PONTE VALTELLINA. AC. 292. CERL. *Bic.*

Brugnona (Uva). Exp. AL. Raisin gros, rond, noirâtre. *Bic.*

Brugnone. SALUCES. *Bic.*

Brulela bianca.

Brumeau blanc. BRIOUDÈ.

Brumeau noir. Vigne méritante, cultivée depuis fort longtemps dans les environs de BRIOUDE (AUVERGNE). Feuilles moyennes, sinuées, se colorant en rouge en automne. Grappes longues, ailées, puis cylindriques. Raisins sphériques, sous-moyens, noirs. 2me époque de maturité. Vin très coloré. Le fruit est bon à manger.

Brumesta. BOLOGNE. Voir **Bermestia.**

Brumestia et **Brumasta bianca et nera.** Je la crois id. à la **Bermestia.** *Bic.* (34). A l'Exposition d'ALEXANDRIE, je vis un raisin auquel on avait donné ce nom par erreur qui avait la rafle rouge et le raisin rond et noir, tandis que les **Brumestia** l'ont allongé.

Brumestra ou **Pumestra.** SICILE. *Cat.* MEND. De tous les noms ci-dessus celui de **Bermestia** me paraît préférable.

Brumestre. OD. 421. Nom donné par OLIVIER DE SERRES à la **Brumestia.**

Brumier. Vigne de la CHARENTE.

Brun. HAUTES-ALPES. PUL. [Nous paraît être syn. de **Téoulier.** (PUL).].

[**Brun d'Auriol.** LARDIER (*Les Vignes provençales*) le dit syn. de **Brun fourca.**]

Brun Farnous. Syn. de **Brun fourca.**

Brune. MAINE ET LOIRE. VIV. C'est un raisin noir. *Cat.* BUR.

Bruneau. HAUTE-LOIRE. FRANCE. *Bic.* Vigne grossière. Voir. **Brumeau.**

Bruneau. Dans le LOT serait un **Teinturier.** PUL. La plante qu'on m'a envoyée avec le nom de **Bruneau** ne m'a pas paru être un **Teinturier.** *Bic.* (43).

Brunelle. INC. dit que c'est une vigne de FRANCE. *Bic.* Dans mes cultures a été un **Pinot noir** ou quelque variété approchant, surtout pour le fruit.

Brunello nero. SIENNE. *Bull. amp.*, VII.

Brunenta ou **Prunenta.** On appelle ainsi la **Spanna** à DOMODOSSOLA.

Brunet. Syn. de **Cinq-saut** dans le nord de l'ARDÈCHE. PUL.

Brunet. PYRÉNÉES-ORIENTALES. Syn. de **Gros Guillaume** ou **Danugue.** Je l'ai décrit chez M. BOUSCHET.

Brunetta nera. SUSE, RIVOLI et PIGNEROL. INC. Vigne très-rustique et fertile. NASI. *Bic.* (43).

Brun fourca. VAR. OD. 465. PUL. *Journ. vit.*, V., 129. *Bic.* (37). Bon raisin de cuve et de table. *Vign.* III, 5 (495). [PROVENCE. **Morastel fleuri** (HÉRAULT). **Caula noir.** (VAUCLUSE) (BOUSC.)]

Brun gentile ou **Prun gentile.** ANCONE. Raisin rouge. Le professeur SANTINI l'a décrit parmi les raisins noirs, dans l'Ampélographie de MACERATA.

Brunier. DORDOGNE. GUY. 527.

Brunner rother. Syn. de **Heunisch rother.** H. GOET.

Bruno. BASSES-ALPES. Cité par GUY., 57.

Bruschetta. LOMELLINE.

Bruschina. PAVIE. *Bic.*

Brusgiapagià. AC. 158, le décrit parmi les raisins des CINQ TERRES [1].

Brustiana. *Cat.* LUX. Voir **Brustiano.**

Brustiano bianco. CORSE. MEND. *Bic* (43). Est peut-être identique au **Vermentino,** si j'en juge au moins par les deux cépages de l'Ile de CORSE que j'ai cultivés sous ce nom, et je ne vois pas que les descriptions de M. PUL. contredisent mon opinion. [Le **Brustiano bianco** n'est certainement pas le **Vermentino** à AJACCIO. Tous les viticulteurs admettent qu'il existe une différence bien tranchée entre ces deux cépages. Ainsi, on mange bien volontiers les raisins du BRUSTIANO et très peu au contraire ceux du VERMENTINO. (J.-A. OTTAVI.)] Y a-t-il à AJACCIO un **Vermentino,** différent de celui de GÊNES ? Le fait est que le **Brustiano** de la Collection du comte ODART, est id. au **Vermentino** de GÊNES, qui est un excellent raisin de table (ROVASENDA).

Bruxelloise. Figurée dans les *Ann. de Pom.* Je la crois, avec PUL., identique au **Frankenthal.** [Reçue sous ce nom par M. H. BOUSC., qui l'a trouvée id. au **Frankenthal.** (BOUSC.)]

Bual. Raisin noir ? envoyé de MADÈRE à la collection du LUX., quoique ne figurant pas sur son catalogue, et dont fait mention le comte OD., 525, qui le croit identique au **Bagonal.** Voir ce mot.

Buan et **Beou.** ALPES-MARITIMES. Syn. de **Ugni blanc.**

Buana nera. RIVOLI. Décr. NASI. Me paraît rapprochée du **Pelaverga.** Raisin rougeâtre qui donne un vin léger.

Bubbia. SALUCES. B. (43). Excellent raisin noir, de parfaite conservation pour l'hiver. De table et de cuve.

Bubbiarasso. SALUCES. *Bic.* (47). Raisin noir de cuve peu répandu.

Bubiola. Voir **Bibiola.** Ce cépage se comporte très bien à CHIROUBLES, chez M. PULLIAT.

Buchard's prince. *Cat.* LER. Voir **Burchard's.**

Buchardt's amber cluster. Je le crois id. à la **Luglienga.** Voir aussi **Burchardt's.**

Buckland's et **Bukland sweet water blanche.** *Cat.* LER. *Bic.* (18). Décr. *Cat.* SIM. L.

Bucuet ou **Becuet.** SUSE. Id. au **Persan** de SAVOIE.

[1] Les cinq terres sont RIOMAGGIORE, MANAROLA, CORNIGLIA, VERNAZZA et MONTEROSSO, situées sur la rivière ligurienne du Levant, non loin de la SPEZIA, entre PORTO VENERE et le promontoire de S.-ANTONIO. (Voir AC. 14). Les vignes de cette région se presentent sous le plus bel aspect, quand on traverse ce pays en chemin de fer, pendant les courts moments où l'on n'est pas sous les tunnels.

Budai fejer ou **feher** à NESZMÉLY. OD. 321. Syn. de **Honigler blanc** de BUDE.

Budaz goher. Syn. de **Augster weisser**. H. GOET.

Budda ou **Tokai rosa**. Décr. AGAZ. MODÈNE.

Budellona nera. BOLOGNE.

Bufala. LUCQUES. Gros raisins noirs à grains légèrement oblongs.

Buffera. Syn. de **Negrera** dans le HAUT NOVARAIS.

Bugnolino. BROLIO. TOSCANE. MEND. *Bull. amp.* IX, 790.

Buisserate. ISÈRE. Syn. de **Jacquierre**.

Bukland sweet water. Vigne obtenue de semis d'après quelques auteurs ; d'autres disent que c'est la **Luglienga** ; mais elle ne s'est pas trouvée telle chez moi. Voir aussi **Buckland's.** *Bic.* (18). Je la dirais un **Frankental blanc**.

[**Bull, Bullace** ou **Bullet.** Syn. de **Scupernong.**]

Bullit. Syn. de **Taylor**. AMÉRIQUE.

Bulogna nera. Ile d'ISCHIA, d'après FRO.

Bumasta. OD. 421. Raisin ainsi nommé par PLINE et VIRGILE qu'on croit être la **Bermestia** ou **Bumestra ?** [Paraît être plutôt le **Gros Guillaume** appelé par LARDIER **Pomestre noir** et **Verjus,** ou peut-être le **Poumestre** connu et cultivé dans le VAR. (BOUSC.)]

Bumastos. GRÈCE. Id. à la **Salamanna**. TOSCANE ? AC. décr. 266.

Bumestra. SICILE. MEND. Voir **Bermestia.**

Buonamico nero. TOSCANE. INC. *Bic* (28). *Vign.* II, 93 (143). PISE. MEND. Gros raisin noir à classer au deuxième rang pour la vinification.

Buona-vise ou **Buona vite** en langage provençal. OD. 462. Syn. de **Mourvèdre** dans la DRÔME.

Buono vino bianco. COLLINES ROMAINES. AC. décr. 136. Dans d'autres parties de l'ITALIE, on donne ce nom à d'autres raisins ; ce qui prouve la nécessité d'une bonne ampélographie.

Buon vino bianco ou **Bambino** di NOVOLI en terre d'OTRANTE. MEND. *Bic.*

Buon vino nero. BARI. MEND. *Bic.* Est syn. de **Falerno** à SAN NICANDRO.

Buon vino. Dans les ABRUZZES et dans les ROMAGNES, ce nom est donné au **Trebbiano giallo** ou **della fiamma.**

Buranese bianca. EMILIE. DE CRESC. la dit douce, belle et fructifiant bien quand on la cultive en arbre.

Burchardt's amber cluster. R. HOGG. Syn. de **Luglienga bianca**

[**Burcher.** *Cat.* LUX. Voir **Burger.**]

Burchardt's Prince. ORLÉANS. Est un **Aramon** *Bic.* (19).

Burcherocher. *Cat.* LUX.

Burgauer. *J. Bot.* de GEN. AC. 327. Serait d'après BAB. syn. de **Elben** ou **Elbling** dans quelques localités de l'ALLEMAGNE.

Burger blanc. ALSACE. Id. à Elbling. ST. AC. 326. PUL. *Bic.* (28). *Vign.* II, 153 (173). Dans le *Cat.* BUR., on lit **Burgyr Blanc.** BAS-RHIN.

Burger elbling allemand ou **Faucun.** OD. 304. MEND. Décr. MEY.

Burger noir, ALSACE. *Bic.* (20). *Vign.* II, 121 (157).

Burger roth elbling facrin ? allemand. MEND.

Burgome. VOGHERA.

Burgunder blauer ou **Pinot noir.** Décr. GOET. Décr. MEY. Dess. SING. OD. 171, 303. Syn. de **Blauer silvaner** dans le HAUT-RHIN.

Burgunder früher et **sehr früher schwarzer.** Syn. du suivant. Décr. MEY.

Burgunder klein früher schwarz blauer. Dess. MEY. **Pinot** petit, précoce, noir.

Burgunder schwarzer rundbeeriger. Noir, à grains ronds. Décr. MEY.

Burgunder weisser echter ou **B.... bianco vero,** c'est à dire **Pinot.** Décr. MUL. Dess. GOET. En AUTRICHE, le **Burgunder** est le plus souvent syn. de **Pinot.** Il me semble qu'on devrait préférer à ce nom celui de **Clevner** comme moins générique, puisque en BOURGOGNE, on cultive de nombreuses variétés de vignes.

Burgunder weisser et **Burgunder kleiner weisser** (*petit blanc*). Décr. MEY.

Burgundi Kek apró. HONGRIE. Syn. de **Pinot noir.**

Burgundi nagiszemu. HONGRIE. Syn. de **Gamet noir.**

[**Burgundy of Georgia.** Syn. de **Pauline.** V. amér.]

Burgyr ? blanc. BAS-RHIN. *Cat.* BUR.

Burianello.

Buriano bianco. LUCQUES. *Bic.* (44). Si ce raisin, comme on me l'a dit, est id. au **Trebbiano,** celui que je cultive sous ce nom n'est pas authentique, car il m'a paru avoir des caractères différents.

Buriano perugino. J'ai vu un **Buriano noir** à grains oblongs à l'Exp. de LUCQUES de **1878.**

Buriona. *Cat.* LUX.

Burlington AC. VIV. *Cat.* LER.

[**Burrough's.** (B.) V. amér. (*Riparia*).]

[**Burton's Early.** (B.). V. amér. (*Labrusca*). Cépage sans valeur.]

Burot et **Beurot.** BOURGOGNE. OD. 177. Syn. de **Pinot gris,**

Burtin nero. RIVOLI. NASI. *Bic.* (43) (47).

Burzelana. Décr. par J. B. CROCE à la fin de 1600. C'est probablement la **Bussolana.**

Busby's golden. HAMBOURG. Syn. de **Chasselas doré**

Buscherona. BOLOGNE. FRO.

Busgan au lieu de **Besgan.** BOBBIO.

Bussolana. *Bic.*(6). C'est un **Chasselas blanc.**

Butta palmento ou **Bianca di palmento.** LECCE. *Amp. Pugl.*

Buttuna di Gaddu. OD. 410, dit que d'après CUPANI, c'était en SICILE le nom vulgaire du **Cornichon** français. [Reçu de M. MENDOLA de SICILE. C'est le **Pizzutello** de ROME, le **Crochu** de PROVENCE (BOUSC).]

Buvano nero et aussi **Uvana** et **Buana.** Prov. de TURIN.

Buzyn. Syn. de **Velteliner rother.** H. GOET.

Buzzolotto bianco. EMILIE.

Buzzoni.

Bzoul el Khadim. MASCARA. AFRIQUE. [Probablement syn. de **Rerbi Lakhal.** PUL. (*Mess. agr.*, XX, 173).]

C

Cabas à la reine blanc musqué. *Cat.* DAUVESSE.

Cabernelle noire. MÉDOC. D'ARMAILHACQ.

Cabernet breton. INDRE-ET-LOIRE. VIV.

Cabernet franc ou **gris.** BORDEAUX. OD. 125. Dess. RENDU. Dess. *Vit.* 109. Les raisins de ce nom donnent les vins les plus renommés de BORDEAUX. *Vign.* II, 135 (164).

Cabernet gros. St-JEAN. VIV.

Cabernet gros tardif. VIV.

Cabernet petite vidure. MÉDOC. VIV.

Cabernet sauvignon BORDELAIS.OD. *Append.* 10. Dess. RENDU. Dess. *Vit.* II, 213. Le plus renommé. Les **Cabernets** ou **Carmenets** peuvent se réduire à deux sous-variétés : le **Cabernet sauvignon** et le **Cabernet franc.** Ce sont des cépages vigoureux qui exigent une taille longue et donnent un bouquet spécial au vin. La peau du raisin quand on la mâche laisse dans la bouche une saveur végétale qui rappelle celle du poivre vert. *Vign.* II, 43 (18).

Cabriel. ESPAGNE. ROX. le croit identique au **Torralbo** de MADRID. Ces raisins ont des grains olivoïdes. Dans le *G. V. V.* II, 123, je trouve au contraire que le **Cabriel noir** de MALAGA a des raisins ronds, peu serrés et donne des vins âpres.

Cabrilles. *Cat.* LUX.

Cacagliola. OTTAVI en parle comme d'un raisin de CORSE. Peut-être est-ce au lieu de **Carcagiola** ou **Carcagliola.**

Cacamosca bianca. PROV. NAPOL.

Cacchione nero. AC. décr. 138. Je l'ai décrite (en partie) près de ROME.

Cacchione paonazzo. Vignes ROMAINES. AC. décr. 138.

Caccia debiti. ITALIE CENTRALE. Syn., dans quelques localités de **Trebbiano bianco.**

Cacciò. Syn. de **Pagadebito,** d'après GAND.

Cacciò bianco et **Caccione.** FERMO. *Bic.*

Cacciola. ABRUZZES.

Caccionella et **Caccinella.** Raisin des ABRUZZES.

Cacciò nero. FERMO. *Bic.* (5). Voir aussi **Uva Cacciò, Cacciume** à MACERATA et **Caccione.**

[**Cacour** *Cat.* LUX. Probablement pour **Kakour** ?].

Cacciò bianco. A pour syn. **Empibotte.** Le prof. SANTINI en donne la description dans son Ampélographie de MACERATA.

Cacciume nero ou **Uva dei Cani,** ou **Empibotte nero** ou **Santa Maria nera.** Tous ces synonymes sont donnés par le prof. SANTINI dans l'Ampélographie citée ci-dessus. Cette vigne m'a donné en 1879 un très bon vin et en grande quantité ; ce vin était supérieur, à celui du **Caccione bianco** ; il dosait 11° 1/2 au gleucomètre. *Bic.* (5) (21).

Cadillac et **Blanc Cadillac.** GIRONDE. Syn. de **Muscadelle.**

[**Cadin.** *Cat.* LUX. Raisin noir. Voir **Kadin.**]

Caduneddu. FAVARA. SICILE. MEND. INC. Raisin doré, dur et ferme, bon pour la table et pour faire du vin ; cette vigne fructifie quand elle est âgée.

[**Cadraddu** ou **Duracine.** MEND. SICILE. (BOUSC).]

Caggin braga. COME. AC. 292 (1).

Caglioppo. Voir **Gaglioppa.**

Cagna. Raisin de GRUMELLO DEL MONTE. *G. V. V.*

Cagnara bianca tardiva. PIZZOCORNIO. VAL DI STAFFORA. Donne un vin fin.

(1) Bien que j'aime l'exactitude en ampélographie, je me suis toutefois permis de modifier certains noms de raisins peu convenables qui n'ont pas de raison d'être.

Cagnera bianca. PAVIE. AC. décr. 55.
Cagnia. BERGAME. *Bic.*
Cagnina bianca ou **Schittosa**. *Alb.* T.
Cagnina nera de RIMINI. MEND. *Bic.* (44).
Cagnina nera ou **Canina** est dite aussi syn. de **Canajolo**. GAND. *Ann. Vit.*
Cagnola veronese. AC. décr. 224.
Cagnolone et **Cagnone**. SICILE. MEND.
Cagnovali ou **Cagnorali nero**. SARDAIGNE. MEND. *Bic.* Un des cépages les plus répandus à CAGLIARI et à SASSARI. Estimé pour son vin. La plante que j'ai reçue sous ce nom m'a paru identique au **Morastel**.
Cahors. LOIR-ET-CHER. OD. 238. Syn. de **Cot à queue rouge** ; dans le LOT-ET-GARONNE, on donne ce nom à un cépage identique au **Malbek** et qui a des raisins légèrement ovales. Il est aussi appelé le **Quercy**.
Caicadello. MODÈNE. Décr. AGAZ.
Caillaba noir musqué et aussi **Caillaba** des HAUTES-PYRÉNÉES. Syn. de **Caylor**, identique au **Muscat noir commun**. PUL. OD. 352. *Bic.* (51) (55)? [Syn. de **Caylor noir**, de **Muscat noir** d'**Eisenstadt**, différent du **muscat noir commun**. (BOUSC).] [Cette observation de M. BOUSCHET se trouve contredite par M. PULLIAT dans le *Vign.* **I**, 59 (ROVASENDA).]
Cajoffo bianco. TERRE d'OTRANTE.
Cajoffo nero. TERRE d'OTRANTE.
Cailloche blanc. CHARENTE. *Cat.* BUR.
[**Calabazar**. *Cat.* LUX. Raisins blancs à grains ronds fondants (BOUSC.)].
Calabazar blanc. ESPAGNE. *Cat.* BUR.
Calabre. MEURTHE. VIV. *Cat.* LER. [Sous ce nom M. PUL. a décrit une variété blanche très remarquable, à grains très légèrement musqués. (BOUSC).] [BURY écrit **Calabri** dans son catalogue. La variété dont parle M. BOUSCHET est décrite par M. PULLIAT. (*Vign.* I, 79) sous le nom de raisin de Calabre. (ROVASENDA).]
Calabrese bianco. SARDAIGNE. Je le crois semblable à l'**Insolia** de SICILE. *Bic.* (37). Le **Calabrese bianco** est aussi cité parmi les raisins de VIENNE. Bull. amp. IX, 790.
Calabresella nera, VESUVE.
Calabrese ou **Calavrisi d'Avola**. SICILE. AC. 306. *Bic* (44). INC. MEND. le dit noir, très doux, plus précoce que les autres, et donnant des vins robustes. D'après les mémoires de GARN.— VAL., ses raisins sont ovales et noirs bleu comme ceux de l'**Ulliade**.
Calabrese nero. SICILE. *Bic.*. (47). MEND. le reçut de TOSCANE où, d'après un mémoire de M. PERRIN, il serait regardé comme une variété du **Sangioveto**.
Calabrese nero. SIENNE. *Bull. amp.* **VII, 516** SINALUNGA. *Bic.*
Calabrese roso. TOSCANE. MEND.
Calabrian raisin. Voir **Calabrese bianca.**
Calabrisi. SICILE. Décr. NIC.
Calandrino nero. ACQUI. Décr. AL.
Calavin. AIN Syn. de **Cot** ou **Malbeck**.
Calavrisi et **Calavriseddu**. FAVARA. GIRGENTI. MEND. Raisin tardif, très répandu, donnant des vins colorés robustes.
Calavrisi cappucciu ou **doppio**(double) SICILE. MEND. dit qu'il appartient plutôt aux **Niureddi**.
Calavrisi de TERMINI. MEND. AC. décr. 177
Calavrisi niuru de SYRACUSE. MEND. *Bic.* (44) Probablement semblable au précédent, diffère du suivant :
Calavrisi niuru. MEND. *Bic.*. (36). Cépage beau et bon, convenant à l'ITALIE SEPTENTRIONALE si c'est bien ce cépage que j'ai examiné, ce dont je ne suis pas encore certain, ne connaissant pas de descriptions qui me permettent de le comparer.
Calcandrie. *Cat.* LUX.
[**Calavrisi nostrali**. MEND. SICILE (BOUSC).]
Calcarone. VALPERGA. PIÉMONT. Dess. BON. Décrit par GAT. qui l'appelle **Carcarone**. On devrait croire que le dessin de BON. et la description de GAT. s'appliquent au même cépage; mais, en comparant l'un à l'autre, j'ai conclu qu'il n'en était rien. J'ai appris plus tard que, sous les noms donnés indistinctement de **Calcarone** et de **Calcairone**, on cultive deux vignes différentes dans les arrondissements de SUSE et d'IVRÉE, dont une est le **Gamet** du BEAUJOLAIS.
Calcatella. SARZANA. Nom donné à l'**Albarola** gênois. GAL. OD. 560.
Calcidé ou **Calcidi**. LANDES. AC. 331. [Ecrit **Calcédé** dans le *Cat.* LUX.]
Calcutta bianca. *Pépin.* Raisins ambrés, présentés à une Exposition, à MILAN.
Caldarese nero. TERRE d'OTRANTE.
Calebstraube. Syn. de **Grec rouge**. DITTRICH. BAB. et ST. le donnent aussi pour syn. de **Grec rouge** et de **Trollinger rother**.
Caleo. SICILE. MEND. Raisin de cuve.
Caleura nera, ou **Carolona**. VOGHERA.
Calian blanc. NICE. VIV.
Caliandri. NICE. *Cat.* LER. *Cat.* BUR. Voir **Coliandri ?**
Calicotte.
California grape. Syn. de V. **Californica**.
California mission. Raisin de CALIFORNIE avec lequel on fait des vins mousseux, d'après un rapport de M. SECCHI de CASALI sur les vins d'Amérique.

[**Californica** (*V. Californica*). Plante grimpante, rameaux grêles portant, ainsi que les pétioles, des flocons de duvet cotonneux blanchâtre ; feuilles relativement assez petites (celles du bout des sarments), longues de 6 à 8 centimètres snr 5 à 7 de large, arrondies, cordées, avec le sinus largement ouvert, non acuminées, tantôt indivises, tantôt à trois ou cinq lobes peu profonds, irrégulièrement dentées sur tout leur pourtour, membraneuses (non épaisses) ; les très-jeunes, tomenteuses et blanchâtres, les adultes ne portant plus à la face supérieure que des restes de flocons ou petites mèches de duvet, à la fin glabres ; face inférieure d'abord couverte d'un duvet gris blanchâtre peu épais, mais simplement pubescente sur les nervures et les veines. Vrilles non régulièrement continues. Grappes polygamo-dioïques, composées; les principaux axes portant un duvet fugace ; les pédicelles et les feuilles tout à fait glabres. PLANC.]

Calignan. OD., 495. Syn. de **Carignan**. Sur le littoral français de la MÉDITERRANÉE. [Ecrit **Calignane** dans le *Cat.* LUX.]

Calipuntu madura. SARDAIGNE. Pour vins blancs.

Calipuntu minudu. SARDAIGNE. Baron MEND. PUL.

Calitor noir. MIDI DE LA FRANCE. OD., 491. Id. au **Braquet**. *Bic.* (31) (15) ? [HÉRAULT, GARD. Ses synonymes sont nombreux : **Fouyral**, dans l'HÉRAULT et le GARD. **Pampoul** dans le ROUSSILLON ; **Pécoui-touar** en PROVENCE ; **Braquet**, à NICE. (BOUSC).]

Calitor blanc. GARD. BOUSCHEREAU. [Je possède, en outre du **Calitor noir** et du **Calitor blanc**, le **Calitor gris** ou **saoule-bouvier** qui est identique de tout point au **Calitor** ou **Pécoui-touar** noir, excepté pour la couleur du raisin. (PUL).]

Callarese. AC. 139, le cite parmi les vignes romaines.

Calleura nera. BOBBIO,

Calleura bianca. BOBBIO. Est aussi syn. de **Cagnara.**

Calloro. COMACCHIO. *Bic.*

Calona. ESPAGNE. ROX. **blanc** et **noir**. Ce dernier est un raisin de table.

Calora. Décr. AL. *Bic.* Paraît identique à une autre vigne du même nom que m'avait donnée M. le prof. NUITZ. A une Exposition de raisins qui eut lieu à PAVIE en 1877, j'ai observé la **Calora** avec grappe serrée et des grains d'un gris violacé.

Caloria. Citée par GAT. parmi les vignes d'IVRÉE.

Caloria bouvrinna, dans le district de BIELLA. Id. au **Pigneu** ou **Pignolo Vitton**, d'après le prof. MILANO.

Camarau. *Cat.* LUX. Voir **Camaraou**.

Camaraou. PUL. ou **Camaraur**. VIV. HAUTES-PYRÉNÉES. *Bic.* (20)? C'est un des raisins que je crois utile de multiplier à VERZUOLO pour la vinification. GUYOT fait l'éloge des vins blancs qu'il produit ; il l'appelle **Camarao**. BURY écrit **Camarau** et cite aussi le **blanc** dans les BASSES-PYRÉNÉES et le **noir** dans les HAUTES-PYRÉNÉES.

Camaros. ARIÈGE et PYRÉNÉES. OD., 499 l'écrit ainsi et dit que cette vigne a également une variété noire et une blanche.

Camblese bianco employé pour **Trebbiano**. dans quelques localités des ABRUZZES et pour **Montepulciano** dans d'autres endroits.

[**Cambridge**. (B.). (*Labrusca*). Raisin noir.]

Cambridge botanical Garden nera. *Bic.* (35). *Pép.*

[**Camden**. V. amér. (B). (*Labrusca*). Fruit vert blanchâtre, à pulpe dure, acide, sans valeur.]

Camellina rossa. *Alb.* T.

Camères du Gard. Coll. DORÉE. MEND. C'est un beau raisin noir à gros grains légèrement ovales, qu'on ferait bien, je crois, d'essayer sur les coteaux de SALUCES.

Camèze. *Cat.* LUX.

Caminada (Muscat). Raisin semblable au **Moscatellone** ou **Muscat d'Alexandrie** dont il serait une amélioration. En cultivant ces deux cépages, je n'ai pu découvrir aucune différence entr'eux.

Campagnon veronese. AC. décr. 212.

Campanella. VÉSUVE. MEND. *Bic.* (8).

Campanella vera bianca du *J. bot.* de NAP. FRO. Je ne sais sur quoi on s'est basé dans le *Cat.* SIM. L. pour en faire le syn. de **Chasselas** de FONTAINEBLEAU ?

Campanello nero. SICILE. SYRACUSE. MEND. Raisin de cuve.

Campanile. NASI.

Campanina nera. PROV. NAP.

[**Campanulla nera**. *Cat.* LUX. pour **Campanella nera**.]

Campo del Pozzo. Raisin de la Prov. de COME.

Campolese. TERAMO. Voir **Camblese**.

Camponica nera du VÉSUVE.

Campotesa bianca. ILE D'ISCHIA.

Cana (Raisin de). *Cat.* LUX.

Canaantraube. Syn. de **Calebstraube rothe** ou **Grec rouge**.

Canada. ARNOLD. Vigne hybride AMÉRICAINE à très-beaux raisins blancs. [Vigoureux à sa troisième feuille dans les collections de l'Ecole d'agriculture de Montpellier. Résistance néanmoins incertaine.]

Canada nero. AMÉRIQUE. Je le trouve dans le *Cat.* SIM. L.

Canada rose est aussi parmi les raisins AMÉRICAINS.

Canadian. HAMBOURG. Syn. de **Othello.** *Cat.* SIM. L.

Canajola. ABRUZZES. Serait syn. de **Uva Santa Maria** ou **della Madonna.** *Bull. Amp.*

Canajola ou **Canajolo.** TOSCANE. SOD.

Canajola nera ou **Uva dei cani** *(R. des chiens)* MARCHES. *Bic.*

Canajola ou **Canaiolo rosso.** TRINCI décr. 78. AC. 261. Je dois avertir que TRINCI désigne à tort comme rouges les raisins noirs, se privant ainsi de pouvoir spécifier les raisins réellement rouges, ce qui amène des confusions.

Canajola rossa. MONTEPULCIANO. MEND. *Bic.* (48).

Canajolo bianco et **Canajuolo.** TOSCANE. Décrit par le *Com.* de FLORENCE. et par LAWL. Décr. et dess. par GAL. *Cat.* LER. *Bic.* (32).

Canajolo bianco. FERMO. MARCHES.

Canajolo colore. AC. décr. 260. TRINCI, 79.

Canajolo cimicino.

Canajolo ou **Canajuolo nero.** TOSCANE. Décr. par le *Com.* de FLORENCE. AC. décr. 260. LAWL. GAL. dess. et décr. 269. *Bic.* (43). OTTAVI le dit syn. ? de **Monica** de CAGLIARI. SARDAIGNE. Cette synonymie me paraît douteuse. AC. 282, dit qu'en le séchant dans un four, on en obtient un excellent raisin sec. Ce cépage est décr. dans le *Bull. amp,* VII ; il est aussi dessiné et décrit dans le Iʳᵉ livraison de l'*Ampelografia italiana* publiée par le ministère de l'agriculture d'Italie,

Canajolo nero grosso. Décr. *Com.* de FLORENCE. LAWL. *Bic.*

Canajolo nero piccolo. Décr. *Com.* de FLORENCE. CIN. SINALUNGA. AC. décr. 260. Le **Canajolo** mêlé au **Sangioveto** et parfois avec un peu de **Malvasia** produit les meilleurs vins de TOSCANE.

Canajolo romano ?

[**Cananela.** *Cat.* LUX.]

Canari noir. ARIÈGE. Syn. **Carcassés.** OD., 499. MEND. *Bic.* (32) ?

[**Canaris.** *Cat.* LUX. V. **Canari**].

Camby's August. AMÉRICAINE. Syn. de **York's Madeira.** PLANC. 159.

Cancola nera. *Cat.* LUX. [Ressemble au **Mourvèdre.** (BOUSC).]

[**Candicans.** *(Vitis candicans).* V. amér. Voyez **Mustang.**]

Candida. *Pép.* Je lis dans un catalogue que c'est un raisin de table, très bon (cela se comprend), grain rond, couleur d'huile d'olive ! transparent et semblable au **Galandino bianco.**

Candiola.

Candive. Département de l'ISÈRE et vignoble BOURGOIN. Syn. de **Serine noire** et par conséquent de **Syrah noir** qui est la même chose. OD. 223. GUY. II, 253.

Candolle (de). *Cat.* LER. BAB. Voir **Grec rouge.**

Canen bianca (Uva dei cani). GAND. *Ann. Vit.*

Cane nera. PROV. NAP.

Canepina bianca. AC. 139 et 293.

Canepina nera. ROME. AC. 293.

[**Canescens (Vitis).** V. amér. Souche vigoureuse, port étalé. — Sarments grêles à mérithalles moyennement longs, cannelés jusque sur les nœuds qui sont aplatis. — Tomenteux avant l'aoûtement. — Ramifications nombreuses, assez développées. — Vrilles discontinues d'un brun-pourpre clair, duveteuses. — Feuilles assez grandes, profondément lobées. — Sinus inférieurs profonds. — Sinus supérieur se refermant chez les jeunes feuilles et leur donnant l'aspect convexe que l'on remarque chez le **Mustang.** Les jeunes feuilles sont recouvertes d'un duvet blanchâtre sur les deux faces ; jeunes feuilles extrêmes légèrement rosées. Feuilles adultes presque glabres sur la face supérieure, recouvertes à la face inférieure de touffes de poils à la manière des *Æstivalis.* Ce type présente de grandes analogies avec la *Vitis Cinerea,* et toutes deux se rapprochent beaucoup des *Æstivalis sauvages.* EC. MONTP.

Canese. VÉNÉTIE. AC. 301.

Canfarone giallo. TERRE d'OTRANTE.

Canina. AC. le décr. 175, parmi les raisins de TERMINI. (Décr. AGAZ). Syn. de **Caguina** ? ou **Canajolo,** d'après GAND. *Ann. Vit. En.*

Canina de CHIAVENNE. CERL. *Bic.*

Canina nera. FAENZA. *Bic.* (31). *Vign.* II., 61 (127). On cultive aussi un raisin de ce nom à FORLI, à BOLOGNE (INC.) et à RAVENNE.

Canino toscano. Syn. de **Canajolo rosso,** d'après AC., 261. MEND., le dit un raisin noir pour la cuve. Dans le *Bull. amp.* VII la **Canina** est citée parmi les cépages de SINALUNGA.

Cannamiele et **Cannamela bianca et nera.** ILE D'ISCHIA. VÉSUVE et MONTE-SOMMA. FRO. AC. 305.

Canne. *Cat.* LUX.

Cannella nera. LUCQUES. *Bic.* (44).

Cannellone. PROV. NAP. Raisin de table.

[**Canniola.** TOSCANE. *Cat.* LUX pour **Canajola.**]

[**Canniola blanc.** *Cat.* LUX.]

Cannonaddu nieddu. SARDAIGNE. MEND. Voir **Canonao.**

Cannono. OD. 558, pour **Canonao.** [J'ai reçu le **Canonao** de la *Coll.* du Lux ; c'est le **Grenache.** (BOUSC).]

Cannuni. SICILE. MEND. Est probablement id. au **Canonao** de SARDAIGNE.

Canonazo. XÈRES et TREBUGÈNE. Grains mous, ronds, dorés. ROX.

Canonao. SARDAIGNE. Grains noirs ou rougeâtres, ronds. *Fl. Sard.* Décr. INC. *Bic.* (44) (48) ? Syn. de **Præstans.** J'ai reçu sous ce nom un raisin identique au **Giró.** J'ai reçu aussi sous ce nom le **Grenache** provenant de la SARDAIGNE. Quel est son vrai synonyme ? Le **Giró**, je crois.

Canon hal muscat. C'est le **Muscat noir.**

Canosa DES POUILLES. Est syn. de **Troja** ou **Uva di Troja.**

Canoza veronese. AC. décr. 242. Dr CARP.

Canseron. OD. 483. Syn. de **Pécoui-Touar** dans le département du GARD et par conséquent aussi de **Braquet** ou **Braquetto**, selon PELL., 55 et OD., 528.

Cantamonaco de SERRA DI FALCO. MEND. *Bic.* CALTANISETTA.

Cantamonacu SICILE. MEND. *Bic.* J'ai eu sous ce nom deux cépages différents classés : l'un blanc (48), l'autre noir violet (27). Je vois dans le *Cat.* MEND. que ce raisin est blanc verdâtre, fertile et bon pour la cuve.

Canut noir. LOT-ET-GARONNE ou **Œil de Tours.** GUY. II, 51 le cite parmi les raisins de l'AVEYRON. D'après le *Vignoble*, VII, il serait synonyme de la **Folle noire.**

Caorgien. *Cat.* LUX.

[**Caours.** *Cat.* LUX.]

Caours ? rouge. HAUTE-GARONNE. *Cat.* BUR. Probablement au lieu de **Cahors.**

Caperevoi bianco. MONTELLA. PROV. NAP.

Capo di biscia. CRÉMONE. AC. 45.

Cappa bianca. COLLINES ROMAINES.

Cappellon livornese. AC. décr. 154 parmi les raisins des CINQ TERRES.

Capra.

Caprara. VICENCE. AC. décr. 218.

Capricieux ou **Panaché noir.** *Cat.* DAVESSE ; identique à **Bizzaria ?**

Caprino. TOSCANE. BROLIO. MEND

Captraube rother. Identique à **Catawba.** DOCH. [**Cap traub.** Sous le nom de raisin du CAP, on désigne ordinairement l'**Isabelle** (PUL).]

Capucina bianca. BARLETTA. *G. V. V.*

Capuziner kutte. ST. Syn. de **Pinot gris.**

Carabassella verde. BUSSANA. SAN REMO.

Carao de Maroc. *Cat.* LUX.

Carao de Monca. PORTUGAL. MEND.

Carazon ? *Cat.* LER. pour **Corazon ?**

Carbenet franc. BORDEAUX. *Bic.* Voir aussi **Cabernet** et **Carmenet.** PUL. a adopté, comme M. le marquis d'ARMAILHAC, le nom de **Cabernet.** D'ARMAILHAC subdivise cette espèce en cinq sous-variétés. J'ai reçu quatorze paquets de plants de ce cépage de provenances diverses et, sans oser contredire un si habile praticien, il me semble qu'on peut les réduire à deux principales : le **Cabernet franc** et le **Cabernet sauvignon.**

Carbenet sauvignon. BORDEAUX. *Bic.* (32).

Carbonera de GHEMME. CERL. *Bic.*

Carbonera novarese. Syn. de **Negrera.** *Bic.*

Carbonet. Syn. de **Carmenère.** OD. 130.

Carcagiola ou **Bonifacienco.** CORSE. OD. 557. *Bic.* J'ai reçu sous ce nom le **Giró** de SARDAIGNE.

Carcagnetto nero. PIÉMONT. ALPIGNANO. Décr. BON. Ainsi appelé parce que les raisins sont compactes ou pressés (*calcati*). Feuilles tri-lobées, un peu incisées, tachées de rouge. Grappe légèrement ailée, puis cylindrique, serrée, grains ronds noirs. Je le crois identique au **Giridada.**

Carcarone ou **Carcairone** ou **Carcherone.** AVIGLIANA. RIVOLI. VALLÉE DE SUSE. *Bic.* Id. au **Gamet.** On trouve pourtant dans la VALLÉE DE SUSE un autre cépage du nom de **Carcarone** qui est différent du **Gamet.**

Carcarone et **Calcarone.** VALPERGA. Décr. GAT. Différent du **Gamet** ou **Carcairone** de RIVOLI et AVIGLIANA.

Carcarone et **Carcherone bianco.** SUSE. PIÉMONT. J'ai vu avec ce nom, mêlé au **Carcherone** ou **Gamet noir, l'Aligoté blanc** de FRANCE.

Carcarone nero grosso ? Décr. GAT. Il faut noter que ce **Carcherone**, décrit par GAT., n'est pas celui de RIVOLI et d'AVIGLIANA, c'est à dire le **Gamet.**

Carcarone piccolo compatto. Id. au **Gamet.**

Carcassés. Syn. de **Canari.** ARIÈGE. OD. 499.

Carcatiello ou **Mangiottiello ?** PROV. NAP.

Carciarello de la ROMAGNE. FRO.

Cardeina. BIOGLIO. Syn. de **Brezzola** de GATTINARA, d'après le prof. MIL.

Cardellina. PAVIE. *Bic.*

[**Cardenet. Cerdonnet noir.** AIN. *Cat.* BUR.]

Cardino et **Gardino nera.** CUNEO. PIÉMONT.

Cardona. *Bic.* Nom de Pép.

Cargomuou. PROVENCE. OD. 467. Syn. de **Bouteillan blanc** D'après PELL., ce nom est donné au **Gros Guillaume.** Il signifie *charge mulet.* Serait id. à la **Planta de mula ?** ou du moins très rapproché de ce cépage. [N'est pas la

Planta de mula. On donne ce nom, dans le Midi, à plusieurs variétés. (BOUSC).]

Carguebas. *Cat.* LUX.

Cari. TURIN. Dess. BON., deux variétés. C'est le **Cario** de FABRONI.

Cari bianco. *Bic.* COLLINES de TURIN.

Cari nero. SCIOLZE. Raisin gros, mou, à pulpe juteuse, peu compacte. Id. à **Pelaverga.** Décr. AL. CROCE, de TURIN, à la fin de 1600, écrivait **Cario.**

Caria l'Aso. AC. 112. A comparer avec le **Lardera** des LANGHE.

Carica l'Asino, syn. de **Bertolino.** Décr. AL. Id. au précédent

Caricante. SICILE. OD. 570.

Caricanti. SICILE. MEND. Serait syn. de **Nocera.** C'est un des raisins les plus répandus.

Caricarello. ROMAGNE. AC. décr. 137.

[**Carignan.** *Cat.* LUX. Voyez **Carignane.**]

Carignane. AC. 322. *Bic.* (47). Dess. RENDU. *Cat.* LER. Un des principaux raisins noirs du midi de la FRANCE, principalement dans les provinces maritimes. Je l'ai vu aussi à NICE avec le nom de **Babonenc.** Décr. par MARÈS dans le *Livre de la Ferme*. [HÉRAULT. GARD. **Crignane** dans le ROUSSILLON et la CATALOGNE. Syn. de **Bois dur** dans l'HÉRAULT et de **Monestel** dans le VAR. (BOUSC.)]

Carignane rose. Variété de la précédente.

Cariniana. *Cat.* SIM. L. Pour **Carignane?** CARINYANA est un village de l'ARAGON (ESPAGNE).

Cario de FABBRONI. Décr. AL. Id. à **Cari.**

Carlona. VÉRONAIS. AC. décr. 225. Dr CARP. rap. *Ann. Vit. En.* 249.

Carmenelle. BORDELAIS. OD. 130. Syn. de **Carmenère.** Voir D'ARMAILHACQ.

Carmenère (grande). *J. vit.* III, 300. Diffère peu du **Carmenet** ou **Cabernet.** Syn. de **Grande Vuidure** ou **Vigne dure,** ainsi appelée à cause de la dureté de ses sarments.

Carmenet. Voir **Cabernet.**

Carmet. DOUBS. GUY. II, 396. Peu cultivé.

Carnaccia. SARDAIGNE. OD. 559. C'est, je crois, une altération des mots **Guarnacia** ou **Vernaccia.** A mon avis, la **Guarnacia sarda** n'a aucune identité avec la **Granacia** d'ARAGON ou **Grenache français.**

Carnache. On appelle ainsi dans l'ISÈRE la **Guarnaccia.**

Carnaiolo Raisin du HAUT-NOVARAIS.

Carnare noir. Ancien cépage de l'ISÈRE.

Carne bianca dans le district de COME.

Carne di campo. VÉRONE. AC. décr. 225.

Carne d'orto. AC. décr. 226. Raisins VÉRONAIS.

Carne dura. Nom donné par les pépiniéristes. *Bic.* (36).

Carne tenera. *Pép.*

Carnevale. LOMELLINE.

Carola ou **Calora nera.** Décr. AL. Grains légèrement ovales, noirs, gros; peau épaisse, résistante.

Carolon ou **Caroulon.** Raisin de l'arrondissement de VALENCE. Voir **Uva Carola grossa,** décr. par AC. 97

Caronega blanc. OD. 533. C'est, je crois, une vigne de NICE comme la suivante. [*Cat.* LUX. Raisin blanc, grains oblongs. Son feuillage rappelle un peu celui de la **Clairette blanche** (BOUSC.)]

Caronega noir. NICE. VIVIE. OD. 533.

[**Caroniga.** *Cat.* LUX. Voir **Caronega.**]

Carpina rossa. RIMINI. AC. 297.

Carpin et **Carpinet.** PUY-DE-DÔME. OD. 174. Syn. de **Meunier.**

Carricanti bianca. SICILE. Raisin de cuve. MEND. Voir **Caricanti.**

Carter. *Cat.* SIM. L. Syn. de **Tokalon.** AMÉRIQUE.

Cartiuxa. *Cat.* LUX. [Nom impropre de Cartuya (Chartreuse). (BOUSC.)]

Casait?

Casalingo. BOBBIO.

Casalina ou **Casolese bianca.** BOLOGNE.

Casca de MILAN et de MONZA. AC. 300. Peut-être pour **Casca l'Asino** ou **Bertolino.**

Casca rossa. BRIANZA. LOL.

Cascarala. *Cat.* LUX. Par corruption du mot suivant,

Cascarello.

Cascarolo ou **Cascareul bianco.** TURIN. CASALBORGONE. Dess. BON. Dess. et décr. AL. Décr. CROCE. SCIOLZE. Grains à peau fine, se conservant peu; pulpe juteuse, douce. C'est aussi un raisin de table. *Bic.* (40? 48?).

Cascarolo nero. CASALBORGONE. PIÉMONT. Dess. BON. SCIOLZE. Grains ovales, mous, à pulpe pourtant compacte, se gâtant très-difficilement. Raisin pour faire du raisin sec et du vin saint. *Bic.* (48).

Casco de Tinaia. MOTRIL. ROX. Feuilles duvetées; grains noirs, longs.

Cascolo bianco. En LOMBARDIE, d'après le marquis INC., cité par le baron MEND., ce serait le syn. de **Trebbiano?**

Cascolo nero. PROV. NAP.

Casconil. *Cat.* LUX. [ESPAGNE. Raisin noir, grappe assez forte, grains ronds; tient par le feuillage du **Morastel.** (BOUSC.)]

Casenes. *Cat.* LUX.

Caserno nero? *Cat.* LER. S'est trouvé chez moi **le Corbeau.** Il doit être pourtant différent. Décr. par BOUSC., et dans le *Vignoble*, I, 155 (78). [Le **Caserno noir** est un semis de VIBERT d'AN

GERS; variété extrêmement précoce. BOUSC.)]

[Le **Caserno** est un raisin précoce obtenu par MOREAU-ROBERT en 1856 ; il est tout à fait différent du **Corbeau** (PUL.)]

Casiles blanca et **Casiles negra.** MALAGA. Grains ronds. *G. V. V.* II.

Casimir. PUL. Raisin noir. *Cat.* SIM. L. Nom donné par des pépiniéristes.

Casin. *Cat.* LUX.

Casin noir. ESPAGNE. VIV.

Casorico nero. Pays de GÊNES. FRO.

Cassady. AMÉRIQUE. VIV. [*Labrusca*].

Cassano nero. ASTI et CASALE. Serait syn. de **Scrouss.**Raisins durs, à pédicelles rouges, bons pour la cuve et la table, se conservant bien.

Cassin. *Cat,* LER.

Cassolo ou **Casseu.** PAVIE.

Casta de Ohanez bianca. ROX.

Castagnara. PROV. NAP. AC. 305.

Castagnara de RESINA. *J. bot.* NAP. *Bic.*

Castagnara rossa de CAPODIMONTE. *J. bot.* NAP.

Castagnarella de la TORRE. MEND.

Castagnass. *Bic.* (16). D'après BON., syn. de **Giamelotto,** ce dont je doute. Raisin noir, peu méritant, de l'arrondissement de TURIN. A VILLARBASSE, on m'a montré sous ce nom la **Grisa** du PIÉMONT ; et, dans ces vignobles, on donne le nom de **Grisa** à un autre raisin noir de table.

Castagnola bianca. PAVIE.

Castelalfieri nero. ASTI et MONFERRAT. INC. *Bic.* (16).

Castelfidardo. PUL. M. PUL. dit qu'il a reçu de moi ce raisin. Il doit y avoir là quelque équivoque, car je ne connais pas cette variété.

Catalanesca bianca. NAPLES. Raisin de table, *J. bot.* de NAP. D'après AZZELLA, *G. V. V.* II, 147, il a des grappes longues, ouvertes ; grains gros, ronds ; peau dure, couleur perle ; maturité tardive. OD. 427. *Bic.* MEND. J'ai lu quelque part qu'il était syn. de **Barbarossa ?** Mais pas, à coup sûr, de celle du PIÉMONT. *G. V. V.* 1870.

Catalanesca nera. Environs de NAPLES. AC. décr. 305.

Catalan noir. PROVENCE. Syn. de **Carignane**, d'après MAR. HÉRAULT. AUDE et GARD. D'après M. PELL., c'est, dans le VAR, un **Mourvède** devenu plus rustique par suite de sa culture dans des terrains plus maigres. OD. 468.

[**Catalan noir,** c'est le nom donné au **Mourvèdre** à AIX-EN-PROVENCE; tandis que la **Carignane** y est nommée **Bois dur,** et le **Grenache, Bois jaune.** (PELL.)]

Catalano nero. SICILE occidentale. MEND. D'après le chanoine GEREMIA, cité par MEND., il serait très-rapproché du **Nirello** ou **Catanisi niuru.**

Catanisa. SICILE. AC. le décr. à la page 176 parmi les raisins de TERMINI.

Catanise nero. MISILMERI. MEND. *Bic.*

Catanisi bianca. MARSALA. SICILE.

Catarrato bianco Caruso. Obtenu de semis par le baron MEND.

Catarrattu a la porta. SICILE. Id. au **Caricanti** de l'ETNA. MEND. le dit bon et très-fertile, à raisins gros, jaunes. *Bic.* (20). Les **Catarratti** entrent dans la fabrication des vins de MARSALA.

Catarrattu amantidaddu. MEND.

Catarrattu biancu ou **Catarratteddu.** SICILE *Vign,* II. 131 (162). Cépage ancien très répandu et fertile. De cuve.

Catarrattu latinu. TERMINI. AC. décr. 175.

Catarrattu moscato. CERL. Obtenu de semis par l'illustre baron MEND. *Bic.*

Cattarrattu niuru. SICILE. MEND. Moins méritant que le blanc et plus tardif.

[**Catava,** type *Labrusca.* AMÉRICAIN *Cat.* LUX. N'est-ce pas le **Catawba ?**]

Catawba grap. Vigne AMERICAINE. (*Labrusca*) parmi les plus estimées de sa famille. *Bic.*(61) [Ne résiste pas très-probablement au phylloxera. EC. MONTP.]

Catawba rose. AMÉRICAIN.

Catawba troy. AMÉRICAIN. *Pép.*

Catawba Veidmarred frox ? AMÉRICAIN. *Pép.* J'ai reçu sous ce nom de quelque pépiniériste italien le **York Madeira.**

Catawba Worlingtonii. AMÉRICAIN. *Pép.* J'ai reçu sous ce nom un cépage semblable au **York Madeira** quant à la feuille, mais dont le fruit est rougeâtre, plus tardif et foxé.

Catawba york's claret. AMÉRICAIN. *Pép.* Je ne pourrais dire si tous ces noms désignent des cépages différents. On a vendu quelque fois le **Clinton** sous le nom de **York's Claret.** Je soupçonne que le **Catawba** a été ajouté par erreur à quelques-uns des cépages ci-dessus mis en vente par BURDIN et Cie.

Catawisa Bloom. AMÉRIQUE. Voir **Creveling** ou **Creweling.**

Catelarassa.

Catillac noir. *Pép.* Raisins ovales.

Catinella.

Catonia præcox et

Catostraube frühreife, seraient, d'après BAB. syn. de **Fruher Clävner,** c'est-à-dire de **Pinot Madeleine.**

[**Caudia.** Raisin blanc pyramidal, à grains blancs dorés. (BOUSC.)]

Caula noir. OD. 465. Syn. de **Brun fourca** dans le département de VAUCLUSE.

Cauly. VIENNE, Syn. de **Cot à queue rouge**. OD. 238

Cauny. GIRONDE. *Bic*. MEND. OD. 133.

Caussis. PYRÉNÉES FRANÇAISES. OD. 409.

Caussit blanc. BASSES PYRÉNÉES. VIV.

Cavallaccio. AC. décr. 133 parmi les vignes ROMAINES.

Cavallacetto. AC. 130 le cite parmi les vignes ROMAINES.

Cavallina bianca. BARLETTA ? *G. V. V.* 16.

Cavarara nera. PADOUE. Dr CARP. rap. Peut-être est-ce la **Covrara** ou **Covra di colle** (*de coteau*), du BOLONAIS ?

Cavrera nera d'ASOLO. *Alb.* T,

Cayan. OD. 467 Syn de **Bouteillan**.

Calitor noir musqué. OD. 353. *B.* (51) (54 ?) Identique au **Caillaba**.

Cazalis-Allut. OD. 381. Obtenu de semis par TOURRÈS. [Très bon et très joli raisin de table.]

Cazzola. COME. Ainsi appelé du nom d'un village.

Cazzomariello ou **Cucciomaniello**. POUILLES. *Bull. amp*, I. Syn de **Cuccipanelli**.

Cecamp. *Cat*. LUX.

Cedoti, Ceoti et **Ceuti**. Syn. de **Riesentraube weisser**. H. GOET,

Celerina nera. Arrondissements d'ALEXANDRIE et d'ASTI. *Exp*. AL. Voir aussi **Cenerina**. *Bic*. (3).

Cendrara. TRENTIN. AC. 303.

Cendré ou **blanc fendant ?** AC. 326.

Cendrine. INC. *Bic*. Nom donné par des pépiniéristes qui, pour avoir une variété de plus, se sont bornés à franciser le nom de la **Cenerina** de MARENGO. ALEXANDRIE.

Cenerente nero. VENISE. Dr CARP. rap. L'Alb. T. la dit id. à **Lividella**. Je ne sais pourquoi dans le *Cat*. SIM. L. on l'a fait syn. de **Frankenthal**.

Cenerina. Dess. AL. Décr. INC. *Bic*. (3). Cultivée aussi dans la province de PAVIE dans le VOGHERAIS.

Cenerola bianca. ALEXANDRIE. PIÉMONT. Décr. INC. *Bic*. (31).

Cenerola nera. Décr. INC. *Bic* (31) (15). Je la croyais id. à la **Cenerina** ou **Celerina**, mais les plantes que j'ai reçues sous ces deux noms sont différentes. Il me faudra faire de nouvelles vérifications au sujet de ces deux cépages, dans les lieux d'où on me les a envoyés.

Cenese ou **Vernaccia**. VICENCE. AC. décr. 221.

Centinella verde. TERRE D'OTRANTE.

Centurotula. SICILE. AC. décr. 178 parmi les raisins de TERMINI.

Centurotula nera. SICILE. Vigne de treille qui donne d'énormes grappes noires verdâtres et d'un goût médiocre, d'après MEND.

Cepa canasta. PAXARÈTE. ESPAGNE. ROX. Raisins, ronds, serrés, mous.

Cepin blanc fin. ALLIER ou **Grand blanc**. *Coll*. DORÉE. *Bic*. (15). **Cepin** à BEAUVAIS (OISE). **Cepin** signifie, à ce qu'il paraît, cépage ou vigne. GUY.

Cep rouge. *Cat*. LUX.

Ceragino spargolo. ITALIE CENTRALE.

Cerasa. EBOLI. PROV. NAP.

Cerasara nera de l'Ile d'ISCHIA, d'après FRO.

Cerasetta (**Chasselas rose ? ?**) Décr. AGAZ. *Bic*.

Ceraso. OD. 277 croit que c'est le nom employé en ITALIE, pour indiquer le **Chasselas rose**. Cela ne serait pas exact pour l'Italie du Nord, mais peut-être pour celle du Centre ? J'en doute fort toutefois.

Cerasola. Raisin de table. SICILE. FAVARA. MEND. *Bic*.

Cerasola sicoliana.

Cerasola. LANZARA. PROV. NAP. Voir **Aglianico mascolino**.

Cercial du JURA. Mot inventé par un établissement horticole, puisque le **Sercial** est un plant de MADÈRE et s'écrit différemment.

Cerdenet ? *Cat*. LER. Dans le *Cat*. BURY, je lis **Cerdonnet noir**. AIN. [**Cerdenet** est mis sans doute pour **Chardenet**. (PUL.)]

Cerèse ou aussi **Septembro**. Voir **Ceraso**.

Ceresina. MODÈNE. Décr. AGAZ.

Ceriassè. PYRÉNÉES. AC. 370.

Cerigné ou **Cerène**. DRÔME. Paraît identique à la **Sérénèse** de l'ISÈRE.

Cerlienak. DALMATIE.

Cerna. Voir **Czerna**.

Cernèze. ISÈRE. GUY. Voir **Serenèze** qui est l'orthographe adoptée par PUL. GUY dit qu'à souche basse elle a besoin pour fructifier qu'on lui laisse un sarment long.

Cernia. Voir **Hainer blauer**. (H. GOET.)

Cerni Klescec. Syn. **blaue Zdnuczay traube**. H. GOET.

Cerny Cynifal. Syn. **Elbling blauer**. H. GOET.

Cerny mancuik. Syn. **Müllerrebe**. H. GOET.

Cerrigno bianco. TOSCANE. R. LAWL. décr.

Cervelliero ou **Cervegliero**. TOSCANE. MEND. Décr. par R. LAWL. parmi les cépages PISANS. SOD. dit que cette vigne a des raisins noirs, gros, ronds et de grandes grappes. *Bic*.

Cervellino niuru.

Cervena rusika. CROATIE. Serait syn. de **Traminer rouge**.

Cerverna Dinka en HONGRIE. Serait syn. de **Muscat rouge**. BAB.

Cervira nerissima.

Cerwené Elzaske. Syn. de **Calebstraube rouge**. H. GOET. *Bic.*
Cerzolla nera. PROV. NAP.
Cesanello nero. *Cat.* de la *pépin. com.* de ROME.
Cesanese nero. AC. décr. 137. *Bic.* (43) Vigne de la campagne de ROME que je dois à l'obligeance de MM. GUÉRINI, général INCISA de S. STEFANO et POESIO JULES. Quelques personnes écrivent **Cezanese.**
Cesarese. OD. 569 pour **Cesanese.**
Cesar ou **Celar**. *Cat.* LER. Je l'ai trouvé identique au **Cornet ?** *Bic.* (40). Identique au **Romain** de l'YONNE, d'après GUY., III. 132. et d'après le *Vign.* VI, qui le décrit et en donne le dessin; identique au **Picarnian** dans l'AUXERROIS.
Cesarina nera. COLLINES d'ALBANO. ROME.
Chablis. *Cat.* LER. Ce serait le **Pinot blanc** probablement. Encore un nom de plus pour grossir les catalogues des pépiniéristes,
Chabrillou noir ou **Agrier**. Corrèze. OD. 279. Ressemble un peu au **St-Rabier ?** Donne un vin coloré. MEND. On fabrique avec ce raisin la moutarde de BRIVES. *Bic.* (44).
Chadym barmak. CÔTES d'AFRIQUE ET d'ASIE sur la Méditerranée. OD. 410. MEND. Syn. de **Cornichon**. Voir **Kadin.**
Chaillan. ISÈRE. PUL.
Chailloche. *Cat.* LUX. CHARENTE. VIV. [Sans doute pour **Chalosse**. (PUL).]
Chaliane noir. DRÔME, écrit VIV. [Peut-être **Chaillan.** (PUL).]
Chalili blanc, précoce. PERSE. SCHARR.
Challenge provenant, croit-on, de l'hybridation d'une vigne AMÉRICAINE avec une vigne d'EUROPE. PLANCH. 164. [EC. MONTP.]
Chalosse blanche citée par GUY. II, 12 comme un des cépages les plus répandus dans le TARN et, à la p. 458, comme un cépage de la CHARENTE. OD. 151 le dit syn. de **Coloumbeau** dans quelques départements méridionaux de la FRANCE. J'ai reçu une **petite Chalosse** de M. MAR., de Montpellier, qui ressemble plutôt à un **Sauvignon** et n'a aucun rapport avec le **Coloumbaou.** J'ai vu, en effet, que M. PELL. dit que la **Chalosse** est différente du **Colombaou.**
Chalosse noire. ARIÈGE, GUY. 310. GERS. GUY. 377.
Chalosse noire. GIRONDE. *Bic.* 139. OD. la dit syn. de **Prueras,** et de médiocre qualité pour faire du vin.
Chalosse noire. Syn. de **Bouchalés** du GERS.
Chamberlen. VÉRONAIS. AC. décr. 225. Doit être un raisin français et pourrait bien-être le **Pinot Chambertin.**
[**Chambers noir**. AMÉRIQUE. BUR.]
Chambert. *Cat.* LER.
Chambonat noir. CHER. GUY. III. 196 le croit identique au **Gouais noir** ou **Gueuche.**
Chambonnet. *Cat.* LUX.
Chambonnin noir. ISSOUDUN (INDRE). GUY. II. 564.
Chamois. COMPIÈGNE (OISE). GUY. III. 486.
Champagne d'Aï. *Bic.* (35). On vend, sous ce nom, dans quelques établissements horticoles, un **Pinot noir**, à feuille peut-être plus lisse que celle du **Pinot commun.**
Champagne de Lu ?
Champagne noir. Doit être le **Pinot.**
Champagne rouge ? Décr. AGAZ.
Champagner blauer. Décr. MUL.
Champagner kurztieliger (*à pédoncule court.*) Décr. MUL. et BAB.
Champagner langstieliger (*à long pédoncule*). BAB.
Champion doré. Obtenu, dit-on, de semis en ANGLETERE (Voir *Illustration horticole Belge*, 1869 qui en donne une figure qui n'est pas certainement inférieure à son mérite). Ce sera probablement quelque semis de la **Bicane** qui l'aura reproduite parce qu'il arrive parfois que des semeurs ne font que mettre dans le commerce des variétés très anciennes sous des noms nouveaux. C'est l'idée du moins que m'a suggérée la vue de cette figure qui est un portrait parfait de la **Bicane.** — [Syn. **Golden Champion.** Décrite et figurée dans la *Flore des Serres* de VAN HOUTTE. Le dessin qui la représente a exagéré la grosseur de la grappe et du grain ; c'est un très beau raisin blanc doré presque sans pepin qui n'a aucune analogie avec la **Bicane.** (BOUSC).]
[**Champion Hambourg**. *Cat.* LUX.]
Champion vine ? *Cat.* SIM. L. [Vigne amér. probablement hybride de *Riparia*. Syn. de **Early Champion.** EC. MONTP.]
Chanti bianco. CAUCASE. PUL. *Bic.* (44).
Chany fariné ou **mal noir.** AUVERGNE. Bon raisin de cuve.
Chany gris. AUVERGNE. ISÈRE. OD. 377. *Bic.* (48, 40 ?)
Chany noir d'Auvergne. *Coll.* DORÉE. MEND. *Bic.* (48). Fait du bon vin dans les Collines des environs de SALUCES où je l'ai essayé.
Chaouch. OD. 360. MEND. *Bic.* Vigne algérienne tellement sujette à la coulure que le comte OD. croyait indispensable de pratiquer l'incision annulaire sur ses sarments pour obtenir des grappes. A CONSTANTINOPLE, on mange un raisin blanc dit **Ciaouss,** qui est remarquable, à raisins gros, ronds, à peau fine, avec très peu de pepins. [TURQUIE. Son vrai nom, d'après un habitant de CONSTANTINOPLE est **Tchavouch**

usermu (*raisin de gendarme*). Il a été trouvé, dit-on, dans le jardin d'un gendarme de SCUTARI. C'est le meilleur raisin blanc de table du pays. Sa grappe est sujette à la coulure. (BOUSC.)]

Chapelet rose. Syn. de **Chasselas violet.** *Ann. de Pom.*

Chaptal blanc. *Cat.* LER. *Bic.* (6). Je l'ai reçu d'ORLÉANS (FRANCE). C'est un très beau **Chasselas blanc,** amélioré sans doute par le semis.

Charameuse. *Cat.* LUX.

Charamiot. (ISÈRE). GUY., II, 270.

Chardonay, Chardenai, Chardenet et **Chaudenai** OD. 183. *J. vit.* I, 58. *Vign. Bic.* Syn. de **Pinot blanc** sans avoir pourtant ni le feuillage ni la forme du fruit du **Pinot noir.** La feuille ressemble plutôt à celle du **Gamet** qu'à celle du **Pinot.** La grappe a des raisins ronds, différents de ceux du **Pinot** et du **Gamet.** C'est pourquoi le nom de **Chardonay** et celui **d'Epinette** devraient être préférés à celui de **Pinot blanc.**

Chardonay musqué. *Bic.* Celui que j'ai n'a pas été du tout musqué ; cependant le **Chardonay musqué** se trouve dans plusieurs collections.

Charge. *Cat.* LUX.

Charistwali blanc. CAUCASE. SCHARRER, cité par H. GOET.

Charka de Nikita blanc. PUL. *Bic.* (13.

[**Charlotte.** Identique au **Diana.** BUSH.]

Charné. ST-PERAY. Nom donné au **Mourvède**

[**Charter Oak.** (B.) AMÉRICAIN (*Labrusca*). Fruit d'une saveur repoussante.]

Chasri blanc. RÉGIONS CAUCASIQUES. SCHARRER, cité par H. GOET.

Chassaignol. Ancienne vigne de BRIOUDE dans l'AUVERGNE.

Chasselard? *Cat.* LUX.

Chasselas Alméria. *Cat.* LER.

Chasselas à longue grappe. *Pép.*

Chasselas à saveur ? d'Isabelle *Cat.* SIM. L.

Chasselas Barducis. *Cat.* LER.

Chasselas blanc. *Bic.* (6) PUL. Identique au **Chasselas doré** et à celui de FONTAINEBLEAU. C'est le type des **Chasselas.** Estimé surtout pour la table ; cependant en SUISSE, dans la MOSELLE et dans d'autres départements du nord de la FRANCE, le **Chasselas** est aussi employé dans la *grande* culture pour la production des vins blancs. Le **Chasselas,** quoique précoce et de peau *fine*, se conserve longtemps pendant l'hiver. Il mériterait d'être plus répandu en ITALIE.

Chasselas blanc de Thomery. *Cat.* LER. Id. au **Chasselas doré.**

Chasselas blanc Rappold. *Cat.* LUX.

Chasselas bicolor ? Ayant des raisins blanc et noirs. *Cat.* SIM. L.

Chasselas bleu et **Chasselas bleu de Windsor.** *Bic. Pép.* On vend sous ce nom le **Frankenthal.**

Chasselas Bulhery. Semis de LER. *Cat.* PUL.

Chasselas Cioutat. A des feuilles de persil o laciniées ; raisins blancs et peu sapides.

Chasselas Coulard. Id. au **C. Montauban** Sujet à la coulure, grains gros et très beaux.

Chasselas courable ? de HONGRIE. *Cat.* LER

Chasselas croquant. MEND. *Bic.* J'ai lu dan quelque auteur qu'il est employé de préférenc pour la vinification. Tous les **Chasselas** on pour caractère d'être croquants.

Chasselas d'Alger. Syn. de **Panse jaune** o **Bicane,** mais improprement, car la **Bican** n'est pas un **Chasselas.** Ceux-ci ont des grain sphériques ; bourgeons glabres, rougissant feuilles ayant un aspect et des caractères particuliers à ce cépage.

Chasselas d'Amérique ? *Cat.* LUX.

Chasselas d'Angers blanc. Un peu précoce *Bic.*

Chasselas d'Autriche. Id. au **Cioutat.** Cultivé principalement en STYRIE. J'ai reçu ce raisin de STREVI sous le nom de **Lacrima Christi,** et, de GHEMME, sous le nom de **Grec**

Chasselas de Bar-sur-Aube. Peu distinct d **C. commun** ; un peu plus précoce et identiqu au **Chasselas hâtif.**

Chasselas de Bordeaux. Identique au **C. doré.** PUL. *Bic.*

Chasselas de Falloux rose. *Vign.* I, 41 (21 *Bic.* D'un rose de chair très beau, plus clair qu le **rose royal** et d'une maturité plus tardive

Chasselas de Florence ? *Cat.* LER. *Cat.* SIM L. *Bic.* On le dit un peu précoce ?

Chasselas de Fontainebleau. Dess. RENDU *Cat.* LER. MEND. *Bic.* (6) ; aussi appelé **C. d treille,** d'après ROUGET.

Chasselas de Jérusalem. *Cat.* LUX., à joindr avec le suivant :

Chasselas de Judée. *Cat.* SIM. L. Je crain de donner beaucoup trop de noms.

Chasselas de Kientshein ? [Syn., par erreu de **Lignan** du JURA. (PUL.)]

Chasselas de la Meurthe. Id. au **Chasselas violet.**

Chasselas de Limdi ? [Sans doute pour **Chasselas de Lindi-kanat.** (PUL.)]

Chasselas de Montauban à grains transparents. Dess. RENDU. *Bic.* (6.) MEND. OD. 343 le dit une variété intéressante, moin précoce que la commune, avec des grappe plus longues, des raisins moins gros, mais pl fermes et plus ambrés, feuilles divisées en 5 lobes, celui du milieu très acuminé. [N'est pas autre chose, selon nous, que le **Chasselas** ordinaire. (PUL.)]

Chasselas à gros grains. Id. au **Chasselas coulard** d'après PUL. *Bic.* MEND. OD. 343, dit que c'est une variété plus précieuse que la précédente.

Chasselas de Negrepont. *Cat.* LER. MEND. *Bic.* Dans les *Ann. Pom.*, on le fait syn. de **Chasselas violet.** Sous ce nom on désigne à tort le **Chasselas rose royal**, qui est son vrai synonyme.

Chasselas de Pondichery. *Cat.* LER. MEND *Bic.* Id. au **C. doré**, sauf erreur.

Chasselas de Pontchartrain. *Cat.* SIM. L

Chasselas de Portugal. *Bic.* M'a paru un **Chasselas blanc** ordinaire.

Chasselas de Quercy. Quelques personnes prétendent (GUY. II. 33) que c'est du QUERCY que ce **Chasselas** a été apporté à FONTAINEBLEAU.

Chasselas de Rappolo blanc. *Cat.* LER.

Chasselas de Syllerie. OD ? *Cat.* LER [Il faudrait écrire **Syllery** du nom d'un célèbre vignoble champenois. Ce chasselas pas plus que les suivants ne diffère selon nous du **Chasselas doré** ordinaire. (PULLIAT.)] [Son feuillage rappelle celui du **Muscat de Jésus.** (BOUSC.)]

Chasselas de Ténériffe. *Bic.* M'a paru de maturité un peu tardive, mais de belle qualité : blanc.

Chasselas des invalides.

Chasselas diamant traube. MEND. Voir **Diamant traube**, lequel, à mon avis, n'est pas un **Chasselas.** [Le **Diamant traube** (*raisin diamant*) de l'ALLEMAGNE n'est pas autre chose que le **Gutedel fruher weisser** ou **Chasselas coulard** de FRANCE. (PUL.)]

Chasselas doré de Fontainebleau. *Bic. Vign.* I., 87 (44). Type des Chasselas blancs.

Chasselas doré de Bordeaux. *Cat.* LER. Serait plus précoce et plus coloré que l'ordinaire ?

Chasselas doré hâtif. Sous-variété du Chasselas de FONTAINEBLEAU ? *Cat.* SIM. L.

Chasselas de la Meurthe. *Cat.* LER.

Chasselas doré de la Naby. Est donné comme une nouveauté. *Cat.* SIM. L.

— **doré de Seine et Marne.** *Cat.* LER.

— **doré de Stokvood.** *Bic.* Dans le *Cat.* SIM. L. il est dit que ce raisin a des grains ovales; ce qui serait contraire aux caractères des **Chasselas.** [N'est pas un **Chasselas.** Son nom est **Raisin doré de Stockvood.** (BOUSCH.)]

Chasselas du Doubs. Id. au **Chasselas doré** PUL.

— **duc de Malakoff.** LER. *Cat.* SIM. L. Serait analogue au **Chasselas Vibert.**

Chasselas Dugommier. De semis.

— **Duhamel.** Syn. de **Chasselas de Montauban à gros grains** ou peut-être meilleur que lui ? [**C. Duhamel** et **C. Vibert.** Semis de VIBERT d'Angers obtenus du **Gros Coulard.** Je les ai trouvés en tout semblables. (BOUSC.)]

Chasselas du Jura ?

— **du Luxembourg.**

— **du Portugal.** Voir **C. de Portugal.**

Chasselas Dupont. *Cat.* LER.

— **Félix Müller.** De semis.

— **fendant rose.** Id. au **Chasselas rose.** Entre les **Fendants** et les **Chasselas** je ne trouve aucune différence. D'après ST., on cultive pourtant en SUISSE sous le nom de **Fendants** des raisins qui ne sont pas des **Chasselas.**

Chasselas fleur d'Oranger. LOT-ET-GARONNE.

— **gamau** DRÔME. VIV.

— **gris hâtif.** *Bic.*

— **gros blanc.** *Cat.* LER.

— **gros coulard.** OD. 343. Syn. de **Chasselas de Montauban à gros grains** (*Ann. de Pom.*).

Chasselas gros, perlé, hâtif. *Cat.* LER.

— **Gnesler.** *Cat.* LER. pour **Chasselas Geisseler.**

— **hâtif de Ténériffe.** Vanté à cause de sa fertilité. Id. au **C. doré ?**

Chasselas hâtif de Bar-sur-Aube. *Bic.* MEND. Un peu plus précoce, du reste id. au **C. commun.**

Chasselas Jalobert (**Jalabert** dans le *Cat.* LER.). *Ann. Pom.* Voir **Jalabert.**

— **jaune de la Drôme.** OD. 344. *Bic. Cat.* SIM. L.

— **Jésus ?** MEND. *Cat.* LER.

— **Impératrice Eugénie.**

— **Impérial.** *Cat.* LER.

Chasselas impérial précoce. R. HOGG. Syn. de **Chasselas de Montauban à gros grains.**

Chasselas lacinié ou **Cioutat** ou **Chasselas d'Autriche.** Je crois qu'on le cultive spécialement en STYRIE. *Bic.* (6).

Chasselas le Mamelon. Semis de MOR.-ROB. Feuilles grandes, glabres, peu sinuées ; grappes grandes, conico-cylindriques, serrées. Grains gros, sphériques, jaunâtres. C'est ce qu'en dit SIM. L. dans son catalogue et ce qu'on pourrait dire également de tous les **Chasselas.**

Chasselas le sucré. *Cat.* LER. Est un Chasselas par la végétation.

Chasselas Marie. De semis. SIM. L.

Chasselas Melinet. BOUSC. [Le raisin **Melinet,** plus beau que bon, est un semis de M^OR. ROB. Son obtenteur ne le classe pas parmi les **Chasselas** et avec raison (PUL.)]

Chasselas Merlinot blanc. VIV. OD. 346. Feuilles profondément découpées.

— **mi-ciotat ?** *Cat.* LER.

— **Montauban.** *Cat.* LER.

— **Mornain blanc.** RHÔNE. Dessiné par RENDU. **Chasselas doré.**

Chasselas musqué. CHAPTAL, BOSC et quelques autres auteurs ont donné le nom de **Chasselas musqué** au **muscat à fleur d'oranger.** Le comte OD., trouvant que ce cépage n'était pas un **Chasselas,** en changea le nom en celui de **muscat blanc hâtif du Puy-de-Dôme.** [Syn. **Primavis muscat.** VAR. N'est pas un vrai Chasselas ; il tient de cette famille, mais encore plus du muscat. Il a été désigné par le comte OD., sous le nom de **Muscat de Jésus** ou **muscat à fleur d'oranger;** ce n'est pas le **muscat blanc hâtif du Puy-de-Dôme.** (BOUSC).] [Dans l'*Ampélographie universelle*, p. 354. le comte ODART dit: «un excellent **muscat blanc...** que je crois très peu connu hors de son pays, est celui que j'ai reçu sous le nom de **Chasselas musqué** et qui m'a été envoyé de CLERMONT par M. AUBERGIER. Comme ce n'est pas un **Chasselas,** on me permettra de changer ce nom en celui de **muscat blanc hâtif du Puy-de-Dome** ou **Muscat Eugénien.**»... (ROVASENDA).]

Chasselas musqué de Graham.

Chasselas musqué de Nantes.

Chasselas musqué de Syllerie. MEND. *Cat.* LER.

— **musqué des Basses-Alpes.** *Cat.* LER. et *Cat.* SIM. L.

— **musqué le vrai.** (*Journ. Vit.* V.180). L'auteur cultive à *Bic.* un raisin blanc, musqué, très délicat qui est un vrai **Chasselas.**

Chasselas musqué Salamon. *Bic.* PELL. Obtenu de semis par le baron SALAMON. *Vign.* I, 45 (23). Id. au précédent. [C'est un vrai Chasselas à saveur musquée ; cépage de vigueur et de fertilité médiocre. (BOUSC.)]

Chasselas Napoléon. *Bic.* (24). *Cat.* LER. OD. 403 fait observer qu'on le dit à tort syn. de **Panse,** ou **Bicane jaune** de quelques pépiniéristes de PARIS.

Chasselas Negrepont. *Cat.* LER. Voir. **Chasselas royal rose.**

Chasselas Némorin blanc. *Bic.* (48). De semis BOUSC. [Semis de MOR.-ROB. ; n'est pas un **Chasselas.** (PUL.)][Semis de VIB. d'ANGERS. Belle variété de **Chasselas** à grandes grappes ; grains plus gros, plus tardifs. (BOUSC.)] L'auteur le croit différent des **Chasselas.**

Chasselas nero grosso moscato. MEND.

— **noir.** Syn. de **Corbeau.** OD. 276, par exception ou erreur parce que son syn. est **Mornen.** GUY. III, 90 parle d'un **Chasselas noir** qui se trouve dans les vignobles de MONTBARD. (CÔTE D'OR). Il n'existe pas de **Chasselas noir** proprement dit.

Chasselas noir gros. Doit être Syn. de **Mornen.** PUL.

[**Chasselas noir** ou **Mornen noir.** N'est pas un **Chasselas.** On ne connaît aucune variété de Chasselas à raisins noirs. J'ai reçu cette variété de M. PUL., avec ce nom, mais ce n'était pas un **Chasselas.** (BOUSC.)]

Chasselas perle de Bordeaux. *Bic. Pép.* Il est blanc et assez précoce.

— **pigeonnet.** *Cat.* LER.

— **précoce.** MEND. *Cat.* LER. *Bic.*

— **précoce de Malingre.** *Cat.* LER. On confond là, je crois, deux espèces de raisins différentes. [Probablement on a voulu désigner le **Blanc précoce de Malingre** qui diffère complètement du Chasselas par tous ses caractères (BOUSC.)]

Chasselas Queen Victoria. *Bic.* Id. au **Doré.**

— **Ronsard ?** *Cat.* SIM. L.

— **rose.** *Vign.* I, 15 (8). MEND. *Bic.* *Les Annales pomologiques* de BRUXELLES disent à tort qu'on l'emploie comme syn. de **Chasselas violet.**

Chasselas rose d'Alsace. Syn. de **Chasselas rose royal** ou **Geissler** ou **Tramontaner.**

Chasselas rose de Falloux. *Bic.* *Cat.* LER. D'un beau rose chair. Voir **Chasselas de Falloux.**

Chasselas rose de Judée. Grappes très grandes ? *Cat.* SIM. L.

— **rose de la Meurthe.** PUL. Identique au **Chasselas violet.**

— **rose de Montauban ?** Dessiné par RENDU.

— **rose du Pô.** *Cat.* LER. Peut-être confond-on sous le même nom deux espèces, car il y a une **Malvoisie rose du Pô** qui n'est pas un **Chasselas.**

Chasselas rose royal. MEND. *Bic.* Id. au **Chasselas royal.**

— **rosso comune.** MEND. C'est le **rose royal.**

— **rouge.** *Cat.* LER.

Chasselas rouge de Negrepont. Différent du **Chasselas violet** ; la couleur du raisin est beaucoup plus foncée. (BOUSC.)] Elle est plus foncée à l'époque de la maturité, mais pas avant. Identique au **Chasselas royal.** (ROVASENDA).

Chasselas rouge foncé. *Cat.* LER.

— **roux.** SAUMUR. BUR.

— **royal.** *Bic.* De couleur rouge vif qui devient ensuite violacé. C'est par erreur qu'on l'a fait syn. de **Chasselas doré** et aussi, dans les *Ann. Pom.*, de **Chasselas violet.**

Chasselas royal geissler rouge. VIVIE. Id. au **C. royal.**

— **roux.** *Cat.* LER.

Chasselas Sageret. *Cat.* SIM. L. [Semis de MOR.-ROB., qui le classe à tort parmi les Chasselas. (PUL.)]

Chasselas Saint-Aubin. *Cat.* LER. et SIM. L. [Semis de MOR-ROB. (PUL.)]

— **Sainte-Laure.** *Cat.* LER. et SIM. L.

— **Saint-Fiacre.** *Cat.* LER. PUL. le croit id. au **Muscat Ottonel.**

— **Saint Tronc.** *Cat.* SIM. L. [Semis de BESSON, de MARSEILLE. (PUL).]

— **Salamon.** *Bic.* Voir **Chasselas musqué.**

— **Tokay Angevin.** *Cat.* LER. et SIM. L. Grains de couleur purpurine.

— **Tokai des jardins.** *Cat.* LER. Identique au **Chasselas rose royal.** [Id. au **Muscat de Jésus.** (BOUSC.)] L'auteur ne peut pas admettre cette identité avec le **Muscat de Jésus.** Le comte ODART, p. 350, place le **Tokai des jardins** de la collection d'ANGERS parmi les **Chasselas** et le fait syn. de **Fendant roux.**

Chasselas tramontaner. ALSACE. Voir **Chasselas rose royal.**

— **Verdal.** MEND. *Bic.*

— **Vibert.** *Cat.* LER. Id. au **Coulard.** BOUSC. PUL. trouve que ces deux espèces sont différentes. Son fruit est d'une beauté très remarquable. Le plant est si délicat qu'il supporte mal le voisinage d'autres plants ; il faut le cultiver à part. Les nervures des feuilles sont légèrement rougeâtres. [Le **Chasselas Vibert** est un semis de MOREAU-ROBERT. (PUL.)]

Chasselas violet de Negrepont. VIV.

— **violet.** *Cat.* LER. *Bic.* A pousse rouge vineux vif. *Vign.* I. 47 (24). Les grains sont violets, à peine noués, et deviennent ensuite d'un rose blanchâtre quand ils ont atteint leur maturité.

Parmi tous les noms de **Chasselas** que j'ai cités il en est un bon nombre de superflus parce qu'ils ne représentent pas des variétés réellement distinctes ; je crois que, de la part des pépiniéristes, c'est une spéculation mal entendue de les laisser figurer dans leurs catalogues ; cela ne sert qu'à diminuer la confiance des acheteurs. Une preuve de ce que j'avance, c'est qu'ils sont obligés de publier encore à la fin de leur liste le :

Chasselas vrai musqué. Quant aux divisions des variétés les plus distinctes de Chasselas, Voir *Ann. Vit. En.* avril 1876.

Chatelus. ARDÈCHE. C'est probablement le **Chatus** que GUY. II, 75, désigne ainsi :

Chatos. ARDÈCHE. *Cat.* BUR. Identique, je crois, au **Chatus noir.** SIM.-L.

Chatus. *Cat.* LUX. Nom donné dans l'ARDÈCHE au **Corbel** de la DRÔME ou **Corbesse** de l'ISÈRE.

Chauché gris. OD. 146. MEND. PUL. Raisin du POITOU, très robuste. GUY. 425 le cite parmi ceux de LOT-ET-GARONNE. Sur les collines de SALUCES, il réussit bien et donnera, je crois, des vins de bonne qualité. *Bic.* (48).

Chauché noir. OD. 145. MEND. *Bic.* (47, 48). Semblable au **Gris.**

Chaudenet. Voir **Chardenet** ou **Pineau blanc.**

Chaunan noir. Estimé dans le BUGEY.

Chavousk. *Cat* SIM. L. Le même nom ou un nom à peu près pareil est donné à CONSTANTINOPLE à un gros raisin blanc de table.

Chavoust. *Cat.* LER.

Che fa due volte *(qui fait deux fois).* VÉRONE. AC. décr. 244.

Cheignot ou **Chinot.** CÔTE d'OR. GUY. III, 87 et 90, le croit identique au **Gouais noir.**

Chenin. Coteaux de la VIENNE. OD. 154. *Bic.* (32, 48).

Chenin blanc. INDRE ET LOIRE. Syn. de **Gros Pinot de la Loire.** Très productif.

Chenin de la Vienne. OD. 491. Identique au **Gros Pinot de la Loire.** Produit les bons vins blancs de SAUMUR.

Chenin noir. LOIR ET CHER. OD. 157. Vigne qui a bien réussi dans ma collection (48) (32). [Syn. d'après PUL. (*Vign.* III, 63 (224) de **Pineau d'Aunis,** de **Plant d'Aunis**]

[**Chenion.** *Cat.* LUX. Peut-être pour **Chenin?.**]

Chenu. Vigne de l'ISÈRE. Canton du ROUSSILLON. PUL. *Rapp. Ampel.*

Chenu (Gros). GRENOBLE. Id. au **Corbel de la Drôme** ou **Corbesse.**

[**Cherchali.** AFRIQUE. *Cat.* LUX.]

Cherché. Id. à **Jacquerre.** SAVOIE.

Chères OD. 442 le dit syn., dans le département du GARD, de **Malvazia de Sitges.** *Cat.* LER. *Bic.*

Chères ou **Verdal blanc.** GARD. *Bic.* GANIER.

Chetouan. Département de l'AIN. Syn. de **Persagne** ou de **Mondeuse.** OD. 225. *Bic.* Dans ma collection, celui que j'ai eu, venant pourtant de la DORÉE, a donné un raisin différent. [Le **Chetuan** est bien réellement syn. de MONDEUSE.]

Cheur dur ou **Cuor duro** (*Cœur dur*). PIÉMONT. PIGNEROL. Id. à **Pelassa**. Décr. NASI.

Chevalin blanc. Estimé dans le BUGEY.

Chevrelin. *Cat.* LUX.

Chevrelin noir. BURY.

Chevrier. DORDOGNE. Syn. de **Blanc Sémillon**. OD. 135. *Bic.*

Chiacarella. *Cat.* LUX. Pour **Sciaccarella ?**

Chiallo ou **Porcinaro**. BARLETTA. *G. V. V.* 15. *Bull. amp.*, I. Voyez aussi **Porcinale**.

Chianti bianco. PAVIE.

Chiaosa. Raisin des environs de BIELLA et de COME.

Chiapparone bianco ou **Chiapparana**. ROMAGNE. AC. décr. 131. Je le crois un raisin de second ordre. Je l'ai vu, dans quelques endroits, employé comme syn. de **Montonico**. Le professeur SANTINI, dans son Ampélographie de MACERATA, le décrit et lui donne aussi pour synonyme **Ciosporona**.

Chiapparone paonazzo. AC. décr. 138.

Chiara. MODÈNE. Décr. AGAZ.

Chiavennasca. VALTELLINE. CERL. *Bic.* D'après ce que j'ai pu observer sur de jeunes plantes, je crois que cette vigne est id. à la **Spana** ou **Nebbiolo Barolo**. Cette opinion est aussi celle de l'ingénieur CERL., qui connaît le pays où on cultive cette espèce et qui l'a examinée sur les lieux.

[**Chichau**. *Cat.* LUX. Probablement pour **Chichaud**.]

Chichaud ou **Tsintsao**. ARDÈCHE. *Vign.* II, 87 (140). Feuille petite ou presque moyenne, gla bre, très sinuée. Grappe un peu ailée, courte, plutôt serrée que claire. Grains sphériques, elliptiques, gros, noirs, pruinés, croquants ; 2e époque de maturité. PULL. Raisin de cuve et de table.

Chidra russ. PERSE. SCHARRER. H. GOET.

Chigno. COLL. DORÉE. MEND.

Chinco nero. PROV. NAP. *Bull. amp.* III.

Chingo bianco. VALVA. PROV. NAP.

Chinier. *Cat.* LUX.

Chinot. Voir **Cheignot**.

[**Chioccia bianca**. EMILIE.]

Chopine blanche. AISNE. VIV. *Cat.* LUX.

Christkindlestraube ou **Raisin de Natal**. BRESLAVIE. Syn. de **Rother Traminer**. BAB.

Christina. AMÉRIQUE. VIV.

Christine de Fuller. Vigne AMÉRICAINE. PLANC. [*Labrusca.*]

Chrupka en BOHÊME serait syn. de **Chasselas**. H. GOET.

Ciaccarradore nero. SARDAIGNE. MEND. *Bic.* (48).

Ciamussol nero. SUSE (PIÉMONT).

Ciaouss de CONSTANTINOPLE. Très beau et bon raisin blanc. Voir aussi **Chaouch**.

Ciapparone ou **Chiapparone** ou **Montonico?** MARCHES. *Bull. ampel.* II.

Ciau. PAVIE. AC. décr. 59.

Ciavasa ou **Chiavasa nera**. ROASIO. BIELLA. Donne un vin qui ne se conserve guère.

Cibebe blaue. Syn. de **Blaue Marocaner**. BAB. Serait le **Ribier ?**

Cibebe Damascenische. Syn. de **Damascener** ou **gros Maroc et gros Damas**. BAB.

Cibeben muskateller. H. GOET.

Cibibo. On appelle ainsi le **Zebibo** dans la Province de TRÉVISE. Voir *Alb.* T.

Ciccia di morto (*Viande de mort*). TOSCANE. Syn. de **Biancone** d'après R. LAWL.

Cichetto nero. EBOLI. PROV. NAP.

Cicirello. SYRACUSE. AC. MEND.

Cico. ARDÈCHE. GUY. II. 75.

Ciculo. *Cat.* LUX.

Cienfuentes. PAXARÈTE. ROX. Grains ronds, blancs, doux.

Cieza (Vigne de) noir. *Cat.* LUX.

Cigar box grap. Voir **Segar box**. Syn. de **Jacquez**. Vigne AMÉRICAINE. *Bic.*

Cigenera nera. ESPAGNE. BUR.

Ciglianese. AC.

Cigliеggia nera.

Cigliеggia violacea de PERSE.

Cigliеggiana rosa.

Cigliеggino. Peut-être **Aleatico rosso ?**

Cigliеggino Faraone (*Pharaon*).

Cigliеggio garofanato (*qui a l'odeur du girofle*)

Cigliese bianca. ALTAMURE. MEND. *Bic.* (47).

Cigliola bianca. LECCE.

Ciliana. UDINE. AC. 295.

Ciliegiana ou **Ciliegiona nera**. TOSCANE. AC. 261. Peut-être identique à **l'Ascera** de CONEGLIANO, d'après l'*Alb.* T.

Cilla. PYRÉNÉES FRANÇAISES. OD. 499. [Ecrit aussi **Cylla**. (BOUSC.)]

Cima di giglio bianco. ROME. AC. décr. 133. *Bic.* J'en ai pris moi-même des plants, pour ma collection, dans les environs de ROME.

Cima di giglio nero ? ROME. AC. 294.

Cimera Coneglianese. D'après l'*Alb.* T., serait peut-être identique à **Grossera di Treviso** et **Cimesera**.

Cimiciattolo bianco. TOSCANE. Syn. de **Volpola**. AC. décr. 260, 278. Je l'ai vu à POGGIO-SECCO chez M. R. LAW.

Cimicino.

Cimicitola (TOSCANE). *Cat.* LUX. pour **Cimiciattola**.

Ciminnisa ou **Minna di Vacca**. SICILE. NIC.

Ciminnita. PETRALIA SOTTANA. AC. le décr. 176., parmi les raisins de TERMINI. Raisin blanc de table. *Bic.*

Cimminisa di Trapani. C'est ainsi que l'écrit le baron MEND.

Cinabro rosso. CRESC. Se conservant bien.

[**Cinerea (V. Cinerea]**. ENGELMANN. Espèce américaine. Souche assez vigoureuse. — Sarments grêles, pubescents avant l'aoûtement, à cannelures se prolongeant jusque sur les nœuds qui sont plats. — Mérithalles moyennement longs. Ramifications nombreuses, assez développées. — Vrilles discontinues, pourpre-clair, duveteuses. — Feuilles petites, entières, cordiformes, d'un vert moyennement foncé, un peu gaufrées entre les nervures. — Jeunes feuilles recouvertes sur les deux faces d'un duvet blanchâtre ; celles des extrémités rosées. Feuilles adultes à peu près glabres à la face supérieure, avec quelques légers poils sur les nervures, recouvertes de poils clair-semés à la face inférieure. Pétiole tomenteux, moyennement long, formant un angle obtus avec le plan général de la feuille. — Grappe petite, ramassée ; grains très petits, noirs, non foxés. — Graine avec chalaze circulaire, raphé saillant, mais non proéminent dans l'échancrure supérieure. Ressemble beaucoup à la *V. Canescens* et à la *V. Æstivalis* sauvage. EC. MONTP.]

Cines e. TRENTIN. AC. 302.

Cinq saou et **Cinq saous**. HÉRAULT. GARD. OD. 414. Syn. de **Boudalès** et **Cinsaut**. MAR. D'après OD. et d'autres, **Ulliade** et **Cinsaut** sont identiques. PUL. croit qu'il y a là deux cépages différents. *Vign.*

Cinquien. JURA. Feuilles sur-moyennes, un peu tourmentées, très peu sinuées, très peu duvetées. Grappe cylindrique, ailée, un peu longue, un peu serrée ; grains sphériques, ellipsoïdes, sous-moyens, jaunes verdâtres. 2e époque de maturité. Raisin de cuve. PUL. — ROUGET qui l'a décrit aussi, croit que son nom lui a été donné pour exprimer que souvent le raisin se montre au cinquième nœud.

Cinsaut. HÉRAULT. Syn. de **Boudalès**. MAR.

Ciocca bianca. BOLOGNE. Appelée aussi :

Ciocchella ou **Signora bianca**. MODÈNE.

Cioclare nera. BOBBIO. Aussi **Cioccà**.

Ciolina Décr. AL. Voir **Giolina**.

Ciolina nera. *Exp.* AL.

Ciosporone. Voyez **Chiapparone**.

Ciotat, Cioutat, Cioutat lacinié ou **Raisin d'Autriche**. OD. 347. Id. au **Chasselas d'Autriche** et **Petersilien** et **Chasselas Cioutat**. C'est un **Chasselas blanc**, ayant peu de **goût**, à feuilles de persil, appelé aussi **Petersilien**.

Ciottelora.

Ciper ou **Cypertraube blauer**. Décr. MUL.

Cipriano. CANAVESE. Dess. BON. Syn. de **Bermestia** ou **Brumestia violetta**. Grappe longue, ailée, pédoncule long. Feuilles à sinus pétiolaire arrondi, ouvert, à dents recourbées. Grains violets bleus, gros, ellipsoïdes ; peau épaisse ; pulpe très consistante, à goût de cerise. A rarement plus de deux pépins. BON. [Si l'on désigne sous ce nom la variété connue sous le nom de **Raisin de Chypre**, elle n'est pas id. avec la **Bermestia violetta**. (BOUSC.)]

Cipro bianco. ILE DE CHYPRE. Feuilles à cinq lobes. Grains ovales. *Bic.* (40).

Cipro nero. ILE DE CHYPRE. Y produit les meilleurs vins dits *de la Commanderie*. *Bic.* (36, 40). Est aussi un raisin de table exquis, mais de maturité tardive. Voir *Ann. Vit. En.* février 1876. Différent du **Cipriano**.

Cipro rosso. Je le crois id. au noir ou violet. *Bic.* (36),

Circé blanc. *Cat.* LER. Obtenu de semis. Grappe moyenne ; grains moyens, sphériques, blancs jaunes ; 1re époque de maturité. Raisin de table. *Bic.* (22) [Semis de MOR.-ROB. (PUL.)]

Ciresa veronese. ou **Sacolara**. AC. décr. 290.

Citronella bianca. PICC. *Bic.* M'a donné le **Muscat à fleur d'oranger**.

Citronelle. *Cat.* LER. *Cat.* SIM. L.

Citronina. Décr. AL. et **Citronino**. *Bic.*

Ciurlese bianco. PESARO. Probablement id. au **Trebbiano**.

Ciuti. GRENADE. ROX. Grains légèrement oblongs, dorés, fermes, vigne très productive.

Civenera de Moratella. *Cat.* LUX. [Sans doute **Cijenera de Moratella**. (BOUSC.)]

Cividin bianco. FRIOUL et ISTRIE. Dr CARP. *Alb.* T. *Bic.* (15, 31).

Civillina veronese. AC. décr. 243.

Clairette à grains ronds. DRAGUIGNAN. Syn. de **Ugni blanc**.

Clairette blanche. MIDI DE LA FRANCE. MAR. Dess. RENDU. Très beau raisin de table qui donne de bons vins, de longue conservation. *Bic* (47). Réussit bien en PIÉMONT dans les expositions chaudes. Dans quelques vignes de la PROVENCE on appelle ainsi à tort **l'Ugni blanc**. OD. 486. *Vign.* II, III (152). [Supporte bien la submersion d'après M. FAUCON.]

Clairette de Die. *Cat.* LUX. AC. 331.

— **de Limoux**. *Cat.* LUX. AC. 326. VIV.

— **de Trans blanche**. VAR. VIV.

— **menue**. *Cat.* LUX. *Cat.* LER.

— **noire**. On appelle ainsi, quelquefois

dans la Drôme, le **Mourvède**. On trouve aussi une **Clairette noire** dans le VAUCLUSE. [On ne connaît que la **blanche** et la **rose**. (BOUSC).]

Clairette ponctuée. *Cat.* LUX. Sous les divers noms que j'ai cités je n'ai jamais vu qu'une seule **Clairette**.

Clairette rose. HÉRAULT. VIV. ALGER. JARDIN D'ESSAI. Raisins roses, moyens ou petits, ovales, très sucrés. *Bic.*(47). *Cat.* LER. Id. à la blanche pour les autres caractères.

Clairette rousse. BOUSC. C'est la **blanche** un peu brûlée par le soleil. *Bic.*

Clara. AMÉRIQUE. LAL.

Claret, V. AMÉRICAINE remarquable, de l'espèce des **Cordifolia**. [D'après BUSH et MEISSNER. C'est un cépage vigoureux, mais à fruit acide sans valeur.]

Claret doux. PYRÉNÉES. VIV. Raisin de table et de cuve ?

Claretta. *Bic.* COMTÉ DE NICE. Syn. de **Clairette**. GAL. La **Clairette** est le raisin qu'on conserve à NICE, pour la table, pendant l'hiver et le printemps.

Claretta bianca. *Alb.* T.

Clarette de Trans. VAR. Syn. de **Clairette**.

Claretto bianco di FRANCIA. AC. décr. 261. TRINCI décr. 81. AZZELLA. *J. Vit. En.* Je ne la crois pas id. à la **Clairette** des départements du MIDI de la FRANCE.

Claretto bianco. LUCQUES. MEND. *Bic.* (47). Différente de la Française.

Claretto nero. LUCQUES. MEND. *Bic.* (48). L'ayant comparée avec la **Picapulla** d'ESPAGNE à laquelle elle me paraissait semblable, je l'ai trouvée différente.

Claretto rosso de FRANCE. AC. décr. 261. TRINCI. décr. 80.

Clauner. ZURICH. AC. 330. Doit être le **Clevner** ou **Pinot**.

Clauner roth. ZURICH. AC. 325. **Pinot rouge**.

Clavensis Schubler. Serait syn. de **Pinot rouge** ou **gris**.

Claverie blanche à grains oblongs. LANDES. GUY. 363. écrit **Clavery** et dit que c'est une vigne fine pour les vins blancs. OD. 445, dit que ce nom a été donné à tort à la **Malvoisie blanche** de la DRÔME ; à la page 199 il la dit une vigne de l'ARIÈGE et des PYRÉNÉES dont il existe une variété à raisin blanc et une autre à raisin noir. J'ai trouvé quelque part ce nom comme syn. de la **Malvoisie Piémontaise**, ce qui est complétement erronné. [Ecrit **Claverie** dans le *Cat.* LUX.]

Claverie mélée ? Blanc ? *Cat.* LUX.

Claverie noir. *Cat.* LUX. ARIÈGE. LANDES et PYRÉNÉES. PUL. croit id. au **Cot** celui des LANDES. J'ai reçu de GANIER une vigne de ce nom, différente du **Cot** et que j'ai classée : *Bic.* (28).

Clavner rother (**Pinot gris**) écrit BAB. qui lui donne pour syn. **Rulander**.

Clauwener ? *Cat.* LUX.

Cleme blanc. RUMILLY (SAVOIE). J'avais pris cette vigne dans le vignoble du comte de GRENAUD DE LA TOUR et je l'ai ensuite perdue. Raisin blanc, gros, rond, croquant ; feuille ronde comme celle du **Savagnin**.

Clevner grauer ou **Grauclevner**. Id. au **Pinot gris**. Décr. MEY.

Clevner ordinarer schwarz blauer ou **Pinot** ordinaire, noir. MEY. le décrit et décrit en outre le **Clevner schwarz blauer**. DIERBACH l'appelle **Vitis Clavennensis** et veut que **Clevner** dérive de CHIAVENNE quoique dans ce territoire il n'y ait point de **Pinot**.

Clevner weissgelber. Id. au **Pinot blanc**. Décr. MEYER.

[**Clifton's Constantia**. Vigne amér. Syn. **d'Alexander**.]

Clinton. AMÉRIQUE. VIV. *Cat.* LER. *Vign.* II, 113 (153). Une des espèces les plus remarquables de la famille des *Cordifolia* et d'une grande importance à cause de sa résistance bien constatée au phylloxera ; aussi LADREY est-il d'avis qu'il faut préférer le **Clinton** à toute autre vigne, quoique, postérieurement, on ait expérimenté d'autres cépages beaucoup plus résistants. Voici les principaux caractères que j'ai observés. Bourgeons verdâtres, un peu blanchâtres, duvetés à la partie supérieure. Feuilles assez petites, entières, cordiformes, lisses au-dessus, glabres au-dessous, mais rudes par suite de poils très fins peu apparents, arrondies à la partie pétiolaire, avec le sinus rond et ouvert, avec trois pointes de lobes aigus lancéolés, saillants à la partie supérieure opposée, surtout le moyen, dentelure peu profonde, fine avec un aiguillon en pointe, pétioles rouges bruns, avec des poils jusqu'au centre des nervures. Grappes petites, cylindriques : grains peu nombreux et peu serrés, sous-moyens, noirs bleus, sphériques, à peau consistante, pruinée, pulpe coagulée, à saveur de fraise moins forte que chez l'Isabelle, acidité piquant la langue. Mûrit un peu après le **Dolcetto**. Se multiplie facilement de bouture et est un bon porte-greffe. Voyez la belle publication de M. MILLARDET, de BORDEAUX, sur les vignes américaines résistant au phylloxera. [Messieurs les traducteurs connaissent aussi bien que moi le degré de rusticité du **Clinton**. Il a été tué chez moi, il meurt chez M. Aguillon ; il ne peut se maintenir que dans les terres profondes et fraîches. Il a eu d'abord la vogue, il est actuellement délaissé, vu qu'il ne résiste pas dans tous les terrains. (PEL.)]. EC. MONTP.

[**Clinton** et **Black Hambourg**. EC. MONTP. Vigne américaine hybride.]

Clinton hybride. Feuilles moyennes, un peu duvetées, sinuées. Grappe sous-moyenne, cylindrique, ailée, peu serrée. Grains moyens, sphériques, noirs, pruinés ; maturité assez précoce. Bourgeons gris, duvetés. PUL. *Vign*. III, 35 (210).

[**Clinton Vialla**. EC. MONTP. V. amér. (*V. Riparia*]. Obtenu de semis par M. LAL., de BORDEAUX. Porte-greffe vigoureux et probablement résistant au phylloxera. Ressemble beaucoup au **Franklin** sans lui être pourtant identique. Voyez **Franklin**. Il diffère du type dont il n'est probablement qu'un hybride par l'épaisseur des feuilles, l'aspect tomenteux de leur face inférieure et la disposition continue des vrilles.]

Close. *Cat*. LUX.

Clossier. SPRENGEL Serait syn. de **Pinot blanc?** ST. cite le **Clozier**, de CHAPTAL parmi les syn. de **Salviner blanc**.

Clouth de Limoux ?

[**Clover street Black** (B.). V. amér. hybride de JACOB MORE obtenue du **Diana** et du **Black Hamburg**.]

[**Clover street red**. (B.). V. amér. Même origine que la précédente.]

Coacervata. Syn. de **Meldulinu**. *Fl. Sard. Bic.*

Coccallona nera. VALENCE. PIÉMONT. Décr. AC. 103. LEARD. et DEM.

Coccallona bianca. Décr. AL. AC. décr. 86. Décr. INC. Raisin de table.

Coccherina.

Cocciumella. Raisin des ABRUZZES.

Cocerina. CRESC. A de grandes grappes.

Cocour. *Cat*. LUX. Je crois que ce doit être le **Kakour**.

Cocozza nera. ILE d'ISCHIA. FRO.

Coda di Cavallo bianca. *(Queue de cheval blanche)*. PROV. NAP. et AVELLINO. J. BOT. de NAP. AC. 304.

Coda di cavallo nera. *Bull. amp.*, VII.

Coda di ceoralla ? *Cat*. LUX. C'est évidemment le mot précédent défiguré. Je le cite parce qu'il est nécessaire que le catalogue d'une collection importante soit en tous cas vérifié.

Coda di vacca *(queue de vache)*. OLTREPÓ PAVESE AC. décr. 61.

Coda di volpe (*queue de renard*). PIÉMONT. *Exp*. AL. Décr. INC.

Coda di volpe bianca. *Bic*. PROV. NAP. Bon raisin de cuve. FRO. dit que cette espèce est du VÉSUVE et de MONTE SOMMA. On la cultive dans la campagne de ROME : j'en ai eu quelques sarments venus des environs de cette ville.

Coda di volpe nera. Pour la cuve. Une des meilleures vignes de la PROV. NAP.

Codadiron dolce.

Coddu curtu bianca. SICILE. MEND. A pédoncule court, raisin de table ? *Bic*. (16).

Codera de MONTEBELLUNO. D'après l'*Alb*.T. peut-être id. à **Dalla Meda bianca** de TRÉVISE.

Codigoro nero. COMACCHIO. *Bic*. (11). PUL. *Vign* II, 95 (145),

Codone.

Cœur (Le). Syn. de **Blak Morocco**.

Cœur dur. CUMIANA. (PIÉMONT). *Bic*. Id. à **Pelassa di Luserna**. Voir aussi **Cuor duro**.

Cognac. Vignoble de la ROCHELLE. OD. 153. Syn. de **Balustre ?**

[**Cognac blanc**. VENDÉE. *Cat*. BUR.]

Cognac jaune. *Cat*. LUX.

Coiana bianca, et aussi **Cogliana**. BOBBIO. *Bic*.

Cola Camparo. Raisin blanc cultivé dans les POUILLES. *Ann. Vit. En.*, IV. 224.

Colagiovanna. PROV. NAP.

Cola Giovanni. VÉSUVE. *Cat*. LUX. AC. 304 *Bic*. (1).

Cola tamburro. POUILLES. BITONTE. Appelé aussi **Bon vin blanc**.

Cola tamburro. CAMPO MAGGIORE. MEND. *Bic*. Celui de TERLIZZI, d'après l'*Amp. Pugl.*, est syn. de **Bombino bianco** de BARLETTA.

Colangelo ou **Copeta nera**. POUILLES. Raisin de table ; peut-être le meilleur de la région. *Bic*.

Colbera. *Pép*. MILAN.

Colerino. Au lieu peut-être de **Celerina**.

Colgadera. ESPAGNE. ROX. OD. 507. la dit une excellente variété de **Listan** à qui est due la réputation des vins blancs de PÉRALTA en NAVARRE.

Coliandri blanc. NICE. VIV. Sous ce nom j' ai trouvé, sur le marché même de NICE, le **Pizzutello** ou **Cornichon**.

Collo torto. IVRÉE.

Colmar. Serait syn. de **Ortlieber gelber ?** BAB.

Colmerer. BADE. Syn. de **Ortlieber** ou **Rauschling ?** ST.

Colomba. OD. 489. le dit syn. de **Couloumbaou** dans quelques départements du MIDI de la FRANCE.

Colomba bianca. LOZÈRE. BUR.

Colombana bianca VOCHERA.

Colombana del Peccioli. LAWL. *Bic*. Je l'ai observée à POGGIO SECCO, près FLORENCE, dans les vignes du Chevalier LAWL., qui sont un vrai modèle de parfaite culture.

Colombana nera. Voghera.

Colombana ou **Colombane.** Peut-être différent des **San Colombano.** SOD. le dit un raisin de table, qui donne des vins très clairs.

Colombar blanc. Gironde. OD. 135. Syn. de **Blanc Semillon ?** *Cat.* LER. J'ai reçu sous ce nom un raisin tout différent *Bic.* (43). GUY. II, 162, le cite parmi les raisins de la Charente et dit qu'il y donne des vins blancs, fins, délicats et très supérieurs à ceux de la **Folle blanche.**

Colombard. *Cat.* Lux.

Colombeau et **Columbaud.** Var. Raisin blanc que M. PELL. croit un peu résistant au phylloxéra. PUL. *Vign.* II, 63 (128). *Bic.* (27) (19). [Connu sous le nom de **Mouilla** dans les Pyrénées Orientales. (BOUSC.) [La résistance relative du **Colombaud** au phylloxera est due seulement à sa grande vigueur et non à la structure particulière des tissus de ses racines. Il dépérit à sa troisième feuille à l'Ec. d'Agr. de Montp. au milieu de vignes américaines prospères.]

[**Colombier.** *Cat.* Lux.]

Colombina.

Columbus blanc. *Cat.* SIM. L.

Colonetti. Mortara. *Pép. Bic.* On m'a envoyé sous ce nom un **Muscat blanc.**

Colonia ou **Colona.** Andalousie. ROX. Gros raisin blanc, précoce, presque rond, un peu aigre.

Colonnella. Trente. AC. 303.

Colorado. *Cat.* Lux. Espagne. BUR. Raisin blanc.

Colore. Toscane. *Bic.* Je l'ai reçu de M. MECHETTI, de Lucques. Dans l'arrondissement de Bari il doit aussi y avoir un raisin de ce nom qui serait id. au **Susomaniello nero.** GAL., qui en donne le dessin, l'appelle **Colorino.**

Colore agro.

— **ambrusco.**

— **dolce.** Toscane. GALL. lib. 6, p. 405. LAWL. *Bic.*

— **forte.**

— **gentile.**

— **grosso.** Toscane. VIV. [Ecrit **Colore grasso** dans le *Cat.* Lux.]

— **piccolo nero.** Toscane. VIV. [Ecrit **Colore Piccioli noir.** (Toscane) dans le *Cat.* Lux.] [Très joli raisin blanc à grains de la forme et de la grosseur de ceux de la **Clairette blanche.** Bon pour la table. (BOUSC.)]

Colore S. Jacopo bianco. G.

Colorino. Décr. GAL. Décr. *Com. agr.* de Florence. Raisins petits, à peine plus gros que ceux de la **Passolina.** J'ai remarqué en Toscane qu'il a les feuilles à cinq lobes, allongées, sinus un peu profonds, ronds, légèrement tomenteuses à la page inférieure, sinus pétiolaire ouvert.

Columbar. Voir **Colombar.**

Columbeau et **Columbaud.** France. Décr. INC. Voir **Colombeau.**

Columbia County. V. amér. Syn. de **Creweling.**

Columbus. *Cat.* SIM. L. et *Cat.* LER.

Coly dans la Vienne. (France), serait syn. de **Cot.**

Comerséetraube. Syn. de **Weisse Babotraube.**

Cometta de la Romagne. FRO.

Comfort. Deux-Sèvres. GUY. II, 531. Serait syn. de **Pinot blanc** de la Loire ou **Chenin.**

Common muscadine. Syn. de **Chasselas** de Fontainebleau.

Compagnon Brignol. Raisin du Var. PUL.

Complain. Oise. GUY. III, 486.

Complant ou **Cassé.** Eure et Loir. D'après GUY. III, 516, serait syn. de **Morillon noir.**

Completer bianca. Suisse. Syn. de **Lindauer** H. GOET.

Comte Odart. PUL. *Vign.* I, 149. (75). Vigne obtenue de semis par M. PUL., de Chiroubles. On dirait qu'elle est un produit du **Corbeau.** *Bic.* (16).

Conballione.

Concalonna bianca. Voir **Cocalona.** AC. 86.

Concalonna nera. AC. 96. Voir **Cocalona.**

Concord. Vigne américaine de la tribu des *Labrusca. Bic.* PUL. décr. [Goût très foxé, pulpe assez tenace, réussit dans les terrains caillouteux et silico-ferrugineux ; d'aucune valeur pour faire du vin, peut être employé comme porte-greffe. EC. MONTP.]

[**Concord Chasselas.** BUSH. Vigne américaine hybride.]

[**Concord muscat.** Vigne américaine hybride.]

Confort. *Cat.* Lux. GUY. III. 193. le cite parmi les cépages du Cher, où il est taillé court. Voir **Comfort.**

Coni. Haute-Vienne. GUY. II, 140.

Conille ? de coq. *Cat.* Lux.

[**Conqueror.** EC. MONTP. V. américaine hybride. Vigoureuse jusqu'à présent.]

Cony. *Cat.* Lux.

Cony noir. Gironde. VIV. BUR. dit que c'est une variété précoce.

Constance rouge. Gironde. VIV.

Constance bleue. Amérique. Société d'agriculture d'Ivrée. (Piémont).

Contesse noir hâtif. *Cat.* LER.

Convallione.

[**Copolona.** CORSE. A des raisins noirs semblables à ceux du **Mourvède,** mais n'a pas comme lui les sarments érigés. (BOUSC.)]

Coppa ou **Ciapparone**. MARCHES.

Cor ou **Cahors.** CHER. GUY. III, 200 le dit identique au **Cot**

Coradella. PROV. de PESARO.

Coraggia. VERONAIS. AC. décr. 226.

Corazon de Gabrito *(cœur de chevreau).* ESPAGNE. OD. 422. *Bic.* L'établissement horticole à qui je l'avais demandé m'a envoyé un tout autre plant. Décr. INC. ROX. dit qu'il ressemble à la **Teta de vaca** par ses grains oblongs. Raisins noirs et peu juteux.

Corazon de Gallo. *(cœur de coq).* ANDALOUSIE. Le comte OD. 404 pense qu'il est id. à l'**Olivette rouge** des Français et au **Zibibo rosso** de SICILE ?

Corba ou **Corva.** AC. le décr. 206 parmi les raisins de BRESCIA. Le HAUT NOVARAIS possède aussi la **Corba.**

Corbeau noir LYONNAIS et BOURGOGNE. OD. 276. PUL. *J. vit.* tom. IV. p. 571. *Vign.* II, 97 (145). Est appelé **Corbat** dans l'ISÈRE. Id. à la **Douce noire** de SAVOIE. TOCHON en fait l'éloge. La récolte de ce raisin se présente sous un bel aspect dans les Collines de SALUCES à l'époque de la vendange et séduit facilement le vigneron; mais la bonté du produit ne correspond pas toujours à la beauté du fruit. Vigne robuste, fertile. *Bic.* (11, 27). J'avais envoyé à ROVEREDO plusieurs espèces de vignes à l'ingénieur SANDONA, à titre d'essai. Le **Corbeau** seul me fut redemandé pour être planté en grande culture.

Corbelle. DRÔME. ISÈRE. ARDÈCHE *Cat.* LUX. OD. *Append.* 20. *Vign.* II, 33 (113). D'après GUY., il est aussi appelé **Corbel** et **Corbeil.**

Corbera. AC. le décr. 254, parmi les raisins milanais. Syn. de **Corbina nera.** Dr CARP rap. Cultivé dans le pays de COME et, en général, dans la LOMBARDIE et la VÉNÉTIE.

Corbina de BREGANZA. AC. décr. 217 parmi les raisins de VICENCE. Voir aussi **Corvina** et **Corbinone.** D'après PELLINI, produit un vin qui se conserve bien et qui contient beaucoup de tannin. Ce cépage est cité dans le *Bull. amp.* VII. 52 parmi les vignes de SINALUNGA.

Corbina nera. PADOUE. AC. 302. Dr CARP. rap. *Alb.* T.

Corbine. G. SODERINI.

Corbinella. VÉRONAIS. AC. décr. 227. Est aussi cultivé dans le PADOUAN.

Corbino nero. *Ann. Vit. En.* vol. V. p. 252.

Corbinon ou **Corbinone.** Raisin VÉRONAIS. Serait identique à **Corvina,** d'après quelques auteurs; en différerait d'après PELLINI, qui classe ces deux cépages parmi les meilleurs de la VÉNÉTIE.

Corbola.

Corcesco. OD. 558 dit que c'est un raisin blanc à longues grappes, de l'Ile d'ELBE.

Cordelier gris. *Cat.* LUX.

Cordifolia. VIV. *Bic.* Dans le *Journ. vit.* V. 273 on a représenté, je crois, le **Clinton** sous ce nom. J'ai reçu, par erreur, le **York's madeira** sous ce nom. L'espèce **Cordifolia** dite aussi **Riparia** est le type d'une subdivision des vignes d'AMÉRIQUE qui renferme les variétés qui résistent le mieux au phylloxera, telles que le **Augwich,** le **Clinton,** le **Marion,** l'**Oporto,** le **Solonis** et le **Taylor.** [**Cordifolia** et **Riparia** ne désignent qu'une seule et même espèce de vigne. (PUL.)] [La **V. Cordifolia** constitue, d'après M. PLANC., une espèce caractérisée de la manière suivante : Rameaux grimpants à vrilles interrompues ; feuilles cordées, indivises ou plus ou moins palmatilobées, membraneuses, glabres ou à pubescence peu abondante, jamais veloutée et le plus souvent formée de poils simples ou presque simples ; grains de raisin petits, à pulpe fondante, souvent acidules, renfermant une ou deux graines obtuses. Cette espèce se subdivise en trois variétés principales : 1° *Cordifolia* var. *genuina* caractérisée par ses feuilles cordées entières, à dents triangulaires peu inégales. 2° *Vitis Cordifolia* var. *Riparia* (dont M. MILLARDET fait une espèce à part) à laquelle appartiennent les variétés cultivées : **Clinton, Taylor,** etc. Les découpures de ses feuilles varient depuis la forme simplement et légèrement trilobée, jusqu'à la forme palmée à cinq lobes ; la consistance est généralement membraneuse ; les jeunes feuilles restent assez longtemps pliées en gouttière. 3° *V. Cordifolia* var. *Solonis.* Feuilles suborbiculaires légèrement cordées ou presque tronquées à la base, légèrement trilobées, avec les lobes longuement cuspidés, incisés, dentés, les pointes ou les dents des lobes latéraux souvent courbées et convergentes vers le lobe central : face supérieure à la fin glabrescente ; l'inférieure couverte sur les nervures, et souvent sur tout le limbe, d'une pubescence courte, molle et grisâtre, non feutrée. Les divers types de **Cordifolia** sont jusqu'à présent résistants au phylloxera. Les variétés *Riparia* et *Solonis* fournissent de bons porte-greffes. La structure dense et serrée des racines des vignes de cette espèce leur permet de bien résister aux attaques du phylloxera ; quelques-uns tels que le **Riparia,** le **Solonis** et les **Cordifolia** sauvages ont très-peu de phylloxera sur leurs racines.]

[**Cordifolia mâle.** *Jard. des Plantes* de BOR

DEAUX. **Cordifolia** de la variété indiquée ci-dessus. Infertile. EC. MONTP.]

[**Cordifolia baron Perrier**. EC. MONTP. (*Riparia*), type presque glabre trouvé par M. PUL. dans le département de l'AIN.]

[**Cordifolia Gaston Bazille**. EC. MONTP. V. amér. Obtenu de semis par M. LAL. Écrit par erreur **Gaston Basile** dans le *Cat.* du LUX.]

[**Cordifolia de Bush**. (*V. Riparia*). Deux types, l'un pubescent, l'autre glabre. Chez les individus fertiles le fruit est id. à celui du *Solonis*. Porte greffe d'une grande rusticité ; peu de phylloxeras sur les racines, très résistant. EC. MONTP.]

[**Cordifolia Salonis**. *Cat.* LUX. Au lieu de **Solonis**. Voyez **Cordifolia**.]

Cordonnet. *Cat.* LUX.

Cordovat. UDINE. AC. 295.

Cordovi. XÈRES et TRÉBUGÈNE en ESPAGNE. ROX. A grains gros, dorés, transparents. [Nous n'avons pas trouvé ce nom dans l'ouvrage de ROXAS.]

Cori di Palumma biancu. SICILE ORIENTALE. MEND. (*cœur de colombe blanche*).

Corinth weisse. **Corinthe blanche** en ALLEMAGNE.

Corinth withe. LINDLEY. **Corinthe blanc**. ANGLETERRE.

Corinthe ou **Vitis corinthiaca apyrena**. Décr. MEY. Raisin de la GRÈCE identique à la **Passeretta** du PIÉMONT.

Corinthe grosse, weisse. Syn. **Aspirant blanc** ? ? H. GOET.

Corinthe rose. *Cat.* LUX.]

Corinthe violet. Grains violets, très-petits, ronds, doux. *J. d'ess.* d'ALGER. Probablement identique au noir.

Corinthusi apro szemüfehér. BUDE. Syn. de **Corinthe blanc** ou **Passeretta**.

Corinto bianco. CORINTHE. MORÉE. OD. 428. *Cat.* LER. *Vign.* I, 31 (16) *Journ. Vit. En.* V., 79. *Bic.* (11). Voir **Passeretta**.

Corinto nero. Objet d'un grand commerce pour la MORÉE et l'ARCHIPEL GREC. OD. 428. *Bic.* (11) ?

Corinto rosso. *Bic.* Le comte OD. 428 le dit un très-beau raisin de table. La variété rose, comme la noire, m'ont paru moins fertiles que la blanche sur les coteaux de SALUCES.

Corinthe sans pépins. OD. 428. A des raisins un peu plus gros que le blanc ? mais moins sapides. Tous les **Corinthe** sont sans pépins.

[**Cornacchia nera** ou **Gruone**. BOLOGNE].

Cornacchiola. TOSCANE. *Bull. Amp.* VII. 526. Voyez **Cornacchia nera**.

Cornacchiona nera. *Alb.* **T.**

Cornagetta. Syn. de **Uvalino** dans quelques communes de la PROV. d'ALEXANDRIE.

Cornagina. PAVIE. Peut-être id. à la **Cornagetta**.

Cornaiola. HAUT NOVARAIS.

Cornajeta nera. BRA. Grande grappe conique, rameuse ; je l'ai vue à l'Exp. de MONDOVI; elle m'a paru id. au **Balau di Frere**,

Cornalin. VALLÉE d'AOSTE. Décr. GAT.

Corneille blanc. Semis de MOR.-ROB., 1858. *Cat.* LER. Décr. PUL. Grappe grosse, cylindrico-conique, peu serrée. Raisins gros, blancs jaunâtres. D'après SIM. L., les grains sont sphériques.

Cornelanche. Environs de GRENOBLE. (ISÈRE). D'après le Dr FLEUROT (*Essais gleucométriques*), c'est un raisin petit, à grains presque ronds, 12 mil. sur 13, noirs, à pulpe molle.

Cornet noir. DRÔME. Syn. de **Parvereau** ou **Parverot**, d'après OD. 230, 364. *Bic.* (24, 40). Excellent raisin de primeur pour la table. Il me semble que PUL. a contesté la synonymie sus-indiquée. Voir *Vign.* janvier 1879. [Si nous avons écrit quelque part, ce dont nous n'avons pas souvenance, que **Cornet** et **Parvereau** sont synonymes, nous rétractons ce dire et tenons ces deux variétés pour très-distinctes. (PUL).]

Cornetta (Uva). AC. décr. 133. Vigne ROMAINE. D'après la description d'AC., il ne semble pas qu'il soit tout à fait identique au **Pizzutello** dont il donne une description séparée.

[**Cornetta nera**. ROME. OD. 599. BRIANZA. LOL.]

Cornicchiola de Lipari. Raisin de table que le baron MEND. assimile à la **Corniola**.

Cornicella rossigna. VÉSUVE et MONTE SOMMA. FRO.

Cornichon à grappe colossale. OD. 411. *Cat.* LER. *Bic.* Exagération des pépiniéristes.

Cornichon blanc. Identique **au Pizzutello**. *Vign.* II, 129 (161).

— **doré** ?

— **musqué** ? ? de HONGRIE. *Cat.* LER.

— **violet**. *Cat.* LER. *Bic.* Je n'ai jamais vu le **Cornichon vrai** ou **Pizzutello** à fruit violet ni celui à saveur musquée. Il y a bien des raisins noirs à grains allongés semblables, mais qui m'ont paru de proportions moindres.

Corniola bianca. *J. bot.* de NAP. *Bic.*

Corniola di Pergola. ITALIE MÉRIDIONALE. MEND. Raisins oblongs. *Fl. Sard. Bic.* (33). PUL. la regarde comme une variété du **Cornichon**. Je crois qu'on désigne sous ce nom plus d'une variété. La **Corniola** dessinée à l'Exposition de CHIETI est le **Pizzutello** ou **Cornichon** à grains longs, blancs-verdâtres, ayant la forme de **Cornichons** légèrement recourbés d'un coté.

Corniola bianca. BARLETTA. *G. V. V.* 15. *Bull. Amp.* I. Une **Corniola bianca** de BARLETTA et TRANI est aussi décrite dans l'*Amp. Pugl.* et sa description fait supposer qu'il s'agit aussi du **Pizzutello** quoique la seule indication de raisins longs, obliques, soit insuffisante pour le caractériser. Je pense qu'il y a deux sortes de raisins à forme de **cornichon** dont l'une a la feuille plus sinuée que l'autre. C'est ce que je me propose de vérifier.

Corniola cetriuola. (*Corniola cornichon*). SARDAIGNE. MEND.

— **corta bianca.**

— **corta nera.** *J. bot.* NAP. FRO.

— **natalina.**

— **nera.**

— **nera.** AOSTE. Dess. BON. Décr. GAT.

— **nera.** BITONTO. MEND. *Bic.* NIC. ANG. décr. 221.

— **nera.** MILAZZO. MEND. *Bic.*

— **nera.** *J. bot.* NAP.

Cornucopia (Arnold's). V. hybride améric. à très-beau fruit noir de l'espèce des *Cordifolia.* [EC. MONTP. Donne un vin de bonne qualité, mais ne résiste probablement pas au phylloxera.]

Coronega. *Cat.* LUX. Raisin blanc. NICE. BUR.

Corridore nera. PROV. NAP.

Corsa. SOD.

Corsica. GRUMELLO DEL MONTE. *G. V. V.*

Corsikauer blauer. Synonyme de **Bernardi blauer.** H. GOET.

Cortaillaud noir. SUISSE. SAVOIE. GUY. II, 332. H. GOET. le dit syn. de **Pinot** et écrit **Cortaillod rouge.** [Le **Cortaillaud noir** que nous avons reçu de SUISSE n'est pas un **Pineau** mais bien le **Gamay.** (PUL).]

Cortese bianca. MONTFERRAT. Coteaux d'ASTI et de VOGHERA. Dess. AL. Décr. AC., 82. Dess. BON. Décr. INC. Raisin de table et de cuve.

Cortese nera. AC. décr. 105. J'ai reçu sous ce nom le **Dolcetto.** A l'Exp. AL., c'était un autre raisin qui ne ressemble pas au blanc. Voir *Amp.* de LEARD. et DEM. Dans les POUILLES, à BARLETTA, on cultive aussi un raisin qu'on nomme **Cortese nero,** semblable au **Negro dolce,** mais ayant la feuille glabre en-dessous.

Corteza nera. *Cat.* LUX. BUR. dit que c'est un cépage italien. Peut-être le **Cortese** ?

Corthum blauer. H. GOET. TRUMMER.

Cortillac ? A été chez moi un **muscat blanc.** Serait-ce le **Courtiller musqué** dont on a défiguré le nom ?

[**Cortisa nista** *Cat.* LUX. pour **Corteza nera** ; il n'existe pas de **Cortisa nista** en ITALIE.]

Cortinese. AJACCIO (CORSE). OD. 577. Syn. de **Uva paga debito** (*Raisin paie dette*).

Cor tondo.

Corva. LOMBARDIE. AC. MEND.

— **a due grappoli** (*à deux grappes*). LOMBARDIE. AC. 290.

— **gentile.** Syn. de **Corvina.** AGAZ. Cité parmi les raisins de GRUMELLO. *Journ. Vit. En.*

Corvia. PROV. de TURIN.

Corvin nero. UDINE. *Bic.* Voir aussi **Corbin.**

— **rifosc nero.** Dr CARP. rap. le cite parmi les raisins d'UDINE.

Corvina. VALTELLINE. CERL. *Bic.*

— **nera.** AC. 227, la décrit parmi les vignes véronaises, et suppose qu'elle peut être identique à celle des TOSCANS ? Décr. AGAZ. *Bic.* (31).

Corvinella de VÉRONE. AC. décr. 227.

Corvino farinos dolz. UDINE. Dr CARP. rap.

Corvinona. VÉRONE. AC. décr. 227. Syn. de **Corbina nera.** Dr CARP. rap.

Corvone. MODÈNE. Décr. AGAZ.

Cossa. *Exp.* AL. Raisin à grain rond, noir.

Cossano. PROV. de TURIN.

Cossetta nera. PROV. de TURIN.

Costa bruciata bianca (*côte brûlée* ou *côte rôtie blanche*).

Costa bruciata nera.

— **d'oro bianca** (*côte d'or blanche*).

— **d'oro nera gentile.**

Costigliano.

Costigliola.

Cot à queue verte. OD. 288.

Cot à queue rouge. INDRE ET LOIRE. OD. 288. Dess. RENDU. Syn. de **Malbeck.** *Bic.* Appelé aussi **Auxois** et **Auxerrois.**

— **de Bordeaux.** INDRE-ET-LOIRE. OD. 131 *Bic.*

— **gros Bouyssalès noir.** TARN-ET-GARONNE, VIV.

— **Malbec noir.** MÉDOC. VIV.

Cote rouge. Départements baignés par le TARN, la GARONNE et la DORDOGNE. Syn. de **Cot à queue rouge.** Je crois que c'est la même vigne à qui on applique ces diverses dénominations. C'est peut être le cépage dont la culture est la plus répandue en France sous des noms très différents outre ceux de **queue rouge** et de **queue verte.** Quand on rencontre de légères différences entre des sujets d'une même variété, à quoi bon s'y arrêter, puisqu'on ne parvient pas encore à caractériser et à reconnaître les variétés réellement distinctes entr'elles.

Coti-court. TARN-ET-GARONNE. GUY. 385. Voir **Cotticour.**

Cotogna. Décr. AGAZ. Cité parmi les raisins fins de SASSUOLO (MODÈNE). *Journ. Vit. En.* II, 89.

Cotogna vellutata. MODÈNE. MEND.
Cotonese nero. PALERME. AC. 292.
Cotorotta ? bianca. AC. 29. C'est sans doute le **Cataratto** dont on a altéré le nom.
Cottage (*Labrusca*). V. amér. PLANC. 150.
Cotticour. TARN-ET-GARONNE. OD. 486. Syn. de **Clairette**.
Coua d rat rosso (*queue de souris*) VOGHERA.
Coufe-chien. SAVOIE. Syn **Jacquerre**.
[**Coucy**. *Cat.* LUX]
Coufidé. GERS. Syn. de **Œil de Tours**.
Couforogo. OD. 577, 587. Doit être syn. de **Sultanieh** et est appelé **Kekmish** en PERSE.
Couilleri. JURA. Syn. de **Mondeuse blanche** ?
Coulard. Voir **Chasselas coulard**.
Coulin.
Couloumbat blanc. PYRÉNÉES. VIV.
Couloumbeau ou **Couloumbaou blanc**. PROVENCE. VIV. OD. 489. Voir **Colombeau**. Cépage à raisin blanc, robuste, tardif.
Courbe. *Cat.* LUX. Voir **Courbi**.
Courbi blanc. BASSES PYRÉNÉES. PUL. *Bic.* (16). Peut-être id. au **Courbut**.
Courbu noir. HAUTES-PYRÉNÉES. VIV.
Courbus. Vigne de l'ARIÈGE et des PYRÉNÉES, dont on a la variété blanche et la noire.
Courbut. GUY. 352 fait l'éloge des vins blancs que produit ce cépage, mélangé à d'autres raisins. OD. 499.
Courcette de CHIGNIN (SAVOIE). Vigne à fruit noir id. au **Dousset** de VILLARD d'HÉRY.
Courtaillod rouge. NEUFCHATEL. AC. 320. Voyez **Cortaillaud**.
Courtanet. *Cat.* LUX. [Raisin blanc].
[**Courtanet blanc**. LOT-ET-GARONNE. BUR.]
Courteis bianca. AC. décr. 82. Nom piémontais de **Cortese**.
— **nero**. AC. décr. 105. Voir **Cortese nero**. Je ne crois pas qu'il existe un raisin noir id. quant à ses caractères au **Cortese bianco**.
Courtiller précoce musqué. *Vign.* C'est le **muscat blanc** le plus précoce de ma collection. Très bon raisin. *Bic.* (65).
Cousin blanc. COLL. DORÉE. *Bic.* (15).
Coussa. ASTI. C'est, je crois l'**Uva delle Cousse** (*Raisin des courges*).
Coussitraube frühe dunkel blaue. H.GOET.
Couturier. DORDOGNE. GUY, 527.
Covera gentile. Syn. de **Corvina**. *Cat.* AGAZ. Cité parmi les raisins fins de SASSUOLO (MODÈNE). *Journ. Vit. En.*
Covra di colle per Corva. BOLOGNE. MODÈNE. A été présenté à une exposition par M. CENDRINI NICOLAS de MODÈNE.
Covrara. VICENCE. MEND. *Bic.*
Covrone. Voir **Corvone**.
Crapaud. LOT. AC. 327.
Crava IVRÉE. Syn. de **Monfrina** et de **Patouja** ou **Nerass**, d'après GAT. Dess. BON. Décr. GAT.
Cravetta nera. Arrondissement de TURIN.
Cremilla. *Cat.* LUX.
Creminese ? CORSE. VIV. Peut-être est-ce le **Cremonese** ? ou le **Cortinese** ?
Cremonese. VÉRONE. AC. décr. 227. D. CARP. rap. Est aussi cité parmi les raisins de MIRANDOLE. MODÈNE.
Cremonese della pianura (*de la plaine*). VÉRONE. AC. décr. 228.
Crepino.
Crescentia rotundifolia. VEST.
Cresta ou **Gricchio di gallo**. TRAPANI. NIC. 218.
Crête de coq *Cat.* LUX. *Cat.* LER. Est syn. de **Corbeau** dans les BASSES-ALPES. PUL. Dans une description qui figure au *Cat.* du JARDIN d'ESSAI d'ALGER, je trouve : Grappe longue, effilée ; beau raisin noir, gros, allongé. On voit par cette description du raisin que ce n'est pas du **Corbeau** dont il est question.
[**Crête de coq noire**. VAUCLUSE. (BOUSC.)]
[**Crête de coq blanche**. VAUCLUSE. C'est un **Cornichon blanc**. BOUSC.]
Cretico Mauro. ASIE MINEURE. Peut-être id. au **Raisin de Chypre** ? OD. 574.
Creweling. Vigne AMÉRICAINE de l'espèce des *Labrusca*, de qualité secondaire. Feuilles moyennes, peu découpées, peu duvetées, planes ; grappe cylindrique, ailée, allongée, sous moyenne, peu serrée. Grain sous-moyen, légèrement ovale, noir, pruiné, 1re époque de maturité. Raisin de cuve. [Ecrit **Crevelin**, par PLANC. et BUSH. EC. MONTP.]
Crignane. PYRÉNÉES-ORIENTALES, pour **Carignane**. OD. 405, 495. MAR.
Crinana. Autre syn. de **Carignane** dans les PYRÉNÉES.
Croà ou **Sgorbera**. PAVIE. AC. décr. 59. A CASTEGGIO (VOGHERA) est syn. de **Vermiglio**. A BRONI, j'ai vu un **Croà** ou **Croato** qui m'a paru id. au **Pignolo** de GATTINARA. Il n'est pas toujours possible, à la simple inspection d'un cépage, de reconnaître son identité d'une manière certaine.
Croairora. SAN-REMO. Serait syn. de la **Salerna** de PORT MAURICE.
Croaron. ROASIO (Arrond. de BIELLA). VÉRONE. *Bic.*
Croassa. IVRÉE. Syn. de **Sciapaduja** d'AOSTE. Dess. BON.
Croassa. VALLÉE d'AOSTE. Décr. GAT.
Croassera bianca. Arrond. de BIELLA.
— **nera**. IVRÉE. Décr. GAT. *Bic.*
Croato ou **Croà nero**. VOGHERA.

Croattina. Voghera. Voir **Crovattina**. Décr. par le prof. MILANO.

Croc. *Cat*. Lux.

Croc noir. Mayenne. Feuilles sur-moyennes, duvetées, sinuées. Grappe sur-moyenne, peu serrée, conico-cylindrique. Grains sphériques, moyens, noirs, pruinés. Un peu précoce* PUL.

Croccante ?

Croce di Randazzo. Syn. de **Grecanico**. Raisin noir de cuve.

Crochu. Marseille. OD. 537 le dit identique au **Pizzutello** de Rome.

[**Crodarolo bianco**. Bologne.]

Croera et **Crovera**. Vallée Sesia. Identique à **Negrera**.

Croetto nero. Asti. Voir **Crovetto**.

Cromatella. Toscane. MEND.

Croquant roux. Landes. GUY. Excellent pour faire des vins blancs.

[**Crouchon**. *Cat*. Lux. Voyez **Cruchen**.]

Crova bianca *Exp*. AL. Feuille duvetée, à cinq lobes, avec des sinus étroits.

— **nera**. Pays d'Asti. Décr. AL.

— **nera**. Bobbio et Voghera. Je l'ai vue à l'Exp. de Pavie, provenant de Rovescala. Elle diffère du **Crovetto** d'Asti ; sa grappe était grande, conique ; les grains noirs, oblongs. Une autre **Crova** qui avait été envoyée de Bobbio avait de gros grains oblongs, noirâtres. Je crois avoir reçu ce cépage de Plaisance sous le nom de **Besgano**. Ce nom de **Crova** se donne, on le voit, à plusieurs cépages différents.

Crova nera. Sciolze et Rivoli. Id. au **Crovetto** d'Asti. Dans beaucoup de localités du Piémont, on dit indistinctement **Crova** ou **Crovetto** Dess. BON. *Bic*.

Crova rossa di Collina. Plaisance. *Bic*.

Crovairora ou **Salerna**. San Remo. AC. 298. Voir aussi **Croairora**.

Crovaletto. Asti. Décr. INC, *Bic*. Id. à **Croetto**, mais a des raisins ovales ou oblongs ? En général les **Croetti** sont assez rebelles à la classification, parce que les uns ont des grains ovales, tandis que les autres les ont ronds ou oblongs.

Crovassa ou **Croassa**. Vallée d'Aoste. Décr. GAT.

Crovassera nera. Cavaglia. Arrondissement d'Ivrée. Décr. MIL.

Crovattina. Voghera. Décr. AL. *Bic*. *Vign*. II, 185 (189). Grain rond, noir, plus gros que celui de la **Bonarda piémontaise**. Id. au **Nebbiolo** de Gattinara. Réussit bien sur les coteaux de Saluces, dans les terrains profonds; donne un vin coloré. *Bic*. (16).

Crovattone. Décr. AL.

Crovera. Pavie.

Crovetta nera. Ivrée.

Crovettina. Environs d'Alexandrie. Décr. AL. Voir **Crovattina**.

Crovetto et **Croetto**. Pays d'Asti. Dess. BON. *Vign*. II, 41 (117). M'a paru identique à la **Lambrusca** d'Alexandrie.

Crovino nero. Bobbio et Prov. d'Alexandrie.

— **nero**. Finalborgo. (Rivière du Ponent). OD 530, à l'exemple de GALL., le dit, par erreur syn. de **Trinchera** de Nice. Ce sont deux raisins différents. Le **Crovino de** Finalborgo ressemble assez au **Crovetto** d'Asti; mais il a une maturité bien plus tardive. *Bic*. (44).

Croxu gussu. Sardaigne. *Bic*. (6). Bon raisin noir de cuve et de table qui réussit bien sur les coteaux de Saluces.

Cruaja. AC. décr. 215 parmi les raisins de Vicence. Syn. de **Raboso nostrano nero**. D. CARP. rap.

Cruara bianca. Vicence. Dr. CARP. rap.

Cruarolo. Ghemme. CERL. *Bic*.

Cruchen gros. Pyrénées françaises et Ariège OD. 499. **Cruchent** dans le *Cat*. VIV.

Cruchen petit. Pyr. franç. et Ariège. OD. 499. GUY. cite un **Crussen**, cépage du département des Basses Alpes.

[**Cruchillet**. *Cat*. Lux].

Cruchinet blanc.

Cruchinet noir. Gironde. VIV. M'a été envoyé par PICC. *Bic*. (48). Il m'a paru se rapprocher de la **Sirah ?** Je l'ai vu citer quelque part comme syn. de **Malbek ?** Il est cité par GUY., 456 parmi les cépages du Médoc. Figure dans le *Cat* BUR.

Cruchinet gris.

— **gros**. Vigne peu estimée de la Gironde. OD. dit que c'est un cépage méprisable.

Cruina veronese. AC. décr. 228.

— **nera**. *Alb*. T.

Cruino. Dr CARP. rap. cite cette espèce parmi celles qu'il a vinifiées et dit que son vin a une âpreté excessive.

Cruizen noir. OD. 517. le cite parmi les cépages espagnols les plus remarquables. BUR. l'écrit **Cruixen** et dit que c'est un cépage de Corse.

Crujidera y negro blanca. *Cat*. Lux. Espagne

* En rédigeant ce catalogue, j'avais réuni quelques descriptions de cépages, même de second ordre. Je n'ai pas voulu mettre de côté ces descriptions lorsque j'ai livré ce travail à l'impression. En les publiant aujourd'hui, je n'aurai plus besoin de les mentionner de nouveau lorsque je décrirai plus tard les raisins les plus importants.

Crujidero blanc. ESPAGNE. OD. 425 dit que **crujidero** signifie **croquant**. A la page 517 il dit qu'il y a une variété à raisins blancs et une autre à raisins noirs. *Bic.* (47). J'ai trouvé que le blanc est id. à l'**Axinangelus** et à l'**Olivette** ou **Teneron de Cadenet** dans VAUCLUSE. C'est un raisin de table, de maturifé tardive, mais d'un très bel aspect. Voir *Ann. Vit. En.* avril 1876. [Le **Crujidero blanc** ou **Croquant blanc** est une variété voisine de la **Grosse Panse de Provence** qui est la même variété que le **Teneron de Cadenet** improprement appelé par le comte ODART **Olivette de Cadenet**. (BOUSC.)]

Crussen. BASSES-ALPES. GUY. 57. Quelques cépages des BASSES-ALPES sont originaires d'ESPAGNE. [Sous ce nom, j'ai reçu comme venant des BOUCHES du RHÔNE le **Boudalès**. On m'a envoyé des limites du département de l'AUDE l'**Espagnen** sous le même nom.]

Crvena ruzica. CROATIE. Syn. de **Traminer**.

Csuschoss bakar. *Cat.* LUX.

Cuccipanelli ou **Cucciomaniello nero**. LECCE *Bull. amp.*, I.

Cuccolona. Décr. AGAZ.

Cucumerina. Syn. de **Corniola**. (*Fl. Sard.*) ou **Pizzutello**.

Cuenta de Hermitani. *Cat.* LUX. OD. 517, le cite parmi les cépages espagnols remarquables. L'orthographe du *Cat.* du Bois de BOULOGNE est différente. (**Cuentæ de Hermitanie**). [Il doit y avoir erreur : on devrait dire **Cuenta de Hermitanos**. La terminaison *tani* est italienne et non espagnole. La traduction de ce nom serait *Graine des Hermites*. Vigne de treille peu fertile, même avec la taille longue. Grandes grappes ; raisins noirs, gros, allongés comme ceux des **Olivettes**. (BOUSC.)]

Cugliella. CORSE. Très beau raisin blanc à grains ronds. (BOUSC.)]

Cugnet. Mentionné par GATTA parmi les raisins de la VALLÉE d'AOSTE.

Cugnetti. *Cat.* LUX.

Cugnier noir. GRENOBLE. Syn. de **Mourvèdre**.

Cugniette. ISÈRE. Parait id. au **Jacquerre** de CHAMBÉRY. On donne aussi quelquefois ce nom au **Vionier**.

Cugny. *Cat.* LUX.

Cuillaba. *Cat.* LUX. C'est sans doute **Caillaba**. Une incorrection de plus à signaler parmi les fautes très nombreuses qu'on rencontre dans le *Cat.* du LUXEMBOURG, maintenant du Bois de BOULOGNE.

Cul de Poule. ISÈRE. Syn. de **Persan**.

Culliginu. Raisin de TERMINI. décr. par AC. 179. Syn. de **Baranti**.

Cuniola nera. De table. NIC.

Cuniva.

Cunningham ou **Long**. Variété amér. méritante parmi les *Æstivalis*, qu'on croit résistante au phylloxera. [Souche vigoureuse, port étalé, sarments longs à ramifications abondantes. Feuilles grandes ou presques entières, à peu près glabres en dessus, avec des touffes de poils longs, lorsqu'elles sont adultes, très blanches en dessus, un peu moins en dessous, faiblement rosées sur les deux bords, quand elles sont jeunes. Grappe compacte, de grandeur moyenne, ailée. Maturité un peu tardive. Vin de bonne qualité en blanc (manque de couleur). Réussit très bien dans les cailloux roulés de SAINT-GILLES. (GARD). EC. MONTP.]

Cuor duro bianco ou **Cœur dur**. PIGNEROL. M'a paru id. à la **Bolana** du pays de SALUCES.

Cuor duro nero. CUMIANA. Id. à la **Pelassa** de FENILE.

Curanche noir. HAUTE-VIENNE. GUY. II, 141.

Curixen. *Cat.* LUX.

Curnicchia. TERMINI. AC. décr. 178.

Curniola. Voir **Corniola**.

Curriola. TERMINI. AC. décr. 179.

— **da pergola**. SICILE. MEND. dit que c'est un raisin noir, tardif, bon à manger et se conservant bien.

Curriola Liparita. MEND.

Curuela colorado. *Cat.* LUX.

Curuela blanc. ESPAGNE. *Cat.* BUR.

Cuscusedda bianca. SARDAIGNE. MEND. *Bic.* (47). Une des vignes à feuilles très largement et profondément sinuées.

Cussan ? de BOURGOGNE ? LEAR. et DEM.

Custulidi. Ile de ZANTE. Raisin de cuve.

Cuviller. ISÈRE. PUL. le croit identique au **Boudalès**.

Cuyahoga. OHIO. AMÉRIQUE. De l'espèce des *Labrusca*. PLANC. 152. Raisins verdâtres, ambrés, pruinés, d'après SIM. L.

Cynifal ou **Cinifal Zeleni**. BOHÊME. Syn. de **Salviner** ? ST.

Cynthiana ou **Red River**. (*Æstivalis*). V. amér. PLANC. 172. A été trouvée à l'état sauvage dans l'ARKANSAS. [Donne un vin de très bonne qualité. Exige pour réussir un sol siliceux et ferrugineux, plutôt frais. EC. MONTP.]

Cyper traube ou **Raisin de Chypre**. Décr. MUL.

Cyribotrus viridis. Syn. de **Sylvaner ?**

Cyricatron. Syn. de **Sylvaner ?**

[**Czerma Ranka**. *Cat.* LUX. pour **Czerna Ranka**. HONGRIE. Raisin blanc à grains ronds dorés, assez précoce et très-fertile. (BOUSC.)]

Czerna ou **Fekete Kadarkas**. OD. 323. **Czer-**

na et **Fekete** signifient **noir** en langue slave et en Hongrois. Voir **Kadarkas**.

Czerna okrugla ranka. HONGRIE. *Cat.* LUX. Signifie noir, rond, précoce; id. au **Pinot noirien**. OD. 167, 326. Le **Bela Okrugla Ranka** est l'**Honigler blanc**.

Czoka ou **Czikany Szöllö**. Syn. de **Kleinun gar blauer**.

Czollner weisser (**Czollner feher**). H. GOET. Raisin de cuve

D

Dacciola. Voir. **Diacciola** ou **Dacciolo**.

Dachtraube. Syn. de **Trollinger blauer**. H. GOET.

Da composta veronese. Syn. de **Susina italiana**. AC. décr. 238.

D'Affrica ? bianco. *Bic.* (44). Etablissement BURDIN. On dirait presque un **Croetto blanc**.

D'Affrica grosso rosso ?

D'Agliano grossa nera. ASTI. INC. *Bic.* (15).

— **nera piccola**. ASTI. INC. Voir aussi **Agliano (D')**.

Da grossa nera. MIRANDOLE. *G. V. V.* II, 58.

[**Dalaloya**. *Cat.* LUX.]

Daïdesco.

Dalla Meda bianca; *Alb.* T.

Dall'Occhio bianca. *Alb.* T.

Dallora nera. Syn. de **Uva d'oro** *(Raisin d'or)*. Décr. AGAZ. Cité parmi les raisins de MIRANDOLE. MODÈNE. *G. V. V.* II, 58. On l'appelle ainsi non à cause de sa couleur, car il est noir, mais à cause de sa fertilité.

Dalmatien. *Cat.* LUX; [Très beau raisin noir sujet à pourrir, très fondant. (BOUSC.)]

Dalmatina. VÉRONAIS. AC. décr. 243.

Dalmazia nera. Cette vigne est de la MARCHE d'ANCONE.

Dal pecol rosso (*á pédicelles rouges*). VENISE. *G. V. V.* 43.

Damar. CHER. GUY. III. 200.

Damas blanc. PUL. Il est mort dans ma collection. M'a paru id. au **Mayorquen**.

— **gros coulard blanc**. *Ann. Pom.* VIV.

— **gros grésille blanc**. PUY-DE-DÔME. VIV.

— **gros grésille rouge**. PUY-DE-DÔME. VIV.

— **noir**, d'AUVERGNE. Id. au **Mourvèdre**. *Bic.* (27). Le D[r] GUY. II, 184, croit que le **Damas noir** du PUY-DE-DÔME est id. à la **Mondeuse**; mais cette identité est contredite par lui-même, qui indique que ce **Damas** a des raisins ronds, tandis que ceux de la **Mondeuse** sont, on le sait, ellipsoïdes. M. PUL. a reçu de RIOM la **Sirah** sous le nom de **Damas noir**.

Damas noir. JURA. Serait le **Frankental?** ROUGET.

[**Damas noir**. Sous ce nom, le comte OD. m'a envoyé deux raisins noirs différents, dont l'un était un **Mourvèdre** (BOUSC.)]

Damas noir (le Gros). HÉRAULT. **Gros Ribier du Maroc**. *Cat.* des *Pépin.* [**Ribier**. OLIVIER DE SERRES. **Uva di Damasco**. ACERBI. **Augibi noir**. (BOUSC.)]

Damas violet. FRANCE MÉRIDIONALE. AC. 321. [(le **Gros**) HÉRAULT. **Mervia rose**. VAUCLUSE. **Gros conique**. BOUCHES-DU-RHÔNE. *Coll.* LUX. **Santa Morena**. ESPAGNE. OD. (BOUSC.)] L'auteur croit qu'on ne doit admettre que sous la plus grande réserve l'identité de la **Santa Morena** avec le **Damas violet**.

Damascener fruher weisser. BAB. Décr. MUL.

— **blauer**. Décr. MUL.

Damascener moscat weisser. Décr. MUL.

— **spat blauer**, tardif. Décr. MUL. BAB.

— **spat weisser** ou **blanc**, tardif. BAB. Décr. MUL.

Dasmaschina. SICILE. NIC. MEND.

Damascus blanc. *Cat.* BURY.

Damascus noir. De semis. V. amér. LAL. [Le **Damascus** n'est pas un semis de vigne américaine de M. LALIMAN, mais bien un raisin noir d'EUROPE obtenu par M. MOR.-ROB., en 1861 (PUL.)]

Dame blanc. BUR. LOT-ET-GARONNE. PUL. Voir **Plant de Dame**.

Dameret. HAUTE-VIENNE. GUY. II, 140.

— **blanc**. NIÈVRE. CHER. GUY. III, 173, 199.

Dameron des VOSGES. Id. au **Foirat** ou **Foirard** du JURA.

Damery blanc? YONNE. BUR. *Cat.* LUX. Ne serait ce pas le **Danesy ?**

Damiana nera de CASTROFILIPPO. Fertile. MEND. *Bic.*

Damianu nera ou **Domianu**. SICILE. Raisin de cuve. MEND. dit que cette vigne peut être classée entre les **Niureddi** et les **Calavrisi**.

Damort. *Cat.* LUX. [Raisin noir].

Damouret. *Cat.* LUX. Peut-être id. au **Dameret** du CHER ?

[**Damuni di tavola**. SICILE. MEND. (BOUSC.)]

Damuni di vita. SICILE. MEND.

Danachetta bianca. NOVELLO (ALBA). Beau raisin ambré de table et de cuve, feuilles petites à trois lobes, sinus ouverts, dents aiguës. Grappe conique; grains sous moyens ou petits.

[**Dana**. BUSH. V. amér. obtenue de semis.]

Danesy petit ou **Danezy** de l'ALLIER. OD. 234. PUL. *Bic.* (15) ? Je le crois une variété du **Chardenay blanc**; on l'appelle aussi **Raisin de Grave**. D'après le comte OD., ce cépage exige une taille longue. Dans ma collection il produit, quoique taillé court.

Dannery. CHER. GUY. III. 196 le croit id. à **l'Epinette** de CHAMPAGNE ou **Chardenet**.

[**Danugne**. VAR. LARDIER. **Barlantin**. GARIDEL. **Plant de la barre rouge**. BOUCHES-DU-RHÔNE. **Mervia noir**. VAUCLUSE. **Raisin belle fleur**. DRAGUIGNAN. Très différent du **Gros Guillaume**. (BOUSC.)]

Danugue noir. HÉRAULT. Identique au **Gros Guillaume** de NICE. *Bic.* (34).

Darcaia. DAMAS. *Bic.* (48). Très beau raisin violet bleu que j'ai reçu directement de PERSE. Je l'ai reconnu à CLERMONT-L'HÉRAULT, chez M. BOUSC., sous le nom de **Raisin noir de Jérusalem**. *Vign.* II, 59 (126).

[**Darkaia** de PERSE et non **Darcaia** (BOUSC.)]

Darmassina. AC. Ce nom provient, je crois, de **Darmassin** qui, en PIÉMONT, désigne une prune ovoïde, violacée Il est dès lors probable que les raisins de cette vigne doivent avoir la forme et la couleur de la dite prune.

D'Astrakan noir. GANIER. *Bic.* M'a paru être le **Frankental**.

Dattillo bianco. POUILLES. Raisin de table, grains gros, un peu acides. *Bic.*

Dattola. Serait le **Pizzutello** ? H. GOET.

Daunè ou **Daunerie**. Syn. de **Pinot blanc**. H. GOET.

Dausne blanc ? *Cat.* LUX. CHARENTE. BUR.

Davanà. PIÉMONT. Voir **Avanà**.

D'Ayme. Raisin blanc semblable au **Bicane**, que j'ai vu en fruit à MONTPELLIER dans l'établissement de M. SAHUT, savant pépiniériste.

De Bernardi.

De Boutelou. ESPAGNE. ROX. Raisins gros, légèrement dorés et subovales.

Debrozozne ? ou **Debrozne**. BOHÊME. Syn. de **Chasselas**, d'après VOLF, cité par ST.

Decandolle. *Bic.* Syn. de **Grec rouge** ou **Monstrueux de Decandolle**. Raisin à grande grappe rouge.

Decandolle voros. BUDE. Syn. de **Grec rouge**.

Decolor. Syn. de **Biancheddu**. *Fl. Sard.*

De Columela. ESPAGNE. ROX.

De Constance cuivré. AMÉRIQUE. *Pép.* C'est un *Labrusca*.

De Constance noire. AMÉRIQUE. INC. la croit semblable à **l'Isabelle**.

De fuenteduena. ESPAGNE. ROX.

Dégoûtant. CHARENTE. *Bic.* (43). PUL. GUY. II, dit qu'il rampe à terre. Là, GUY. cite le **Dégoûtant** et la **Folle noire** comme deux espèces différentes, tandis qu'à la page 504, il les dit identiques. Le comte OD. les dit synonymes. Dans PUL. cette identité n'est pas indiquée. Si je dois en juger par les plants que j'ai reçus, la **Folle** on **Fuella nera** de NICE et le **Dégoûtant** sont deux raisins différents.

De Hongrie précoce. *Bic.* Voir **Madeleine précoce** de HONGRIE.

Delalena. ESPAGNE. ROXAS. Serait syn. de **Virdisi** ? de **Misilmeri** ?

Delaloa. *Cat.* LUX. ESPAGNE. Raisin noir. *Cat.* BUR.

[**Delaloya**. *Cat.* LUX.]

Delambre. PUL. Raisin à grains ambrés, ovales. [Gain de MOREAU ROBERT. 1864. (PULLIAT.)]

De la Quassoba. *Cat.* JACQUEMET. Raisin noir assez précoce. J'ai reçu sous ce nom le **Corbeau**. *Bic.*

Delaware rose. *Vign. Journ. Vit.* IV, 64. Vigne américaine à fruit rouge, médiocre pour la vinification, mais bon pour la table. On la croit peu résistante au phylloxera. Sous ce nom on a vendu par erreur le Clinton à fruit noir qui est un des cépages les plus résistants et de la famille des Cordifolias. [Il en existe une variété blanche (**White Delaware**) qui, à l'Ec. d'agr. de Montp. paraît plus chétive et dont les grains sont plus petits. (EC. MONTP.)]

[**Delaware et Clinton**. V. amér. hybride. EC. MONTP.]

[**Delaware et Scupernong**. V. hybride américaine ; ressemble au **Delaware**, mais est plus vigoureuse ; ne paraît garder aucune trace de **Scupernong**. EC. MONTP]

[**Del Bons**. CATALOGNE. Raisin noir. (BOUSC.)]

Del capo di Buona Speranza. (*Du cap de Bonne Espérance*) Environs de NAPLES. AC. 306.

Del Capuccino (*Du capucin*). *Pép.* Exp. de MILAN. Rouge foncé.

Del dessert et **Du dessert**. *Pép.*

Delembre *Cat.* LER. **Delambre**, d'après SIM. L.

Del gelso nero. (*Du mûrier noir*). ILE d'ISCHIA. FRO.

Della Grecia (*de la Grèce*). *Bic.* J'ai reçu sous ce nom, du comte MIGLIORETTI, un **Chasselas blanc**.

Dell'Angiola bianca ? BOLOGNE ?

Dei Ghiacciai ?
De Invas.
Della Bastea. NAPLES. AC. 305.
Della Bastia. *J. bot.* NAP. FRO.
Della Gatta *(de la chatte)*. BASSANO. AC. 301.
Della nora..
Della terra promessa (*de la terre promise*). *J. bot.* NAP. AC. 305.
Della Madonna bianca (*de la dame blanche*). BASSANO. AC. 302.
Dell'Orto botanico bianca *(du jardin botanique blanche)*. NAPLES. FRO.
Dello Signore (*du Monsieur*).
De Loxa. ESPAGNE. ROX. Raisin blanc semblable à la **Santa Paula** de GRENADE. S'exporte et se vend sur le marché de CADIX.
Del Monaco nero (*du moine noir*). SALERNE.
[**Deloyal.** *Cat.* LUX. Raisin noir.]
Del Palazzo nero (*du palais noir*) VÉSUVE. FRO.
Del Peccioli. Sans grains. *Pép. comm.* de ROME.
Del Prete del Pelosco nera. VÉSUVE.
Del Reno gentil bianco (*gentil blanc du Rhin*). *Bic.* On appelle généralement ainsi les **Savagnin** ou **Traminer.**
Del Reno gentil bruna.
— — — **nera.** *Bic.* Id. au **Pinot noir.**
— — — **rosa.** *Bic* Voir **Traminer rosso.**
[**Del Reyna de Lorca.** *Cat.* LUX. ESPAGNE. C'est le **Morastel** de l'HÉRAULT (BOUSC.)]
Del Vasto. NAPLES. AC. 305. *Bic.*
Del Vesuvio (du VÉSUVE).
[**Dem** ? *Cat.* LUX. Raisin noir.]
Demermety-Isabelle blanche OD. 381. Vigne de semis. Quand j'aurai dit qu'elle était cotée quinze francs sur le *Cat.* de celui qui l'avait obtenue de semis et qu'aujourd'hui on n'en fait pas plus de cas que d'une autre, j'aurai expliqué à mes lecteurs le secret principal des semis de raisins et de la grande quantité de nouveaux noms qui encombrent les catalogues des pépiniéristes, au grand préjudice de l'œnologie.
Demieny. *Cat.* LUX. OD. 316. Vigne HONGROISE plus que médiocre. Raisin blanc, d'après BUR. [Raisin blanc à petites grappes et à petits grains. (BOUS.)]
Dentina nera. EMILIE. CRESC.
De Ragol. ESPAGNE. ROX. Raisin à grains rouges, oblongs, se conservant bien pour l'hiver.
De Reguillet. ROX.
De Ridet. ROX.
De Soto. ROX. Raisin noir, tardif.
De Spagna (*d'Espagne*). VÉRONAIS. AC. décr. 244.
De Sylvanie. UDINE. *Bic.* Blanche, tardive.
[**Detroit.** BUSH. V. amér. (*Labrusca*). Fruit très foncé, peu de pulpe, riche en sucre ; mûrit son fruit avant le **Catawba.**]
Deveis. SUSE. (PIÉMONT).
Devereux ou **Blak July.** Vigne amér. de la famille des *Æstivalis* [EC. MONTP.]
Diacciola. LUCQUES. MEND. *Bic.* (43).
— **rossa** ou **Stiacciola.** MONTELUPO. MEND. *Bic.* (48).
Diamant gutedel ? Syn. **Diamanten wein.** [**Chasselas diamant** ou **Chasselas Coulard** ou **Chasselas de Montauban à gros grains.** (PUL.)]
Diamant muscadine et **Früher grüner Gutedel.** Décr. MEYER.
[**Diamant perle.** *Cat.* LUX.]
— **traube.** OD. 343. *Cat.* LER. *Bic.* (43) Beau raisin blanc de table. BABO met pourtant le **Diamant** parmi les syn. du **Chasselas précoce** ? ce qui ne me paraît pas exact.
Diana. VIVIE. Vigne américaine de l'espèce des *Labrusca*, de valeur secondaire: [Très vigoureuse, donne un bon vin blanc. EC. MONTP.]
[**Diana.** HAMBOURG. BUSH. V. amér. hybride.]
[**Diana blanc.** *Cat.* LUX. Vigne très vigoureuse, qui donne un bon vin blanc, mais ne résiste pas au phylloxera.]
[**Diana Nauboy.** *Cat.* LUX.]
Di Baccucio nera. VESUVE. FRO.
Di Canepina. *Cat.* de la *Pép. com.* de ROME.
Di Canneta. FRO. C'est l'**Uva di Canneto** ou **Vespolina** de GAL. CANNETO est le nom d'un village, situé sur les collines d'au delà du PÔ DE PAVIE. Identique à la **Vespolina** de GATTINARA.
Di Capotuosto. VÉSUVE. FRO.
Di Carlo. *Pép. com.* de ROME.
Di Constance. G.
Di Corinto. Voir **Passeretta.**
Didi Andanasaouli. CAUCASE. PUL. *Bic.* Raisin de peu de mérite, noir, trop tardif pour l'ITALIE SEPTENTRIONALE.
Didi Saperavi. GÉORGIE. OD. 434. *Cat.* LUX *Bic.* (44) ? J'ai eu sous ce nom un raisin différent du **Superavi** de PUL.
Di Diano. RIVIÈRE LIGURIENNE.
Diego. *Cat.* LUX.
Dienteltraube weisse. HONGRIE. Syn. **Somszöllö feher.** H. GOET. [Raisin **Cornouille blanc.** (PUL.)]
Di Frà Rosario. AC. 305.
Di Gerusalemme bianca. BASSANO. AC. 302.
Digmuri ou **Digmouri rosso.** CAUCASE. H. GOET.
De Lyon ? *Pép.* Raisins à grains ovales.
Dimnik weisse. Syn **Zimmettraube rauchfarbige.** H. GOET.

Di Monaco nera. VÉSUVE. FRO.
Dindarella veronese. AC. décr. 228. *Bic.*
Dinka blanc. *Cat.* LUX
— **grosse rothe**. HONGRIE. Cultivé dans le vignoble expérimental de KLOSTERNEUBURG *Bic.* PUL. Je l'ai classé au (12, 28). Les **Dinka** sont des raisins de table et de cuve.
Dinka mala (Kleine). SERBIE. H. GOET.
Dintenwein et **Dintentraube**. MOHR et ST. Syn. de **Farber** ou **Teinturier** dans la SIRMIE.
Diolo bianca. BOBBIO. Appelée aussi **Dugiolo**.
Di Palladino nera. VÉSUVE. FRO.
Divizhna ou **Divizhina**, AUTRICHE. Syn. de **Rauschling blanc**. H. GOET.
Divliak. CROATIE. H. GOET.
Dobraco grosso. ISTRIE.
— **minuto**. ISTRIE. AC. décr. 190, 191, 198.
— **rosso**. AC. décr. 197.
[**Doceltò**. *Cat.* LUX. pour **Dolceto**.]
Docrile. *Cat.* LUX.
Dodrelabi noire. CAUCASSE. PUL. *Bic.* (12). *Vign.* I, 129 (65).Id. à **l'Okor szemu szoello** et au **Gr. Colman**. [Il faut ajouter à ces syn. ceux de **Ochsenauge blauer, Eichkugel traube** en ALLEMAGNE; **Borjuszunu** en HONGRIE; **Vovoko, Volavijak** en STYRIE.(PUL.)] Voir les autres synonymes dans l'Ampélographie de H. GOET.
Dolce de la HAUTE GARONNE ?
— **grappolo ?**
— **nero**. BARLETTA. *Amp. Pugl.*
— **nero** de SAVOIE. Syn. de **Corbeau**.
Dolcedo rothstieliger (*au pédoncule rouge*). Décr. MUL. Son nom ferait supposer qu'il doit être identique au **Dolceto** ; au contraire quelques auteurs allemands donnent pour syn. au **Dolcedo** le **Refosco** de la VÉNÉTIE qui diffère complétement du **Dolceto** de MONTFERRAT.
Dolcetto grosso. On appelle ainsi à SCIOLZE le **Corbeau** ou **Douce noire**.
Dolcetto. PIEMONT. MONTFERRAT. Dess. BON. Dess. AL. Décr. INC. Dr CARP. rap. *Bic.* (16). Dess. GAL. *Vign.* I, 175 (86). C'est peut être le raisin le plus répandu dans la HAUTE ITALIE. Il donne un vin coloré, sain et qui peut se boire de suite. Cépage de grande production qui fructifie à taille courte. Le docteur IVALDI de MORZASCO (ALEXANDRIE) a écrit une belle monographie de ce cépage.
Dolcetto du PIÉMONT. Syn. de **Uva piede di Palumbo** (*raisin pied de pigeon*) ? du *Jard. bot.* de NAP. FRO. Je doute fort de cette synonymie.
Dolcetto bianco. CESENA. Dit **Uva vesprina** à PESARO ? *Ann. Vit. En.* 43. *Exp.* AL. Je ne crois pas qu'il existe un raisin ayant des caractères identiques (sauf la couleur) à ceux du **Dolcetto nero**.
Dolciame. SINALUNGA. Décr. par CIN. qui le croit syn. de **Malfiore**.
Dolcino gentile. Raisin blanc des MARCHES MACERATA.
Dolcino ou **Dolzino**. ALEXANDRIE, pour **Dolcetto**.
Dolciola ou **Dolziola**. *Alb.* T. VÉNÉTIE.
Dolciolella. NAPLES. AC. 306.
Dolciollo. *Cat.* LUX.
Dolcipappola bianca. AC. 262. TRINCI décr. 82. AZ. *G. V. V.* 148.
Dolciul. FRIOUL. AC. 295. Je le crois identique à la **Dolziola**,
Doletta nera. *Alb.* T.
Dolicola. *Cat.* LER.
Dolsin agglomerato. PIÉMONT. AC. décr. 102.
— **raro**. Décr. AC. 98. Nom du **Dolcino** en dialecte piémontais.
Dolutz noir. Figuré dans les *Ann. de Pom.* C'est une altération du mot **Dolceto** ; car les caractères du **Dolutz** sont absolument les mêmes que ceux du **Dolcetto nero**.
Dolziola bianca. *Alb.* T.
Don. *Cat.* LUX.
Don bueno. MALAGA. Grappe serrée, grains ronds, verdâtres. *G. V. V.* II, 123.
Don Carletto bianco. BARI. MEND. *Bic.* (6).
Dondin. *Cat.* LUX.
Donei verde. IVRÉE. D'autres écrivent :
Doney. Je crois que dans quelques localités du CANAVESANO, il est syn. de **Patouja** ; il est cultivé principalement à NOMAGLIO où il donne un vin de conserve.
Don-Isayne. *Cat.* LUX. [Raisin blanc.]
Donjin de Jongieu. SAVOIE. Syn. de **Mondeuse blanche**. TOCH.
[**Don Juan** (B). V. amér. Semis de **l'Iona**].
Donna bianca. (*Dame blanche*). VOGHERA.
Donné. *Cat.* LUX.
Donnée. VIVIE le croit un cépage piémontais. Peut-être est ce le **Doney ?**
Donno moscato bianco. ALTAMURA.
Don Ottavio. VÉSUVE. MEND. *Bic.*
Donzelhino de PORTUGAL. VIVIE.
Donzellino do Castello. ESPAGNE et PORTUGAL, ou **Donzelinho**. PUL. OD. 520. *Bic.* (43). On écrit aussi **Donzenillo de Castille**. Raisin noir de cuve, à feuilles se colorant en amaranthe, en automne, et qui produit des vins riches en couleur.
Dorà ou **Dora**. VOGHERA et BOBBIO. On la nomme aussi **Uva Dora**. Je l'ai observée à l'Exposition de PAVIE, en 1878 ; elle avait les feuilles

cotonneuses en dessous, les grains noirs ovoïdes.

Doraca bianca. De table. PROV. NAP. Une des meilleures espèces. Voir aussi **Duraca.**

Doradilla. *Cat.* LUX. OD. 517 le cite parmi les cépages espagnols remarquables. ROX.

Doradillo. Très cultivé à MALAGA où on le mélange au **Ximenès** pour la vinification ; il est aussi cultivé à GRENADE. Raisins moyens, subovales, dorés, à goût astringent.

Doratella bianca ou **Malvasia ?** MACERATA. *Bull. Amp.* XI, 225. Décr. par le prof. SANTINI dans l'Ampélographie de MACERATA où il lui donne pour synonymes **Biancone** et **Balsamina blanche.**

Dorbli de Darkaia. DAMAS. Très beau raisin blanc de table. *Bic.* (34).

Dordolina nera. VOGHERA.

Doreana. Probablement, c'est le **Doveana.**

Doré de Stokwood. De semis. C'est un muscat précieux, très ferme et croquant.

Dorella. BOLOGNE. AC. 294.

Dorello bianco. CESENA. GAND. *Ann. vit.*

D'oro Arostano ? Exposé à FLORENCE par M. CENDRINI, de MODÈNE, d'après les notes de GAR.-VAL.

D'oro bianca. *Alb.* T.

— **britanico nero.** G.

— **gentil bianco.** G. *Bic.*

— ou **Uva d'oro.** FERMO. *Bic.*

— VERONE. Dr CARP. rap.

— **veronese.** AC. décr. à la p. 229 la variété **noire,** et à la page 215, la variété **blanche.**

Dorpiccio ou **Uva rosa.** SINALUNGA. CIN. Voir **Uva rosa.**

Dossanella. RIVIÈRE LIGURIENNE DU PONANT.

Douçanelle ou **Douzanelle.** LOT et TARN. OD. 366. Je la crois id. à la **Musquette** ou **Muscadelle** et au **Guilhan musqué** du BORDELAIS. *Bic.* (20).

Douce blanche. *Cat.* LUX. OD. 139. — Dans le *Cat.* PUL. je trouve la **Douce blanche** mise comme syn. de **Sauvignon** de BORDEAUX. Le comte OD. la décrit à part, comme étant différente, et n'indique pas cette identité. La **Douce blanche** que j'ai reçue de M. GANIER n'est pas id. au **Sauvignon** ; elle se rapprocherait au contraire du **St-Pierre** de l'ALLIER.

Douce jaune (Raisin). *Cat.* LUX.

— **noire** de SAVOIE. Décr. INC. Id. au **Corbeau** de BOURGOGNE. TOCH. Le D. GUY. II. 289, dit que la **Douce noire** est id. au **Cot rouge** ou **Pied de Perdrix.** Je crois qu'il y a là une erreur.

Doucet. Est cité comme raisin blanc du LANGUEDOC dans le *Journ. Vit.* II, 282. Je ne sais sur quoi se fonde ST., et après lui H. GOET. pour le dire syn. du **Chasselas** dans le GARD. Cité aussi par SIM. L.

Doucette. GIRONDE. VIV.

— **blanche rosée.** *Cat.* LER. LOT-ET-GARONNE. BUR.

[**Doucette noire.** ALPES-MARITIMES. (BOUSC.)].

Doucin blanc. MAYENNE. GUY. III, 567, le croit identique au **Muscadet.**

Doucinelle. Probablement au lieu de **Douçanelle.**

Douhowoi. [*Cat.* **Lux.** Raisin blanc à grains assez gros, ellipsoïdes, ambrés. (BOUSC.)].

[**Doulcereil** et **Dolcarel.** ROUSSILLON. (BOUSC.)]

Doulsanelle des PYRÉNÉES FRANÇAISES et de l'ARIÈGE OD. 499. Voir **Douçanelle** et **Douzanelle.** [Syn. de **Muscadelle.** (PUL.)].

[**Doussagne.** LOT. Raisin blanc. (BOUSCHET.)]

[**Doussein blanc** ou **Bouillenc muscat.** LUX. Pas musqué ; joli raisin blanc, pa[illegible] être une variété du **Chasselas blanc.** (B[illegible]C.)]

Dousset de **Villard d'Héry.** Cépage id. au **Martincot noir.** SAVOIE. TOCH.

Doux blanc. *Cat.* LER. Voir **Blanc doux.**

Doux d'Henry noir. PIGNEROL. INC. le croit un cépage français. Je le croirais indigène de l'ARR. de PIGNEROL.

[**Doux jaune.** *Cat.* LUX.]

Doux noir, CORRÈZE. Serait syn. de **Mansenc** ou **Mansep.**

Doux royal ou **Kiraly edes.** HONGRIE. OD. 316.

Douzanelle. LOT et TARN. Dess. et décrit par RENDU. Voir **Douçanelle** et **Doulsanelle.**

Doveana nera. VICENCE. MEND. ou **Dovenzana.** M. PELLINI le croit identique au **Negrara** de l'ARR. de VICENCE ; il concourt à faire les meilleurs vins de ce territoire.

Doyen noir. YONNE. BUR. [Appellé aussi **Franc noir.**]

Dracut amber. V. amér. de l'espèce des *Labrusca.* PLANC. Grains sphériques. SIM. L. [Fruit rouge pâle, pulpeux et foxé. EC. MONTP.]

Dreimanner et **Dreipfennigholz.** ALLEMAGNE. Id. à **Traminer.**

Drenak. SERBIE. H. GOET.

Dretsch et **Drestech.** PALATINAT. Syn. de **Gros Rauschling** et de **Gros Fendant,** d'après MEY., BAB. et HARDY, directeur de la COLL. du LUX. ST. qui a donné, je crois, le premier cette synonymie dit que ce cépage est cultivé depuis des siècles près de LANDAU.

Drobna bel. BOHÈME. SIMOCECK décr.

Drobna cernina. CROATIE. H. GOET.

Drone. ARDÈCHE. Raisin blanc légèrement musqué.

Dronkane. EGYPTE. Raisin blanc rosé sans pépins. PUL.

[**Drouyn de Lhuys.** V. amér. *Cat.* LUX.]

Drumin Lidora. Bohême. Syn. de **Traminer**. ST.

Drusen et **Druser rother**.Syn. de **Pinot gris**.

Duc d'Anjou. De semis. Grains ovales, noirs, pruinés. *Cat.* LER. *Cat.* SIM. L.

Duc de Magenta noir. De semis. *Bic.* (47).

Duc de Magenta rose. Italie ? BUR.

Duc de Malakoff. *Bic.* Id. au **Chasselas de Montauban à gros grains**. BOUSC.

[**Duchess of Buccleugh**. Lux.]

Ducidda. Sicile occidentale. MEND.

[**Duke of Buccleugh**. *Cat.* Lux].

Ducigliola niura. MILAZZO. *Bic.* MEND,

— ou **Duncigliola bianca**. MEND. *Bic.* (44) ?

Ducignola. Sicile. MEND. *Bic.* (40).

Du dessert noir? *Pép.*

Dugomier. *Cat.* LER.

Dunaris. Colonie agricole de Moncucco. *Bic.* PUL.

Dunnuni roseo di tavola. NIC. MEND.

Durà bianco. décr. AL,

— **nero**. Décr. AL.

Durac. Landes. GUY. Raisin noir.

Duraca. AC. décr. 177 parmi les raisins de Termini. MEND. *Bic.* (22) (38). NIC. MEND. dit qu'on le cultive en Sicile pour la table.

Duraca nera. Prov. Nap. *J. bot.* Nap. *Bic. Bull. ampel.*

Duraca rossa. Pouilles. Raisin de table, gros, croquant, très tardif.

Duraccia.

Duracina ou **Duraso**. Ivrée. Décr. par GAT. *Bic.*

Duracino. A Ghemme, on désigne ainsi le **Pignolo**.

Duracino biancu. AC.

Duracla. Bologne. CRESC.

Duragussa nera. Voghera.

[**Duras**. On donne ce nom au **Morastel** dans la commune de Villeveyrac.(Hérault) BOUSC.]

Durase Dess. à l'Exp. de Chieti. Grosse grappe ailée à grapillons distincts; grains gros, ovales, rouge brique foncé spécial, feuilles à cinq lobes.

Durasena. De la vallée de Pulicella. AC. 244. décr. Peut-être id. d'après *Alb.* T. à **Dall'occhio bianca**.

Duraso. Ivrée. *Bic.* Voyez. **Duracina**.

Durau ou **Duret**. Syn.de **Baclan**.Jura.

Durazaine blanc. Ardèche. Voyez **Razaine**.

Durazè. Vigne noire de l'Ariège qu'il ne faut pas confondre avec le **Liverdun** de la Meurthe. OD. 499.

Duraze. GUY, 310 et II, 12 le cite parmi les cépages du Tarn, et II, 75 parmi ceux de l'Ardèche.

Durbec ou **Simoro**. Voir **Simoro**.

Duré, Isère. Voir **Dureza**.

Durebaje ou **Blanc doux** OD. 390.*Cat.* LER. C'est un **muscat** croquant.

Durella bianca. Décr. AC. 56. Vigne de la région au delà du Pô de Pavie et de l'Emilie. Peut-être id. selon l'*Alb.* T. à **Dall'Occhio bianca**. Je l'ai observée à l'Exp. de Pavie. Elle avait les feuilles cotonneuses en dessous et les grains sphériques.

Durello rosso, d'Ascoli Piceno. MEND. *Bic.*

Dureno. Val d'Aoste. Décr. GAT.

Durensteiner. Syn. de **Rissling**. MEY.

Dure peau ou **Dure baie**. Montpellier.

Duresto ou **Pignolo**. Ghemme. CERL. *Bic.*

Duret. Est un des cépages d'Ivrée.

— Syn. de **Baclan**. (Jura).

Duretta nera. NUITZ. *Bic.* Bologne. BUR.

Dureza. Cépage de la Côte Rotie et d'Ampuis, très-fertile, mais qui dépérit vite et donne un vin peu estimé. C'est aussi un cépage du Tarn. Dans l'Isère on l'appele **Duré**. PUL. le dit id. au **Peloursin** de l'Isère. M. PUL. ayant cultivé plus tard le **Peloursin** et le **Dureza** a constaté que le premier avait des feuilles glabres, tandis que celles du second étaient cotonneuses. Le vin du **Dureza** a en outre une grande finesse. GUY. II, 237 le place au second rang parmi les vignes de la Drôme. On le considère comme un cépage grossier, dont les fruits sont sujets à la pourriture, mais d'une robusticité et d'une fertilité à toute épreuve.

Durezi. *Cat.* Lux. [Raisin blanc].

Durifle. Isère. GUY. II, 268.

Durnerin ? Isère. Syn. de **Morastel**. PUL.

Durocoio nero de la Toscane, principalement des provinces Pisanes. ROB. LAWL. [Le **Duro Coio** à quelque rapport avec le **Morastel**. (BOUSC.)]

Durola veronese. AC. décr. 229.

Duron veronese. AC. décr. 230.

Durone. Bobbio.

Duros. Tarn. GUY. II, 12.

Dutch Hambourg. Orléans. Semblable au **Frankental**. *Bic.* (20).

Dzanny. Caucase. PUL. *Bic.* (noire 44).

Dzoolikoori. Caucase. PUL. *Bic.*

E

Early Auvergne Frontignan.Id.au **Muscat hâtif** du PUY-de DÔME.

— **green**. MADÈRE. R. HOGG. Syn. de **Agostenga**. *Vign.*

[**Early Hudson**. BUSH.V. amér. Fruit noir et de peu de valeur].

— **Kientzheim**. Syn. de **Luglienga** ?

— **Saumur Frontignan**.Syn. de **Courtiller musqué**.

— **Smyrna Frontignan**. SIM. L.

— **withe Malvasia**. R. HOGG. Syn. de **Luglienga** ?

Ebaude. Voyez **Baude**.

Echloni. AMÉRIQUE. VIV. TOURRÈS.

Ecolier. *Cat.* LUX. VAR. Raisin noir. BUR.

Edelclavner. Syn. de **Clavner rother** ou **Pinot gris**. (BABO).

Edelfranke blanche. De cuve. *Cat.* BRON.

Edel hungar traube. OD. 323. Est syn. en ALLEMAGNE de **Kadarkas fekete** ou **Kadarkas Czerna** qui signifie **Kadarkas** noir, le premier en langue hongroise et le second en langue slave.

Edel hambourg traube.

Edelschwarz.Syn. de **Negrara** ? ? H. GOET.

Edelwain et **Edelwein**. BOHÊME. VOLF. Syn. de **Chasselas** ? ST.

Edelweiss. Voir **Rauschling**. MEY. BAB.

Edle ungartraube (*gentil raisin hongrois)*. C'est ainsi que je le trouve désigné dans une traduction de MUL. qui le dit syn. de **Kadarka blaue**. MUL. donne aussi pour syn. **Edle schwarzblauer tokayer.**

Edler riessling. FRANCFORT. DOCH.

— **weisser** Voir **Rauschling**. MEY.

Egitto nero (*Egypte noir*). Voir **Mauro**. *Bic. Vign.* Raisin qui m'a été expédié de l'EGYPTE directement. Bon pour la cuve. Ce cépage se prête bien à nos cultures.

Egiziano (*Egyptien)*. Le comte OD. croyait qu'une vigne cultivée sous ce nom dans les environs de NAPLES était un **Teinturier** très-noir appelé aussi **Haute Egypte.**

Egraineux. *Cat.* LUX.

Ehrlenbacher traube noir. *Cat.* LUX.

— **strauben**. *Cat.* LUX.

— **suisse**.

Eicheltraube blaue.C'est le **Pizzutello noir**. BAB.

Eicheltraube weisse. Syn. de **Pizzutello bianco**.BABO.Cultivé à l'Ecole expérimentale de KLOSTERNEUBURG, près VIENNE. (AUTRICHE).

Eichen blattiger ? *Cat.* LUX.

Eichkugeltraube. Syn. de **Ochsenauge**. H. GOET.

Eidlebacher. AC. 330.

Eiertraube. Syn. **Avgolade**, H. GOET.

Eisbröckler. Syn. **Kanigl grüner**. H. GOET.

Elbalus pour **Erbalus**. Ecrit ainsi par CROCE vers 1600, qui dit que ce cépage fait des *vins bons et stomachiques*.

Elbele. Voir **Elben**.

Elben ou **Elber grober**. BAB. Voir aussi **Grobelben**. Syn. de **Burger** et de **Elbling**.

— **rother**. Décr. MUL. et BAB.

— **schwartzblauer**. Décr. MEY.

— **schwartzer**. Décr. MUL. et BAB.

— **weisser**. Décr. MUL. et BAB. *Bic.*

Elbinger. Syn. de **Elben weisser**.

Elbling ou **Elben**. OD 304. Syn. de **Burger**. *Bic.* Dess. SING. Les Allemands adoptent comme nom principal **Elbling weiss** et non **Burger**.

Elbling weiss. MEY. Dess. GOET.

— **Elblinger, Elveling Albig, Elbner, Elmene**, etc., sont tous syn. de **Elben**. C'est un des raisins les plus répandus en ALLEMAGNE. Dans ma collection, il se montre fertile, mais ses raisins pourrissent facilement.

El Bordgy. AFRIQUE. *Cat.* LUX.

Elbner. Voir **Elben**.

Elchsenauge weisse (*Œil de bœuf blanc*).Décr. MUL. Sa culture diminue sur les bord du Rhin.

Elender. BADE. Syn. de **Tokayer** et **Thalburger**. BAB. et ST.

[**Elizabeth**. BUSH. V. amér. *(Labrusca)*. Fruit rond, vert-blanchâtre. Clair pulpeuse, acide. EC. MONTP.]

Ellen.Hybride américain. PLANC. 164.

Ellenico. Voir AGLIANICO. PROV. NAP.

El Melouki. AFRIQUE. MASCARA. PUL.

Elmene. Syn. de **Elben**.

El oued zitoun noir. ALGÉRIE. PUL. *Bic.*

El oued zitoun thaipu bianco.

Elsasser rother. Serait id. à **Hangling schwartzblauer,** d'après BAB., et le serait aussi d'autres raisins comme le **Dolcedo** ? et **l'Ortlieber** ? quoique les uns soient noirs et le dernier blanc.

Elsasser traube. AC. 329.

Elsemboro. V. amér. LAL. Voir **Elsimburg**.

Elsenbergii. (**Vitis**). V. amér. VIV. [EC MONTP.]

Elsimburgkt ? *Cat.* LER.

Elsinburg et **Elsimboro**. PLANC. 174. V. amér. Est écrit **Elsimburgkt** ? dans le *Cat.* LEROY et **Elsingburgh** dans celui de SIM. L. *Vign.* II, 165 (179). Grains petits, noirs, sphériques, très pruinés, raisin de table. Feuilles à cinq lobes à sinus profonds. [C'est peut-être le plus précoce des *Æstivalis*. EC. MONT]

Elveling. HESSE. Syn. de **Elben**. ST.

[**Elvira**. V. amér. (*V. Riparia*). Semis de **Taylor** ; cépage vigoureux et productif. Fruit blanc, moyen, d'un léger goût particulier. Donne un bon vin, utilisable en FRANCE. Paraît devoir être résistant au phylloxera. Hybride probablement entre le Taylor et le type que nous avons désigné sous le nom de **Grand noir** du Jardin d'acclimatation. EC. MONTP.]

Embrésie. *Cat.* LUX. [Raisin blanc.]

Emilan doux ? *Cat.* LUX., pour **Guilhan** ?

Emilie. *Cat.* LER.

Emily. V. amér. PUL. LAL.

Empano bianco. TOSCANE. *Bull. Amp.* VII.

Empibotte. Syn. de **Zinna di vacca** (*pis de vache*). AC. 131. Syn. de **Pagadebito** (*paie dette*). d'après GAND. Raisin blanc grossier des ROMAGNES.

[**Enfant trouvé** (l'). *Cat.* LUX.]

Endelel blanc. TARN. GUY. II, 12.

Enfariné du Jura. ROUG. Dess. RENDU. OD. 267. *Bic.* (32) (12). *Vign.* II, 17 (105). Le nom d'enfariné se rapporte à la grappe qui est pruinée et non à la feuille.

Enfariné noir. FRANCHE COMTÉ. VIV.

Enfoniraire ? *Cat.* LUX.

Enfumé LORRAINE. OD. 177. Syn. de **Pinot gris**.

Engbeerige filzige welsche. Dess. MEY.

Enrageat. GIRONDE. OD. 150. Vigne peu méritante. Syn. de **Folle blanche**. OD. dit que ce cépage doit être délaissé.

Enrageat blanc. CORÈZE. GUY. II, 134.

Ente bianca.

— **nera** de l'île d'ISCHIA. FRO.

Eparse ou **Olivette**. Dans le Jardin d'essai d'ALGER, est décrite sous le nom de **Eparse menue**, l'**Olivette jaune à petit grain** ou **Raisin de la terre promise**.

Eperon. VALLÉE d'AOSTE. Décr GAT.

Epicier grande espèce. VIENNE (FRANCE). VIV. *Cat.* LUX. AC. 328.

Epicier ou **Meslier** ? YONNE. GUY. III, 132 ; à la page 143, je trouve ensuite **Epicier** ou **Maillé Meslier** ? que je crois très-différents l'un de l'autre.

Epicier petite espèce. *Cat.* LUX. AC. 329 ou **petit Epicier**. VIENNE (FRANCE). VIV *Bic.* (11). **L'Epicier noir** réussit bien sur le coteaux de SALUCES.

Epinette blanche. CHAMPAGNE. Syn. de **Morillon blanc** ou **Pinot blanc Chardonai**. OD. 184. Dess. RENDU. PUL. *Bic. Cat.* INC. Le nom de **Morillon** ou de **Chardonay** devrait être adopté pour ce raisin qui ne ressemble en rien au **Pinot noir** et que, par conséquent, on appelle improprement **Pinot blanc**. Sa feuille ressemble plutôt à celle du **Gamet**.

Epiran. OD. 412. Syn. de **Piran** ou **Spiran**. MAR.

Eportiu. SAVOIE. PUL.

Eptahilo. OD. 430. Nom d'un raisin de l'ASIE MINEURE qui dignifie *sept fois l'an*, mais que pourtant il ne faut pas prendre à la lettre. Je le crois id. à la **Vite trifera**, décrite par GAL ; il a des raisins gros, légèrement oblongs, d'une maturité très tardive et fleurit à différentes reprises comme la **V. trifera**.

Epula bianca. SICILE. Raisin de cuve. MEND.

Erabski. Syn. **Gutedel geschlitzer** H. GOET.

Erbaluce bianca. Voir **Erbalus**. Décr. INC. Décr. par GAT. qui, par erreur, le fait syn. de **Trebbiano**. Décr. AL. *Vign.* I, 161 (81). HUGUES (*Ann. Vit. En.* III), parle des vins saints si estimés que l'on fait dans le CANAVESAN avec ce raisin. L'**Erbalus** étant taillé très long dans l'arrondissement d'IVRÉE, on en obtiendrait difficilement du fruit si on taillait court celui qu'on ferait venir de ce pays.

Erbalucente bianca. C'est le mot **Erbalus** italianisé.

Erbalus bianco. PIÉMONT et principalement IVRÉE. OD. 535. Dess. BON., à IVRÉE. Dess. BON., à CALUSO. Décr. GAT. Dess. AL. *Bic.* Exige la taille longue sans laquelle on n'en obtient du fruit que difficilement ; produit les vins renommés de CALUSO. *Vign.* Ses grappes sont d'une couleur dorée à l'époque de leur maturité.

Erbalus nero. Dess. BON. Dans ce dessin la feuille paraît entière avec des taches rougeâtres, sinus pétiolaire ouvert, peu sinuée ; grappe ailée, pyramidale ; grains gros, ronds, noirs violets. Il ne ressemble pas à l'**Erbalus blanc** et je ne crois pas que les viticulteurs appartenant à des régions différentes soient d'accord pour désigner sous ce nom le même cépage.

Erba posada bianca. SARDAIGNE. *Bic.* Raisin de table. Syn. de **Cerajuola**. MEND.

Erba posada di Ligheresa. SICILE. MEND. PUL.

— — **madura**. SICILE. MEND. PUL.

— — **minudda**. SICILE. MEND. PUL.

Dans le *Cat.* PUL. il est écrit **Erva**.

Erbcalon bianco. BOBBIO.

Erdezha ou **Erdezka Rambolina**. Syn. **Velteliner rouge**. H. GOET.

Ericey blanc. Moselle. Serait le **Pinot blanc**. GUY. III, 325.

Ericé noir. Moselle, ou **Noir Liverdun**, ou mieux **Gamai Liverdun**. OD. 217.

Erlenbacher. Syn. **Gansfüsser blauer**. H. GOET.

Ermitage blanc. AC. 319. Pour **Hermitage**.

— **noir.** AC. 320. (1).

Erzherzog Joanntraube. H. GOET.

Escha.

Esfouiral. Syn. de **Bouteillan** dans l'Hérault. PELL. [L'**Esfouiral** peut être syn. de **Bouteillan**, mais il ne l'est pas certainement du **Calitor** ou **Pécoui-touar** qui diffère essentiellement des deux. PELL.]

Esfouiral blanc. J'en ai pris la description à Roquemaure (Provence). Je le crois identique au précédent.

Esganaçao. OD. 522. Syn. de **Sercial** de Madère dans le Portugal.

Esgrassienne. Nom donné à Grasse à la **Fuella** de Nice. GAL.

Eslinger. Suisse. AC. 327. Syn. de **Heunisch?**

Eslinger noir. Turgovie. BUR.]

Espagne noir abondant. PUL. *Bic.* (44)? Voir aussi **Espagnol noir ?**

Espagnen. Nice. PUL. Probablement id. au **Majorquin.** *Bic.*

[**Espagnen gris** ou **Marocain gris.** Variété id. à l'**Espagnen noir** dont il est une variation. On rencontre sur des ceps d'**Espagnen noir** des grappes de couleur grise (BOUSC.)].

[**Espagnen noir.** Excellente espèce de raisin de table qui diffère essentiellement du **Danugue** ou **Gros Guillaume** dont les raisins et les grains sont plus gros que les siens qui, malheureusement, sont très souvent souillés par l'oïdum. (PELL.)] [Provence. Syn. de **Marocain**, de **San Antoni** du Roussillon (BOUSC.)]

Espagneul ou **Espagnoil** ou **Espagnou blanc.** Nice Maritime. *Bic.*

Espagnin blanc. Basses-Alpes. OD. 419. *Bic.* (35) (39 ?) Bon raisin de table.

Espagnin noir. OD. 429. *Bic.* (35). Je le trouve id. au blanc quant à la forme du raisin et du feuillage. On appelle aussi improprement de ce nom dans l'Ardèche le **Mourvèdre** qui est tout différent. A Nice on désignerait aussi sous ce nom et sous ceux d'**Espagnen** et d'**Espagnol noir**, le **Danugue** ou **Gros Guillaume** qui ne ressemble nullement à l'**Espagnin** et serait classé. (39) ?

[**Espagnina.** *Cat.* Lux.]

(1) Je cite ces noms génériques dans l'espoir qu'ils serviront à démontrer combien il est nécessaire d'apporter la plus grande précision possible dans la dénomination des vignes.

Espagnion. *Cat.* Lux. [C'est le **Danugue**. (BOUSC.)]

Espagnol blanc. Nice. M'a paru id. au **Majorquin** et différent de l'**Espagnin** des Basses Alpes. Les divers noms donnés à ce raisin à Nice, et que nous avons déjà cités, proviennent de la manière différente d'interpréter et d'écrire les noms qu'on entend prononcer par des viticulteurs de localités diverses.

Espagnol et **Espagnon noir.** Nice. VIV. Je le crois id. au **Danugue.**

[**Espagnon.** *Cat.* Lux. Variété différente de **l'Espagnion** (BOUSC.)].

Espar. Gard. OD. 462. Syn. du **Mourvèdre** de Provence. PEL. MAR.

[**Espar Bouschet.** Vigne à jus rouge. Semis de M. H. BOUSC.; hybride du **Petit Bouschet** et du **Morastel.** Semis de 1855.]

Esparse. Voir **Olivette jaune à petits grains** ou mieux Voir **Terra promessa.** OD. 408.

Esparse noire ? PICCIOLI. *Bic.*

Esperion. BESSON, *Pep.* Turin. PICC., de Florence écrit **Espeyron.** *Bic.* Raisin de semis?

Espérione. Dans quelques catalogues on le donne pour syn. d'**Aspiran ?** *Cat.* SIM. L. [Raisin noir à petits grains extrêmement fertile, ayant jusqu'à quatre raisins par bourgeon, chose exceptionnelle chez la vigne européenne. Coll. BOUSC. Très différent de l'Aspiran.]

Espirant de Montpellier. AC. 328. Voir **Aspiran.**

Esplein noir de l'Aude. VIV. *Bic.* (48).

Essandari en Arménie. H. GOET.

Essex noir. Vigne hybride américaine méritante. ROGER. Un peu précoce. *Cat.* SIM. L.

Estival d'Elsimbourg, V. amér. Voir **Elsinburg.**

— **Yorck.** V. amér.

Estrancey. Estrangey et **Etranger.** Ariège et Gironde. OD. 239. Syn. de **Cot à queue rouge**, principalement dans le canton de Lesparre (Gironde).

Estrangé, *Cat.* Lux. ou **Estrangié.** PELL. *Bic.*

[**Estranglé Cat.** (*Etrangle chat*). Var. Les feuilles à cinq lobes comme celles du **Téoulier**, mais non recoquillées (BOUSC.)]

[**Etchqué memessy.** Cultivé en Crimée; il y est venu de Constantinople. (BOUSC.)].

Etraire. Savoie et Isère. Syn. de **Persan** GUY. II, 253.

Etraire de la Dui. *Cat.* Lux. Identique au **Persan.** *Bic.*

Etrangle chien. Nom donné au **Mourvèdre** à Donzère, Montelimar (Drôme), et aussi dans le département de Vaucluse.

Etrangle chien, blanc. Ce nom, si je ne me

trompe, est donné au **Columbeau** dans quelques localités de la PROVENCE.

Etris. Syn. de **Persan** dans quelques parties de la SAVOIE. Figure dans le *Vign.* III, 7 parmi les syn. du **Peloursin noir.**

Etschke Muresson. AMÉRIQUE. *Cat.* INC. Est écrit **Munessen** dans le *Cat.* de la société horticole d'IVRÉE.

Ettlenger-Knakerling. BERGSTRASSE. Syn. de **Ortlieber** OD. 284. ST. le dit aussi syn. de **Klein Reuschling.**

Eumelan noir. V. amér. hybride, de mérite secondaire de l'espèce des *Labrusca.* Grappe longue, ailée, lâche ; grains presque sphériques, petits. SIM. L. [Se rattache en réalité au groupe des *Æstivalis.* Réussit très bien à la station d'essai de la SALETTES (DRÔME). EC. MONTP.]

[**Eureka.** BUSH. V. amér. (*Labrusca*). Semis d'**Isabelle.**]

Ezer-jo. HONGRIE. PULL. *Bic.* (27). Raisin blanc. Signifie *mille fois bon.* C. BRON.

F

Facan. MEURTHE et MEUSE. GUY. II, 312. Voir **Facun.**

[**Facilorda.** SICILE. MEND. (BOUSC.]

Facò traube. AC. 331

[**Facon rose.** RHIN. BUR.]

Factor. Syn. de **Ortlieber gelber ?** BAB.

Facun (**Facum** ? *Cat.* LUX) ou **Faucun.** Syn. de **Burger** et de **Elbling,** d'après OD. 304, et BABO., qui l'appelle aussi **Allemand.** Un raisin provenant du département du RHÔNE fut présenté, sous ce nom, à l'*Exp.* de LYON de 1872.

Faher Jardovan. HONGRIE. Voir **Jardovan.**

Faher Kower. HONGRIE PUL. Voir **Fäir goër**

Falanchina bastarde. *Cat.* LUX.

— **bianca.** NAPLES. CAMALDULES. Voir aussi **Uva Fallachina.**

[**Falanchina prima.** LUX. Raisin blanc. Le marquis INC. l'appelle **Fallachina de Naples** d'après AC. (BOUSC.)]

Falaudino ou **Faraudino.** HAUT-MONFERRAT. *Bic.* Voir **Faraudino.** J'en ai noté dans le temps les caractères suivants : grappe conique, raisins mous et pulpe pâteuse.

Falerino pour **Falaudino.** CROCE.

Falerno ou **Coda di volpe bianca** (*queue de renard blanche*). PROV. NAP.

Falerno di San Nicandro ou **Buon vino bianco.** *Bic.* (48).

Falerno veronese. AC. décr. 230. Syn. de **Falanghina** du VÉSUVE et de l'ILE d'ISCHIA.

Falornina nera. TOSCANE. Décr. R. LAWL.

Falsuare ou **Pampanato bianco.** TERRE DE PALMA. MEND. *Bic.*

Falsuare bianco. FERMO. MARCHES. *Bic.*

— ou **Pampano rotondo.** FERMO. *Bic.*

Fanciulla.

Fantastico. Cité parmi le raisins ROMAINS par le prof. JACOBINI.

Fantina.

Faranese bianca. BOBBIO.

Faraona.

Faraudin. TURIN. Dess. BON. *Bic.* Décr. AL. Id. à **Falaudino.** Raisin noir peu répandu.

Farbalà. AC. et **Farbelas.**

Farber grunsaftiger. BAB.

— **kleiner.** Décr. MEY.

— **rothsaftiger.** Cultivé à KLOSTERNEUBURG.

— **schwarzer.** BAB. Les **Farber** sont les **Teinturiers.**

Farbtraube. AC. 327. et **Farbtrauben.** Syn. **Vitis tinctoria.** Dess. MEY.

Farbtrubel. Syn. de **Farber kleiner.** MEY.

Farbullu. *Cat.* LUX.

Farcinola de semis ? *Cat.* LUX.

Farinella. Décr. AGAZ.

— **nera.** PISE. Décr. AGAZ.

— **umile.**

Farinello nero. LUCQUES. *Bic.* (11).

Farinellone nero. LUCQUES. *Bic.* (43).

Farinenta. Raisin du HAUT-NOVARAIS.

Farinheira noir. PORTUGAL. VIVIE.

Farinone ou **Farinona.** LOMBARDIE.

Farinosa bianca. *Alb.* T.

Farnancina bianca. SARDAIGNE. *Bic.* (31). D'après ce que j'ai pu voir en cultivant ce cépage, je doute que ce soit la **Vernacina** ou **Vernacia Sarda.** Cette vigne s'est montrée, dans ma collection, d'une fertilité extraordinaire, mais elle ne produirait pas normalement des raisins assez mûrs pour faire chaque année du bon vin : peut-être est-ce à cause de leur trop grand nombre que les raisins ne parviennent pas à une maturité complète.

Farnese, Farnaise et **Farnese.** MEURTHE. Syn. de **Pinot Meunier** ou **Farineuse.** Ainsi appelé à cause du duvet blanchâtre de ses feuilles.

Farnous. BOUCHES-DU-RHÔNE. Syn. de **Brun fourka.** Signifie *enfariné* à cause de son fruit pruiné.

Farornina, Dalmatie. INC. *Bic.*

Fasulo nero. Prov. Nap. A comparer avec le **Menna di vacca ?** Dans le *Bull. ampel.* III, on le fait syn. de **Piede di Palumbo** *(pied de pigeon)*.

Fauler. Cité par BAB., parmi les synonymes de **Ortlieber**.

Fauna. Drôme. GUY. II, 240.

Fauvé. Jura ? Placé par ST. parmi les syn. de **Pinot gris**. BUR. dit que son raisin est noir.

Favorita. *Exp.* AL.

— **bianca**. Cornegliano (Piémont). *Bic.* Est vendu pour la table, en hiver, à Turin.

Favorita nera. Rivoli. Décr. NASI.

Favorite de Ladé. SIM. L.

Fayole. *Cat.* Lux. [Raisin noir.]

Fecou. PUL.

Fedlinger. INC. Voir **Feldlinger**. Je l'ai trouvé Id. au **Velteliner**. PUL. est du même avis.

Feger gojer. Voir **Feher**.

Feg-hiri. Hongrie. Id. à **Terr gulmeck**. OD. 583.

Feher goher ou **Feger goher**. Hongrie. OD. 312. On prononce **Faïr goir** qui signifie *blanc précoce*. *Bic.* (43).

Feher som. Hongrie. Raisin blanc. PUL. *Bic.* (47). *Vign.* II, 171 (182).

Feher szoello. Hongrie. VIV.

Feigentraube. (*Raisin figue*). Syn. de **Sauvignon blanc**. Je crois que ce nom lui a été donné parce que son raisin rappelle le goût de la figue sèche.

Feitlenger. *Cat.* LER. Peut-être pour **Feldlinger**.

Fejér-denka. OD. 317. Syn. de **Muskataly**.

— **gerset**. OD. 316. Vigne hongroise médiocre.

— **göer blanc magyard**. GANIER. *Bic.*

Fejér szœllo ou **Raisin blanc**. Hongrie. Décr. OD. 314. *Bic.* (16). H. GOET. le dit id. à **Mehlweiss**.

Fejér szöllö. BAB. l'écrit ainsi en citant SHAMS qui place ce nom parmi les syn. de **Elben ?**

Fekete Kadarkas (*tardif*). Voir **Kadarkas**.

— **kircsosa**. Hongrie. OD. 328. Cépage vigoureux, à feuilles consistantes, cotonneuses en dessous, comme celles du **Furmint blanc**. Grains beaux, oblongs, peu serrés, de saveur agréable.

Fekete torok. *Cat.* Lux. Hongrie.

Fekete vilagos. Comté de Szalader. OD. 326. Syn. de **Purscin**. Haute-Hongrie.

Feldanger. *Pépin.* Voir **Feldlinger**.

[**Feldinger**. *Cat.* Lux. Voir **Feldlinger ?**]

Feldliner se trouve dans BAB. comme syn. de **Valteliner**. **Feldleiner** et **Feltliner** dans H. GOET.

Feldlinger. *Cat.* Lux. OD. 292. *Bic.* (48). Cépage fertile, vigoureux, dont le fruit rouge, de belle apparence, a peu de goût, du moins sur les coteaux de Saluces. Si je ne me trompe c'est plus à cause de sa fertilité que pour la qualité de son vin que sa culture se propage de plus en plus sur les bords du Rhin. Le comte OD. dit à la page 490 que le **Bouillenc rose** est improprement appelé **Feldlinger** dans plusieurs collections.

Feldlinger blanc. Alsace. VIV.

— **rose**. Alsace. VIV.

[**Felkette Goher**. *Cat.* Lux., pour **Fekete Goher**.]

Femin verde. Aoste. Voir **Fumin**. *Bic.* (6).

Fendant blanc. Suisse, OD. 296. *Cat.* LER. Voir **Chasselas**. En Suisse les **Fendants** ou **Chasselas** sont cultivés pour faire du vin. Dans quelques localités on désigne sous le nom de **Fendant** d'autres vignes. Ainsi quelques auteurs, et parmi eux ST., donnent le **Gros Fendant** comme syn. de **Rauschling** dans les Provinces Rhénanes.

Fendant jaune. *Cat.* LER.

— **noir**, OD. 297.

— **rose**. Suisse. PUL. le dit rose clair et semblable au blanc pour tout le reste.

— **rouge**. OD. 296.

Fendant roux. OD. 350. PUL. (Voir *Cultivateur lyon.* IV, 36) le croit id. au **Doré**. Il semble qu'il y ait une contradiction dans ces épithètes **roux** et **doré**, mais nous ferons remarquer que les Français qualifient de **roux** le raisin coloré par le soleil. [Suisse; très différent du **Fendant vert** et des **Chasselas blancs**, non seulement par la couleur de son fruit qui n'est pas roux, mais rose vif, mais encore par sa maturité beaucoup plus tardive (BOUSC.)]

Fendant vert. OD. 295.

Fenola précoce. Faenza. *Bic.*

Ferana d'Ozana ? PUL. indique par erreur dans son catalogue qu'il a reçu de moi cette espèce.

Feranah. Afrique. Raisin blanc de table. PUL.

Feraudino. Piémont. *Exp.* AL. Voir **Farau dino**.

[**Ferdinand de Lesseps**. Raisin blanc provenant d'un semis de M. PEARSON de Chilvell (Angleterre); hybride d'un **Chasselas blanc de Fontainebleau** et d'une variété américaine; décrit dans la *Flore des Serres et des Jardins de l'Europe* de Van-Houtte. (BOUSC.)]

Feridac. Bohême. Raisin noir de cuve. C. BRON.

Fermana bianca. Ascoli-Piceno. MEND. *Bic.* (16). A quelque ressemblance, surtout pour son fruit, avec le **Pulce in collo**. On la fait syn. de **Ciapparone** dans le *Bull. Ampel.* II. ABRUZZES.

Fernaise. LORRAINE. GUY. II, 68 et III, 307. MOSELLE et MEURTHE. OD. 174. Syn. de **Pinot Meunier.**

Ferojan noir. ISTRIE et GORITZ. *Bic.* (47). M'a paru id. à la **Pavana** de la VÉNÉTIE, si, toutefois, les cépages qu'on m'a expédiés sous ce nom étaient bien authentiques.

Ferox laboulage. *Bic.* Noms défigurés par les pépiniéristes. Voir **Froc Laboulaye.** Est-ce le **Chasselas gros Coulard ?**

Ferral. MADÈRE (**Ferrales ?** *Cat.* LUX.). OD. 525.

Ferrandel. *Cat.* LUX. HAUTE-GARONNE. BUR. Raisin noir.

Ferrante nera. VÉSUVE. FRO.

Ferrar blanco. PAXARÈTE. ROX. Diffère peu du noir, sauf pour la couleur des raisins.

Ferrar commun. MALAGA et ANDALOUSIE. ROX. Noirâtre, bon à manger, à gros grains; souvent cultivé en treille.

Ferret blanc. HAUTE-GARONNE. BUR. [au lieu de **Terret ?**]

Ferruginosa. V. amér. *Pép.* Probablement le **Catawba rouge** qui a ses feuilles recouvertes en dessous d'un duvet couleur de rouille.

Fer blanc. GUY. 385.

— et **Fer Servadou.** TARN-et-GARONNE et DORDOGNE. OD. 475. GUY. 384. PUL. Le cépage que j'ai reçu sous ce nom était le **Cabernet.** [Nous avons reconnu aussi que le **Fer servadou** était syn. de **Cabernet.** (PUL.)]

Fert gros et **petit.** LIBOURNE et DORDOGNE. GUY. 504 et 527,

Fertile de Hartford. AMÉRIQUE. SIM.L. Grappe serrée. Grains sphériques, noirs. Précoce.

Feslauertraube. Syn. de PORTUGIESER BLAUER. H. GOET.

Fetecci nera du VÉSUVE. FRO.

Feuille ronde. TARN et GARONNE. Employé dans quelques localités comme syn. de **Gamai blanc;** dans le DOUBS, la SAÔNE ET LOIRE et le JURA est syn. de **Savagnin** et aussi de **Mauzac,** quoique ces cépages soient bien différents entr'eux. OD. 270. Décr. et dess. par ST.

Feuille ronde ou **Bourguignon.** NIÈVRE. GUY. III, 173. Ce nom doit décidément être abandonné, parcequ'il peut s'appliquer à un trop grand nombre de cépages.

Ficifolia (Vit. Ficifolia) BUNGE. De l'ASIE ORIENTALE (CHINE et JAPON), dioïque par avortement ; les individus mâles et femelles ont été décrits comme espèces distinctes sous les noms de **Vit. Thumbergi.** SIEB. et **Vit. Sieboldi.** HORT. Syn. au JAPON **Yamaï Boto.** Ressemble par un grand nombre de ses caractères **au Mustang** américain (*Vitis candicans*). Graine arrondie, ressemblant un peu par sa forme générale à celle de la *Vitis Riparia,* mais à chalaze circulaire plutôt saillante, raphé se perdant dans la rainure supérieure. EC. MONTP.]

Fiana. Serait syn. de **Moscatella** dans quelques localités des POUILLES ? D'après l'avocat CONSOLE, ce raisin aurait une saveur simple différente de celle de muscat.

Fiano bianco. AVELLINO. PROV. NAP. Est renommé comme un des meilleurs raisins. BARLETTA

— **rosso.** AVELLINO.

— TURI. MEND. *Bic.* (31). A VALENZANO et à CAROVIGNO serait syn. du **Latina bianca** de BARLETTA. L'avocat CONSOLE m'a confirmé cette synonymie.

[**Fié aux dames.** *Cat.* LUX.]

[**Fié blanc.** *Cat.* LUX.]

[**Fié gris.** *Cat.* LUX.]

Fié jaune. *Cat.* LUX. OD. 135. *Bic.* Syn. de **Sauvignon** sur les bords de la LOIRE et dans la VIENNE.

Figanona. BASSANO. VICENCE. AC. 301.

[**Figanière.** PROVENCE. Cité par LARDIER. (BOUSC.)]

Fikete ? goher. *Cat.* LUX. et **Felkette ?? goher.** *Cat.* LUX.

Fil d'argent de Coucy. MOSELLE. AC. 331.

Fine. *Cat.* LUX.

Finger ? Syn. de **Cornichon.**

Fingerhut weisser ou **Fingerhuttraube.** Syn. de **Augster weisser.** H. GOET.

Finnosa ? *Cat.* LUX. Au lieu de **Fumosa ?**

Fintindo. ESPAGNE. OD. App. 25. *Cat.* LER. *Bic.* PUL.

Fiore bianca (*Fleur blanche*). G.

Fiore. PICCIOLI. *Bic.*

Fiorentina. (*Florentine*). AC.

Fiori di Lambrusche. SOD. emploie ces mots pour indiquer la récolte des fleurs de vignes destinées à la parfumerie. Il est des personnes qui mettent des fleurs séchées de la vigne dans les moûts pour leur donner du bouquet.

Fiorito nero. CUMIANA. PIGNEROL. Bon raisin de table.

Firenze (*Florence*). Raisin de LOMBARDIE et VÉNÉTIE ? d'après FRO.

Fischblasentraube. Syn. de **Eicheltraube,** d'après H. GOET.

Fisch traube langer tokayer. BAB. [**Raisin poisson.** PUL.]

Fisch traube blanc. Décr. MUL. OD. 314. Syn. de **Hars levelu ;** signifie *raisin poisson.* ST. le dit syn. de **Thalburger.**

Flainer grosser gruner ou **Gros vert.** Dess. MUL.

leisch farbklevner. OD. 287. Signifie **Clevner,** c'est à dire **Pinot, violet clair.** *Bic.* (43). M'a paru se rapprocher beaucoup du **Traminer.**

leisch roth Velteliner et aussi **Fleischrother** ou **Velteliner rouge.** Bords du RHIN et du NEKER OD. 292. Syn. de **Feldlinger** et du **Raisin de St-Valentin.**

leisch traminer. Syn. de **Valteliner rother ?** BAB. Je crois que le **Traminer** et le **Velteliner** sont deux cépages différents. Je trouve dans ST. que c'est à tort qu'on donne cette synonymie dans la RHÉNOGAVIE.

leisch traube. Egalement syn. de **Velteliner rother.** BAB. Serait d'après ST. syn. de **Frankental noir** dans la BAVIÈRE RHÉNANE.

'leischweiner. BRESLAVIE. Syn. de **Velteliner rother.**

'leischweiner traube. TYROL. OD. 289 le dit au contraire syn. de **Roth traminer** ou **Gentil rose d'Alsace** qui est le **Savagnin rose** des Français.

Flemings prince. C'est le **Muscat d'Alexandrie.** (BOUSC.)]

'lera ? INC.

'leugler. Syn. de **Kracher gelber.** H. GOET., ou **Chasselas ?**

Flexuosa (*Vit. flexuosa*). THUMB. ASIE ORIENTALE (JAPON). Croît spontanément dans les taillis, sur les plateaux des montagnes. Plante d'une vigueur moyenne.]

'licana, AC. décr. 82. Syn. de **Africana ?** Décr. AL.

'liegentraube. STYRIE. Syn. **Silvaner gruner** ou **Salviner,** ST. ou **Fischtraube.** H. GOET.

'lona. DRÔME. *Vign.* VI, 7 (44).

'lor de Baladre. *Cat.* LUX. [ESPAGNE. Beau raisin blanc (BOUSC.)]

Flor de Baladre superior Alabama. *Cat.* LUX.]

Flora. BUSH. V. amér. (*Labrusca*).]

Flora de Manosque. C'est le **Danugue.** (BOUSC.)]

'loura. LANGUEDOC. PELL. Syn. de **Brun Fourka.** Ainsi appelé à cause de la fleur qui recouvre ses grains.

'louren. HERMITAGE. BUR. OD.

'louron. *Cat.* LUX. DRÔME. GUY. II, 240. OD. 462. Syn. de **Mourvèdre.** Dans une description faite au jardin d'essai d'ALGER je trouve que ce raisin a des grains noirs, moyens ou gros, ovales; qu'il est bon et précoce. Ces caractères ne sont pas ceux du **Mourvèdre,** de sorte qu'il s'agit là évidemment d'un autre cépage. Je crois qu'il est dans d'autres régions syn. de **Brun Fourka.** BUR. cite ce cépage comme un des raisins noirs de la CHARENTE. Dans le *Vignoble* VI, 6, il est décrit comme cépage de la DRÔME assez rapproché du **Morrastel** mais non ident. à celui-ci. [Ne ressemble ni au **Mourvèdre** ni au **Brun fourca** ; raisin noir, précoce (BOUSC.)]

Flowers. V. Amér. Variété à fruit rouge de la tribu des **Vulpina** et la meilleure de toutes. EC. MONTP.

Fodscha ou **Bachsia.** CRIMÉE. OD. 581.

Foglia tonda (*Feuille ronde*). TOSCANE Château de BROGLIO du baron RICASOLI. MEND. Décr. dans le *Bull. amp.* VII, 514 et dans le fascicule IX, page 787, où l'on parle du vin qu'il produit.

Foirarde et **Foirard** ou **Foirart.** JURA. Cépage peu estimé sous ce climat ; syn de **Gueuche.** *Amp. Salin.* ROUG. Pourtant il mûrit bien sur les côteaux de SALUCES à une bonne exposition, et, dans les terrains légers, il produit du bon vin. PUL. l'a jugé très favorablement lorsqu'il l'a décrit dans le *Vignoble.*

Foirat et **Foirard blanc.** JURA. ROUG. décr.

Fokalon. V. amér. *Bic.* Voir **Tokalon.**

Folle à grains jaunes. OD. 151. La plus estimée pour sa bonté. *Bic* MEND. Je la croirais semblable à la suivante :

Folle blanche. *Cat.* LUX. MEND. OD. 150. Dess. RENDU. Très répandue dans la CHARENTE et autres départements du nord de la FRANCE. *Bic.* (15) (31) ? *Vign.* III, 45 (215).

Folle blanche frisée. *Cat.* LUX.

— **noire.** OD 148. *Bic.* (31). Syn. de **Dégoûtant** ou **Saintongeois** d'après le comte OD.; différent de ce cépage d'après PUL. Dans l'AGENAIS, il serait aussi syn. d'**Enrageat** et de **Canut noir.** d'après le *Vign.*, III, 137 (261).

Folle verte. *Bic.* PUL. MEND.

— **verte d'Oléron.** NANTES. OD. 151. *Cat.* LUX. Les **Folles** sont des cépages de grande production ; celle d'OLÉRON serait encore la plus productive. *Bic.* C'est avec la **Folle** qu'on fait le vin qui, distillé, produit le meilleur *cognac.* La **verte d'Oléron** est très répandue dans le MORBIHAN.

Fondant ? blanc. AC. 323, Lisez **Fendant.**

— **de la Dôle.** AC. 323. Lisez **Fendant.**

— **rouge.** AC. 323. Lisez **Fendant.**

Fondiglione. INC.

Foppin. *Cat.* LUX.

Forcella bianca. BOLOGNE. Raisin de cuve. AC. 294.

Forcellata bianca. SASSUOLO DI MODENA. Bonne à manger et pouvant donner d'excellent vin. *G. V. V.*

Forcellina. VÉRONE. *Bic.*

Forcelluta. MIRANDOLE. MODÈNE. Décr. AGAZ.

Forcese bianco. ASCOLI PICENO. MEND. *Bic.*

— FERMO. *Bic.*

Forciniello nero. PROV. NAP.
Forcinola. Voir **Glianica** du *J. bot.* de NAPLES. *Bic.* On dit aussi **Forcinola** dans l'*Amp. Napol.*
Forconese. MARCHES. Voyez **Biancame**. Voyez aussi **Pecorino** qui serait un autre synonyme d'après le professeur SANTINI (*Ampélographie* de MACERATA).
Forderling. Cité parmi les syn. de **Furterer** par BAB.
Forestiera. Ile d'ISCHIA. Est aussi cité parmi les raisins de GRUMELLO DEL MONTE. *G. V. V.*
— BERGAMO. *Bic.*
Forest noire. SIM. L. Se rapprochant du **Frankental**. Vigne de semis.
Forlonio bianco. BASILICATE. *Bic.* (20).
Formentin et **Formenteau**. Voir **Fromenteau**.
Forminega bianca. BOBBIO.
Fornacia ? SARDAIGNE. AC. 296. Pour **Vernacia ?**
Fort et **Fort fumé**. BRIOUDE (HAUTE LOIRE). Cépage grossier, presque abandonné.
Fortana bianca. Décr. AC. 36.
Fortana grassa ou **Scianchellara**. CRÉMONE. AC. décr. 41.
— **nera**. CRÉMONE. Décr. AC. 41.
Fortanino. PLAISANCE. *Bic.* M'a été envoyé par M. CASELLA.
— **rosso di pianura** (*rouge de plaine*). PLAISANCE. *Bic.*
Fortano grigio. PLAISANCE. *Bic.*
Forte di Spagna. TOSCANE. AC. 278.
— **nera**. FERMO. MARINI. *Bic.*
— **queue**. *Cat.* LUX. DEUX-SÈVRES. VIV. Raisin blanc.
Fortonesa. FERMO. MARINI. *Bic.*
Forzelina veronese. AC. 230. décr. Syn. de **Pignola nera**. Dr CARP. rap. Voyez aussi **Forcellina.**
Foscara nera. CINQ TERRES. RIVIÈRE LIGURIENNE DU PONENT. AC. 160. décr.
Foschera. LOMBARDIE. AC 299.
Fosoka. Syn. de **Mehlweiss**. H. GOET.
Fostarello bianco. FERMO. MARCHES. *Bic.*
Fosther withe seedling blanche. De semis *Bic.* (43). *Vign.* III, 23 (204) [Ecrit **Foster white seedling** dans le *Cat.* LUX.]
Fouchou.
Fouiral. Nom donné dans l'HÉRAULT au **Bouteillan** ou **Calitor**. PELL. MAR.
Fourmenté. AC. 326. C'est probablement une altération du mot **Fromenté**. BUR. dit que c'est un cépage de l'AISNE.
Fox grape. V. amér. dont on croit que le **Catawba** est une variété. *Revue vinicole.* NEW-YORK. C'est aussi un nom générique pour indiquer les raisins à goût *foxé* ou de fraise.

Frænkische schwartze. Id. à **Blaufranschisce**.
Frænkische weisse. FRANCONIE et BAS-RHIN et **Fræntschen**. Syn. de **Traminer blanc.** ST.
Fræntzentraube. HESSE RHÉNANE. Syn. de **Traminer**. ST.
Fraga. Soc. agr. de ROVERETO.
Fragé blanc. PUY-DE-DÔME. VIV.
— **rouge**. VIV.
Fragermano. TURIN. Serait syn. de **Cari ?** d'après LEARD et DEM.
Fragola, **Fraganza** et **Frambuesa** sont le plus souvent, en ITALIE, syn. d'**Isabelle** comme le suivant :
Framboise. *Cat.* LUX. Citée parmi les vignes de MIRANDOLE. *G. V. V.* II, 58.
Frambuesa. Décr. AL.
[**Framingham** BUSH. V. amér. ressemblant beaucoup au **Hartford Prolific.**]
Frampora. *J. d'essai* d'ALGER. Grain blanc, ovale, moyen ou gros, beau.
Frana. *Pép. Bic.* (43). J'ai reçu sous ce nom un raisin blanc de table. [Sans doute pour **Ferana** PUL.]
Franc blanc. YONNE. BUR.
Français. *Cat.* LUX. GUY le cite dans le département des ARDENNES.
Franceschella. *Exp.* AL.
Francese. AC. décr. 129. Sous ce nom générique on cultive un raisin blanc sur les coteaux d'ALBANO et de FRASCATI, près ROME. [Le **Francese** que nous nous avons reçu d'ITALIE n'est autre chose que le **Brun fourca** (PUL.)]
Franche blanche. CHARENTE. GUY. II, 481.
Francina bianca. BOBBIO.
Francisca.
Francke. VALLÉE DU MEIN. ST. Syn. de **Elben.**
Francken et **Frankentraube**. Décr. MEY.
Franclos perfect. STREVI. *Bic.* BRAGIO. Gros raisin d'assez belle apparence pour la table.
Franc Moreau. CHER. Syn. de **Cot.**
— **noir**. MOSELLE. Id. à **Pinot noirien**. Cépage de la FRANCE ORIENTALE, d'après GUY. OD. 257. *Bic.* (27). Plus fertile que **l'Auvergnat noir** ou **Pinot de Bourgogne,** mais donnant de moins bon vin. On cultive à VENDÔME, sous ce nom, un **Teinturier** à grosse grappe.
Franc noirien. Voyez **Pinot noirien.**
— **Pinot**. Voyez **Pinot franc.**
— **rapport**. De semis. SIM. L. Ressemble au **Chasselas rouge brun.**
François blanc. AUBE. GUY. III, 96.
— **noir**. AUBE. AC. 327. VIV.
Franken. RHEINGAU. VIV.
— **Riesling**. OD. 299. Syn. de **Grun**

Muscateller. Je le trouve dans BAB. parmi les syn. du **Sylvaner gruner** en même temps que l'**Œstreicher**.

rankental. OD. 367. *Cat.* LER. *Bic.* (20). *Vign.* I, 43 (22). Voyez aussi **Frankentaler,** d'après ST., qui l'appelle aussi **Grosse race.** Quoique le mot de **Frankental** paraisse d'origine étrangère, ST., auteur qui n'est pas suspect, croit que cette vigne, qui est très répandue en LOMBARDIE et aussi en PIÉMONT, est italienne ; elle est en effet cultivée depuis plusieurs siècles dans le WURTEMBERG sous le nom de **Schwarz-wœlscher** ou **Noir d'Italie.** C'est un beau raisin de table, très sujet à l'oïdium sur les coteaux de SALUCES. Voyez *Ann. Vit. En.*, février 1876. Le **Frankental** est le **Trollinger** des Allemands.

'rankental bianco. *Bic. Pép.* S'est trouvé chez moi être la **Bicane.**

— **de Coster.** SIM. L. Dimensions plus grandes.

— **de Koster.** *Cat.* LER.

— **précoce ?** *Cat.* LER.

'rankentaler. AC. 322. Dess. RENDU. Dess. *Vit.* IV, 354. On le donne, par erreur, dans le *Cat.* d'AGAZ., comme syn. de **Zibibbo** et **Salamanna.**

'rankentraube schwarzblaue. Décr. MEY. Serait la **Douce noire?** Est, d'après H. GOET., syn. de **Hangling noir.**

'rä ıkische schwarze. Id. à l'**Oporto** ? d'après DOCH.

— — Voyez **Blaufränschisce.**

'ranklin. Une des vignes américaines les plus remarquables de l'espèce des **Cordifolia.** [Cépage vigoureux ; les vrilles sont continues, contrairement à ce qui a lieu pour la plupart des *Riparia.* Fruit foxé? Diffère du **Clinton Vialla** parce que ses jeunes sarments sont verts et non pourpre foncé, comme chez ce dernier, enfin parce qu'il mûrit son fruit et perd ses feuilles avant lui. Résistant au phylloxera. Bon porte-greffe. EC. MONTP.]

'rankzier voros Muskatel. HONGRIE. Syn. de **Muscat de Frontignan.**

Franpora. *Cat.* LUX.

Franzose. FRANCONIE. ST.

Frappa. GRÈCE. H. GOET. SCHMIDT.

Frappelao. AC. 161 le décrit parmi les vignes des CINQ-TERRES.

Frascone ou **Valenza.** PROV. de PAVIE.

Fratina. Id. à **Fresia grossa.** VALENZA. AC. 106.

Frati. Voyez **Uva Frati.**

Frauenfinger weisser ou **Doigt de Dame.** *Bic.* Dess. MUL.

Fray Gusano de Maina. SAN-LUCAR. ROX. Grains ovales.

Fray Gusano de Miraflores. ROX. Grains ronds, verdâtres, de maturité tardive.

Fredericton noire. De semis. *Vign.* II, 105 (149). *Cat.* LER. *Bic.*

Fregiolina nera. *Exp.* AL.

Fregiolino. D'après LEAR. et DEM. 98.

Freisetta di Montalto. IVRÉE. Décr. GAT.

Freisone. LANGHE. Quelques personnes appellent de ce nom la **Mossana.** Il en est de même dans l'arrondissement d'IVRÉE.

Frejer ? szöellö. Voyez **Fejer Szöellö.**

Frejer ? tokayer. Voyez **Fejer tokayer.**

Fresa ou **Fresia.** SCIOLZE. Répandue dans tout le PIÉMONT et principalement dans l'arrondissement de TURIN et sur les collines entre CHIERI GASSINO, TURIN et COCCONATO. AC. décr. 97. Dess. BON. *Vign.* I, 157. Une autre **Fresa** appelée petite **Fresa,** est décr. par GATTA, dess. aussi par BON. Dess. AL. Décr. INC. Prof. MILANO décr. Décrite à la fin de 1600 par J.-B. CROCE dans son traité sur les vins de la montagne de TURIN. Décr. ROVASENDA. *Economia rurale,* n° 3, 1875. La **Fresa** est un cépage qui, par sa production constante et par la bonté suffisante de son vin, pourrait être difficilement remplacée dans les collines où elle domine ; ce qui le prouve c'est l'extension que prend chaque jour sa culture. Elle a la feuille assez petite, peu découpée, avec le sinus pétiolaire très ouvert, glabre, *assez consistante* et d'un beau vert. Grappe longue, souvent claire ; raisin mou, un peu ovale, jûteux, un peu âpre et pas bon à manger. Donne un vin qui se conserve très bien. Cette vigne s'accommode de toutes les tailles.

Fresa da tavola ou **Luglienga ? nera.** *Bic.* (34). Belle et bonne pour la table.

— **di Moncucco.** *Bic.* S'est trouvée chez moi la **Brezzola di Gattinara.**

— **de Nice.** Voyez **Neiretta.**

— **grossa.** D'après AC. a pour syn. l'**Uva fratina.** Décr. par GAT. Décr. par le prof. MIL. qui lui donne pour syn. **Freisa maschio.** J'ai trouvé sous ce nom la **Brunetta** dans le vignoble d'ASTI. **Fresa lunga.**

— **masciou** ou **maschio** (*mâle*). VALLÉE d'AOSTE. Décr. GAT.

Fresa monferrina. VALLÉE d'AOSTE. Décr. GAT.

Fresa nebbiolo ou **Fresa picoutener.** IVREE. Décr. GAT.

Fresa piccola. Décr. GAT.

Fresa — **di Montalto.** IVRÉE. Décr. GAT. Id. à la **Freisetta.**

Fresa picotendro. Vallée d'Aoste. Décr. GAT.

Fresa ricciuta. Il arrive pour la **Fresa** comme d'ailleurs pour d'autres vignes, que les variétés nombreuses établies par les viticulteurs ne sont pas justifiées le plus souvent par des caractères constants. Il arrive même que sous ces noms on désigne des raisins qui ne sont pas des **Fresa** : exemple la **Fresa de Nice** qui est le **Neiretto**, et le **Freisone** qui est la **Mossana**. D'après mes observations faites principalement sur les bourgeons je serais porté à croire qu'il n'y a que deux seules variétés de **Fresa**.

Fresella nera. Salerne. Prov. Nap. Serait syn. de l'**Aglianico mascolino** ?

Fricanella. Monza, AC. décr. 299.

[**Friscularia.** Corse. Raisin noir (BOUSC.)].

Friulana ou **Friulara.** Mirano. Padoue. Dr CARP. rap. Syn. de **Raboso nostrano nero** MARSICH. *G. V. V.*, 43.

Froc de la boulaye et **Froc Laboulaye.** OD. 343. Syn. de **Chasselas Coulard.** *Cat.* LER. *Ann. Pom. Bic.*

Frolina. Pavie. *Bic.*

Fromaillet. *Cat.* Lux.

Fromental. Corrèze. GUY. II, 127. Dans le *Cat.* BUR. on trouve le blanc et le noir.

Fromenthal. Moselle. GUY III, 326.

Fromentar. *Cat.* Lux.

Fromenté blanc. Doubs et Haute-Saône. Syn. de **Savagnin.** OD. 270, 290. *Bic.* (43).

Fromenté blanc de l'Aube. A des grains légèrement oblongs. 189. OD. Id. à **Savagnin.**

Fromenteau *Cat.* Lux. Voyez **Fromentot.**

Fromentin. *Cat.* Lux. GUY. III, 466 le cite parmi les vignes de Seine et Marne.

Fromentin violet. *Cat.* Lux. La collection dite du Luxembourg, maintenant du Bois de Boulogne, devrait fournir quelques indications sur les cépages dont les noms ne figurent que sur son catalogue ; mais ce qui peut-être l'en empêche, c'est que les vignes de cette collection ne peuvent pas souvent donner de bons fruits sous le climat où on les cultive. Il est étonnant que la Société des Agriculteurs de France ne cherche pas à tirer un meilleur parti de cette collection. [Nous avons déjà dit que c'est à la société d'acclimatation qu'appartient l'ancienne collection du Luxembourg.]

Fromentot. Champagne. OD. 177. Syn. de **Pinot gris.** *Bic.* Dans d'autres régions, par exemple dans l'Isère, le **Fromentot** ou **Fromenteau** est syn. tantôt de **Marsanne,** tantôt de **Roussane.** On le trouve ailleurs employé pour désigner le **Traminer.** GUY. II, 996 le cite parmi les vignes blanches du Doubs.

Frontignan blanc. C'est le **Muscat.**

Frontignan Grezzly. *Cat.* LER. [**Muscat rouge de Frontignan** ou **Muscat rouge** en Angleterre. PUL.]

Frontignan muscat.

— **noir.** *Bic.* **Muscat noir.**

— **rother. Moscatello rosso.**

[**Frost grap.** Syn. de *Vit. Cordifolia.* PLANCH.]

Frostera. Voghera. Peut-être au lieu de **Forestiera,**

Früger ? Leipziger. *Cat.* LER. pour **Früher Leipziger.** Id. à la **Luglienga.**

Früger frühblaue et **frühschwarze** pour **Pinot noir précoce.**

Früh blauer magyar traube. En Allemagne syn. de **Madeleine violette de Hongrie.** OD. 175. 335. Signifie *Raisin précoce noir de Hongrie.*

Früh brau (ou **blau ?**) **Klœvner.** OD. 287 dit que c'est une variété du **Raisin de la Madeleine français** et même meilleure que lui. Syn. de **Morillon violet** ou **Madeleine violette.**

Früh gutedel. *Bic.* C'est le **Chasselas précoce.**

Früh Leipziger. Syn. de **Seidentraube gelbe,** d'après MUL. et DITTRICH. MEY. le dit syn. de **Malvasier früher grüner.** Tous deux sont id. à la **Luglienga.**

Früher Orléans. Syn. de **Malvasier früher grüner.** MEY.

— **Portugieser** ou **Portugais précoce** *Bic.* OD. 369. Voyez **Portugieser.**

Früh roth pour **Velteliner früher rother.**

Früh traube champagner. Voyez **Burgunder sehr früher** MEY.

Früh traube weisse. Serait plutôt employé comme syn. de **Chasselas précoce.**

Früh turkisch. OD. 325 (*précoce turc*). Syn de **Torok goher** ou **Fekete Torok goher.**

Früh weiss Magdalenen. Autriche. OD. 321. Syn. du **Honigler blauer** de Bude. Au moins je l'ai trouvé tel. *Bic.* (15).

Frühe juli ou **Augustraube.** Syn. de **Burgunder sehr früher.** MEY. ou **Pinot Madeleine.**

Frühe Lahntraube. Syn. de **Van der Lahn** ou **Laan.** DOCH.

Früher grosser gelber malvasier. MEY. Voyez **Malvasier.** Je le crois identique à la **Luglienga.**

Früher grosser gruner Malvasier. MEY. Voyez **Malvasier.**

— **morchen.** Voyez **Burgunder sehr früher.** MEY.

— **roth Velteliner.** Voyez **Velteliner fleisch roth** ou **Feldlinger.** MEY.

— **von der Lahn.** Voyez **Van der Lahn.**

Früher weisser Malvasier. Décr. MEY. Dess. SING.

Frulla di Nizza. A NICE, on cultive la **Fuella**. Je crois que la **Frulla** est du pays de GÊNES.

Frumintana. TERMINI. AC. décr. 180.

Frustignano ?

Fruttana nera. Raisin des arrondissements de LODI et de VOGHERA. Feuille entière, cotonneuse en dessous, sinus pétiolaire étroit; grains noirs ovoïdes.

Fubla. *Cat.* LUX.

Fuella bianca. NICE.

— **nera** ou **Fuola**. OD. 531 ou **Beletto nero di Nizza**. Dess. GALL. *Vign.* I, 177 (89). *Bic.* (31, 47 ?). Bon raisin qui me paraît très convenable pour donner des vins qui ne soient ni trop épais ni trop colorés, dans le climat chaud de la LIGURIE.

Fumaria. Cité parmi les cépages les plus productifs de MIRANDOLE. MODÈNE.

Fumas rosso. Voyez **Fumat du Tarn**.

Fumat du Frioul ou **Fumat noir**. Dr CARP., rap. Nonobstant l'identité de nom, il paraît différent du **Fumat français**.

Fumat du Tarn. OD.364 MEND. *Bic.* (38, 37). Très beau raisin rose, délicat. [**Fumat rose du Tarn**. Assez joli raisin d'un beau rose, grains oblongs, moyens, fondants, peau astringente (BOUSC.)]

Fumat gris ou **rose**. Id. au **Fumat du Tarn**.

Fumé. CHER. Voyez **Blanc fumé**.

Fumèla ou **Nebbieul fumèla**. OD. 541. Syn. de **Nebbiolo gentile**. Je mets ces noms et ces synonymies pour donner occasion de décider si réellement il y a des **Nebbioli** plus fins les uns que les autres, ce que j'espère éclaircir dans les descriptions que je publierai plus tard.

Fumengo. AVIGLIANA et SUSE. *Bic.* N'a pas encore fructifié chez moi : je sais qu'il résiste à l'oïdium.

[**Fumette**. SAVOIE. Figure dans le *Vign.* III, 7 parmi les syn. du **Péloursin noir**.]

Fumin. AOSTE. Dess. BON. Décr. GAT. Produit un vin de conserve qui ne doit pas être bu de suite.

Fumosa moscata. MEND. *Bic.* (2). Dans ma collection je ne l'ai pas trouvé musqué. Raisin blanc à petits pédoncules très minces. Je ne sais si l'espèce que j'ai est bien exacte.

Fumusedda ou **Fumusella**. SYRACUSE. MEND.

Fumusu ou **Furmusu** ou **Fumusa**. SICILE MÉRIDIONALE. Raisin blanc de cuve. NIC. MEND. *Bic.* (47).

Fuola. GALL. Voyez **Fuella**. *Bic.* (47).

— **blanc**. NICE. VIV.

— **noir**. NICE. VIV. Voyez **Fuella**.

Furderling. Id. à **Futterer**.

Furmint ou **Mosler weisser**. HONGRIE. OD. 307. Dess. RENDU. Décr MUL. *Bic.* (11) ? (27). MEND. *Vign.* III, 9 (197). *Cat.* LER. Qu'on lise les bonnes indications que le baron MEND. donne, dans son catalogue, sur cette vigne et sur les vins qu'elle produit. Le **Furmint** ne se plaît guère sur les coteaux de SALUCES.

Furmint des oiseaux. OD. 312. Syn. de **Madarkas furmint**. Variété ? du **Furmint** à grains doux, plus petits, qui ne sèchent pas et qui sont surtout propres à faire des vins secs. Les oiseaux et surtout les tourdres en sont très friands.

Furmint Madarkas. VIV.

Furstentraube noire. De table. *Cat.* C.BRON.

Fürterer weisser et **Furderer**, et **Forterer** et **Futterer**. WURTEMBERG. BAB. Je le crois id. au **Futterer** de MEY. ST. dit qu'il est sujet à la pourriture.

Furymony. Syn. de **Wachteleitraube**. H. GOET.

Fusette blanche. Vigne du BUGEY. Id. au **Maclou ?** GUY. II, 354 le dit syn. de **Savagnin**. [La **Fusette** du BUGEY est tout à fait différente du **Savagnin**. (PUL.)]

Fusolana. EMILIE. DE CRESC. Raisin de cuve.

Fütterer weisser. WURTEMBERG. Décr. MEY. **Vitis nicarina** de DIERBACH. Décr. MEY.

Fylleri ? GRÈCE. H. GOET qui cite SCHMIDT

G

[**Gabaig** peut-être **Gabach**. ROUSSILLON. C'est le **Boudalès** (BOUSC.)]

Gabba volpe *(trompe renard)*. ROME. AC. 139. Ainsi appelé parce que ses raisins sont colorés avant d'être mûrs et deviennent ensuite blancs. C'est, je crois, le raisin que le comte ODART appelle **Kadarkas blanc de semis**.

Gabriel noir. PUL.

Gærtner rouge. ROGER. Vigne hybride américaine recommandable, à saveur parfumée.

Gagliano. Voyez **Aglianico**.

Gagliuoppo nero. TURI, ou **Magliocco**. MEND. *Bic.* (38).

Gaglioppa ou **Gaglioffa bianca**. FERMO. *Bic.*
— **nera.** FERMO. *Bic.* Paraît convenir de préférence aux PROVINCES MÉRIDIONALES.
Gaglioppo et **Gagliuoppo nero**. TURI. POUILLES. MEND. *Bic*
nero. BARLETTA.
Gagrima. AC. page 139 le cite parmi les cépages romains.
[**Gaham's Cranford muscat**. *Cat.* LUX.]
Gajanese nera. PROV. NAP. *Bull. amp.* VII, 544.
Gajetto. Décr. AL.
Gaikaouk. OD. 586. Raisin blanc de PERSE et d'ARMÉNIE estimé pour la cuve.
Gaillagues. NAUVIALE. AVEYRON. GUY. II, 51.
Gaillard. Syn. de **Lombard** et de **Hureau**. OD. 204. Vigne de l'YONNE. Le D[r] FL. la donne pour syn. de **Gouais**.
Gaioppa nera. PESCARA. MEND. *Bic.*
Gaisdutte blaue. SPRENGEL, cité par BAB., le donne pour syn. de **Marokaner blauer**. On l'écrit habituellement **Geisdutte**. Voyez ce mot.
[**Gaïs Dutte**. HONGRIE. *Jard. des Pl.* de DIJON. raisin blanc au feuillage peu divisé, presque rond ; n'est pas le **Marocain**. [BOUSC.] C'est le précédent qui, d'après SPRENGEL, serait syn. de **Marokaner**.
Gaysserin. PEL. Syn. de **Tibouren** dans l'ancienne PROVENCE.
Galana. SAN-LUCAR. ROX. Grains moyens, blancs, presque ronds, un peu serrés.
Galandino bianco. PIÉMONT.
— **nero**. *Pépin. Bic.* Raisin de cuve.
[**Galet noir**. CORSE. BUR.]
Galetto. Syn. de **Barbera grossa** ? Environs de BRA (PIÉMONT). Décr. INC.
Galetto bianco. SAN MARZANETTO. ASTI.
— **nero**. MONGARDINO. ASTI.
Galla bianca. PAVIE. *Bic.*
Gallazone id. à **Groppella**. SOD.
Gallega. ESPAGNE. ROX.
Galleriano bianco.
— **nero.**
Gallet blanc. OD. 416. MAR. Syn. de **l'Ulliade blanche** dans les vignes de SAINT-GILLES. (GARD). Est aussi cité dans le *Journal de Vit.* II, 282.
Galletta bianca. TOSCANE. SOD. Décr. INC. Décr. AGAZ. Id. à **Cornichon** ou **Pizzutello**. *Bic.* (33) ? On m'a envoyé de LUCQUES avec un nom erronné un raisin à grains blancs ayant la forme de la **Galletta** ou **Bozzolo** (*Cocon*) que j'ai classé n° (37). Ce raisin diffère du **Pizzutello** à qui ne peut nullement convenir le nom de **Galletta** *(cocon)* puisqu'il a les grains pointus ; le nom de **Citriuola** *(cornichon)* lui conviendrait mieux.
Galletta nera. TOSCANE. SOD. fait observer que cette variété est inférieure en bonté à la **blanche**. Raisin de LOMBARDIE et VÉNÉTIE, d'après FRO. [TOSCANE. C'est l'**Olivette noire** de l'HÉRAULT (BOUSC.)] ?
Galletta rosea. Décr. INC.
— **rossa**. TOSCANE. PUL. MEND. *Bic.*
Gallettona. Décr. AGAZ.
Gallico de CALABRE. MEND. *Bic.*
Galligora.
Gallinella.
Gallinzone bianco.
— **duro.**
Gallizia. ISTRIE. Syn. de **Refosco**. AC. décr. 194.
Gallizione. LUCQUES. MECHETTI. *Bic.* (16) Raisin blanc.
Gallo de la Palme. *Cat.* LUX. [ESPAGNE ; raisin blanc à grains allongés jaunes ambrés, très fondants, saveur astringente. (BOUSC)]
Galloffa pour **Galloppa** et **Gaglioppa**. MACERATA.
Gallopolo. PROV. NAP. Raisin de second ordre.
Gallura Zeni. DAMAS. Très beau raisin blanc de table à grains allongés que je dois à l'obligeance de M. le commandeur PEIROLERI, secrétaire général des affaires étrangères. *Bic.* (38) ?
Galopine. GRENOBLE. Serait id. au **Viognier** ? PUL, *Rap. Amp.* GUY. II, 253 écrit **Galpine**.
Galoppo bianco. SARDAIGNE. Décr. INC. [De la tribu des **Panses**.]
Galoppu. SARDAIGNE. Raisins blancs, oblongs, un des meilleurs pour la table. *(Fl. Sard.)* Syn. de **Latifolia**. *Bic.* 31. J'ai eu sous ce nom un raisin qui m'avait été envoyé de SARDAIGNE et qui se trouve id. au **Mayorquen** ; et par contre le **Paloppu** s'est trouvé chez moi id. au **Crujidero**. Je me réserve d'examiner, dans la description de ces raisins, lequel des deux sera exact.
Galotier. *Cat.* LUX.
Galpine. ISÈRE. GUY. Voyez **Galopine** ? Il paraît que GUY. le classe parmi les raisins rouges.
Gamai abondant. Syn. de **Gamai teinturier**. *Journ. vit.* III. 157. *Bic.*
Gamai à fleur double. PUL. *Bic.* C'est une bizarrerie de la végétation. Naturellement ce **Gamai** ne produit pas de fruits.
Gamai à grains longs. J'ai reçu sous ce nom l'**Enfariné** du JURA. *Bic.*
Gamai Arnoul. *Pép. Bic.*
Gamai Bevy. *Bic.* De qualité inférieure, d'après le comte ODART. 219.
Gamai blanc. JURA Syn. de **Melon**. Ailleurs est appelé **Feuille ronde**. Le comte OD. fait par erreur le **Gamet blanc** syn. de **Barolo**. Il n'y a aucun rapport entre ces deux cépages.

amai blanc. *Bic.* (11). OD. 274. décr. Dess. RENDU. *Vignoble.* I, 127 (64). Dans la MARNE et le JURA on donne improprement ce nom à **l'Epinette blanche.** OD. 184, 272. Il est aussi appelé par quelques personnes **Feuille ronde,** mais à tort, parce que ce nom est aussi donné au **Mauzac,** au **Savagnin** et à d'autres raisins.

amai blauer. Gamet bleu ou **noir.** En ALLEMAGNE on désigne par **blaue** *(bleu)* ou **schwarze** *(noir)* le raisin noir. Décr. MEY. Voyez **Burgunder schwartzerrundbeeriger ?**

amai Chambertin ? *Bic.* INC. Je crois cette dénomination erronée, il y a le **Pinot Chambertin.** C'est une vigne à raisins blancs que j'ai reçue sous le nom de **Gamai Chambertin.**

amai Charmeton ? *Bic.* MEND.

amai Chatillon. LYON. *Bic.* (35). J'ai remarqué que ce **Gamet** a des feuilles colorées en amaranthe en beaucoup plus grande quantité que toute autre variété.

amai commun. Dess. AL. Désigne en beaucoup d'endroits le **Gamai d'Orléans.** OD. 207.

amai d'Arcenault ? ou **d'Arcenant.** CÔTE-d'OR. PUL. OD. 216. VIV. *Bic.*

amai d'Evelles. *Cat.* SIM. L.

amai de Gresvrey, près DIJON. Probablement syn. de **Gamai de montagne.** OD.

amai de la Bronde LYON. OD. 214. *Bic.*

amai de Labronde. *Cat.* SIM. L.

— **de la Claire.** LYON. OD. 208. *Bic.* Serait un **Petit Gamet** amélioré

amai de la Dôle. BEAUJOLAIS. OD. 213. Cultivé principalement en SUISSE.

amai de la Nièvre. OD. 217. *Bic.* Syn. **Lyonnaise commune.** Un des **Gamets** qu'on cultive plutôt pour l'abondance de ses fruits que pour la bonne qualité de son vin.

amai de la Treille ou **Nicolas.** OD. 210.

— **de Liverdun.** MOSELLE. *Bic.* OD 217.

— **de Magny.** Paraît-être le **Gamai de la Bronde** perfectionné.

amai de Malain. *Bic.* OD. 221.

— **de Montagne.** CÔTE d'OR. Dess. RENDU

amai de Monternier. *Bic.*

amai de Morvan. *Bic.* MEND.

amai d'Orléans. TOURAINE. PUL. *Bic.* Je ne trouve pas qu'on puisse appeler **Gamai** ce raisin parce qu'il a des grains ronds. Il est id. à l'**Avana di Chiomonte** ; il est très fertile. Il en est du même du **Varennes noir** ou du **Gamai de Varennes,** que je crois identiques.

amai d'Ovola. *Bic.* OD. 216.

Gamai do Perrache ou **Plant de Perrache.** LYON. *Bic.*

Gamai de St-Cyr. *Bic.*

Gamai de St-Galmier ou **des trois ceps.** MONTBRISON. *Bic.* OD. 216.

Gamai de St-Peray. ARDÈCHE. PUL.

Gamai de St-Romain. *Bic.*

Gamai des Gamais. *Bic.*

Gamai de Varennes noir. MEUSE. OD. 260. *Bic.* PUL. Voyez **Varennes noir.**

Gamai de Vaux. *Bic.*

— **du jardin Moulin.** *Bic.*

— **fin.** CÔTE d'OR. *Bic.*

— **Grand Liverdun.**

— **gris.** A, d'après PUL., sauf la couleur, les mêmes caractères que le noir.

Gamai gros ou **rond** ou **Gros Gamais.** *Bic.* OD. 206. Serait le **Gamai d'Orléans.**

Gamai gros rouge. *Bic.* (43). GANIER. Très différent du **Gamai** du BEAUJOLAIS ; très fertile mais moins estimé ; il est noirâtre, et a des grains ovales plus gros que ceux du précédent.

Gamai Henryet. ALLIER. OD. 221. Syn. de **Gamai noir.** *Bic.*

Gamai Liverdun. MOSELLE. VIV.

— **Liverdun rouge.** DOUBS. VIV.

— **Magny issu du plant de la Bronde.** LYON. OD. 213. *Bic.*

Gamai Morvandiot. NIÈVRE. VIV.

Gamai Nicolas. *Bic.* Dess. RENDU ou **Plant de la Treille.** Résiste mieux dans les terres stériles.

Gamai noir ou **petit Gamai.** BEAUJOLAIS. OD. 207. *Bic.* Dess. *Journ. Vit.* I, 112. *Vignoble.*

Gamai Picard. *Bic.* Je l'ai vu très répandu dans le vignoble de M. FLEURY-LACOSTE, en SAVOIE. On le distingue facilement des autres **Gamais,** d'après OD., à cause de ses feuilles qui, dès les derniers jours de juin, sont tachetées de rouge.

Gamai rond ou de Montagne. Syn. de **Gros gamai noir** ou **Gamai** d'ORLÉANS. *Bic.* (11).

Gamai teinturier. *Bic.* Dess. *Journ. Vit.* III. 157. Il est relativement plus productif que le **Pinot teinturier.**

Toutes ces dénominations proviennent de ce que les **Gamais** étant cultivés dans diverses régions, on les a multipliés en choisissant toujours les ceps les plus fertiles. Toutes ces variétés peuvent se réduire en définitive à un petit nombre ; et si on ne les compare pas ensemble pendant plusieurs années, il sera bien difficile de dire quelles sont celles qui conviendront le mieux, car toutes sont très fertiles. On fera bien de consulter à ce sujet l'opuscule intitulé *Cépages et vins Beaujolais,*

Lyon, 1869, dont l'auteur, M. PULLIAT, fait autorité dans cette matière, puisqu'il réside au milieu de ces cultures. Les **Gamets** se prêtent très bien à la taille courte, et n'ont besoin d'aucun soutien. Une vigne ainsi traitée à ROVASENDA fut vendangée en 1874, le 31 août, et donna un vin très solide, bon pour le commerce. La précoce maturité des **Gamais** permet de les cultiver à des altitudes alpestres et froides où d'autres espèces de vignes ne pourraient plus prospérer. De très belles plantations de ce genre ont été faites en TOSCANE par le marquis DEGLI ALBIZZI, viticulteur très intelligent, enlevé malheureusement trop tôt à ses travaux. Elles peuvent servir de modèle aux italiens et contribuer ainsi à étendre la zone de la culture de la vigne.

Gamau. Voyez **Gamet**.

Gamba di pernice. MONTFERRAT. *Bic.* (16) Dess. AL. Est tout à fait différent du **Pied de Perdrix** français et ce qu'on lit sur l'identité des deux cépages dans l'Ampélographie de LEAR. et DEM. n'est pas exact. C'est surtout un raisin de table.

Gamba rossa lunga *(jambe rouge longue)*. VOGHERA. *Exp.* AL.

Gambo corto. MONTELUPO. MEND. *Bic.* (31). A le pédoncule de la grappe très court.

Gambo lungo. LUCQUES. MEND. *Bic.*

— **rosso**. LUCQUES. MECHETTI. *Bic.* Syn. de **Colombana** de PECCIOLI.

Gambo rosso-nero. LUCQUES. MEND. *Bic.* (44) ?

Gambujana. Serait syn. de **Negrara** à VICENCE d'après PELLINI qui le croit voisin des **Cabernets**. Il donne un vin riche en couleur, bien délicat, pas très généreux, dans le genre du **Bordeaux**, mais il est peu productif.

[**Game** de la Coll. du Comice agr. de TOULON. Probablement *Labrusca*. EC. MONTP.]

[**Gameau**. **Chasselas Gameau** ou **Chasselas jaune** de la DRÔME (BOUSC.)] Voyez **Gamot**.

Gamet blanc. A LONS-LE-SAULNIER et dans d'autres localités du JURA et de la CHAMPAGNE, on appelle ainsi l'**Epinette**, tandis que le vrai **Gamet blanc** est appelé **Melon**. Voir **Gamai**.

Gamet nero. Voir **Gamai**. On écrit indifféremment de l'une ou de l'autre manière. OD. 206.

Gamiau rouge. ISÈRE. Id. à l'**Ulliade**.

Gammeri. AUBE. Cité par GUY. III, comme syn. de **Troyen**.

Gamot ou **Chasselas jaune de la Drôme**. OD. 334 le dit préférable au **Chasselas de Fontainebleau**.

Gand Jac rose. *Cat.* LUX. [Sans doute **Rose de Gandja** (PUL.)]

Gandie rouge. DORDOGNE. BUR. VIV.

Gandier. *Jard. bot.* de GENÈVE. AC. 322.

Gandouche blanc. HAUTE-VIENNE. GUY. I 141.

Gandurina. AC. 158. Décrit parmi les raisi des CINQ-TERRES.

Gangea bianco. MEND. *Bic.*

Gannolin petit vert rosé. *Cat.* DAUESSE.

Gansfusser écrivent BAB et H. GOET. **Ganfuszler** décrit par MEY.

Gansfuszler blauer. Décr. MUL. Signi *Pied d'oie bleu*. Je l'ai trouvé dans quelqu auteurs comme syn. de **Raisin du Cantal** Dans le dessin qu'en donnent BAB. et METZGER j'ai remarqué que les feuilles sont palmé avec trois nervures plus détachées ; la grap est rameuse, claire, avec pédoncule long.

Garabatona. SAN-LUCAR. ROX. Espèce **Lambrusca noire**.

Garber red fox. *Bic.* 61. Le *Cat.* AGAZ. le fa syn. d'**Isabelle d'Amérique**. M. PICC. n l'a envoyé et il s'est trouvé être le **York Madeira**

Gardino ou **Cardino nero**. ROCCAVIONE. CUNE Je le crois identique à **Montanera ?**

Garganega bianca et **Garganegra**. EMIL et VICENCE, CRESC. Dr CARP. rap.

Garganega gentile. TRENTE. AC. 303.

— **maggiore**. TRENTE. AC. 303.

— **veronese bianca**. AC. 275. I CARP. rap.

Gargania bianca. ISTRIE. Id. à **Garganega** *Bic.* (19). Ce cépage étant encore jeune da ma collection, je n'ai pas pu le classer d'ur manière certaine. Il m'a paru id. au **Ribolla**

Garidelia præcox. ROX. voulait appel ainsi le **Früh Portugieser** en l'honneur d botaniste GARIDEL.

Garideli uva. Nom donné par ROX. à la **Moravita de Xères**. OD. 298.

Garidel est employé par d'autres auteurs pou désigner le **Teinturier**.

Garnacia blanc. (SARDAIGNE). *Cat.* LUX. Voy **Guarnaccia**.

Garofano.

Garofoletta. Nom donné à la **Malvasia bianca** d'ASTI dans la PROVINCE ROMAINE, à cause d son parfum.

Garpolino.

[**Garriga**. ROUSSILLON. C'est le **Calitor** (BOUSC.)]

Garrigue. *Cat.* LUX. PYRÉNÉES-ORIENTALES BUR. Raisin noir. [LARDIER cite le **Garrigue** parmi les raisins noirs de PROVENCE. (BOUSC.)]

[**Garrique**. LUX. Son feuillage a du rapport ave celui du **Piquepoul**. Raisin noir, fertile, précoce. (BOUSC.)]

Gascon. D'après GUY. est syn. de **Mondeuse**? dans le LOIRET et le LOIR ET CHER. ST. le fait, syn. de **Teinturier** ?

Gascon rouge. *Cat.* LUX. ORLÉANAIS. Id. à la **Petite Parde** de la GIRONDE, Est fertile, mais peu apte à donner de bons vins, d'après OD. 249, qui dit que c'est un *cépage à dédaigner*.

Gastelvit. Voyez **Ghastelvit.**

Gatta. PADOUE. Dr CARP. rap. BOLOGNE, où il est appelé aussi **Cimice.**

Gatta alionza bianca. BOLOGNE.

Gattanera di Valdobbiadene. *Alb.* T. *Bic.* (11).

Gattinara. VOGHERA. Raisin de couleur, se mettant tard à fruit.

Gattinera. VOGHERAIS. AC. décr. 57. Peut-être id. à **Gattanera** ? ou à **Gattinara** ?

Gauche ou **Gueuche noir.** JURA. ROUG.

Gaudie. *Cat.* LUX.

Gauer. *Cat.* LUX.]

Gaumé et **Goumé.** JURA. Syn. de **Gamet.** ROUG.

Gaysserin. Syn. de **Tibouren.** OD. 469. PEL.

Géclard. Cat. LUX.

Geisdutte. ALLEMAGNE. MEY. décr. Raisin de table. Serait syn. de **Maroquin** ?

Geiszdutte blaue. Décr. J. MUL. BAB. écrit **Gaisdutte** et le donne pour syn. de **Marokaner blauer.**

Geiszdutte weisse. Décr. MUL. Syn. de **Ketsketsetsu** d'après DITTRICH.

Geiss-dutten weisse. OD. 370 le dit syn. de **Pis de Chèvre.** Id. au précédent. Dans toutes ces dénominations on a conservé l'orthographe des auteurs.

Geisler ou **Tramontaner**. Syn. de **Chasselas rose royal.** OD. 348. *Bic.* (16) ?

Gel. Syn. de **Hudler rother.** HUDLER. BAB.

Gelbalben, Gelbalbig et **Gelbelben.** Voyez **Elben gelber.**

Gelber elbling. Variété de l'**Elbling weisser** MEY.

Gelbe seidentraube (*Raisin jaune de soie*). DITTRICH. Syn. de **Luglienga.**

Gelbe seidentraube. Syn. de **Malvasier früher grüner.** MEY. Voir aussi **Seidentraube.** Je le crois id. à **Luglienga.**

Gelbhœltzer. HAARDT. Syn. de **Gros Fendant noir.** ST. Signifie *bois jaune*.

Gelbhölzer. *Cat.* de KLOSTERNEUBURG et BAB. D'après H. GOET., le **Gelbhölzer blauer** est syn. de **Rauschling blauer.**

Gelbholziger schwarzblauer Trollinger. Voyez **Trollinger.**

Gelb Szirifandl. Nom donné dans la COLL. du LUX. au **Grun muscateller** dans un envoi fait au comte ODART. OD. 302.

[**Gelb muscateller.** OD. raisin blanc, grains ambrés presque moyens, pas musqués (BOUSC.)]

Gelb traminer. OD. 290. Id. au **Savagnin jaune** des Français.

Gella ? NUITZ. *Bic.*

Gelsomina. VÉSUVE.

Gemeiner gutedel. DOCH. Syn. de **Chasselas doré** ou **commun.**

Gemeine rothe. FRANCONIE. Syn. de **Traminer rouge.**

Gemeiner weisser Rauschling. Voyez **Rauschling.**

Genastrola. Cité par GATTA parmi les raisins d'IVRÉE.

Genat petit blanc. *Cat.* LUX. Voy. aussi **Genet**?

Genebrera. *Cat.* LUX. ESPAGNE. BUR. Raisin blanc.

Général Lamarmora. De semis. *Cat.* LER. *Bic.* PUL. le dit un peu musqué ? *Vign.* I, 135 (68).

Generoide veronese. AC., qui le décrit, le dit syn. de **Salamanna rossa** des Toscans.

Generosa. SARDAIGNE. Syn. de **Muscadeddu.** Le **Muscadeddu** a des grains ronds, tandis que le **Muscatello** les a oblongs ? d'après la *Flor. Sard.*

Genet blanc. SEINE ET MARNE. GUY. III. 470.

Génétin. N'est pas décrit dans le *Cat.* SIM. L.

Genevose. Je trouve ce nom cité par GUY. 127 parmi les vignes blanches de la CORSE.

Genoillère écrit GUY. Je crois que c'est le **Genouillet.** GUY. incline à croire (à tort ?) qu'il est id. à la **Mondeuse.**

Genouillet de Berry. Départements du centre de la FRANCE. ISSOUDUN. *Cat.* PUL. OD. 249. *Bic.* (28) ? Je ne sais si c'est par suite de quelque confusion, mais j'ai trouvé dans ma collection que le **Genouillet** était semblable au **Verdot** qui m'avait été expédié.

Genouillet rouge du Berry. Ce cépage est conduit à taille courte dans son pays d'origine.

Genova. *Cat.* LUX. ESPAGNE. Raisin noir d'après BUR.

Genovese. CORSE. VIV. C. BRON. l'appelle **Genueser blanc** de table. Je ne sais de quelle variété il veut parler. Voyez aussi **Genevose.**

Gentil aromatique. BAS-RHIN. OD. 281. Dess. RENDU. GUY. III, 282. Syn. de **Riesling.**

Gentil blanc. Sur les bords du RHIN est syn. d'**Epinette blanche** ? OD. 255, 281; dess. par RENDU qui dit que le **Gentil blanc** est désigné à tort comme syn. d'**Epinette** ou **Morillon** ; il donne la figure du **Savagnin blanc** qui est, d'après lui, syn. de **Weiss edler** et **Weiss silber.**

Gentil blanc d'Alsace d'après PUL., est id. au **Savagnin du Jura** ou **Traminer.**

Gentil brun. *Pépin. Bic.* J'ai reçu par erreur sous ce nom le **Sauvignon.**
Gentil duret. HAUT RHIN. GUY. III, 243. Syn. de **Traminer.** ST.
Gentile bianca. FERMO. MARINI. *Bic.*
— **nera.** FERMO. MARINI. *Bic.*
Gentil gris. Dess RENDU. C'est, je crois le **Pinot gris.**
Gentil noir de Lorraine. *Bic*
Gentil noir. ALSACE. Syn. de **Pinot noir.** ST.
— **rose.** ALSACE et BAS-RHIN. Dess. RENDU *Bic.* (43). Syn. de **Traminer rouge ou Savagnin rose.**
Genueser. Voyez **Genovese.**
Gerardina. VICENCE. AC. décr. 217.
Gerico. Raisin des collines d'ALBANO.
Germano ? Voyez **Fragermano.**
German wine. V. amér. DOWN. Syn. de **York Madeira.**
Geronima dorata. MALAGA. *G. V. V.* II.
Gerosolimitana. AC. décr. 180 parmi les raisins de TERMINI. Raisin noir. Décr. INC. D'après le baron MEND. serait aussi syn. de **Marsigliana** (*Marseillaise*).
Gerosolimitana de Favara ou **Marco Catalano bianco.** *Bic.* Cette variété, d'après le baron MEND., est ornementale et une des meilleures.
Gerosolimitana ou **Salemitana bianca.** SICILE. Aussi de la région de l'ETNA. MEND.
Gerosolimitana Salemitana nera. SICILE. SYRACUSE. C'est, d'après le baron MEND., le meilleur raisin de table de l'ITALIE MÉRIDIONALE.
[**Gersette.** LUX. Beaux raisins à grains moyens pour grande culture (BOUSC.)]
Gersette noire. FRANCE CENTRALE. PUL. *Bic.* (11).
Gerusalemme (*Jérusalem*). *Bic.* Id. à la **Terra promessa.** Serait synonyme de **Moscadella bianca ?** dans la PROV. de BARI ?
Gerusalemme rossa. BÉNÉVENT (NAPLES). Décr. *Bull. Amp.*
Gesche Kleiner. BAB.
Geshlachter Bürger (*fin bourgeois*). BAS-RHIN. Syn. **Elbling.** ST.
Geschlitz blattriger gutedel. C'est le **Chasselas lacinié.** Dess MEY.
Gewürz rissling. Syn. de **Rissling.** MEY.
— **traminer.** *Bic.* Variété de **Traminer** cultivée dans les vignes expérimentales de KLOSTERNEUBURG.
Gewürz traube. Syn. de **Rissling.** MEY.
Gewürz traube rothe. Raisin aromatique rouge décrit par MUL. Id. à **Muscateller rother.**
Ghastelvit veronese. AC. décr. 243.
Gherpellà cité parmi les raisins ordinaires noirs de SASSUOLO. MODÈNE. *G. V. V.*
Gherpellona nera cité parmi les raisins de MIRANDOLE (MODÈNE).
Gherstarizza grossa et **piccola.** ISTRIE. AC. décr. 191.
Ghiacciaia précoce.
Ghiandaja nera. INC.
Ghiera dadda. *Exp.* AL. Voyez **Giridada.**
Ghirighicchio. SIENNE. *Bull. Amp.* IX. 790.
Giachin nero. ISOLA, CUNEO. *Bic.* Ayant probablement quelque rapport avec le **Balau.** Le **Giachin** de CHERASCO m'a paru id. à la **Brunetta.**
Giacomina bianca. G.
Giamelot d'Alpignano. Dess. BON. où il est dit syn. de **Castagnass,** Je l'ai trouvé id. à la **Mossana.** *Bic.* (43).
Giancarotta Padulesca de MASSA. AC. 155 le décrit parmi les raisins des CINQ-TERRES.
Giancassa et **Gianchetta.** SAN-REMO. Très voisine de la **Vermentina.**
Giandurina. GENOVÉSAT. FRO.
Giardino. Raisin du HAUT-NOVARAIS.
Gibertin. *Cat.* LUX.
Giboudot. SAÔNE ET LOIRE. PUL. *Vign.* III, 1[illegible] (199) *Bic.* Je l'ai reçu de la BOURGOGNE et c'était un **Gamet.**
Giboulot blanc. Le comte OD. en avait parlé dans les deux premières éditions de son *Ampélographie,* mais il n'en dit plus rien dans la troisième, ne trouvant pas sans doute que ce cépage mérite d'attirer l'attention. Je le croirais id. à l'**Aligoté.** Voyez aussi **Purion.**
Gibraltar. SIM. L.
Gigante ou **Sabato.** BASELICE. PROV. de BÉNÉVENT. *Bull. Amp.* X.
Gignanese.
Gimrah. *Cat.* LUX. C'est, je crois, un raisin noir.
Ginecey d'Argancy. MOSELLE. GUY. III. 326. Syn. de **Foirard.**
Ginestra. PROV. NAPOL. AC. 303. Je le crois un des meilleurs raisins blancs.
Ginnaremo. CRESC.
Ginoux d'Agassa (*genoux de pie*). Nom donné au **Pécoui-touar** dans quelques localités de PROVENCE ; on l'appelle aussi **Genou de Berthe** à cause de son pédoncule plié, comme on me l'a expliqué en PROVENCE même. PELL. 55 [Syn. de **Calitor** de l'HÉRAULT (BOUSC.)].
Gioia rossiccia. VÉSUVE. FRO.
Giolina. PIÉMONT. INC. PUL. AC. 87. Je le crois id. à **Pizzutello.**
Giomeltato blanc. *Cat.* LUX. *Cat.* LER.
— **noir.** *Cat.* LUX. C'est peut-être le **Giamelotto** du PIEMONT dont le nom a été

écorché. Dans une description du *J. d'essai* d'ALGER, je trouve que ce cépage a ses raisins noirs, ovales ; sa grappe grosse, belle, très rameuse. Ces caractères se rapportent parfaitement à la **Mossana** ou **Giamelotto.**

Gioncaretta du GÉNOVÉSAT. FRO

Gionea. OD.534 le cite parmi les vignes blanches de NICE. VIV. Identique peut-être à **Panea ?**

Giovanni. NAPLES. Voyez **Colagiovanni.**

Giovetana.

Gioveto. (TOSCANE) ? *Cat.* LUX. Voyez **Sangioveto.**

Girico bianco. TERLIZZI. POUILLES.

Giridada et **Geradada.** *Exp.* AL. Grappes ailées, serrées, cylindriques au sommet. Grains ronds, noirs. *Bic.* (11).

Giridada. SCIOIZE. *Bic.* Je la crois id. à l'**Oselin** ou **Noselin roi du vin** de RIVOLI trouvé aussi par moi avec le nom de **Carcagnet,** parce qu'il est très serré. Est le même que le précédent.

Girò niedda. SARDAIGNE. OD. 558, *Vign.* II, 67 (130). *Bic.* (48. 44 ?) Décr. INC. On lui donne dans la *Fl. Sard.* le nom de **Suavis.** Le raisin est très pruiné.

Girò noir. *Cat.* LUX. ou **Girò nero.** VIV. Je le crois id. au précédent.

Girodino. Décr. AL. Syn. de **Grignolino.**

Girone. SARDO. *Bic.* Ayant reçu par erreur sous ce nom l'**Axinangelus,** je n'ai pas pu comparer s'il était id. au **Zironi** ou au **Girò ?**

Gitana. MESSINE. MEND.

Giulianese.

Giuradada. Voyez **Giridada.**

Giustulisa bianca. SYRACUSE. MEND. *Bic.* (15) A une très belle couleur rose ambrée.

Giustulisi. AC. décr. 179 parmi les raisins de TERMINI.

Givigone.

Glaciale nera.

[**Glacier blanc.** VAUCLUSE. A le feuillage des **Panses**). (BOUSC.)]

[**Glacier noir.** VAUCLUSE. C'est le **Gros Guillaume** BOUSC.]

[**Glacière blanche.** VAUCLUSE. J'ai reçu sous ce nom le **Servant blanc** de l'HÉRAULT (BOUSC.)]

Glasschwarz. WURTZBOURG. Syn. de **Möhrchen.** BAB.

Glavinassa. Raisin de la DALMATIE.

Glera bianca. TRIESTE. *Bic.* (15).

— **secca.** UDINE AC, 295.

Glianica. Voyez **Forcinola.** Voyez **Piè di Colombo.** Voyez aussi **Aglianica.**

Glianica nera. BARLETTA. POUILLES. Raisin de cuve. *G. V. V.* 16.

Glianicone. NAPLES. Voyez **Aglianicone.**

Glockauer. Syn. de **Tokayer blanc.** H. GOET.

Glybari. GRÈCE. H. GOET.

Glycere. *Cat.* LER.

— **rosea.** De semis. Précoce. SIM. L.

Gmaresta. BOLOGNE. CRESC. dit de ce raisin *qu'il n'est mangé volontiers ni par les oiseaux, ni par les chiens, ni par les hommes.* Je suis porté à croire que c'est la **Bermestia.**

Goccia d'oro *(Goutte d'or).* TYROL. *Bic.* 31. Je l'ai reçue de M. SANDONA, de ROVEREDO. Raisin blanc.

Goëthe. ROGER. De semis. V. amér. hybride. Feuilles grandes, sinuées, duvetées en dessous. Grappe sur moyenne, un peu ailée et serrée ; grains gros, sphériques, blancs verdâtres, 2me époque de maturité. Raisin de table. PULL. [non résistant au phylloxera. EC. MONTP.]

Goher. *Cat.* LUX. HONGRIE. Syn. de **Ausgter.** H. GOET.

Goix blanc. AISNE.

Goix noir. AISNE.

[**Gola Giovanni.** LUX. Voyez **Cola Giovanni?**]

[**Golden Champion** ou **Golden doré de Thomson.** *Cat.* LUX, Vigne de semis obtenue en Angleterre par THOMPSON, jardinier du Duc de Buccleugh, décrit dans l'*Illustr. hort.*, tome XVI. livr. de janvier 1869. (BOUSC.)]. L'auteur croit que c'est un raisin à comparer avec la **Bicane.** Le nom sous lequel il figure dans l'*Illustr. hort.* est : **Thomson's Golden Champion grape.**

Golden Clinton. V. amér ; une des variétés de *Cordifolia* les plus remarquables. A les caractères du **Clinton,** mais est plus robuste. Raisin de cuve. PUL. [Contrairement à l'assertion de l'Auteur, le **Golden Clinton** se montre, à l'Ecole d'agr. de Montpellier, chétif et bien inférieur au **Clinton.** EC. MONTP.]

Golden hambro. Raisin blanc de table. *Cat.* C. BRON.

Gondoin ou **Gamai.** EURE ET LOIR. GUY. III, 516.

[**Gondran.** ISÈRE. Syn. de **Peloursin noir.**]

Gonet noir, VIV. Peut-être **Gouet ?**

Gonfiabotti bianca. IESI. MARCHES. Syn. de **Pagadebito** *(paie dette).* GAND. *Ann. Vit. En. Bull. amp.* II.

[**Good black** *(Bon noir).* Syn. d'**Eumelan.** PLANC.]

Gorgoglio. TOSCANE. Raisin ambré, bon à manger. ROB. LAWL.

Gorgolasca. TOSCANE.

Gorgonese. CINQ TERRES. SESTRI. AC. décr. 159.

Gorgottesco nero. TOSCANE. POLLACCI. CIN. SINALUNGA. Décr. *Bull, Amp.* VII. 513.

Goristijc. STYRIE. Syn. de **Bettlertraube blaue.** H. GOET.

Goris **toilé** ou **Occhio di majale** (*œil de cochon*) CAUCASE. PUL. *Bic.* Raisin blanc de cuve.

Gornisch ou **Gornisa** serait syn. de **Silber weiss** d'après H. GOET., et le **Silber weiss,** d'après RENDU, serait le **Savagnin.**

Gorogranshzha. Syn. de **Shopatna blanche** H. GOET.

Goruli blanche. TIFLIS. Raisin de table et de cuve.

Gospinsza. Syn. de **Pinot précoce.** H. GOET.

Got noir. *Cat.* LUX. Dans GUY. III, 173 on trouve le **Got** ou **Gouais** parmi les vignes blanches de la NIÈVRE.

Gouai blanc. ANNECY. PUL.

Gouais blanc. LOIR ET CHER, AIN. GUY. III, 196 le nomme aussi **Gouge.** *Cat.* LUX. *Bic.* (11). Vigne du Nord-Est de la FRANCE. Je crois inexacte la synonymie donnée par ST. du **Gouais** avec l'**Elbling** d'ALLEMAGNE. Le baron MANUEL de SAN GIOVANNI, écrivain distingué qui s'attache à l'étude de tout ce qui peut intéresser son pays, botaniste et viticulteur, me donna une vigne provenant de la Haute Vallée de MAIRA, dans les montagnes de STROPPO, qui se trouva être le **Gouais français.**

Gouais jaune. *Cat.* LUX. VIENNE. VIV.

— **noir.** JURA. ST-AMOUR. Syn. de **Gueuche.** C'est l'opinion de GUY. 11, 395. Le même auteur cite aussi un **Gouais noir** parmi les raisins de SEINE et MARNE.

Gouais petit. *Cat.* LUX. ou petit **Gouais blanc.** JURA, VIV.

Gouche blanc ou **Gui.**

Gouche noir. TARENTAISE. Voyez **Gui noir.**

Gouge. Voyez **Gouais blanc.**

Gouget. PUY-DE-DÔME. Syn. de **Neyrou.** OD. 232.

Gouinche. ISÈRE.

Gouin rouge. *Cat.* LUX.

Goujean (ALLIER). Syn. de **Meunier.**

Goulu blanc. ISÈRE. GUY. II, 253. INC.

Goulu noir. ISÈRE. Paraît id. au **Mornen noir.**

Goundoulenc. Voyez **Guindolenc.**

Gourdoux. LUDON et TARN et GARONNE. Syn. de **Cot.** *Journ, Vit.* II, 15.

Gourdoux noir. TARENTAISE. Voyez **Gui noir**

Gouvejo. Vigne portugaise très fructifère qui donne un raisin blanc très doux, excellent pour la cuve. OD. 521.

Govai botté ? AC. 326. Doit être une altération du mot **Gouais.**

Govai petit. AC. 330.

— **violet.** AC. 329.

Govar traube ?

Govet rosa ?

Goycan. Syn. de **Pinot meunier.**

Grabagina bianca. Grappe longue, conique. Exposée à MILAN, il y a déjà de cela plusieurs années, par M. CENDRINI, de MODÈNE, en même temps que la **Gradigiana.**

Grabigiana bianca. G. Peut-être pour **Gradigiana.**

Gradesca. MODÈNE.

Gradigiano bianco. MODÈNE. Décr. AGAZ.

— **nero.** G.

Gradisca ou **Gradiska.** De semis. *Vign.* I, 63 (32). PUL. On dirait qu'elle est issue de la **Bicane,** mais elle est inférieure au type. *Bic.* (37).

Gradzana. Syn. de **Gradigiano** dans le *Cat.* AGAZ.

[**Gragnan noir.** DRÔME. BUR.]

Gragnolato bianco. *Exp.* AL.

Gragnuolò bianco. PIÉMONT. AC. décr. 81. *Bic.* Id. au précédent. Voyez aussi **Grignolo.**

[**Graham.** BUSH. V. amér.]

Graham's muscat. De semis. *Bic.* (52).

Graineux du Berry. OD. 593.

[**Graisse blanc.** C'est l'**Ugni blanc** de PROVENCE. (BOUSC.)]

Gralluopolo. AVELLINO. Voyez **Arnopolo.**

Gramelotte noir. PIÉMONT. Peut-être pour **Giamelotto** par erreur de copie.

Grammler. Cultivé à l'Ecole expérimentale de KLOSTERNEUBURG, près VIENNE.

Grana bianca. POLÉSINE. AC. 293. Le *Bull. Amp.* dit qu'il est syn. de **Gaglioppa** dans les MARCHES.

Granache et **Granaccia.** OD. 510. C'est la **Granaxa** d'ARAGON et le **Grenache** français. MAR. *Exp.* AL. Dans quelques localités on l'appelle aussi **Alicante.**

Granadina. ANDALOUSIE. Décr. ROX. OD. 508 Syn. de **Perruno nero.**

Granatina. MARCHES. ABRUZZES. Syn. de **Uva della Madonna bianca.** *Bull. Amp.* II.

Granat tzin bakator. HONGRIE. OD. 318. Voyez **Bakator.** Signifie **Bakator rosso granata.**

Granaxa. ARAGON. OD. 510. Id. au **Grenache français** ou **Alicante.**

Grand blanc. ALLIER. LUX. OD. 253. Syn. de **Cepin blanc.**

Grand Carmenet. OD. 130. Syn. de **Carmenère** ou **Cabernelle.**

Grand d'Orléans. *Cat.* LUX.

[**Grand noir.** JARD. d'ACC. de PARIS. Port étalé, sarments longs, grêles et sinueux, cannelés de sillons s'étendant jusque sur les nœuds ; vrilles généralement discontinues sur quelques rameaux. Feuilles petites, entières, rhomboïdes avec une seule série de dents obtuses et larges gaufrées, glabres et vert foncé en dessus, couvertes d'un duvet feutré blanc en dessous. N'a encore été rattaché à aucune espèce connue. EC. MONTP.]

Grand noir. V. amér. (D'aprèsle *Cat.* du jardin d'acclimatation). Espèce sûrement exotique, mais encore non déterminée. EC. MONTP.]

Grand noir. CHER. GUY. III. 193. Exige la taille courte.

Grand Picot. Syn. de **Trousseau** dans le JURA OD. 266.

Grand Pinot de l'YONNE MEND. COLL. DE LA DORÉE. Je le crois id. au **Pinot** de la LOIRE.

Grand rouge de Bourgogne ? AC.

— **Téoulier** ou **Plant Dufour.** HAUTES-ALPES. OD. 460. Voyez **Téoulier.**

Grand Tokai. Syn. de **Thal Burger** en ALLEMAGNE. OD. 313.

Grand Tressot. Ce serait un cépage productif, mais qui donne un vin un peu âpre ; c'est du moins ce que j'ai lu quelque part. Voyez **Tressot.**

Grand Verrot. *Cat.* LUX. Id. au précédent.

— **vert.** OD. 358. Syn. de **Van der Lahn traube** de VIENNE.

Grande Carmenère. Voyez **Carmenère** ou **Cabernelle.**

Grande Vuidure. Syn. de **Carmenère.** On croit que ce mot dérive de **Vigne dure,** parce qu'aucun cépage ne l'emporte sur le **Carmenet** pour la dureté de ses sarments, lesquels prennent pourtant très-facilement de bouture.

Gran di Gallo. Décr. INC.

Grandinajola.

Granella. FERMO. *Bic.* Raisin blanc.

Granello nero. TOSCANE. Décr. INC.

Granera. LOMBARDIE. AC. 300.

Granfaone. FLORENCE. *Ann. Vit. En.* 278.

Gran forte bianco. G.

Grano Alicante. POLESINE. AC. 293.

Granolata bianca. ITALIE CENTRALE. OD. 567. *Bic.* (47). Je l'ai trouvée id. à la **Clairette.** Je vois que M. PUL., est également de cet avis dans son Catalogue.

Granolino nero. PIÉMONT.

Granoxa. *Cat.* LUX. pour **Granaxa ?**]

Grappanous noir. DOUBS. JURA. GANIER. *Bic.* GUY. II, 396, écrit **Grappenoux** ou **Grappenot** et le qualifie de *fin cépage.*

Grappirosso. TOSCANE.

Grappolino bianco. TOSCANE. INC. ; ROB. LAWL.

— **nero** ou **Grappolina.** TOSCANE. Décr. ROB. LAWL. ; INC. *Bic.*(43). Est aussi cultivé à BOLOGNE.

Grappo bianco. BOLOGNE.

Grappolo bianco.

Grappolone. ABRUZZES. INC.

Grappoli del Ciriegiuolo. SOD.

Grapposa. EMILIE. CRESC. Raisin de cuve.

Grappu de la Dordogne. PUL, *Bic.* (11).

— ou **Grenache ?** LIBOURNE. GUY. 504.

Graschevina ou **Gräfenberger.** Serait id. au **Riessling ?**

Grasica. CROATIE. Syn. de **Walschriesling.** H. GOET.

Grassa. LUCQUES. MEND. *Bic.*

— **bianca.** BOBBIO. On l'appelle aussi **Uva grossa.**

Grassera. LOMBARDIE.

Grassello.

Grassetta. Décr. AL.

Grasson. *Cat.* LUX..

Graticciana bianca. SASSUOLO. MODÈNE. *G. V. V.* Voyez **Gradigiano.**

Grattolilla. SICILE. TERMINI. MEND.

Grauer (*gris*). Employé seul aussi pour syn. de **Pinot gris.**

Grauer Kläwner et **Grau Klœvner** ou **gris Pinot.** OD. 182; 287. Serait aussi appelé **Auxerrois vert** ; est quelquefois différent du **Pinot gris ?** ou a seulement les grappes plus grosses. GOET. écrit aussi **Grauklebner.**

Graugrober d'après H. GOET, serait syn. de **Elbling** et de **Heunisch blanc,** lesquels seraient le même cépage. Voyez aussi **Grobweiss.**

Grauhünsch. Syn. de **Heunisch weisser** en ALSACE. BAB.

Grauklaber. Syn. en ALSACE de **Grau Clävner** ou **Pinot gris.** BAB.

Gräutler ou **Greutler.** Syn. de **Wildbacher.** H. GOET.

Grau tokajer. OD. 320 et **Grauer tokajer.** BORDS DU RHIN. Syn. de **Pinot cendré.** OD. 182, 291, 320.

Gravesine bianca. Cultivée dans la vallée MAIRA, province de CONI, à LOTULO et AISONE.

Gray blanc. *Cat.* LUX. H. GOET. le dit id. au **Verjus ?**

Gray rouge. *Cat.* LUX.

Gre bianco. PROV. de PAVIE. AC. décr. 55.

— **bigio.** VOGHERA.

Greca. GATTINARA. On m'a indiqué sous ce nom le **Ciotat** ou **Petersilien** ; tandis que la **Greca** de GHEMME, de l'autre rive du SESIA, est l'**Erbalus.**

Greca bianca. Dans presque toute l'ITALIE, on cultive des raisins qu'on désigne sous ce nom générique. AC. 178 la décrit parmi les raisins de TERMINI, et à la page 263 il la cite parmi les espèces de TOSCANE et la dit syn. du **Trebiano d'Espagne** qu'il décrit à la page 276. Le baron MENDOLA dit que la **Greca de Termini** est bonne à manger, délicate, et fait également du bon vin, ainsi qu'il a pu s'en assurer par lui-même. La **Greca bianca** est décrite par CRESC., AGAZ. et par le Comice d'ALEXANDRIE. Celle des PROVINCES NAPOLITAINES est un des meilleurs raisins de cette région. Il doit exister beaucoup de différence entre les raisins qui portent ce nom ; c'est aux ampélographes qu'il appartient de déterminer les diverses variétés qui sont désignées sous ce même nom dans des localités différentes.

Greca bianca. CORNEGLIANO d'ALBA. *Bic.*

— — VALENZA. ALEXANDRIE. *Bic.* (34).

— **de** BITONTO ou **Livesa.**

— **d'inverno** (*d'hiver*). RACCALMUTO. SICILE. MEND. Beau raisin blanc, bon à manger.

Greca de NAPLES. MEND. Voyez aussi **Greco di Napoli.**

Greca de SOMMA. SICILE. MEND. *Bic.* (38). Voir les éloges que le baron MEND. en fait avec beaucoup d'éloquence dans son Catalogue.

Greca mascolina bianca ou **Duracina** de FAVARA. MEND. *Bic.*

Greca nobile.

— **nostrale.** SICILE. MEND. *Bic.*

— **rosea.** *Bic. Pépin.* On m'a donné sous ce nom un raisin du MIDI de la FRANCE que j'ai vu dans le VAR portant le nom de **Barbaroux** et de **Grec rose.** Je l'ai classé dans ma collection sous le n° 31 ? Dess. par RENDU sous le nom de **Rousselet.** PELLICOT, viticulteur du VAR très expérimenté et auteur très distingué, explique la différence qu'il y a entre ce **Barbaroux** appelé aussi **Rousselet** à MARSEILLE et le **Grec rouge** ou **De Candolle** appelé aussi **Raisin du pauvre.** C'est pour cela que j'ai voulu lui conserver le nom de **Greca rosea** pour ne pas le confondre avec l'autre, auquel quelques personnes donnent à tort le nom de **Grec rose** et aussi de **Gros Barbaroux.** Je crois devoir faire remarquer que la **Barbarossa** de LIGURIE, celle de TOSCANE et celle du PIÉMONT, sont différentes des deux espèces citées plus haut. J'en dirai autant de la **Perle** ou **Panse rose.** Je suis certain de ce que j'avance ; car, cultivant toutes ces vignes, j'ai pu les comparer entr'elles et vérifier sur les lieux d'origine l'identité de ces espèces qui se trouvent dans ma collection.

Greca rossa ou **Greco rosso** (TRANI) ou **Griego** ou **Griesco rosso** *Amp. Pugl.*

Grecagna bianca. VÉSUVE. FRO.

Grecanica bianca ou **Grecanicu biancu.** SICILE. Raisin de cuve. MEND.

Grecanica niura ou **Grecanicu niuru.** MARSALA. SICILE. Raisin de cuve. MEND.

Grecanio ou **Grecanico.** TRAPANI. NIC. 218. Raisin noir de cuve.

Grecari ou **Nirellone.** SICILE. Serait une variété du **Nirello di Mascali,** mais plus fertile et de moins bonne qualité.

Grecau niura. SICILE. MEND.

Grec blanc. VAUCLUSE. BOUCHEREAU.

— — ISÈRE. PUL. *Vign.* I, 153 (77).

Grec. BRIOUDE. AUVERGNE. Syn. de **Pinot gris.**

Grec de Limdi Kanak ? rouge. VIV. Je le crois id. au **Grec rouge.** [Semis du comte OD. id. au **Grec rouge,** d'après M. BOUSC. qui écrit **Khannah** au lieu de **Kanak.**]

Grec noir. On appelle ainsi l'**Aramon** dans le Nord de l'ARDÈCHE.

Grec rose. VAR. Id. au **Barbaroux** ; quelques personnes donnent aussi ce nom au **Grec rouge** ou **Raisin du pauvre,** qui est différent, à savoir feuilles avec des poils au dessous et à grappe conique, compacte, beaucoup plus grosse, avec des grains beaucoup moins pruinés ; c'est pour cela que je voudrais maintenir au premier le nom de **Greca rosa.**

Grec rose. Le comte OD. 553 dit qu'il l'a reçu de CORSE avec le nom de **Barbirono.** Peut-être indique-t-il par ce nom le **Grec rouge** ou **Decandolle ?** A moins que le **Barbirono** qui, d'après lui, a les feuilles un peu cotonneuses en dessous soit id. à la **Greca rosea** ou **Barbaroux.**

Grec rouge. *Cat.* LUX. ou **Raisin du Pauvre.** OD. 552. *Vign.* I, 49 (25). Syn. de **Monstrueux de Decandolle** des Pépiniéristes. A d'énormes grappes. *Bic.* (13). Dans les coteaux de SALUCES, à une bonne exposition, il mûrit son fruit ; on lui donne là à tort le nom de **Barbarossa.** C'est un raisin rouge serré dont la bonté égale rarement la beauté.

Grec rouge violet. GARD. VIV.

Grèce. Je l'ai vu cité comme syn. de **Mérille.**

Grechetto. AC. 263 le dit syn. de **Malvasia ;** TRINCI, 92 est du même avis. D'autres auteurs le disent syn. de **Occhietto** et d'autres de **Montanarino.**

Greco bianco. SICILE. MEND. Voyez dans le *Bull. Amp.* II, les très nombreux synonymes qu'on donne à ce raisin dans les MARCHES et les ABRUZZES. En voici quelques uns :

Greco bianco. MARCHES. ABRUZZES. ROMAGNE.

— **biancano,** id. au précédent.

— **biondello,** id. au précédent.

— **Castellano,** id. au précédent.

— **del Vescovo** (*de l'évêque*), id. au précédent.

— **Maceratino,** id. au précédent.

— **Monteccio,** id. au précédent.

Beaucoup d'autres raisins, qui ne sont certainement pas tous identiques, sont cultivés sur plusieurs points de l'ITALIE sous les noms de **Greco** et de **Greca**.

Greco bianco. CASALMONFERRATO. MEND.
— — de NAPLES. Décr. INC. Raisin de table.

Greco bianco. LUCQUES. ROB. LAWL. *Bic.*
— — **piccante.** POUILLES. *Ann. Vit. En.* IV, 224.
— — ROMAGNE.. AC. décr. 132.
— — SAN-NICANDRO. Raisin de cuve. *Bic.* (48).

Greco Castellano bianco. PESARO.
— **del Vescovo** ou **Albano.** PESARO. *Bull. Amp.*

Greco di Ghemme. CERL. *Bic.* M'a paru être l'**Erbalus.**

Greco nero ou **Verdicchio nero.** OMBRIE et MARCHES. AC. 139 le cite parmi les vignes romaines, et, à la page 263, il le dit syn. d'**Aleatico** en TOSCANE.

Greco ou **Malvasia bianca ?** MARCHES.
— **piccolo.** TOSCANE. INC. MEND.
— **tardivo.** SICILE.
— **Veronese.** On donne ce nom à l'**Aleatico.** AC. 223.

Grecone. BOLOGNE. Raisin noir.

Gredelen, Gredelin ou **Gredelenc.** VAUCLUSE. Paraît syn. d'**Ugni blanc.** J'ai examiné ce raisin à AVIGNON avec M. PUL.

[**Green Castle.** V amér. *Æstivalis* à gros grains noirs de MARINE.]

Greffou. SAVOIE. C'est un **Chasselas.** TOCH.

Grège. *Cat.* LUX. **Grège du plant ?** C'est d'après BUR. un raisin noir d'Espagne. [Désigné par BOUSC. sous le nom de **Grège del plant.**]

Grego ou **Gregues ?** *Pép. Bic.* Raisin blanc.

Grègues. D'après MAR., il est, à MARSEILLAN (HÉRAULT), syn. de **Colombaou.**

Grello. *Pépin. Bic.*

Grenache ou **Alicante blanc.** PYRÉNÉES-ORIENTALES. HÉRAULT. GARD. MAR. Dess. RENDU. OD. 510. *G. V. V.* Est tout à fait différent du noir. [Grains légèrement oblongs; a quelque rapport pour le feuillage avec le **Grenache noir**; variété peu répandue, donne un vin distingué. (BOUSC.)].

[**Grenache dei gros.** VAR. (BOUSC.)]

Grenache noir. MIDI DE LA FRANCE. *Bic.* (33. 35 ?). Dess. RENDU. Dess. *Journ. Vit.* III, 207. *Vign.* III, 17 (201). MAR. JOIGNEAUX. Id. au **Granaxa d'Aragona** en ESPAGNE. PUL. assigne cinq lobes à sa feuille ; RENDU trois seulement ; MAR. dit que la feuille est peu incisée. Je la croirais plutôt à trois lobes qu'à cinq. Quoique GUYOT pense que ce cépage donne plutôt des vins de liqueur que des vins de table ordinaires, il est de fait que le **Grenache noir** joue un rôle très important dans la vinification. On donne aussi le nom de **Bois jaune** à ce cépage à cause de la couleur jaunâtre de ses sarments qui permet de le reconnaître facilement en hiver au milieu des autres espèces.

Grenat petit blanc. *Cat.* LUX. AUBE. BUR. Voyez aussi **Genet.**

Grenoblois. **Le gros noir Grenoblois** est le **Corbeau.**

Gresigna blanc. TARN ET GARONNE. VIV.

[**Gresille blanche.** Ressemble à l'**Ugni blanc.** (BOUSC.)]

Gresogna ? *Cat.* LUX.

Grez rouge. ARDÈCHE. GUY. II, 75.

Griante. COME. Syn. de **Parmigiana** ou **Pignolone noir.**

Gricchio di Gallo. SICILE. NIC.

Griechischer weisser. Cité comme syn. de **Damascener früher weisser** dans BAB.

Grieco ou **Griesco.** BARLETTA. Voyez **Greco.**

Griego ou **Griesco.** Voyez **Greca rossa.** *Bull. Amp.*

Griffarin noir. CHARENTE. GUY. II, 458, 481.

Grifforin. *Cat.* LUX. CHARENTE-INFÉRIEURE. Le comte OD. en donne une description d'après laquelle il paraît syn. de **Cot.** BUR. dit que c'est un raisin noir de la GIRONDE.

Grigia ou **Grisa nera.** PIÉMONT. Raisin noir, principalement de table, ainsi appelé à cause de la pruine abondante qui recouvre ses grains ; son bourgeon couleur de paille est recourbé de façon à ressembler à une crosse d'évêque.

Grignolato bianco. *Bic.* Décr. AL.
— **nero.** Comice d'ALEXANDRIE.

Grignoli. Ainsi écrit dans plusieurs catalogues français au lieu de **Grignolino.**

Grignolino bianco ? GRUMELLO DEL MONTE. BERGAME. *G. V. V.*

Grignolino fino nero. ASTI. COAZZOLO. Dess. BON. Décr. INC. *Bic.* (48). Vigne très appropriée à certains terrains à base calcaire du pays d'ASTI. C'est peut-être le raisin avec lequel on obtient le plus facilement en PIÉMONT des vins analogues à ceux de FRANCE. Cette variété est intermédiaire entre le **Neretto de Marengo** et le **Nebbiolo** avec lequel il a une certaine affinité. Dans les situations chaudes, éloignées des côtes des ALPES et dans les terrains un peu légers elle l'emporte sur le **Nebbiolo** par l'importance de ses produits. Les trois fins cépages que j'ai cités peuvent facilement enrichir les vignerons qui ont des terres favorables à la bonne fructification de l'un d'eux, car alors on en obtient de bonnes récoltes.

Grignolino grosso rosso. ASTI. PIÉMONT *Bic.* (48). Je crois que les différences qu'on remarque, suivant les localités, dans la grosseur ou la petitesse des grains de raisins, et même jusqu'à un certain point dans la grosseur des grappes, proviennent le plus souvent du mode de culture employé et ne sauraient constituer pour cela des variétés différentes.

Grignolino rosato. (*rose*). INC. *Bic.* Le **Grignolino** est toujours rose, pruiné quand il s'approche de la maturité et celle-ci est rarement assez parfaite pour que son raisin devienne aussi noir que les autres raisins.

Grignolo bianco de SAN-COLOMBANO des Révérends Chartreux de PAVIE. Cité en 1600 par CROCE. AC., 256, le décrit parmi les vignes de la LOMBARDIE et dit à la p. 251 qu'il est syn. de **Besgano**.

Grignolo bianco. PAVIE. Est aussi appelé **Grignolato** dans l'arrondissement d'ALEXANDRIE. *Bic.* (15).

Grignolo ou **Terre promise noire** ; à gros grains longs. On me l'a indiqué comme un beau raisin qui était cultivé dans la maison CICOGNA autrefois CASTELBARCO à MILAN.

Grilla nera. EMILIE. Décr. AC. CRESC. le donne pour syn. de **Rubiola** et **Margigrana** et dit que ses grains se fendent quand il tombe trop de pluie.

[**Grillah**. ALGÉRIE. Décr. L. BEYS. (*Mess. agr.* XIX, 419). Bon raisin de table, à grains noirs toujours recouverts d'une poussière bleuâtre qui donne aux raisins le plus joli aspect. Il existe plusieurs variétés de **Grillah**.]

[**Grillo**. SICILE. MEND.]

Grimalda ou **Uva Grimalda**. INC.

Grimbred's ou **Grimbes ? Ladies grape**. AMÉRIQUE. *Pép.*

Grimenese bianca. CORSE. GUY. 127. Voyez aussi **Creminese ?** de VIVIE.

[**Griminese nera**. CORSE. Raisin noir. Paraît-être le **Buon amico** (BOUSC.)]

Grimler. Syn. de **Mehlweiss**. H. GOET.

Gringet. SAVOIE. Syn. de **Roussane de l'Hermitage**. [Le **Gringet** est une vigne spéciale à la HAUTE-SAVOIE, mais non synonyme de la **Rousanne**. (PUL.)]

Grisa, du VILLAR et de GIAVENO. PIÉMONT. *Bic.* (43). Dess. BON. ; un autre dessin de BON. où il est dit à tort syn. de **Cari**. Décr. INC. GAT. décrit un **Uva bigia** (*Raisin gris*) qui est probablement id. au **Grisa**. C'est un beau raisin de table. Il a été décrit en 1600 par CROCE. Il a une belle grappe grosse, conique, large à la pointe, presque compacte ; grains légèrement ovales, gros, mous, très pruinés, à pulpe plus solide que aqueuse. Quoique le raisin soit noir, on l'appelle **Grisa** à cause de la fleur épaisse q le recouvre. Je dois faire remarquer que dan les vignes de VILLARBASSE j'ai trouvé la **Gris du Piémont** sous le nom de **Castagnasso** e sous le nom de **Grisa**, un autre raisin no qu'on m'a dit être meilleur pour la table.

Grisa. BERGAME. *Bic.*

Gris Cordelier. ALLIER. OD. 177. Syn. d **Pinot gris**.

Gris de Dornot. MOSELLE. Voyez **Pinot**.

— **de la Moselle**. *Cat.* LUX. **Pinot gris ?**

— **de Salses**. PYRÉNÉES-ORIENTALES. OD. 37 *Vign.* III, 57 (221). Dans le *Cat.* LER. on écrit par erreur **Gris de Salves**. *Bic.* (48 Je le crois id. au **Guindolenc**. C'est un bea raisin rouge de cuve. Voyez aussi **Salces gri**

Griset. OD. 178. Syn. de **Pinot gris**. D'aprè MEYER, syn. de **Rother Hangling**.

Grizzly Frontignan. C'est le **muscat roug** *Pépin. Bic.*

Groa nera. AZZ. *G. V. V.* Au lieu de **Croà ?**

Grobalben et **Grobelben rother**. BAB. Syn de **Elben** et **Elbling rother**.

Grobburger. ALSACE. Syn. de **Grober Elber** BAB.

Grobelbling, d'après BAB. est syn. de **Grobe Elben**. D'après MEY., c'est une sous-variét de l'**Elbling weiss**. **Grob** veut dire gros sier.

Grober et **Grobes Elben** est décrit et dessin par BAB. et METZ. Dans ce dessin il a un feuille à dentelure large, lancéolée, profondé ment incisée ; grappes avec de nombreu grains petits, à moitié avortés. L'**Elben weis** est dessiné à part comme étant un raisin diffé rent.

Grob riessling. Voyez **Riessling**,

Grobschwarze. Syn. de **Hartwegs traub blaue**. BAB. et de **Kölner blauer**. H GOET. Ces auteurs donnent les synonymes sui vants : **Grossblaue**, **Grosse Wälsche**, **Gross kölner** et **Grossmilcher**.

Grobweisse. Syn. de **Szemendrianer weisse** H. GOET. Ailleurs le même auteur le dit, ains que le **Graugrober**, syn. de **Elbling** et d **Heunisch blanc** ; de sorte que l'**Elbling** e l'**Heunisch** seraient le même raisin. Il m semble qu'il conviendrait d'épurer quelque un des syn. indiqués par les ampélographe allemands, parce qu'il s'en trouve peut-être d contradictoires. Ce que je dis maintenant pou le **Grob weisser** aurait été peut-être plus à propos pour d'autres synonymies que je n'a pas en ce moment présentes à la mémoire mais qui m'ont laissé dans l'esprit bien des dou tes.

Grogellonne. SINALUNGA. Voyez **Tenerone.** CIN.

Groja. PROV. NAP. Raisin de table.

Groleau blanc. TOURAINE. GANIER. *Bic.* (27).

Grolleau. INDRE-ET-LOIRE. OD. 244. **Grolot, Grollot.** VIENNE. GUY. II, 554 et **Groslot noir de Touraine.** A des raisins sphériques; il est associé le plus souvent, dans les cultures, avec le **Cot de Touraine.** OD. 239. Conduit à taille courte dans l'INDRE-ET-LOIRE. Il réussit très bien dans ma collection et présente un très bel aspect à l'époque de la vendange, ce qui m'engage à le multiplier. Il est précoce à peu près comme le **Cot.**

Gromier. *Cat.* LUX.

— **du Cantal.** *Cat.* LER. Je le crois identique au précédent.

Gropel. BRESCIA. AC. décr. 200, 207, 208.

Gropel cremones. AC, décr. 200, 208. C'est un des raisins les plus répandus en LOMBARDIE.

Gropetone. COME. AC. 292.

Groppella bianca. AC. 302 le cite parmi les raisins du TRENTIN. *Alb.* T.

Groppella bianca moscata. AC. décr. 220 parmi les raisins de VICENCE.

Groppella nera. TYROL et LOMBARDIE. *Alb.* T. AC. décr. 215 parmi les raisins de VICENCE. SODERINI le cite aussi. *Bic.*

Groppella veronese. AC. décrit la variété noire à la page 231, et à la page 245 la variété blanche qu'il dit id. peut-être à la **Pignola bianca veronese.**

Groppello et **Grupello nero.** BERGAME. TRÉVISE. *Bic.* Le Dr CARP. le mentionne parmi les raisins qu'il a essayés pour la vinification et le donne comme un des meilleurs des localités où il a fait ses essais, quoique la grappe soit trop serrée. Il recommande de propager sa culture.

Groppelone. MANTOUE. AC. 290.

Groppeta. D'après l'*Alb.* T. est peut-être id. à la **Verdise** de TRÉVISE.

Gros alicante. *Cat.* LUX.

— **Auvergnat gris.** OD. 182,

— **Auxerrois blanc.** OD. 274. Syn. de **Gamet blanc** dans la MOSELLE.

Gros Auxerrois. LOT. Syn. de **Cot.**

— **Baclan.** OD. 268. Dess. RENDU. Id. au **Baclan** et **Beclan.**

Gros Bec. OD. 258. Syn. de **Noir de Lorraine.**

— **blanc.** Syn. de **Cepin blanc.**

[**Gros blanc.** LUX. Semble le **Lourdeau** de la DRÔME (BOUSC.)]

— — NICE. *Bic.*

— — **de la Charente.** Raisin long, gros. *Pépin.* On m'a envoyé par erreur au lieu de ce raisin l'**Ulliade noire.**

Gros blanc de la Moselle. *Bic. Cat.* LER. VIV. J'ai reçu sous ce nom un **Chasselas doré** et, d'une autre expédition, un raisin différent que j'ai classé au (48).

Gros blanc d'Orléans. *Bic. Pép.*

[— — **précoce musqué** de MOLDAVIE (CRIMÉE). C'est le **Chaouch.** (BOUSC.)]

Gros blanc. VIENNE. Id. au **Gouais.** GUY. II, 554.

[**Gros blanc de Zante.** LUX. Son feuillage a du rapport avec celui de la **Clairette blanche.** le raisin est différent. (BOUSC.)] C'est la **Malvasia lunga** d'ITALIE.

Gros bleu. *Cat.* LER. *Bic.* (31). Semis de VIBERT. PUL. le dit id. au **Frankental.** Celui qui m'a été envoyé par M. BOUSC. est beaucoup plus tardif et tout différent; je ne trouve pas qu'il mérite d'être conservé dans une collection.

Gros bois violet.

Grosbrauner veltliner. SAXE. Syn. de **Feldlinger.** ST.

Gros Bouschet. *Bic.* (16). Semis de M. BOUSC. Raisin à suc coloré; précieux, non pour améliorer le vin, mais pour accroître sa valeur, là où l'on recherche les vins colorés.

Gros Bouteillan. Nom sous lequel on désigne l'**Aramon** à DRAGUIGNAN. PELL.

Gros Chasselas croquant. AC. 319. En général tous les **Chasselas** sont croquants.

Gros Colman. *Bic.* Voyez **Dodrelabi** et **Okor Szemu zoello.** Le nom de **Gros Colman** a été donné par un semeur à ce raisin qui, s'il a été réellement semé ? a reproduit parfaitement l'**Okor Szemu** de HONGRIE. [Semis de VIBERT d'ANGERS. Beau raisin noir de grande culture ; maturité précoce. (BOUSC.)]

Gros Coulard. Id. au **Froc Laboulaye.** *Vign.* I, 9 (5). *Cat.* LER. Voyez aussi **Chasselas de Montauban à gros grains,** puisque c'est un **Chasselas.** Dans les VOSGES, on cultive aussi un **Gros Coulard.** GUY. III, 289.

Gros Cruchen. PYRÉNÉES FRANÇAISES. OD. 496.

Gros Damas noir. FRANCE MÉRIDIONALE. Syn. de **Gros Ribier.** *Bic.* BOUSC. Le nom de **Damas noir** a été donné dans quelques localités au **Mourvèdre** et dans d'autres à la **Sirah.**

Gros Damas violet. *Bic.* FRANCE MÉRIDIONALE. Je le crois id. au **Gros Ribier** appelé **Damascener** par les Allemands.

Gros de Levet ou **Lebet.** *Pépin. Bic.* (35)

— **d'Espagne.** *Bic.* Doit être syn. de **Mantuo.**

Gros d'Henry. Il paraît que sous ce nom on désigne à CUMIANA le **Doux d'Henry** de PIGNEROL.

Gros Doré. Semis de SIM. L.
— **Fendant blanc.** C'est un **Chasselas**
— **Fendant vert.** C'est un **Chasselas.**
— **Gamai.** SEINE ET CÔTE d'OR. OD 206.
— **Gamai blanc.** MARNE et JURA. Syn. de **Morillon blanc.**

Gros Golman. *Cat.* LER. Au lieu de **Colman.**
— **Gromier du Cantal.** OD. 553 Le **Grec rouge**, porte ce nom dans quelques collections. Voyez **Gromier.**

Gros Guillaume. VAR. NICE. *Cat.* LER. Syn. de **Danugue.** *Bic. Vign.* II. 27 (110). [Différent du **Danugue.** BOUSC.] ?

Gros Guillaume de Nantes. Je le crois id. au précédent.

Gros Hibou, *Cat.* LUX. [SAVOIE. C'est le **Lourdeau** de la DRÔME (BOUSC.)]

Gros Lombardet.

Groslot blanc. CHER. VIV. Vigne de peu de mérite. Voyez **Groleau.** Cité par OD.

Groslot de Touraine. *Bic.*(16). Raisin noir très productif, assez précoce, qui réussit très bien sur les coteaux de SALUCES.

Groslot de Valère. VALÈRE est une commune près de la LOIRE. Est-ce une variété ? qui mérite d'être préférée aux autres **Groslot.** OD. 245. J'ai multiplié à VERZUOLO tous les **Groslot** parce que ce sont des cépages précoces. Ils y murissent à perfection et donnent d'abondants produits. Reste à savoir si, faits à part, leurs vins serons bons. Voyez aussi **Grolot.**

Gros Mansenc rouge. HAUTES-PYRÉNÉES. PUL. *Bic.* (12). GUY. 343. *Vign.* II, 167, (180).

Gros Marocain de la Charente. Syn. de **Ulliade** ou **Boudalès,** d'après le comte OD. 414. *Cat.* LER. [**Ulliade** et **Boudalès** sont deux cépages tout à faits distincts. (PUL.]

Gros Maroc blanc ? de la Charente ? G.

Gros Maroc noir. Syn. de **Gros Ribier.** *Bic.* C'est le **Damascener** des Allemands.

Gros Maroc et **Gros Marocain de la Charente.** *Bic.* J'ai recu sous ces noms le **Gros Ribier.**

Gros Meslier jaune. NIÈVRE. Quelques personnes le disent syn. de **Morillon blanc** quoique le **Meslier** soit différent. Voyez **Meslier gros.**

[**Gros Meslier.** LUX. **Gros Meslier blanc.** Beaux raisins blancs fondants, à grains oblongs serrés. (BOUSC.]

Gros Mollar noir. Dép. des HAUTES-ALPES. OD. 459. *Bic.*

Gros Montuo Perruno. ROX.

Gros Morillon d'Indre et Loire. Vigne que le comte OD. juge digne d'être étudiée parmi celles de la région centrale de la FRANCE. *Bic.*

Gros Morillon noir du Cher. GANIER.

Gros Morrastel. ESPAGNE. ROX. [ou **Morastel gros grains.** Variété du **Morastel.** (BOUSC.)]

Gros Moulard. *Cat.* LER., au lieu de **Mollar ?**

Gros Mourvedu ou **Balzac.** Voyez aussi **Beausset.** *Bic.* GANIER me l'a envoyé et je l'ai trouvé différent du **Mourvèdre.**

Gros muscat rouge. MEND. COLL. de la DORÉE. *Bic.* (52).

Gros Neyrou. PUY DE DÔME. Voyez **Neyrou.** *Bic.*

Gros noir. Le **Teinturier** est désigné sous ce nom à VENDÔME et dans quelques autres localités, en FRANCE. **Le Gros noir** est aussi syn. de **Malbeck** ou **Cot rouge** dans le canton de LESPARRE (GIRONDE). Sous le nom de **Gros noir** on désigne, en AUVERGNE, le **Damas noir** qui, j'ai lieu de le croire, est le **Mourvèdre** du Midi de la FRANCE. Parmi les vignes du LOIR-ET-CHER le Dr GUY. II, 690 cite aussi le **Gros noir** comme syn. du **Teinturier.** ST. 198 le dit également. [Le **Gros noir** ou **Plant du roi** du *Cat.* du LUX est le **Cot à queue rouge.** (BOUSC.)]

Gros noir de Paris. *Bic.*

Gros noir d'Espagne. Syn. de **Granache.** *Ann. Pom.* CHAPTAL.

Gros noir de Touraine. *Bic.* S'est trouvé être le **Groslot.** A des raisins sphériques quand on le compare au **Malbeck** qui les a souvent ovales. OD. 239.

Gros noir de Vaucluse. *Cat.* LER.

Gros noir du Vivarais. *Bic.* (31) ? *Pépin.* Raisin noir, grains légèrement ovales.

Gros noir du Jura. S'est trouvé être le **Pinot;** on désigne quelquefois le **Teinturier** sous ce nom.

Gros noir femelle. Dans l'INDRE ET LOIRE. C'est le **Teinturier femelle,** c'est-à-dire moins coloré.

Gros noir Grenoblois. C'est le **Corbeau.**
— **noirien du Jura.** MEND. COLL. de la DORÉE. Les noms donnés au **Pinot** sont trop nombreux, mais il est nécessaire de les faire figurer tous dans un dictionnaire afin de faciliter les recherches des gens studieux encore novices en ampélographie.

Gros Orléans blanc. *Cat.* LUX.
— **Pascal.** PUL. Voyez **Pascal.**
— **Pelossard.** Voyez **Pelossard. PUL** *Bic.*
— **Perlé.** *Cat.* LER.
— **Perlet blanc.** De semis. SIM. L. Grains ovales.
— **Persan.** Voyez **Persan.** Les distinctions de **gros** ou de **petit** proviennent, ainsi que

je l'ai déjà dit, de la différence des cultures.

Gros pied rouge mérillé. LOT ET GARONNE. Voyez **Cot** ou **Malbeck**. PUL. *Bic.*

Gros Pinot de la Loire. Dess. RENDU. Syn. de **Chenin**. *Bic.* (48).

Gros Pinot noir de la Loire. Syn. de **Chenin noir**. *Bic.* (48).

Gros Pinot rouge ? de la Loire.

Gros plant. NANTES. Syn. de **Folle verte d'Oléron**. OD. 151.

Gros plant dans l'AIN. Syn. de **Mondeuse** d'après GUY. Dans la NIÈVRE il y a **un Gros plant** parmi les raisins blancs et parmi les raisins noirs. Voyez GUY. III, 173.

Gros plant dans le BUGEY est syn. de **Persaigne** ou **Mondeuse de Savoie**. GUY. II, 274 cite le **Bourdon** ou **Gros plant** parmi les vignes de l'ISÈRE.

Gros plant blanc. LOIRE INFÉRIEURE. GUY. II, 587.

Gros plant de Provence. MEND. COLL. de la DORÉE.

Gros plant doré d'Aï. Variété de **Pinot**, d'après OD. 173. Il m'a paru aussi qu'il y avait une petite différence entre ce cépage et le **Franc Pinot.**

Gros plant du Rhin. NEUFCHATEL. PUL. Feuilles au dessus de la moyenne, un peu planes, presque rondes, glabres inférieurement. Grappe moyenne, serrée, cylindro-conique. Grains légèrement elliptiques, blancs jaunâtres.

[**Gros plant vert.** LUX. (BOUSC.)]

Gros Pogay. *Cat.* LUX.

Gros Portin blanc ? *Pépin. Bic.* Grains gros, ovales ; grappe grosse.

Gros Portin noir. *Pépin. Bic.* Bon pour la table et pour la cuve ? Grappe très grosse. (*Mem.* GARNIER).

Gros Portin rouge. *Cat.* LUX. *Pépin.* Id. au **noir** [SAVOIE. Raisin très précoce. (BOUSC.)].

Gros Radineau. *Cat.* LER.

Gros raisin d'Afrique. *Pépin. Bic.*

Gros Rauchling. ALSACE et BADE. Syn. de **Gros Fendant**, lequel, ici d'après moi, ne serait pas un **Chasselas**. OD. 285.

Gros Ribier. AIN. Appelé aussi **Gros Damas** et **Gros Maroc**. *Vign.* PUL. *Bic.* (44). *Ann. Vit. En.* février 1876. Raisin de très belle apparence pour la table, de maturité tardive. Je crois que c'est un cépage du midi de la FRANCE.

Gros Riessling. OD. 283. Syn. de **Orleaner**, d'après quelques auteurs.

Gros Romain. ORLÉANS. *Pépin. Bic.*

Gros rouge. VALLÉE d'AOSTE.

Gros rouge blanc ? LORRAINE. SIM. L. Nous laissons aux propagateurs de ce raisin le soin d'expliquer ces deux mots de rouge et de blanc appliqués au même raisin.

Gros rouge de cinq mars. GANIER. Id. au **Groslot de Touraine** (1).

Gros rouge de la Moselle. J'ai trouvé sous ce nom le **Chasselas royal rose.**

[**Gros rouge romain.** LUX. Semble la **Persaigne** (BOUSC.)]

[**Gros Saint Pierre rouge.** Coll. BOUCHEREAU. C'est le **Boudalès.** (BOUSC.)]

Gros Salet. Id. au **Péloursin** de GRENOBLE.

Gros Saport. SIM. L. [C'est le **gros Ribier du Maroc** (BOUSC.)]

Grossa nera. *Pépin. Bic.* S'est trouvé être le **Frankental.**

Grossa rossa. *Pépin. Bic.*

Grosschwartz et **Grossroth.** WISSEMBOURG. Syn. de **Frankental** ou de **Trollinger**. ST.

Grosse blanquette. *Cat.* LUX.

[**Grosse Chalosse.** LUX. GIRONDE. Feuilles naissantes de la **Clairette** (BOUSC.)] Voyez **Chalosse.**

Grosse Clarette. OD. 489 dit qu'on appelle ainsi la **Malvasia grossa** dans la GIRONDE et les départements voisins. PELL., 127 dit que quelques personnes désignent ainsi la **Clairette rousse** ou brûlée.

Grosse Claverie noire. PUL. *Bic.* COLL. de la DORÉE. MEND. D'après PUL. la **Claverie des Landes**, de BORDEAUX, serait id. au **Cot.** Dans ma collection elle est différente; peut-être parce que je n'ai pas reçu la véritable ? elle m'a paru id. au **Grand Gamai rouge** de ma collection.

Grosse Dame blanche. *Bic. Pépin.* Figurée par GARN-VAL. dans ses Mémoires, avec de gros raisins blancs ovales.

Grosse Dame ? violette. *Pépin.* Au lieu de **Gros Damas** ou **Ribier** auquel elle m'a paru identique.

Grosse Œillade: *Pépin. Bic.* Voyez **Ulliade.**

Grosse Figue. *Cat.* LUX.

Grosse Marange. SIM. L.

Grosse Marsanne de l'HERMITAGE. *Bic.* MEND. PUL.

Grosse Mérille. GIRONDE. OD. 134. *Bic.* (43). Si ce raisin faisait du bon vin, il conviendrait beaucoup aux coteaux de SALUCES parce qu'il donne un produit sain, très abondant et régulier. Si je n'ai pas voulu jusqu'à présent en donner des boutures, c'est dans la crainte de

(1) Les noms de GARNIER et de GANIER revenant très souvent dans cet ouvrage, je crois devoir faire remarquer que GARNIER-VALLETTI est le celèbre fabricant piemontais de fruits en cire, et GANIER, le vigneron à qui le comte ODART avait laissé sa célèbre collection de raisins de la DORÉE en Touraine.

contribuer à détériorer la qualité des vins de ma région ; je veux auparavant m'assurer de la valeur œnologique de ce cépage qui, dans le Bordelais, est, je crois, très peu apprécié et même dédaigné pour la vinification.

Grosse ou **Grosso Mounedo noire**. Ariège. *Bic.* (11). Vigne de grande culture cep vigoureux.

Grosse Olivette noire. *Cat.* Lux. Voyez **Olivette.**

Grosse Panse. Voyez **Panse.**

[**Grosse Panse muscade.** *Cat.* Lux.]

Grosse Perle blanche. *Bic.* On appelle ainsi à Paris la **Bicane** du Rhône ou **Panse.** OD. 406. *Cat.* LER.

Grosse Perle d'Anvers blanche. De semis. SIM. L. Grains sphériques, blancs.

Grosse Perle de Seine. *Bic. Pépin.* Je crois que ce raisin a été l'origine de la nouvelle variété que des pépiniéristes ont introduite, en traduisant **Perle de Sienne !**

Grosse Perle hâtive. *Cat.* LER.

Grosse Perle noire. *Cat.* LER. *Bic. Pépin.* S'est trouvé chez moi être l'**Ulliade noire.**

Grosse Perle ronde. *Pép.* De semis.

Grosse Perle rose. OD. 217. Syn. de **Malaga rose.** *Cat.* LER. *Bic.* Je la crois syn. de **Panse rose,** à en juger par celle que j'ai dans ma collection.

Grosse Perle rouge. *Pép.*

Grosse Pique. *Cat.* Lux.

Grossera bianca. Vénétie. *Alb.* **T.**

Grosse race. OD. 217. Syn. de **Gamai Liverdun** dans la Moselle et dans la Meurthe. OD. 259. STOLTZ, dans son *Ampélographie rhenane*, p. 155, l'indique, comme syn. de **Frankental** en Allemagne.

Grosser Herr. Ne serait-ce pas une altération par abréviation de **Grosse Mérille ?** J'ai quelque pied isolé de ce cépage qui était resté rabougri par suite de circonstances locales et je me doutais qu'il pourrait être id. à la **Grosse Mérille.** J'en suis certain aujourd'hui après avoir vu ses raisins. Ce cépage est d'une fertilité extraordinaire et c'est bien la **Grosse Mérille.** Je laisse aux ampélographes français le soin de se prononcer sur cette identité. La lettre M de **Mérille** a pu être prise pour un H capitale dans un manuscrit où les dernières lettres du mot étaient probablement effacées.

Grosseron. *Cat.* Lux.

Grosse Roussane. OD. 231. Voyez **Roussane.**

— **schwarze.** Syn. de **Schaaftraube blaue.**

Grosseschwarze. BAB. Voyez aussi **Grosschwartz.**

Grosse Serine. AC. 322. Voyez **Serine.**

Grosse Sirrah. OD. 229. On donne ce nom dans la Drôme à la **Mondeuse.** PULL. J'ai reçu sous ce nom, de M. GANIER, le **Saint Rabier.** Ni la **Mondeuse** ni le **Saint-Rabier** ne sont id. à la **Sirah** de l'Hermitage qui est toujours la même, bien qu'on en distingue une grosse et une petite variétés, provenant de cultures différentes.

Grosse variété blanche. Bas-Rhin. VIV.

— **verte.** Haute-Vienne. GUY. II, 141.

[— **Weis ?** *Cat.* Lux.]

Grosso bianco de St-André.

— **d'Orléans.**

Grossolano (*Grossier*).

Grossroth. Voyez **Grosschwartz.**

Gros Verrot. Cépage productif qui donne du vin âpre et sans goût ? d'après ce que j'ai lu dans quelque auteur.

Gros vert. Isère. PUL.

Gros vien de Nus. D'autres écrivent **Vieux ?** Aoste. Dess. BON. C'est de tous les raisins de la Vallée d'Aoste, celui qui a les grains les plus gros. Il donne un vin ordinaire coloré, qui peut être bu de suite et ne porte pas à la tête. Décr. GAT. Voyez aussi **Vien de Nus.**

Gros Vionnier ou **Viognier.** Voyez **Vionnier.**

Gross Weiss. *Cat.* Lux. Syn. de **Weiss grob.** OD. 301.

[**Groumet.** Roussillon. BOUSC.]

Grove end Sweetwater. R. HOGG. Syn. de **Luglienga.** *Cat.* de TRANSON frères.

Grumé Kadarhas. *Cat.* LER.

Grumé Sylvaner. *Cat.* LER.

[**Grumeou** en languedocien, aux environs de Montpellier, c'est le **Gros Damas violet.** (BOUSC.)]

Grumet. *Cat.* Lux. *Bic.* (35). Raisin gros, noir, dont j'ai reçu une greffe dont j'ignorais la provenance; mais en 1875 j'ai vu un **Grumet bleu,** Espagne, dans l'établissement SAHUT, à Montpellier. Il avait de grandes feuilles à dentelures aiguës.

[**Grumet vermell.** Roussillon. C'est la **Grosse perle rose.** (BOUSC.)]

Grümlagler. *Cat.* LER.

Grumwesse du Baut. *Cat.* Lux.

Grünauer, Grünler, Grünstock et **Grünhainer.** Syn. de **Hainer, grosser grüner** H. GOET.

Grun edel (*vert noble*). MEND. *Bic.* En Alsace est syn. de **Traminer blanc,** d'après BAB. ou du **Savagnin vert,** et quelquefois de **Kleinedel weisse.** J'ai eu sous ce nom un raisin rouge différent du **Traminer**, bien qu'il se rapprochât de lui. *Bic.* (43).

Grüner riessler. Syn. de **Riesling**. MEY.

Grün Frankisch. OD. 302. Syn. de **Grun Silvaner**, ALLEMAGNE, ou **Silvaner vert**.

Grünling et **Grunhynsch**. ALSACE. Syn. de **Thalburger**. ST.

Grünling weisser. BAB.

Grün manhard traube. BASSE-AUTRICHE. Syn. de **Grün muscateller**. OD. 299.

Grün muscateller. AUTRICHE. *Bic.* OD. le décrit à la page 299. Voyez aussi **Œstreicher**.

Grün seidentraube ou *Raisin de soie*. BABO l'appelle **Seidentraube grune**. *Bic.* (47). Je crains d'avoir reçu sous ce nom un autre cépage. C'est la **Luglienga**.

Grün silvaner ou **silvaner**. BORDS DU RHIN. OD. 302. Raisin de table. D'après le comte OD. il n'est pas syn. de **Grun muscateller**. Voyez **Œstreicher**.

Grun szirifandl ou **zierfahnl**. HONGRIE. OD. 302. Syn. de **Grun silvaner**.

Grun traminer. BORDS DU RHIN. OD. 270. Syn. de **Savagnin vert** du JURA. Très-bon raisin pour la cuve, qui résiste très-bien à l'humidité sans pourrir. On peut le cultiver à taille courte et je croirais même sans échalas. Son produit, s'il n'est pas très-abondant dans les coteaux de SALUCES, est pourtant régulier et de bonne qualité.

Grunne. *Cat.* LUX.

Gruone nera ou **Cornacchia**. BOLOGNE.

Grupelata. POLESINE. AC. 293,

Grupella veronese. Voyez **Gropella**.

Gruselle noir. DRÔME. COLL. de la DORÉE. MEND. VIV.

Guardinasca ou **Brondolesa**. PAVIE. AC. 291.

Guarnaccia bianca. SICILE. Peut-être id. au **Vernaccia** de SARDAIGNE. FRO. INC. MEND. *Bic.* Syn. de **Austera**. *Fl. Sard.* Le baron MEND. en fait l'éloge dans son *Catalogue*.

Guarnaccia nera. Décr. par AC., page 173. parmi les vignes de TERMINI.

Guarnaccia nera, de PETRALIA. MEND. *Bic.*

Guarnaccia nera ou **Urnaccia**. BARI. *Bull. Amp.*

Guarnaccio bianco. TRAPANI. SICILE. MEND.

Guarnassa. Voyez **Guarnaccia**.

Guarnazza bianca. BRIANZA.

[**Guelb el Tsour** (*cœur de taureau*). ALGÉRIE. L, BEYS. (*Mess. agr.* XIX, 422). Raisin gros, légèrement rosé, ayant la forme de cœur ; grappe très-grosse ; grains clairs. Très-bon raisin de table, très-sucré et à maturité lente]

Guernazza. COME. Appelé aussi **Sguarnazza**.

Guerniola blanc ? (SARDAIGNE). *Cat.* LUX.

Guesler rose. Syn. de **Chasselas rose**.

Guarnazza rosa. Le Dr LOLLI., qui a décrit quelques cépages de BRIANZA, attribue à ce raisin la mauvaise qualité des vins de cette région.

Guespey. *Cat.* LUX. GIRONDE. BUR. Raisin blanc.

Guesserin. VAR. Syn. de **Tibouren**. OD. 418, 469.

Gueuche ou **Guiche blanc**. JURA, ou **Vert blanc**. Différent du **Gueuche**, d'OGERIEN. ROUG.

Gueuche blanc du frère OGERIEN. Syn. de **Foirard blanc**, du JURA. ROUG.

Gueuche noir. JURA. Mauvais cépage appelé aussi **Foirard noir** et **Gouais noir**. *Vign.* II, 7 (110). *Bic.* (16). Pourtant dans les pays plus méridionaux, près de SALUCES par exemple, il réussit beaucoup mieux parce qu'il peut bien mûrir ses fruits. M. PUL. a fait aussi cette observation dans le *Vignoble*.

Gueyne MORESTEL. Syn. de **Mondeuse**. Je ne me rappelle pas où j'ai trouvé cette synonymie.

Gui noir ou **Gouche**. TARENTAISE. SAVOIE.

Guiche ou **Gueuche**. JURA. ROUG.

Guignaise blanc. Raisin du département de l'ISÈRE (FRANCE).

Guilat blanc ? AC. *Cat.* LUX. [**Guillat**. (PUL.)]

Guilhan-muscat. Vignobles du LOT, du TARN et de la GARONNE. Syn. de **Musquette**. *Bic.* OD. 138, et de **Muscadelle**.

Guilin muscat. *Bic.* [Pour **Guillan**. (PUL.)]

Guilin musqué. OD. le dit différent du **Guilhan muscat** de TARN-ET-GARONNE.

Guillan blanc. LOT-ET-GARONNE. VIV. DORDOGNE. GUY. 527. (Syn. de **Guillan musqué**. (PUL.)

Guillandaux ? *Cat.* LER. pour **Guilhan doux**. [Pour **Guillan doux** ou **Guillan musqué** (PUL.)]

Guillan doux. *Cat.* LUX. GUY. 377, cite un **Guillan** parmi les raisins noirs du GERS.

Guillandon ? AC. 322. Probablement au lieu de **Guilhan doux**.

Guillan musqué. BORDELAIS. Syn. de **Muscadelle**. *Bic.* PUL. ; de l'HÉRAULT ? d'après VIV.

Guillaume noir. Voyez **Gros Guillaume**.

Guillaume Tell. De semis. SIM. L. Grains ovales, noirs ; précoce.

Guillemot rose. Département des LANDES. OD. 490. Syn. de **Bouillenc rose**. ST. le cite comme syn. de **Feldlinger** ; et je crois, en effet, le **Bouillenc**. id. au **Feldlinger**. GUY. qualifie le **Guillemot** de *très grossier*.

Guindolenc gris. TARN-ET-GARONNE. OD. 377. Se rapproche du **Gris de Salses**, d'après PUL. ; et d'après mes observations serait tout à fait id. *Bic.* (48). [**Guindolenc gris**. OD ressemble par son feuillage à la **Malvoisie rose du Pô**. Sa grappe rappelle celle du **Piquepoul gris**. (BOUSCH.)]

Guindoulenc et **Goundolenc**. MEND.

Guisserin. *Cat.* Lux. Syn. de **Tibouren**.

Guitte (la). ISÈRE. PUL.

Gulard. SIM. L. Au lieu de **Yulard** ?

[**Gurlot blanc**. HAUTE-GARONNE. BUR.]

Gurniola blanc ? *Cat.* Lux. au lieu de **Corniola** ?

Gutard ? Mentionné par BAB.

Gutedel. Décr. MEY. Dess. SING. Signifie *Bon noble* ; c'est le **Chasselas** des Français.

Gutedel blanc. VIV. D'après OD. 304, les Allemands le disent id. au **Chasselas** ; lui le dit un **Fendant suisse**, ce qui est pourtant la même chose, dans une partie au moins des cantons suisses, car dans d'autres cantons le **Fendant** est un autre raisin que le **Chasselas**.

Gutedel früher (*précoce*). Décr. par MUL.

Gutedel früher weiss grune. Syn. de **Diamant** ? **Gutedel**. Décr. MEY.

Gutedel gelber (*jaune*). Décr. MUL.

Gutedel geschliltzblattriger (*à feuille de persil*). Décr. MUL. Voyez **Petersilientraube** et **Chasselas d'Autriche**. Dans un récent article sur ce cépage M. PUL. émet l'idée que cette variété provient de quelque accident de végétation survenu chez un **Chasselas** ordinaire et fixé ensuite par bouture. J'incline à croire que c'est une variété issue de semis, car son fruit, ainsi que le comte ODART l'avait déjà remarqué, a moins de goût que celui de tous les autres **Chasselas**. Sa feuille est d'ailleurs bien plus laciniée que celle de tout bourgeon gourmand qu'on ait pu observer sur les **Chasselas**.

Gutedel grosser spanischer. Décr. MUL.

Gutedel halbgeschlitzblattriger. **Chasselas** à feuilles demi-laciniées. Décr. J. MUL.

Gutedel Kleiner (*petit*). BAB.

Gutedel Konigs (*du roi*). J. MUL. **Chasselas royal**. H. GOET, le dit syn. de **Chasselas violet** en ALLEMAGNE.

Gutedel Krac (*croquant*). Décr. J. MUL.

Gutedel muscat. Décr. J. MULL. Décr. MEY.

Gutedel Pariser (*de Paris*). Décr. MEY. C'est le **Chasselas de Fontainebleau**.

Gutedel rother. Décr. J. MUL. Décr. MEY. Dess. GOET. Paraît être le **Chasselas royal rose**. [D'après H. GOETHE le **Konigs gutedel** est syn. de **Chasselas violet** et le **Gutedel rother, Chasselas rose**.

Gutedel rother Spanischer. Syn. de **Chasselas rose**.

Gutedel weisser. BAB. Décr. MUL. Décr. MEY. G.

Gutwaelscher (*Italien de bonne espèce*). ST. 152.

Guyenne ? Syn. de **Mondeuse**. H. GOET.

Guzelle. Voyez **Aguzelle**. H. GOET.

Gyongyszollo. Syn. de **Perelntraube**. H. GOET.

H

Hachat lovelin. Nom donné à tort, d'après OD. 313, à l'**Hars levelu** par des auteurs allemands. Voyez aussi **Haschat lœvœlin**.

Haenapop. OD. 592. Il paraît qu'il dérive de **Hanap** (*grosse bouteille*). Vigne de PERSE transportée au CAP DE BONNE ESPÉRANCE et devenue la plus précieuse de toutes pour la vinification.

[**Hagar**. Syn. d'**Alvey**. AMÉRICAIN (BUSH.)]

Hainer grosser gruner. STYRIE, CROATIE et DALMATIE. Blanc verdâtre. Raisin de cuve cultivé plutôt pour l'abondance que pour la finesse de ses produits. MUL.

Halaper Muskateller ou **Muskattraube**. **Halaper**. H. GOET.

Halifax noir. PUL. Raisin d'AMÉRIQUE d'après BUR.

Halisman. Voyez **Hilisman**.

Hallagguch. PERSE. OD. 586. Gros grains, oblongs, sans pépins.

Hamar bou Hamar (*le rouge père du roug*... ALGÉRIE. Décr. L. BEYS. Syn. d'après PUL. du **Zabalkanski** de CRIMÉE et d'EGYPTE. Envoyé de MASCARA à M. PUL. sous le nom de **Raisin Borgia** ou **Aneb el Bordjy** (*Raisin de la Redoute*). Voir *Mess. agr.* XIX, 420 et XX, 172.

Hambourg doré. *Cat.* Lux. PUL. *Bic.* [C'est le raisin de **Stokwood** décrit dans l'*Illustr. hort.* (BOUSC.)]

Hambourg de Stokwood ? *Pép. Bic.*

— **Mill hill**. Voyez **Mill hill**. *Cat.* LER.

— **the Pope**. SIM. L. Très rapproché du **Frankental**, cépage qui porte certainement plusieurs douzaines de noms différents dans les catalogues des horticulteurs.

Hameye. Vignoble de COMMERCY. Syn. de **Gros Gamai noir**. OD. 206.

Hami rami. MASCARA (AFRIQUE). PUL.

Hammelschwanz. BAB. Syn. de **Olwer gruner**. Différent du **Lœmmerschwanz** ?

Hammelshoden (*Testicule d'agneau*). Ce serait d'après ST. le nom donné au **Frankental** ou **Trollinger** dans la Vallée du NECKAR à cause de la forme irrégulièrement ronde de ses grains qu'on observe constamment dans cette variété, ainsi que j'ai pu m'en convaincre par mes propres observations. H. GOET. donne aussi comme synonymes **Hammelsschelle** et **Hammelssohlen**.

Hamvas grau. GRÈCE et HONGRIE. Syn. de **Perltraube graue**. WEINLAUBE. 1872, 374. Cité par H. GOET.

Hamvas Szoello. OD. 320. Raisin gris cendré. C'est le nom donné à NESZMELY à un raisin cendré très-rapproché du **Pinot gris** et probablement id. au **Pinot cendré**.

Handjemu rouge. PERSE. SCHAR.

Hangling blauer. BABO. Id. à **Haûsler**.

Hangling weisser. BAB.

Hanglinge. Décr. MEY. (*Vitis pendula*).

Hanglinge rother. Décr. MEY. Syn. de **Griset rouge** ou **Pinot**.

Hanglinge schwartz blauer. Décr. MEY.

Hansen rother. WURTEMBERG. BAB. Syn. de **Kleiner Velteliner**. H. GOET.

Hapshovina bela. Syn. de **Fischtraube weisse**. H. GOET.

Hars levelu. HONGRIE. OD. 313. *Bic.* (11). A de longues grappes, ce qui l'a fait appeler également **Fischtraube** (*raisin poisson*) ; **Læmmerschwanz** (*queue de mouton*) et **Langer Tokayer**. Raisin blanc de cuve ; réussit bien sur les collines de SALUCES. Je crois que le nom de ce cépage **Hars levelu** signifie *feuille de Tilleul* à cause de la ressemblance de ses feuilles avec celles de cet arbre. [D'après les auteurs allemands le **Fischtraube** n'est pas syn. de **Hars levelu**. (PUL.)]

Hartalben et **Harter Elben**. ALSACE. BAB. H. GOET. l'appelle aussi **Hartgrober**.

Hartalber. D'après ST. est syn. de **Olwer**.

Harter Elbling, sous-variété de l'**Elbling weisser**. Décr. MEY.

Harteinsch et **Harteinisch**. D'après BAB., ce sont des syn. de **Orléans** et **Orleanzer**. Voyez aussi **Hart-hengst**.

Hartford prolific. AMÉRIQUE. VIV. La plus précoce des variétés américaines, vigoureuse et fertile, de la tribu des *Labrusca*. Feuille très-grande, très-duvetée, peu incisée. Grappe cylindro-conique un peu ailée, moyenne, peu serrée. Raisins sur-moyens, sphériques, elliptiques, noirs, pruinés, maturité à la 1re époque Raisin de cuve. PUL. [EC. MONTP.]

Hart-hengst. PALATINAT. Syn. d'**Orleaner** ou **Gros Riesling**. OD. 283. BAB.

Hart Olber. ST. Syn. d'**Olwer**.

Hartunsch. Syn. de **Heunisch weisser** ? BAB.

Hartwegs traube (**Tokay commun** ?) *Bic.* Celui que j'ai reçu de PICC. s'est trouvé être le **Sauvignon blanc** de FRANCE.

Hartwegs traube blaue. BAB. Dess. METZ. Feuilles peu découpées dans le genre du **Pinot**. D'après H. GOET, serait syn. de **Hangling blauer**.

Haschat Lævœlin. HONGRIE. Syn. de **Tokayer langer weisser** ?

[**Hasseroun labied** (*Hasseroun blanc*). ALGÉRIE. Décr. L. BEYS. (*Mess. agr.* XIX, 418). Grappe très-lâche, ressemblant à une grappe de groseille ; grains très-petits portés par un long pédoncule, transparents au point de laisser voir trois gros pépins, marqués d'un point noir à l'ombilic.]

[**Hasseroun lakhal** (*H. noir*). ALGÉRIE. Décr. L. BEYS. (*Mess. agr.* XIX 418). Raisin petit, serré, très-jûteux, contenant un seul pépin, rarement deux. Moût sucré, très-coloré. Bonne vigne à vin.]

Hâtif de Ténériffe ou **Chasselas de Ténériffe**. Pép.

Hatif vino. AMÉRIQUE. PUL. Variété dicline, c'est-à-dire à sexes séparés ; les fleurs mâles s'ouvrent un mois avant celles des vignes européennes.

Hâtif von der Lhan. ORLÉANS. *Bic.* ; en allemand **Frühe Lhan traube**. Voyez **Von** ou **Van der Lhan**.

[**Hattie** ou **Hettie**. BUSH. V. amér. ?]

Haute-Egypte. OD. 246. C'est une variété du **Teinturier** que le comte OD. a trouvée moins fertile et moins robuste, mais dont le suc est plus coloré.

[**Heath** Syn. de **Delaware**. PLANC.]

Heben. ROX. Vigne espagnole.

Heimer rother. Bords de la SARRE. Différent du **Traminer**. OD. 286.

Heinsch et **Heinisch gelber**. Syn. de **Heunisch**. BAB.

Heinschen. Décr. MEY. Syn. de **Gouais** ?

Heinscher et **Heunschler**. WURTEMBERG. Syn. de **Heunisch**.

Heinsler. BAB. Voyez **Rauschling blanc**. H. GOET, écrit **Heinzler**.

Hélène Otlander rouge. De semis. *Cat.* SIM. L. Grains allongés.

Hell roth muscat traminer. OD. 290. Probablement id. ou peu différent du **Roth traminer**. **Hell** veut dire **spargolo** (*clair*).

Pour le vanter, on l'appelle **muscat**, mais c'est une exagération.

Helrac noir. *Cat.* LUX.

Heluani. PERSE. *Bic.* (38). Très-beau raisin de table, rouge clair, que j'ai reçu directement du Consulat d'ITALIE en PERSE. Doit être cultivé en treille pour donner d'abondants produits.

Hemme jaune et **Hemme verte.** MOSELLE. GUY. III. 326.

Henab-Turqui. EGYPTE. Feuilles très-grandes lisses, glabres. sinuées. Grappe assez grande, ailée, allongée, conico-cylindrique, rameuse. Grains très-gros, ovales, obtus, blancs dorés. Maturité à la 4me époque. Raisin de table.

Hennant ? blanc. SEINE et MARNE. AC. 324.

Henont. *Cat.* LUX.

Hepta Gennon. SCHMIDT. H. GOET.

Herbasque. ALPES MARITIMES. AC. 321. [J'ai reçu sous ce nom le **Danugue.** (BOUSC.)]

Herbemont ou **Warren.** V. amér. ; cultivée à CINCINNATI dans la vallée de l'OHIO. *Bic.* (61). Décr. PUL. *Vign.* I, 151 (76). Feuilles grandes, ou très-grandes, bien sinuées, peu duvetées, presque planes. Grappe sur-moyenne, longue, conico-cylindrique, ailée. Grains petits, ou très-petits, sphériques, noirs ; 3me époque de maturité. Raisin de cuve. [Vin assez délicat, peu coloré. Ce cépage redoute la chlorose dans les terrains peu profonds, imperméables ou manquant de fer. On en connaît une variété à gros grains. EC. MONTP.]

Herbert noir. ROGER. Hybride américain ; cépage méritant. PLANCHON. 165. [EC. MONTP.]

Here grosse. LOT ET GARONNE. Voyez aussi **Grosse Herre ?** qui n'est autre chose que la **Mérille.**

Hérissé noir. *Cat.* LER.

Herman. Variété qu'il faut, paraît-il, mettre au premier rang parmi celles du genre *Æstivalis* auquel elle appartient. [PLANCHON et BUSH écrivent **Hermann.**] [Végète très-mal dans l'HÉRAULT, dans les sols autres que ceux qui renferment de la silice et du fer. Peu productif. EC. MONTP.]

Hermitage blanc. G.

Herranel noir. LOT ET GARONNE. GUY. 423.

Heunich. AUTRICHE. Cépage autrefois généralement cultivé dans ce pays et maintenant remplacé en grande partie par le **Portugieser,** le **Valteliner** et autres. Il y a la variété blanche et la rouge.

Heunisch dreifärbiger (*tricolore*). Décr. MUL.

Heunisch gelber. MUL. BAB. Décrit et figuré par ST. Décrit aussi par MEY.

Heunisch rother. Décr. MUL.

Heunisch rothgestreifler (*rayé de rouge*). Décr. MUL.

Heunisch schwarzer. (*noir*) Décr. MUL. BAB.

Heunisch weisser (*blanc*). BAB. Décr. MUL.

Heunschander. ALSACE. Syn. de **Thalburger.**

Heyrieu. Syn. de **Vernay noir.** ISÈRE. Raisin noir. **Heyrieu** est le nom d'un village de l'ISÈRE.

Hibou blanc. SAVOIE. **Gros hibou blanc,** d'après VIV. Feuilles sur-moyennes, glabres, peu sinuées. Grappe sur-moyenne, un peu ailée, cylindro-conique, un peu serrée. Grains sur-moyens, sphériques, blancs jaunâtres. Maturité 2me ou 3me époque. Raisin de cuve.

Hibou noir. SAVOIE. PUL. le croit très-voisin de l'**Aramon.** *Rapp. Ampel.* TOCH. trouve sa feuille plus tomenteuse et dit que la vigne a d'autres caractères un peu différents. *Vign.* II, 107 (150). Le raisin paraît meilleur à manger que celui de l'**Aramon.** [Après une étude sur l'**Aramon** et le **Hibou** cultivés côte à côte j'ai reconnu que ce sont deux variétés très-distinctes ; c'était l'avis de M. MAR. Le **Hibou** est cantonné dans le département de la SAVOIE. Je ne l'ai rencontré nulle part ailleurs, pas même dans la HAUTE-SAVOIE. On l'appelle **Polofrais** en MAURIENNE et **Hivernais** en TARENTAISE. Quant au **Polofrais,** on lui a donné pour syn. l'**Aramon** ; c'est du **Hibou** qu'il est synonyme (TOCH.)]

Hierosolimitana. Syn. de **Axina de Jérusalem.** SARDAIGNE. *Fl. Sard.*

Hilisman ou **Kilisman blanc.** ASIE MINEURE. OD. 577.

Hilisman marro ou **noir.** ASIE MINEURE. MEND. *Bic.* (48).

Hilisman rouge. ASIE MINEURE. OD. 577. Meilleur pour la cuve que pour la table.

Hine. V. amér. (*Labrusca*). Feuilles grandes, bien duvetées, peu sinuées. Grappe moyenne, serrée, un peu ailée. Grains moyens, sphériques, noirs, pruinés. Maturité 2me époque. Raisin de cuve.

Hinschen weisser. Syn. de **Tokayer weisser.**

Hintsch roth. ALSACE. VIV.

Hirschbollen. Syn. de **Eicheltraube weisse.** BAB.

Hitzkirchener blaue. SUISSE. Raisin de cuve.

Hitzkircher écrit C. BRON. Raisin de cuve.

Hivernais. SAVOIE. Syn. de **Hibou.** *Vign.*

Hocheimer en ALSACE. Syn. de **Riessling.** ST. BAB.

Holdertraube et **Hollertraube.** SYRMIE. Syn. de **Farber Rothsaftiger** ou **Teinturier.** ST.

Holy-agos. HONGRIE. OD. 312. Variété du **Fur-**

mint appelée aussi **Kadarkas Furmint** ou **Furmint des oiseaux**.

Honigler blanc de Bude. *Bic.* (15). A pour syn. **Mezes** de HONGRIE. **Bela Okrugla Ranka**, c'est-à-dire *rond, blanc, précoce* ; il a aussi d'autres noms ; c'est, je crois, le **Fruh Magdalene**.

Honigler traube. Id. au précédent.

— **weisser**. Décr. MUL. Le **Honigler** est aussi un bon raisin de table qui pourrait encore fournir un bon vin blanc dans les localités froides et moins privilégiées, à cause de sa grande précocité.

Honigtraube weisser. MEY.

[**Horas**. CATALOGNE. (BOUSC.)]

Horsle velu ? *Cat.*LUX. Pour **Hars le velu**.

Houillardon noir. GERS. Cité par GUY. 377.

Houlin ou **Loulin**. AC. 328.

Houmeau noir. CHARENTE. VIV.

Hourka. OD. 133, d'après M. BOUSCHEREAU, le dit id. au **Roumieux**.

Houron. Nom donné à St-PERAY au **Corbel** de la DRÔME.

[**Howel** BUSH. V. amér. (*Labrusca*). Fruit ovale noir, chair à pulpe ferme.]

Hrskawatz. SERBIE. Syn. de **Kamenits charka** ? H. GOET.

Hrustez ou **Hrusel**, syn. **Kanigl**. H. GOET.

Hubschi de l'Inde. *Cat.* LUX.

[**Hucvo**. *Cat.* LUX. Sans doute pour **Huevo**.]

Hudler. BADE INFÉRIEUR. Syn. de **Frankental** ou **Trollinger**. ST.

Hudler blauer. Syn. de **Rauschling blauer** ? BAB.

Hudler mohrendutte. Syn. de **Trollinger gelbholsiger schwarzblauer**. MEY.

Hudler rother. Décr. BAB. Décr. MUL.

— **weisser**. Décr. MUL.

Huevo de Gato bianco ? **Huevos de Gatos blanc**. ANGERS, dans le *Cat.* BUR.

Hüevo de Gato nero. ESPAGNE. OD. 421. *Bic.* (2). Merveilleux raisin de table, peu productif. *Ann. Vit. En.* février 1878.

Hugues ? **noir**. SIM. L.

Hulard. HAUTE-GARONNE. AC. 329.

[**Humboldt**. EC. MONTP. V. amér. *Æstivalis*, probablement plus ou moins hybride. Fruit de couleur vert brillant.]

Hunnentraube ou **Heunisch** et **Heunschen**. PROV. RHÉNANES; BAB. ST. l'a décrit. De seconde qualité.

Huns. ST.

Hunsch. BAB. Syn. de **Heunisch** ? Appelé aussi

Hunsch schwarzer. Syn. de **blauer Tokayer**.

Huntigdon. Cépage américain de la famille des *Cordifolia*. Assez vigoureux et productif. [D'après BUSH et MEISSNER s'écrit **Huntingdon**. EC. MONTP.]

Hurbino. ISTRIE et GORITZ. *Bic.*

Hureau. YONNE. Syn. de **Lombard**. OD. 204.

[**Husson**. Syn. de **Black July**. PLANCH.]

[**Hyague**. ROUSSILLON. On m'a envoyé sous ce nom le **Calitor**. (BOUSCH.)]

Hybride d'Allen blanc. Voyez **Allen's hybride**. *Vign.* I, 99 (50).

Hybride d'Isabelle blanc. SIM. L.

Hycalès blanc. ANDALOUSIE. *Vign.* I, 61 (31). OD. 423. Vigne robuste, à grand feuillage. Raisin de table. *Bic.* (47).

Hyde's Elisa. AMÉRIQUE. BERCKMANS. Syn. de **York Madeira**.

Hyvernais. TARENTAISE. Synonyme de **Hibou**. TOCH.

I

Iavor grosser weisser. STYRIE. MUL.

Iavor melweisser ou *couleur de farine blanche*. MUL.

Iepola bianca. SICILE.

Iepola nera. SICILE. FRO.

Ietubi bueno. PAXARÈTE. ROX. Grains noirs.

Imbrina. Syn. de **Portugieser rother**. H. GOET.

[**Impérial**. **Raisin impérial**. Semis de VIBERT, d'ANGERS ; raisins noirs, grains oblongs, aussi gros, aussi précoces que le **Boudalès**. BOUS.] Cette vigne est une reproduction parfaite du **Bellino**. Voyez **Impérial noir**. Plus précoce que le **Boudalès**.

Impérial. VÉRONAIS. AC. décr. 245.

Impérial jaune. *Cat.* LER. *Bic.* (16). De semis. Très-voisin du **Brustiano** de CORSE.

Impérial noir. *Cat.* LER. *Bic.* (20). Id. au **Bellino**.

Impérial rosso.

— **traube**. Décr. MUL.

Imperiale. Syn. de **Zeppolino** ou **Raisin allemand**, dans quelques auteurs et dans des catalogues.

Imperialrebe. STYRIE. Syn. de **Impérial blanc** ou **jaune**. Raisin de table. H. GOET

Incaglia. Bergame. *Bic.* ou **Uva Incaglia.**

Incarnato tardivo.

Indiana. *Cat.* LER.

[**Indicans blanc.** V. amér. *Cat.* Lux.]

Infarka. *Cat.* Lux. [Pour **In-Forko.** Styrie. Raisin blanc. (BOUSC.)].

Infectiva. Syn. de **Zinzillosa.** *Fl. Sard. Bic.* (48)

Inganadonna. Soc. agr. de Rovereto.

Inganna cane (*trompe chien*) *Bic.* AC. le décr. 263 et le dit syn. de **S. Gioveto forte ??** Il est syn. de **Borgione** ; a été décrit par le Comice agricole de Florence.

Inganna donne (*trompe dames*). Véronais. Dr CARP. rap. Décr. AC. 245.

Inganno gentile bianco. Leccese. MEND. *Bic* 48. Raisin aromatique d'après le baron ANT. MEND. et qui, sans être un muscat, a une saveur qui s'en rapproche. Outre cette espèce, j'ai reçu sous le nom de **Inganno gentile** de Novoli un raisin noir que j'ai classé sous le n° (43).

Ingram. *Cat.* LER.

Inœqualis. Syn. de **Sarravesa.** *Fl. Sard.*

Insaga. Grumello del Monte. *G. V. V.*

Insaga ou **Inzaga.** *Bic.* Bergame. Lombardie.

Insaga rossa. *Bic.* LOLLI attribue à ce raisin la mauvaise qualité des vins de Brianza.

Insolia amalfitana ou **Parchitana.** MEND. De maturation tardive.

Insolia bianca. Calabre, Marsala et Catane. AC. 174 le décrit parmi les cépages de Termini. MEND. Feuilles découpées ? Raisin de cuve et de table. NIC. ANG. *Bic.* (37).

Insolia bianca. Favara. MEND.

Insolia di Candia bianca. De Lipari. MEND. *Bic.*

Insolia di vigna. Messine. MEND.

Insolia imperiale. Petralia. MEND. *Bic.*

Insolia niura ou **nera.** AC. décr. 177 parmi les raisins de Termini. MEND. Maturité tardive. Bon à manger, à pulpe ferme. NIC. 220.

Insolia parchitana. De Ricalmuto. MEND. *Bic.*

Insoliina ou **Zoliina.** AC. décr. 176 parmi les raisins de Termini. MEND.

Inzaga. Bergame et Brianza. Voyez **Insaga.**

Inzolica rossa. Avellino. Serait syn. de **Duraca.** *Bull. Amp.* III, 175.

Inzuccherata bianca. Canicatti. MEND. Raisin de cuve et de table.

Iona. Amérique. Beau raisin rouge, de valeur secondaire, à feuilles sinuées, duvetées ; grains ronds ; plus agréable au goût que l'**Isabelle.** [EC. MONTP.)

Ionico. Pouilles. Syn. de **Nero amaro.**

Iparscina ou **Ipavesina ?** Syn. de **Wipbacher weisser.** H. GOET.

Irbiano blanc. Espagne. VIV. *Cat.* LER. Au lieu de **Trebbiano ?**

Irene. SOD. se borne à dire que *c'est une espèce de raisin très-humide ?*

Iri-kara et **Iriskara.** *Bic.* Raisin de Syrie qui, cultivé par le comte OD., ne lui donna aucun fruit, quoiqu'il vînt bien. **Irikara** signifie **Gros noir.** Il donne de très-grosses grappes, bonnes pour la table et pour la cuve et est tout-à-fait différent du **Gros noir** cultivé en France sur les rives du Cher. OD., 576. [Raisin de Grèce. C'est le **Gros Guillaume** (BOUSC.)] ?

Irrebiano bianco. Toscane. *Cat.* Lux.

— **perugiano** ? *Cat.* Lux. Ces noms au lieu de **Trebbiano Perugino** montrent combien le catalogue de la Collection du BOIS DE BOULOGNE a besoin d'être revu.

[**Irwing.** BUSH. V. amér. Hybride d'**Underhill-Concord** et **White Frontignan.** Fruit blanc jaunâtre assez gros. EC. MONTP.]

Isabella. Amérique. (**Raisin de Cassis**). Vigne de l'espèce des *Labrusca. Alb.* T. — Le Chev. AGAZ. met l'**Isabelle** ainsi que le **Garber's red-fox** pour syn. de **Uva fragola** (*Raisin fraise*). C'est de toutes les vignes américaines la plus répandue en Italie. Le marquis RIDOLFI l'a beaucoup propagée en Toscane. Elle n'a aucun mérite qui justifie cette faveur sauf sa résistance à l'oïdium. [Bien que cette vigne ait résisté au phylloxera plus que les vignes indigènes, elle finit par succomber sous ses attaques. EC. MONTP.]

Isabella blaue. Décr. MUL.

Isabella di Napoli ? INC. Différente de celle d'Amérique.

Isabelle hâtive noire. SIM. L.

Isaker Daisiko. OD. 354, 393. Syn. de **Muscat blanc** de Smyrne. PUL. le dit syn. de **Muscat de Frontignan.** *Bic.* (74).

Ischia. *Pépin. Bic.* (30). M'a paru id. à l'**Uva di Trevolte** (*Raisin de trois fois*) de GAL. Cette vigne prospère très-bien à Verceil dans un jardin de la comtesse BERZETTI.

Ischia. *Bic. Cat.* LER. *Vign.* On a donné ce nom en France au plus précoce des **Pinots.** Ce nom d'**Ischia,** comme celui de **Précoce de Gênes,** ne sauraient convenir à cette vigne qui n'est originaire ni d'Ischia ni de Gènes et n'est que peu ou pas connue dans ces deux localités. Je l'ai donc appelée **Pinot Madeleine.** Elle n'a d'autre mérite que de mûrir la première parmi les raisins noirs.

Ischia (d') bianca ? *Alb.* T.

Iserenc ? *Cat.* Lux.

Isernenc. Tarn-et-Garonne VIV. Cité par GUY., 385.

Isidori. Syn. de **Muscatello.** *Fl. Sard.*

Isidora nobilis. Mentionné dans BAB., 60 parmi les syn. d'**Elben.**

Ispahan. *Cat.* Lux. Peut-être id. au **Pépin d'Ispahan.**

Israella. Amérique. Grappe peu serrée. Grains noirs, gros, légèrement ovales. De la famille des *Labrusca.* [BUSH dit que sa grappe est compacte, ses grains assez gros, et que cette variété est probablement un semis de l'**Isabelle.** EC. MONTP.]

Israello Aless. ? Commission ampélographique.

Isramka. VIV. *Cat.* LER.

Istriana. Styrie. *Bic.*

Itaca nera. Archipel grec. Raisin de table.

[**Italian Wine.** Syn. de **Delaware** d'après DOWNING.]

Italianische blutraube. Syn. de **Farber Kleiner.** MEY.

Italianischer fruher Malvasier. Syn. de **Malvasia rossa** du Pô ?

[**Ithaca.** BUSH. V. amér. Hybride de **Chasselas** et **Delaware.** Fruit jaune verdâtre. EC. MONTP.]

Iucunda. Syn. de **Apesorgia niedda.** *Fl. Sard.*

Ives madeira. Voyez **Ives Seedling.**

Ives noire. Ohio. Raisin de cuve. SIM. L.

Ives Seedling. V. amér. de l'espèce des *Labrusca,* qui donne de bons résultats dans la vallée de l'Ohio. PLANC. Son vin a le parfum de la violette et, mis en bouteille, est supérieur à celui de **Norton's Virginia.** *Revue vinicole.* New-York. A aussi pour syn. **Ives Madeira.** PUL. [PLANC. dit que cette espèce est résistante. EC. MONTP.]

J

[**Jack.** Syn. de **Jacquez.** Ce nom devrait être préféré d'après PUL.]

Jacober. Mentionné par BAB. parmi les syn. de **Mohrchen** qui serait le **Morillon noir** ou peut-être le **Raisin de St-Jacques ?**

Jacobin. Vienne. OD. 238. Syn. de **Cot à queue rouge ?** Cité par GUY. II, 554.

Jacobin blaue. BAB.

Jacobin violetter. BAB.

Jacobs traube. OD. 334. Syn. de **Morillon hâtif** en Allemagne ou de **Burgunder sehr fruher schwarzer.** MEY. S'il en est ainsi, les Allemands ne feraient pas de différence entre le **Pinot précoce** ou **Ischia** des Français et le **Raisin de St-Jacques** qui devrait être le **Jacob's traube** et qui diffère du précité.

Jacovics. *Cat.* Lux. OD. 175. Syn. de **Morillon violet,** en Hongrie. Id. au suivant:

Jacovics szœllo. OD. 334, dans la collection de Bude de SCHAMS. Syn. de **Morillon hâtif** ou **Pinot Madeleine précoce.**

Jacquemart. Meuse. GUY. III, 351 le croit id. au **Troyen.**

Jacquerre. Savoie. Dess. *Journ. Vit.* tome IV, p. 308. *Vign.* II, 7 (106). *Bic.* (31). Raisin blanc, peu méritant, couvre ce qu'on appelle les Abymes de Mians, près de Chambéry, qui proviennent d'un énorme éboulement du Mont Grenier, arrivé le 24 novembre 1249, et qui ensevelit sous les roches la ville de Saint-André et quelques villages. *Cult. Lyon,* 1876 p, 268.

Jacques ou **Raisin de St Jacques.** Coll. Dorée. MEND.

Jacquez américain de l'espèce des *Æstivalis.* Dess. *Vit.* tome V, p. 32. *Vign.* II, 19 (106). Un des cépages les plus résistants au phylloxera. D'après PUL. a pour syn. **Ohio, Segar-box grap.,** qui signifie *grappe boîte à cigare,* **Jak, Blak Spanish Alabama,** etc. J'ai vu moi-même le **Jacques** en bonne végétation et avec beaucoup de fruits dans un jardin planté de vignes, à Roquemaure (Provence), et dans lequel beaucoup de cépages européens avaient été tués par le phylloxera ; et, quoique la longue expansion laissée à ses sarments fût favorable à son développement, cette vigne n'aurait pu rester si prospère si ses racines n'avaient pas eu la propriété de résister aux piqûres du terrible insecte. Il est id. par tous ses caractères au **Lenoir.** Ses grains sont petits, noirs ; ses grappes moyennes, coniques, ailées, à long pédoncule. Feuilles sinuées, peu cotonneuses en dessous. [EC. MONTP.] [Très-rustique, réussit à peu près dans tous les sols. Vin riche en alcool, fortement coloré, droit de goût, comparable aux meilleurs vins de coupage du Roussillon. EC. MONTP.]

[**Jacquière.** *Cat.* Lux, ou **Jacquerre.**]

Jacquot ou **Gamai ovale.** Nièvre. GUY. III, 173 ; à la p. 180 ont lit **Pinet Jacquot.**

Jaen blanco. Espagne *Cat.* Lux. OD. 501 dit qu'on le cultive en Espagne pour faire de l'eau-de-vie ; il en est de même des autres **Jaen.**

ROX. dit qu'on cultive en ESPAGNE sous ce nom beaucoup de cépages d'espèces différentes. Dans le *G. V. V.* II, 123, il est placé parmi les cépages de MALAGA. On lui donne une grappe grosse, serrée, avec des grains, gros, ronds.

Jaen blanc. MALAGA. VIV. [LUX. n° 1095, grains ronds, presque moyens. (BOUSC.)]

Jaen de Castilla. *Cat.* LUX. [Raisins blancs ; grains gros, oblongs, très-jûteux (BOUSC.)]

Jaen de Letur de **Moratella.** *Cat.* LUX.

Jaen de Letur petit blanc. *Cat.* LUX. [Sous les n°s 983 et 1079, deux variétés de raisins blancs ; le second est id. à **l'Augibi à grains ronds** de l'HÉRAULT, ou **Cherès** du GARD. (BOUSCH.)]

Jaen del plan blanc. *Cat.* LUX. [Raisin blanc, légèrement musqué de la tribu des Panses. (BOUSCH.)]

Jaen Doradillo ou doré, que je crois id. au **blanc.** [ESPAGNE. Raisins blancs à grains ronds, brunissant, peu jûteux, assez doux. (BOUSC.)]

Jaen negro de Granada. ROX. Fruit plus noir que celui de **Séville.**

Jaen negro de Sevilla. D'après la description de ROX., je l'ai classé parmi les raisins noirs au n° (31).

Jaille. ISÈRE. Dr FLEUROT. Grappe moyenne, un peu conique, serrée; grains ronds d'un gris foncé ou coloré en violet, rouge et verdâtre à la fois.

Jakoves. LUTTENBERG. Syn. de **Gutedel** ou **Chasselas.** H. GOET.

Jalobert ? ou **Jalabert ?.** *Pép. Bic.* **Chasselas** de semis.

Jalsovek ou **Kracher.** CROATIE. H. GOET.

Jamet. *Cat.* LUX. CHER. BUR. Raisin noir.

Jami noir. ESPAGNE. OD. 508. Cépage des provinces de GRENADE et MURCIE, assez apprécié par D. ROXAS CLEMENTE. A des feuilles vertes jaunâtres, souvent entières, lisses en dessus, glabres en dessous ; grappes nombreuses, presque cylindriques, le plus souvent très compactes ; pédoncule assez court, grains assez gros, durs et charnus, à peau assez épaisse, de saveur douce très-agréable. On l'appelle aussi **Royal.**

Janese nera et **Janesone.** PROV. NAP.

Jank Zôlo. HONGRIE. Raisin blanc, précoce, de cuve.

Jannon jaune. *Cat.* LER.

Jany szaela. *Cat.* LUX. Doit être une corruption de **Leani Szoello** ou de **Jank Zôlo.**

[**Jany Szoello.** HONGRIE. LUX. C'est le **Furmint de Tokay** (BOUSCH.)]

[**Jaoumel noir.** ROUSSILLON, **raisin de Saint Jacques,** belle variété de la **Madeleine noire** (BOUSC.)]

[**Jaoumet blanc.** ROUSSILLON ; raisin blanc précoce, à grains ronds pour la table (BOUSC.)]

Jardovan. HONGRIE. Raisin blanc pour la cuve PUL. *Vign.* III, 47 (216).

Jardovani fehér écrit H. GOET, qui le dit syn. de **Silberweiss.**

[**Jary kokin.** LUX. Raisin blanc, à grains ronds croquants (BOUSC.)]

Jatica et **Iadga.** Syn. de **Lugliatica.** AC.

Jauer ou **Jaushovez.** Syn. de **Barthainer** H. GOET.

Jauernik. Syn. de **Kadarkas blanc.** H. GOET.

Jaune de Corfou. *Cat.* LUX. [A le feuillage d'un Malvoisie (BOUSC.)]

[**Jaune de Zante.** LUX. C'est un muscat (BOUSCHET.)]

Jaune hâtif. *Cat.* LUX.

Jaunon jaune. YONNE. BUR.

JaverVervoshek. Syn. de **Tantovina blanc** H. GOET.

Javor. PICC. *Bic.*

Javor grosser weisser de HONGRIE, d'après C. BRON. Décr. MUL.

Javor mehlweisser (*couleur farine blanche*) MUL. décr.

Javoroster. Syn. **Kanigl grüner.** H. GOET.

Jean. *Cat.* LUX.

Jean Guttemberg. De semis. Grappe rameuse, grains moyens, sphériques, noirs.

[**Jeanpen.** PROVENCE. Raisin noir très-bon à manger, cité par LARDIER (BOUSC.)]

Jeigen traube. ALLEMAGNE. *Cat.* PUL. Voyez **Feigentraube.**

[**Jejague.** ROUSSILLON. (BOUSC.)]

Jenan. Cépage de l'ISÈRE. PUL.

Jeppula ou **Epula** ou **Ieppola.** Raisin sicilien cultivé principalement dans les environs de MESSINE. MEND.

Jetubi boeno. ESPAGNE. ROX.

Jetubi loco. PAXARÈTE et ailleurs. ROX. dit que cette espèce est id. à l'**Ojo de Buei** de BAZA. Il serait intéressant de savoir si elle est id. à l'**Okor szemu,** c'est-à-dire à l'**Œil de bœuf** des Hongrois.

Jericho. *Cat.* LUX. ou **Jerico noir.** LOIRET BUR.

Jerusalem traube. BAB.

Joanen Madalenen. En dialecte provençal syn. de **Jouannenc** de VAUCLUSE. BOUSC. **Luglienga.**

Joannenc blanc et **Joannenc** d'AVIGNON ou de VAUCLUSE. *Bic.* C'est la **Luglienga bianca.**

Joannenc charnu. OD. 337. *Cat.* LER. Syn. de **Lignan** ou **Luglienga bianca.** *Bic.*

Joannenc noir musqué. VILLELAURE (PROVENCE). Raisin ressemblant au **Caillaba**.

Jœn de Letur ? *Cat.* LUX.

Joli blanc. *Cat.* LUX. CHARENTE. VIV. SIM. L. le dit un raisin de table de second ordre, ayant des grains sphériques, ambrés, de belle apparence.

Jolicante. *Cat.* LUX. Raisin blanc.

[**Jolicante noir**. TARN-ET-GARONNE. Au lieu d'**Alicante**] ?

Jona.V. amér. de valeur secondaire, de la tribu des *Labrusca*. PLANC.SIM.L. Grains moyens, oblongs, ovales, rouge clair. [EC. MONTP.]

Jongin de Ruffieux. SAVOIE. Syn. de **Mondeuse blanche**. TOCH.

Jonvin blanc. SEYSSEL (SAVOIE).PUL. *Vign.* II, 21 (107).

Joonner. *Cat.* LUX.

Josselin St-Alban. *Pépin. Bic.*

Josling's St-Albans, d'après SIM. L. et les frères TRANSON.

Jouanen. *Cat.* LUX. OD. 337. Le **Jouannenc,** dans le département de la HAUTE-LOIRE., serait appelé **Marvoisier.** Voyez **Joannenc.**

[**Jouvin.** *Cat.* LUX. Sans doute pour **Jonvin.**]

Jijona muy buena de Mula. MURCIE. *Cat.* LUX.

Jinoul. *Cat.* LUX.

Jubi ou **Augibi.** FRANCE MÉRIDIONALE. Raisin blanc à grains oblongs. OD. 362. *Bic.*

Juh farka. HONGRIE. OD. 322. Syn. de **Langstaengler** des Allemands.

Juhfark feher et **Jufarko,** écrit H. GOET., qui le dit syn. de **Lammerschwanz.**

Juillet noir. Je le crois id. au **Pinot précoce** ou **Madeleine.**

Julien. *Cat.* LUX. [Raisin noir ayant quelque rapport avec le **Cot** (BOUSC.)]

Julius traube. Paraîtrait devoir être la **Luglienga,** mais je l'ai trouvé cité, au contraire, parmi les syn. du **Pinot Madeleine.**

Julliatique blanc dans la FRANCE ORIENTALE. Syn. de **Luglienga.**

July grape. OD. 334. Syn. de **Morillon hâtif** chez les Anglais ou de **Pinot précoce.**

Jungferntraube blaue. Syn. de **Vogeltraube** ou **Pinot noir précoce.** H. GOET.

Jungfernweiss blanc. HONGRIE. Figure sous ce nom dans le *Cat.* de C. BRON.

Junker weisser. Vallée du MEIN et FRANCONIE. Serait syn.de **Gutedel ou Chasselas,** d'après ST. et BAB. C'est ainsi que le **Gelber** et le **rother** sont aussi syn. du **Chasselas jaune** et du **rouge.**

Jurançon blanc. Syn. de **Quillard** dans le TARN-ET-GARONNE et dans la DORDOGNE, d'après OD. 497. *Bic.* (15). *Vign.* III, 51 (208). S'est montré toujours fertile dans ma collection : conviendrait beaucoup à ceux qui veulent faire beaucoup de vin blanc, sans chercher à avoir un vin des plus distingués.

Justine blanc. HAUTE-VIENNE. GUY. II, 141.

Jussûm. PERSE SCHAR. Raisin de table. Voyez aussi **Kirmisi ?**

K

[**Kaburkas ?** *Cat.* LUX.]

Kadarka blaue. Décr. J. MUL.

Kadarkas. OD. *Cat.* LUX. C'est probablement le **Kadarkas** que le comte ODART a obtenu de semis.

Kadarkas blanc ou de semis. HONGRIE. De semis. OD. 323 décr. *Bic.* (43). Ce raisin blanc, à grains assez tendres, a un caractère singulier par la couleur vineuse des nervures sur ses feuilles d'un vert foncé ; ses raisins deviennent légèrement bruns dès qu'ils ont noué et ne deviennent blancs qu'à leur maturité. Ayant dernièrement vu le bourgeon et les feuilles du **Gabba volpe** (*trompe renard*) de ROME, dont les raisins présentent la même particularité, il m'est venu dans la pensée que le **Kadarkas** de semis du comte ODART pourrait ne pas être un raisin de semis, mais bien le **Gabba volpe** de ROME, cité dans AC. 139. Les catalogues allemands ont le :

Kadarkas grün ou **Kadarkas vert.**

Kadarkas noir. Décrit. *Bic.* (12). Le chevalier PANIZZARDI en parle dans le journal *Le Industrie,* avec cette science qui caractérise ce professeur, viticulteur distingué.

Kadin ou Chadim Barmak. OD. 410. Signifie en arabe *Doigt de jeune fille*, et est, d'après PALLAS, le nom donné au **Pizzutello** ou **Cornichon,** sur les côtes africaines du MAROC à la SYRIE. Ce raisin est mentionné par un Arabe nommé EBN EL BEITHAR qui écrivait il y a de cela plus de dix siècles ; ce qui prouve combien est absurde l'opinion de ceux qui croyent que les raisins s'abâtardissent et deviennent stériles, car la description de cet auteur ancien est tout à fait semblable à celle qu'on pourrait en faire aujourd'hui.

Kakour. PERSE. PUL. *Bic,*

Kakour bigasse. VIV. *Pép.* Etablissement BURDIN.

Kakour blanc de Crimée. *Bic.* (47). PUL. Je l'ai vu chez le marquis INC. avant qu'il eût fructifié dans ma collection. Je l'ai également vu à Montpellier, à l'établissement de M. SAHUT.

[**Kakour noir.** Variété très-fertile à grains oblongs, comme ceux du **Pis de Chèvre violet** ; précoce, pansit facilement (BOUSC.)]

Kakur rouge ou **Kakura.** [**Kakour rouge.** Sous ce nom le comte OD. m'a envoyé le **Kestketsetsu noir** (BOUSC.)]

Kakur vert. *Bic.* (47 ?) (43 ?) Coll. de la Dorée. MEND. Raisin de table et de cuve, id. aux précédents.

Kalali. Perse et Arménie. OD. 586. Raisin blanc estimé pour la vinification.

[**Kalamazoo.** BUSH. V. amér. (*Labrusca*). Obtenue de semis d'une graine de **Catawba.** Fruit plus gros que celui du **Catawba,** noir bleuâtre. Peau épaisse. (BOUSC.)]

Kallian ? *Pépin.* S'est trouvé chez moi être le **Trebbiano** de Toscane. *Bic.*

Kamenitscharka ou **Hrkawatz blau.** Servie. H. GOET.

Kamouri blanc. Régions caucasiques. PUL. *Bic.* (48).

Kaneb lekal. Afrique. PUL. a reçu sous ce nom le **Mourvèdre.**

Kanigl weisser ou **grüner.** Styrie. Décr. J. MUL. et H. GOET.

Kaphzhina, Karzhina, Karzhna, Kaveina ; ce sont tous des syn. de **Kôlner.** H. GOET.

Kapuzinerkutten et **Kapuzinertraube.** BAB. Syn. de **Pinot gris** ; ainsi appelé parce que son raisin a la couleur de la robe d'un capucin.

Karabournou. Asie mineure. OD. 363. *Bic.* (34. 38). Signifie *tête noire.* PELL. le dit de la famille du **Cornichon.** [C'est le **Rosaki aspro** de Grèce ; magnifique raisin de table et de conserve à grains très-gros, blancs, quelquefois sans pépins, charnus, de la tribu des **Olivettes** (BOUSC.)]

Karagacinga de Zara. MEND. Raisin de cuve.

Karbacher ou **Karlsbacher.** Wissembourg. Voyez **Riessling.**

Karistiana roth ou **grün** (*rouge* ou *vert*). Grèce. Raisin de table. H. GOET.

Karmazyn. Syn. de **Hängling blauer.** H. GOET.

Karoad blanc. VIVIE. *Cat.* LER. *Bic.* (43). C'est un beau raisin de table. BUR. l'appelle **Karaood.**

Karolowska. Bohême. Raisin noir de table. *Cat.* C. BRON.

[**Karram labied** (*Karram blanc*). Algérie. Décr. L. BEYS. (*Mess. agr.* XIX, 120) Bon raisin de table, très tardif, ayant quelques rapports avec le **Chasselas.**]

[**Karram lakhal** (*Karram noir*). Algérie. Décr. L. BEYS. (*Mess. agr.* XIX, 421) ; ne ressemble guère au **Karram labied** ni par la forme de ses grains, ni par sa bonté.]

Karstichler ? burgauer. Zurich. AC. 327.

[**Kasbin.** Lux. Perse. Grains gros, oblongs, noirs ; son feuillage a quelque analogie avec celui du gros **Ribier** (BOUSC.)]

Katauba noir ?

Katawba rose. V. amér. *Bic.* (61). A les feuilles cotonneuses en dessous et d'une couleur fauve. ferrugineuse particulière ; grains rouges pruinés, à saveur de fraise, ou *foxé* comme disent les Américains ; ou *goût de renard,* comme disent les Français. Il appartient, comme l'**Isabelle,** à la famille des *Labrusca,* lesquels résistent peu ou point au phylloxera, et qu'il ne convient pas par conséquent de multiplier dans les pays phylloxérés. [EC. MONTP].

Katawba troys. *Pépin.*

Katawbe Worlingtonii. V. amér. *Bic.* S'est trouvé chez moi id. au **Catawba rouge.** Je dois pourtant faire quelques réserves sur cette identité · car, en mai 1878, j'ai constaté quelques différences sur d'autres cépages du même nom : dans les pousses herbacées, les feuilles étaient plus rugueuses, les nervures plus sillonnées, et j'ai trouvé plus tard, je crois, d'autres différences que je n'ai pas notées par écrit.

Katawbe Weidmars red fox. Feuilles moyennes ou sous-moyennes, entières, planes, en forme de cœur, allongées ; sinus pétiolaire à cône ouvert, bourgeon très-rose. J'en ai ramassé quelques feuilles près de Florence.

Katzendrekler grüner. BAB. écrit **Katzendreckler.** Syn. de **Muscateller weisser.** MEYER.

Kauka blaue. Décr. J. MULL. Serait un raisin noir de la Styrie. STOLZ. Cultivé à l'Ecole expérimentale de Klosterneubourg, près Vienne.

Kauka weisse. Styrie. Syn. de **Ortlieber ?**

[**Kaukur.** *Cat.* Lux. Voyez **Kakour.**]

Kazbin. *Cat.* Lux. STOLZ. le dit syn. de **Piazha.**

Kea. Grèce. Raisin de cuve. SCHMIDT. H. GOET.

Kechmisch blanc à grains ronds. Très-bon raisin blanc de Perse, sans pepins, peu fertile, exige la taille longue, très-différent du **Sultanieh** de Turquie.

Kechmish ali (orthographe du comte OD.) à grains noirs.

Kecskecsecsu Feker. BUDE. Voyez **Ketsketsetsu** ou **Pis de Chèvre**.

Kecsecsecsu. Syn. de **Kets Kets etsu.** OD. 370,

Keist. *Cat.* LUX.

Kek fahji szolo. HONGRIE. PUL. *Bic.* (48). Raisin noir.

Kekmisch ali violet. PERSE, ou **Sultanieh** en TURQUIE. *Bic.* PUL. J'ai reçu sous ce nom le **Frankental**. Je vois dans le catalogue de PUL. que pareille chose lui est arrivée. Il faut conclure de cela que, par une erreur dans l'étiquette, il s'est propagé une variété qui n'est pas le vrai **Kekmisch** de PERSE, lequel doit être du genre des **Corinthes**, ainsi que je m'en suis assuré à POGGIO SECCO, dans les belles vignes du chevalier LAWLEY.

Kekmisch blanc à grains ronds. PUL. *Vign.* II, 101 (147).

Kekmisch jaune à grains oblongs.

Kekmisch noir. *Bic.* OD. 431. Vigne de PERSE que le comte OD. a trouvée assez méritante pour être introduite en EUROPE. Elle doit avoir des raisins petits, sans pepins. La COLL. de la DORÉE a transmis, par erreur, à plusieurs correspondants, le **Frankental** au lieu du **Kekmisch noir**, qui est du reste le même que le **Kekmisch violet**.

Kekmisch ouloughy. OD. 585. Vigne de PERSE sur le mérite duquel le comte OD. a émis le même jugement que pour la précédente. Sert à la fabrication du vin de SCHIRAZ.

Ke-knyclii. *Cat.* LUX. [Raisin blanc à grains oblongs verdâtres (BOUSC)]. H. GOET. écrit :

Keknyelii et lui donne pour syn. le **Picolit ? blanc.**

Kempsey alicante. ORLÉANS. De semis. *Bic.* (44). Le raisin que j'ai reçu sous ce nom, m'a paru identique au **Meredith blak** et je l'ai noté : raisin très-beau, plus tardif que le **Ribier**, auquel son fruit ressemble.

Kensis. AMÉRIQUE. VIV. *Cat.* LER.

Keppler blanc. De semis, SIM. L. Grappe lâche, grains ovales. Précoce.

Kerbige. BAB. Syn. de **Grober Elben.**

Keres ? ESPAGNE. INC. écrit ainsi. Voyez **Xeres.**

Kerko cernina. Syn. de **Oberfelder noir.** H. GOET.

Kersette ? *Cat.* LUX. Peut-être au lieu de **Gersette** ? [Petits raisins blancs à grains ronds, faciles à pansir. N'est pas la **Gersette**. (BOUSC.)]

[**Kesmisch de Perse blanc.** *Cat.* LUX. Voir **Kismisch.**]

Kestske Tschsve ? *Cat.* LUX. Syn. du suivant.

Ketsketsetsii fehér. Ainsi écrit par H. GOET.

Ketsketsetsu blanc. HONGRIE. OD. 370. MEND. PUL. J'ai reçu probablement sous ce nom un autre cépage, puisque j'ai dû le classer. *Bic.* (33). Le **Kets kets etsu blanc** de BUDE et le **violet** sont le **Pis de Chèvre** des Français et le **Geisdutte** des Allemands. H. GOET ajoute les syn. suivants : **Kecske czesii fehér, Kosiris beli, Kosizek beli, Ketske csocsu**, et autres. Ce raisin de table a de beaux raisins oblongs et terminés en pointe d'une façon toute particulière, avant la maturité, tant du côté de l'insertion du pistil que du côté du pédicelle. C'est le raisin de table le plus estimé en HONGRIE.

Ketsketsetsu noir. HONGRIE. Il est appelé là **Voros Ketsketsetsu** ou **rouge.** OD. 371, le dit **violet clair.**

[**Keuka.** BUSH. Syn. **Neff.**]

Kienstein ? ou **Kientsheim.** ALSACE. *Bic.* Id. à **Luglienga.**

Kientsheimer ? *Pép. Bic.* Id. au suivant :

Kilian. *Cat.* LUX. SIM. L. Dans une description donnée par le *Cat.* du *J. d'essai* d'ALGER, je trouve qu'il a les raisins blancs, colorés au soleil ; grains ovales, moyens, doux, à peau fine. Ces indications se rapportent à la **Luglienga.**

Kilianer. DITTRICH. Syn. de **Luglienga.**

— d'après MEY., syn. de **Malvasier fruher grosser**, que je crois la **Luglienga**, et d'après BAB., syn. de **Seidentraube gelbe**, qui doit être aussi la **Luglienga.**

Kilisman blanc. SMYRNE. VIV.

— **Cokino.** *Cat.* LUX. *J. d'essai* d'ALGER. Grains gros, oblongs, blancs, doux.

Kilisman marro. SMYRNE ou **Kilisman noir.** VIV.

[**Kilvington.** BUSH. V. amér. Origine inconnue.]

King. Un des cépages américains les plus remarquables de l'espèce des **Cordifolia.** Blanc verdâtre. D'après BUSH., auteur américain, serait syn. de **Golden Clinton.** [Très-chétif, par suite de la chlorose à laquelle il est plus sujet que le type, à l'Ecole d'agr. de Montpellier [EC. MONTP.]

[**Kingsessing** BUSH. V. amér. (*Labrusca*). Fruit rouge pâle, chair pulpeuse.]

[**King William.** BUSH. V. amér. (*Labrusca*). Semis de MARINE. Raisin blanc.]

Kipperle. Voyez **Knipperlé.**

Kiraly edes. OD. 316 (*doux royal*). Vigne hongroise plus que médiocre.

Kiraly szòllò. HONGRIE. Id. à **Lampor.** H. GOET. [Ressemble un peu au **Mourvèdre** par son feuillage (BOUSC.)]

Kirhlih koves. Id. à **Kanigl**. H. GOET.

Kirmisi misk isyum. TAURIDE. OD. 435. Syn. de **Albourlah rouge**.

Kirmissi-jussum et **Kisil-jussum**, d'après l'orthographe de H. GOET, qui le dit un raisin noir de table, différent par conséquent du précédent.

Kischuri du CAUCASE. SIM. L.

Kisch-Misch. *Cat*.LUX.*J.d'essai* d'ALGER. Grosse grappe. Grains blancs, moyens ? allongés, doux et beaux. » D'après ces caractères, il ne s'agit pas d'une **Passaretta** ou **Corinthe** [**Kisch mish à gr.oblongs**. Excellent raisin blanc, le plus souvent sans pepins ; grandes grappes à gros grains elliptiques, ambrés, charnus (BOUSC.)]

Kismich Ali. SIM. L.

— **de Perse blanc**. *Cat*.LUX. Raisin blanc sans pepin, petit, moyen, rond ; grappe grande, rameuse. Est donné pour syn. de **Passerotta**. Les uns écrivent **Kishmisch**, les autres **Kekmisch**. J'ai vu ce raisin chez M. BOUSC. et j'en ai noté quelques caractères.

Kisseb szemu Leani szoello. HONGRIE, ou raisin des filles, à petits grains. OD. 315. Appelé aussi **Leani szoello**.

[**Kitchen**. BUSCH. V. amér. (*Riparia*). Semis de **Franklin** ; fruit noir, acide.]

Klabinger. BADE. Syn. de **Traminer**. BAB.

Klaffer. Serait syn. de **Rauschling**. H. GOET.

Klammer. MOSELLE. Syn. de **Elben**. BAB.

Klâpfer ou **Klœpfer**. BRISGAU. OD. 296. Syn. de **Gros fendant vert** ou **Rauschling**, d'après ST., HARDY et BAB. Qu'on remarque que ce ne serait pas le **Fendant** qui est syn. de **Chasselas**.

Klâpfer ou **Klœpfer schwarzer**. FRIBOURG. syn. de **Rauschling blauer**.

Klâvner blauer. **Franc Pinot**. Décr. MUL. D'autres écrivent **Klevner** ou **Clevner**.

Klâvner fruher blauer. C'est en AUTRICHE le **Burgunder**, c'est-à-dire le **Pinot précoce noir**. Décr. MUL.

Klâvner rother (*rouge*). Décr. MUL.

— **weisser**. **Pinot blanc**. Décr. MUL.

Kleber. HAUT-RHIN. Pour vins blancs. *J. Vit.* II, 69.

Klebroth est syn. de **Tressot** en ALLEMAGNE, d'après OD. 202. Syn. de **Pinot noir**, d'après ST., BAB. et HARDY, ou du **Bourguignon noir d'Alsace** ; syn. de **Clevner grauer** ou **Pinot gris**, d'après MEY., lequel indique aussi la synonymie de **Pinot noir** en ALSACE.

Kleinbeere et **Kleinberger**. Syn. de **Elben weiss** d'après BAB. Le nom de **Kleinberger** est donné en ALLEMAGNE, si je ne me trompe, à plusieurs cépages différents.

Kleinberger. VIV. RHIN. Syn. de **Hans**. **ST**., 226.

Kleinblattrige Fingertraube. Syn. de **Poulsard** ? Je croirais plutôt de **Sauvignon**.

Kleinbrauner (*Petit brun*). FRANCONIE. Syn. de **Traminer rother**, d'après ST. et BAB.

Kleinbrauner ou **Kleinwiener**. Syn. également de **Traminer**. H. GOET.

Kleinburger. ALSACE. Syn. **Elben gelber** ? d'après BAB.

Kleinedel weisser. BAB. lui donne pour syn. **Auvernat** en FRANCE ; ou **Pinot**.

Kleinelblinger. BAB. Syn. de **Elben gelber**.

Kleiner farber. Voyez **Farber Kleiner**. Décr. MEY. C'est le **Teinturier**. **Kleiner** signifie **petit**.

Kleiner gelber Ortlieber. Décr. MEY.

— **Rauschling**. OD. 284. *Bic.* Région orientale des bords du RHIN. Syn. de **Ortlieber**.

Kleiner Riesling. Voyez **Riesling weisser**. En ALLEMAGNE, le **Rauschling** est un autre cep que le **Riesling** ou **Rissling**.

Kleiner Rœuschling ou **Rischling**. BADE. Syn. de **Ortlieber**.

— **Traminer**. Syn. de **Clevner ? grauer**. (Je crois cette synonymie inexacte). MEY. Voyez **Klein traminer**.

Kleiner weisser Elbling. Sous-variété de l'**Elbling weisser**. MEY.

— **weisser**. Syn. de **Burgunder weisser**. MEY.

Klein Râuschling. V. **Kleiner Râuschling**.

— **roth**. MOSELLE. Syn. de **Pinot rouge**. ST.

— **schwarz**. Raisin cultivé à KLOSTERNEUBURG (AUTRICHE). Placé par BAB. parmi les syn. du **Farber Rothsaftiger** ou **Teinturier**.

Klein schwarz d'Ofen. OD. 326. Syn. de **Purscin**. OFEN est un nom qu'on donne à BUDE.

Klein tokayer du Rhin. Id. au **Pinot cendré**, d'après OD.

Klein traminer. Voyez **Traminer**. (Il n'est pas id. au **Pinot gris**). OD. 188.

Klein ungar schwarzer. MUL.

— **weiss**. HONGRIE. Cultivé à KLOSTERNEUBURG, près VIENNE, dans le vignoble d'essai. H. GOET., y ajoute le **Klein weisser** et le dit syn. de **Aprafer** ou **Aprofehér** et **Zold Feher** de SYRMIE, que je crois être le **Pinot blanc**.

Klevanjka. CROATIE. Id. au **Burgunder**. H. G., ou **Pinot**.

Klevner roth et **rother**. Syn. de **Farber Kleiner** ? Dans quelques localités sur les bords du RHIN, le nom de **Klevner roth** serait aussi donné, d'après ST., au **Traminer**, mais c'est à tort.

Klevner spanischer *(espagnol)*. Syn. de **Farber Kleiner**, d'après MEY.

Klingelberger. Syn. de **Burgunder weisser?** MEY. ST. le dit syn. de **Riessling** dans le duché de BADE. MEY. et BAB. le disent également.

Kloemmer. MOSELLE. Syn. de **Elbling**. ST.

Klœvner plant gentil. Dess. SING. Il semble que ce dessin représente un **Pinot noir**.

Klœvner violet clair ou **Flesch farb Clevner**. D'après OD. 287 serait intermédiaire entre les **Pinots** et le **Traminer**, quoiqu'il se rapproche beaucoup des premiers.

Klœvner weisser ou **Pinot blanc**. Décr. MUL. Syn. de **Burgunder weisser**, d'après MEY.

Klopfer pour **Klapfer**. Voyez **Rauschling**.

Knackerle ou **Knakerling**. BERGSTRASSE. Syn. de **Ortlieber gelber**. ST. et BAB.

Knevets black hambourg. OD. 368. Syn. de **Frankenthal** en ANGLETERRE, dans les serres.

Knipperlé. BAS-RHIN et SCHLESTADT. Syn. de **Ortlieber** et de **Klein Reuschling**. OD. 284 ST.

[**Kobur**. Semble appartenir à la tribu des **Olivettes**. (BOUSC.)]

Kohir. Voyez **Augster weisser**. H. GOET.

Kokur. Voyez **Kakour**.

Kokura de Zante. *Cat.* LUX.

Kolner blauer. STYRIE ou **Colognese bleu**. Dess. GOET. Décr. MUL., qui le dit syn. de **Frankental ?** *Bic.* J'ai eu sous ce nom un cépage que j'ai classé au n° (16).

Kolner weisser. Décr. MUL.

— **rother**. Décr. MUL.

Kolokitiapi. GRÈCE. SCHMIDT. H. GOET.

Kolonika ou **Kosavina**. Voyez **Kolner**. H. GOET.

Kondovasta. *Cat.* LUX. [CRIMÉE. Raisin blanc dans le genre du **Kokour** (BOUSC.)].

Koniglicher gutedel. Syn. de **Chasselas violet**. DOCH.

Konigsedel. Syn. de **Chasselas violet**. BAB.

Konigstraube rothe. Syn. de **Portugieser**. H. GOET.

Konigstraube weisse. Décr. MUL.

Koollat (Vigne de). *Cat.* LUX.

Kontori blau. GRÈCE. SCHMIDT. H. GOET.

Korai piros. HONGRIE. *Cat* C. BRON.

Korinthie. GRÈCE. SCHMIDT. V. **Corinthe**.

Korns Sâmling. Raisin de table. *Cat.* C. BRON.

Korsikaner blauer. BAB. Serait syn. de **Raisin de Corse**.

Korsikaner rother. BAB. Syn. de **Navarro**.

Kosiak zherni. Voyez **Damascener blauer**. H. GOET. Serait le **Ribier ?**

Kosutiki. ASTRAKAN. Syn. de **Cornichon**. OD. 410 qui cite l'auteur PALLAS.

Kotgino weissgrun. GRÈCE. SCHMIDT. H. GOET.

Koumsa msouanné. CAUCASE. PUL. *Bic.* (28). Petit raisin blanc, assez tardif, que j'ai cultivé et qui ne convient nullement à l'ITALIE SEPTENTRIONALE.

Koun Kassah. OD. 432, 587. Vigne de PERSE, à grappes rouge-clair, cultivées pour la table.

Kövi dinka vôrös. Syn. de **Steinschiller rother**. H. GOET.

Kover szôllo bianca, écrit ainsi par H. GOET et par C. BRON. HONGRIE.

Kowes ? Ainsi écrit par VIV et dans le *Cat.* LER.

Kracheinder suszling. Syn. de **Krach gutedel**. MEY.

Kracher. Syn. de **Krach gutedel**. Décr. MUL.

— **gelber** ou **croquant jaune**. Décr. MUL.

— **weisser**. Décr. MUL.

Krach-gut-edel ou **Chasselas croquant**. Syn. de **Diamant traube ?** Dess. H. GOET. OD. 343.

Krachgutedel weisser. Décr. MEY.

Krachlampe. BAB. Syn. de **Krachgutedel**.

Krachmost. Syn. de **Krachgutedel**.

Kralovina Krajevina ou **Kraljoviner**. Syn. de **Portugieser**. H. GOET.

Krauses. BORDS du MEIN. Syn. de **Grober Elben**.

Kremitscher. Syn. de **Gutedel geschlitzer**. H. GOET.

Kreuzer traube. Vallée du NECKAR. Syn. de **Frankental**.

Kreuzweinbeer, kreuzer, krishon, krishowatina, krishowatina welka. Syn. **Hainer grosser grüner**. H. GOET.

Krhkopadna. CROATIE. Syn. de **Barthainer**. H. GOET.

Kriecher grossblauer, Krupna ou **Krieschentraube**. Syn. **Urbanitraube**. H GOET.

Kristaller, Kristeller ou **Kurtzstingl**. Syn. de **Elbling**. ST.

Kristeller. Syn. de **Elben weisser**. BAB.

Kronlânder œsterreicher. Cultivé à KLOSTERNEUBURG, près VIENNE.

Kümmeltraube. Syn. de **Muscat rouge**. WEINHEIM et BERGSTRASSE.

Kummerlingtraube. Syn. de **Pizzutello ?**

Kûrstlicher ou **Kürsticler**. AC. 322. Je crois pour **Kurstieliger**.

Kursztieliger Champagner. BAB. Syn. de **Heinsch** à pédoncule court.

L

[**Labe**.BUSH.V.amér. ? Fruit noir, chair demi-tendre, pulpeuse.]

Labrusca. Tribu de vignes américaines ayant de grandes feuilles cotonneuses en-dessous, le plus souvent entières, fruit parfumé. [Vrilles continues. Grains gros à pulpe peu fondante, à goût *foxé*. Graines sans chalaze ni raphé apparents. Les cépages de ce groupe sont généralement moins résistants au phylloxera que les *Æstivalis* et les *Cordifolia*. On peut les considérer à ce point de vue comme intermédiaires entre ces dernières espèces et les *Vinifera*.]

Labrusca. TOSCANE, ou **Lambrusca.** AC.263. Syn. de **Abrostine.**

[**Labrusca Tokalon.** *Cat.* LUX. Voir **Tokalon.**]

Labruscat peat. *Cat.* LER.

La Bruxelloise. Paraît être le **Frankental.** SIM. L.

Lacaja. A BASTO (Portugal) est syn. de **Alvarelhao.**

Lacconargiu bianco. SARDAIGNE. MEND. Raisin de cuve et de table. *Bic.* (27, 31).

Lacconargiu nieddu di Santu Lassurgiu. MEND.

La Cocade. *Cat.* LUX.

Lacourte ? COLL. DORÉE. MEND.

Lacrima, Lacryma ou **Lagrima**, sont des noms assez communs en ITALIE et qui s'appliquent à tant de raisins divers, qu'il serait difficile de déterminer les synonymies des espèces auxquelles ces noms se rapportent.

Lacrima aspra bianca. TOSCANE. FRO.

— **bianca.** FERMO (Marches). *Bic.*

Lacrima Christi. Décr. AL. Décr. INC.

— — J'ai reçu sous ce nom, de STREVI, le **Chasselas lacinié** ou **Ciotat.** En PIÉMONT, plusieurs pépiniéristes vendent le **Pinot blanc Chardenay** sous ce nom.

Lacrima Christi blanc. NAPLES. INC.

— — **noir.** ARNESANO (POUILLES). *Bull. amp.* I. *Ann. Vit. En.* Est aussi cultivé dans les MARCHES et se trouve décrit dans l'Ampélographie de MACERATA par le prof SANTINI.

Lacrima Christi noir de CHIETI, ABBRUZZES et des POUILLES. Id. au **Lacrima** de NAPLES. *Bull. Amp.* II. Serait une variété du **Montepulciano ?** d'après MEND.

Lacrima Christi rose. Nom donné par M. L. P. de PIERRE, de NEUFCHATEL, au **Chasselas violet.** J'ai aussi trouvé dans quelques vignobles du PIÉMONT le **Chasselas violet** portant le nom de **Lacrima.**

Lacrima Christi rouge de NAPLES. TRINCI, 83, le décrit parmi les cépages toscans.

Lacrima Christi. TOSCANE. Est blanc, d'après le baron MEND. *J. Vit.*, 22 décembre 1869.

Lacrima della Madonna. Raisin de NAPLES. (*J. bot.*), d'après FRO. Cultivé aussi en SICILE. Voyez **Lacrima di Madonna.**

Lacrima della Madonna de TERMINI, raisin de table blanc, très-beau, se conservant bien *Bic.* MEND.

Lacrima di Giobbe.

— **di Luisa.**

— **di Madonna bianca.** SICILE. PROV de GIRGENTI. *Bic.* (36). NIC. dit que c'est un raisin blanc de table. Il a la grappe très-fragile; je crois qu'on peut le classer avec le **Monarca.**

Lacrima di Maria. TERMINI. AC. décr. 177. NIC. le dit syn. de **Lacrima di Madonna.** [SICILE. C'est le **Rosaki** de SMYRNE. Envoi du baron MEND. (BOUSC.)]

Lacrima di Napoli. MEND. AC. le décrit, p. 264, parmi les raisins toscans ; TRINCI, 83, également.

Lacrima. FERMO ou **Lagrima di Napoli.** *Bic.* Peut-être id. au

Lacrima de Rogosniza. DALMATIE. *Bic.* INC.

Lacrima de Somma. BARI. MEND. *Bic.* Je l'ai trouvé id. au **Zante blanc** ou à la **Malvasia toscana.**

Lacrima d'Espagne. *Bic.* AC. le croit id. au **Tinto d'Espagne.**

Lacrima dolce nera. TOSCANE. Décr. *Com. agr.* de FLORENCE. Dess. GALL. INC. ; ROB. LAWL. *Bic. G. V. V.* 1870.

Lacrima forte. TOSCANE. PISE. ROB. LAWL.

— **grossa nera** de MONTELUPO. *Bic.* (15.)

— **nera.** On cultive sous ce nom plusieurs cépages dans les provinces d'ASCOLI, d'ANCONE, des POUILLES, et des ABBRUZZES ainsi que sur les coteaux d'ALBANI. *Ann. Vit. En. Bull amp.* II. Je l'ai vue dans les environs de ROME et signalée comme fertile et donnant des produits excellents. Est figurée dans l'*Ampélographie italienne.*

Lacrima ou **Lagrima nera.** CALITRI. NAPOLITAIN. Id. à **Lacrima di Barletta.** POUILLES.

Lacrima ou **Lagrima nera.** POUILLES. LECCE

— **piccola.** MONTELUPO. *Bic.* (27).

— ou **Uva lagrima.** Dans les POUILLES serait syn. de **Negro amaro ?** ou aussi une variété parfumée de celui-ci. Est aussi syn. d'**Olivella**, d'après PER. Dans l'*Amp. Pugl.*, cependant, on n'indique pas cette synonymie. On y décrit trois espèces de **Lagrima**.

Lacrima (Uva). TOSCANE. GAL. dess. et décr.

[**Lady**. BUSH. V. amér (*Labrusca*). Semis de **Concord**. Fruit gros, jaune verdâtre, couvert d'une fleur blanche, sans goût ni odeur *foxés*.

Lady Dovne's Seedling. De semis. *Vign.* I, 131 (66). Raisin noir de longue conservation. *Bic.* (32). SIM. L. dit qu'il a des grains ovales.

Læta. Syn. de **Semidanu**. *Fl. Sard.*

La Gaité. ISÈRE. PUL.

Lagler blanc. Id. à **Augster**. On l'appelle ainsi en HONGRIE ?

Lagler de Rust. *Cat.* LUX. [AUTRICHE. Raisin blanc, à grains légèrement oblongs (BOUSC.)]

Lagrain blauer. TYROL. H. GOET.

Lagrima. Voyez **Lacrima**.

Lahaire. *Cat.* LUX. GIRONDE. BUR. Raisin noir.

Lahntraube frühe (*précoce*). BAB. Syn. de **Van der Lahn**.

— **spate** (*tardif*). BAB.

Lairon blanc. GIRONDE. BUR.]

Lairenes verdiccia. MALAGA. (ESPAGNE).

Lallemand faucun blanc. *Pépin. Bic.* BAB. le nomme **Allemand** ou **Facun** et le dit syn. d'**Elben**.

Lamber. OD. 368. Syn. de **Frankenthal**.

Lambert. RHIN et SCHLESTADT, écrit ST. 155, lequel le dit aussi syn. de **Frankental** et lui donne encore pour syn. **Gross Italiener** (*Gros italien*), ce qui prouverait l'origine italienne de ce raisin. Il croit que **Lambert**, qui dans le *Cat.* du BOIS DE BOULOGNE est écrit **Lampert**, dérive de l'ancien mot LAMPARTEN (LOMBARDIE).

Lamberto. RIVIÈRE LIGURIENNE DU PONENT.

Lambertraube blaue. Décr. MUL.

— **rothe**. Décr. MUL.

— **weisser**, Décr. MUL. BAB. cite comme syn. **Lambertraube saure**.

Lambrenot. *Cat.* LUX. Peut-être est ce **Lambournot** des environs de GRENOBLE, ou **Lambourneux**, qui doit être le **Chasselas violet**.

Lambrostega. TRENTE. AC. 303.

Lambrusca dite aussi **Lambrusa**. Provinces d'ALEXANDRIE et PAVIE, dans le MODENAIS principalement, dans la LOMBARDIE et autres régions de l'ITALIE CENTRALE. Le baron MEND. écrit **Lambrosca**; le docteur CARP. **Lambrusco**.

Lambrusca, dans la Prov. d'ALEXANDRIE, est syn. de **Moretto** ou **Croetto** d'ASTI.

Lambrusca bianca. Décr. AL.

Lambrusca dai graspi rossi (*à rafles rouges*). MODÈNE. Décr. AGAZ.

Lambrusca della Bugadara. MODÈNE. Décr. AGAZ.

— **della Rocca**.

— **delle Langhe**. C'est ainsi qu'on appelle le **Croetto** dans la prov. de SALUCES. *Bic.* (32, 28). La forme des grains de ce raisin varie souvent, ce qui m'a obligé à le classer sous deux numéros.

Lambrusca del tiepido. MODÈNE. Décr. AGAZ. Id. à **Lambrusca à rafles rouges**.

Lambrusca di Sorbara nera. MODÈNE. Décr. AGAZ. *Bic.* (43).

Lambrusca di Sorbara oliva. Décr. AGAZ. *Bic.* (44).

— **di Spezzano**. Syn. de **Refosco**. Décr. AGAZ.

Lambrusca di tre case. MODÈNE. Décr. AGAZ. *Bic.* (11). Raisin noir.

Lambrusca moscata ? Décr. AGAZ.

— **nera**. AC. décr. 46 parmi les raisins de CRÉMONE. Décr. AL. Décr. INC.

Lambrusca nera a peduncolo verde. PIÉMONT. Décr. AC. 95.

Lambrusca nera a peduncolo rosso. PIÉMONT. AC. décr. 101.

Lambrusca nera Borgesa.

— **nera oblunga**. PIÉMONT. AC. décr. 108.

— **rossa agglomerata**. PIÉMONT. AC. décr. 102.

Lambrusca selvatica. Dess. BON. M. le Baron ISOLA, m'a donné sous ce nom une vigne sauvage qui, vinifiée séparément, avait produit un bon vin, d'après ce qui m'a été assuré.

Lambrusca uccellina nera. AC. la décrit parmi les vignes de MANTOUE.

Lambrusca veronese (**Abrostine** ou **Lambrusca des Toscans**. AC. décr. 231. SOD.

Lambrusche. BOLOGNE. CRESC.

Lambruschino nero delle Langhe. PIÉMONT. J'ai remarqué sous ce nom à VILLARBASSE le **Neretto** de MARENGO.

Lambruschino. SASSUOLO. MODÈNE.

Lambrusco nero. *Alb.* T. FORLI.

— SINALUNGA. TOSCANE. Décr. CIN.

Lambruscone oliva grosso. Décr. AGAZ.

Lambrusquat. *Cat.* LUX.

Lamezzana. *Exp.* AL. Par erreur, je crois, au lieu de **Sarmezzana**.

Lammerschwanz weisse (*queue d'agneau blanche*). Décr. MUL. Ce nom est donné au **Hars-le-velu**.

Lampardar ? dovany ? HONGRIE. VIV.

Lampar Fardevany ? SIM. L. Grappe grosse,

claire. Grains gros, moyens, noirs. Mûrit en septembre.

Lampar Ferdevany. *Cat.* LER. Voyez aussi **Lampor.**

Lampert. *Cat.* LUX. Voyez aussi **Lambert** (1).

Lampone. MODENAIS. Peut-être l'**Isabelle ?**

Lampor. Syn. de **Kiraly szollo,** d'après H GOET.

Lampor Jardowany. C. BRON. PUL. écrit **Lempor.**

[**Lanata Cordifolia.** V. amér. *Cat.* LUX.]

Landawer Haardt. Syn. de **Klein Rauschling.** ST.

Landia. SARDAIGNE. Raisin blanc de table. MEND.

Langedet. On cultivait sous ce nom, depuis 1783, le **Pinot noir** près de BRIOUDE (HAUTE-LOIRE), en FRANCE, peut-être parce qu'il provenait de LANGEDAIS.

Langer tokayer (*Tokai long*).OD. 314. Syn. de **Lœmmer schwanz** ou, mieux, de **Hars-levelu.**

Langleya. ESPAGNE. Gros grains noirs. ROX.

Langstængler. OD. 322. Syn. allemand de **Modu,** un des bons raisins blancs de HONGRIE.

Lansgtieler blauer. BAB.

— **gelber.** BAB.

Langstieler grüner. Serait syn. de **Claveux?** (peut-être **Claverie ?**) dans les HAUTES-PYRÉNÉES en FRANCE, d'après BAB.

Langstieliger Champagner. BAB.

Languedoc. LOT. PUL. *Bic.* M'a paru être le **Boudalès.**

Languedoc. TARN-ET-GARONNE. GUY. 384.

— **noir.** *Cat.* LUX.

— **weisser,** cité par BAB. parmi les syn. de **Grün Seidentraube** (*raisin de soie verte*), c'est-à-dire **Luglienga.**

Languedocien. ISÈRE. PUL.

— M. PELL., 86 a trouvé qu'on cultivait sous ce nom, dans le VAR, le **Picpoule noir.**

Languedoker. BADE SUPÉRIEUR. ST.. Syn. de **Frankental**

Lanjaron bianca. MALAGA (ESPAGNE).

Lanzesa bianca. RAVENNE. *Amp. Pugl.* XI, 216 et 219.

La Quintinie. De semis. SIM. L. Grappe longue et claire. Raisins gros, ovales, blancs, doux. Précoce.

Lardau noir ou **Lardaut** et **Lardat.** Syn. de **Lourdaut** ou **Cornet de la Drôme.** GANIER. *Bic.* Dans quelques départements est syn. de **Chasselas.**

Lardé. SAVOIE. C'est un **Chasselas.** TOCH.

Lardera bianca. Dans les LANGHE probablement id. au **Carica l'asino** (*charge l'âne*), ou **Bertolino bianco** d'ALEXANDRIE.

Lardot. ISÈRE. OD. 365. Syn. de **Chasselas.** PUL. *Rapp. amp.* Voyez **Lourdaut.**

Larget musqué? Grains noirs, sous-sphériques compactes. *Pép.*

Large blanc. *Cat.* LUX.

Large german. AMÉRIQUE. Syn. de **York Madeira.** PLANC. 159.

Largo bianco. Cépage très cultivé à ALICANTE (ESPAGNE) pour la table.

Lasca et **Laska nera.** STYRIE. *Cat.* C. BRON. Id à **Walscher blauer.** Voyez aussi **Laska moder.**

Laschietina. STYRIE. Décr. AC. 188.

Lasciami stare (*laissez moi-tranquille*). TRANI MEND. *Bic.*

Laska belina. Syn. de **Ahorntraube weisse** H. GOET.

Laska moder ou **Modrina.** Syn. de **Wälscher früher blauer.** H. GOET.

Lassagni ? VIV. TOURRÈS.

La terrade noir. De semis. OD. 381 donne l'explication du motif pour lequel ont lieu les semis et l'introduction dans le commerce de nouveaux raisins, qui ne sont pas toujours bien méritants, et il cite une annonce où certaines variétés étaient cotées dans un catalogue 10 à 15 fr. le plant raciné ! et 5 fr. la bouture !

Latifolia. Syn. de **Galloppu.** *Fl. Sard. Bic.*

Latina. VÉSUVE et J. BOT. NAP. AC. 305.

— **bastarda.** *G. V. V.* 16 dit qu'il donne un vin faible.

Latina bianca. BARLETTA. Aurait pour syn. **Fiano** à VALENZANO et **Minutola** à BITONTO ?

Latina rossa ou **Latino.** BARLETTA. *Amp. Pugl.* FRO.

Latrus. LANDES. AC. 323.

Latrut. J. BOT. NAP. *Cat.* LUX. [Dans la dernière édit. du *Cat.* LUX. on trouve un **Latrut noir** et un **Latrut blanc.** Le **Latrut noir,** d'après BUR. est cultivé dans les LANDES.]

Latteresca nera. ILE d'ISCHIA.

Lattuario bianco. BITONTO. BARI. MEND. *Bic. Bull. amp.* I.

Lattuario nero. BARI. AZZ. *G. V. V.* 15. MEND. *Bic.* (37).

Lattuario nero de table. Décr. *Amp. Pugl.*

Laura J. BOT. NAP. *Bic.*

(1) Dans ce Catalogue, je cite les noms et l'orthographe donnés par les divers auteurs, même quand je soupçonne qu'ils sont erronés, dans l'intention de provoquer les observations de ceux qui étudient les cépages. Ce ne sera que lorsque ces observations se seront produites qu'on pourra s'efforcer ou du moins que je m'efforcerai moi-même d'établir les noms qu'il faut conserver et ceux qu'on doit retrancher. (Note de l'auteur).

Laurana ou **Uva molle** *(raisin mou)*, noir. PROV. NAP.

Laurent. Syn. de **St-Laurent** ou **Pinot Madeleine**. [Le vrai **Saint-Laurent** est différent du **Pineau Madeleine**. (PUL.)]

Laurenzana. De table. PROV. NAP.

Laurenzi traube. Je le crois id. au **Laurent**.

Lausanet. Sous-variété précoce de l'**Elbling weisser**. MEY. BAB. le cite parmi les synonymes d'**Elben**.

La Vache. Dans l'ALLIER, syn. de **Mondeuse**, d'après GUY.

[**Lavarina**. PAVIE. *Bic.*]

Lavelona bianca. BARI.

Lavoure. *Cat.* LUX.

Laxissima. Syn. de **Apesorgia bianca**. *Fl. Sard.*, et par conséquent de **Bermestia**.

Layren et **Layrenès**. *Cat.* LUX. MALAGA. VIV. OD. 517 dit que c'est un cépage tardif très-cultivé à PAXARÈTE (ESPAGNE). [LUX. n° 984. Id. au **Listan** (BOUSC.)]

[**Layrenès**. *Cat.* LUX.]

Layrosa d'Espagne. *Cat.* LER.

Lazzola. SARDAIGNE. Voyez **Manzesu**.

Leanika. HONGRIE. Raisin blanc-verdâtre. **PUL**. *Vign.* II, 163 (178).

Leanyka szëllo écrit H. GOET. Paraît id. au suivant. [Nous le croyons au contraire syn. du précédent. (PUL.)]

Leany zoello *(raisin des filles)*. *Bic.* (47). OD., 315. MEND. *Cat.* LER. *Vign.* I, 103 (52).

Leany zoello kisseb szemu ou *Raisin de filles, à petits grains*. *Bic.* (43).

Leany zoello nagy aremu ou *Raisin de filles, à gros grains* allongés, jaunâtres. PUL. écrit **Zôllo**.

Leatico. Se dit aussi **Aleatico**. AC., 223 le décrit à la p. 264.

[**Lebrac noir**. (Afrique). *Cat.* LUX.]

Le Canut ou **Œil de Tours**. LOT-ET-GARONNE. PUL. A pour syn. dans le GERS **Menlé** et **Coufidé**. Raisins blancs, elliptiques.

Lecco bianco. BOBBIO et VOGHERAIS. Un des meilleurs cépages de la région. *Bic.* (47).

Lefort (HAUTE-LOIRE). PUL. Raisin noir de cuve.

Legitimo de vino. OD. 517 le cite parmi les cépages espagnols envoyés à la collection du LUXEMBOURG, maintenant du BOIS DE BOULOGNE.

L'Egiziano *(l'Egyptien)*. NAPLES. Serait un **Teinturier** très-coloré d'après OD. 246.

[**Lehig**. Syn. de **Berkc** (BOUSC.)]

Leipsiger *(de Leipzick)*. AUTRICHE. Syn. de **Luglienga**, d'après PUL. et les auteurs allemands.

[**Lekhal aneb** (AFRIQUE). *Cat.* LUX.; probablement id. à **Kaneb Lekal** (AFRIQUE).

Le Mamelon blanc. *Cat.* LER.

Le Merveillant. *Pép.* AC. 319.

Lempor. HONGRIE. PUL. V. aussi **Lampor**.

L'enfant trouvé blanc. SIM. L.

Lenné's Ehre. Jaunâtre, tardif. Grains ovales. SIM. L.

Lenoir. LAL. VIV. Vigne américaine de l'espèce des *Æstivalis*. *Bic.* (15). Un des cépages résistants au phylloxera. PLANC., 181. Provient de la CAROLINE DU SUD. D'après le *Vignoble*, sa syn. avec le **Jacquez** paraît certaine. [Les **Lenoir** reçus à l'*Ec. d'agr.* de MONTPELLIER de chez MM. BUSH et MEISSNER sont des **Black July**.]

Leonada. MADRID. ROX. Violet-rougeâtre; est classé parmi les **Bermestie**. Les grains présentent des protubérances longitudinales.

Leonzia. Raisin blanc - doré, exposé par M. CENDRINI de MODÈNE.

Le Pourot. JURA. Id. au **Grosnoirin**. ROUG..

Le Requien. *Cat.* LER.

Letteresca. PROV. NAPOL. Voyez **Palummina nera**.

Levanta bianca. ILE D'ISCHIA. FRO.

Leveronè bianco. PROV. NAP.

Levraut. BEAUJOLAIS. Syn. de **Pinot gris**. PUL

Lhoumeau. *Cat.* LUX. CHARENTE. BUR. Raisin noir.

[**Liada**. (AFRIQUE). *Cat.* LUX.]

Liatico se dit pour **Aleatico**. Le **Liatico rouge** est décrit par COSIMO TRINCI, de PISTOIE, dans l'*Agricoltore sperimentato*, p. 86.

[**Liazour** AFRIQUE. Décr. L. BEYS (*Mess. agr.* XIX, 421); souche énorme; supporte bien la taille longue; grains gros, ovales, blancs; raisin ne pouvant se conserver.]

Lichtlabler. Syn. de **Kanigl gruner**. H. GOET.

Lidia. AMÉRI.; De l'espèce des *Labrusca*. PLANC.

Liénaise? grosse. *Cat.* LUX. [Pour **Lyonnaise** (PUL.)]

Liénaise petite. *Cat.* LUX.

Lierval's Frontignan ou **Muscat Lierval**.

Ligheresa. SARDAIGNE.

Lignage noir du LOIR-et-CHER. *Cat.* LUX. OD. 249 le dit un cépage intéressant qui paye avec usure le terrain qu'il occupe. GUY. II, 689 lui donne pour syn. **Massé doux** et **Sucrin**. BAB. le met, ainsi que l'**Epicier de la Vienne** parmi, les syn. de **Melon ? blauer**.

Lignan blanc. JURA. C'est la **Luglienga**. OD. 265. *Vign.* I, 7 (4). *Bic.*

Lignenda. VAL d'AOSTE. Pour **Lignenga** ou **Luglienga**. Décr. GAT.

Lignenda neira ou **rouza**. VAL d'AOSTE. Décr. GAT.

Lignenga ou **Luglienga**. *Bic.* PIÉMONT.
— de SYRIE. Trouvée près de RACCONIGI

dans une propriété du général CERESOLE, mon oncle. *Bic.*

Limberger. Dess. SING. Serait syn. de **Blaufranchiser** ; quelques personnes le croient très-voisin du **Portugieser**, avec lequel il est souvent cultivé, étant aussi précoce et aussi robuste que ce dernier. *Bic.* (37).

Limançais. ARGENTON (INDRE). GUY II, 564.

Limdi-Khanat. OD. 553. *Bic.* (13). Vigne à fruit rouge dans le genre du **Grec rouge**, obtenu de semis par le comte OD. [Ecrit **Limdi Khannah** (*pépin de*), par le comte OD. Ne diffère pas sensiblement du **Grec rouge**. (BOUSC).]

Limona.

[**Lincecumii** (*Vitis Lincecumii*). PLANC. Vigne amér. Vulgairement **Post oak Grape** ou **Pine wood grape**. Rameaux couchés, rarement grimpants ; longs de 1ᵐ 20 à 1ᵐ 50, feuilles très-grandes, largement cordées, grossièrement dentées, à cinq lobes obtus et profondément sinués, à face inférieure garnie d'un duvet épais, aranéeux, à face supérieure araneo-pubescente ; grappes composées, baies grandes, noir-pourpres, quelquefois ambrées exhalant une odeur très suave et mûrissant en août. EC. MONTP.]

[**Lincoln**. Syn. de **Black July**. PLANC. V. amér.]

Lindauer, Voyez **Completer**. H. GOET.

Lindenblättrige. Syn. de **Hars levelu**. H. GOET.

Lindley. ROGER 'S. Vigne hybride américaine, à fruit rouge estimé. PLANC. 165. SIM. L. [EC. MONTP.]

Lindnera VOGHERA.

Linnée. De semis. SIM. L. Précoce. Grains olivoïdes, noirs-violets, pruinés.

Linodella.

Liparota ou **Liparata**. MESSINE. MEND. NIC. Raisin rougeâtre, un des meilleurs pour la table.

Lipna ou **Lipowshina**. Syn. de **Wipbacher weisser**. H. GOET., et de **Pinot**, d'après DOCHNAHL.

Lipovshina zherna. Syn. de **Trollinger** ou **Frankenthal**. H. GOET.

Lissora bianca. BOBBIO.

Listan blanc. SAN-LUCAR (ESPAGNE). C'est le meilleur raisin de l'ANDALOUSIE pour la cuve et la table.

Listan commun. ESPAGNE. ROX.

— **d'Andalousie blanc**. ROX *Bic.* (15). INC. *Vign.* I, 123 (162). C'est le raisin avec lequel on fait le meilleur vin dans cette région et qui est aussi remarquable pour la table. A comparer avec le **Vermentino**. [Ces deux raisins sont tout-à-fait différents. Le **Listan** est beaucoup plus précoce que le **Vermentino**.]

Listan de Paxarete. ROX. Grains blancs, ronds, charnus.

Listan Ladrenado. ROX.

— **Morado**. ROX. ou

— **Temprano**. *Cat.* LER.

Livella, pour **Olivella**.

Liverdun. *Cat.* LUX. *Bic.* OD. 217. Dess. SING. Est syn. de **Gamet Liverdun**, cultivé dans la MOSELLE, la MEURTHE et le DOUBS. Syn. aussi de **Ericé noir**.

Livernais. SAVOIE. Id. au **Hibou noir** ou **Aramon?** d'après GUY II, 291. [Il faut écrire **Hivernais** ou l'**Hivernais, Hibou noir** qui n'est pas syn. d'**Aramon**. (PUL.)]

Livesa ou **Greca** de BITONTO. MEND. *Bic.* (47).

Lividella. TREVISE. Syn. de **Generente**. D'après l'*Alb.* T., est aussi syn. de **Nostrana ?** Décr. CRESC. Est préféré pour son vin dans l'AGRO PISANO.

Livido bianco. PROV. NAP.

Livonèse ? de Pise. *Cat.* LUX. Peut-être **Livornese ?** J. d'ESSAI d'ALGER. Je trouve que ce raisin a les grains ovales, beaux, violets, moyens ou gros.

Liwora ou **Ljbora Cerwena**. Syn. de **Traminer rother**. H. GOET.

Lladoner. OD. 510. Nom donné en CATALOGNE au **Granaxo**.

Llorona. TRÉBUGÈNE. ROX. «*Acinis confertissimis, oblongiusculis, viridibus, succosissimis*.

Lœmmer schwanz (*queue d'agneau*). OD. 314. Est syn. de **Hars levelu**.

Logan. V. amér. sauvage, de mérite secondaire, de l'espèce des **Labrusca**. PLANC. 154.

Loin de l'œil. *Cat.* LUX.

Loja bianca. MALAGA (ESPAGNE). *G. V. V.* II, 123,

Lojra. Arrondissement de SALUCES. Syn. de **Bolana bianca**. *Bic.*

Lombard noir. YONNE. OD. 204. Dess. RENDU. GUY. III, 139. VIV. *Bic.* (32). M'a paru id. à l'**Enfariné**. A pour syn. **Gaillard** et **Hureau**.

Lombard ou **Lamber**. *Cat.* INC.

Lombarda.

Lombardet blanc.

— **noir**.

— **rouge**.

Lombardier du Jura.

[**Lombardy grappe**. Sous ce nom, j'ai reçu le **Grec rouge**. (BOUSC.)]

Longa bianca. VOGHERA.

Long. AMÉRIQUE. VIV. Voyez **Cunningham**. PULL. [EC. MONTP.]

Long d'Amérique *Cat.* LER.
— **d'Oran** ? *Cat.* LER.
— **noir d'Espagne** ? *Bic.* PICC. BUR.

Longas Arkansas. ARCHIPEL GREC. MEND. Raisin noir presque pas pruiné. COLL. DORÉE. S'est montré fertile dans ma collection. *Bic.* (10).

[**Long's Arkansas.** AMÉRIQUE ? ? *Cat.* LUX. Nous connaissons le **Longas Arkansas.**]

Longworth's Ohio. Syn. de **Jacquez noir.** V. amér.

Lonza. *Bic.* TRINCI, décr. 85. PICC. *G. V. V.*, p. 148, dit qu'il a des grappes moyennes non serrées. Grains gros, ronds, dorés, à peau fine. Donne un vin couleur de paille, délicat, peu alcoolique. Ce cépage est cultivé dans la TOSCANE et aussi dans l'EMILIE.

Lordao. OD. 365. Syn. de **Lourdaut.**

Lorenztraube. Syn. de **St-Laurent** ou **Pinot Madeleine.** [Voyez **Laurent** (PUL.)]

Lorisi. Cultivé en SICILE. Il y a, je crois, le blanc et le noir.

Lou déflouraire. FRANCE MÉRIDIONALE. OD. 470. Mauvaise variété du **Tibouren,** sujette à la coulure.

Loubal blanc. TARN et GARONNE. OD. 417. *Cat.* LER. PUL. *Vign.* III, 29 (207). *Bic.* (43). Bon pour la cuve et la table.

Loubal noir. TARN et GARONNE. OD. 417. Moins méritant que le blanc.

Louisiana. V. amér. originaire de la NOUVELLE ORLÉANS. BUSHBERG. *Cat.* 68. [Synonyme **Rulander, Ste-Geneviève**, cépage vigoureux, du groupe des *Æstivalis.* Sarments érigés à mérithalles courts. Grappe courte, ailée et compacte ; grains petits, ronds, noirs. Vin de très-bonne qualité. Malheureusement peu productif jusqu'ici en France. Très-probablement résistant au phylloxera. EC. MONTP.]

Lourdaut et Lourdot. *Cat.* LUX. ISÈRE. OD. 365. Est le **Chasselas blanc.** BUR. le cite comme étant dans la DRÔME.

Lourdaut de Die. Voyez **Lardot.**

Lovelo. *Cat.* LUX. [Feuille ronde, entière. C'est le **Mauzac** (BOUSC.)]

Loxa blanc. ESPAGNE. VIV.

Loya. *Cat.* LUX. Voyez **Loja biancâ.**

Lubek. *Cat.* SIM. L.

Luca Giovanni ou **Schiavoltiello** ? PROV. NAP.

Lucane ou **Alsiova.** Département des DEUX-SÈVRES. OD. 236. Est syn. de **St-Pierre blanc** de l'ALLIER. *Bic.* (12). Raisin de cuve, bon, fertile et de bel aspect.

Lucciolo. Commiss. AL.

Lucertola (*Lézard*).

Luckens. Voyez **Lukens.**

Lugiadegà. Syn. de **Luglienga,** d'après l'*Alb.* T.

Lugiana. Syn. de **Luglienga** dans le VÉRONAIS. AC. 246.

Lugliatica bastarda ou **Algnenga rotonda** BIELLE. Prof. MIL. décr.

Lugliaticà bianca. Décr. AC. 40. Décr. Ab. Prof. MIL.
— **bianca di Sant'Anna** PICC. *Bic.*
— **bianca moscata** PICC. J'ai eu à *Bic.* un autre raisin sous ce nom.

Lugliatica bianca précoce. PICC. *Bic.*
— **di collina.** PLAISANCE. *Bic.* Sous ce nom, probablement erroné, j'ai eu un raisin noir que j'ai classé au (37) et que j'ai supposé être le **Besgano** de ce pays.

Lugliatica nera. BARLETTA. *G. V. V.* 15.
— **nera.** PICC. *Bic.* Je l'ai reçue de FLORENCE; c'était un **Pinot noir.**

Lugliatico pazzo ? *Pép.* S'est trouvé un **Grignolino.** *Bic.* (48). C'est pourtant un cépage différent qui est cultivé à OVIGLIO, près d'ALEXANDRIE. *Bic.*

Luglienga bianca. PIÉMONT. Le plus précoce des raisins. Dess. BON. *Vign.* Dess. *Journ. Vitic. Ann. Vit. En.* fasc. 50. *Uve pregevoli.* (*Raisins de mérite*). Décr. INC. En général, même en ITALIE, ce raisin n'est pas connu comme il le mériterait à cause de sa bonté, de sa précocité et de l'abondance de sa récolte. Cultivé en treille près d'un balcon, il peut fournir d'excellents fruits à une famille depuis la fin de juillet jusqu'aux gelées. C'est pour cela que les Trentins l'appellent **Bona-in-cà,** c'est-à-dire *Bonne près de la maison.* Il a une saveur spéciale un peu différente de celle des autres raisins. Sur ce raisin et sur les autres variétés dont les noms sont précédés de celui de **Luglienga** ou de **Lugliatica,** j'ai pu me convaincre après avoir comparé, les uns aux autres, ceux que j'avais reçus de vingt-cinq localités différentes, qu'il n'y a en réalité qu'une **Luglienga** qui porte des noms différents suivant les pays où on la cultive.

Luglienga bianca d'ESPAGNE ? *Bic.* (38). Voyez *Uve pregevoli. Ann. Vit. En.* fasc. 57. Excellent raisin de table.

Luglienga bianca ovàle courte. Décr. AC. 85.
— — **ovàle longue.** Déc. AC. 86.
— — **rotonda** ? AC. décr 78. Probablement id. à la **Lugliatica bastarda** du prof. MIL.

Luglienga grossa ou **Algnengon.** Déc AC. 87
— **nera.** AC. décr. 113 sous le nom piémontais de **Algnenga.** Décr. INC. *Vign.* I, 179 (91). Voyez **Fresa da tavola.** Excellent raisin. *Bic.*

Luglienga nera d'ESPAGNE.

Lugliese ou **Lugliesa**. J. BOT. de NAPLES. *Bic.*

Lugliesella nera du VÉSUVE et de MONTE-SOMMA.

Lugliolatica toscana. J. BOT. de NAPLES.

Lugliole. SOD.

— **Agostine**. SOD.

Luisant. BESANÇON. Syn. de **Pinot blanc**.

— JURA. OD. *Append.* 20. Synonyme d'**Epinette blanche** ou **Morillon**.

Luisant blanc. JURA. GUY. II, 395.

— **noir**. GRENOBLE. Paraît id. à l'**Aramon** PUL. *Rap. Amp.* Peut-être reconnaîtra-t-on plus tard qu'il est syn. de **Hibou** et non d'**Aramon**.

Lujega. Syn. de **Luglienga** dans le VÉRONAIS.

Lukens. GIRONDE. OD. 131. Syn. de **Malbeck** ou **Cot de Bordeaux**.

Lumaca ou **Lumassa bianca**. SPEZIA. LIGURIE. *Bic.* (16).

[**Luna**. BUSH V. amér. Semis d'*Æstivalis* de MARINE. Grain blanc; ressemble extérieurement au **Martha**. Plus volumineux que celui des **Æstivalis**, mais inférieur en qualité.]

Lunatica nera. COSTIGLIOLE. ASTI, chez M. BORGNINO. Mém. de GAR-VAL. Raisin de table.

Lunel. C'est le **Muscat** de LUNEL.

Lupina.

Lusetta bianca. SALUCES. Raisin de médiocre valeur. *Bic.* (16).

Lusso.

Lustrina. TOSCANE. *Bic.* FRO. et PICC.

Luttenberger. Syn. de **Mössler weisser**, c'est-à-dire de **Furmint**.

Luviana. Syn. de **Luglienga** dans le VÉRONAIS. AC. 246.

Lydia blanche. SIM. L. V. amér. à saveur simple. [D'après PLANC., les raisins de ce cépage, qui est un *Labrusca*, ont une pulpe douce, tendre, légèrement parfumée.]

[**Lyman**. BUSH. V. amér. (*Riparia*). Fruit noir, à peau épaisse, ayant le même goût que le **Clinton**.]

Lyonnaise blanche. Département de l'ALLIER. OD. 220. Syn. de **Gamai blanc**.

Lyonnaise commune. Département de l'ALLIER OD. 220. Syn. de **Gamai commun** ou de **Gamai** d'ORLÉANS et de **Gamai** de la NIÈVRE. On appelle en général dans l'ALLIER les **Gamais** des **Lyonnaises**.

Lyonnaise de Jonchay. OD. 209. Syn. de **Gamai Châtillon**. BUR. cite ce cépage parmi ceux de la NIÈVRE.

M

Maccabeo blanc. HÉRAULT et PYRÉNÉES-ORIENTALES. MAR. II, 291. Serait dans les PYRÉNÉES syn. de **Ugni blanc** ? d'après TOCH. OD. 509. Dess. RENDU. *Cat.* LER. INC. G. *V. V.* 236.

Maccabeo noir. Le comte OD. le cite à la p. 517 parmi les cépages espagnols remarquables [Le **Maccabeo blanc** fait un vin de liqueur et est très différent de l'**Ugni blanc**. PELL.]

Maccaferro nero. VOGHERA.

Maccherona nera. BOLOGNE.

Mac-Candless. AMÉRIQUE. Syn. de **Jacquez noir**.

Maceix doux. GANIER. *Bic.* (28) ? Se rapproche du **Mourvèdre**.

Maceratese ou **Greco bianco**. MARCHES. *Bull. Amp.*

Machabeu ? *Cat.* LUX. NIÈVRE ? BUR. Raisin noir.

[**Maclean**. Syn. de **Black July**. PLANC.]

Maclon. *Cat.* LUX. RHÔNE. N'est pas id. au **Vionier** ; a des pampres moins vigoureux. PUL. A pour syn. **Anet** de l'ISÈRE. *Vign.* III. 107 (246)

Mac Neil. BUSH. V. amér. Variété obtenue [du **Lyman**, très-difficile à en distinguer.]

Madarkas-Furmint. HONGRIE, ou **Furmint des oiseaux**. OD. 312. Dans quelques catalogues, je trouve écrit **Kadarkas**.

Madchanaouri. Syn. de **Sakoudrekala** et **Dodrelabi** de PERSE et de **Okor szemu zoello** de HONGRIE.

Mädchen traube (*raisin de filles*). Syn. de **Leanyka szollo**. H. GOET.

Maddalena bianca. *Alb.* T. ou **Luglienga**. Je l'ai vue dans quelques établissements sous le nom de **Agostenga**.

Madeira Frontignan. Voyez **Muscat violet de Madère**. Les Anglais désignent en général le **Muscat** sons le nom de **Frontignan**.

[**Madeira of York**. Synonyme d'**Alexander**. PLANC.]

Madeleine angevine. *Vign.* I, 1 (1). MAS. *Bic.* *Cat.* LER. C'est peut-être le plus précoce de tous les raisins.

Madeleine blanche de Jacques. *Bic.* OD. 340. *Cat.* LER. *Vign.* I, 17 (9). D'après OD. a les bourgeons très-cotonneux.

Madeleine blanche de Malingre. OD. 338. Syn. de **Malingre blanc précoce**.

Madeleine impériale? C'est peut-être dans la concurrence que se font les pépiniéristes pour se dépasser qu'un d'entre eux a inventé ce nom pour ennoblir davantage la **Madeleine royale** avec laquelle elle est id. et pour mettre en vente une variété de plus.

Madeleine musquée de Courtiller. OD. 339. Syn. de **Courtiller précoce musquée**, PUL. et syn. de **Muscat de Saumur**.

Madeleine noire. Côte-d'Or. Voyez **Pinot précoce**.

Madeleine noire de Jacques. PUL. Différente du **Pinot Madeleine**.

Madeleine précoce de Malingre. Voyez **Malingre**.

Madeleine rouge.

— **royale**. *Cat.* LER. PUL. *Vign.* I, 21 (11). *Bic.* (15, 31). Raisin de table, blanc, précoce, juteux, à peau fine, grappes compactes sujettes à la pourriture.

Madeleine royale blanche. Semis de VIBERT. *Bic.* BOUSC. Id. à la précédente.

Madeleine verte de la Dorée. OD 353. *Bic.* Syn. de **Agostenga** ou **Prié blanc de la vallée d'Aoste**.

Madeleine Vibert? *Cat.* LER. [Syn. de **Chasselas Coulard**. (PUL.)]

Madeleine violette. Hongrie. OD. 335. PUL. dans le *Vignoble*, I, 81 (41), la croit assez distincte du **Pinot Madeleine** et pense qu'elle a été obtenue de semis. *Bic.* (35). [N'est autre que **l'Ischia**. (PUL.)]

Madeleine violette de Hongrie. GANIER. N'est pas id. à la précédente. *B.* (11).

Madeleineau. *Cat.* Lux. Raisin blanc. Charente. BUR.

Madera bianca *Bic. Pép.* Décr. Com. ALEX.

[**Madère**. Rousillon. Raisin blanc à grains oblongs (BOUSC.)]

Madère et **Le Madère**. Pour quelques auteurs est syn. de **Muscat violet** de Madère.

Madère royale ! *Bic. Pép.*

Madère vendel. *Bic.* OD. 353. Nom donné par le comte OD. dans sa 1re édition au **Muscat rouge de Madère**.

Madère verte ou **Vert précoce de Madère**. Voyez **Agostenga**.

Maderpetcheh (**Anguur**). Perse et Arménie. OD. 586. Grappe ayant toujours de gros et de petits grains entremêlés.

Madiale nero. R.

Madon. PUL. Raisin blanc. Gironde. BUR.

[**Madone**. *Cat.* Lux.]

Madonna. *Bic.*

Mærisch blanche. Duché de Bade. OD. 304. PICC. *Bic.* (4? 12?). Raisin de table et de cuve, précoce comme le **Portugieser**, non cultivé par le comte OD. Souffre de l'oïdium sur les côteaux de Saluces.

Mafal. Espagne. Coll. Dorée. MEND.

Mafol. *Cat.* Lux. J. d'essai d'Alger. Grain moyen, blanc, beau. Grappe grande, rameuse. A ce qu'il paraît, les vignes de la collection du Luxembourg avaient été données au J. d'essai d'Alger pour les étudier; celui-ci n'abuse pas de la permission qu'il a de les décrire; il se borne à de courtes annotations qu'il accompagne des épithètes les plus séduisantes de *beau, très-doux*, etc. etc.

Magellana bianca. Côme.

Maggese. *Cat.* Lux.

Maggiana.

Maghioccu nero. Calabre. MEND. *Bic.* (47).

Magliocco. Voyez **Gagliuoppo**. MEND

Maglioccolo bianco di S. Biasi. Calabre. MEND. *Bic.* 43.

— **nero di S. Biasi**. MEND. *Bic.*

Maglione. Raisin Piémontais.

Maglioppa. Marches. Syn. de **Sangiovese**.

Magnacan. Istrie. Syn. de **Marzemin**. AC. décr. 192.

Magnifique de Nikita. *Bic. Cat.* LER. [*Cat.* Lux. Feuillage d'une Panse. (BOUSC).]

Magro. Corrèze. GUY. II, 127.

Magret. Auvergne et Corrèze. OD. 239. Syn. de **Cot à queue rouge** ou de **Cot** de Turena.

[**Maguire**. BUSH. V. amér. Ressemble au **Hartford**, mais est plus *foxé*.]

Magyar traube frühe blaue (*raisin précoce bleu de Hongrie*). Hongrie. OD. 335. Id. au suivant.

Magyartraube frühe. Décr. MUL. ou **Jacobitraube** ? Syn. de **Madeleine violette de Hongrie**. OD. 335.

Magyorka du Banat. *Cat.* LER.

Mahrer rother. Syn. de **Velteliner früher rother**. H. GOET.

Maillé. Haute-Saône. Syn. de **Meslier jaune**

Mainack, Malnick ou **Maljak**. Syn. de **Mosler weisser**. H. GOET.

Maithe. Est syn. de **Pulsard** dans le dép. de l'Ain.

Maitre noir. OD. 172 Dans le Laonnais est syn. de **Gros Plant doré d'Aï**.

Majolet bon vin. Aoste. Décr. GAT. J'ai pris note sur les lieux de ses petits raisins ronds, serrés; feuilles très-sinuées. *Bic.* (15 ? 31 ?)

Majoletto. Arr. de Modène et de Bologne. Syn. de **Salamina** et de **Raisin de Corinthe**. Décr. AGAZ. Ce n'est pas pourtant la **Passaretta**.

Majolo. Modenais. Décr. AGAZ. CRESC. en a parlé dans son *Opus ruralium commodorum*. Ce serait, d'après ROX., le **Tempranillo**. OD 516 le dit aussi syn. de **Tempranillo**. Ce sont probablement deux raisins différents : l'**Italien** et l'**Espagnol**.

Majorquen. PROVENCE et BOUCHES-DU-RHÔNE. Provenant peut-être de l'île de MAJORQUE. VIV. OD. 419. Syn. de **Bormenc** ou **Plant de Marseille.** GANIER. *Bic.* Raisin blanc de table à grosses grappes ailées.

Majorquen blanc. BOUCHES-DU-RHÔNE. G. MEND. Id. au précédent. *Bic.* (31 ? 47 ?) Je l'ai goûté dans toute sa qualité, dans la belle villa de M. PAUL GIRAUD près Marseille, où il était aussi bon que beau. M. GIRAUD est un amateur passionné de fruits et un viticulteur du plus grand mérite. Ce cépage convient mieux aux pays du MIDI qu'à ceux du NORD. Voyez *Uve pregevoli Ann. Vit. En.* fasc. 50., [Le **Majorquen** est un raisin des plus appréciés pour faire des panses ou raisins secs. PELL.]

Mala Dinka. ILLYRIE. Serait syn. de **Roth traminer ?** ou **Savagnin rouge.**

Malaga. *Cat.* LUX. OD. 552. AC. 330. Décr. INC. **Muscat noir.** AZELLA décr. *Com.* AL. *Bic.*

Malaga balog pal. HONGRIE. PUL.

— **bianca.** G. AC. décr. 265. TRINCI décr. 96. AZELLA.

Malaga de Beisser. *Cat.* LER. Grains ronds?

[**Malaga de Ben Aknoud.** (AFRIQUE.) *Cat.* LUX.]

— **le gros.** CHAMBÉRY. AC. 319.

Malaga. LOT. PUL. *Bic.* S'est trouvé, chez moi, être le **Sémillon.**

Malaga nera. *Exp.* AL. AC. décr. 265 parmi les raisins toscans. G. *Bic. Alb.* T.

Malaga nera ovale. G.

— **noir.** LOT. VIV. *Bic. Pépin.*

— **rose.** *Cat.* LUX. G. *Bic.* Je trouve indiqué sous ce nom, dans le J. d'ESSAI d'AGER, un raisin à grains ovoïdes violets, très-gros ; grappe rameuse.

Malaga rossa. LAMPEGGI (TOSCANE). AC. décr. 265 TRINCI décr. 94.

— **rossa tonda** *(rouge rond)*. G. Le comte OD., 552, a reçu, sous ce nom, du dép. des HAUTES-ALPES, le **Grec rouge.**

Malaga roux ou **abbrustolita** *(brûlé)*. *Bic.*

— **rouge**. *Cat.* LUX. OD. 404. Nom donné, à MONTAUBAN, à l'**Olivette rouge.**

Malaga traube *(raisin)*. Syn. de **Pis-de-chèvre ?** DITTRICH.

Malain blanc. Syn. de **Gamet.**

Malanstraube. Syn. de **Completer.** H. GOET.

Malbek. GIRONDE et TOURAINE. Dess. VIT., t. 2. pag. 15 ; *Vign.* II, 5 (99). Syn. de **Cot de Bordeaux.** D'après le comte OD., le **Malbek** ou **Cot de Bordeaux** serait un peu différent du **Cot** de TOURAINE ; il donnerait un vin moins bon et moins coloré et serait, à cause de cela, désigné par quelques personnes sous le nom de **Malbek aigre.** C'est une preuve que le comte OD. donne de la différence des deux cépages : le **Cot** de TOURAINE, étant appelé au contraire **Malbek doux.** [**Malbek** et **Cot** sont absolument synonymes. PUL.]

Malbek aigre. Introduit du BORDELAIS dans la TOURAINE. OD. 241.

Malbek doux. OD. 131, 239, 241. Syn. de **Cot à queue rouge** de la TOURAINE. Je ne vois pas que la distinction entre le **Cot** de TOURAINE et le **Cot** de BORDEAUX soit maintenue par les auteurs, et je n'ai jamais vu qu'un seul **Malbek.** C'est un cépage très-répandu en FRANCE, principalement dans sa partie orientale ; il est précoce, son raisin est très-doux et peut-être pourrait-il être très-utile en ITALIE pour être cultivé sur les arbres, parce qu'il réclame une taille longue. Il est nécessaire de se procurer des boutures provenant de pieds fructifères, parce que, si dans toutes les variétés on rencontre des cépages infertiles, cela arrive très-fréquemment pour le **Malbek.**

Maldoux et aussi **Maudoux.** OD. 266. Vigne du JURA français, syn. de **Mondeuse,** d'après GUY. et ROUG.

Malegone. POLESINE. AC. 293.

Malfiore. SINALUNGA. Syn. de **Dolciame.** CIN.

Malica. BOLOGNE. AC 294.

Maligia. Cité parmi les raisins blancs de SASSUOLO (MODÈNE), pouvant donner un très bon vin de dessert. Voyez *G. V. V.* II, 99.

Malingre. *Cat.* LUX.

— **précoce blanc.** Je serais d'avis d'adopter ce nom comme le principal. Voyez *Uve pregevoli. Ann. Vit. En.* fascicule 50. G. Id. à **Blanc précoce de Malingre** ou **Précoce blanc de Malingre.** C'est le raisin de primeur le plus fertile mais sa qualité est très médiocre. *Bic.* (37) (39 ?)

Maliver noir. OD. 533 le range parmi les raisins de NICE.

Malisa. MODÈNE. Décr. AGAZ.

Malixia ou **Sarcuta.** BOLOGNE. Raisins blancs ronds. CRESC. 8. Je le crois id. au précédent.

[**Mallorquin.** CATALOGNE. BOUSC.]

Malmsey. ANGLETERRE. Serait syn. de **Ciotat.** BAB. et H. GOET.

Mal mur. DORDOGNE. Syn. de **Pulsard ?** GUY. 527.

[**Mal noir.** ISÈRE. Syn. de **Peloursin noir.** *Vign.* III, 7.]

Malpet. CORRÈZE. GUY. 127.

Malterdinger. Syn. de **Pinot noir ?** BAB. ST.

Malvagéa. *Cat.* Lux. Ne serait-ce pas une altération du mot **Malvagia** ?

Malvagia. Voghera et Lombardie. AC. 291, 300. *Bic.*

— **bianca** de Toscane. *Cat.* Lux. AC. décr. 266.

— **bianca** de Calabre. MEND. *Bic.* (37).

Malvagia bianca. Ar. de Vérone. AC. 246 la dit id. à celle de Toscane, et peu cultivée dans le Véronais à cause de son peu de fertilité.

Malvagia bianca de Favara. MEND. *Bic.*

— **piccola**. *Pépin. Bic.* (44). On m'a vendu sous ce nom la **Malvoisie rose du Pô**.

Malvasia. *Cat.* Lux. AC. décr. 37, 54, 135, 236. Décr. GAT. Ivrea. Décr. prof. MIL. Biella. Dess. *Exp.* Chieti. Dess. BON. Dess. AL. Sicile. NIC. 216 ; AZZ. Près Venise. *G. V. V.* II. 147. CIN. Sinalunga. Décr., Marches. *Boll. Amp.* II. Dr CARP. rap.

Malvasia. Alexandrie (Piémont). *Bic.* (87, 83). Id. à celle d'Asti. Fruit parfumé à saveur de muscat, mais un peu âpre. La feuille ressemble un peu à celle du **muscat**; elle est plus glabre et à dents plus aiguës.

Malvasia. Arezzo. *Bic.* Je l'ai trouvée id. à la **Malvasia Cannilunga,** c'est-à-dire au **Zante blanc**. *Bic.* 15.

Malvasia aspra. Voyez **Malvasia odorosissima.** AGAZ.

Malvasia bianca. Asti. Décr. INC. *Bic.* (87, 83) ; c'est celle qui est répandue en Piémont ; elle est le type des **Malvoisie** à saveur parfumée et produit d'excellents vins de dessert. *Vign.* id à celle d'Alexandrie.

Malvasia bianca de Bari. A été chez moi id. à celle de Toscane ou **Zante blanc**. C'est un des cépages les plus répandus en Italie ; il est fertile et de grande végétation ; je l'ai observé à Poggio secco, chez le chevalier LAWL., sous le nom de **Malvasia** de Broglio. Je connais parfaitement ce cépage, que je cultive depuis longtemps ; il résiste assez bien à l'oïdium.

Malvasia bianca de S. Nicandro. (15). Id. à celle de Toscane.

— — du Vésuve. FRO.

— — et **Marvacia** en Sicile. MEND

— — **agglomerata.** Piémont. AC. décr. 72.

Malvasia bianca de Favara. MEND. *Bic.* Décr. INC.

Malvasia bianca de Girgenti.

— — de Fermo (Marches). *Bic.*

— — de Florence. LAWL. *Bic.* Voyez celle de Toscane.

Malvasia bianca grossa.

[**Malvasia bianca molle**. Lux. A grains oblongs piquetés de brun; ressemble un peu à la **Bourboulenque** du Gard. (BOUSC.)]

Malvasia bianca de Montepulciano. G. MEND. Coll. de la Dorée.

Malvasia bianca du Piémont. G. Décr. AL. *Vign.* I, 145 (73). *Bic.* (83) (87 ?). Voyez la M. d'Asti.

Malvasia bianca de Sassari.

— — de Syracuse. PUL.

— — de Toscane. Raisin de cuve. NIC. OD. 448. Décr. *Com. agr.* de Florence. *Bic.* (15) ; id. à celle de S. Nicandro, d'Arezzo, de Broglio, etc.

Malvasia bianca rara. Piémont. AC. décr. 73.

— — Trani (Altamura). *Amp.*

— — *Pugl.*

— — de Trévise. *Alb.* T.

— **blanc.** *Cat.* Lux. OD. 447.

— **candida.** AC. décr. 135 parmi les vignes romaines.

Malvasia cannilunga de Novoli dans la Terre d'Otrante. *ic.* (15). Je l'ai trouvée id. à celle de Toscane.

Malvasia della Cartuja (Espagne) ou **Malvoisie** de la Chartreuse. G. OD., 451, 521, 522, 526. Syn. de **Malvasia grossa.** *Bic. Vign.* I, 67 (34). MEND.

Malvasia di Candia. *Bic.* AC. décr. 297. Dans le *Bull. Amp.* I, est dite syn. de **Malvasia** de Lipari.

Malvasia di Candia (Bari). MEND. *Bic.* (16). Décr. *Amp. Pugl.* Voyez *Uve pregevoli. Ann. Vit. En.* fasc. 43.

Malvasia di Candia (Fermo). *Bic.* Il y a aussi un raisin de ce nom dans l'arrondissement de Pavie.

Malvasia di Candia de Novoli dans la Terre d'Otrante. MEND. *Bic.* (47).

Malvasia di Canna, cultivée dans les Pouilles. (*Ann. Vit. En.* vol. IV, p. 224.) Je la suppose id. à la **Malvasia cannilunga.**

Malvasia di Scandiano ou de Villa lunga, syn. de **Malvasia odorosissima.**

Malvasia di Trani (Bari). MEND. *Bic.* (38).

— de Trieste. Je l'ai trouvée id. à la **Malvasia toscana** ou **Zante.**

Malvasia fina. Ile de Madère. *Bic.* OD. 451, 521, 522, 526; donne du vin meilleur que la **M. grossa.**

Malvasia gialla (*jaune*). Asti. Voyez **Malvasia bianca.** Asti. *Vign.*

Malvasia greca. *Pép.* MEND. *Bic.*

— **greca** de Casale. MEND. *Bic.* (40). Je crains que ce nom ne soit erroné. Le raisin est noir, magnifique, délicat et bon pour la table.

Malvasia grigia. *Pép.*

— ou **grechetto.** Toscane.

Malvasia grossa. Syn. de **Vèrmentino.** OD. 402, 441, 541, 522. *Bic.* (31?). J'ai noté qu'il faudrait le comparer avec le **Listan** d'ANDALOUSIE, avec lequel il me paraît avoir beaucoup d'affinité.

Malvasia de LIPARI. OD. 451. A des feuilles très-découpées. *Bic.* MEND.

— **lunga.** BARLETTA. Id. à la **Malvasia bianca**. TRANI? Dans le *Bull. Amp.* est dite syn. de **Malvasia** de LIPARI. Cette variété doit être id. à la **Malvasia** de BROLIO.

Malvasia de MONTEPULCIANO. OD. 448 la dit différente de celle de TOSCANE.

— **nera agglomerata.** AC. décr. 89.

— **nera.** BITONTO. MEND. *Bic.* Cultivée dans les POUILLES. Décr. INC. *Ann. Vit. En.* IV, 224, et V., 35.

Malvasia nera di CANDIA (BARI). OD. 455, 571. Syn ? de **Malvoisie noire musquée.**

Malvasia nera di CANDIA (BARI). Le baron MEND. dit qu'elle a les caractères de celle de TOSCANE. Une **Malvasia nera** di CANDIA est aussi cultivée dans les MARCHES et les ABRUZZES. *Bull. Amp.* II. Voy. **Malvasia di Candia.** J'ai toujours trouvé cette variété très-fertile. Elle a de très-grandes grandes grappes très-serrées.

Malvasia nera. de CANDIA (CANAVESE). Décr. prof. MIL. Diffère de la précédente.

— **nera** de NICE.

— **odorosissima** (*très-odorante)* Syn. de **Malvasia** de SCANDIANO. Décr. AGAZ. [La **Malvasia odorosissima** que j'ai reçue du baron MENDOLA était de tous points semblable à l'**Aleatico.** PUL.]

— **piccola.** *Pép. Bic.*

Malvasia de SARDAIGNE. Syn. **Malvatica.** Grains blancs, ronds. *Fl. Sard.*

Malvasia d'ESPAGNE. AC. décr. 71 parmi les raisins de VALENCE, en PIÉMONT. AGAZ. la décrit et la dit syn. de **Moscatellone.**

Malvasia de Sitges. ANDALOUSIE. OD. 442. *Vign.* 57. A pour syn. **Chérès** et **Verdal** dans le GARD et dans les BASSES-ALPES. C'est un raisin blanc de table. Je pense comme M. PUL que le nom de **Malvasia** ne convient pas à ce raisin, parce qu'il n'est pas parfumé. Il vaudrait mieux lui laisser le nom de **Chérès.** On écrit aussi **Sitjes.**

Malvasia de TOSCANE. OD. 447. Elle est décrite dans le *Cat.* du J. D'ESSAI d'ALGER comme ayant les grains blancs, ovales, moyens, et est dite tardive. Ce n'est pas la variété de BROGLIO qui a des grains ronds.

Malvasia de TOSCANE de CASALE? *Bic.* Très-beau raisin. Voyez **Malvasia greca** di CASALE.

Malvasia grossa VALENCE (PIÉMONT).

— **lunga.** VALENCE (PIÉMONT). AC. décrit. 94.

— **piccola.** VALENCE (PIÉMONT). AC. décr. 90.

— **rara.** VALENCE (PIÉMONT). AC. décr. 92.

Malvasia Rovasenda. MEND. *Bic.* Obtenue de semis par le baron MEND., qui a eu la gracieuseté de donner le nom de plusieurs de ses amis aux nouvelles variétés de raisins qu'il a obtenues de semis. Il est regrettable que dans le petit nombre de variétés qui ont péri dans ma collection se soit précisément trouvée celle-là, qui était pour moi un gage précieux de l'affection d'un aussi illustre personnage.

Malvasia. TORTONE. *Bic.* Décr. Com. AL.

— TURI (POUILLES). MEND. *Bic.*

— **rossa.** PAVIE. TORTONE. PLAISANCE. AC. décr. *Bic.*

— — de CANDIA (BARLETTA). *Bull. Amp.* I.

Malvasia rossa du PIÉMONT. Dans quelques localités, j'ai trouvé qu'on désignait à tort sous ce nom le **Grec rouge.**

Malvasia rossiccia. VALENCE. AC. décr. 92.

— **rouge.** *Cat.* LUX.

— **verace.** Voyez **Malvasia** de LIPARI.

— **verde.** Dess. *Exp.* CHIETI. Grappe grosse, ailée, pyramidale, compacte ; grains ronds, blancs verdâtres, moyens.

Malvasier. *Cat.* LUX. MEYER. *Bic.*

— **fruher weisser.** Décr. MUL. Dess. MEY. C'est la **Luglienga.**

Malvasier gutedel. Les Allemands appellent ainsi le **Chasselas rouge.**

— **spater weisser.** Décr. MUL.

— — **grosser gruner.** Décr. MEY.

— **rother.** Syn. de **Hanglinge rothe.**

Malvasietta nera. PIÉMONT. Décr. INC. 147.

Malvatica. SARDAIGNE. C'est le nom latin donné par MORRIS à la **Malvasia** dans la *Fl. Sard.* Décr. INC. *Bic.*

Malvoisie. *Cat.* LUX. Dess. SING. 319, 320, 325.

— VALLÉE d'AOSTE. Décr. GAT. Le dess. qu'en a fait BON, ressemble à un **Pinot.** En effet, **Malvoisie** est, en SAVOIE, syn. de **Pinot gris.** TOCH.

Malvoisie. GIRONDE. D'après OD. 436, on donne improprement ce nom à la **Clairette** dans la GIRONDE et le LOT-ET-GARONNE. RENDU a dessiné celle des PYRÉNÉES ORIENTALES.

Malvoisie à feuilles laciniées. On donne

improprement ce nom au **Cioutat** ou **Chasselas lacinié**. OD. 445.

Malvoisie à gros grains. OD. 441. Syn. de **Vermentino**.

— **blanche** de la Drôme. PUL. m'écrit qu'on ne trouve pas dans la Drôme cette espèce de **Malvoisie**. Il ne faut pas s'en étonner, car souvent les raisins ne se trouvent pas dans les localités dont ils portent le nom ; le **Pinot d'Ischia**, par exemple, n'existe pas dans l'île d'Ischia ; il est inutile de citer d'autres raisins qui sont dans le même cas.

Malvoisie blanche de Tarn-et-Garonne. Id. à la précédente. OD. 444 en fait beaucoup d'éloges. Est id., d'après PUL., au **Boutignon blanc**.

Malvoisie blanche de Tarn-et-Garonne. Id. à la **Malvoisie blanche ? du Piémont ?** Je ne me rappelle pas où j'ai noté cette synonymie.

Malvoisie blanche à feuilles découpées. OD. 445. Variété médiocre de **Chasselas**, très semblable au **Cioutat à feuilles laciniées**

Malvoisie blanche de Lasseraz. Savoie. OD 447 croit qu'on la cultive à Nice et en Piémont' peut-être d'après l'appréciation donnée sur les vins par JULIEN, mais la chose me paraît un peu douteuse. Je ne connais pas de **Malvoisie**, parmi les blanches, qui soit répandue en Piémont, sauf celle d'Asti.

Malvoisie de Hollande. *J. bot.* Genève. AC. 330.

— **de la Cartuja**. Espagne. OD. Id. à la **Malvoisie de la Chartreuse**. PUL. *Bic.* Si celle que j'ai est bien exacte, elle me paraît se rapprocher du **Crujidero**. Dans le jardin de la Société d'horticulture de Florence, où j'ai eu plus tard l'occasion de la voir, ce cépage était id. au **Cruijidero** ou **Olivette de Cadenet**.

Malvoisie de la Dole. *J. bot.* Genève. AC. 329.

— **de Madère grosse, blanche**. GANIER. *Bic.* Me paraît id. au **Brustiano de Corse**.

[**Malvoisie** de **Montepulciano** (Comice de Toulon). Grains blancs, légèrement oblongs, piquetés de noir. (BOUSC.)]

Malvoisie des Chartreux ou **Malvasia de la Cartuja**. *Vign.* I. 67 (34).

Malvoisie de Sitges. *Cat.* Lux. Catalogne. OD. 442. *Vign.* I, 57 (29) (PUL. écrit **Sitjes**. *Bic.* (38) ? (40).

Malvoisie des Pyrénées-Orientales. OD. 444 AC. 327. Dess. *Vit.* t. V., p. 175. Doit être celle que RENDU a dessinée.

Malvoisie de Sylgis ? Syn. de **Chérès ?** *Cat.* **LER.**

Malvoisie de Touraine. Voyez **Pinot gris**. OD. 375.

— **de Vacheron**. SIM. L.

— **du camp de Tarragone**. *Cat.* Lux OD. 446 dit que cette espèce mûrit tardivement.

Malvoisie du Roussillon.

— **fine de Madère.**

— **grise de l'Istrie**. *Bic.*

— — **du Tarn**. *Bic.* (27). Raisin rouge.

— **la petite**. *Pép. Bic.* Id. à la **Malvoisie verte**.

— **musquée**. Piémont. OD. 446. Id. à la **Malvasia d'Asti.**

— **musquée**. Hérault. OD. 402.

[**Malvoisie musquée**. (Comice de Toulon). Port érigé, ressemblant au muscat par son feuillage et sa saveur musquée très-prononcée. (BOUSC.)]

Malvoisie musquée noire. Italie et Istrie. Syn. de **Malvasia nera di Candia ?** OD. 455.

Malvoisie noire de Candie. VIV.

— ou **Pinot gris**. G. OD. 178.

— **petite de Chypre**. MEND. Coll. Dorée.

— **petite verte**. Voyez **Malvoisie verte à petits grains.**

— **précoce**. OD. *App.*

— **précoce d'Espagne.** Dans l'atlas de KERNER est employée pour **Vermentino**.

Malvoisie rose. *Cat.* Lux. C'est la **Malvoisie rose du Pô**. Voyez **Malvasia del Po**. N'est pas facile à classer, parce qu'elle a des caractères douteux. C'est un bon raisin précoce de table, mais à saveur non parfumée, et qui, par conséquent, ne devrait pas porter le nom de **Malvoisie**. Voyez *Ann. Vit. En.* 1876.

Malvoisie rouge d'Italie. AC. 331. OD. 453. *Vign.* I, 19 (10) *Bic.* (40 ? 44 ?). Bon raisin, id. à la **Malvoisie rose du Pô**. Je crois qu'elle a été dessinée par GOET, sous le nom de **Früher rother Velteliner.**

[**Malvoisie rouge de l'Istrie**. Sous ce nom le comte OD. m'a envoyé la **Clairette rouge**. (BOUSC.)]

Malvoisie verte à petits grains. OD. 448. *Bic.* (43). J'ai reçu sous ce nom un cépage qu'il est très-facile de confondre avec le **Savagnin blanc**, mais à grappes et à grains plus petits, et qui me paraît à cause de cela peu important.

Malvoisie violette de l'Istrie. OD. 454. *Bic.* GANIER.

Je n'ai guère fait autre chose que de mettre par ordre, sous les yeux des viticulteurs des divers pays, les nombreuses variétés de Malvoisies citées par les auteurs. Quant à indiquer l'identité ou la différence entre elles, nous ne pouvons le faire dans ce Catalogue ; cela exigerait des discussions nombreuses, et d'ailleurs, dans l'état de nos connaissances et avec nos seules expériences, nous craindrions de ne pas réussir à débrouiller ce chaos. A notre avis on ne devrait donner le nom de **Malvoisie** qu'à ces raisins parfumés qui ont la saveur spéciale de muscat un peu amère. Il y a néanmoins un trop grand nombre de raisins à saveur simple qui portent le nom de **Malvoisie** pour qu'on puisse espérer de le leur enlever, bien qu'ils le portent indûment.

Malvoisien. DOUBS. OD. 178, 337. Syn. de **Pinot gris.**

Malvone bianco. VALENZANO. *Amp. Pugl.* Semblable à la **Malvoisie de Trani.** A les feuilles semblables à celles de l'**Alcea.**

Mamelle de femme. *Cat.* LUX.

[**Mamelle de religieuse.** C'est le **Servant blanc** de l'HÉRAULT. (BOUSC.)]

[**Mamello ?** *Cat.* LUX.]

Mamelon. Raisin de semis. [Semis de VIBERT d'ANGERS. Très-bonne variété de **Chasselas blanc.** (BOUSC.)]

Mamillaris. Syn. **Tita de Bacca.** *Fl. Sard.*

Mamma est le nom générique qu'on donne dans certaines provinces méridionales de l'ITALIE à des cépages peu connus.

Mammola asciutta. TRINC. décr. 87.

— **nera.** AZZ. *Ann. Vit. En.*

Mammolo. TOSCANE. *Cat.* LUX. LAWL. *Bic.* AC. 300.

Mammollo asciutto. AC. décr. 266.

— **bianco.** OD. décr. 563.

— **fiorentino.** MEND. *Bic.* (47).

— **grosso.** TOSCANE. AC. décr. 266. Syn. de **Mammolo tondo.** TRINCI décr. 88.

Mammolo minuto. TOSCANE. AC. décr. 267.

— **nero.** *Bic.* (47). AC. 299. G. Décr. par le *Com. agr.* de FLORENCE. GAL. dit que le **Mammolo toscano** communique un léger parfum de violette aux vins dans la composition desquels il entre en partie. Il mûrit un peu trop tard pour les provinces septentrionales.

Mammolo pratese. MONTELUPO. G. MEND. *Bic.*

Mammolo rosso. TOSCANE, MEND., AC. Décr. 928.

Mammolo serrato. TOSCANE. OD., 563. VIV. Id. au **Mammolo nero.**

Mammolo tondo. Id. au précédent.

Mammolone. TOSCANE INC. MEND. *Bic.* J'ai reçu ce cépage de LUCQUES.

Manarda bianca. PORT-MAURICE. *Bic.* M'a été donné par le Chev. RAMBALDI.

Mançais. *Cat.* LUX. Probablement id. au suivant.

Mancep. CORRÈZE. GUY. II, 127.

[**Mances.** ROUSSILLON. (BOUSC.)]

Mancin. Vigne qui couvre la région du BORDELAIS, dite PALUS, qui produit les vins les moins bons; mûrit très-difficilement son abondante récolte. C'est ainsi qu'en parle AUG. LAFITTE dans son ouvrage *la Vigne dans le Bordelais.* [Doit être syn. de **Mansenc** ou **Manseng** ou **Mansein.** PUL.]

Mandolino nero. PIÉMONT. M'a été cité comme un raisin de table provenant de NAPLES, grappes très-grosses, rameuses ; à grains clair-semés,

Mandouse et **Mandouze.** SAVOIE. Voyez **Mondeuse.**

Manduonico. BASILICATE. MEND. *Bic.* Je le crois id. au **Mantonico.**

Manéchal. Nom donné dans l'ARDÈCHE au **Morrastel.**

[**Manferina.** CORSE. Raisin blanc à grains ronds moyens. (BOUSC.)]

Mangiacane nera. PROV. NAP.

Mangiaguerra nera. NAPLES. AC. 304. Serait syn. de **Coda di volpe nera ?**

Mangiaguerra rossa d'EBOLI. PROV. NAP. Raisin de table.

Mangiatoria. SALERNE. Syn. de **Sanginella nera.**

Mangiottiello nero. PROV. NAP. Une des meilleures espèces pour la vinification.

[**Manhatten.** BUSH.V. amér. (*Labrusca*). Fruit blanc verdâtre, fleuri ; chair douce, un peu pulpeuse.]

Manhards rebe. Syn. de **Velteliner grüner** H. GOET.

Manicuogno nero. SALERNE.

— PROV. NAP. ou **Piè di Palumbo**

Manna bianca. EMILIE.

Mannarola. Raisin de LOMBARDIE et VÉNÉTIE d'après FRO.

Manosquen. OD. 460. Syn. de **Grand Téoulier** dans le VAR et les BOUCHES-DU-RHÔNE.

Manrègue. Vigne noire de l'ARIÈGE. OD. 499.

Mansard noir. CHAPTAL. ST. 156.

Mansein. *Cat.* LUX. Je le crois id. au **Mancin.**

— **blanc.** LANDES. AC. 325.

— **noir.** *Cat.* LUX. MÉDOC. AC. 325. D'ARMAILLACQ.

Manseing. FRANCE MÉRIDIONALE. *Cat.* LUX. OD. 491.

Manseix ou **Manset.** LYONNAIS. OD. 279. Est appelé aussi **Doux noir** dans la CORRÈZE. GARNIER *Bic.*

Mansenc blanc. BASSES-PYRÉNÉES. PUL. Id. à **Mancic**.

— **gros roux**. BASSES-PYRÉNÉES.

— **petit**. BASSES-PYRÉNÉES. GUY. fait l'éloge des vins blancs, semblables à ceux du RHIN, qu'on fait, à JURANÇON, avec ce cépage.

Mansep. Je trouve ce nom dans GUY. II, 134.

Mansezu noir. SARDAIGNE. *Cat.* LUX. Il est mieux peut-être d'écrire **Manzesu**.

Mansois et **Saumansois**. AVEYRON. GUY. II, 51. Syn. de **Morillon noir de la Champagne** ou **Plant vert**.

Manteca rossa di Novoli. PROV. de LECCE. MEND. *Bic.* (47). La plante qui m'a été expédiée sous ce nom a été trouvée par moi id. au **Mammolo florentino**.

[**Mantesa Gordo**. LUX. C'est le **Muscat d'Alexandrie**. (BOUSC.)]

[**Manteza Gorda noir**. ESPAGNE. BUR.]

Mantonica bianca. SICILE. MEND. AC., 292. D'autres écrivent **Montonico**. Peu estimé à cause de la très-grande âpreté de son jus. FRO. On abandonne la culture de ce cépage à cause de sa maturité trop tardive.

Mantonica niura. SICILE. Mûrit très-tard. Raisin de cuve, d'une saveur désagréable comme raisin de table.

Mantonico maclugnese. MEND. *Bic.*

— **nero Inzenga**. Semis du baron MEND. *Bic.*

Mantonicu. PETRALIA. MEND. *Bic.*

— **biancu**. AC. décr. 175 parmi les raisins de TERMINI. MEND.

Mantonicu niuru. AC. décr. 174 parmi les raisins de TERMINI. MEND. Il est aussi cultivé à VITTORIA (SICILE), d'après FRO. Il a la peau plus consistante que le **Nirello**.

Mantonicu niuru di Palma. MEND. *Bic.* (43)? Dans le *Bull. amp.* on a décrit un **Mantuonico** ou **Montuoneco** ayant des feuilles à cinq lobes à sinus profonds.

Mantonicu rosso. TOSCANE.

— **reusu**. AC. décr. 180 parmi les raisins de TERMINI. Voyez aussi **Montonico**.

Mantovana. CASTELGOFFREDO. AC. 289.

Mantovasso. VAL DE SUSE (PIÉMONT).

Mantuo. *Cat.* LUX. ou **Gros d'Espagne**. Les **Mantuo** sont des cépages très-répandus en ANDALOUSIE.

Mantuo Bravio. ROX.

— **Castellano**. ESPAGNE. *Cat.* LUX. OD. 517 le cite parmi les cépages espagnols remarquables. ROX. dit qu'il a des sarments très-durs, des feuilles palmées, des grains oblongs, charnus, bons à manger. Je crois que ses feuilles sont cotonneuses en dessous.

Mantuo de Castellano. *Jard. d'essai d'*ALGER. Grain ovale, blanc, ambré, doux.

Mantuo de pilas. ROX. OD. 517 dit que c'est un cépage très-tardif, cultivé sur une grande échelle à PAXARETE (ESPAGNE). Il a des grains ambrés, ronds et très-gros. Sa feuille ressemble à celle de l'**Agostenga**.

Mantuo Lœren. ROX.

— **Morado**. ROX.

— **Peruno**. ESPAGNE.

Mantuonico niuru. PETRALIA. *Bic.* (42)? MEND. Voyez **Mantonico**.

[**Mantuos de Jéres**. ESPAGNE. De la tribu des **Panses** (BOUSC.).]

Manzanàrez. ESPAGNE. TOURRÈS?

Manzesu ou **Lazzola**. SARDAIGNE. Raisin de table. MEND. [Écrit **Manzezu noir** dans le *Cat.* LUX.]

Manzesu. Syn. de **Acidula**. Raisin blanc; grains petits, ronds, durs, un peu aigres. *Fl. Sard.*

Maorina. PAVIE. *Bic.*

Maouro. LOT-ET-GARONNE. GUY. 421.

Marabia. *Cat.* LUX.

Maranda nera. CAUCASE.

Maraschina. ISTRIE et DALMATIE. OD. 571.

Maraschino di Sebenico. DALMATIE. *Bic.* MEND.

Maraschino nero. Présenté à une exposition de raisins à MILAN. Raisins compactes, noirs rougeâtres.

Marastel. TARN-ET-GARONNE. Syn. de **Morrastel**.

[**Marbelle**. *Cat.* LUX. Pour **Marbelli**.]

Marbelli bianca dorata. MALAGA. AZZ. *G. V. V.* II, 123. Grains un peu pointus.

Marbelli blanc. *Cat.* LUX. ESPAGNE. OD. 424 et 525 dit qu'il est très-cultivé pour la table aux environs d'ALICANTE. *Bic.*

Marbois. *Cat.* LUX.

Marca bianca. PAVIE.

[**Marcellana**. BRIANZA. Voyez **Margellana**.]

Marchesa di Calabria bianca. Raisin de table. MEND. *Bic.*

Marchesa. Je crois aussi que c'est un raisin du MANTOUAN.

Marchesana rossa. COME. Voyez aussi **Martesana** qui doit être syn. de **Spana**.

Marchioness de Hasting. *Cat.* LER.

Marchisa bianca de RADICINA. CALABRE. MEND. *Bic.* (35). Raisin de table et de cuve.

Marcigotta bianca. CONEGLIANO. Alb. T.

Marclou. LYONNAIS. ISÈRE. OD. 278. Exige la taille longue. Grappe longue, grains ovales, bons à manger. Voyez **Maclon**. [**Marclou** nous semble une corruption de **Maclou**. PUL.]

Marco Catalano bianco. SICILE.

Marcolouja. ISTRIE. **Grossa et piccola.** AC. décr. 197.

Marcona bianca. PROV. de COME. Ce raisin m'a été signalé par M. MESSI (Ant.), viticulteur très-intelligent de cette région.

[**Mardeygny**. *Cat.* LUX. Raisins gris.]

Mardjeny. *Cat.* LUX. CRIMÉE. OD. 581. Dans le *Jard. d'essai d'*ALGER où, à ce que je crois, on étudie les cépages de la coll. du LUXEMBOURG, cette espèce est indiquée comme ayant des grains roses, moyens, ronds. Le comte OD. dit que les raisins sont violets plutôt que rouges ; le pédoncule de la grappe est très-long.

Mardjeny. CRIMÉE. GANIER. J'ai eu un raisin noir que j'ai classé à *Bic.* (32).

Maréchal. ARDÈCHE. Syn. de **Morrastel.** GUY. II, 75. [Sans doute pour **Manéchal.** PUL.]

Maréchal Bosquet blanc. De semis. *Bic.* (48).

Marescot nero. PIÉMONT ?

Marfié ou **Marfiega noir** du GARD. GANIER. *Bic.* (43).

Margana nera. VICENTIN. AC. 301.

Margellana. AC. décr. 254 parmi les raisins MILANAIS ; est aussi cultivé dans la province de COME. Grappe conique, allongée ; grains surmoyens, sphériques, d'un rouge violacé. M. MESSI, que j'ai cité plus haut, donne à ce cépage les synonymes de **Rossera, Schiava, Matta, Bottascera** et autres. Si ces synonymes sont exacts, la **Margellana** serait id. à la **Bregiola** de GATTINARA, car j'ai vérifié sur les lieux que la **Rossera** y était identique.

Margheritina. Raisin dessiné à l'*Exp. de* CHIETI. 1869. Grappe lâche, un peu longue. Grains très-petits, ronds, noirs violets.

Margigrana. BOLOGNE. DE CRESC. Je crois qu'elle est id. à **Margellana.** Voyez aussi **Grilla.**

Margillien. *Cat.* LUX. JURA. Syn. de **Mondeuse?** d'après GUY. ROUG. le dit syn. d'**Argant.** Cépage robuste. A des grains ronds, noirs. Ce cépage faisait partie d'une belle collection de variétés que j'avais faite moi-même en FRANCE dans l'AIN, le JURA et la SAVOIE, et qui me fut ensuite volée dans mon jardin avant que je l'eusse plantée. Ce vol, qui n'a été d'aucune utilité pour le voleur m'a causé un vif désagrément.

Margit. HONGRIE. SIM. L. Raisin de table, d'après C. BRON.

Margnac. *Cat.* LUX. Raisin blanc. CHARENTE. BUR.

Margot. *Cat.* LUX.

[**Margot noir.** ROUSSILLON. Fertile, fortes grappes, grains gros ; peau très-dure ; peu estimé. (BOUSC.)]

Maria Pia. *Pép.*

Marie. *Cat.* LUX.

Marina. MANTOUE. AC. 289.

[**Marine (Nouveaux semis de)** BUSH. Américains. Parmi ces semis, il en est de très-singuliers et très-intéressants. Quelques-uns sont du groupe des *Æstivalis,* mais avec des grains d'un volume tout à fait considérable.]

Maringot (Gros). MOSELLE. VIV.

Mariniello. Un des raisins blancs des POUILLES *(Ann. Vit. En.,* vol. IV, p. 224.*)*.

Marinosa. HONGRIE. **Raisin** de table. *Cat.* C. BRON.

Marionetta. G.

Marion. V. amér. de l'espèce des *Cordifolia* que RILEY croit résistante au phylloxera. PLANC. 196. Raisins sub-ovales, noirs pourprés, serrés. SIM. L. [Peu vigoureux. Fruits très-foxés. Très-sujet à la chlorose à l'EC. D'AGR. DE MONTP. Les feuilles sont frappées de jaune même à l'état de santé ; jeunes vrilles rouge vif.]

Marion Port. AMÉRIQUE. Voyez **York Màdeira.** PLANC. 159.

Marlanche noire. BEAUJOLAIS. Syn. de **Mondeuse** de la SAVOIE. [Pour **Morlanche**]

Marlenche. RHÔNE. Syn. de **Chasselas doré.** [Pour **Morlenche.**]

Marmangiant. UDINE. AC. 295.

Marmot blanc. MEND. AIN. VIVIE.

Marmut blanc. MARNE. BUR.

Maroc le gros. CHAMBÉRY. AC. 329. Syn. de **Ribier?**

Maroca nera gros ? noir ? *Cat.* LUX.

Marocain. MIDI DE LA FRANCE. OD. 482. *Vign.* II, 51 (122). [HÉRAULT. Cité par MAGNOL dans son *Botanicum Monspeliense.* C'est le nom propre à adopter. On l'écrit également **Marroquin.** Appelé **Espagnin** en PROVENCE, GARIDEL ; **San Antoni** dans le ROUSSILLON. On donne improprement le nom de **Marocain** dans l'ARIÈGE et la CHARENTE au **Boudalès (Cinsaut de l'Hérault)**, qui est différent de l'**Ulliade noire.** Voir, pour les caractères distinctifs, la description du **Boudalès** et de l'**Ulliade noire.** (BOUSC.)] L'**Espagnin noir** et le **San-Antoni** sont, d'après M. de ROVASENDA, tout à fait différents du **Marocain.**

Marocain de la CHARENTE. *Bic.* G. D'après OD. 148, serait id. à l'**Ulliade** du GARD ou **Milhau** du TARN et différent de celui du MIDI DE LA FRANCE, ce qui ne résulte pourtant pas de la description qu'il en donne. En PIÉMONT, les pépiniéristes vendent sous ce nom le **Bouda-**

lès, appelé par quelques personnes **Ulliade**, id. au **Milhau du Pradel**. D'après PULL., ce cépage se rapproche du **San Antoni?**

Marocain gris? ou **Milhaud du Pradel**. INC. ou **Ulliade**. MEND. [En tout semblable au **Marocain noir**, provenant sans doute de la variété du **Marocain noir**, ce qui s'est rencontré sur le même cep dans ma collection de la Calmette. (BOUSC.)]

Marocaner weisser. Syn. de **Pis-de-Chèvre?** DITTRICH. [C'est une erreur (PUL.)]

Marocca bianca. Voyez aussi **Marrocca**.

— **nera**. PROV. NAP.

Marokkaner blauer. BAB. Probablement syn. de **Ribier** ou **Gros Maroc**.

Marokkaner weisser. BAB.

Maronzina. PAVIE.

Maroquin. *Cat*. LUX. *J. bot*. de GENÈVE. AC. 321.

Maroquin noir. *Cat*. LUX. Je le suppose id. au **Marocain**.

Marquisa. *Cat*. LUX.

Marraouet. PYRÉNÉES. *Bic*. (47) (43). Bon cépage, id., d'après moi, au **St-Rabier** et qu'il m'a paru utile de multiplier pour la vinification dans le pays de SALUCES, quoique son produit ne soit pas très-abondant.

Marrocca bianca. PROV. NAP. D'après AZZ. *G. V. V*., II, 146, il a des grappes longues, des grains ronds, blancs, à peau dure; maturité tardive.

Marrocca nera. SALERNE (NAPLES).

Marrocco. NAPLES. AC. 304.

Marrochina nera. *Cat*. LUX.

Marrona bianca. Cité parmi les raisins les plus répandus à MIRANDOLA (MODÈNE). *G. V. V*. II, 58.

Marrugà. TOSCANE. *Bic*. MEND. J'ai reçu sous ce nom une autre vigne. Le **Marrugà** a des feuilles très-sinuées. *Bull. amp*. VII. 515.

Marsala. G.

Marsanne. *Cat*, LUX. HERMITAGE. OD. 231. Diss. REND. *Bic*. (12). Vigne blanche facilement reconnaissable à ses feuilles rugueuses avec des lobes arrondis en pointe. J'ai remarqué qu'en automne les oiseaux étaient très-friands de ses raisins.

Marsanne longue. ISÈRE. Est aussi appelée **Syrah**.

Marsanne noire. **La Mondeuse** est cultivée sous ce nom près de VALENCE (DRÔME) et dans d'autres localités de la DRÔME.

Marsanne ronde. ISÈRE. C'est ainsi qu'on appelle très-improprement la **Mondeuse**.

[**Marsaune**. *Cat*. LUX. pour **Marsanne**.]

Marseillais blanc. *Cat*. LUX.

— **noir**. *Cat*. LUX.

Marseillaise. *Cat*. LUX.

Marsigliana ou **Marsighiana bianca**. AC. décr. 179 parmi les vignes de TERMINI. Le baron MEND. dit que la **Marsigliana** de TERMINI est bien supérieure à celle de FAVARA comme beauté, saveur et bonne conservation; on trouve encore des raisins frais au marché à la fin de décembre. *Bic*.

Marsigliana bianca da tavola. MEND. *Bic*.

Marsigliana nera. Raisin de table semblable à la **Liparata**. NIC.

Marsigliana nera de CALABRE. MEND. *Bic*. Cépage à gros grains que j'ai classé au (36). J'ai noté qu'on devrait le comparer au **Cipro nero**.

Marsigliana nera de FAVARA. De table. MEND.

Marsigliana niura. AC. décr. 179 parmi les raisins de TERMINI. *Bic*. MEND.

Marsi-Rousseau blanche. VAUCLUSE. Syn. de **Bicane**. [Appelé aussi **Raisin Notre-Dame**, improprement désigné sous le nom de **Chasselas Napoléon**, de **Bicane** et de **Raisin de Dama**. (BOUSC.)]

Martali Kabinstoni. CAUCASE. G. *Bic*. (11).

Martelet noir. BOURGOIN (ISÈRE). Différent du **Baclan** du JURA et de maturité plus tardive. PUL. *Rapp. amp*.

Martellana nera ou **Maccaferro**. VOGHERA.

Martesana. COME. Paraît être syn. de **Spana**.

Martha blanc. V. AMÉR. provenant de semis de **Concord**, estimée à cause de sa rusticité, de sa fertilité et de la bonne qualité de ses produits; appartient à l'espèce des *Labrusca*; grappe ailée, serrée, grains ronds. [EC. MONTP.]

Martin Côte. *Cat*. LUX. M. TOCH. (*Cépages de la Savoie*), écrit **Martincot**. C'est un cépage noir de la ROCHETTE, id. au **Dousset** de VILLARD D'HÉRY. Ailleurs, ce nom est aussi donné à la **Roussette** ou **Roussanne**.

Martin-Cot blanc à VILLARD D'HÉRY (SAVOIE). Est syn. de **Jacquerre**. TOCH. Le Dr FLEUROT dit que c'est un cépage de l'Isère à grappe moyenne, conique, compacte, à grappillons courts; grains verts jaunâtres, ambrés, ronds 15^{mm} sur 15^{mm}, à pulpe molle. Ces caractères conviennent à la **Jacquerre**.

Martinaccio ou **Martinazzo**. TRENTE. AC. 303.

Martinecia. SAN LUCAR. ROX. Grains ovales, dorés, longs d'un pouce, semblables à ceux de la **Teta de Vaca**.

Martinetta nera. PROV. de COME.

Martinien rouge. PUL. BURY écrit **Martinen**.

Martinon. *Cat.* LUX.

Martone. *Bull. Amp.* XII, 439.

Marustel. TARN. GUY, II, 12. Voyez **Morrastel**.

Marvagia. BERGAME. *Bic.* Voyez **Malvasia**.

Marve. Surnom de la **Mondeuse** dans quelques parties de la SAVOIE. TOCH.

Marvoisier ou **Marvoisin**. OD. 337. Syn. de **Joannenc charnu** dans le département de la HAUTE-LOIRE ou de **Luglienga** d'ITALIE.

Marvoisien blanc. LOIRE. BUR.

Marvoisin gris. *Cat.* LUX.

[**Mary**. BUSH. V. Amér. Grain blanc verdâtre, moyen, fleuri, chair tendre, peu de pulpe, saveur piquante d'après DOWNING. Une autre **Mary** à fruit rouge a été décrite par FULLER.]

[**Mary-Ann**. BUSH. V. Amér. (*Labrusca*) Fruit ressemblant à celui de l'**Isabelle**. ECOLE DE MONTP.]

Marzemin. ISTRIE. AC. décr. 192.

Marzemin bastardo. VERONAIS. AC. décr. 232.

Marzemina bastarda nera. *Alb.* T. *Bic.* CONEGLIANO.

Marzemina bianca. *Bic.* AC. 301. *Alb.* T. *Ann. vit.* 248. Dans le PADOUAN, quelques personnes écrivent **Marzamina**. SOD. écrit **Marzimino** et GAL. **Marzimino**. Le nom vient de MARZEMIN, village de la CARNIOLE. Je l'ai eu de CONEGLIANO par le Dr CARP. et de ROVEREDO par M. SANDONA. Ce cépage se distingue par la denture profonde un peu frisée de sa feuille et par une saveur particulière de son fruit.

Marzemina dèl picciuol bianco. INC. *Bic.*

— **del picciuolo rosso**. INC.

— **gentile**. AC. 303. Syn. de **Marzemina nera**. Dr CARP. rapp. M. PELLINI dit que la **Marzemina** est le meilleur raisin de table de la VÉNÉTIE.

Marzemina grigia, dite aussi **di Cipro** (de CHYPRE). *Alb.* T.

Marzemina grossa.

— **minore**. TRENTE. AC. 303.

— **nera**. BASSANO. *Bic.* AC. 300, 301. Dr CARP. rap. *Alb.* T.

Marzemina nera. FRIOUL. Ce raisin est cité, dans un rapport de M. CARP., directeur de la Société œnologique de TRÉVISE, parmi les premiers dont il a fait du vin. Voyez *G. V. V.*, 43. *Bic.* J'ai eu de M. SANDONA de ROVEREDO une **Marzemina nera**, que j'ai classée au (24). Du Dr BELLATI, de FELTRE, auteur très-estimé du *Nane-Gastaldo*, j'ai reçu une autre **Marzemina** que j'ai trouvée id. à la **Pavana** et qui a été classée au (47). En général la plus grande partie des **Marzemina** que j'ai reçus sont identiques.

Marzemina ou **Berzemina**. PONTE VALTELLINA. CERL. *Bic.*

Marzemina ou **Maryemina**. NAPLES. OD. 543, et aussi TOSCANE.

Marzemina piccola. *Bic.*

M. PELLINI dit que la **Marzemina**, près de VICENCE, est cultivée presque seule le long de la côte orientale des MONTS BERICI; elle donne un vin coloré, de facile maturation, mais qui est sujet à aigrir.

Marzemina veronese. AC. décr. 232.

Marzemino grosso. ALEXANDRIE. *Bic.*

Marzeminon. VÉRONE. AC. 232. Id. au **Marzemin bastardo**.

Marzese. TOSCANE. AC. décr. 232 parmi les cépages VÉRONAIS.

Marzimina noir. TOSCANE. *Cat* LUX.

Marzimino. SODERINI. Syn. de **Marzemina**. OD. 543.

Marzimmer. Syn. **Traminer rother**. H. GOET.

Marzolina di Fontane. G. MODÈNE. AGAZ. MEND.

Mascara noir. AFRIQUE. *Cat.* LER. BUR.

Mascara noir. AMÉRIQUE. BUR.

Mascon traube weisser. Décr. MUL.

— **blanc**. Décr. MUL.

Masel. G.

Massarda. SAN REMO. Raisins blancs allongés.

Massasoit. ROGER. V. hybride amér. recommandable. PLANC. 165. SIM. L. Grappe courte, peu serrée; grains sphériques, rouge clair, juteux. [EC. MONTP.]

Massè doux. INDRE-ET-LOIRE. GUY, II, 655.

Massese nera. LUCQUES. *Bic.*

— **rosso**. LUCQUES.

Massisart. *Cat.* LUX.

— **noir**. TARN-ET-GARONNE VIVIE. Écrit **Massirat** par BURY.

Masslowna ou **Masnek**. Syn. de **Kanigl grüner**. H. GOET.

Massoutet. GIRONDE. Syn. de **Pinot noir**. Cité dans un article de M. LAL. *Journ. vit.* V, 273.

Master. De semis. Grappe longue, blanche ambrée, claire; grains ovales, moux, doux. SIM. L.

Mastro Giorgio nero. ALTAMURA. MEND. *Bic.*

Mastro Matteo nero. VÉSUVE. FRO.

Matagliola. G.

Matal. G.

Mataro. *Cat.* LUX. PYRÉNÉES-ORIENTALES. Dess. RENDU. OD. 462. 513. Syn. de **Mourvèdre**. *Bic.* Je l'ai reçu d'UDINE comme un raisin SARDE, probablement par erreur.

Mataro d'Espagne. Nom donné en CATALOGNE au **Murviedro** de VALENCE, ou **Mourvèdre**

des Français, et qui dans le Var est aussi donné, mais à tort, au **Morrastel**. OD. 496. A St-Gilles (Gard), le nom de **Mataro** est donné au **Carignan**. MAR.

Matassa bianca. Vésuve. FRO.

Mater. *Cat.* LER.

Matérat. *Cat.* Lux.

Materosso. Ligurie. M. ACCAME, célèbre œnologue de Pietra Ligure, cite ce cépage comme produisant un vin âpre à cause de la maturation tardive de ses raisins.

Matonzola bianca. Emilie.

Matroncella.

Matta bianca. Mirandola (Modène). AC. 292. *G.V.V.* II, 58.

Matta nera. Come. Syn. de **Margellana** d'après M. NESSI.

Matta bianca. Ponte Valtelina et Prov. de Come CERL. *Bic.*

Mattone bianco. Polesine. AC. 293.

Maturaccio. G.

Maturecchio. Val d'Arno supérieur. Syn. de **Mammolo nero.** *Com. agr.* de Florence.

Maubonenc rosso ou **Vaubonenc.** Raisin de Nice. AC. 296. Voyez **Babonenc.**

Maucnjk. Syn. de **Valteliner rother.** H. GOET.

Maudoux. Jura. Syn. de **Mondeuse.** ROUG.

Maudouze, Maudouce et **Maldouce.** C'est ainsi qu'on appelle à Culoz la **Mondeuse,** parce que son raisin a une douceur mauvaise, c'est-à-dire est un peu âpre à manger. GUY. II, 347.

Maura. Cité parmi les raisins de Grumello di Monte. *G.V.V.*

Maural noir. Aveyron. GUY. II, 51.

Mauregue. Voyez **Manrégue.**

[**Maures rouge** (Afrique). *Cat.* Lux.]

— **kaddanz** (Afrique). *Cat.* Lux.

Maurilot. *Cat.* Lux.

Maurodafni noir. Ile de Céphalonie. Donne un vin rouge qui porte le nom du cépage et qui en vieillissant ressemble au **Porto.** M. le comte C. BIANCONCINI a bien voulu m'écrire de Corfou pour me donner ce renseignement.

Mauro nero. Égypte. *Vign.* II, 73 (33). *Bic.* (11). M'a été envoyé directement par l'intermédiaire du consulat ; paraît devoir faire du bon vin, est fertile et s'accommode de notre climat. J'ai remarqué que ce cépage restait presque indemne du *Peronospora viticole* au milieu de plusieurs autres cépages fortement atteints de cette cryptogame.

Mausac. *Cat.* Lux. A Bordeaux, syn. de **Cot** ou **Malbek?** par erreur, je crois. Voyez **Mauzac.**

Mausac dur. *Cat.* Lux.

— **rose.** *Cat.* Lux.

Mausan. *Cat.* Lux.

Mausat. Syn. de **Cot** dans le Bordelais.

[**Mausenc.** *Cat.* Lux. pour **Mansenc.**]

Maussana femmina et **Mauzana.** Avigliana (Piémont). Je la crois id. à **Mossana.**

Maussana maschio. Avigliana (Piémont). G. Voyez **Mossana.**

Mauzac blanc. Tarn-et-Garonne, ou **Blanquette de Limoux,** d'après MAR. *Bic.* OD. 486. Est aussi appelé **Feuille ronde.** Sur les coteaux de Saluces, ce cépage est fertile et précieux. ST. assure que dans les Ardennes, le nom de **Mauzac blanc** est employé comme syn. de **Pinot blanc.**

Mauzac blanc. Lot. *J. bot.* de Genève. AC. 324. *Vign.* II, 55 (124). *Bic.* (27).

Mauzac gris. MEND. Id. au **rose.**

— **noir.** Lot et Ardennes. OD. 484. Cépage d'une moindre valeur que ses homonymes le **blanc** et le **rouge.** Je crois qu'il est cultivé aussi dans le Gers.

— **rose** ou **rouge.** Tarn-et-Garonne. G. PUL. *Bic.* (27).

Mauzain. Gers. Syn. de **Cot.**

Mauzana pour **Mossana.** Ainsi écrivait CROCE en 1600.

Mavrona. Syn. de **Portugieser.** H. GOET.

Maxatawney. Vigne américaine de l'espèce des *Labrusca* qui a quelque rapport avec le **Chasselas.** PLANC. 155. Grains moyens, presque ronds, blancs verdâtres, puis ambrés. Raisin de table et de cuve. Paraît peu résistant au phylloxera. [EC. MONTP.]

[**Maxeteunay.** V. amér. *Cat.* Lux. Pour **Maxatawney.**]

Maximieux. Syn. de **Mondeuse,** d'après GUY. S'écrit aussi **Meximieux.**

Mayarka. Syn. de **Slankamenka.** H. GOET.

Mayé ou **Mayer.** Aisne. Syn. de **Meslier blanc.**

Mayorquen. Raisin blanc. Voyez **Majorquen.**

Mayorquin écrit GUY. PUL. *Vign.* III, 67 (226).

Mazzabino. Rimini. MEND. *Bic.* (44). Je l'ai trouvé id. au **Refosco** de la Vénétie.

Mazzagano. G.

Mazzamino nero. Toscane. Voyez **Marzemino.**

Mazzanico. Prov. d'Ancone et Marches. Syn. de **Verdicchio bianco.**

Mazzese bianco. Sinalunga. *Bull. amp.* VII, 528.

Mazzese nero. Toscane, et aussi **Massese.** *Bic.* MEND. A comparer avec le **Vajano** que

M. le marquis INC. croit id. à ce cépage. *Bic.* (47).

Mazzuga. G. Peut-être pour **Marruga.**

Mècle. Bourgoin (Isère). Raisin noir, différent du **Mècle** ou **Mescle** du Bugey ou **Pulsard** (contrairement à l'opinion de GUY. qui croit ces deux cépages identiques). A des feuilles un peu cotonneuses en dessous, donne un vin plein de corps, bien coloré, un peu rude; paraît une variété assez bonne. PUL. *Rapp. amp. V.* Voyez **Mehle** de MULLER s'il est identique? *Vign.* III, 79 (232).

Mècle ou **Poulsard** et **Pulsart.** G. Le comte OD. 265, dit que dans l'Ain il est id. au **Pellossard rouge,** qui est cependant un cépage bien différent, et au **Lombardier** du Jura; qu'il est fertile et fait bien avec les raisins de la **Mondeuse;** que c'est un bon raisin, de saveur très-délicate. Peu de raisins noirs de ma collection ont une saveur aussi fine et aussi agréable que celui-là, qui est très-bon pour la table et pour la cuve. Il est fâcheux que ses fruits ne soient pas toujours abondants. [Le **Pelossard** est tout à fait différent du **Poulsard.** PUL.]

Meclo nero. Lomelline.

Meddumoli nero. Raisin sarde. FRO.

Medenac bieli. Syn. de **Honigler.** H. GOET.

[**Medigié.** Turquie. C'est le **Chaouch.** (BOUSC.)]

Medoc. *Cat.* Lux. Syn. de **Malbek** dans l'Ardèche.

Mehlweinbeer. Syn. de **Wipbacher blanc.**

Mehlweiss rother. Syn. de **Kolner rother,** d'après MUL.

Mehl weisser grüner. Styrie. Décr. MUL. Paraît id. au **Fejer Szœllo.**

Mehl weisser schrecker ou *Blanc de farine.* Décr. MUL.

Meillé blanc. Oise. GUY. III, 494.

Meinet. Ivrée. Syn. de **Croera** ou **Croassera.**

Meiron. *Cat.* Lux.

Melajola. Lucques. MEND. *Bic.*

Melao. Lot. GUY, II, 33

Melarolo bianco. Bobbio et Voghera.

Melasca. Biella. Syn. de **Spanna** ou **Nebbiolo nero.** Cette syn. a déjà été indiquée depuis longtemps par le comte OD. 539, à la suite d'informations qu'il avait prises auprès du professeur MILANO.

Melasca bianca Biella. OD. 538. Syn. de **Nebbiolo bianco?** Décr. prof. MIL.

Melaschetto. Biella. OD. 541. Syn. de **Spanin** ou de **Nebbiolo fumela?** Je crois que c'est le professeur MILANO, peu expert en ampélographie, qui a établi le premier pour le **Nebbiolo,** les divisions de gros, petit, moyen.

Melascone. Biella. OD. 540, 542. Id. au **Nebbiolo.**

Melascone nero. Biella. Envoyé par BON. au comte OD., et, 40 ans après, de la collection OD. à moi. *Bic.* Un autre cep avait été expédié par le comte OD. à M. PELL., qui à son tour me l'envoya, et ce fut toujours le **Nebbiolo.** Ce renseignement sera utile à ceux qui croient que les vignes s'abâtardissent.

Melcocha ou **percocha.** OD. 517. Vigne espagnole citée par le comte OD. à cause de sa grande précocité et de son goût de miel, doux mais non fade. ROX. dit: *Acinis magnis, aureis.* Se conserve bien.

Meldolina. Sardaigne. MEND. Doit avoir pour syn. **Zeppolino.**

Meldolino. Sardaigne, et **Meldulinu.** *Bic.* Raisin de table, grains ronds, noirs ou rougeâtres. Décr. INC. Décr. MORIS. *Fl. Sard.* Syn. **Coacervata.** Je me suis permis de modifier le nom de ce raisin en mettant à la première syllabe la lettre *l* au lieu de celle moins distinguée qu'elle porte dans son pays d'origine.

Melegono nero Raisin de garde, semblable au **Canajolo.** CRESC.

Meleori. Caucase. PUL. *Vign.* 147 (170). *Bic.*

Melera. Pavie.

Melier blanc. Jura? AC. 331. Voyez **Meslier.**

Melinet. De semis. [Semis de VIBERT, d'Angers: feuilles naissantes d'un **Chasselas;** sarments traînants; raisins grands, ailés, blancs. raisin de table. (BOUSC.)]

Mella. Prov. de Gênes. D'après FRO.

Mellenc. Tarn-et-Garonne. OD. 489 le dit syn. de **Couloumbaou.**

Mellone. Raisin de table. Prov. Nap.

Melona. Je l'ai reçu de Bergame. C'était l'**Isabelle** d'Amérique. *Bic.*

Melon. Arbois et Poligny (Jura). Syn. d'**Épinette** ou **Morillon blanc** ou **Pinot blanc,** d'après ROUG., ampélographe distingué de la Savoie. Décr. *Vit.* I, 161.

Melon blanc. *Cat.* Lux.

— de l'Auxerrois. PUL. Id. au **Savagnin jaune.**

Melon de l'Yonne. OD. 220. *Append.* 20. Syn. de **Gamai blanc.** Différent dans le Jura.

Melon de Lons-le-Saulnier. Syn. de **Gamet blanc,** OD. 274. Côte-d'Or. Idem.

Melon musqué. Décr. ROUG.

— **noir ?** *Cat.* Lux.

Melonera. Xérès et San Lucar, ROX. Raisins noirs, ridés, d'un noir plus clair.

Menareul. Ivrée. Mentionné par GAT.

Menekowna. Syn. de **Vogeltraube blaue.** H. GOET.

Menlé. Syn. de **Œil de Tours** dans le GERS. PUL.

Menna di vacca. Voyez aussi **Minna**. POUILLES. AC. 305. *Ann. Vit. En.* IV, 224. Décr. *Bull. Amp.*

Menna di vacca bianca. BITONTO. MEND. *Bic.*

Menna di vacca bianca. SICILE.

Menna di vacca nera. BITONTO. *Bic.* MEND. Exige la taille longue. Prov NAP. Celle de BÉNEVENT est décrite dans le *Bull. amp.* X.

Menna di vacca. *J. bot.* NAPLES. *Bic. G.V.V.* I5. Est adoptée pour la table.

Mennolettina. LIPARI et SICILE. OD. 452. Voyez **Minnolettina**.

Menu noir. MOSELLE. OD. 476. Très-voisin des **Pinots**. *Bic.* GUY. II, 51, le dit id. à celui de l'AVEYRON.

Menu noir. Petit Pinot. RENDU. Décr. OD. 156. [Je possède et j'ai même multiplié ce cépage que je dois au comte OD., et j'ai toujours été satisfait du produit de cette vigne qui est un **Pinot**, mais ne saurait, toutefois, être confondu avec le **Pinot précoce d'Ischia** ni avec le **Pinot de la Madeleine**, le **Menu noir** mûrissant, comme le **Brun fourca** et le **Grenache**, une douzaine de jours après le **Pinot noirien**. PELL.] Je profite de l'utile annotation faite par le savant M. PELLICOT, dont la perte récente est si vivement regrettée, pour faire observer que le rapport de la maturation des différents cépages est quelquefois modifié par le changement de terrain et de climat. En effet, le **Grenache** qui est cité par M. PELLICOT comme mûrissant dans le VAR en même temps que le **Brun-fourca**, ne mûrit à VERZUOLO que douze à quinze jours après ce dernier cépage,

Menu-roi. CHER. GUY. III, 200.

Meragus ou **Noragus**. SARDAIGNE. AC. 296.

Méraou. *Cat.* LUX.. TARN. Raisin noir. BUR.

Merbrégie. *Cat.* LUX. DORDOGNE. VIV. Je l'ai trouvé dans BAB. comme syn. du **Damascener blauer** ou **Gros Damas noir**.

Mercier. *Cat.* LUX.

Mercoff bianca. *Pép. Bic.* (33).

Mère avec ses enfants. OD. 358. Syn. de **Von der lahn traube** de VIENNE.

Meredith blak Alicante. De semis. *Pépin. Bic.* (43). On dirait qu'il dérive du **Ribier**. Raisin de table.

Merera. BERGAME. *Bic.*

[**Mereveilloun**. VAR. Ressemble au **Mourvèdre** par son feuillage. (BOUSC.)]

Meridulina ? blanc. SARDAIGNE. *Cat.* LUX. (nom corrigé). Voyez **Meldolino**.

[**Merigrina blanc**. ESPAGNE. BUR.]

Mérille. *Cat.* LUX. GIRONDE et LOT-ET-GARONNE. *Vign.* II, 133 (163). Dans cet ouvrage, PUL. cite des auteurs qui disent que ses raisins sont ronds, tandis que d'autres les ont trouvés ovales. Je suis parmi ces derniers, et je crois que quelquefois, par suite d'une inspection superficielle, on désigne comme ronds des raisins qui ne le sont pas positivement.

Mérille grosse. GIRONDE OD. 134. G. A aussi pour syn. **Bordelais**. Vigne très-robuste et fertile sur les coteaux de SALUCES, mais qui ne doit pas donner de bien bon vin. *Bic.* (43). Je l'ai trouvé, en effet, on ne peut plus pauvre en glucose.

Merlau. Voyez **Merlot**.

Merlatella. COME. AC. 292.

Merlé blanc. *Cat.* LUX. LANDES. AC. 327.

Merlé d'Espagne noir. LANDES. VIV. AC. 327. Est donné dans BAB comme syn de **Grunstieliger Dolcedo** et d'**Espar?** de l'HÉRAULT qui sont deux cépages bien différents. Le **Dolcedo rothstieliger** que j'ai vu tout dernièrement à GEISENHEIM était id. au **Dolcedo** du PIÉMONT.

Merlet blanc. LANDES. AC. 325.

— **d'Espagne**. LANDES. AC. 321.

Merlinot. *Cat.* LUX. CHARENTE. OD. 346. *Cat.* LER. Ce n'est probablement que le **Chasselas ordinaire**.

Merlot. GIRONDE. OD. 131. Dess. REND. Dess. Vit. III, 493. *Vign.* II, 157 (175). *Bic.* (15). Raisin très-convenable pour une bonne vinification sur les coteaux de SALUCES. Il y donne une récolte plus abondante et plus régulière que le **Cabernet**. Je le multiplie chaque année autant que je le peux. Voyez aussi d'ARMAILLACQ.

Merlot ou Vitraille. *Bic.* Id. au précédent. Je crois que pour la qualité c'est, après le **Cabernet**, le meilleur cépage bordelais.

Merrimac. ROGER. V. hybride AMÉR. estimée. PLANC. 165. Grains ronds, noirs, pruinés. [EC. MONTP.]

Merveillat. *Cat.* LUX. VAUCLUSE. AC. 321. VIV. Écrit **Merveille** par BUR.

Mervia. *Cat.* LUX.

[**Mervia blanc**. C'est l'**Augibi** ou **Gibi** de l'HÉRAULT, le **Chéres** du GARD. (BOUSC.)]

[**Mervia noir**. VAUCLUSE. C'est le **Danugue** du VAR. (BOUSC.)]

[**Mervia rose**. VAUCLUSE. C'est le **Gros Damas violet**. (BOUSC.)]

[**Merzamino**. DALMATIE et **Balsamino**. INC. (BOUSC.)]

Mescle ou **Mecle du Bugey**. AIN et ISÈRE. Syn. de **Poulsard**. GUY. II, 248. PUL. Voyez aussi **Pulsart**.

Meseguera blanco de la Plana. Prov. de

MURCIE (ESPAGNE). OD. 507 le dit un bel et bon raisin. PUL. *Bic.* (31).

Meslier aligoté? blanc. CÔTE-D'OR. VIV. SEINE-ET-MARNE, LOIRET, AUBE, HAUTE-SAÔNE. *Vign.* I, 191 (96). *Bic.* (47). Excellent raisin précoce de cuve que je multiplie chaque année. [Le nom d'**Aligoté** ne doit jamais être associé à celui de **Meslier,** attendu que ces deux noms représentent deux raisins bien distincts. Je ne connais qu'un seul **Meslier;** toutes les dénominations de **Meslier franc, blanc, Meslier St-François, vert, jaune, petit blanc,** sont de pure fantaisie. (PUL.)]

Meslier franc blanc. *Cat.* LUX.

— **gros** ou **Meslier de St-François.** *Cat.* LUX. Donne du vin passable et en abondance. Est plus précoce que le **Pinot de la Loire;** le comte OD. ne s'explique pas comment on ne le plante pas de préférence à celui-ci. *Bic.* Il arrive au **Meslier,** comme à tant d'autres raisins, d'être divisé en plusieurs variétés qui, en réalité, finissent par n'être qu'une seule. Tel est l'avis de M. PUL.

Meslier jaune ou **Petit Meslier blanc.** NIÈVRE. Donne du bon vin et en quantité suffisante. Employé improprement comme syn. de **Épinette** ou **Morillon blanc.** OD. 184, 272.

Meslier vert. Donne un vin sans couleur et rend limpides les vins des autres raisins, quand il est mélangé avec eux dans la cuve.

Mestranemi. MASCARA. PUL.

[**Meteor.** *Cat.* LUX.]

Methe. AIN. Syn. de **Poulsard.**

Metie. AIN. OD. 261. PUL. Est aussi syn. de **Poulsard.**

Methling. Vallée du MEIN. Syn. de **Elben.** ST.

Meulan. GRENOBLE. Paraît être le **Molard** des HAUTES-ALPES.

Meunier. *Cat.* LUX. *Bic. Vign.* II, 99 (146). C'est un **Pinot** à feuille duvetée en dessus et comme enfarinée, plus rustique et peut-être moins précieux ; très-cultivé dans l'EURE-ET-LOIR et dans presque tous les départements du nord de la FRANCE. C'est le plant le plus répandu sur les coteaux qui entourent PARIS.

Meunier (Plant). OD. 174. *Bic.* Id. au précédent.

Meutzer. Syn. de **Gelben gutedel** ou **Chasselas.** BAB.

Meximien? *Cat.* LUX.

Meximieux. BUGEY. OD. 225. S. de **Mondeuse** ou **Persaigné.** AIN. Syn. id. GUY. II, 361.

Mezeguerra. Voyez **Meseguerra.**

Mèzes. V. **Honigler.** HONGRIE. *Vign.* I, 83 (42).

Mezi. Paraît être une variété de **Pinot.** Cépage du JURA. ROUGET.

[**Mianna.** (BUSH.) V. amér. (*Labrusca*). Semis de **MARINE.**]

Micco bianco du VÉSUVE. FRO.

Michiotad. G. Voyez **Chasselas d'Autriche.**

Michigan. Syn. de **Catawba.** V. amér.

Midowatza noire. BADEN. SIM. L. Peut-être **Mirkowakssa** de HONGRIE ?

Miel (raisin de). *Cat* LUX.

[**Mili (el). Le Milah.** ALGÉRIE. Décr. L. BEYS. (*Mess. agric.* XIX, 422). Cépage très répandu à MILAH (PRV. de CONSTANTINE). Grains blancs, gros, un peu allongés, maturité hâtive.]

Milcher blauer. Syn. de **Kolner blauer.** H. GOET.

Milcher weisser. Syn. de **Barthainer weisser.** H. GOET.

Miklósvölgji piros HONGRIE. Raisin rouge de table. *Cat.* C. BRON.

Milanese. TRENTE. AC. 303. Décr. AL.

— **nera.** *Pép.*

Miles. Vigne américaine d'un mérite secondaire.

Milgranet du TARN. OD. 248 le trouve très-fertile ; il se montre tel chaque année dans ma collection. *Bic.* (11, 12).

Milgranet rouge. du TARN. GANIER.

Milhau?

Milhaud. TARN-ET-GARONNE. OD. 148, 415. Est syn. d'**Ulliade** et de **Marocain** de la CHARENTE, d'après RENDU et OD., et de **Boudalès,** d'après PUL. [**Milhaud** est syn. de **Boudalès** et non d'**Ulliade.** Ce dernier est bien distinct du **Marocain,** qui est plus tardif. (PUL.)]

Milhaud du Pradel. Je le crois id. au précédent. Excellent raisin de table et de cuve quand il est mûr. Est croquant et très-savoureux. *Bic.* OD. 416. Le PRADEL était le domaine du célèbre OLIVIER DE SERRES. Je crois ce cépage id. à l'**Ulliade** du GARD de RENDU.

Milhaud blanc du Tarn. *Cat.* LUX. D'après OD. 416 est syn. d'**Ulliade blanche.** Dans le *Cat. du J. d'essai d'*ALGER, je trouve qu'il a les grains moyens, petits, ovales, blancs jaunâtre du côté opposé au soleil.

Milhaud musqué? OD. 416. Syn. de **Milhau du Pradel.** GANIER. Il n'aurait pas alors une saveur musquée. [Syn. de **Boudalès.** (BOUSC.)]

Milhaune. *Bic.* Voyez **Milhaud.**

Millegranet? *Cat.* LUX. Voyez **Milgranet.**

Miller blanc. De semis. *Bic.* (48). Beau raisin de table.

Mill' hill hambourg. De semis. *Bic.* Sous ce nom on m'a expédié un **Malbek.** Je lis dans le *Cat.* de PUL. que c'est un **Frankental** amélioré ?

Milliod. ARIÉGE. GUY. 310. Serait syn. d'**Œillade.**

Milton. De semis. *Bic. Vign.* **I, 11** (6). Raisin noir de table.

Mi-musqué. *Cat.* LUX. [Raisin à grains blancs oblongs, à jus doux légèrement musqué. BOUSC.)]

Minedda bianca. Voyez **Minnedda.** SICILE.

— **niura.** SICILE. MEND.

Miner's seedling et aussi **Minor seedling.** V. amér. de mérite secondaire, anciennement cultivée, syn. de **Venango.** Plante robuste et productive.

Minestra. *Cat.* LUX. AC. 304. *Bic.* S'est trouvé chez moi être le **Frankental.** Je l'avais eu de l'horticulteur NOISETTE, de TURIN.

Miniminaci sicoliana. MEND.

Ministra. GANIER.

Minna di vacca. (*Mamelles de vache.*) FAVARA (SICILE). MEND. Voyez **Ciminisa** et **Vispalora** d'après NIC.

Minna vacchina bianca. MILAZZO. MEND. *Bic. Cat.* INC.

Minna vacchina nera. *Bic.* (38).

Minnedda bianca. SICILE.

— **niura.** SICILE.

Minnella bianca. SICILE. FRO.

— d'ACIREALE. Le baron MEND. dit que les **Minna** et **Minnedda** ou **Minnella** sont bons pour la table et pour sécher. Leur nom vient de la longueur de leurs grains.

Minnolettina ou **Amandoletta.** LIPARI. MEND.

Minnolettina rossa. G.

Mino bianco. POUILLES.

Minomenil. G.

[**Minor's Seedling.** Syn. de **Venango.** PLANC.]

Minutidda ou **Minutilla** de LIPARI. G. Ressemble au **Corinthe.** MEND.

Minutidda ou **Passolina** de LIPARI. MEND. *Bic.* Noir; a quelques gros grains mêlés à de petits.

Minutola bianca. TRANI. MEND. *Bic.*

Minutola de BITONTE. Serait syn. de **Latina bianca.**

Minutola muscariella rosea. MEND. *Bic.* Le baron MEND. reconnaît dans cette vigne le **Muscat à feuille cotonneuse** cité par PLINE.

Miot ou **Mansenc.** GUY. 363.

Miracle. HÉRAULT. VIV. [C'est le **Grec rouge.** (BOUSC.)]

Miracles (Des). *Cat.* LER.

Miradella. Raisin du HAUT-NOVARAIS.

Mirasole. MODÈNE. Décr. AGAZ. MEND.

Mirkowackssa bianca. HONGRIE. PUL. *Bic.* 15.

Missethater. BAB. Syn. de **Furterer weisser.**

Missh. V. amér. de la tribu des *Vulpina.* [**Mish** et non **Missh.**]

[**Mjoanni** ou **Mzoani.** Raisin blanc du CAUCASE, dont le moût est ajouté à celui du **Saperawi** dans la proportion de trois quarts. (BOUSC.)]

[**Missouri.** (BUSH.) V. amér. Syn. de **Missouri seedling.**]

[**Missouri's Bird's Eye.** Syn. d'**Elsimburg.** HUSMANN.]

Moccarella. G.

Modra Kaveina. Syn. de **Kolner blauer.** H. GOET.

Modrisia grossa et **piccola.** ISTRIE. AC. décr. 195.

Modu ou **Juh Farka.** OD. 322. Un des meilleurs raisins blancs de HONGRIE.

Mœhrlein ou **Mœhrchen** BAS-RHIN. Syn. de **Morillon.** ST.

Mœrisch bianca. PICC. *Bic.* (12).

Möhrchen blauer. STYRIE. BAB. H. GOET. Serait, d'après BAB., syn. de **Morillon** et aussi de **Pinot noir.**

Mohrchen ou **Moretta.** Décr. MUL.

— **spates. Pinot noir.** Décr. MEY.

Mohren Dutten. OD. 368. Syn. de **Frankental.** ST. écrit **Mohrendutte;** il en donne la figure et le dit syn. d'**Olivette noire.**

Mohrenkonig blauer (*Roi des Maures bleu*). Décr. MUL. et H. GOET.

[**Moisi.** ARBOIS (JURA). FLEUROT. Grappe petite, cylindrique, courte, peu compacte; grains ronds noirs (14^{mm} sur 14) à pulpe molle.]

Moissan ou **Monissang nero.** VALLÉE DE LA DORA (PIÉMONT). Peut être id. au **Mossano** ou **Mossana.**

Moje. Raisin du BIELLESE, nommé aussi **Moglia** et **Ropolo.** Grappe grosse, ailée; grains ronds ou à peu près ronds, transparents, inégaux, violacés, quelques-uns verdâtres, peu sucrés; feuilles blanchâtres et cotonneuses en dessous.

Moleron gros. *Cat.* LUX.

Molette blanche de SEYSSEL. *Vign.* II, 81 (137). Voyez aussi **Mollette.** PUL. dit que ce cépage est spécial à cette localité.

Molette noire. SEYSSEL. PUL.

Molica. SCIOLZE. *Bic.* (16). Grappe pyramidale, longue, ailée, qui ne mûrit pas à la pointe; grains ronds, juteux; peau assez fine avec un seul pepin?

Molinaja bianca. PAVIE.

— **rossa.** VOGHERA.

Molinara. VÉRONAIS. AC. décr. 233. Dr CARP. rapp.

Molinara (Brepon). VÉRONAIS. AC. décr. 224.

Mollah blau. SCHAR. H. GOET. Raisin de table.

Mollana nera. CUNEO. *Ann. Vit. En.* 14.

Mollar. Département des HAUTES-ALPES. GUY. II, 214 dit qu'il a de longues grappes et est bon à manger. OD., 457, le regarde au contraire comme un raisin de cuve. PUL. écrit **Molard** et lui donne pour syn. **Tallardier**; il dit que c'est un raisin noir à grains ellipsoïdes, à feuilles grandes et cotonneuses. OD. 460 le dit à grains ronds. D'après GUY. II, 433, il fournit les vins communs et abondants de sa région. Un raisin de ce nom était et est cultivé à BRIOUDE (AUVERGNE). Sans de plus nombreuses études comparatives, je n'oserais pas affirmer que le **Mollard** français soit id. à quelqu'un des **Mollar** espagnols.

Mollar cano. ESPAGNE. COLL. DORÉE. Donne des vins ordinaires. *Bic.* (48). D'après ROX., ce serait un raisin versicolore, c'est-à-dire ayant des grains de couleur différente; aussi ne paraît-il pas devoir être id. au **Mollard** des HAUTES-ALPES.

Mollar de CADIX. **Paxarete** (ESPAGNE). ROX. Raisin noir à grandes grappes; grains moyens, serrés, assez juteux; feuilles devenant rouges en automne. Il y a aussi le **Mollar sevillano nero.**

Mollar de Granada. ROX. Son fruit est semblable à celui du **Mollar cano.**

Mollar negro. ESPAGNE. ROX. D'après cet auteur, les **Mollar** se caractérisent par de grandes feuilles presque orbiculaires, presque entières, molles et peu dentées. Grains gros, ronds.

Mollar noir Duhamelii. ESPAGNE. ROX.

Mollard. *Cat.* LUX.

Molle. G.

Mollette. Syn. de **Mondeuse** en SAVOIE. TOCH. A CHITTRY, près RUMILLY, dans l'agréable villa du comte DE GRENAUD, mon ami, on m'a montré la **Mollette** comme syn. de **Mondeuse blanche.**

Monaca? SARDAIGNE. AC. 296. Voyez **Monica.**

Monachelle. ABRUZZES.

Monaco bianco. On a exposé à MILAN, sous ce nom, un raisin semblable et peut-être id. au **Pinot blanc.** *Mém.* GARN.

Monana. G.

Monarca. VÉSUVE et MONTE SOMMA. FRO.

— **bianca.** NAPLES. *Bic.* Ce cépage a un feuillage remarquable, avec des nervures rougeâtres au centre. Ses grains sont gros, ambrés, d'une forme ovoïde irrégulière; excellent raisin pour la table.

Monarca nera. *J. bot.* NAPLES. FRO.

Monaster. *Cat.* LUX. Jard. d'essai d'ALGER. Grains très-noirs, moyens, ovoïdes. Grappes grosses. BUR. écrit **Monastère.** [Sans doute pour **Morastel.** PUL.]

Monastrel. Syn. de **Morrastel.**

[**Monastrell grà petit.** CATALOGNE. C'est le **Morastel à petits grains** de l'HÉRAULT. (BOUSC.)]

Moncia. Raisin sarde. FRO. Je crois que c'est le **Monica.**

Mondeuse blanche. *Cat.* LUX. *Bic. Journ. vit.* IV, 210. *Vign.* II, 119 (156).

Mondeuse noire, de SAVOIE. AC. 319. *J. Vit.* III, 256. Syn. de **Persagne.** OD. 225. *Vign.* I 133 (67). *Bic.* (48, 44). TOCH. Les vins de SAINT-JEAN-DE-LA-PORTE et d'autres parmi les meilleurs de la SAVOIE sont faits avec ce raisin.

Mondonico. MONTEMESOLA (POUILLES). Id. au **Somarello nero.** *Bull. Amp.*

[**Mondouze blanc.** ISÈRE. LUX. (BOUSC.)]

[**Mondovi blanc.** BUR.]

Mondovi violette. *Cat.* SIM. L.

Mondovis. *Cat.* LER.

Mondwein. H. GOET.

Monestel ou **Monasteou** et **Monestaou.** OD. 466. Syn. de **Morrastel.** PROVENCE.

Monestel, dans le département du VAR. Est aussi syn. de **Carignane.** MAR. et PEL. *Bic.* (47).

Monfalcone. G.

Monferina. IVRÉE. Décr. GAT. Syn. **Patouja, Crava, Nerass.** VAL D'AOSTE.

Monferrato. G. VAL D'AOSTE. Décr. GAT. RIVOLI. *Bic.* Chev. NASI; INC. A SAINT-PIERRE (VALLÉE D'AOSTE), on m'a montré la **Fresa** sous le nom de **Monferrà** mâle et femelle.

Monferrina. VOGHERA. AC. décr. 60.

Monferrina ou **Spana Monferrina.** GATTINARA. Syn. de **Fresa.**

Monferrina ou **Monfrina bianca.** Décr. par le prof. MIL. dont les syn. ne me paraissent pas bien sérieux, attendu qu'il a admis comme positif ce qui lui paraissait probable, sans prendre la peine de vérifier lui-même; c'est ainsi qu'il fait l'**Erbalùs** syn. de **Trebbiano; Moscatello bianco** syn. de **Malvasia** di CANDIA des Toscans? **Vernaccia** syn. de **Brisola;** ce sont tout autant d'erreurs ampélographiques.

Monfrà. Dans un dessin de la **Barbera,** BON. donne **Monfrà** comme syn. de ce cépage.

Monica nera ou **Munica.** SARDAIGNE. Syn. **Nectarea.** MORIS. *Fl. Sard.* Est aussi syn. de **Rigalico.** Son vin est considéré comme étant presque le meilleur de la SARDAIGNE. Grains ronds? Décr. INC. OD. 558. *Bic.* (15) (31?). Un des caractères saillants de ce cépage, c'est son grand feuillage.

Monosquen? *Cat.* Lux. Voyez **Manosquen.**

Monstrueux ou **Moustrous.** Ain. GUY. II, 354.

Monstrueux de Decandolle. *Pép.* AC. 320. On appelle ainsi le **Grec rouge** du Var. *Bic.*

Montana nera. G. Peut-être pour **Montanera** de Saluces?

Montanara bianca. Véronais. AC. 306. Dr CARP. rap.

Montanara bianca. Bologne.

Montanaro et **Montanarino bianco.** Pesaro. Appelé aussi **Montanaro Grecherello.** *Bull. Amp.* II.

Montanello. G.

Montanera. Saluces et Pignerol. G. *Bic.* (3). Beau raisin noir de cuve, à peu près précoce comme le **Dolcetto** et bon à manger. Fait un vin faible. Un raisin de ce nom est aussi cultivé près de Pavie. Montanera est un bourg près de Cuneo.

Montanese nero. Terre d'Otrante.

Montanina. Toscane. ROB. LAWL.

Montanino bianco. G.

— **nero.** Lucques et collines pisanes. Cépage fertile. R. LAWL. décr. *Bic.* (12). [Raisin noir de grande culture, raisins gros, grains gros. (BOUSC.)]

Montanino perugino. G. *Bic.* J'ai reçu sous ce nom le **Trebbiano toscan.**

[**Montardier**. *Cat.* Lux. pour **Moutardier.**]

Mont Blanc. *Cat.* Lux.

Monté. Lot. Raisin noir. GUY. II, 33.

Montecaccia. Raisin du Haut-Novarais.

Montecchiese et **Greco bianco**. Macerata. Décr. par le prof SANTINI qui lui donne pour syn. les noms suivants : **Verdicchio Scirolese, Verdicchio Scroccarello, Ribona, Greco** et **Verdicchio gentile.**

Monteith. Voyez **York Madeira.** DOWN.

Montelimart. OD. 276. C'est le **Corbeau** de Bourgogne.

Montellese ou **Bianca.** Prov. Nap.

Monte-moro Vérone. AC. décr. 246, 290.

Montenara ou **Montanara.** Véronais. AC. décr. 246.

Monte nera. Prov. Nap.

Monte Olivette? *Cat.* Lux. [Bonne variété de raisin de table à gros grains ronds jaune ambré. (BOUSC.)]

Montepulciano bianco. Alexandrie. AC. 118.

— — **de Pescara.** MEND. *Bic.* Appelé aussi **Camblese.**

Montepulciano cordesco Abruzzes. PUL.

— **di collina.** *Com.* ALEX. J'ai pris, dans les vignobles de Masio (Asti), un **Montepulciano noir** à fruit non parfumé qui me parut très-rapproché du **Cascarolo nero.** B. (48).

Montepulciano di pianura. Comm. AL.

— **nero.** Abruzzes Dans quelques localités des Abruzzes, d'après ce qui m'a été rapporté par le chev. DE BOSIS, on cultiverait sous ce nom le **Sangiovese** de la Marche d'Ancone ou **Sangioveto** de Toscane. Ce **Montepulciano** ne peut donc pas être id. à celui qu'on cultive en Piémont. J'ai lieu de croire cependant qu'il y a une différence entre le **Montepulciano** du commandeur de BOSIS que j'ai observé chez lui, et que j'ai reconnu plus tard dans ma collection, et le **San Gioveto** de Toscane.

Montepulciano nero. Pescara. MEND. *Bic.* Dessiné à l'Exposition de Chieti avec feuilles lobées, grappes coniques, courtes, un peu serrées, à pédoncule court; grains plutôt ovales que ronds, moyens, de couleur chocolat violet peu naturelle. J'ai vu à Lucques un **Montepulciano nero** à fruit parfumé noir, à feuilles très-légèrement tomenteuses en dessous, à grains légèrement ovales. D'après le *Bull. Amp.* IX, 958, le **Montepulciano** des Abruzzes est id. au **Prugnolo gentile** de Montepulciano.

Montepulciano nero. Piémont. AC. décr. 93. Le baron MENDOLA écrit **Montepolciano.** G. *Bic.* (88) (72). Décr. AL. Décr. INC.

Montepulciano rosso. Pescara. MEND. *Bic.*

Monterobbio. Bobbio.

Montevuovolo nero. Prov. Nap.

Montferrant. Savoie. Syn. de **Gamai.** GUY. II, 306.

[**Monticola** (*Vit. monticola*). PLANC. V. amér. Rameaux couchés, longs de 1 mètre à 1m,50; feuilles cordées, indivises ou légèrement 3-5 lobées (lobes parfois assez profonds), irrégulièrement dentées, glabrescentes à la face supérieure, couvertes sur la face inférieure d'un duvet grisâtre ou un peu fauve, le plus souvent épais, quelquefois presque nul sur les feuilles inférieures. La *V. monticola* du Museum et du Jardin des Plantes de Bordeaux, qui est à l'École d'agriculture de Montpellier est un *V. Labrusca* (FOEX).]

Montmelian. Savoie. *Bic.* Voyez **Corbeau** ou **Douce noire** de Savoie.

Montmelian ou **Pecot rouge.** Savoie. *Bic.* Voyez **Corbeau.**

Montoncella bianca. Bolonais. *Cat.* INC. Est aussi appelé **Montù** et **Montenegro.**

Montone. G.

Montonega. Bolonais. FRO.

Montonego bianco. Bologne. AC. 294.

Montonico di S. Nicandro. Raisin blanc de table

que M. MOGNA DOMENICO, employé royal, a eu l'obligeance de m'expédier.

Montonico bianco. ASCOLI. FERMO. Serait id. au **Racciapolone** ou **Ciapparone**. ABRUZZES.

Montonico bianco ou **Montonicino**. FERMO. *Bic.*

Montonicu niuru. SICILE. *Bic.*

Montoresе. PROV. NAP.

Montorfana. COME. Un des syn. de **Margellana,** d'après M. NESSI.

Montouse. ISÈRE. PUL. Syn. de **Mondeuse.**

Montrès. *Cat.* LUX.

[**Montro Castello.** ESPAGNE. BUR.]

Montro de Pilo. *Cat.* LER. BUR. écrit **Montro de Pillo blanc.** CADIX.

Montù bianco. BOLOGNE. Bon raisin de cuve. Comte BIANCONCINI CARLO.

Montuo. *G. V. V.*, V. 323.

Montuo castellano. GRENADE. ROX. Grains blancs, oblongs, durs, très-savoureux, à peau fine.

Montuo Perruno. GRENADE. Grains durs, dorés, moyens. C'est le cépage le plus cultivé après le **Ximénès,** dans les plaines de GRENADE.

Montuo verde. MALAGA. *G. V. V.*

Montuoco nero. BARLETTA. *G. V. V.* 16.

Montuoneco ou **Montonico nero.** VALVA (PROV. NAP.).

Moostoua bianca. NICE. AC. 296.

Moquinel. *Cat.* LUX.

Mora. PROV. de PAVIE.

Mora Cohegin. *Cat.* LUX.

Moradella. G. *Bic.* AC. décr. 251 parmi les raisins lombards; il est aussi cultivé à VOGHERA, à PAVIE et dans la PROV. d'ALEXANDRIE. Décr. AL. On m'a montré sous ce nom, à BRONI, le **Croetto** d'ASTI ou **Lambrusca** d'ALEXANDRIE, appelé **Moretto** à CASTEGGIO. Voyez aussi **Moratella.** D'après M. le chevalier GIULIETTI, président de la Commission ampélographique de PAVIE, le nom de **Moradella** serait employé pour désigner des raisins d'espèces différentes. Un cépage envoyé de ROVESCALA à l'*Exp.* de PAVIE, en 1877, avec ce nom, avait des feuilles d'un vert foncé, entières, comme le **Varennes** de FRANCE, poilues et cotonneuses en dessous.

Moradella grossa. PAVIE. AC. décr. 57.

Moradella piccola. PAVIE. AC. décr. 56.

Moradellone. BOBBIO.

Morajola et **Morajuola.** SARDAIGNE. Id. à la **Monica?**

Morajola maggiore. Syn. de **Bovalimannu?** SARDAIGNE. *Bic.* (30?). La manière dont ces raisins sont parvenus dans ma collection m'inspire peu de confiance.

Morajola minore ou Bovaleddu? SARDAIGNE.

Moralino. G.

Moranet blanc. *Vign.* I, 141 (71). PUL. *Bic.* (48). Raisin de semis provenant, je crois, de la **Bicane** à laquelle il ressemble sans la valoir.

Morasso bianco. *Exp.* AL. Probablement ce nom est dérivé de **Moro.**

Morastel noir. *Cat.* LUX. MIDI DE LA FRANCE. GARD, HÉRAULT, AUDE et PYRÉNÉES ORIENTALES. OD. 467 croit que ce cépage est originaire d'ESPAGNE *Bic.* (16, 32). MAR. le décrit dans le *Livre de la Ferme. Vign.* Ce cépage donne un vin très-coloré ; il est supérieur dans les terrains stériles au **Mourvèdre** auquel il ressemble. PELL. 80 indique les différences qu'il y a entre ce raisin et le **Monestel** ou **Carignane.**

[**Morastel-Bouschet à gros grains.** Hybride à jus rouge du **Petit Bouschet** fécondé par le **Morastel.**]

[**Morastel-Bouschet à petits grains.** Hybride à jus rouge.]

[**Morastel-Bouschet à sarments érigés.** Hybride à jus rouge.]

Morastel fleuri. Id. au **Mourastel floura.**

Morastrina nera? du PIÉMONT (d'après FRO.).

Moratella. C'est un raisin du TORTONAIS, HAUT NOVARAIS et arrondissement de BOBBIO, où on l'appelle aussi **Morradella** ou **Uva Topia.**

Moratella bianca. *Exp.* AL.

— **noir (Vigne de).** *Cat.* LUX.

— **rose?** *Cat.* LUX.

Moravia. MADRID. Une des espèces les plus estimées pour la table.

Moravita. On appelle ainsi le **Perruno noir** à XERÈS et en ANDALOUSIE. OD. 298, 508. ROX. lui assigne un pédoncule vert, des grains très-gros, noirs, des feuilles presque glabres.

Moravsky. BOHÊME. Raisin noir de table. *Cat.* C. BRON.

Morawka. Syn. de **Elbling weiss.** H. GOET.

Morbosa. SAN-REMO. AC. 298.

More (gros) noir. LOT-ET-GARONNE. VIV.

Moreau allerand. NIEVRE. GUY. III, 173.

— **blanc** ou **Gouais.** NIÈVRE. GUY. III, 173.

Moreggiano forte, nero. TOSCANE. ROB. LAWL. décr.

Moreggiano vizzo. COLLINES PISANES. ROB. LAWL. [Raisin noir à gros grains très-juteux. Variété de grande culture. (BOUSC.)]

Morellino. FLORENCE. PIC. *Bic.*

— VAL D'ARNO. MEND. *Bic.*

Mòreote. Nom adopté par ST. (*Ampélographie rhénane*) pour désigner les **Clevner** ou **Pinots.**

Il croit que ces espèces proviennent de la MORÉE ?

Morese bianco. Syn. de **Geisdutte weisse**. H. GOET.

Morese nero. ARIANO. PROV. NAP. Il est syn. d'**Amaro nero** à BÉNÉVENT, et probablement aussi de **Negro amaro**.

Moret. CHER. OD. 232. Syn. de **Neyrou** du PUY-DE-DÔME et syn. de **Mondeuse?** d'après GUY.

Moreto. PORTUGAL. PUL.

Moretta. CORNEGLIANO D'ALBA.

— ou **Morina**. BOLOGNE.

— MANTOUE. AC. 290.

Moretto. Dans la prov. d'ALEXANDRIE est syn. de **Lambrusca** et de **Croetto**. Dess. AL. Décr. INC. Cultivé aussi sur les coteaux de la PROV. de PAVIE et dans le HAUT NOVARAIS.

Moretto ou **Uva nera**. MACERATA. Décr. par le prof. SANTINI.

Morettone. Décr. AL.

Morgan. De semis. SIM. L.

[**Morgane**. *Cat*. LUX., ou **Morgan**. SIM. L. Obtenu de semis.]

Morgellana. PAVIE. Voyez **Margellana**.

Morgentina nera. FERMO. MARCHES. *Bic*. Raisin de cuve.

Morgentino nero. PROV. D'ASCOLI PICENO. MEND. *Bic*.

Morgiano. TOSCANE. SOD. décr. AC. décr. 267. Raisin noir de cuve, à longues grappes, donnant un vin coloré.

Morgiano forte. TOSCANE. G. MEND.

— **tondo**. TOSCANE. MEND. Est aussi appelé **Borgiano**.

Morgidi nero. FERMO. MARINI. *Bic*.

Mori ou **Primeza Veronese**. AC. décr. 233.

[**Moriant noir**. NIÈVRE. BUR.]

Morigiano forte. Voyez **Morgiano**.

Morillon. Ce nom est donné généralement en FRANCE à des raisins précoces ; il y en a de blancs et de noirs: ce sont des **Pinots**. On donne quelquefois ce nom à d'autres variétés que le **Pinot**.

Morillon bicolor. *Cat*. LER. ou **panaché**. AC. 322. *Pép*. Je n'ai jamais pu voir ces panachures, quoique j'aie souvent acheté de ces plants dans divers établissements

Morillon blanc. Dans l'INDRE-ET-LOIRE est appelé **Arnoison blanc**. AC. 319. En BOURGOGNE, où il est très-cultivé, il est syn. d'**Épinette blanche**. OD. 184, 255, 272. En BOURGOGNE, comme dans l'INDRE-ET-LOIRE, c'est le **Pinot blanc Chardènet**.

Morillon blanc Chablis. C'est, a-t-on dit, une variété de **Pinot blanc** spéciale à la CHAMPAGNE. GUY. III, 132, insiste sur la différence qu'il y a entre cette variété et le **Chardenet** ou **Pinot blanc**. Je la crois cependant parfaitement id. A ÉPERNAY, il est syn. de **Gros Plant doré d'Aï**, que je crois être le **Pinot noir**.

Morillon blanc d'Espagne. Pép. *Bic*. (38). L'établissement BESSON m'a envoyé sous ce nom un très-beau raisin de table plus gros que la **Luglienga bianca**, mais d'une maturité plus tardive, tandis qu'un autre établissement m'a expédié sous le même nom un **Pinot blanc**.

Morillon du Jura. G. *Bic*. S'est trouvé être également un **Pinot blanc**.

Morillon Giraud ? *Pépin*.

— **gros**. *Cat*. LUX.

— **gros noir** du CHER. OD. VIV.

— **hâtif** ou **raisin de la Madeleine**. AC. 327, 328, 332. OD. 175, 334, décr.

Morillon noir. *Cat*. LUX. *Bic*. OD. 175, 257. Décr. INC. S'est trouvé être le **Pinot Madeleine**. Est peut-être syn. de **Franc noir ?** Je crois que ce nom de **Madeleine noire** a été donné également au **Pinot Madeleine** et à la **Madelaine violette de Hongrie**.

Morillon noir de TRUFFARELLO. G. *Bic*. *Pép*. Id. à **Luglienga nera** ou **Fresa da mensa**.

Morillon panaché. AC. 322 *Pépin*. Voyez le **Morillon bicolor**.

Morillon Taconné. MARNE. OD. 174. Syn. de **Meunier**.

Morillon violet. Variété HONGROISE du **Morillon hâtif** ou **Raisin de la Madeleine**, d'après OD. 175, et syn. de **Früh Magyar traube**. Peut-être l'a-t-il employé pour syn. de l'**Ischia** ou **Pinot Madeleine** ; aussi vaut-il mieux s'en tenir aux noms qui désignent spécialement chaque variété.

Morino nero. G. BOLOGNE.

Morlanche. ARDÈCHE. Syn. de **Chasselas**.

Morlen. *Cat*. LUX.

Morlin dans BAB. se trouve parmi les syn. de **Mohrchen**.

Mornant. *Cat*. SIM. L.

Mornen blanc du BUGEY. G. Différent du **Chasselas doré**, d'après M. MAS. *Bic*. OD. dit à la p. 187 que c'est évidemment un **Chasselas** et très-différent de l'**Épinette blanche** ou **Morillon blanc**. Je l'ai reçu de M. PUL. et il s'est trouvé être un **Chasselas**.

Mornen noir. On désigne par erreur, sous ce nom, dans le BEAUJOLAIS, la **Mondeuse**. Le vrai **Mornen** est figuré et décrit dans le *Vignoble*, I, 147 (154).

Mornerà bianca. Prov. de COME.

Mornerain. POUILLY. LOIRE. Id. à **Mornen**.

Moro. CORRÈZE. GUY. II, 136.
— **bianco**. ASTI. *Bic.* Décr. INC. *Exp.* AL. Grappe rameuse; grains ronds ou presque ronds.

[**Moro Cohejin**. ESPAGNE. LUX. (BOUSC.)]
— **di Navarra**. G. MEND. l'a reçu de TOSCANE. *Bic.* ROB. LAWL.

Moro di Spagna. G.
— **di Toscana bianco**. G. *Bic.*

Morocco Prince? SIM. L.

Morol. *Cat.* LUX.

Moroncina. Raisin des districts de LODI et de PAVIE.

Moroncina. TOSCANE. AC. 267 indique deux variétés de ce cépage: le **Farinaccio** qui serait le **Meunier?** et le **noir** qui serait le **Morillon** ou **Pinot Madeleine**.

Morossa bianca. PIÉMONT? FRO.

Morrastel ou Marastel. ESPAGNE et FRANCE MÉRIDIONALE. OD. 467, 514. *Vign.* I, 169 (85). Voyez aussi **Morastel**. PELLICOT. J'ai éprouvé une certaine difficulté pour distinguer, dans une vigne, ce cépage du **Mourvèdre**. Quoiqu'il soit très-cultivé dans le MIDI DE LA FRANCE et aussi, je crois, en SARDAIGNE, sous le nom de **Muristellu**, en le comparant, dans ma collection, avec le **Mourvèdre**, je n'ai trouvé aucun motif pour propager davantage ni l'un ni l'autre de ces cépages. [M. de ROVASENDA avoue avoir rencontré une certaine difficulté à distinguer cette vigne du **Mourvèdre**. Sans doute à un certain éloignement leur aspect est le même, mais le **Morrastel** a la feuille plus vernie que celle du **Mourvèdre**, elle est sans duvet à l'envers, au contraire de l'autre; son raisin est à grains plus petits; enfin sa déplorable facilité au grillage me l'a fait abandonner; et même dans les terrains maigres, je préfère encore le **Mourvèdre** bien choisi. PELL.]

Morsano di Caraglio. *Bic.* (11) (27)? Id. à l'**Uva** ou **Nebbiolo di Antom**. SALUCES.

Morsant. G.

Morshina. Syn. de **Javor weisser**. H. GOET.

Mortarella. Raisin de VÉRONE qui probablement sauf l'affinité de nom, n'a aucun rapport avec les suivants:

Mortarino. Raisin blanc du VOGHERAIS?

Morteirelle? *Cat.* LUX. Pour **Morterille**. C'est une des nombreuses inexactitudes du *Cat.* du BOIS DE BOULOGNE.

Morterille noire. HAUTE-GARONNE. OD. 415. Syn. de **Ulliade** ou **Boudalès**. *Journ. vit.* I, 202. GUY. 314. [Syn. de **Boudalès** et non d'**Ulliade**. PUL.]

Mortoso. G. Nom inexact. Voyez **Mostoso**.

Morvède ou **Mourvède** et **Morvedro**. Comm. ALEX. Voyez **Mourvèdre**.

Morvilla. PYRÉNÉES FRANÇAISES. OD. 499.

[**Mosac**. *Cat.* LUX. pour **Mozac**.]

Moscadeddu bianco. SARDAIGNE. Grains ronds. *Fl. Sard.* Syn. **Generosa**.

Moscadeddu niuru (noir). SARDAIGNE.
— **rosso**. SARDAIGNE.

Moscadella. AC. 304. Décr. AL.
— **bastarda**. NAPLES. AC. 305.

Moscadella bianca. TOSCANE. AC. décr. 268. TRINCI décr. 90. *Bull. amp.* I.

Moscadella di Napoli. SOD.
— **di Posilippo**. AC. 305. J. BOT. de NAPLES. *Bic.*

Moscadella nera. Décr. GAL.
— **nera tardiva**. NAPLES. AC. 304.
— **romana**. NAPLES. AC. 305.
— **rossa**. TOSCANE. AC. décr. 269. TRINCI décr. 89.

Moscadelle. CRESC. C'est **Moscadella** au pluriel.
— **bianche**. SOD.
— **maremmane**. SOD.
— **nere**. SOD.

Moscadellina bianca. Citée parmi les raisins de SASSUOLO. MODÈNE (*G. V. V.*).

Moscadello. FLORENCE. LOMBARDIE. AC. 299, 300, 294.

Moscadello bianco. AC. 130 et 291 parmi les raisins romains. Décr. par le Comice agricole de FLORENCE. CIN. SINALUNGA. *Bull. amp.* VII, 521.

Moscadello bianco. FERMO. MARCHES. *Bic.*
— **da Pergola**. ROME. AC. 294.
— **nero**. TOSCANE. *Cat.* LUX. FERMO. *Bic.*

Moscadello raguseo bianco. *G. V. V.* 15.
— **rosso**. AC. 291. CIN. SINALUNGA.

Moscadellone bianco. BARLETTA. Décr. *Amp. Pugl.*

Moscadellone di Malitèrno. J. BOT. de NAPLES, d'après FROIO.

Moscadellone rosso. FERMO. *Bic.*

Moscado bianco. TOSCANE? AC. décr. 270.
— **da tavola** (*de table*). G.
— **da vino** (*pour le vin*). G.
— **di Frontignano**. AC. 270. décr.
— **grosso bianco** à peau dure, autrement dit **Moscadello reale**. TOSCANE. AC. 270 décr.

Moscado nero, à grains gros, noirs, doux. AC. décr. 269.

Moscado rosso. TOSCANE. AC. 270.

Moscarella nera sanguigna du VÉSUVE et du MONTE SOMMA. FRO.

Moscarellone bianco du VÉSUVE et du MONTE SOMMA. FRO.
Moscat. BRESCIA. AC. décr. 199 et 202.
Moscata. SCHIO. VICENCE. AC. décr. 215.
— **bianca** ou **Moscatella**. VÉRONAIS. AC. décr. 247.
Moscatalo. CAGLIARI. MEND.
Moscatea. *Cat.* LUX. [ESPAGNE. HARDY. Variété du **Muscat violet**, à grains violets. Maturité assez précoce. (BOUSC.)]
Moscateddu bianco. SICILE. G. [Diffère du **Muscat blanc commun.** C'est une variété dont les grains sont moins musqués et plus fondants. (BOUSC.)]
Moscatel des Flandres. ROX.
— **gordo blanco.** ANDALOUSIE. ESPAGNE. OD. 394. Syn. de **Muscat d'Alexandrie** ou **Moscatellone.**
Moscatel gordo morado. ROX. Syn. de **Muscat violet de Madère?**
Moscatel gorron. OD. 394. Syn. de **Muscat d'Alexandrie**, en ESPAGNE.
Moscatel menudo blanco. D. ROX. Syn. de **Moscato bianco** ordinaire.
Moscatel menudo morado. ROX. Petit, noirâtre.
Moscatel real. *Cat.* LUX.
— **romano.** ESPAGNE. *Bic.* OD. 394 le dit syn. de **Muscat d'Alexandrie ou Moscatellone.** J'ai reçu sous ce nom un raisin presque id. à ce dernier qui me parut pourtant plus précoce et moins serré, à moins que cela ne tienne à la localité où je l'ai cultivé, ce que je ne crois pas.
Moscatella bianca. *Bic.* AC. décr. Il est aussi cité parmi les raisins les plus fructifères de MIRANDOLE (MODÈNE).
Moscatella nera. AC. 303. G.
Moscatelle livatiche. OD. 554.
Moscatellina rossa. Décr. AL.
Moscatello. AC. 73, 292, 295. *Cat.* LUX. Décr. AGAZ. Syn. de **Peverello bianco?** ce qui n'est pas admissible, vu que le **Peverello** n'est pas musqué. Dr CARP. rap.
Moscatello. SARDAIGNE. AC. 296. Je l'ai eu de la SPEZZIA. *Bic.*
Moscatello bianco. AC. décr. 37, 74, 134. *Alb. T.* décr. MEND. MARCHES. *Bull. amp.* III. Cultivé dans les POUILLES (*Ann. Vit. En.* IV, 224).
Moscatello bianco de SYRACUSE. *Bic.*
— — FERMO. *Bic.*
— — **piccolo.** Prof. MIL.
— **di Spagna.** Décr. AC. 38 et 75. *Bic.*
Moscatello fragese. FERMO. *Bic.*
— **Milanese.** AC. 295. *Bic.* AC. décr. 89.
Moscatello nero del Piemonte. BIELLA. *Bic.* Décr. prof. MIL.
Moscatello nero di Spagna. *Bic.*
— **nero.** LUCQUES. *Bic.* MARCHES. *Bull. amp.* II. *G. V. V.* 15
Moscatello nero ou **Moscato dei granini.** Décr. AGAZ.
Moscatello nero raro. PIÉMONT. Décr. AC. 91.
Moscatello romano. Syn. de **Salamanna?** Décr. AGAZ.
Moscatello rosso. CRÉMONE. AC. décr. 49.
Moscatello rosso di Spagna. CRÉMONE et PIÉMONT. AC. décr. 38, 91.
Moscatello Toscano. G. SIENNE. *Bull. Amp.* VII. 519.
Moscatellina. MODÈNE. Décr. AGAZZ. [On cultive dans le BAS-MONFERRAT la **Moscatellina bianca**, dont le vin, d'après le Ch. CORA, est excellent pour faire les vermouths et la **M. nera** (qui n'a rien du **Muscat**), mais qui donne un très-bon vin. (J.-A. OTTAVI.)]
[**Moscatello di Sardegna.** INC. N'est pas un muscat ; variété blanche, à grains ronds, sous moyens, très-juteux. BOUSC.] L'observation de M. BOUSCHET doit se rapporter à un plant qui lui a été envoyé avec un nom erroné.
Moscatellone. AC. 293, 297, 300. Syn. aussi de **Malvasia di Spagna**, d'après AGAZ., CIN. *Bull. amp.* I.
Moscatellone bianco. ROMAGNE. G. AC. décr. 129. Prof. MIL. décr.
Moscatellone bianco. CAMPOMAGGIORE. MEND. *Bic.* Dénomination inexacte, puisque ce raisin n'est pas musqué.
Moscatellone bianco de NAPLES. *J. bot.* NAPLES. *Bic.*
Moscatellone de NOVOLI, PROV. de LECCE. Id. au **Piémontais.** *Bic.* MEND.
Moscatellone de SARDAIGNE. G.
— d'ESPAGNE. — *Exp.* AL. *Bic.*
— **fino** d'ESPAGNE. G. Décr. INC. *Bic.*
Moscatellone grande. *J. bot.* NAPLES. *Bic.*
— **nero di Garneri?** *Bic. Pép.*
— — de LU. PIÉMONT.
— — GIRGENTI. PUL. NIC.
— Raisin noir de table.
Moscatelou. ROX.
Moscateo. *Cat.* LUX. PYRÉNÉES-ORIENTALES. *Bic.* BOUSC. [Ressemble beaucoup au **Moscatea** pour la grappe et le grain, ne différant de lui que par son feuillage qui est profondément découpé. (BOUSC.)]
Moscato. *Cat.* LUX. AC. 296. J'ai eu le **Moscato** de RIVOLI, de SCIOLZE, de STREVI, de SAN STEFANO BELBO, de la SPEZZIA, de VOGHERA, de

Lucques, de Mombercelli, de Nizza della Paglia, de la Lombardie, des Marches, de Plaisance, des Romagnes, de la Sicile, de la Sardaigne et de plusieurs localités de la France, et j'ai pu me convaincre qu'en général on ne cultive qu'une seule et même espèce pour faire les vins blancs : celle qu'on appelle en France **Muscat de Frontignan.**

Moscato a fior d'arancio *(à fleur d'oranger).* Raisin blanc différent du **muscat ordinaire,** et qui est bien préférable pour la table. *Bic.* Il est plus ambré, plus serré, plus dur et plus croquant ; a des raisins plus gros et une saveur particulière qu'indique son nom. Il a un défaut : ses raisins se fendent quand il pleut trop, comme dit CRESC.

Moscato. Asti. *Bic.*

— Bergamo. *Bic.*

— **bianco.** G. AC. décr. 181 deux variétés de Barbana (Istrie). *Ann. Vit. En.*, 14, 248. Dess. BON. Dess. ALEX. Décr. INC. *Bic.* (58).

Moscato bianco dalla rete. Décr. AGAZ.

— — de Canelli. *Bic.* Employé spécialement à la confection des vermouths : c'est le **Muscat commun;** il en est de même du **Muscat** de Strevi et de celui de Syracuse.

Moscato bianco de Lucques. *Bic.*

— — de Sardaigne. *Bic.*

— — de Syracuse. *Bic.*

— — d'Espagne. AC. 289 *Bic.*

— — de Strevi.

— — **grosso.** *Bic.*

— — **romano.** *Bic.* C'est un **Moscatellone** à grappe plus allongée et plus claire.

Moscato ciliegino ou **rougeâtre.** G.

— **della regina.** G.

— du Montferrat. *Bic.*

— de Candia (Barletta).

— de Massa. G.

— de Naples. G.

— de Rome. G.

— **genovese** *(gênois).*

— **granetto.** Sardaigne *Bic.*

— **greco nero.** *Bic.*

— **grosso di seme** *(gros de semis). Bic.* GUELPA. Fut trouvé id. au **Muscat à fleur d'oranger.**

Moscato Malvatico du Piémont. INC.

— **nero.** AC. décr. 185 quatre variétés. *Bull. amp.* Dess. BON. Décr. INC.

Moscato nero. On appelle ainsi l'**Aleatico** dans le Véronais. Dans le Piémont, au contraire, le **Muscat noir** est souvent appelé **Aleatico.** Le **Muscat noir** français, nommé aussi **Caylar,** paraît différent de l'**Aleatico.**

Moscato nero di Garneri. *Bic.*

— — Mombercelli. *Bic.*

— — Verzuolo. *Bic.*

— **nostrano.** Mantoue. AC. 289.

— **Pulliat bianco roseo.** Obtenu de semis par le baron ANT. MEND.

Moscato rosa d'Almissa. G. ou **Muscat rouge.** Il me semble plutôt noirâtre. *Bic* (88).

Moscato rosso AC. 393. Comm. AL. *Alb.* T. dit que c'est l'**Apiana** de COLUMELLE. *Bic.* (58). Un point d'ampélographie qui reste à résoudre pour les **Muscats rouges,** c'est de savoir si leur bourgeon doit être dit duveteux ou glabre.

Dans un dictionnaire des raisins, je ne pouvais laisser, sans l'indiquer, aucune des dénominations des muscats employées par les auteurs ou venues à ma connaissance. On comprendra en voyant cette longue liste de noms, la nécessité de supprimer tous ceux qui font double emploi, après avoir bien déterminé toutes les variétés qui sont vraiment distinctes. Je pense qu'en examinant bien attentivement toutes les variétés blanches du muscat, on en trouvera difficilement plus de dix-huit parfaitement distinctes les unes des autres ; les variétés noires ne dépasseront pas de beaucoup la moitié de ce nombre.

Moscaton ou **Moscatellon** ou **Moscaton de Lipari.** Véronais. AC. 247 décrit ce cépage et dit qu'il est id. à la **Salamanna** des Toscans.

Moschirola bianca. Prov. de Come. Cette variété m'a été communiquée par M. NESSI, viticulteur très-distingué de Romago.

Mosciolino ou **Vesprino.** Syn. de **Dolcino.** *Bull. amp.* II.

Mosciolo bianco. Pesaro.

Mosel (Raisin du). *Cat.* Lux.

Moslavez ou **Moslawina.** Voyez **Mosler weisser.** H. GOET.

Mosler. OD. 304. Soc. agr. de Roveredo. Syn. du **Furmint de Hongrie,** en Allemagne et principalement en Styrie, où on l'appelle **Mosler traube.** Voyez aussi *Ann. Vit. En.*, où le prof. GAGNA, II, 146, en donne la description.

Je crois qu'on peut trouver dans l'Italie méridionale plusieurs autres cépages à fruit blanc, meilleurs, ou du moins plus convenables pour la vinification.

Mosler traube. Styrie. OD. 307.

— **weisser.** Décr. MUL. H. GOET.

Mossana nera. Sciolze. *Bic.* Id. à **Mossano.**

Mossanetto. G. Décr. INC. Ce raisin est cité sous le nom de **Mauzanetto** dans le Traité de CROCE (Turin, à la fin de 1600).

Mossania. Caraglio (Piémont). *Bic.*

Mossano nero. Valperga. Dess. BON. Casal.

BORGONE. Décr. INC. Décr. GAT. Décr. AL. *Bic.* (43) (47). Grosse grappe à gros raisins, moins bons que ce qu'ils paraissent. Ce raisin est employé dans plusieurs localités pour faire de la moutarde.

Most et **Mostrebe.** Serait syn. de **Chasselas** dans quelques parties de l' ALSACE ; est principalement cultivé dans les plaines et près de COLMAR.

Mostaa. ASTI. Comm. AL.

Mostacolo. PROV. NAP.

Mostaja nera. TOSCANE. SOD. Serait syn. de **Bovali? Sardo.** C'est ce que dit OTTAVI qui l'écrit **Bovoli ?**

Mostarda. TOSCANE. **Uva Sapaja.** Décr. CIN. parmi les raisins de SINALUNGA. *Bull. Amp.*, VII, 528.

Mostarino. AC. décr. 54, 291. *Exp.* AL. Belles grappes, grains noirs, presque ovales.

Mostarino bianco. PAVIE.

— **rosso.** BOBBIO.

Moster et **Mostraube.** BASILÉE. Syn. de **Chasselas.**

Moster ou **Mostero** de S. GIORGIO CANAVESE (PIÉMONT). *Bic.* 16. Raisin noir destiné surtout à la table. V. **Mostera.** Quelque auteur l'a dit id. à l'**Avarengo.**

Mostera nera. FIORANO (DISTRICT D'IVRÉE). Dess. BON Décr. GAT. *Bic.* (16). S'il n'est pas id. à l'**Avarengo**, il s'en rapproche du moins beaucoup.

Mostero Canavese. *Bic. Ann. Vit. En.* III, 153.

Mosto nero. Raisin du VÉSUVE. FRO.

Mostona. *Cat.* LUX. au lieu de **Mostoua.**

— **bianca.** NICE. VIVIE. Lisez **Mostua.** J'ai examiné ce raisin à NICE même. BURY. écrit **Mostoma blanc** de NICE.

Mostosa. AC. 159 décrit ce cépage parmi ceux des CINQ TERRES. Il est blanc et n'a aucun rapport avec celui que BON. a dessiné.

Mostosa. ALPIGNANO. BON. l'a dessiné en le faisant syn. de la **Riondasca Biellesse** et de la **Mostera Canavese.**

Mostosa. SAN REMO. Serait un raisin blanc de peu de mérite ; probablement id. à celui qu'a décrit AC.

Mostoso. CIRIÈ. *Bic.* M'a été envoyé par M. le ch. ARCOZZI, président du Com. agr. de TURIN. Id. à la **Mostera nera.**

Mostoso bianco. ASCOLI.

Mostoua bianca. NICE, et non **Mostona.** Je l'ai examiné à Nice même et en ai noté tous les principaux caractères.

Mostrous noir. LANDES. GUY. 363.

Motled. AMÉRIQUE. SIM. L. Grappe moyenne, étroite, serrée; grains rouge-café; chair douce, juteuse. [Est écrit **Mottled** dans le Catalogue illustré de BUSH et MEISSNER. C'est un semis de **Catawba** et par conséquent un *Labrusca* ; il ne doit donc pas résister au phylloxera.]

Moudastel? *Cat.* LUX. [Sans doute pour **Mourastel.**]

[**Moudeuse.** *Cat.* LUX. [Pour **Mondeuse.**]

[**Mouilla.** ROUSSILLON. C'est le **Colombeau** du VAR. (BOUSC.)]

Mouillet. Syn. de **Elbling weisser.** H. GOET.

Mouissaguès. AVEYRON. GUY. II, 51. Syn. de **Negret** ou **Plant du Pauvre.**

Mouissan. PIGNEROL (PIÉMONT). *Cat.* INC.

Moula. *Cat.* LUX. Probablement pour **Moulas.**

Moulan. HÉRAULT. OD. 465. MAR. Syn. de **Brun-fourka.** GARD.

Moulan brun-fourka. G. *Bic.*

Moulard. *Cat.* LUX. GARD. OD. 465. Syn. de **Brun-fourka.**

Moulard blanc. DRÔME. BURY.

Moulard gros. *Cat.* LUX.

Moulas. *Cat.* LUX. ou **Amoulas.** ARDÈCHE. PUL. *Vign.* II, 159 (176). BURY. nomme le **Moulas noir.** DRÔME.

[**Moullan noir.** INDRE-ET-LOIRE. BURY.]

Mounedo noir. ARIÈGE. *Bic.* (43)(27).

Mounesteou. Syn. de **Carignane.** PELL. 74.

[**Mountain Sweet** appelé improprement **Mountain Surett.** Voyez **Vitis Berlandieri**].

[**Mount Lebanon.** BUSH. AMÉRICAIN (*Labrusca*). Fruit rougeâtre, chair pulpeuse. (BOUSC.)]

Mourac. *Cat.* LUX. Raisin blanc. BASSES-PYRÉNÉES. BUR.

Mourache. *Cat.* LUX.

Mouras. G.

Mourassé. *Bic.* BESSON.

Mourast. BASSES-PYRÉNÉES. GUY. 352.

Mourastel. G. Voyez **Morrastel.**

— **floura.** Syn. de **Brun-fourka,** en LANGUEDOC. PELLICOT. [Orthographe vicieuse. Il faut écrire **Brun fourca** avec le comte ODART, PULLIAT, MARÈS, CAZALIS-ALLUT et autres ampélographes.]

Mourastel morville. OD. 499.

Mouraud ou **Plant de Souillac.** LOT. AIN. PUL. *Bic.* (44). Je me propose de le confronter avec l'**Épicier.**

Moureau. Syn. de **Brun-fourka** en LANGUEDOC. PELL. MAR.

Mourelet. TARN-ET-GARONNE. OD. 249. VIV. Voyez **Mourolet.**

Moure noir. PUY-DE-DÔME. VIV.

Mouret. ISÈRE. Très-voisin du **Corbel** de la DRÔME, mais plus noir. BUR. dit que c'est un cépage du CHER.

Mourisco preto. PORTUGAL. PUL. OD. 250 dit que c'est un cépage portugais très-fertile, à fruit noir précoce *(preto)*, qui fait du bon vin.

Mourlans ou **Mourelet noir**, à Lons-le-Saulnier. Syn. de **Valais**. Jura, d'après M. ROUG.

Mourlon? Serait, d'après BAB., le synonyme français du **Sylvaner grüner**.

Mourolet du Tarn. *Bic.* G. Vigne intéressante, d'après le comte OD., à cause de sa fertilité, qui doit engager à la cultiver. Une des plantes que j'ai reçues sous ce nom était id. au **Groleau rouge** d'Indre-et-Loire; d'autres étaient id. au **Marraouet?**

Mourradela ou **Uva topia**. Pizzocornio (Val de Staffora). Id., je crois, à la **Moratella** du Tortonais.

Mourre. Voyez **Corbel**.

[**Mourtes noir**. Tarn-et-Garonne. BUR.]

Mourvède ou **Mourvèdre**. *Cat.* Lux. Dess. ALEX. Midi de la France. MAR. Dess. *Vit.* III. *Vign.* II, 123, (158), 210. PELL. *Bic.* (11, 27). GUY. parle longuement de ce cépage, et, à propos des expériences de culture faites par le Comice de Toulon, il dit que celles-ci ont prouvé que le cépage est le premier coefficient dans la qualité du vin, p. 89 et suiv., et il donne aux viticulteurs des conseils que je voudrais leur voir adopter. C'est peut-être le cépage le plus répandu dans le midi de la France. L'essai que j'en ai fait à la *Bicocca* ne m'a pas encouragé à le multiplier, ayant vu que la qualité du vin qu'il produit n'était pas de premier ordre. [Supporte bien la submersion, d'après FAUCON.]

Dans le département du Gard, on donne à tort ce nom au **Carignan**, et dans le Var au **Morrastel**. OD. 462.

Mourvède hâtif de Nikita? SIM. L. *Vign.* III, 19 (202) Bon raisin noir précoce.

Mourvedou, dans la Provence. OD. 463. Ce serait un **Mourvède** à grains plus petits et plus compactes, à sarments verticaux, érigés, rougeâtres en hiver avec des nœuds violacés ; il a paru plus précoce au comte OD. M. PELL. dit qu'il faut le proscrire comme moins fertile.

Mourvègue. *Cat.* Lux. Ancienne Provence et Basses-Alpes. Syn. de **Mourvède**. OD. 462. MAR.

Mourvès. Ancienne Provence. MAR. OD. 462, 513. Syn. de **Mourvède**.

Mouscatela. Piémont. AC. décr. 73. C'est le nom vulgaire de **Moscato** dans le Piémont.

Mouscatell di Spagna. AC. décr. 75. Voyez **Moscatello**.

Mouscatell nero agglomerato. AC. décr. 89. Voyez **Moscatello**

Mouscatlin-na. Piémont. AC. décr. 73.

Mousquette? ou **Angelicot**. MEND. Voyez **Musquette**. Est id. au **Guilhan muscat**.

[**Moustaour blanc**. Var. BUR. Je le crois id. au **Moustoua**.]

Moustardier noir. Roquemaure (Vaucluse). C'est là où je l'ai étudié.

Moustou bianco. Nice maritime. Bon raisin de cuve. Voyez **Mostoua**.

Moustous? *Cat.* Lux.

Moutardier. *Cat.* Lux. Vaucluse. D'après MAR. est syn. de **Cinsaut** ou **Boudalès**. Voyez aussi **Moustardier**.

Moutardier noir. Vaucluse. AC. 321.

[**Moutardié**. Vaucluse. Différent du **Cinsaut** de l'Hérault ou **Boudalés** (BOUSC.)] Cette observation de M. BOUSCHET prouve, je crois, que dans quelques parties du Vaucluse, on donne ce nom à un cépage différent du **Cinsaut**, tandis que, dans d'autres, on l'applique à ce cépage.

Mouteuse. Voyez **Mondeuse**. OD. 225. D'après OD. 276, on aurait quelquefois désigné le **Corbeau** sous le nom de **Mouteuse ;** pourtant TOCH. n'indique pas ce synonyme.

Moxac. Ariége. GUY. 310. Voyez **Mauzac**. Dans le 2e vol., p. 12, GUY. dit que c'est un excellent cépage. Mon expérience confirme parfaitement cette assertion.

Moyret. *Cat.* Lux.

Mozac noir. GUY. 385 ou **Negret Castrais**. Tarn. GUY. II, 12.

Mschrija roth. Vigne du Caucase, raisin de table. SCHAR., H. GOET.

[**Muagur blanc**. Sardaigne. BUR.]

Mucciarda vermentina. San-Remo. AC. 298

Mudacchina. Favara. MEND. Signifie **Molliccia**. *Bic.* (48). Raisin de table et de cuve.

[**Mula blanc**. Pyrénées-Orientales. BUR.]

Mulet dit **Tardieu**. *Cat.* Lux.

Mulet noir. Lot. BUR.

Muller rebe. Bords du Rhin. Dess. METZ. Syn. de **Meunier**. OD. 174. BAB. Dess. GOET. **Muller rebens ?** dans le *Cat.* Lux.

Muller reben früher blaue. Décr. J. MULL. Décr. MEY.

Muller reben. Moselle. AC. 329.

Mullerrebe schwarz blaue. Décr. MUL.

— **frühe**. MEY.

Mullersweib ? Syn. de **Mullerrebe**.

Multonaks. Catalogne. *Bic.* BOUSC. [Ou **Multonachs**. Feuillage d'une **Panse**, grains ronds (BOUSC.)]

[**Muney**. Américain. *Cat.* Lux.]

Mundusa bianca. G. Voyez **Mondeuse**.

Munedo noir. Voyez **Mounedo**.

Munica niedda. Sardaigne. *Bic.* (15). Vins fins. Voyèz **Monica**.

Mura. *Cat.* Lux.

Murajola. Sardaigne. Voyez **Morajola**.

Murajuolo bianco ou **Greco**. Fossombrone (Marches).

Murcènat. *Cat.* Lux.

Muret noir. *Cat.* Lux. Peut être le **Mureto preto?**

Mureto. Portugal. Serait syn. de **Portugieser.**

Muristellu. Sardaigne. Principalement de la province d'Iglesias. Je le crois id. au **Morrastel** du Midi de la France.

Muristèllu canudu. Sardaigne.

— **niuru.** St-Lussurgiu. *Bic.*

Mursanne. Isère. Voyez **Marsanne.**

Murszina. Syn. de **Urbanitraube weisse muskirte.** H. GOET.

Murviedro. C'est ainsi qu'on appelle le **Mourvèdre** dans la province de Valence (Espagne), du nom d'une de ses villes. OD. 462. MAR.

Muscade. OD. 178. Est syn., mais improprement, du **Pinot gris,** dans quelques localités.

Muscade. Sauterne. OD. 138 Syn. de **Musquette ou Guilhan-Muscat.**

Muscadeddu biancu. Sardaigne. *Bic.* Voyez **Moscadeddu.**

Muscadeddu nieddu. Sardaigne. MEND.

— **rosso.** Sardaigne. MEND.

Muscadelle. Bordelais. Dess. REND. *Vign.* I, 93 (147). Beau raisin blanc, un peu précoce et bon à manger. Il a pour syn. **Muscadet, Musquette, Guilhan musqué, Sauvignon à gros grains, Muscat fou** et **Douçanelle.** Je ne lui ai pas trouvé de saveur musquée. *Bic.* (12). Un raisin de ce nom qui m'avait été envoyé par le baron MEND. s'est trouvé id. au **St-Pierre blanc de la Charente.** J'ai eu aussi un autre raisin de ce nom qui était noir.

Muscadet. France. Quatre raisins différents, mentionnés ci-après, sont cultivés sous ce nom et aucun n'a la saveur musquée. Le **Muscadet,** d'après GUY., est presque le seul cépage cultivé dans le département d'Ile-et-Vilaine. Près de Paris et dans quelques localités de la Bourgogne, il est syn. de **Pinot gris.**

Muscadet aigre. *Cat.* Lux.

— **blanc.** *Cat.* Lux.

Muscadet de la Loire-Inférieure. GUY. II, 587. OD. 157. GANIER. *Bic.* Raisin blanc qui donne un vin agréable. Il constitue avec le **Gros Plant,** que je crois la **Folle blanche,** les deux principaux cépages de ce département. Il diffère de celui du Tarn et de celui de la Gironde.

Muscadet doux. Gironde. OD. 138. *Bic. Cat.* Lux. Syn. de **Musquette.** Voyez aussi **Muscadelle.** Il est différent de celui de la Loire et de celui du Tarn.

Muscadet du Tarn. OD. 158. Diffère par la couleur et par la forme de ses feuilles du **Muscadet de la Loire-Inférieure;** il a des grappes beaucoup moins compactes, des raisins plus gros, et il diffère aussi du **Muscadet** ou **Muscadelle** de la Gironde.

Muscadine. *Cat.* LER.

[**Muscadine sauvage?** Amér. *Cat.* Lux.]

[**Muscadine.** (*Vit. muscadinia.* Syn. *V. vulpina, V. rotundifolia.*) (PLANCH.)]

Muscaly. Perse et Arménie. OD. 586. Cépage à fruit blanc. Le comte OD. le croit id. au **Muscat.**

Muscardi ? blanc. Basses-Pyrénées. VIV.

Muscat. *Cat.* Lux. Vallée d'Aoste. Décr. GAT.

Muscat admirable. OD. 395. Id. au **Muscat Caminada;** c'est un nom qui lui a été donné par OD. [Ne diffère pas du **Muscat d'Alexandrie.** (BOUSC.)]. Cette observation de M. BOUSCHET prouverait qu'il n'y a pas de différence entre le **M. Caminada** et le **M. d'Alexandrie.** Je suis parfaitement de cet avis.

Muscat à fleur d'oranger. *Bic.* OD. 389. TOURRÈS. Syn. d'une foule d'autres muscats. *Bic.* (52). C'est peut-être le plus savoureux et le plus croquant des muscats de table. Il a seulement le défaut de se fendiller après des pluies prolongées.

Muscat aigre. Coll. BOUCHEREAU. [C'est l'**Ugni blanc** de Provence. (BOUSC.)] Probablement par erreur, car il n'est pas musqué du tout.

Muscat alma. *Cat.* LER.

— **arrouya? noir.** SIM. L.

— **aufidus.** *Pép.*

— **bifère.** Département du Gard. OD. 392. *Bic.* (89)?

Muscat blanc. *Cat.* Lux. AC. 323, 324. *Vign.* I, 71 (36).

Muscat blanc commun ou de Frontignan. *Bic.* OD. 391. 521, 525. Id. à celui de Canelli, de Strevi, de Syracuse et en général à tous ceux qu'on emploie pour la vinification. [C'est le même muscat qui est cultivé dans tout le midi de la France, à Frontignan, à Lunel, à Maraussan, à Rivesaltes et aussi à Syracuse. (BOUSC.)]

Muscat blanc d'Alexandrie. AC. 328. Id. à la **Salamanna toscane** ou **Moscatellone de Piémont.** Je ne savais pas bien autrefois si ce cépage avait des feuilles trilobées ou quinquilobées; mais ayant vu un espalier très-beau et très-étendu de ce cépage à Villarbasse dans la villa de mon ami IGNAZIO GONELLA, je me suis convaincu que le plus souvent les feuilles présentaient cinq lobes.

Muscat blanc de Berkheim. OD. 400. Obtenu de semis en Crimée par HARTWIS. *Bic.* (52).

Le comte OD. dit que c'est un péché de ne pas le multiplier.

Muscat blanc d'Espagne. Semblable au **Moscatellone.**

Muscat blanc de Smyrne. OD. 354, 393. *Bic.* GANIER.

Muscat blanc de Stokvood. *Pép.* Je le crois id. à celui d'ALEXANDRIE.

Muscat blanc du Cantal. PUL.

— — **du Jura.** AC. décr. 329. *Bic.* C'est celui qui bourgeonne le premier au printemps.

Muscat blanc gros hâtif. G.

— — **hâtif du Puy-de-Dôme.** Id. au **Muscat Eugénien.** C'est le nom donné par le comte OD. à un raisin qui lui avait été envoyé sous le nom de **Chasselas musqué.**

Muscat blanc Laserelle. De semis. PUL.

— — **Ottonel.** De semis. PUL.

— — **petit.** *Bic.*

— **Bouschet.** De semis. [Hybride à jus rouge obtenu par M. BOUSCHET du croisement du **Petit-Bouschet** et du **Muscat noir** de l'HÉRAULT. Variété extrêmement hâtive.]

Muscat Bretonneau blanc. SIM. L.

— **Caminada.** OD. 395. *Vign.* I, 75 (38). Identique au **Moscatellone** de PIÉMONT ou **Muscat** d'ALEXANDRIE. *Bic.* (90?) (86 ?)

Muscat Canon hall. *Bic.* Semblable au **Caminada,** d'après PUL. S'est trouvé chez moi semblable au **Muscat à fleur d'oranger.**

[**Muscat citronelle.** *Cat.* LUX.] Ce doit être le **M. à fleur d'oranger.**

Muscat Champion noir. SIM. L.

— **croquant.** VAUCLUSE. OD. 390. Syn. de **Muscat Durebaie** ou **Blanc doux** de MARSEILLE. Dans quelques localités est syn. de **Muscat à fleur d'oranger,** qui est véritablement le plus croquant de tous.

Muscat d'Alexandrie. *Cat.* LUX. AC. 326. OD. 393. *Vign.* I, 70 (37). *Bic.* (86). A pour syn. **Salamanna, Panse musquée, Zibibbo, Moscatellone** et aussi **Muscat de Rome,** d'après LEROY. [Syn. **Moscatel gordo blanco,** ESPAGNE; **Augibi muscat,** HÉRAULT; **Grosse panse musquée,** PROVENCE. (BOUSC.)]

Muscat d'Astrakan. *Cat.* LUX.

— **de Bovood.** De semis. PUL. Id. à **Salamanna.**

Muscat de Calabre. G. *Bic.* C'est un bon raisin qui n'est cependant pas musqué.

[**Muscat Decazes.** Semis de M. de HARTWISS de CRIMÉE. (BOUSC.)]

Muscat de Chambave. AOSTE. *Bic.* Id. au **blanc de Canelli.**

Muscat de Chypre? *Cat.* LUX.

— **de Clermont, violet sombre.** SIM. L.

— **de Corse.** *Cat.* LER.

— **Decrom?** SIM. L.

— **d'Eisenstad.** OD. 353, 399. Id. à **Caillaba** et à **Caylor noir musqué.**

Muscat d'Espagne. AC. 329, 330. OD. 393. Syn. de **Muscat d'Alexandrie, Moscatellone** et **Salamanna** en ITALIE.

Muscat d'Essas. AC. 324.

— **de Frontignan.** Dess. REND. *Bic.* Voyez **Muscat Frontignan.** Id. au **Muscat blanc,** généralement cultivé en ITALIE pour la vinification.

Muscat de juillet noir. SIM. L.

— **de la grande vigne.** G. *Bic.*

— **de l'Alma.** PUL.

— **de la mi-août.** G. *Bic.* OD. 352, 356. Voyez **Muscat noir de la mi-août.**

Muscat de l'archiduc Jean. G. *Bic.* Voyez aussi **Muscatelle.**

Muscat de Lunel blanc. Voyez aussi **Muscat Lunel.** Id. au **Muscat de Frontignan.** *Bic.* (58).

Muscat de Malvoisie. OD. 447, dit qu'on appelle ainsi la **Malvasia d'Asti;** il la trouve peu fructifère.

Muscat de Merle. OD. 352. Voyez **Muscat noir de la mi-août.** Ainsi appelé par OD. à cause de la petitesse de ses raisins.

Muscat de Nantes. *Bic.* PUL.

Muscat de Rivesaltes. Dess. RENDU. *Bic.* PELL. PUL. le dit id. au **Muscat Jésus** ou **à fleur d'oranger;** le dessin et la description qu'en donne RENDU sont pourtant tout à fait différents. [Id. au **Muscat blanc commun.** (BOUSC.)]

Muscat de Rome. *Cat.* LUX. OD. 393. Syn. de **Muscat d'Alexandrie,** d'après quelques auteurs. *Bic.* On m'a donné avec ce nom le **Muscat à fleur d'oranger.**

Muscat de Sarbelle. *Cat.* LER. BUR.

— **de Saumur.** Id. au **Courtiller précoce musqué.** *Bic.* (b., 65). Le plus précoce des **Muscats blancs.**

Muscat des dames. CHER. GUY. III, 196.

— **de Seine,** et aussi de **Seine-et-Marne.** *Bic.*

Muscat de Smyrne. Syn. de **Isaker Daisiko.** OD. 393.

[**Muscat de Stokwood.** *Pép.* Id. à **Salamanna.**]

Muscat de Syrie. OD. 401, 583. Syn. impropre de **Adjeme myskett.** Le comte OD. dit qu'on ne peut pas l'admettre parmi les muscats.

Muscat de Troveren. PUL. *Vign.* II, 15 (104). *Bic.* De semis.

Muscat d'Iméritie. CAUCASE ? *Bic.*
— **duchesse de Buccleugh.** *Bic.* (b. 94).
— **du Jura.** *Bic.* Voyez **Muscat noir du Jura.**
Muscat du Luxembourg. G. *Bic.*
— **du Parc de Tottenham.** SIM. L.
— **du Puy-de-Dôme.** OD. 354, 387. *Bic.* (58).
Muscat du Puy-de-Dôme hâtif. OD. 354. Syn. de **Muscat Eugénien.** PUL. *Bic.*
Muscat durebaie. G. *Bic.* Syn. de **Muscat croquant** et aussi du **Blanc doux** de MARSEILLE. *Bic.* J'ai reçu sous ce nom, d'un pépiniériste, un raisin à saveur simple que j'ai classé (b. 35).
Muscat du Tarn. G.
— **de Tarn-et-Garonne.** *Bic.*
— **echollata?** G. De semis. *Bic.* (98).
Muscat escholata ambre. *Cat.* SIM. L.
[**Muscat escholata superba.** *Cat.* LUX.
— **eschottata.** *Cat.* frères TRANSON.
[**Muscat Eugenie.** *Cat.* LUX.]
— **Eugénien.** OD. 354. Syn. de **Muscat hâtif du Puy-de-Dôme.** *Bic.* Peut être id. au **Chasselas musqué.**
Muscat fou ou **Muscatelle.** DORDOGNE. GUY. 527.
Muscat fou. BERGERAC. OD. 138. Syn. de **Musquette.** Id. au précédent.
Muscat Frontignan blanc. Dess. RENDU.
— — **noir.** *Bic.*
— **grec.** OD. 393. Syn. de **Muscat d'Alexandrie.** On m'a donné, sous ce nom, un muscat noir peu pruiné avec les caractères de la case. *Bic.* (65). Étant très-précoce, j'essayai un jour de l'envoyer au marché. Les acheteurs le refusèrent, parce que ses raisins étaient si peu pruinés qu'il semblait qu'on les avait fait voyager d'un marché à l'autre pendant toute la semaine. Le vigneron, à son retour, me pria de ne plus l'envoyer au marché pour vendre ce raisin, tant il avait supporté d'humiliations. Le raisin, quand il est très-mûr, perd sa saveur musquée.
Muscat gris de la Calmette. Semis de M. BOUSC. *Vign.* I, 85 (43). *Bic.* (66). Grappe petite.
Muscat gris. Id. au **Muscat rouge.** COLL. DORÉE. *Bic.* (58).
Muscat gros. *Cat.* LUX.
— — **noir hâtif.** *Bic. Pépin.*
— — **rouge.** *Bic. Pép.*
— **halapi voros.** HONGRIE. *Cat.* C. BRON.
— **Hambourg.** MARÈS. Noir, très-beau et excellent. *Bic.* (98)? Voyez *Uve pregevoli* (*Ann. Vit. En.*, fasc. 48). Ce cépage pourrait être dénommé la **Salamanna noire,** quant à son fruit ; ses feuilles sont différentes.
Muscat hâtif de Patras blanc. *Cat.* SIM. L.
— — **du Puy-de-Dôme.** *Bic.* Voyez **Muscat du Puy-de-Dôme.** Voyez aussi **Chasselas musqué.**
Muscat hongrois. *Cat.* LUX.
— **Houdbine.** De semis. *Vign.* II, 137 (165). [Écrit **Houdebine.** dans le *Cat.* LUX.]
Muscat hybride d'Espagne. OD. 394. Syn. de **Muscat d'Alexandrie.**
[**Muscat jaune tardif d'Astrakan.** CRIMÉE. (BOUSC.)]
Muscat Jésus. G. OD. 356, 389. *Vign.* I, 91 (46) Est id. au **Muscat à fleur d'oranger,** dont le nom paraît beaucoup plus convenable, sans qu'il soit nécessaire de recourir à l'auguste nom du Sauveur du Monde. *Bic.* (60)? (52)? [Un des meilleurs muscats et des plus agréables à manger. (BOUSC.)]
Muscat Ingram prolific. PUL. J'ai trouvé ce muscat noir dans la *Flore des serres,* livraison 258.
Muscat Izaker Daizico. *Cat.* LUX.
— **Laserelle blanc.** De semis. *Pép.* PUL.
Muscat Lierval. *Vign.* I, 27 (14). Voyez **Muscat noir de Lierval.**
Muscat Lunel blanc. *Bic.* Id. au **Frontignan.**
[**Muscat Malaga** (Comice de Toulon). C'est le **Muscat de Jésus.** (BOUSC.)]
Muscat Nagy zeune? *Cat.* LER.
— **negra blanc?** *Cat.* LER.
— **noir.** *Cat.* LUX. *Bic.* AC. 324. *Vign.* I, 59 (30).
Muscat noir allemand petit. *Bic.* Id. à celui d'**Eisenstadt.**
Muscat noir de la Calmette. Hybride obtenu de semis par M. BOUSCHET.
Muscat noir Caillaba. G. *Bic.* Id. au suivant.
— — **commun.** OD. 353, 398. *Bic.*
— — **d'Alexandrie.** G. *Bic.*
— — **d'Eisenstadt.** Si je ne me trompe M. PUL. le croit id. au **commun.** Moi aussi, je l'ai trouvé tel. *Bic.* (51?)
Muscat noir d'Espagne. Variété noire ? du **Moscatellone,** d'après OD.
Muscat noir de Genève. G.
— **de la mi-août,** obtenu de semis par M. VIB. A cause de sa grappe exiguë et de ses raisins très-petits, le comte OD. propose de l'appeler **Muscat de Merle.**
Muscat noir de l'Hérault. *Bic.*
Muscat noir de Lierval. La variété que j'ai n'avait pas de saveur musquée ; était-ce la variété de ce nom ? On trouve parfois des raisins qui perdent leur saveur musquée lorsqu'ils

sont trop mûrs. Je crois aussi que la qualité du terrain peut influer sur la saveur plus ou moins musquée, de même qu'elle exerce une certaine influence sur la coloration des vins.

Muscat noir de Madresfield court. *Cat.* SIM. L.

Muscat noir de Mistress-Pince. *Cat.* SIM.L.

Muscat noir de Naples. *Bic.* (58).

— — **d'Orange**. SIM. L.

— — **de Vevet.** *Bic.*

— — **du Jura.** *Bic.* AC. 319. Le comte OD. 352, 398, le dit peu fertile. PUL. le croit id. au **Caillaba.**

Muscat noir du Lot. AC. 321.

— — **du Pô.** AC. 331, 326.

— **noisette.** G.

— **Orange.** OD. 395, l'a reçu du PORTUGAL par M. TOURRÈS; je le crois id. au **Muscat Caminada.**

Muscat Ottonel. *Bic. Vign.* III, 21 (203).

[**Muscat Papeleu.** Semis de M. HARTWISS.]

— **précoce de Saumur.** Voyez **Courtiller précoce musquée.** *Bic.*

Muscat précoce du Puy-de-Dôme. *Vign.* I, 37 (19).

Muscat primavis blanc. VALLÉE DE BELGENTIER (VAR). OD. 366, 388. Est syn. de **Pascal musqué** d'après LER. *Bic.* (52). Je le crois id. au **Muscat à fleur d'oranger.** [Le **Primavis muscat,** le **Pascal musqué** ou **Muscat** et le **Muscat fleur d'oranger,** ne sont qu'une seule et même espèce. Quelques viticulteurs lui donnent à tort le nom de **Chasselas musqué.** PELL.]

Muscat Prince. G. *Bic.*

— **Quarelli?** *Pép. Bic.* **Muscat noir.**

— **Reignier.** G. *Bic.*

[**Muscat rond de Hongrie.** C'est le **Muscat de Jésus** ou **Muscat fleur d'oranger.** (BOUSC.)].

[**Muscat rond orange de Hongrie.** Semis de M. HARTWISS de Crimée. (BOUSC.)

Muscat rose. *Cat.* LUX. BALTET. *Bic.*

— **rosea rose.** *Cat.* SIM. L.

— **rouge.** *Cat.* LUX. *Bic.* AC. 326, 324. Quelques personnes disent que c'est le meilleur des muscats.

Muscat rouge de Frontignan. G.

Muscat rouge de Madère. G. *Bic.* OD. 353, 396. *Vign.* I, 23, (12). Id. au **Muscat violet de Madère.** Je serais embarrassé pour dire s'il doit être classé parmi les raisins noirs ou parmi les rouges. *Bic.* (86).

Muscat rouge de M. Bouschet. G. MEND. Id. au **Muscat blanc de la Calmette.** *Bic.*

Muscat rougé de Seine. AC. 328, 330.

— — **de Seine-et-Marne.** *Bic.* (52).

Muscat rouge tirant sur le gris. *Pépin.* Je l'ai classé parmi les raisins noirs (54).

Muscat rouge violacé. *Bic.*

— **Salamon.** *Bic.* OD. 390. Obtenu de semis du **Muscat à fleur d'oranger** par le baron SALAMON.

Muscat Saint-Laurent. *Cat.* LER. *Vign.* I, 50 (26). Dans le jardin de la Société d'horticulture de FLORENCE, ce cépage avait des feuilles à dentelures arrondies comme celles du chêne. Mais était-ce bien le vrai **Saint-Laurent?**

Muscat Sylvaner. BAB.

— **trollinger blaue.** Dess. METZ. Feuille à dentelure très-détachée, lancéolée, avec sinus pétiolaire ouvert. Grappe ailée, conique. Raisins ronds, gros. Le **Trollinger,** en ALLEMAGNE, est syn. de divers raisins, par exemple du **Grec rouge** et du **Frankental.** J'avoue que je ne connais aucun raisin noir de cette forme qui ait la saveur du muscat.

Muscat Trouveren. De semis. *Pép.* Voyez **Muscat de Troveren.** [**Muscat Troweren.** Semis de VIB. d'ANGERS. (BOUSC.)]

Muscat Turc. *Cat.* LUX.

— **violet.** *Bic. Cat.* LUX. *Vign.* I, 115 (58). AC. 319. OD. 399, le met parmi les muscats de jardin.

Muscat violet de la Meurthe SIM. L..

— — **de Madère.** *Bic.* Id. au précédent. Voyez *Uve pregevoli. Ann. Vit. En.*, fasc. 48.

Muscat Worontzow noir. Semé par M. HARTWISS en CRIMÉE. Le comte OD. dit que ce n'est pas un muscat, puisqu'il n'en a pas la saveur.

Muscatali ou **Fejer Denka** de l'HEGY-ALLYA (HONGRIE). MEND. OD. 317. *Bic.* (47). Ecrit aussi **Muskataly.**

Muscateddu. AC. décr. 173 parmi les vignes de TERMINI (SICILE).

Muscateddu niuru. SICILE. TERMINI. AC. décr. 177.

[**Muscateddui.** ISTRIE. MEND. Raisin noir peu musqué. (BOUSC.)] Il y a là, je crois, une erreur, car ce cépage provient certainement de l'île de SARDAIGNE.

Muscatela bianca. SICILE. AC. décr. 187.

Muscatel blanc. PORTUGAL. Est id. au **Muscat blanc** commun français dit de **Frontignan.** OD. 521.

Muscatel blanc. *Cat.* LUX. ESPAGNE. Id. au précédent. OD. 525.

Muscatel noir. *Cat.* LUX.

Muscatelle. *Cat.* LUX. AC. 330.

— **de l'Archiduc Jean.** De semis. On ne voit pas bien clairement dans OD. 40,

s'il est syn. de **Muscat blanc de Berkeim.**
Muscatelle blanche. *Cat.* Lux.
Muscateller blauer. Décr. MUL. C'est le **Muscat noir.**
Muscateller gelber (*jaune*). Dess. GOET. Décr. MUL.
Muscateller graue. Voyez **Muscat gris** ou **rouge.** Décr. MUL.
Muscateller grüner (*vert*). Décr. MUL.
— **rother** (*rouge*). Décr. MUL.
— **schwarzblauer** (*noir-bleu*). Décr MEY.
Muscateller schwarzer (*noir*). Décr. MUL.
— **violetter.** Décr. MUL.
— **weisser** (*blanc*). Décr. MEY. C'est le muscat blanc ordinaire.
Muscateller weissgelben (*blanc jaune*). Syn. du précédent.
Muscatellier. *Cat.* Lux.
— **blanc** de GENÈVE. GANIER. *Bic.*
[**Muscatellier bleu** de GENÈVE. OD. (BOUSC.)]
— **noir** de GENÈVE. OD. 309, 369. N'est pas un muscat, mais un bon raisin, d'après OD. *Vign.* I, 113 (57). [Séduit par le nom, j'en demandai une certaine quantité au comte ODART: c'est une vigne féconde dont le raisin résiste bien à la pourriture; mais ce raisin n'a nullement la saveur du muscat et sa qualité est ordinaire. (PELL.)]
Muscatellò. SARDAIGNE. Raisin blanc de table, grains oblongs. *Fl. Sard.* Est appelé aussi **Muscateglio ;** serait syn. de **Isidori.**
Muscatidduni niura. SARDAIGNE. *Bic.* MEND.
— **nero** de FAVARA. MEND. *Bic.*
Muscatilly? de l'archiduc JEAN. *Pép. Bic.* Voyez **Muscatelle.**
Muscatin? SARDAIGNE. *Cat.* Lux.
Muscia. Raisin de second ordre des PROV. NAP.
Museto preto. OD. 520 le dit un cépage portugais à fruit noir qui donne un très-bon vin. Peut-être id. à **Mureto?**
Muskataly de HONGRIE ou **Féjer Denka.** G. Voyez **Muscatali.**
Muskat-Gutedel. Syn. de **Chasselas musqué.**
— **Sylvaner.** Syn. de **Feigentraube.** H. GOET. Paraît être le **Sauvignon,** qu'on ne peut pourtant pas appeler un muscat.
Muskat Traminer. Syn. de **Traminer gewurz.** H. GOET.
Muskat traube Halaper. HONGRIE. H. GOET.
— **Trollinger.** Syn. de **Trollinger-Muskateller.** H. GOET.
Muskateller. Décr. MEY,
— **blauer.** AUTRICHE.
— **graue.** AUTRICHE.
— **rothe.** AUTRICHE.
— **schwartzer.** AUTRICHE.
Musquette. FRANCE OCCIDENTALE. OD. 138, 355. Syn. de **Angelico, Guilhan muscat, Muscadelle,** etc.
Musshka ou **Musza.** Voyez **Sylvaner.** H. GOET.
Mustang du TEXAS (AMÉRIQUE). [(*Vit. Candicans*). Cep très-vigoureux et grimpant. Feuilles tantôt entières, tantôt profondément trilobées, d'un vert assez foncé à la face supérieure, recouvertes en dessous d'un duvet généralement blanc et assez serré; les extrémités des sarments, les vrilles et les pétioles, sont également tomenteux. Souvent dioïque. Fruits noirs ou blancs, âpres ou acerbes. Graine ressemblant beaucoup à celle de la *V. Labrusca,* mais plus grosse. Le **Mustang** constituerait un excellent porte-greffe, n'était la difficulté avec laquelle il reprend de bouture. EC. MONTP.]
Mustaret bianca fina. PIZZOCORNO (VOGHERA).
[**Mutal blanc.** VAUCLUSE. BUR.]
Mutan. *Cat.* Lux. Est-ce le **Mutant blanc,** VAUCLUSE, de BUR?
Mutter mit den kindern (*mère avec ses enfants*). Syn. de **Damascener weisser spater.** BAB.
Mysket (*Muscat*). Crimée. OD, 583.
— **blanc.** Voyez **Adjeme myskett.**
Mzecany. *Cat.* Lux. [Id. au **Mzvivani.** (BOUSC.)]
[**Mzoany.** Voyez **Mjoanni.**]
[**Mzvivani.** Raisins blancs, légèrement oblongs, peu serrés, ressemble au **Mzoany.**]
Mzwaani, ou **Mzoani grün.** Régions au delà du CAUCASE. H. GOET. SCHARRER. Raisin de table.

N

Naccarella gialla. MEND. ou **Naccarello** ou **piccolo Moscadello.** SYRACUSE (SICILE).
[**Naccurella.** SICILE. MEND. Variété à grains très-longs, dans le genre de ceux du **Cornichon,** mais droits et non recourbés, noir bleu très-fleuri. (BOUSC.)]

[**Nagaret.** *Cat* Lux. pour **Nogaret.** SIM. L. Id. à **Frankental.**]

Naggy? *Cat.* Lux. [C'est **l'Albourlah rose** de Crimée. (BOUSC.)]

Nagy szemu Fekete. OD. 325. Raisin noir à gros grains, tardif. Syn. de **Torok goher.**

[**Napolitaine.** *Cat.* Lux.]

Narankas. OD. 315. Raisin hongrois qui donne beaucoup de grains secs en mûrissant.

Narasso bianco? Caluso (Piémont). Peu connu. Chacun voit l'absurdité des noms qui quelquefois se produisent avec des dénominations vulgaires, puisque celui de ce cépage signifie **Gros noir, blanc.**

Narasso nero ou **nerasso.** Caluso.

[**Narbonnais noir.** Ariège. Raisin de grande culture. (BOUSC.)]

Nardin. Syn. de **Verdal,** à Draguignan. OD. 414, dit qu'il ne faut pas le confondre avec le **Spiran.**

Nasco. G. Sardaigne. OD. 559. MAR. *Bic.*

— **blanc.** *Cat.* Lux.

— **d'Alicante??** *Cat.* INC.

Nascu. Sardaigne. Grains rougeâtres ou noirs. *Fl. Sard.*

Nasslinger. Turgovie. Syn. de **Elben weisser.** BAB.

Naturé. *Cat.* Lux. Arbois. Poligny. OD. 270. Syn. de **Savagnin.**

Naturé rose. Voyez **Savagnin rouge.**

Navariez. Dordogne. Syn. de **Malbeck.** D'ARMAILLACQ.

Navaro. *Cat.* Lux. G.

— **noir.** J'ai lu dans les mémoires de GARN-VAL. qu'il a un grain oblong, noir; raisin de table facile à conserver.

Navarra nera. Toscane. AC. 270.

— **rossa** ou **Navarrino.** AC. 270 décr. TRINC. décr. 97.

Navarre. *Cat.* Lux. Un **Navarre** noir provenant du département du Rhône fut présenté à l'*Exp.* de Lyon, de 1872.

Navarre. Dordogne. PUL. GUY. 527 cite aussi ce cépage parmi ceux de la Dordogne. [Le **Navarre** de la Dordogne est syn. de **Bouchalès.** (PUL.)]

Navarre. Landes. AC. 321. 324.

Navarro. Je le trouve dans BAB. comme syn. de **Korsikanèr rother.**

Navi. Sicile. Raisin blanc de cuve. NIC.

Nazafafali. Perse et Arménie. OD. 587. Recherché pour la table; a des grappes rouge clair.

Neal. Syn. de **Herbemont.** Amérique. THOMAS. [**L'Herbemont** a pour syn. **Neil grape.**]

Nebbieul maschio. Piémont. OD. 539. Voyez **Nebbiolo comune.**

Nebbieul ou **Nebieul pcit** (**Piccolo**). Voyez **Nebbiolo gentile.**

Nebbiolasso ou **Nebiolone.** *Bic.* J'ai reçu, sous ce nom, de Nizza della Paglia le, **Neretto** de Marengo. Ce cépage me fut donné par feu le comte CORSI, dont la mémoire me sera toujours chère.

Nebbioletto. Sciolze. Grappe cylindrique, grains ronds ou presque ronds, très-pruinés, d'un certain goût piquant.

Nebbiolin. Piémont. Voyez **Nebbioletto.**

— **manta.** Saluces.

Nebbiolo. *Cat.* Lux. Piémont, ou **Nebbiolo comune.** OD. 531, 539. BON. en a dessiné trois variétés dont une à grappe noire bleue, ailée, pyramidale, une autre à petite grappe conique noire violette. Dess. AL. *Ann. Vit. En.* I, II, 94; III, 153. Id. à **Nebbiolo** du Piémont. Décr. INC. *Bic.*

Nebbiolo bianco. Piémont. Diffère du noir dans ses caractères principaux, et encore tous les raisins appelés de ce nom dans les diverses provinces du Piémont ne sont pas id. AC. 79 décr. celui de Valence. OD. 538, d'après le prof. MIL., décr. celui de Biella. GAT. en décrit un de Piverone. *Exp.* AL. J'ai reçu ce plant de Voghera.

Nebbiolo et **Nebiolo canavese.** GAL. dess. et décr. C'est le **Nebbiolo** du Piémont ou **Spana** de Gattinara.

Nebbiolo d'Alba. G. Raisin noir, appelé ainsi dans les coteaux de Verzuolo, quoiqu'il ne provienne pas réellement d'Alba, comme j'ai des raisons de le croire. *Bic.* (4)(12)? Est id. à l'**Uva d'Odone** de Caraglio.

Nebbiolo d'Asti. *Bic.* C'est le **Nebbiolo.** Piémont.

Nebbiolo di Barolo. *Bic.* C'est le **Nebbiolo.** Piémont.

Nebbiolo di Beltram. *Bic.* Saluces. Différent du **Nebbiolo** piémontais.

Nebbiolo di Bricherasio et **di Campione.** Pignerol. *Bic.* Id. au **Nebbiolo.** Piémont.

Nebbiolo di Caraglio. *Bic.* (12). Diffère des précédents. Fertile, saveur vineuse.

Nebbiolo di Dronero. Saluces. *Bic.* (16). Différent du Piémontais. Est appelé **Bolgnino** à Cavour; c'est ce nom qu'il faudrait lui donner pour éviter toute confusion, car ce cépage n'est pas un **Nebbiolo.** Je l'ai trouvé à Villarbasse, près de Rivoli, avec le nom de **Neret.** C'est aussi sous ce nom qu'il est cultivé, comme principal cépage, à Cumiana (arrondissement de Pignerol).

Nebbiolo di Gattinara. G. *Bic.* (32, 16). Id. à

la **Crovattina** de VOGHERA, qui me fut envoyée par M. GUFFANTI. Dans le CASALASCO, ce raisin est cultivé sous le nom de **Bonarda**, qui lui convient mieux, car c'est plutôt une **Bonarda** qu'un **Nebbiolo**. Je crois qu'on l'appelle aussi **Bonarda** dans quelque partie du VOGHERAIS. C'est un cépage fertile qui donne des vins d'ordinaire, mais qui exige des terres profondes.

Nebbiolo d'Ivrea et de **Lorenzè**. Id. au **Nebbiolo**. PIÉMONT.

Nebbiolo di Masio. ASTI. *Bic.* **Nebbiolo**. PIÉMONT.

Nebbiolo di Moncrivello. *Bic.* **Nebbiolo**. PIÉMONT.

Nebbiolo di Monsordo. ALBA. *Bic.* Id. au PIÉMONTAIS.

Nebbiolo di Nizza della Paglia. **Nebbiolo**. PIÉMONT.

Nebbiolo di Piemonte. Prof. MIL. décr. *Journ. vit.*, juin 1872. *Economia rurale,* 1869. *Vign.* I, 185(93). CROCE, en 1600, proclame le **Nebbiolo** le *Roi des raisins du Piémont*. Raisin type des meilleurs vins du PIÉMONT, qui ne doit être vendangé en général que vers le milieu d'octobre ; fournit une bonne vinification. Avis aux partisans de la liberté des vendanges en PIÉMONT, qui aurait pour résultat de faire faire de mauvais vins; parce qu'il ne serait plus possible alors de vendanger tard. C'est ce qui arrive, en effet, dans la pratique.

Nebbiolo di Sciolze. *Bic.* **Nebbiolo**. PIÉMONT.

Nebbiolo di Stroppo. Je le crois id. à celui de CARAGLIO. *Bic.* (12, 16)?

Nebbiolo femmina. Décr. GATTA. Dénomination en usage dans les arrondissements d'IVRÉE et d'AOSTE; souvent elle se rapporte à des raisins qui ne sont pas des **Nebbiolo**.

Nebbiolo fino. CORNEGLIANO D'ALBA. *Bic.*

— **gentile**. OD. 541.

— **grosso**. PIÉMONT. OD. 540. Prof. MIL. décr.

Nebbiolo maschio. VALPERGA. Décr. GAT. On donne ordinairement ce nom au vrai **Nebbiolo** et celui de **femmina** à d'autres espèces.

Nebbiolo milanese. Cité en 1600 dans le traité de CROCE.

Nebbiolo nero. VALENZA (PIÉMONT).

— **Occelino**. Voyez **Ocellino**. RIVOLI. Id. à **Giridada**.

Nebbiolo. NOVI. On appelle ainsi le **Dolcetto** dans quelques parties de l'arrondissement de NOVI.

Nebbiolo pairolé. SALUCES. *Bic.* Ainsi appelé parce qu'il est noir comme le **Pajuolo** *(chaudron)*, à cause du peu de fleur qui recouvre ses raisins.

Nebbiolo pignolato. Du BIELLESE. OD. 549.

— **rosato**. Décr. INC. On trouve à LU le raisin de ce nom. En général on désigne ainsi le **Grignolino**.

Nebbiolone. PROV. de PAVIE.

Neblou. VAL D'AOSTE, ou **Primetta**. Voyez **Primetta**.

Nectar de Perse. *Cat.* de la Pép. comm. de ROME.

Nectarea. SARDAIGNE. Syn. de **Monica**. *Fl. Sard. Bic.*

[**Neff**. BUSH. V. amér. (*Labrusca*). Syn. **Kenka**. Grains rouge cuivré sombre; chair pulpeuse; *foxé*.]

Negefalbo noir. PERSE. LER. VIV.?

Negefubac (Raisin de). *Cat.* LUX.

Negrà. SAN REMO. Sous ce nom et le syn. de **Lombardo**, j'ai trouvé à VARAZZE, SAVONE et autres villes de LIGURIE le même cépage que j'ai reçu de LOMBARDIE sous le nom de **Negrara**. M. ACCAME, à PIETRA LIGURE, l'a adopté comme cépage principal pour faire ses bons vins rouges.

[**Negra gentile**. CORSE. Joli raisin noir dans le genre de l'**Ulliade noire**. (BOUSC.)]

Negraja. Cité parmi les cépages PARMÉSANS. *G. V. V.*

Negramol. Cépage de l'île de MADÈRE. Syn. de **Tinta**. OD. 525.

Negrara. PADOUE. VÉNÉTIE et TRENTIN. AC. décr. 219 parmi les raisins de VICENCE. Dr CARP. rap. Syn. de **Raboso veronese nero**. D'après M. PELLINI, de VICENCE, on donne aussi ce nom à la **Doveana** ou **Dovenzana**. Voyez ce mot. Voyez aussi **Gambujana**.

Negrara bastarda. AC. 234.

— ou **Negrera de Gattinara**. Est différente du **Raboso veronese**, qui serait id. à la **Negrera lombarde** d'après CARP. Ainsi la **Negrara de Gattinara** et la **N. lombarda** seraient différentes. La première est moins cultivée depuis l'invasion de l'oïdium, à laquelle elle est très-sujette. Elle a été dessinée dans le *Vignoble*.

Negrara nera. AC. 302. J'ai reçu une **Negrera** de ROVEREDO sous ce nom ; mais il y avait eu quelque erreur, car le raisin était blanc. J'en ai reçu une autre de VÉRONE, que j'ai trouvée id. au **Negrà** de l'arrondissement de SAVONE.

Negrara spinarda. TRENTE. AC. 303.

— **veronese**. AC. décr. 233. Probablement id. au **Raboso**. *Bic.*

Negrao. CORRÈZE. GUY. II, 136.

Negrarola. Come. Id. à la **Negrara** de Lombardie.

Negrau. *Cat.* Lux. ou **Negrot**. Nom qui est aussi donné à la **Panca** dans le comté de Nice.

Negré de St Jaoumé. Catalogne. Syn. de **Raisin St Jacques**. M. PULLIAT a reçu le **Lignan** sous le nom de **St-Jaumé**.

Negredoux. Bordelais. Syn. de **Cot**.

Negrello de la Garonne. G.

— Sicile Prov. de Syracuse. Je le crois id. au **Nigrello**. Il a des grappes longues d'environ 25 centimètres, des grains arrondis, serrés les uns contre les autres, noirs veloutés, d'un goût agréable et très-sucrés. CONTARELLA SALVATORE. *Ann. vit.*, 75.

Negrera. De Lombardo-Vénétie, d'après FRO. AC. décr. 253 Prof. MIL. décr.

Negrera ou **Neirera**. Gattinara et Haut Novarais, et aussi **Carbonera**. *Vign.* I, 165 (83). *Bic.* (28). Sa culture a diminué depuis l'oïdium auquel il est sujet.

Negrera grossa.

— Ponte Valtelina et Comb. CERL. *Bic.*

[**Negrés del mes d'Agost**. Catalogne. (BOUSC.)]

[**Negrés de San Jaume**. Catalogne. C'est le raisin de la Madeleine. (BOUSC.)] Voyez aussi **Negré de St-Jaoumé**.

Negret. Ariège. GUY. 310. Syn. de **Cabernet**.

— *Cat.* Lux. Je me rappelle avoir lu que, dans le Tarn-et-Garonne, il est syn. de **Malbek**. [A tous les caractères du **Cot**. (BOUSC.)]

Negret. Haute-Garonne. *Bic.* AC. 321. GUY. 314 croit qu'il est là syn. de **Cabernet**. J'ai reçu d'un pépiniériste un raisin de ce nom avec cette indication *raisin de table*.

Negret castrais ou **Mozac noir**. Tarn. GUY. II, 12, le dit un cépage très-ancien de Castres.

Negret dei Lombardi. Syn. de **Marzemino nero**. Dr CARP., rapp.

Negret du Tarn. G. *Bic.* (43). Je l'ai trouvé différent du **Malbec**, mais assez bon pour la vinification.

Negret et **Negron**. Syn., dans le Biellese, de **Negrera**. Prof. MIL.

Negretta. Modène. Décr. AGAZ. *Alb.* T.

Negrette. *Cat.* Lux.

Negrettino de Bologne, d'après FRO. *Bic.*

Negretto. Raisin du Haut Novarais. On trouve aussi un **Negretto** à Ravenne et à Forli. *Bull. amp.* XI, 214.

Negrilla. *Cat.* Lux.

[**Negrilla del Plan**. Espagne. Raisin noir, grains ronds; son feuillage ressemble à celui du **Mourvèdre**. (BOUSC.)]

Negrina. Bologne. AC. 295.

Negrin. Rivière ligurienne du Ponent.

Negrisolo. Modène. AGAZ. MEND.

Negro amaro. Pouilles. MEND. Est aussi appelé **Lacrima** à Novoli. *Bic.* (47). Un peu trop tardif pour l'Italie septentrionale, mais fertile.

Negro amaro dit **Albese**. MEND.

Negro Crusidero? *Cat.* Lux. [Sous ce nom était désignée dans la *Coll.* du Lux. une variété à raisins côtelés comme un melon, avec des rayures noires et bleues; raisin très-curieux. (BOUSC.)]

Negro dolce. Novoli. *Bull. amp.* I.

Negro amaro detto Albese. Novoli. MEND. *Bic.* (47).

Negro ou **Neretto**. OD. 533 le cite parmi les cépages de Nice.

Negro paesano. Cépage estimé de la Terre d'Otrante.

Negrò de France. AC. 298.

Negron. *Cat.* Lux. AC. décr. 233. Voyez **Negrara**.

Negron. Vaucluse? AC. 322. A Bellet (Nice), il y a le **Negron** qui est syn. de **Panéa nera**.

Negron ou **Bruna**. San-Remo. PANIZZI le croit id. au **Crovino** du comte GAL.

Negrone AC décr. 43, 303. G. J'ai reçu de Roveredo un raisin de ce nom (*Bic.* 19) qui m'a paru un **Frankental**. Ce cépage est aussi cultivé à Bologne.

Que le lecteur ne s'étonne pas si, en parlant quelquefois de certain raisin, je dis qu'il se rapproche d'un autre, qu'il paraît identique ou si j'emploie d'autres expressions indécises de cette nature. Il arrive en effet que, dans une collection très-étendue, toutes les espèces ne végètent pas promptement et n'arrivent pas de suite à fructifier et à prendre un développement assez grand pour qu'on puisse se prononcer complétement sur leur compte. Il vaut mieux énoncer une vérité avec quelque hésitation que d'affirmer nettement une chose inexacte.

Negronza rizza veronese. AC. décr. 234. Dr CARP. *Rapp.*

Negronza veronese. Voyez **Negrara**. AC. décr. 233.

Negrot. Nom usité à Mazan pour désigner le **Tinto** ou **Grenache**. PUL.

Negrot. Syn. de **Cabernet** dans les Landes, en France. Voyez aussi **Negrau**.

Negruzzi de l'ancien État de Modène. Raisin cité dans l'*Alb.* T. comme correspondant à l'**Ascera** de Conegliano.

Neige fabad blanc. Perse. BURY.

Neigrier. Syn. de **Grenache**. CHAPTAL (*Ann. de Pom.*).

Neil grap. Amérique. DOWN. Syn. de **Herbemont.**

Neirano ou **Nerano.** Ce nom est donné, en Piémont, à plusieurs raisins. Dans la province d'Alba, il est syn. de **Tadonè nero,** à grosse grappe. On donne aussi ce nom, dans cette même région, à un autre raisin qui est vendu à Turin pour la table, jusqu'à une époque avancée de l'hiver. Je me propose de le comparer avec le **Zané** pour éclaircir quelque doute que j'ai conçu sur cette synonymie. A Saint-Ambroise (Suse), je crois que le nom de **Neiran** indique la **Mossana.** Il faudrait appeler **Nerano** le premier, **Neirano** le second, pour les distinguer, et **Mossana** la troisième.

Neirano. Cornegliano d'Alba. Décr. INC. *Bic.* Raisin de cuve.

Neirano grosso. Raisin de table. Alba. *Bic.*

— **piccolo.** Décr. INC.

Neirasso. Ivrée.

Neiret. Voyez **Neretto.** Saluces. *Bic.*

Neiretta. G. Saluces. *Bic* (12, 28). *Vign.* II, 179 (186). A Saluces, où ce cépage est généralement le plus cultivé, on distingue ordinairement la **Neiretta del bianco** et la **Neiretta del rosso,** selon que les sarments sont plus ou moins colorés ; mais il ne m'a pas paru que ces différences fussent persistantes. Il est bon de conserver l'*i* de **Neiretta** pour distinguer ce cépage du grand nombre de **Neretti** qu'on trouve dans toutes les régions. C'est un cépage de grand produit, qu'on cultive à Bra sous le nom de **Costiole,** et à Rivoli et dans les localités environnantes sous celui de **Fresa di Nizza,** qui ne lui convient pas.

Neiretto. Raisin du Haut Novarais.

Neirettone. Raisin du Haut Novarais.

Neir frè. Arr. d'Asti. Raisin noir à grappe formée de grapillons réunis ensemble. J'ai vu de ces grappes qui étaient énormes et qui paraissaient composées de plusieurs grappes réunies. *Bic.*

[**Némorin.** Semis de VIBERT d'Angers. Raisin de table ; très-belles grappes ; gros grains; tient du **Chasselas,** mais est plus tardif. (BOUSC.)] Il a cependant le grain ovale et les feuilles plus découpées.

Némorin blanc. De semis. G. *Bic.* (48).

[**Neosho.** BUSH. V. amér. (*Æstivalis*). Feuilles très-ornementales au début de la végétation. Grains noirs avec une fleur bleue. Jus peu coloré. EC. MONTP.]

Nera di Garavaia. Prof. NUITZ. S'est trouvé être chez moi la **Mondeuse** de Savoie.

Nera di Troja. Trani. *Bic.* (48). Raisin de table et de cuve. Voir aussi **Troja.**

Nera dolce *Pép. Bic.* S'est trouvé être chez moi le **Dolcetto.**

Nera eccellente. *Pép.* S'est trouvé être chez moi le **Brun-Fourca.**

Nera gentile de Feltre. Dr BELLATI. *Ann. Vit. Enr.* 249. *Bic.* (31). Ne m'a paru guère meilleur que le **Marzemina** de la même provenance. Je crois que cette région gagnerait beaucoup si elle changeait ses cépages contre d'autres.

Nera godigoro. Prof. NUITZ. Voyez **Godigoro.**

Nera grossa, tardiva. *Pép.* S'est trouvé être le **Malbek** ou **Cot.**

Nera oblunga. *Pép.* Raisin prune.

— **tardiva.** Grain très-gros, ovale. S'est trouvé être l'**Ulliade** ou **Boudalès.**

Nera verace. Ile d'Ischia. FRO.

Nerano. G. On appelle ainsi le **Tadone** sur la rive droite du Tanaro. *Bic.* (12). (*Ann. Vit. En.* I).

Nerano duro. Isola. Cuneo. Grandes grappes noires qui donnent une très-abondante récolte *Bic.* (47). Diffère du précédent.

Nerano fino. Piémont. **Tadone.**

Nerasso ou **Nerass.** Caluso. Ivrée. Id. à **Patouja** et **Crava,** d'après GAT.

Ner d'ala. Vallée d'Aoste. Dess. BON. Dess. GAT.

Nerella. Cultivé dans les Langhe.

Nerello. Sicile. G. MEND. Très-répandu. Voyez **Nirello.**

Neret. Verzuolo. Arrondissement de Saluces. C'est un cépage cultivé principalement *en plaine* et qui diffère des autres **Neretti** du Piémont. Il donne un vin d'ordinaire léger et piquant. *Bic.* (46). Les bourgeons et les feuilles ressemblent à ceux du **Parporio.**

Neret de Dorfan. Cavaglia. Prof. MIL. Syn. de **Mostera femmina** du Canavese et de **Neret fino** de Vigliano. Je le crois id. à la **Giridada.**

Neret dur. A Bioglio (Biella) il est syn. de **Neret de Saut** du Canavese.

Neret gros ou **serré.** Vallée d'Aoste. Décr. GAT.

Neret piccolo. Vallée d'Aoste. Décr. GAT.

— **rare.** Vallée d'Aoste. Décr. GAT.

Nerette du Jura. G.

Neretto. Prov. de Pavie.

— **bianco?** *Exp.* AL. Grappes claires, raisins ronds, pruinés.

Neretto d'Alessandria. Voyez **Neretto** de Marengo.

Neretto de Cucceglio (Ivrée). *Bic.* (43). Grains ovales, de maturité tardive, peau ferme. Très-répandu. D'après les observations que j'ai pu faire dans ma collection, ce cépage convient peu à notre pays à cause de sa maturité tardive et de l'incertitude de sa récolte.

Neretto de CUMIANA et VILLARBASSE. Id. au **Bolgnino.** J'ai trouvé ce même cépage sous le nom de **Neretto** à une Exposition de raisins à MONDOVI.

Neretto de MARENGO (ALEXANDRIE). Décr. AL. *Bic.* (16). Raisin très-fin, bon pour la cuve et d'un bon produit. L'essentiel est de se procurer des plants fertiles, parce qu'il s'en trouve beaucoup qui sont constamment sujets à la coulure. Un des meilleurs vins produits par le comte MANFREDO SAMBUY était fait avec ce raisin.

Neretto di PIEMONTE. G. Nom trop générique qu'il faudrait supprimer, parce qu'on le donne dans les PROV. PIÉMONTAISES à un grand nombre de raisins différents.

Neretto di SALTO (CANAVESE). Dess. BON. Doit avoir pour syn. **Saccarola** et **Fresa compatta** et doit être le **Pignolo-Melasca** du BIELLESE. Un autre **Neretto** de CASTELLAMONTE a été dessiné par BON. et décrit par GAT. A l'Exposition de raisins qui eut lieu à TURIN, en 1879, j'ai pu constater que ce raisin était id. à la **Giridada**.

Neretto di SALTO (IVRÉE). Décr. GAT. A comparer avec le **Pignolo barlé** de GATTINARA.

Neretto di SAN GIORGIO (IVRÉE). Dess. BON. Décr. GAT. Syn. **Neretto grosso.**

Neretto gentile (IVRÉE). Décr. GAT. *Ann. Vit. En.*

Neri blauer. BAB. Syn. de **Guila noir.** DOCH.

Nerien ou **Noirien.** Vignoble du RICEYS (AUBE). Syn. de **Tressot.** OD. 200.

Nérin. *Cat.* LUX. OD. 277, dit que ce cépage réclame d'être tenu bas et taillé court. Il a des grains noirs, ronds et fait un vin âpre et médiocre. ROUG. dit que c'est le nom vulgaire du **Noirien** dans le JURA.

[**Nerluton.** (B.) V. amér. (*Æstivalis* à gros grains). semis de MARINE, grains noirs.]

Nero ou **Negro amaro.** POUILLES (*Ann. Vit. En.* 164. *Bull. amp.* I). On l'appelle aussi **Lagrima.** C'est le cépage qui domine dans le territoire de LECCE.

Nero campanello. SYRACUSE. PUL.

— **d'Avola** (SYRACUSE). MEND. Donne un vin ordinaire.

Nero de MONTICELLI d'ALBA. Raisin de cuve.

— de JÉRICHO. G. et **nero grosso** de SYRACUSE.

Nero de la LORRAINE. Voyez **Negro dolce.** *Bull. amp.*

Nero de la HAUTE-EGYPTE. G. et **Nero grosso** de TERMINI.

Nero de RUVO (BARI). MEND. *Bic.*

— d'ESPAGNE. G.

— de TROJA. (Je ne peux dire s'il est différent de l'**Uva Troja?** Raisin de table. TRANI. MEND. *Bic.*

Nero dolce ou **Negro dolce.** POUILLES.

— **Perricone.** Raisin cultivé en SICILE.

Neron double noir. *Cat.* LUX. PUY-DE-DÔME. BUR.

Nerone. Décr. AL.

Nerou. PUY-DE-DÔME. GUY. II, 184. Id. au **Pinot meunier.**

Nerou blanc? PUY-DE-DÔME. VIV. BUR. Je le crois id. au précédent. L'épithète de **blanc** doit se rapporter à la feuille et non **au fruit** qui est noir.

Nerré. *Cat.* LUX.

— **noir.** HAUTE-MARNE. AC. 322, 823. VIV.

Nerret. *Cat.* LUX.

Neru grossu. FAVARA (SICILE). MEND.

Nervien. AUBE. AC. 321.

Nespolano. Prov. de TURIN.

Nespolino ou **Vespolino.** GATTINARA et HAUT NOVARAIS. Prof. MIL. décr. *Bic.* (47). Cépage produisant beaucoup et donnant un vin promptement buvable et assez bon. Id. à l'**Uvetta** di CANETO de GAL. J'ai constaté l'identité de plusieurs cépages de GATTINARA avec ceux de l'arrondissement de VOGHERA.

[**Newark** BUSH, V. amér. Hybride. **Clinton** et **Vinifera.** Grains moyens, foncés, presque noirs, doux, juteux et vineux.] Cette distinction entre **Clinton et Vinifera** me fait penser que le jour où l'on fera une revue raisonnée des **Vitis vinifera**, on sera forcé d'admettre dans ce groupe beaucoup de variétés américaines qui maintenant ont l'air d'en être exclues.

[**Newport.** BUSH, V. amér. (*Æstivalis*). Semblable à l'**Herbemont.**]

Neyran. ALLIER. OD. 232. Syn. de **Neyrou.** *Bic.*

Neyran ou **Neyrou.** G. PUY-DE-DÔME.

Neyrou. PUY-DE-DÔME. OD. 232. Syn. de **Neyran.** Il y a le **Gros** et le **Petit.** PUL. le croit id. au **Pinot.** Je l'ai reçu de M. MAR., le savant auteur des *Vignes du midi de la France*, et je l'ai classé *Bic.* (37).

Niaja rossicia. HONGRIE. *Cat.* C. BRON.

Nibbiolo. VOGHERA. AC. 58, 291. Voyez **Nebbiolo.**

Nibiolo. Cultivé dans l'ARR. de COME.

Nicarina. SCHÜBLER. Syn. de **Furterer weisser.**

Nicolas (Gamay). G. Voyez **Gamai Nicolas.** *Bic.*

Nieddaera et **Nieddera.** SARDAIGNE. OD. 570.

Syn. de **Nireddie.** St-Lussurgiu. MEND. *Bic.*

Nieddaera noir. Sardaigne. *Cat.* Lux.

Niedda guzzaghe. Sardaigne. PUL.

— **lighera.** Sardaigne.

— **salua niedda.** Sardaigne. M. CHARLES PERRIN, ingénieur, a eu l'obligeance de m'envoyer ce cépage et quelques autres de la Sardaigne. MEND. *Bic.* (48).

Niedda manna. Sardaigne. PERRIN, ingénieur. *Bic.* (47).

Niedda vera. Sardaigne. Je le crois id. à la **Nieddarea.** MEND. *Bic.* (47).

Nieddlera noir Sardaigne. *Cat.* Lux. pour **Nieddarea.**

Nieddu mannu. Sardaigne. MEND. *Bic* (47, 31?).

Nieddu moddi ou **Néra molle.** Sardaigne. MEND. *Bic.* Grains ronds? *Fl. Sard.* La plante que j'ai reçue sous ce nom a des grains légèrement ovales et a été classée parmi les raisins noirs. Je me propose de la comparer avec le **Girò** auquel elle ressemble. *Bic.* (48).

Niederlander. Syn. de **Rissling** dans le duché de Bade. MEY. BAB.

Nievasea. Espagne. ROX. Gros grains rouges, oblongs

Nigra mollis. Syn. de **Nieddu moddi.** Grains ronds. *Fl. Sard.*

Nigra vera. Syn. de **Nieddaera.** *Fl. Sard.*

Nigrello. Région de l'Etna. MEND.

— **Milazzo.** Sicile. MEND.

Nigrisolo Crémone. AC. décr. 44.

Nikitaner traube, weisse, de l'Orient, syn. de **Pinot de Nikita,** d'après TRUMMER, H. GOET.

Nillade? *Cat.* Lux. pour **Œillade ?** [Pour **Ulliade** (PUL.)]

Ninguissa. Dalmatie. *Pépin. Bic.*

Ninicisa. G.

Nirano bianco? G.

— **nero** Modène. Décr. AGAZ.

Nireddie. Sicile, ou **Nieddera.** Sardaigne. OD. 570. GANIER. MEND. *Bic.* (32).

Nireddu. Messine. MEND.

Nirello calabrisi. MEND.

— ou **Niureddu mascalese** ou **Pignatello nero.** Sicile. NIC. FRO.

Nirello mantellato. Sicile, ou **Cappuccio** ou **di San Antonio.**

Nirellone ou **Niuridduni.** Calabre. MEND. *Bic.*

Niura di S. Lunarda. Termini. AC. 177.

Niureddu. Girgenti. MEND.

[**Niureddu Calavrisi.** Sicile. MEND. (BOUSC.)]

— **cappucciu.** MEND. Cultivé à Palerme, à Vittoria et ailleurs, en Sicile. Sarments de couleur jaune cannelle.

Niureddu di san Antonio. Milazzo. MEND *Bic.*

Niureddu mascalisi. Cultivé à Mascali et Riposto, centres principaux de la production des vins noirs en Sicile (entre Messine et Catane).

Niureddu nerelli. Cultivé à Vittoria (Sicile).

Niuridduni. Voyez **Nirellone.**

Niuru ou **Niguru.** Sicile. *Pép. Bic.* Sarments de couleur grise.

Niuru grossu. Sicile. AC. décr. 174 parmi les raisins de Termini; et MEND. parmi ceux de Favara. *Bic.* (38). Appelé aussi **Silvànu.**

Niuru minutiddu. Canicatti. MEND.

— **zurbusu.** AC. décr. **174** parmi les raisins de Termini.

Noah. Suisse. Raisin noir, de table. *Cat.* C. BRON.

[**Noah.** V. amér. Très-vigoureux. EC. MONTP.] M. GAILLARD, pépiniériste près de Lyon, m'a assuré que ce cépage pourrait être cultivé pour la production directe.

Noble Cahors. *Cat.* Lux. Doit être un **Malbek.** [C'est le **Cot à queue rouge.** (BOUSC.)]

Noble d'Orléans. Indre-et-Loire. Syn. de **Pinot noirien.** GUY. II, 659.

Noble jaune. Syn. de **Savagnin** ou **Traminer.**

Noble rose. *Journ. vit.* II, 163. **Savagnin rouge.**

Noble vert. *Journ. vit.* III, 63. **Savagnin blanc.**

Nocella nera du Vésuve. FRO.

Nocellara. Lipari et Sicile. MEND.

— **bianca** de Lipari. MEND. *Bic.*

Nocera amara niura. MEND. Catane. Sicile.

Nocera bianca ou **Caricante.** Messine. Milazzo. MEND. *Bic.* (43).

Nocera nera. MEND. *Bic.* Cultivée à **Milazzo,** en Sicile, sans mélange d'aucun autre cépage. ZIRILLI. *Ann. Vit. En.*

Nocera nera. Messine. MEND.

Nochaut. Gironde. Dr FLEUROT. Grappe moyenne, conique, très-serrée, à grapillons très-courts; grains noirs, presque ronds, 14^{mm} sur 15^{mm}, à pulpe molle.

Nœuds courts. Syn. de **Pecoui touar.** Var et Alpes-Maritimes; et de **Brachetto,** d'après OD., dans le Var (528).

Nogaret. De semis. SIM. L. Id. à **Frankental?** [Sans doute **Nougaret** (PUL.)] [Semis de VIBERT, d'Angers. Beau raisin noir, de grande culture, à grains ronds moyens. (BOUSC.)]

Noir Arragon. *Cat.* Lux.

— **d'Automne.** *Cat.* Lux.

[**Noir de Calabre**. *Cat.* Lux. (BOUSC.)]

[**Noir de Chartres.** Charente. Paraît être le **Cot** (BOUSC.)]

Noir de Constantinople. *Cat.* Lux.

— **de Ribeauvillé**. RENDU. **Pinot.**

— **de Douai.** MUL.

— **d'Espagne.** *Cat.* Lux. SIM. L. Grappe très-large; grains gros, ovales, noirs pourprés; chair fondante, maturité tardive.

Noir de Franconie. OD. 167, 327. Syn. de **Pinot** dans une collection de raisins située près de Bude.

Noir de Gimrah. *Cat.* Lux. Crimée. OD. 582.

— **de Hongrie.** *Cat.* Lux.

— **de Lorraine.** OD. 258. PUL. *Bic.* (47). PUL. dit que ses grains sont ronds ; chez moi, ils étaient légèrement ovales.

Noir de Lorraine. Metz. SIM. L. Un peu différent du précédent, d'après PUL., et très-rapproché du **Pinot.**

Noir de Marengo. *Cat.* Lux. C'est le **Neretto.**

Noir de Nikita. *Cat.* Lux.

— **de Pressac.** *Cat.* Lux., et **Gordoux.** St-Emilion (Gironde). OD. 239. Syn. de **Cot à queue rouge.**

Noir de Vaucluse. *Cat.* Lux. PUL. Les pépiniéristes vendent le **Corbeau** sous ce nom.

Noir de Versecs. Cultivé dans le Banat de Temeswar (Hongrie). OD. 236. Id. au **Pinot noirien.**

Noir de Versitch. OD. 167. Id. au précédent.

— **de Zante.** OD. 374. MEND.

— **doux.** Syn. de **Bouchalès** ou **Cot.** GUY. 310.

Noir du Cantal (Raisin). *Cat.* Lux.

[**Noir fertile d'Eynesse.** Semis de M. MATIGNON, à Eynesse (Gironde). Raisin noir ayant quelque ressemblance avec le **Cot.** (BOUSC.)]

Noir hâtif. *Cat.* Lux.

— **hâtif d'Angers.** G. SIM. L. Grains sphériques. S'est trouvé chez moi un raisin à saveur musquée, que j'ai classé *Bic.* (56).

Noir hâtif d'Espagne. MUL. *Bic.* (23).

— — **de Marseille.** De semis. SIM. L. Grains sphériques. Très-précoce.

Noir menu ou **Menu noir.** Moselle. Meuse. MEND. OD. 176, 257. *Bic.* (27). Id. au **Noir précoce de Hongrie?** PUL. dit que le **Noir précoce** de Hongrie est id. à **l'Ischia** ou **Pinot Madeleine,** et le **Noir menu** semblable au **Pinot commun.** La ressemblance de ce cépage avec le **Pinot** n'est pas dans la feuille, mais plutôt dans le fruit. Il est plus fertile que le **Pinot.**

Noir précoce de Gênes. OD. 335. Syn. d'**Ischia** ou **Uva d'Ischia.** Il est peut être moins connu à Gênes que partout ailleurs; aussi ne s'explique-t-on pas d'où lui est venu son nom. C'est le **Pinot précoce** ou **Madeleine.**

Noir précoce de Hongrie. ST. Voyez aussi **Noir menu.**

Noir précoce de Zante. *Cat* Lux.

— **printanier d'Ischia.** G. Id. au **Pinot Madeleine.**

Noir (Raisin). *Cat* Lux.

— **Ragonneau.** SIM. L.

— **rond.** *Cat.* Lux.

— **tardif.** *Cat.* Lux.

— **tendre.** *Cat.* Lux. Ces noms génériques de **Noir tardif** et autres semblables sont la seule ressource qui reste aux Directeurs de collections quand ils ont perdu les noms véritables de certains raisins.

Noireau. Cépage grossier de la Haute-Loire (Brioude, France).

Noirien. G. OD. 167. C'est le **Pinot noir** de Bourgogne, ou **Franc Pinot.** Dans l'Aube, il est aussi syn. de **Tressot à bon vin.** OD. 200.

Noirien blanc. Côte d'Or. OD. 183. Syn. de **Pinot blanc** ou **Chardonai.**

Noirien de Pernant. OD. 173. Syn. de **Pinot de Pernant.**

Noirien de Riceys. Aube. Syn. de **Tressot à bon vin** (Yonne). MEND. OD. 200.

Noirin. Jura. D'après quelques personnes, c'est une variété du **Pinot** ou **Noirien de Bourgogne,** avec une grappe un peu plus longue. ROUG., ampélographe distingué du Jura, le croit id. au **Pinot.** Il décrit ensuite les suivants :

Noirin d'Italie. Jura. ROUG. Syn de **Frankental.**

Noirin de juillet. Pinot Madeleine ou **Ischia.** ROUG.

Noirin enfariné. Id. au **Pinot meunier.** ROUG.

Noirin gris ou **Pinot gris.**

Nokoudi. Cépage de Perse et d'Arménie à raisin rouge-clair. OD. 587.

Non? fendant blanc. Canton de Vaud (Suisse). AC. 325.

Non? fendant noir. Canton de Vaud. AC. 324.

Non? fendant noir de France. AC. 323.

— — **rouge.** Servagnin. AC. 323. J'ignore où AC. a relevé ces noms singuliers.

Nora. *Cat.* Lux.

Norese. Cesena. AC. 297.

North America. PLANC. V. amér. à fruit noir, un peu précoce. Je la crois id. à la suivante. [EC. MONTP.]

North Carolina. V. amér. très-estimée, à grains

noirs légèrement ellipsoïdes, de la famille des *Labrusca*. [EC. MONTP.]

Northen précoce. V. amér. [EC. MONTP.]

[**Northern Siedling noir**. V. amér. Pour **Norton's Seedling**.]

Northes muscadine blanc. V. amér. estimée ; a des grains légèrement ellipsoïdes. D'après SIMON L., qui écrit **Northern**, il aurait des raisins gros, sphériques, couleur chocolat.

[**Nortoni**. V. amér. *Cat.* LUX. ou **Northon's**.]

Norton's Virginia. V. amér. PLANC. *Vign.* VI,6. Syn. de **Cinthiana**. [Exige des terrains siliceux et ferrugineux. D'une reprise très-difficile de bouture. Presque impossible à distinguer du **Cynthiana**. Vin de bonne qualité, d'un rouge grenat foncé remarquable. [EC. MONTP.]

Norton's Virginia Seedling. *Cat.* LUX. Donne un vin rouge coloré et corsé, bon, pour l'ordinaire, après deux ans et beaucoup de soutirages ; ce vin serait dans le genre du Mâcon et du Saint-Julien mélangés ensemble. *Revue vinicole*. NEW-YORK. C'est un des cépages qui réussit le mieux dans la vallée de l'OHIO. Son raisin mûrit tardivement. [EC. MONTP.]

Nosilla. *Cat.* LUX. ou **Nosella nera**. PIÉMONT. OD. 549. Voyez **Osella**.

Nosiola. AC. 302, 303. *Bic.* M'a été envoyé de TRENTE par M. SANDONA, qui avait écrit **Nusiola**.

Nosiola gentile. TRENTE. AC. 303.

Noston ? G.

Nostrana nera. G.

Notar Domenico. POUILLES.

Notre Dame. PROVENCE. AC. LER. VIV.

— **de Quillan**. LOT-ET-GARONNE. OD. 497. Syn. de **Quillard, Jurançon** et **Brachet blanc**.

Notre Dame (Raisin de). *Cat.* LUX.

Nougaret. G. *Pépin.* Syn. de **Trollinger blauer** ? ou **Frankental**.

Nouveau. G. *Bic.* (11).

— **Gibraltar**. SIM. L. [Semis de VIBERT d'ANGERS. Beau raisin noir, de grande culture, à grains ronds, moyens. (BOUSC.)]

Nouveau sans pepins. *Cat.* LER. C'est un raisin blanc sans pepins, à grains plus gros que ceux de la **Passaretta**, beaucoup moins savoureux.

Novarese. PROV. de MILAN. AC. décr. 253

Novarina. COME. Serait id. à la **Vespolina** du NOVARAIS.

Novaro. *Cat.* LER.

Nuciddara niura. PETRALIA. MEND *Bic.*

Nuciddaricu. MILAZZO. MEND. *Bic.* (2). Raisins blancs, feuilles lisses au-dessus, très-glabres en dessous ; grains ronds, déprimés, surmoyens, si toutefois le cépage que j'ai reçu sous ce nom est bien exact.

[**Nucciddaru**. SICILE. MEND. Raisin noir (BOUSC.)].

Nuciunnaricu di Pergola. MESSINE. MEND.

— **di Vigna**. MESSINE. MEND.

Nuragus. Syn. **Abbondosa**. *Bic.* G. Grains noirs ou rougeâtres, ronds. *Fl. sard.* OTTAVI le dit id. à la **Trebbiana nera** ? et l'écrit **Nugarus**. CAGLIARI.

Nuragus blanc Sardaigne. *Cat.* LUX. *Bic.* (48). D'après MEND. donne des vins communs.

Nureddu. G. Voyez **Niureddu**.

Nureddu scuzzulusu. TERMINI. AC. décr. 176.

Nüruberger rother. Syn. de **Traminer rother**. H. GOET.

Nusco. SARDAIGNE. AC. 296. Pour **Nasco** ?

Nusiola ou **Nosiola**. TYROL. *Bic.* Je ne l'ai pas encore vu fructifier.

Nzolia bianca. SICILE. AC. 174. Voyez **Insolia bianca**.

Nzolia niura. SICILE. AC. 177. Voyez **Insolia niura**.

Nzuliidda. SICILE. AC. 176. Voyez **Inzuliidda** ou **Insoliina**.

O

Oberfelder blauer. Vigne de la vallée de WIPPACH, cultivée à KLOSTERNEUBURG près VIENNE, dans la vigne expérimentale.

Oberkircher. BADE. Syn. du **Riessling**. ST.

Oberland et **Oberlander olwer**. Dans plusieurs vignobles de l'ALLEMAGNE. Syn. de **Olwer**. OD. 285. Décr. MEY.

Oberlander. BAB. Syn. de **Ortlieber gelber**.

Obrostine nero. FRO. Voyez plutôt **Abrostine** de TOSCANE.

Ocanette noire. AIME, dans la TARENTAISE (SAVOIE).

Occhietto bianco ou **Grechetto**. FERMO. *Bic.* Produit chez moi de grosses et belles grappes jaunâtres.

Occhio di bove (*Œil de bœuf*). ROME. AC. décr. 132.

Occhio di bue bianco. *J. bot.* NAPLES. FRO. *Bull. amp.* VII.

Occhi di voi (Buoi) niuri. SICILE. MEND.

Occhio di gatto (*Œil de chat*). MANTOUE. AC. 290. Est aussi cité parmi les raisins blancs de SASSUOLO (MODÈNE), capables de donner d'excellents vins de dessert. *G. V. V.*

Occhio di pernice bianca (*Œil de perdrix blanche*). TOSCANE. AC. décr. 271. TRINCI décr. 99. INC.

Occhio di pernice nera. MONTELUPO. AC. décr. 271. AZZ. *G. V. V.* MEND. *Bic.* (83) (84?). J'ai trouvé qu'il avait la saveur musquée, ainsi que l'indique son numéro de classement.

Occhio di pernice rossa. TOSCANE. AC. décr. 271. TRINCI décr. 98. *Bic.* MEND. **L'Œil de perdrix** de LUCQUES ne serait pas id. à celui de FLORENCE.

Occhio di pernice. MONTEBELLUNO. *Alb.* T. San-GIMINIANO. *Bull. amp.* VII, 528.

Occhiolina nera. PAVIE.

Occhivi ou **Ochivi.** *Cat.* LUX. OD. 403. Syn. de **Panse jaune** dans le département du GARD. D'après BUR., il serait aussi cultivé dans le TARN-ET-GARONNE.

[**Occhivi** ou **Auchivi.** Voir aussi **Augibi** de l'HÉRAULT. Il est id. avec le **Chères** du GARD. (BOUSC.)]

Ocellino à grappe cylindrique. RIVOLI (PIÉMONT). *Bic.* (11). On l'appelle aussi **Noselin re da vin** (*Roi pour le vin*).

Ocellino bianco? AVIGLIANA?

— **nero.** PIÉMONT. OD. 549. *Bic.* (28). Raisin de cuve. Par les deux numéros différents de classification, 11 et 28, on indique qu'il y a deux variétés différentes.

Ochsenauge blaue (*Œil de bœuf bleu*). HONGRIE et STYRIE. Décr. J. MULL. [Voir **Dodrelabi**. (PUL.)] et **Gros Colman**.

Ochsenauge weisse. MUL.

Ocru di boe nero. SARDAIGNE. PUL.

Odoratissima. *Pepin.* Une espèce qui forme une des divisions des vignes américaines. J'ai reçu sous ce nom, d'un pépiniériste, le **Noir parfumé** de WORLINGTON.

Odorosella. NAPLES. AC. 305.

Œil de crapaud. Cité par GUY. 384.

Œil de Tours. *Cat.* LUX. LOT-ET-GARONNE.

Œillade. *Cat.* LUX. LANGUEDOC. Décr. RENDU. OD. 414. Syn. de **Ulliade.**

Œillade blanche. Dans le GARD, syn. de **Gallet** et dans l'HÉRAULT, syn. de **Picardan,** d'après MARÈS.

Œillade noire ou **Ulliade.** MIDI DE LA FRANCE. *Bic.* MAR. Remarquable raisin de table, croquant, un peu charnu et bon pour la cuve. Voyez aussi **Boudalès** et **Ulliade,** quoique **MAR.** ne fasse pas mention de sa syn. avec le **Boudalès.**

[**Œillade Bouschet.** Vigne à jus rouge ; semis de M. BOUSC.]

[**Œillade du 1er août.** Vigne à jus rouge ; semis de M. BOUSC.]

Œillat. AVEYRON. GUY. II, 51.

Œsterreichischweiss. AUTRICHE. H. GOET.

Œstivalis. AMÉRIQUE. VIV. Tribu de vignes de robuste végétation, résistant plus ou moins au phylloxera. Quelques raisins de cette subdivision n'ont pas de saveur parfumée ou *foxée*.

Œstreicher. FRANCONIE. Syn. de **Grün Muskateller.** OD. 299 et de **Grün Sylvaner.** OD. 302. D'après OD., **Grün Muskateller** et **Grün Sylvaner** seraient deux espèces différentes, quoique dans diverses localités ces deux cépages aient pour syn. **Œstreicher;** et c'est à tort, dit-il, que BAB. les aurait fait synonymes.

Œstreicher rother. Syn. de **Sylvaner rother?** MEY.

Œstricher, écrit le comte OD. **302,** lequel doute de la synonymie ci-dessus.

Offenburg reben. BAS-RHIN. OD. 296. Syn. de **Gros Fendant vert** ou **Gros Rauschling,** d'après M. HARDY, directeur du Jardin du Luxembourg. Le **Gros Fendant vert** ne serait pas ici le **Chasselas,** mais un tout autre cépage.

Offenburger. Syn. de **Rauschling dans l'**ALSACE, d'après BAB.

Ofner bianca. HONGRIE? *Cat.* C. BRON.

Ogghirana bianca (**Occhio di rana,** *œil de grenouille*). SARDAIGNE. MEND. *Bic.*

Ogliancie. Je crois qu'on appelle ainsi l'**Aglianica** dans les ABRUZZES.

Oglianica. Voyez **Aglianico.** Dans la région de NAPLES serait syn. de **Greca nera.**

Ognò ou **Greco bianco.** MARCHES.

Ohio. V. amér. Syn. de **Jacquez.**

Okao. G. *Pép.* Je ne sais rien de ce cépage que j'avais acheté et qui périt avant d'avoir pu fructifier.

Okor szemù szöello. HONGRIE. INC. G. *Bic.* OD. 328. Signifie *œil de bœuf.* Id. à **Dodrelabi** ou **Gros Colman,** et à **Ochsenauge.**

Okorszem Kek. HONGRIE. Id. à l'**Aramon.**

Oktaouri. PERSE. PUL. *Bic.* (48).

Oldaker's St-Peter's. Voyez **West's St-Peter's.**

Olicina. Raisin des ROMAGNES.

Oliorpa nera. PROV. NAP. Syn. de **Coda di volpe** (*Queue de renard*)?

Olivastra nera. PROV. NAPOL. Id. à **Chinco nero.** *Bull. amp.* III.

Olivella. Cultivée dans les POUILLES, sur le VÉSUVE et sur le mont SOMMA. FRO. *J. bot.* NAPLES (*Ann. Vit. En.* IV, 224). AC. 305.

Bic. Serait syn. de **Negro amaro**, d'après PERELLI.

Olivella di PALMA. NAPLES. (*Bull. amp.* III.)

— **grande**. NAPLES. (*Bull. amp.* III.)

— **nera**. MILAZZO (SICILE). MEND. *Bic.* (2).

Olivella nera. ABRUZZES. PULL. **L'Olivella** est un des meilleurs raisins des PROV. NAP. pour la cuve.

Olivella nera d'ESPAGNE. ILE D'ISCHIA. FRO.

Oliventraube blaue. Syn. de **Augster blauer**. H. GOET.

Olivese. MOLFETTA. Syn. de **Asprino bianco**. *Amp. Pugl.*

Olivese ou **Asprino**. PROV. NAP. (*Bull. amp.*).

Olivetta de LIPARI ou **Olivella**. MEND. G.

Olivetta nera Marès. *Bic.* Semis de l'illustre baron MEND.

Olivettana bianca. FERMO. MARCHES. *Bic.*

Olivette. *Cat.* LUX. FRANCE. OD. 490. Raisin ainsi nommé parce que les grains ont la forme des olives.

Olivette blanche. *Cat.* LUX. PROVENCE et LANGUEDOC. OD. 407. Raisin de maturité tardive et de facile conservation. *Bic.* (38) (34?).

Olivette de CADENET. G. OD. 408. Appelé aussi **Teneron** de VAUCLUSE. J'ai étudié ce raisin blanc, à grande grappe, dans son pays natal. *Bic.* (47).[1]

Olivette de MONTPELLIER. AC. 322.

Olivette de VILLELAURE (PROVENCE). Etudié en PROVENCE même, avec M. PULLIAT.

Olivette jaune à gros grains. Syn. de **Bicane**.

Olivette jaune à petits grains. *Bic.* G. OD. 408. C'est le raisin de la **Terre promise** des Italiens; les Français l'appellent aussi **Eparse**, à cause de la longueur de ses grappes rameuses et claires qui atteint quelquefois un mètre ou peu s'en faut. Les grains sont petits et exactement olivoïdes.

Olivette noire. *Cat.* LUX. MIDI DE LA FRANCE. *Bic.* (47). Est aussi appelé **Ouliven**. OD. 491.

Olivette noire hâtive. MUL. *Bic.* (47). Citée parmi les *Uve pregevoli* (*Ann. Vit. En.*, fasc. 38). A de grandes feuilles blanchâtres, tomenteuses en dessous

Olivette précoce. Quelques personnes désignent ainsi le **Sicilien** ou **Panse précoce**. Il me semble que les ampélographes français ne sont pas tous d'accord sur la différence qui doit exister entre les **Panses** et les **Olivettes**. Ces noms vulgaires et génériques sont souvent employés indistinctement. [M. DE ROVASENDA trouve que les ampélographes français ne sont pas d'accord sur l'application rigoureuse des mots **Panse** et **Olivette**. Je crois être dans le vrai en constatant que l'**Olivette** a le grain du raisin plus allongé et même pointu ; ce grain est beaucoup plus ferme que celui des **Panses**, qui est plus court, quoique un peu allongé, n'est nullement pointu et beaucoup moins ferme. (PELLICOT.)]

Olivette rose. MIDI DE LA FRANCE. Je le crois id. au suivant.

Olivette rouge des BOUCHES-DU-RHÔNE. *Bic.* (47). MEND. OD. 404. Est vendu par les pépiniéristes sous le nom de **Perle rose**.

Olivette. VAUCLUSE. AC. 330.

Olivier de Serres. Semis de SIM. L.

Olivone pour **Olivella**. PROV. NAP. OD. 285.

Ollivan blanc. GARD. BUR.

Olwer. *Cat.* LUX. HAUT et BAS-RHIN. OD. 285. Est principalement cultivé à GUEBWILLER. Son vin guérit, dit-on, la maladie de la pierre. GUY. III, 143. On l'appelle, dans d'autres endroits **Coda di agnello** ou **Hammelschwanz ?** (*queue d'agneau*) BAB.

Olwer grüner. BAB. et aussi **Oberlander Olwer** en ALSACE.

Olwer. RHIN. OD. 285. Décr. *Bic.* (15). Vigne plus vigoureuse que le **Riessling**, à fruit blanc en forme de pomme de pin. Il est dessiné dans l'Album de M. GOETHE.

Ondaine noir. FRANCE. *Cat.* INC. Voyez **Ondenc?**

Ondenc. MIDI DE LA FRANCE. OD. 491. VIV. TARN-ET-GARONNE. GUY. le cite à la page 384 et dans le tome II, p. 12; il le cite aussi parmi les vignes blanches du TARN.

Ondene noir. G. Je le crois id. aux deux précédents.

[1] Le **Teneron** de CADENET n'est pas une **Olivette**; c'est la **Grosse Panse** de PROVENCE, très-différente des **Olivettes** par son feuillage et ses grains. Dans le MIDI DE LA FRANCE, on ne confond jamais les **Panses** et les **Olivettes**, dont les caractères sont bien tranchés; la forme du feuillage est arrondie, lisse, à dentelures émoussées, d'un vert jaune clair, entièrement nues en dessous. Les **Panses** ont les feuilles très-grandes, tourmentées, rugueuses, vert foncé, à dents longues, à lobes détachés; l'envers est feutré. Les grains des **Olivettes** sont ovoides et presque pyriformes, gros au sommet, amincis à la base. La forme des grains dans les **Panses**, est elliptique. Ces indications suffisent pour éviter toute confusion entre deux tribus aussi distinctes ; elles seront plus complètes dans la description de l'ouvrage. (BOUSC.)

D'après les observations théoriques de M. BOUSCHET, la forme des grains des **Olivettes** serait pyriforme, ce qui est en contradiction avec le nom d'**Olivette**, qui dérive évidemment du mot *olive*. Cependant la forme des grains de l'**Olivette jaune**, **Eparse** ou **Raisin de Palestine**, est notablement olivoïde, contrairement à l'assertion de M BOUSCHET. Voir OD. 409. Le nom d'**Olivette de Cadenet** a été donné par le comte OD. au **Teneron**, malgré sa feuille feutrée. Voir OD. 408 qui fait observer que les grains sont olivoïdes. Dans un dictionnaire ampélographique, on ne peut pas se dispenser de faire figurer une vigne dénommée par le comte ODART.

(*Note de l'Auteur*)

Onderdonk. Syn. de **Jacquez**. Amérique.
Ondin. *Cat.* Lux.
Ondone. *Cat.* Lux.
Onei neiro. Ivrée. Mentionné par GAT.
— **verde**. Ivrée? A comparer avec le **Donei verde,** probablement identique.
[**Onondaga**. BUSH. V. amér. Hybride de **Diana** et **Delaware**.]
Ontario. Vigne américaine d'un mérite secondaire, appelée aussi **Union village**. PLANC.
Oocsi ou **Oocji rep bieli**. Croatie. Syn. de **Lammerschwanz**. H. GOET.
Operart. *Cat.* Lux.
Oporto. Gironde. OD. 245. Syn. de **Teinturier**.
— Vigne américaine noire de ce nom. PLANC. 196. [EC. MONTP.] [Vigne américaine de la tribu des *Cordifolia* ou *Riparia*; petites grappes incomplètes avec beaucoup de verjus; grains ronds, pulpeux, jus coloré, goût foxé. (BOUSC.)] Ce cépage doit être classé, d'après M. ROBIN, parmi les plus résistants. Il en existe quelques anciens pieds en Italie.
Oporto bianco. *Bic.* (1). *Pép.* [V. amér. qui, jusqu'à présent a résisté au phylloxera chez M. GANZIN et chez moi. (PELLICOT.)]
Oporto noir. C'est ainsi que quelques personnes appellent le **Portugieser blauer**.
Orala Nikita. *Cat.* Lux.
Orangetraube gelb. Allemagne. H. GOET. Raisin blanc de table.
Orbois ou **Arbois**. Loir-et-Cher. Syn. de **Pinot verdet** ou de **Pinot menu**, qui serait le **Petit Chenin blanc**. OD. 156.
Orbois ou **Arbois blanc**. Rhône et Isère? [Il n'y a rien de semblable dans le Rhône, ni dans l'Isère. (PUL.)]
Orbois ou **Meslier du Gâtinais**? GUYOT. II, 689. PUL. dit qu'il n'est pas identique au **Meslier**, mais plutôt au **Chevalin** d'Ambérieux.
Orcellina? AC. 300 pour **Occellina**.
Ordubadischer rother. Arménie. SCHAR., H. GOET.
Oriana nera. Lombardie et Vénétie. FRO.
Oriello. PICC. *Pép.*
Oriola. Haut-Novarais. Je le crois syn. de **Bonarda** de Gattinara ; pourtant la description que le prof. MIL. donne de l'**Oriola** du Biellese est contraire à cette synonymie.
Orione. Raisin du Haut-Novarais.
Oriou curaré ou **Picciorouzo** (*Pédicelle rouge*). Val d'Aoste. Décr. GAT.
Oriou gris ou **Picciorouzo**. Val d'Aoste. Décr. GAT.
Oriou gros ou **Picciorouzo**. Val d'Aoste. Décr. GAT.
Oriou lombard ou **Picciorouzo**. Val d'Aoste. Décr. GAT.
Oriou picciou ou **Picciorouzo**. Val d'Aoste. Décr. GAT.
Oriou St-Vincent. Aoste et Saint-Pierre. Décr. GAT. *Bic.*
Oriou voirard ou **Picciorouzo**. Décr. GAT.
Ce sont des raisins aux pédoncules rouges, particuliers à la Vallée d'Aoste, qui ne diffèrent pas assez entre eux pour qu'on puisse faire de tous des variétés séparées. Dans une courte excursion que j'ai faite dans cette vallée et dans les vignobles dits de l'*Enfer*, j'ai pu me convaincre de ce que je viens de dire, quoique je n'aie pas eu pourtant assez de temps pour vérifier toutes les variétés. Ce travail incombe au très-digne et illustre chanoine BÉRARD, qui a entrepris l'étude des cépages de cette vallée.
Orisi bianca ou **Vespaia**. Randazzo. MEND.
Orjelechi. Mingrélie. Caucase. PUL. *Vign.* II, 143 (168). *Bic.* (44).
Orléanais. Alsace. Voyez aussi **Bourguignon**. Ce doit être le **Pinot** auquel on a donné ce nom, parce qu'il a été importé de l'Orléanais.
Orleaner ou **Gros Riessling**. *Bic.* PUL.
— ou **Orleander**. Rudesheim. OD. 263. Id. au précédent (*Journ. vit.* t. II, p 62). Ancienne vigne du Johannisberg qui a dû céder en partie sa place au **Riessling** et au **Traminer**. On en voit quelques plants sur la colline de Rudesheim, surtout en espalier.
Orléans. Indre-et-Loire. OD. 167. Syn. de **Pinot**. GUY. III, 494, cite l'**Orléans** parmi les raisins de l'Oise.
Orléans (früh). Syn. de **Malvasier früher grüner**, d'après MEY. On voit par la synonymie, souvent un peu confuse, qu'on trouve chez les auteurs allemands, que, de même que les Français ont les **Panses** et les **Olivettes**, eux aussi ont des noms génériques comme **Œstereicher**, **Orleaner** et autres, qu'ils donnent à des raisins différents et qui contribuent ainsi à la confusion des noms.
Orléans gelber. Orléans. Syn. de **Orleaner**. BAB.
Orléans grüner. BAB.
Orlender. Voyez **Orleander**, qui, d'après le *J. de vit.*, est la même chose que l'**Orléans**.
Ormeasca. San-Remo. Ligurie. Je le suppose id. au **Dolcetto**. OD. 531 le cite parmi les syn. de ce raisin sans indication de localité.
Orpeggio. Midi de l'Italie.
Orpicchio. G.
Orpina ou **Zinardo**. Bénévent. *Bull. amp.* X. Voyez aussi **San Francesco**.

Orpino de SARDAIGNE. *Pépin. comm.* de ROME.
Ortanella nera. VALTELLINE. CERL.
Ortese de TOSCANE. A comparer avec l'**Orzese?**
Ortlieb. AC. 321. *J. bot.* de GENÈVE.
Ortlieber. WURTEMBERG. OD. 284 le dit syn. de **Klein Rauschling.** ST. 132 le dit également, et avec lui PUL. ainsi que H. GOET et quelques autres auteurs dont je n'ai pas noté les noms. BAB. décrit un **Rauschling** différent de l'**Ortlieber.** J'ai reçu de M. GANIER, sous le nom d'**Ortlieber,** un raisin qui m'a paru différent du **Rauschling.** Il a des feuilles à cinq lobes, à sinus profonds; bourgeonnement droit et non replié, comme cela a lieu d'ordinaire chez les autres espèces. *Bic.* (31). D'après l'autorité des écrivains que j'ai cités, je dois croire que cet envoi de M. GANIER était inexact. J'ai classé, au contraire, *Bic.* (11), le **Klein Rauschling.**
Ortlieber blauer. Décr. MUL.
— **gelber.** BAB. Dess. GOET.
— **grüner.** BAB.
— **kleiner gelber.**
Ortliersiher. AC. décr. 330. BAUMAN.
Ortolana bianca. CONEGLIANO. *Alb.* T.
Orvias White (nera). *Pép.* Peu fertile. C'est, je pense, le cépage suivant dont le nom a été altéré.
Orwins white. V. amér. *Soc. agr.* d'IVRÉE.
Orzèse. G. *Cat.* LUX. LUCQUES. *Bic.*
— **commune.** AC. 271 le cite parmi les raisins de TOSCANE.
Orzèse nero. LUCQUES. *Bic.*
— **piccolo.** TOSCANE. AC. 271.
Orwisburgii (Vitis). *Cat.* LUX. Est écrit **Orwigiis Burgii** dans quelques catalogues à TURIN. C'est une vigne américaine, à raisins blancs.
Osaviziza. Syn. de **Kleinungar.** SUISSE. H. GOET.
Oscirolo bianco de COLLEAMATO (MARCHES).
Osela d'ALPIGNANO. *Bic.* Dess. BON. qui l'écrit **Usela.** Les feuilles paraissent entières, légèrement cotonneuses en dessous; la grappe est compacte, à courtes ailes, presque cylindrique, légèrement bosselée, un peu longue; grains ronds, noir bleu.
Oseletta nera. VÉNÉTIE. *Alb.* T.
Oselin. Voyez **Ocellino.** RIVOLI.
Osella. RIVOLI. *Bic.* Voyez **Osela.**
Oseri du TARN. G. OD. Voyez *Uve pregevoli (Ann. Vit. En.,* fasc. 50). [*Vign.* I, 107 (54).]
Oserie. *Vign.* Raisin d'une très-belle couleur rose. *Bic.* (47).
Oserietto bianco. Arr. d'ALBA (PIÉMONT). Cépage fertile à maturation tardive.
Ostertraube, blaurothe. Syn. de **Pascal noir?** H. GOET.
Othello. ARNOLD'S. Vigne hybride, américaine, à très-beau fruit. Grappe compacte, feuilles sinuées; grains sphériques, noirs. [EC. MONTP.]
Otto rotoli. TRAPANI. MEND.
Oubal blanc. LOT. GUY. II, 33. Je pense qu'il est syn. de **Loubal blanc.**
Oudene noir. Voyez **Ondenc.**
Oudent. *Cat.* LUX. Raisin noir. TARN-ET-GARONNE. BUR.
Oudinot. *Cat.* LUX.
Ouillade. GARD. HÉRAULT. Syn. de **Ulliade.** MAR.
Oulivau. *Cat.* LUX Voyez aussi **Ollivau.**
Ouliven noir. OD. 491. Syn. d'**Olivette.**
[**Oul** ou **Jazzet** *(cœur de coq)*, peu fertile, craint le brouillard, ressemble à une liane. (BOUSC.)]
Ouriou piccolo. Voyez **Oriou.**
Ovata bianca. OVADA. NOVI. Syn. de **Carica l'asino** *(charge l'âne)*. *Exp.* AL. Appelé aussi **Bertolino.**
Ovi de gal veronese *(œufs de coq véronais)*. AC. 247 le dit id. à la **Galletta bianca.** TOSCANE. Dans l'*Alb.* T. on dit qu'il est cultivé dans les jardins.
Ovo di gallo. *Pépin. Bic.*
— **di pernice** *(œuf de perdrix)*. G. *Pépin.* Ce nom a été peut-être donné à l'**Espagnin blanc?** Mém. GAR.-VAL.
Oyo de Liebre. ESPAGNE. BUR.
Oyo de rey de Morada. ESPAGNE. S'est trouvé être chez moi le **Gros Ribier.** *Bic.* (48). En rapportant cette observation, je n'entends pas affirmer l'identité des deux cépages. Dans ce cas comme dans d'autres semblables, j'expose seulement le résultat de mes expériences, qui sera comme non avenu si le cépage qu'on m'a envoyé sous ce nom n'était pas celui que ce nom désignait.
Ozzese. Voyez **Orzese.**

P

Pacchione bianco ou **Empibotte** *(remplit tonneaux)*, à SENIGALIA, ANCONE.
Padbeuz ou **Podveuz.** Syn. de **Ahorntraube bianco.** H. GOET.
Pærina. *Cat.* LUX.
Paesano (*Paysan*). Cultivé dans les POUILLES. (*Ann. Vit. En.,* vol. IV, p. 224.)
Pafagnà. Ile de ZANTE. Raisin de table.

Paga debiti nera. (*paie-dettes noire*). NAPLES. *J. bot. Bic.*

Paga debiti rossa. NAPLES. *J. bot. Bic.*

Paga debito (Uva). NOVOLI. Vigne des POUILLES, cultivée aussi en CORSE? MEND. *Bic.* (47). D'après CONSOLE, le raisin de ce cépage n'a pas de saveur, mais il se conserve bien en hiver.

Paga debito bianco. FERMO. *Bic.* Aurait aussi pour syn. **Trebbiano?**

Paga debito nero. MARCHES. Aurait pour syn. **Cortinese nera** et serait cultivé en Corse sous ce dernier nom. Cette vigne m'a donné ces dernières années de très-belles récoltes et de meilleure qualité que je n'aurais pu l'espérer, vu la médiocre réputation dont elle jouit dans son pays originaire.

Paga debito de FERMO. *Bic.* (27)?

— — PROV. NAP. AC. 306. Dr CARP. rapp. Cépage à fruit blanc qui aurait beaucoup de syn., tels que **Panzon** à CESENA, **Empibotte, Sfonda botti, Gonfia botti, Vaccone** et **Cacciò** dans les MARCHES, d'après GAND. (*Ann. Vit. En.* 43. *Bull. amp.* II.)

Paga padrone (*paie maître*). SAN-REMO. AC. 297.

Pagana nera. PAVIE.

Paganone. *Cat.* LUX. COME. AC. 292, 300. Décr. INC. [Ecrit **Paganona** dans le *Cat.* LUX.] Dans une récente excursion que j'ai faite dans un vignoble de COME, j'ai observé le cépage suivant :

Paganone rosso. LUCINO. COME. Feuille trilobée, sous-moyenne, légèrement cotonneuse en dessous. Grappe à grapillons serrés, agglomérés ; grains moyens, ronds, rouge-clair ou foncé suivant le degré de maturation.

Paillot noir. CHATEAUROUX (INDRE). GUY. II. 564.

Paillous noir. TARN-ET-GARONNE. GUY. 384.

Palaires. *Cat.* LUX. [J'ai reçu sous ce nom le **Piquepoul noir.** (BOUSC.)]

Palermitana. MESSINE. MEND.

— **di novi manu.** MILAZZO, c'est-à-dire *à neuf récoltes?* MEND. Ce serait trop

Palestina lunga. G. CARAGLIO. *Bic.* Id. à l'**Uva della terra promessa** ou **Olivette jaune. à petits grains** ; française.

Palestine (Vigne de la). *Cat.* LUX.

Pallaverga nera. G. Pour **Pelaverga.**

Palle di gatto. G. SALUCES. *Bic.*

Pallina nera. NAPLES. *J. bot.* FRO.

Pallona nera. CONEGLIANO. *Alb.* T.

Palombara bianca. SICILE. FRO. Voyez aussi **Palumbara.**

Palombina bianca. TOSCANE. SOD.

— **nera.** Ile d'ISCHIA et PROV. NAPOL. ; un des meilleurs raisins de cuve ; je le crois id. au suivant :

Palombino nero du Vésuve. *Bic.*

Palominos de Jeres blanc. ESPAGNE. *Bic.* (15). Je l'ai eu de M. BOUSC., et il s'est trouvé id. au **Listan blanc** d'ANDALOUSIE.

Palominos Bravio. ESPAGNE. ROX.

Palonbina negra. TOSCANE SOD.

Paloppu. SARDAIGNE. G. Raisin blanc, de table, dur et ferme. MEND. *Bic.* (47). Voyez aussi **Galoppo.** Serait id. à l'**Axinangelus** et au **Crujidero**, si les plantes que j'ai reçues sont bien toutefois des **Paloppu.**

Palumba. Un des raisins blancs cultivés dans les POUILLES. *Ann. Vit. En.* IV, 224.

Palumbara nera. SAN-SEVERINO (NAPLES).

Palumbo bianco. BARLETTA. Décr. *Amp. Pugl.* FRO.

Palumbosello nero. TERRE D'OTRANTE.

Palummara. SICILE.

Palummina nera. LANZARA. SERINO (NAPLES) *Bull. amp.* III.

Palvanz blauer. Décr. MUL. A. cause de la ressemblance des noms, il sera bon de le comparer avec le **Plavaz.**

Pametta lombarda. G.

Pampal gira. OD. 517 le cite parmi les cépages espagnols de la collection du LUXEMBOURG.

Pampalo tondo. FERMO. MARCHES. *Bic.* Appelé aussi **Pampali tondi.**

Pampalomo. FERMO. MARCHES. *Bic.*

Pampals noir. BURY.

Pampanal. PYRÉNÉES-ORIENTALES. GUY. 280.

Pampanato bianco. ALTAMURA. MEND. *Bic.*

— — BARI. MEND. *Bic.*

— **nero.** BARI. MEND. *Bic.* Appelé aussi **Falsuare.**

Pampanino. TOSCANE.

— **rosso.** CENDRINI. MODÈNE. Je le trouve indiqué dans les *Mém.* GAR.-VAL. avec des grains ronds. Grappe compacte, ailée, puis cylindrique à la pointe. Celui que je cultive a des raisins légèrement ovales et est de maturité tardive. Les grains deviennent violets noirâtres. *Bic.* (48).

Pampano rotondo. D'après quelques personnes serait syn. de **Falsuare.** FERMO. *Bic.* (47).

Pampanone bianco. ANCONE. Raisin de second ordre.

Pampanone bianco. MARCHES. *Bull. amp.* II.

Pampanosa nera. PROV. NAP.

Pampanuto. TERLIZZI. Décr. *Amp. Pugl.*

— **bianco** (*Bull. amp.* I).

Pampega. FRANCE MÉRIDIONALE. OD. 491 le dit énorme et méprisable.

Pampigat. *Cat.* LUX. Le *Cat.* BUR cite une variété noire et une blanche. [Appelé aussi **Pan-**

plegat. BOUCHES-DU-RHÔNE. Cultivé aux environs d'Arles (signifie en patois *pain plié*), très-bon raisin de table. (BOUSC.)]

Pampino pagliato. G. FLORENCE. *Pépin.* S'est trouvé chez moi être le **Ciotat d'Autriche.**

Pampino raro. G.

[**Pampoul.** ROUSSILLON. C'est le **Calitor** de l'HÉRAULT et du GARD. (BOUSC.)]

Pampulgirat. *Cat.* LUX.

Panaché. *Cat.* LUX. AC. 305. Je suppose que c'est le **Morillon panaché.**

Pane nero. PROV. NAP. A comparer avec le **Sanginella?**

Pane. *Cat.* LUX. PROV. NAP. AC. 305.

Panea bianca. NICE.

— **nera** ou **Negro.** NICE MARITIME. *Vign.* I, 173 (87). J'ai examiné ces raisins dans les vignes de NICE.

Pannufinu. SICILE. MEND. Raisin de cuve.

[**Pansa di serventa.** Vigne du BAS-MONTFERRAT qui donne un raisin gros et mou, très-peu estimé. J.-A. OTTAVI.]

[**Pansas.** CATALOGNE. J'ai reçu sous ce nom une variété ressemblant au **Muscataly** de HONGRIE. (BOUSC.)]

Panse blanche musquée. PYRÉNÉES-ORIENTALES. Dess. RENDU. OD. 393, 402. *Pépin. Bic.* C'est le **Moscatellone** ou **Salamanna.**

Panse chaouch. ALGÉRIE. VIV.

— **commune.** BOUCHES-DU-RHÔNE. AC. 329, 330. *Cat.* LUX. OD. 405. *Bic.* PUL. dit qu'elle a des feuilles cotonneuses en dessous.

Panse de ROQUEVÈRE? SIM. L.

— **jaune.** PROVENCE. Voyez **Bicane.** OD. 360, 402. *Bic.* G.

Panse longue musquée et **Panse musquée.** OD. 393, 402. Dess. RENDU. OD. 393, le dit syn. de **Muscat d'Alexandrie.**

Panse noire. *Cat.* LUX. HÉRAULT.

— **précoce** ou **Sicilien.** ANCIENNE PROVENCE. G. OD. 360, 402. Voyez *Uve pregevoli* (*Ann. Vit. En.*, fasc. 50). J'ai trouvé peu de raisins aussi bons et aussi rafraîchissants que celui-là lorsque je l'ai goûté à TOULON et à MARSEILLE. *Vign.* I, 187 (94). *Bic.* (48, 47).

Panse précoce musquée. PROVENCE.

— **précoce.** DIJON. *Vign. Bic.*

— **rose.** *Pép.* De maturité tardive. *Bic.* Est aussi appelé **Olivette rouge.**

[**Panse rustique.** Comice de TOULON. (BOUSC.)]

Pantonicu. SICILE. MUL. A MESSINE est appelé ainsi au lieu de **Mantonicu.** Raisin de cuve.

Panzali bianca. SASSARI. SARDAIGNE. *Bic.* MEND.

Panzali di Cagliari bianca pour raisins secs. SARDAIGNE. MEND. *Bic.*

Panzone. Syn. de **Paga debito.** GANDI.

Paolina. TRENTE. AC. 303.

Papa-zöllö bianca. Raisin de table. H. GOET.

Papadou. ARDÈCHE. Variété d'**Ulliade** à feuilles lisses et glabres.

Papadoux. ARDÈCHE. GUY. II, 75.

Papale. ITALIE DU MIDI.

Papaona. *Cat.* LUX. [ESPAGNE. Raisin blanc, à grains ronds, aussi hâtif que le chasselas. (BOUSC.)]

Paparina. Raisin de table. PROV. NAP.

Pappola. G.

Pappolina di carta. G.

— **di Zante.** G.

— **piccola.** G.

Pappolino piccolo. G.

Paradilla. *Cat.* LUX. [ESPAGNE. Raisin blanc, à grains ronds; sarments demi-érigés; le feuillage rappelle celui de la **Bourboulenque.** (BOUSC.)]

Paradisa. AC. 294. SOD. Raisin blanc. *Bic.*

— **bianca** de BOLOGNE. *Bic.* (48). Très-beau raisin doré, un des meilleurs pour la table et pour conserver en hiver.

Paradisa rossa. Raisin de table. PROV. NAP.

— **umile.** G.

Paradiso bianco et **Dal Paradiso.** *Alb.* T.

Paradizia nera. DALMATIE. *Bic. Cat.* INC.

Paranese. G.

Parc de Versailles (Vigne du). *Cat.* LUX.

Parde petite. ORLÉANAIS. OD. dit que c'est un cépage méprisable.

Parde noire (grosse). GIRONDE. VIVIE.

Pardilla blanc. ESPAGNE BUR. **Paradilla** dans le *Cat.* LUX.

Pareux. *Cat.* LUX. et **Pareux noir.** PUL. [Le raisin que nous avons reçu sous ce nom est syn. du **Peloursin** de l'Isère. (PUL.)]

Parina. *Cat.* LUX.

Parlosette rose. DRÔME. *Cat.* BUR.

Parlouseau. ISÈRE. Syn. de **Peloursin noir.**

Parma. PAVIE. *Bic.* Probablement id. à la suivante :

Parmigiana. VOGHERA. Appelée aussi **Parmesana.** Très-cultivée dans la province de COME, où elle a pour syn. **Pignolone.** Grosse grappe pyramidale, ailée, serrée; grains gros, ovoïdes, d'un noir bleuâtre à parfaite maturité.

Parona. Province de PAVIE.

Parpeuri et **Parporio.** Arr. de SALUCES. VIV. *Bic.* A mon grand étonnement, je l'ai trouvé placé parmi les syn. du **Grenache?** dans les *Ann. de Pom.* de BELGIQUE. Il n'a rien de commun avec ce cépage. Voyez aussi **Parpuri.** On croit qu'on appelle **Parpeuri** le raisin de SALUCES, à cause de la couleur pourprée de son feuillage en automne.

Parpionne. *Cat.* LER.

Parporio. SALUCES. Appelé vulgairement **Parpeuri**. *Bic*. (6) (14)? Raisin de primeur dont la culture a diminué depuis l'invasion de l'oïdium. Les grains ont le point pistillaire creusé ou déprimé. Son vin peut se boire de suite, et l'usage, à SALUCES, était de le vendre au sortir de la cuve après la fermentation.

Parpuca. *Cat*. LUX.

Parpueri. PÔ. AC. 323. C'est, je crois, une altération du mot **Parpeuri**.

Parpuri ou **Parpeuri** est donné comme syn. du **Grenache** dans les *Annales de Pomologie*. Le **Grenache** n'a pourtant rien de commun avec le **Parpeuri** de SALUCES.

[**Parrel de Cutillas**. LUX. ESPAGNE. (BOUSC.)]

[**Parrell**. ROUSSILLON. C'est le **Morastel** à petits grains. (BOUSC.)]

Parruel noir. *Cat*. BUR.

Parvereau ou **Parveraut**, ou **Prouvereau** ou **Proveraut**. DRÔME. OD. 280, 364.

Parvero. ARDÈCHE. Ecrit GUY. II, 75. Syn. de **Cornet** de la DRÔME, d'après MAR.; PUL. le croit différent.

Pasa de Cutillas. *Cat*. LUX.

— **de Lorca**. ESPAGNE. *Cat*. LUX. Raisin blanc, d'après BUR. [Grandes grappes, gros grains blancs, exige la taille longue. (BOUSC.)]

Pasa de Moratella. *Cat*. LUX.

Pascal de CAGLIARI. G. *Bic*. MEND.

— **musqué**. OD. 354, 386, le dit tout à fait différent du **Pascal blanc**. Dess. REND. Syn. de **Muscat primavis?** d'après LEROY.

Pascal blanc. OD. 354. BASSES-ALPES. GUY. 57. VAUCLUSE. GUY. 210. PROVENCE. MAR. 281. PUL. *Vign*. III, 1 (193). Cépage très-fertile. *Bic*. (31).

[Le **Pascal blanc**, qu'on ne doit pas confondre avec le **Primavis muscat**, qui est nommé **Brun blanc** dans l'est du département du VAR est un cépage très-fertile, le cépage des calcaires pauvres, et il entrait pour beaucoup dans la confection du vin blanc de CASSIS, quand CASSIS produisait encore du vin; il méritait une mention spéciale plus que le **Pascal noir**, qui a été tout à fait abandonné et que les anciens vignerons désignaient aussi sous le nom de **Primavis** tout court. PELL.]

Pascal noir. MEND. G. *Bic*. PELL. le donne comme un cépage très-fertile du VAR et des BOUCHES-DU-RHÔNE.

Pascali sardo. Vin d'ordinaire, coloré. MEND. *Bic*.

Pascaou ou **Plant Pascal**. OD. 489. **Pascaou** est le nom du **Pascal** en dialecte provençal.

Paschali de CAGLIARI. MEND.

Pasee. GORGONZOLA. MILAN. AC. 306.

Passe longue musquée. DUHAMEL appelle ainsi le **Muscat d'Alexandrie** ou **Moscatellone**.

Pasquali sardu. Je le crois id. au **Pascal noir** de CAGLIARI.

Passa ou **Passera nera** des TOSCANS. AC. décr. 234. Cité comme le plus précieux parmi les cépages fins de SASSUOLO (MODÈNE).

Passa bianca. PESCARA. MEND. *Bic*.

Passadille. *Cat*. LUX. On trouve dans MAR. **Passarille**, syn. de **Augibi**; peut-être la lettre *d* est ici une faute d'orthographe, comme on en trouve d'ailleurs bien d'autres dans le Catalogue du LUXEMBOURG.

Passale bianco. SARDAIGNE. MEND.

Passaloro bianco de NOVOLI. MEND. *Bic*. (31) (47).

Passaretta bianca. INC. Voyez **Passeretta**.

Passarina compatta. G.

Passa tutti Moscato.

Passera. *Pépin*. *Bic*. J'ai reçu sous ce nom le **Chasselas violet**.

Passeretta. Syn. de **Tramarina**. Voyez **Passeretta rossa**. Décr. AL.

Passeretta bianca. *Bic*. (15). AC. décr. 78. MEND. G. Dess. BONAF. Dess. ALEX. Décr. INC. *Vign. Journ. vit*. Avant l'invasion de l'oïdium, ce raisin était très-cultivé à CANELLI et autres lieux circonvoisins, et il contribuait à la légèreté et à la grande réputation des vins blancs d'ASTI. Dans un couvent de religieux, à CANALE, une treille de ce cépage avait pris un développement surprenant. La culture de ce cépage est actuellement bien diminuée, parce que l'oïdium altère promptement la peau mince des raisins qui sont très-petits.

Passeretta coi vinaccioli? (*avec pepins*) *Pép*. *Bic*. La vigne que j'ai reçue n'était pas une **Passeretta**.

Passeretta nera. *Bic*. AC. décr. 97. Décr. INC. Décr. AL. A l'*Exp*. d'AL., elle ressemblait à un **Furmint gris**; il y avait quelques grains gros mêlés aux petits, ce qui arrive aussi à la **Passolina nera** que j'ai reçue du baron MEND. La **Passeretta blanche**, au contraire, n'a jamais de gros grains.

Passeretta rossa. *Bic*. AC. le cite 118. Syn. de **Tramarina rossa**. Décr. AGAZ.

Passeretta senza vinaccioli. *Bic*. *Pép*.

— ou **Uva Passera rossa**. Décr. par CIN. SINALUNGA.

Passerie? Augevin blanc. AC. 324.

— AC. 328. Dans le *Bull. amp*. VII, 550, on trouve:

Passeri nera. SALERNE.

Passerille blanche ou **Jubi**. *Bic*. (31). Voyez **Augibi blanc?** Une de ces plantes qui m'est venue de l'HÉRAULT m'a paru id. au **Major-**

quen. Je ne sais si ces deux plantes doivent être identiques. Le *Vignoble*, IX, 165 contient le dessin d'une **Passerille blanche** envoyée de la DROME à M. PUL. qui l'a trouvée semblable par plusieurs points au **Boudalès**, sauf pour la couleur du fruit, mais à grappe plus grosse, à grains plus allongés, à feuilles cotonneuses. PUL. dit que c'est un bon raisin blanc de table, ferme et de bonne conservation.

Passerille noire. VAR. INC. *Bic.* (47); dans le genre du **Boudalès.** GUY. II, 240, le cite parmi les cépages de la DRÔME. Il figure aussi parmi les *Uve pregevoli. Ann. Vit. En.*, fasc. 48. [VALLÉE DE L'HÉRAULT, c'est le **Boudalès, Cinsaut**, des environs de MONTPELLIER. (BOUSC.)]

Passerille noire à gros grains. On cultive sous ce nom, près de ST-PÉRAY, l'**Ulliade** ou **Boudalès** [Ou **Grosse Passerille**, variété de la précédente. (BOUSC.)]

Passerin commun de Montpellier? AC. 328.

Passerina. ROMAGNE. AC. décr. 136. SOD. Ce nom est très-improprement appliqué, dans les ABRUZZES, au **Trebbiano giallo romano.**

Passerina del Vesuvio. MEND. *Bic.*

— **nera.** CASTEGGIO. VOGHERA. On m'a montré sous ce nom le **Neretto** de MARENGO.

Passerina nera. AC. décr. 234. G. La **Passerina nera** de TORRE DEL GRECO et des environs est, d'après M. G. TORRESE, très-bonne pour faire du vin et préférable à toutes les autres variétés; il entre pour la plus grande partie dans la confection du vin appelé **Lacrima nera** du VÉSUVE.

Passolara bianca. MEND.

Passolaro. SICILE. Appelé aussi **Insoliina.** C'est un cépage tout différent de la **Passolina nera** de LIPARI et de la **Passeretta** ou **Corinto nera** de la MOYENNE et HAUTE ITALIE ; il a la feuille d'un vert jaunâtre et diffère des **Teinturiers**, auxquels quelques personnes l'ont comparé.

Passolaro bianco. G. BARI. MEND. *Bic.*

— **bianco** ou **Zuccherino** de NOVOLI. MEND. *Bic.*

Passolina. OD. 534. Ce nom est surtout usité dans l'ITALIE MÉRIDIONALE, pour **Passerina** ou **Passeretta.**

Passularo nero. TRANI. MEND. *Bic.* (48).

Passule blanche. *Pép.*

Pasteno nero. PROV. NAP.

Pastora bianca. *Exp.* AL.

— **nera.** Décr. AL.

Pataki. *Cat.* LUX.

Patara Andasaouli. RÉGIONS CAUCASIQUES. PUL. *Bic.* (48).

Patara saperavi. TIFLIS. OD. 590.

Paterniga nera. BOLOGNE. CRESC.

Patrasso bianco de PIÉMONT. FRO. Voyez **Patlasso.**

Patlasso nero. Décr. AL.

Patlasso bianco. *Exp.* AL. Grappe compacte, verte.

Patriarca. COME. C'est un syn. de **Margellana.**

Pattaresca nera. C'est un raisin du PADOUAN.

Patouja et **Patuja** ou **Pattuja nera.** ARR. D'IVRÉE. PIÉMONT. GAT. le décrit sous le nom de **Monfrina.** Je l'ai étudié à l'*Exp.* de PAVIE, en 1876; il a de gros grains noirs ovoïdes.

Patte de mouche. MOSELLE. OD. 256. Raisin de quelque mérite, ainsi appelé probablement à cause de la disposition et de la finesse des raisins. La grappe n'est pas grosse et est très-claire. Les grains sont ronds, jaunes et pleins de jus.

Paugayen. *Cat.* LUX. *Vign.* VI. 7. DRÔME.

Paula. *Cat.* LUX.

Pauline. AMÉRIQUE. G. Vigne amér. vigoureuse, mais de maturité tardive, de couleur bronze d'abord, et puis noirâtre. PUL. PLANC. 187. *Bic.* (61). Mûrit bien, dans ma collection. A les feuilles froncées, les sarments lisses, d'un rouge violacé foncé en février et très-pruinés. [Très-sujette à l'anthracnose, ou tout au moins au charbon (*Æstivalis*). EC. MONTP.] Je ne sais pourquoi ce cépage est classé parmi les *Æstivalis*, car son fruit est très-*foxé* et sa feuille ressemble à celle d'un *Labrusca*.

Pausa? bianca. NICE. AC. 296. Peut-être pour **Panea?** ou pour **Pansa?**

Pavana. TRENTE. AC. 303.

— **nera.** TRENTE. AC. 302. 303. Je l'ai reçue d'UDINE. *Bic.* (47). J'ai trouvé qu'elle ressemble un peu à la **Barbera**, mais elle a une apparence plus grossière et un jus beaucoup moins sapide et moins vineux.

Pavezera bianca. VITTORIO. VÉNÉTIE. *Alb.* T.

Paxton. AMÉRIQUE. Vigne de l'espèce des *Æstivalis*.

[**Peau dure.** VAUCLUSE. Raisin blanc, à grains assez gros, chair ferme. (BOUSC.)]

Pecho de Perdiz. ESPAGNE. ROX. Grains charnus, obovales, tachetés sur fond doré.

Pecorina Arquatanella. ASCOLI-PICENO. MEND. *Bic.* (34) (36?).

Pecorino bianco. PROV. D'ANCONE et MARCHES. *Bull. amp.* II. Le prof. SANTINI qui l'a décrit dans l'*Amp. maceratese*, lui donne pour syn. **Forcese, Forconese, Bifolco, Piscionello, Mostorello, Stricarella, Cococciara,** etc.

Pecoui-touar. VAR. G. OD. 483. Syn. de **Brachetto** dans le VAR. PELL. A aussi pour syn.

Calitor. Dans un article du *Journ. de Vit.*, 5e année, p. 860, il est qualifié d'*infâme*. Il donne un vin faible. Il n'a pas pourtant une aussi mauvaise réputation à NICE, où on le cultive, comme je l'ai dit, sous le nom de **Brachetto**. Je l'ai reçu de MM. MAR. PELL. et BOUSC. [*Vign.* II, 23 (108).]

Pedee americana. De l'espèce des *Vulpina*.

Pe de Perdrix. MINHO (PORTUGAL). Syn de **Alvarelhao.**

Pedi di Sciocca. SICILE. Signifie *Pied de poule*. MEND.

Pedicinuta bianca. TERLIZZI ou **Uva Tarantina.** *Bull. amp.* I.

Pedouille. GIRONDE. OD. dit que c'est un cépage à mépriser.

Pedra. PAVIE. *Bic.*

Pedro. *Cat.* LUX.

Pedro Ximenès. *Cat.* LUX.

— — **blanc.** ESPAGNE. *Vign.* III, 11 (198)]. AC. 319. OD. 502. C'est un des raisins les plus renommés et les plus répandus en ESPAGNE et dans d'autres régions ; il produit les meilleurs vins de MALAGA, XÉRÈS et autres crus d'ESPAGNE recherchés dans le monde entier. Il a de belles grappes blanches et des caractères suffisamment tranchés pour qu'il soit facile de le classer. Il vient parfaitement sur les coteaux de SALUCES. J'en ai reçu trois exemplaires de MM. MAR., PUL. et GANIER. *Bic.* (37). On le croit originaire de MADÈRE. Je ne puis admettre, comme quelques personnes le prétendent, qu'il soit originaire du RHIN, parce que dans les PROVINCES RHÉNANES, il aurait de la peine à bien mûrir et aussi parce que ses grappes ont des proportions beaucoup plus grandes que celles qu'ont habituellement les cépages du Nord.

Pegolassa bianca. SAN-REMO. PANIZZI. Grains ronds.

Peilaverga ou **Pelaverga.** *Bic.* (32) (16). Id. au **Cari** de TURIN. Dess. BON. Dess. *Vit.* t. V, p. 280. Mentionné parmi les *Uve pregevoli*. (*Ann. Vit. En.*, fasc. 48). Cépage robuste qui donne en abondance de belles grappes noires, rougeâtres, à gros grains, avec un jus clair; raisin de table plutôt que de cuve, quoiqu'on fasse avec lui un vin doux, mousseux, spécial au pays de SALUCES. Le raisin est très-sucré et se conserve facilement pendant l'hiver. Ce cépage mérite, je crois, d'être introduit dans les cultures de la MOYENNE et de la BASSE ITALIE.

Peilaverga gentile de PAGNO. Est tout à fait id. au précédent. Il arrive pour ce raisin, comme pour beaucoup d'autres chez lesquels on rencontre de légères modifications qui toutefois n'enlèvent pas les caractères généraux de la variété et qui proviennent principalement d'un degré différent de maturité ou de toute autre circonstance culturale. Malgré ces distinctions que font certains cultivateurs, je crois qu'il n'existe qu'une seule espèce de **Pelaverga.**

Peillons blanc. GUY. 385.

Peilloux. AVEYRON. GUY. II, 51.

Pelaouille GIRONDE. Voyez **Pedouille.**

Pelara veronese. AC. décr. 235 Je l'ai trouvé, ailleurs, écrit **Pellada.**

Pelasina ou **Pelosina.** PIÉMONT. Décr. INC. *Bic.*

Pelizzona. PARME. Cultivé principalement en plaine. *G. V. V.*

Pellada. Voyez **Pelara.**

Pellarin. ISÈRE. GUY. II, 254.

Pelassa. Voyez **Plassa.** PIGNEROL.

Pella verda. *Cat.* LUX. Altération du mot **Pellaverga.**

Pellaverga nera. *Ann. Vit. En.*, p. 13. Voyez **Peilaverga.**

Pellazano. G.

Pellegrina ou **Pissotta.** Cité parmi les raisins blancs de MIRANDOLE. *G. V. V.* II, 58.

Pellucens. Syn. de **Arratalau.** *Fl. Sard. Bic.*

Pellucida. G. Probablement c'est une traduction ou une modification du nom précédent. Le baron MEND. l'indique comme venant de la COLL. DORÉE et comme originaire de NICE?

Pelosa ou **Galandino bianco.** G.

Pelosella. SAN-REMO. AC. 298.

Pelosetta ou **Vesentinella veronese.** ROVEREDO. AC. décr. 235. *Bic.* (48).

Pelosi de LUCQUES. *Bic.* (48). *Pép.*

Pelosina bianca. ASTI. INC.

Peloso ou **Bianco peloso.** Syn. de **Verdicchio.**

Pelossard blanc. BUGEY. OD. 361 le dit syn. de **Lignan** ou **Pulsart blanc** de SALINS. Il n'y a pas seulement une variété de raisins qui porte ce nom en FRANCE, soit parmi les raisins blancs, soit parmi les noirs. Parmi les vignes blanches, celle du BUGEY est syn. de **Luglienga.** Ce nom est écrit de diverses manières: tantôt **Pulsart,** tantôt **Plussart** ou **Blussart** ou **Belossard.** Moi aussi j'ai reçu de BOURGOGNE le **Lignan** sous le nom erroné de **Poulsard.**

Pelossard d'Ambérieux. Est différent du suivant, a la feuille peu sinuée et légèrement cotonneuse. [C'est le **Pelossard** de l'AIN. (PUL.)]

Pelossard de Seyssel. Id. au **Peloursin** de l'ISÈRE. PUL. A des feuilles très-sinuées.

Pelossard noir. AIN. *Vign.* I, 35 (18). Différent du **Pulsart** du JURA. Est ainsi appelé du mot **Pelosse,** qui est le nom du fruit du *Prunus* *spinosa* des haies, auquel ressemble son raisin. Raisin de table et de cuve, se conservant peu. [Il faut écrire **Pélossart rouge**. (PUL.)]

Pelossard rouge ou **Mecle**. OD. 265. Id. au **Pulsart rouge** du JURA.

Pelouille noire GIRONDE. VIV.

Peloursin ou **Pelorsin.** GRENOBLE. Id. à la **Dureza** de la DRÔME. *Vign.* III, 7 (196).

Peluscens ou **Pellucens**. SARDAIGNE. G. Syn. de **Aretalau** ou **Aratalau.**

Pelussin. A BEAUREGARD (ISÈRE), GUY. II, 253, le met comme id.? au **Pineau.**

Penasser? ou **Salvagin ? rouge?** AC. 325

Pendelat? *Cat.* LUX.

Pendoulot. OD. 261. Syn. de **Poulsard.**

Pendula. SCHUBLER. Syn. de **Hangling**.

Pensiles. Les Latins appelaient ainsi les raisins qui se conservaient longtemps.

Pepe. Raisin de table. PROV. NAP.

[**Pepin de Limdi Khannah**. Semis du comte OD.; ne diffère pas sensiblement du **Grec rouge**. (BOUSC.)] Voir **Raisin de Limdi Kanath.**

Pepin de Schyras blanc. G. OD. *Bic.* (44). Raisin de table, tardif.

Pepin de Schyras rouge. *Pép. Bic.*

Pepin d'Ischia. *Pép.* OD. 381.

— **d'Ispahan blanc**. *Bic.* (44). Tardif; raisin de table.

Pepin d'Ispahan noir. G. *Bic.* (43). Tardif; raisin de table.

Pepin d'Ispahan rouge.

— **d'Espagne**. *Pép Bic.* Ainsi appelé par erreur. Est id. au **Pepin d'Ispahan blanc.**

Perà blanc. INDRE. GUY. II, 564.

Perchingo bianco. POUILLES

Percocha. Cépage espagnol. OD. 517. Voyez **Melcocha.**

Perdonet blanc. ANGERS. PUL.

Perelntraube blanc. HONGRIE, ou **Gyôngyszôlô**. H. GOET. Raisin de cuve.

Pergola. Dess. *Exp.* CHIETI. Grappe grande, courte, à long pédoncule ; grains un peu ovales, gros, représentés dans le dessin avec une couleur chocolat foncé peu naturelle.

Pergola rossa. RIMINI. AC. 297. Je la crois id. à la **Bermestia.**

Pergole. Syn. de **Brumeste,** d'après CRESC. qui l'a décrit.

Pergolese bianca. SOD.

— **da Pergola**. ROME. AC. 294. SOD. PUL.

Pergolone bianco. PESCARA. MEND. *Bic.* 33.

Perigord. CORRÈZE. PUL. GUY. II, 127. [Syn. de **Picat** et de **Mérille.** (PUL.)]

Perigord. CHER. Syn. de **Cot**.

— DORDOGNE. Serait syn. de **Mérille.**

Est cité par GUY. parmi les cépages de LIBOURNE.

Perinetto nero. CALUSO. IVRÉE. Décr. GAT.

Perkins. Vigne américaine de mérite secondaire. PLANC. 156. SIM. L. [*Labrusca.* EC. MONTP.]

Perla bianca grossa. GANIER. *Bic.*

— **Diamante**. G. *Bic. Pép.*

Perla di Siena? *Bic. Pép.*

— **nera**. Plusieurs pépiniéristes vendent l'**Ulliade** sous ce nom.

Perla piccola. G.

— **rosa.** G. *Bic.* Syn. d'**Olivette rose.**

Perlé. *Cat.* LUX.

Perle blanc de Prune (Raisin). *Cat.* LUX.

Perle blanche. *Cat.* LUX. PUL. Raisin de table. *Pépin.* GANIER. *Bic.* (16) [**Perle blanche** ou **Grosse perle**, id. avec le **Raisin Notre-Dame** de VAUCLUSE, le **Raisin des Dames,** la **Bicane** du comte OD., le **Chasselas Napoléon** des pépiniéristes ; très-beau raisin d'ornement, mais de médiocre qualité. (BOUSC.)] L'auteur croit que l'observation de M. BOUSCHET est exacte pour la **Grosse Perle blanche** (voir ce mot), mais la **Perle blanche** n'est nullement syn. de **Bicane.** Le cépage que M. GANIER lui a expédié sous ce nom est bien différent par ses feuilles qui ont des poils à leur face inférieure, par ses grains presque ronds et par d'autres caractères.

Perle du Jura. SIM. L. Doit être le **Pulsart.**

— **gouais blanc**. SUISSE. *Cat.* LUX.

— **impériale.** *Cat.* LER. De semis. [Semis de VIBERT d'Angers; diffère de la **Grosse Perle blanche**. (BOUSC.)]

Perle raisin. OD. le dit de la tribu des **Pulsarts.**

Perlé (raisin). *Cat* LUX.

— **raisin des Dames**. *Cat.* LUX.

— **rose.** *Bic.* OD. 404. Nom donné par plusieurs pépiniéristes à l'**Olivette rouge** et que le comte OD. croit id. au **Zibibo ? rosso,** ce qui me paraît mériter vérification. [Différente par le feuillage et la forme des grains de la **Perle blanche** ou **Grosse perle ;** n'appartient pas à la même tribu. (BOUSC.)]

Perlé traube. OD. App. 23 voulait donner ce nom au **Diamant traube** qui lui avait été expédié par M. HARTWISS, parce que ses grains oblongs le distinguaient du **Chasselas.** [**Perle traube** et **Diamant traube** sont syn. de **Chasselas Coulard.** (PUL.)]

Perlonette rouge. *Jard. bot.* de DIJON. Dr FLEUR. Grosse grappe très-sucrée, conique, avec deux ou trois ramifications ou grapillons bien apparents ; grains violet foncé, un peu oblongs, 18^{mm} sur 20; pulpe assez molle.

Perlosette. *Cat.* Lux. Je ne sais si ce cépage a quelque rapport avec le **Parlouseau**.

Perltraube. Syn. de **Diamant gutedel**, MEY.; ou de **Gutedel früher,** d'après BAB.

Perltraube grosse graue. Syn. de **Hamvas**. H. GOET.

Perltraube weissé. Syn. de **Gutedel früher weisser**. H. GOET. Le nom de **Perle** donné aux **Chasselas** ne me paraît pas bien approprié, parce que ceux-ci ont les grains constamment sphériques, ce qui n'a pas lieu pour ceux des **Perles**.

Pernan. *Cat.* Lux. Serait le **Pinot de Pernant**.

Pernau? Côte-d'Or. AC. 327. Doit-être le **Pinot de Pernant**.

Pernica da mensa. Prov. nap.

Pernice nera du Vésuve et du Monte-Somma. FRO.

Pernicione. G. PEZIOLI. *Bic.*

Perniciosa nera. Salerne.

Pernon. Côte-d'Or. AC. 321.

Pero Ximen. Voyez **Pedro Ximénès**.

Perpignan. Tarn-et-Garonne. OD. 467. GUY. 384. Syn. de **Morrastel**.

Perpignau blanc. *Cat.*Lux. [Beau raisin blanc à grains presque ronds, ambrés. (BOUSC.)]

Perricone noir. Raisin de Sicile et du Vésuve. MEND. *Bic.*

Perrier nero. Savoie. Très-bon raisin de table, d'après PUL. et TOCH.

Perrone nera. San-Nicandro. *Bic.* (33) (35 ?). Raisin de cuve.

Perruno commun. Andalousie. OD. 508. ROX. C'est la variété la plus estimée après le **Listan,** le **Ximénès** et les **Muscats**. Il a des grains oblongs, jaunes, pleins de veines.

Perruno duro. Andalousie. ROX. C'est un raisin blanc.

Perruno negro. San-Lucar. Xérès (Espagne). OD. 508. ROX. Grains ronds noirs. Très-répandu, ainsi que l'indiquent ses nombreux synonymes.

Persagn ou **Persagnot**. Val d'Aoste. Décr. GAT.

Persagne ou **Persaigne**. G. OD. 276, 325, 525. *Bic.* 44. Syn. de **Mondeuse** à Meximieux. Est aussi appelé **Meximieux**.

Persagne Gamai. Rhône. Id. au **Corbel** de la Drôme.

Persan gros. *Cat.* Lux. Savoie. *Bic.* (43).
— **doré ?** *Cat.* LER.
— **petit**. *Cat.* Lux. Id. au **Plant de Haretaut**.

Persan rose? *Cat.* Lux. *Cat.* LER.
— Savoie. G. *Bic.* (43). *Journ. vit.* IV, 262. TOCH. décr. Cultivé sous le nom de **Becuet** dans la vallée de Suse; a une saveur vineuse astringente sur les coteaux de Saluces et doi y donner des vins de facile conservation. Il résulte de mes essais qu'il ne convient pas, j crois, d'y introduire ce cépage, ni la **Mondeuse** de Savoie.

Persana. Naples. *J. bot.* AC. 305. Doit être le **Persan** dont le nom a été italianisé.

Persance. Belley (Savoie). Syn. de **Mondeuse**.

Perse (Raisin de). *Cat.* Lux.

Persegana. Montebelluno. Cité dans l'*Alb.* **T.**

Persia. G. Voyez **Dorbli**.

Persillé. Ressemblant beaucoup au **Chasselas** d'après ROUG., ampélographe du Jura.

Persica. G.

Persicagna bianca ou **Durella**. *Alb.* **T.**

Persolette. Syn. de **Battraube**. H. GOET.

Perugino. OD. 426. SODERINI. Voyez **Trebbiano Perugino**.

Peruna. *Cat.* LER

Perveiral bianco. Pignerol. Voyez aussi **Préveiral**.

Perveiral nero. Pignerol.

Petrazzola nera. Voghera.

Peterselyem zölo. Hongrie. Syn. de **Cioutat** ou **Ciotat**.

Petersilien traube et **Petersilien weinstock**. OD. 316, 347. Syn. de **Cioutat** ou **Raisin d'Autriche**. Décr. MEY.

Peterswilie. Américain. *Cat.* Lux.

Petit. *Cat.* Lux. Pyrénées françaises. OD. 499.
— **baclan**. OD. 268. Voyez **Baclan** et **Beclan**. Jura. *Bic.* Excellent cépage pour les coteaux de Saluces, que je multiplie autant que je le peux comme raisin de cuve, et que j'ai reçu de plusieurs viticulteurs étrangers. Ses raisins sont toujours propres et sains et se conservent facilement sur la plante, après même qu'ils ont atteint leur maturité.

Petit becquet. Syn. de **Persan**. Savoie.
— **blanc**. Ardèche. Syn. de **Clairette?**
— **Bourgogne**. OD. 213, 294. Dans le canton de Vaud, est syn. de **Gamai** ou **Plant de la Dôle**.

Petit bourguignon. Allier. Syn. de **Pinot noir**. ST.

Petit-Bouschet. *Bic.* (32) (16). *Vign.* III, 15 (200). Raisin fertile, à jus coloré, obtenu de semis par M. BOUSCHET, près Montpellier, qui a bien voulu me l'envoyer. Son produit est bien supérieur à celui du **Teinturier**. Sa maturité est assez précoce. Ce raisin peut enrichir la bourse, parce qu'on recherche en général les vins colorés; mais non la viticulture, parce qu'il n'améliore pas les vins. [Supporte bien la submersion dans l'Hérault et les Bouches-du-Rhône.]

Petit brun. VAR. OD. 491. MEND. VIV.
— **carbenet**. OD. *Append.* 10. C'est le **Cabernet Sauvignon.**

Petit Chatey. AIN. Syn. de **Pinot blanc.**
— **Chetouan.** PUL. *Bic.* Id. à **Mondeuse.**
— **Cruchen.** FRANCE MÉRIDIONALE. OD. 499.
— **Danesy**. *Bic.* OD. 234. Voyez **Danesy petit.**

Petit Dureau. Syn. de **Baclan.**
— **Épicier**. POITOU. OD. 147. *Bic.* Il réussit bien sur les coteaux de SALUCES.

Petit Épicier noir. GANIER. *Bic.* (11).
— **fendant vert**. LAUSANNE. AC. 320.
— **fer**. DORDOGNE. OD. 475. Syn. de **Fer Servadou** ou **Cabernet.**

Petit Gamai blanc. G.
— **Gamai noir**. OD. 207.
— **Goix**. AISNE. PUL.
— **grain blanc**. ISÈRE. GUY. II, 270.
— **gris.** CHAMPAGNE. OD. 177. Syn. de **Pinot gris.**

Petit maconnais. En SAVOIE, id. au **Vionnier** de CÔTE-RÔTIE.

Petit Mansenc. BASSES-PYRÉNÉES (FRANCE).
— **Meslier**. COLL. DORÉE. MEND. *Bic.* (47). Excellent raisin blanc, précoce, de cuve.

Petit Mielleux. HAUT-RHIN. D'après ST., qui l'a dessiné, serait syn. de **Ortlieber** et de **Klein Rauschling**. OD. 284. GUY. III, 247, le dit un cépage robuste et fertile.

Petit Mollar ou **Molard,** ainsi que l'écrit PUL. OD. 459. DÉP. des HAUTES-ALPES. *Bic.*

Petit Muscat noir allemand. MUL. *Bic.* (51? 55). S'est trouvé chez moi id. au **Caillaba ?**

Petit negro ou **Jouannenc noir musqué**. VILLELAURE (PROVENCE).

Petit neirou. OD. 232. MEND.
— **noir**. *Cot.* LUX. CÔTE-D'OR et MEURTHE. OD. 176, 257. Dess. REND. Syn. de **Noir menu.**

Petit noir de la MEURTHE. Donné à tort par ST. dans son *Ampélographie rhénane* comme syn. du **Pinot noir,** d'après OD. 188. GUY. III, 325, croit que le **Petit noir** de la MOSELLE est id. à un **Pinot** de la CHAMPAGNE.

Petit noir ou **Tendre fleur**. AC. 328, 322.
— — **parfumé de Worlington**. G. OD. 102. *Bic.* (61). Il m'a paru id. à l'**York-Madeira** que M. GANIER m'avait expédié.

Petit pied rouge. LOT-ET-GARONNE. *Bic.* PUL. C'est le **Cot** ou **Malbek**.

Petit pinot Chambertin. G. *Bic.* MEND.
— **pinot de la Loire blanc** G. Dess. RENDU. *Bic.* Id. à **Chenin blanc**. Ce raisin donne constamment de très-belles récoltes sur les coteaux de SALUCES, et la qualité de son vin est assez bonne.

Petit pinot de la Moselle. OD. 156, 188, 197; différent du **Pinot** ou **Noirien** de BOURGOGNE.

Petit piquat. CORRÈZE, LOT et DORDOGNE. Appelé aussi **petit Picat**. GANIER. Très-fertile.

Petit plant doré d'Aï. MARNE. OD. 169. Dess. REND. MEND. *Bic.* C'est un **Pinot noir** de la CHAMPAGNE qui m'a paru à feuilles un peu plus lisses que celles du **Pinot** de BOURGOGNE.

Petit Plant Dufour. Syn. de **Petit Teoulier** dans le DÉP. des HAUTES-ALPES. OD. 461.

Petit Reuschling. Id. à **Ortlieber**. AC. 321.
— **Ribier**. ARDÈCHE. PUL.
— **Riesling**. RHIN. *Bic.* MEND. Voyez **Riessling.**

Petit Rogenez. LAUSANNE. AC. 320, 332.
— **rouge**. *Cat.* LUX. AOSTE. Dess. BON. Donne un bon vin; raisin noir dans le genre du **Majolet**, mais plus grand, classé *Bic.* (1).

Petit rouvier. PUL. le croit id. au **Ribier Petit**

Petit Teoulier. BASSES-ALPES. OD. 461. Moins fertile, moins précoce et plus petit que le **Grand Teoulier**.

Petit terret. ARDÈCHE. PUL.
— **verrot**. YONNE. *Bic.* OD. 203. PUL. a cru reconnaître dans le **petit Verrot** les principaux caractères du **Pinot noir;** le plant que j'ai reçu de lui sous ce nom m'a pourtant paru id. à la description que M. PUL. lui-même donne du **Tressot**. Le comte OD. le rapproche aussi du **Tressot**. En le comparant avec ce cépage, je le trouve id. et l'ai classé, *Bic.* (16).

Petite blanchette. LAUSANNE. AC. 320.
— **Chalosse blanche**. DORDOGNE et CHARENTE. COLL. DORÉE. MEND. PUL.

Petite graine blanche. ARDÈCHE. PUL.
— **Lyonnaise** ALLIER. Syn. de **Gamai noir.**

Petite Malvoisie verte. OD. 448. Feuilles entières, arrondies comme celles du **Traminer,** avec lequel il est facile de la confondre.

Petite Marsanne blanche. OD.
— **Parde**. GIRONDE. OD. 249. Il la croit id. au **Gascon** de l'ORLÉANAIS.

Petite Picpouille noire. ESPAGNE et MIDI DE LA FRANCE. OD. 477. Voyez **Picpoule.**

Petite Roussanne. AIN, ARDÈCHE et HERMITAGE. Raisin blanc très-distingué pour la vinification.

Petite Sérine. Voyez **Sirah petite.**
— **Syras**. HERMITAGE. OD. 228. Voyez **Syrrah petite** ou **Syrah.**

Petite vigne dure. Syn. de **Cabernet** dans les GRAVES (GIRONDE). OD.

Petite Vidure. OD. 125. Syn. de **Cabernet** dans quelques localités. Signifie **Vigne dure.**

Pétracine ou **Petrecine**. MOSELLE. OD. 256. GUY. III, 325. D'après un correspondant du comte OD., est syn. de **Petit Riesling**. Le comte OD. serait plus porté à croire que c'est un **Surin** ou **Sauvignon** : il mûrit, en effet, plus tard que le **Pinot gris**, l'**Aubin blanc** et autres ; son raisin donne au vin un goût particulier assez agréable, et est bon pour la table.

Petrazzano. G.

Petrignone. FABRIANO. Raisin blanc, si je ne me trompe.

Petrise. LIPARI. MEND.

Petrisi nero. MILAZZO. MEND. *Bic.*

Petrozzella Sicoliana. SICILE. MEND.

Peverella. VÉNÉTIE et TRENTIN. AC. 302. Un des meilleurs vins blancs, présentés aux foires de TURIN, était fait avec ce raisin, par les soins, je crois, de M. COLOMBETTI, directeur de la Société œnologique du TRENTIN.

Peverella bianca. Dr CARP. *Rapp. Bic.* (47). Je l'ai reçu de ROVEREDO de M. l'ingénieur SANDONA. D'après H. GOET., il aurait pour syn. chez les Allemands **Pfeffertraube**.

Peverella maggiore. TRENTE. AC. 303.

— **minore**. TRENTE. AC. 303.

— **nera**. *Alb.* T.

Peverello bianco. (*Ann. Vit. En.*, p. 252.)

Peverenda. BRAGANCE (VÉNÉTIE). Peut-être id., d'après l'*Alb.* T., à la **Verdese bianca** de TRÉVISE ; syn. de **Verdiso bianco**. Dr CARP. *rapp.*

Peverise bianco. VICENCE. AC. 302. Dr CARP. *rapp.* Syn. de **Peverello bianco**.

Pevrise moscata. VICENCE. AC. décr. 220.

Pevrise semplice. VICENCE. AC. décr. 220.

Pexerenda. BASSANO. AC. 301.

[**Peyrar**, raisin de PROVENCE cité par LARDIER (BOUSC.)]

Peytres selimes szœllo. OD. 316. Vigne plus que médiocre, de HONGRIE.

Pezzè nero de la PROV. de COME et de BRIANZA. Est id. à la **Lambrusca** d'ALEXANDRIE ou **Croetto** d'ASTI ; en effet, on l'appelle aussi **Lambrusco** en LOMBARDIE.

Pfâffling ou **Pfaffentraube**. Syn. de **Rauschling weisse**. H. GOET.

Pfefferl et **Pfælzer**. Syn. de **Riesling weisser**. ST.

Pfundtraube. VALLÉE du NECKAR. Syn. de **Trollinger** ou **Frankental**. ST.

Pgnoo. VALENZA (PIÉMONT). AC. décr. 107. Je crois que c'est le nom vulgaire du **Pignolo**.

Piacentina nera. VOGHERA.

Pianella bianca. BOLOGNE.

Pianta di Parigi. G.

Pianto dei Baschi. G.

Piatta bianca. BOBBIO.

Piazha et **Piazhnek nera**. STYRIE.

[**Pic Aragnan**. PROVENCE. Cité par LARDIER qui le croit une sous-variété de l'**Aragnan**, ne se trouvant, dit-il, qu'à MARIGNAN (BOUCHES-DU-RHÔNE). (BOUSC.)]

Pica ou **Grand noir**. LIBOURNE. GUY. 504.

— **gros** et **petit**. DORDOGNE. GUY. 527. CORRÈZE. GUY. II, 134, 136.

[**Picapol**. CATALOGNE. C'est la **Clairette blanche** du MIDI DE LA FRANCE. Dans l'ANDALOUSIE et la CASTILLE on l'appelle **Albillo blanco**. C'est avec ce cépage que l'on fait en Catalogne le vin renommé de St-Vincent. (BOUSC.)] D'après cette synonymie, le nom de **Picapol** ne devrait pas être confondu avec ceux de **Piccapulla, Picpouille, Picpoule** et **Piquepoule** qui se rapportent à un tout autre cépage, également cultivé en ESPAGNE.

[**Picapoli**. CATALOGNE. Je l'ai reçu de l'Institut de San-Isidro de BARCELONE. C'est la **Clairette blanche** de l'HÉRAULT. (BOUSC.)]

Piccanella. PARME. Raisin de coteau.

Piccapulla. ESPAGNE et PYRÉNÉES. OD. 477. Syn. de **Picpouille** ou **Picpoule**. *Bic. Pépin.* De grande fertilité ; se prête très-bien à la culture à souche basse. Il y a la variété **blanche**, la **noire** et la **grise** ou **rougeâtre**.

Picardan. *Cat.* LUX. LANGUEDOC. ARDÈCHE. GUY. II, 75. OD. 474, 491. MAR. le dit syn. d'**Œillade blanche**. D'après PELL. le **Picardan**, dans le LANGUEDOC, est syn. du **Mauxac blanc**. Dans le VAR, au contraire, c'est le **Cinqsaut noir** du LANGUEDOC qu'on appelle **Picardan**.

Picardan bicolor. G. *Pép.* MEND. *Bic.* (32), sauf toutefois qu'il n'a pas été, chez moi, *bicolore* entièrement, peut-être parce que je n'avais pas reçu la véritable variété.

Picardan. HÉRAULT. AC. 325. Syn. de **Œillade blanche**, d'après MAR. et le *Vignoble*, II, 79. Syn. aussi d'**Aragnan**. [Raisin blanc de l'HÉRAULT qui a donné son nom au vin qu'il produit. Cette variété est rare aujourd'hui dans l'HÉRAULT ; elle l'était même avant l'invasion phylloxérique ; elle a été remplacée par la **Clairette blanche**, sans que le nom de vin de **Picardan** ait changé. (BOUSC.)]

Picardan noir. *Cat.* LUX. VAR. Doit être le **Cinsaut**.

Picardan ou **Sudunais**. TOURAINE. Id. au **Mauzac** ? *Bic.* GANIER.

Picardino. *Cat.* LUX.

— **bicolor**. GANIER. *Bic.*

Picardon blanc ? *Cat.* LUX.

— **gros**. VAUCLUSE. AC. 321.

Picarnan ? BAGNOLES. *Cat.* LUX.

Picarniau des vignobles d'Auxerre. Syn. de **César** et de **Romain**.

Picarniot. *Cat.* LUX. AUXERROIS. [Syn. du précédent. (PUL.)]

Piccabon. AC. décr. 157, 298, parmi les vignes des CINQ TERRES.

Picciana. G.

Piccioletto. G.

Picciol rosso. SINALUNGA ou **Calabrese?** CIN. décr. Voir *Bull. amp*. VII, 528.

Piccione. G. ou **Picciona** de la TOSCANE, d'après FRO.

Picciorouzo. VAL D'AOSTE. Décr. GAT.

Picciou blanc. VALLÉE D'AOSTE. Cité par GAT

Picciuolo corto. MACERATA. Décr. par le prof. SANTINI qui lui donne pour syn. **Uva pelosa, Tostarello, Cocacciara** et d'autres noms de raisins blancs.

Picciuola. G. Raisin de l'ITALIE MOYENNE.

Picco del Nebbio. Cultivé dans les POUILLES. (*Ann. Vit. En*. IV, 224.)

Piccoletta. MILAN. AC. 299, 306. Connue dans la VÉNÉTIE pour syn. de **Piccolit bianco**. Dr CARP. rapp.

Piccoletta piccola. MONZA. AC. 300.

Piccolit. *Cat.* LUX. *Alb.* T.

— **bianco**. Dr CARP. rapp.

— **raisin d'Égypte?** *Cat.* LUX.

Piccolito. *Cat.* LUX. FRIOUL et PROV. de COMB. AC. décr. 282. Décr. AGAZ. Dess. GAL. *Bic.* (47).

Piccolito bianco. FRIOUL. OD. 564. Dr CARP. rapp. *Bic.* Appelé par les Allemands :

Piccolito rosso. FRIOUL. OD. 565. GANIER.

— **weisser** (*blanc*). Décr. MUL.

Picé. *Cat.* LUX.

[**Pichaous**. Vigne du ROUSSILLON. (BOUSC.)]

Piciou blanc. Voyez **Picciou**.

Picorneau. YONNE. GUY. III, 132. Je croyais que c'était le **Picarniau** dont le nom était altéré ; GUY. dit qu'il le croit un **Meunier?**

Picot. *Cat.* LUX. Syn. de **Plant de Montmelian** dans l'ISÈRE, ou de **Corbeau**.

Picot blanc. ISÈRE. *Cat.* BUR.

— CORRÈZE, ou **Pied noir**. GUY. II, 136.

— **rouge**. *Cat.* LUX. ISÈRE. Syn. de **Corbeau**. GUY. II, 254, le cite par erreur comme syn. de **Cot rouge**.

Picot ou **Pecou rouge**. ISÈRE. OD. 533. Syn. de **Corbeau**.

Picoutener. PIÉMONT. OD. 539. D'après le Dr GAT. est employé dans diverses localités comme syn. de **Nebbiolo**.

Picoutendro maschio. On appelle ainsi le **Picoutener** ou **Nebbiolo** dans la VALLÉE D'AOSTE. Décr. GAT.

Picoutendro femmina. Décr. GAT.

— **gras**. Décr. GAT. Tous ces cépages sont de la VALLÉE D'AOSTE. Tout le monde reconnaît que le **Picoutendro** produit les vins les plus fins de cette vallée.

Picpouille blanche. ESPAGNE et MIDI DE LA FRANCE. *Bic.* OD. 479 dit que ce cépage produit l'eau-de-vie d'ARMAGNAC : les mêmes caractères que le **Picpoul noir**, sauf la couleur du raisin. Voyez **Picpoul noir**. Voyez aussi **Piccapulla**. Quand il est bien mûr, il donne, dans le MIDI DE LA FRANCE, des vins blancs secs du genre de ceux de MADÈRE.

[**Picpouille brune**. *Cat.* LUX.]

[— **Causeron**. *Cat.* LUX.]

Picpouille grise ou **rose**. *Bic.* OD. 478 dit qu'il entre dans la composition de la Blanquette de LIMOUX. C'est le plus estimé des **Picpouls**. Voyez pour les caractères le **Picpoul noir**.

[**Picpouille noire**. *Cat.* LUX.

— **Sorbier** de la DORDOGNE. OD. 528 le dit syn. de **Brachetto**. M. PELL., 55, dit aussi qu'il a reçu, sous ce nom, de la Coll. du LUX. le **Pecoui touar** ou **Braquet** de NICE.

Picpoule, dans les départements cités plus haut, signifie aussi vigne basse, d'après GUY. 337; ainsi, **planter en Picpoule**, veut dire planter une vigne basse de façon à ce qu'elle puisse être béquetée par les poules ; et c'est là peut-être aussi le motif qui a fait dire à GUY. que le **Picpoule blanc** était syn., dans ces départements, de la **Folle blanche**.

Picpoule blanc. LANGUEDOC. *Bic.* (48). Dans GUY. 310 et 337, il est cité parmi les cépages de l'ARIÈGE, du GERS, du LOT-ET-GARONNE, des LANDES et des PYRÉNÉES, et donné comme syn. de **Folle blanche?** Voyez aussi **Picpouille**. Cette syn. n'est pas admise par M. PUL. D'après M. BOUSCHET, **Picapol**, en CATALOGNE, est syn. de **Clairette**.

Je mets à chaque cépage, avec le nom adopté par les auteurs qui en ont parlé, les notions que ceux-ci en ont données. J'offre ainsi aux viticulteurs un miroir fidèle, autant que possible, des opinions et de la nomenclature adoptées par les ampélographes les plus expérimentés. C'est pour cela que les notions, pour quelques raisins, se trouvent disséminées sous diverses dénominations, et ce sera une œuvre très-utile de les rassembler plus tard ; mais en attendant on peut dès maintenant relever quelles dénominations ont été employées plus ou moins souvent.

Picpoule noir. LANGUEDOC. *Bic.* (48). Je ne connais pas de vigne qui s'accommode mieux d'être tenue basse et qui soit en même temps plus fertile que celle-là. Malheureusement sa maturité est trop tardive pour que son fruit puisse chaque année avoir suffisamment de sucre, quand on le cultive sur les coteaux de SALUCES. Dans les régions plus chaudes et plus exposées au soleil, elle mériterait d'être cultivée, au moins à titre d'essai Elle est id. à **Picapolla, Picpouille, Piquepoul** et **Piquepouille.**

Picpoule gris ou **rouge.** *Bic.*

Piculla rossa. MONGIARDINO (PIÉMONT).

Pied de gourde. *Cat.* LUX.

— **de perdrix.** *Cat.* LUX. OD. 238. C'est le **Cot** de BORDEAUX dans les départements baignés par le TARN, la GARONNE et la DORDOGNE.

Pied de perdrix blanc. ARGENTON. INDRE. GUY. II, 564.

Pied de perdrix rouge. *Cat.* LUX. C'est le **Cot** de BORDEAUX. *Journ. vit.* II, 15. D'ARMAILLACQ. OD.

Pied noir. OD. 238. Départements baignés par le TARN, la GARONNE et la DORDOGNE. Syn. de **Cot à queue rouge.**

Pied rouge. OD. 238. Mêmes départements.

Pied rouge mérillé. Mêmes départements. *Bic.* (28). Syn. de **Cot.**

Pied sain. *Cat.* LUX. MAYENNE. AC. 329.

Piede di colombo nera ou **Aglianico** di SAN-SEVERINO. NAPLES. Décr. *Amp. Pugl.*

Piede di Palumbo. Raisin blanc du VÉSUVE, d'après FRO.

Piede di Palumbo nera. FRO. le donne pour id. au **Dolcetto** piémontais ; je doute fort de cette identité. Le **Piede di Palumbo** et l'**Aglianica** sont au nombre des meilleurs raisins des PROV. NAPOL. pour la vinification. C'est une chose fâcheuse que leurs noms soient souvent employés comme syn. d'autres cépages tout différents ; de sorte qu'il est impossible d'éviter la confusion, si l'on ne définit pas quels cépages doivent conserver ces noms et quels sont ceux qui ne peuvent pas les porter. Il me semble qu'en général l'Ampélographie des PROV. NAP. emploie plusieurs synonymes qu'il serait avantageux d'épurer par des études ultérieures.

Piede di pernice. G. Traduction du français : **Malbek** ou **Cot.**

Piè di colombo. Voyez **Glianica.**

— **di Cocola.** MOLFETTA. POUILLES.

— **di Cocola bianca.** BARI.

Piedi rosso. NAPOLITAIN. Id. au **Piè di Palumbo.**

Pied rond. LOT-ET-GARONNE. PUL. Syn. de **Mauzac.**

Piedsain blanc. MAYENNE. *Cat.* BUR.

[**Piènc.** PUL. *Vign.* III, 53 (219).] Raisin noir cultivé en hautain dans le GERS.]

Pierre Baptiste. *Cat.* LUX.

Pietrino. LUCQUES, ou **Pietrina bianca.** *Bic.* (43).

Pignal? *Cat.* LUX.

Pignarou. OD. 534 le cite parmi les raisins blancs de NICE et de la SAVOIE. Voyez **Pigneiron.**

Pignatara. SICILE. TRAPANI. MEND. Raisin de cuve.

Pignatella. Raisin sicilien noir, peut être id. au **Niureddu?** ANG. NICOLOSI. OD. 570.

Pigneul ou **Pignolo.** PIÉMONT. OD. 548. Dess. BON.

Pigneu vitton. COSSATO. Décr. FRO. MILAN.

Pigniairon. *Cat.* LUX.; blanc. NICE. BUR.

Pigneiron bianco, écrit AC. 296 ; j'ai écrit: **Pigniairou bianco,** l'ayant observé à NICE MARITIME. M. PUL. l'appelle **Pignaraou blanc.** Ces noms différents dépendent de la manière dont on écrit les mots qu'on entend prononcer par les vignerons de la localité. Peut-être ferait-on mieux d'adopter la locution la plus ancienne, celle d'OD., soit **Pignarou.**

Pignol grosso. ISTRIE. AC. 186, 193.

— **piccolo.** ISTRIE. AC. 186, 193.

— TARN. GUY. II, 12.

Pignola. VICENCE. FRIOUL. AC. décr. 218, 290, 295.

Pignola. IVRÉE. Décr. GAT.

— SAN-REMO. AC. 297. Il y a la variété blanche et la noire.

Pignola bianca. VÉRONE. AC. 242. Voyez aussi **Biancara.** *Alb.* T. Est écrit **Pignolla,** si je ne me trompe.

Pignola bianca. D'après GAL. serait, à NICE, syn. de la **Clairette.**

Pignola bianca. LUCQUES. MEND. *Bic.*

— **grossa.** VICENCE. AC. décr. 218.

— ISTRIA. *Bic.*

— **nera.** *Alb.* T. AC. 298 le cite parmi les raisins de SAN-REMO, du pays de GÊNES, et, 302, parmi ceux de BASSANO et de MAROSTICA. Ce raisin est cité par M. CARP., directeur de la Société œnologique de TRÉVISE, dans un rapport du 29 mai 1871, comme un des premiers qu'il ait essayé pour la vinification. Il l'avait eu de la commune de FELETTO ; c'est un cépage très-précieux pour faire du vin et qui ressemble tout à fait à la **Gropella,** qu'il a aussi vinifiée. *Bic.* (11).

Pignola nera. *G. V. V.* année 1870, p. 43.

Pignola piccola. AC. 300.

— **Ponte Valtelina.** CERL. *Bic.*

— **rossa.** PLAISANCE. COME.

— **veronese.** AC. décr. 236. Identique

au **Pignolo rosso toscàno**; est aussi employé comme syn. de **Forcellina**. AC. 230 décr.

Pignolata. NAPLES. (*Jard. bot.*). AC. 305.

— **della Torre**. NAPLES. *Bic.*

Pignoletta bianca. PADOUE. Dr CARP. rapp.

Pignolo. AC. décr. 42 et 58. Dess. AL. Décr. GAT. Dess. BON. Décr. prof. MIL. Décr. INC. Voyez aussi **Pignuolo**. OD. 462, 463, 548, dit qu'il a reçu d'ITALIE un **Pignolo** qui est une précieuse variété de **Mourvèdre**, plus petit, à grappe plus compacte, id. au **Mourvedou** des PROVENÇAUX. Je ne saurais dire actuellement à quel **Pignolo** italien le comte OD. fait allusion.

Pignuolo. d'ASTI. G.

— **bianco**. CESENA. LUCQUES. GANDI.

— — VOGHERA. PIZZOCORNO.

— d'ALBA.

— **des Italiens** (comte ODART) ou **Mourvède** à petits grains. Je l'ai reçu de GANIER; mais il n'est pas à ma connaissance que le **Mourvèdre** soit cultivé en ITALIE sous le nom de **Pignolo**. *Bic.*

Pignolo di collina. PLAISANCE. *Bic.*

— **di Sant' Albano**. G.

— **fitto** de GATTINARA. *Bic.* HAUT-NOVARAIS.

Pignolo lasso.

— **melasca**. BIELLA. OD. 549. GATTINARA. Décr. prof. MIL. Id. au **Pignolo Spano**. A comparer avec le **Neretto di Salto** de l'arrondissement D'IVRÉE.

Pignolo nero. TRÉVISE. Dr CARP. rapp. AZZELLA. *G. V. V.*

Pignolo ou Prugnolo. SINALUNGA. CIN.

— **rosso di collina**. PLAISANCE. *Bic.*

— ROVESCALA. STRADELLA. GUFFANTI. *Bic.* J'ai vu ce raisin à l'*Exp.* de PAVIE, en 1876; il avait une grappe moyenne ou sous-moyenne serrée, le pédoncule court, les grains noirs.

Pignolo ou **Schiettarola**. ASTI. *Bic.*

— **Spana**. GATTINARA. Décr. *Bic.* Id. au **Pignolo melasca**.

Pignolo. TOSCANE. Quelques personnes disent **Pignolo** pour **Prugnolo**.

Pignolone ou **Bressana**. Décrit en 1600 par CROCE dans son Traité sur les vins de la montagne de TURIN. On donne aussi ce nom à un cépage de la province de COME, où il y a pour syn. **Parmiglana**.

Pignolone di San Colombano. COME. Appelé aussi **Uva dei Santi Apostoli** *(Raisin des saints Apôtres)*. Grappe ayant la forme des pommes de pins, serrée; pédoncule et pédicelles courts; grains presque ronds, pruinés, bleuâtres, peau épaisse, saveur âpre.

Pignon du Médoc. PUL.

— **rouge**. GIRONDE. VIV.

Pignul bianco. FRIOUL. G.

Pignuola des coteaux de S. COLOMBANO. AC. décr. 252.

Pignuolo rosso. AC. décr. 272 parmi les raisins TOSCANS. TRINCI décr. 100. Il appelle rouges les raisins noirs. Les vins peuvent bien être divisés en rouges et blancs, mais les raisins sont blancs, rouges ou noirs. CRESC. a également décrit ce cépage.

D'après la nomenclature que je viens de donner du **Pignolo**, on voit combien sera difficile l'œuvre du viticulteur qui voudra distinguer toutes les variétés de ce cépage, cultivées en ITALIE. Ce nom de **Pignolo** est d'autant plus répandu, que dans certaines régions **Pigna** signifie *grappe*.

Pikolit. *Cat.* LUX. Orthographe allemande. Voyez **Piccolit**.

Pilan. Raisin grossier de BRIOUDE (HAUTE-LOIRE).

Pillota. Raisin blanc du MODENAIS.

Pilusu niuru. Voyez **Mantonicu**. SICILE.

Pimiciara bianca du VÉSUVE et de MONT SOMMA. FRO. Peut-être est-ce la **Cimiciara**?

Pinatelle. G.

[**Pinchaous**. ROUSSILLON. Raisin noir moyen, grains ronds, saveur du **Terret**. (BOUSC.)]

Pineau. *Cat.* LUX. Dans la SARTHE on désigne ainsi à tort le **Carmenet Sauvignon**, d'après le Dr GUY. III, 554.

Pineau blanc. *Cat.* LUX. AC. 325, 330. Est appelé aussi **Épinette**, **Morillon** et **Chardenai**, et diffère du noir par ses caractères. Je vois pourtant dans quelque auteur qu'il existe un **Pinot blanc** *vrai* id. au **noir**; je ne le connais point et ne l'ai jamais vu.

Pineau blauer *(noir)*. Décr. MUL.

— **cendré**. Nom proposé par le comte OD. 182, pour désigner le **Sar fehér hongrois**.

Pineau curanche? noir. *Cat.* LUX.

— **d'aunis rouge**. *Cat.* LUX. ou **noir?** CHARENTE. Est de la famille des **Pinots de la Loire**. PUL. dit même qu'il est id. au **Chenin noir** qui est syn. des premiers.

Pineau de Coulonge? *Cat.* LUX. ACERBI, quoiqu'auteur italien, écrit **Pinot de Coulange**, ce qui est plus correct. YONNE. GUY. III, le dit célèbre et ajoute qu'il tend à disparaître des vignobles de l'YONNE.

Pineau fleuri. AC. 322. Voyez **Pinot de Fleury**.

— **gris** *Cat.* LUX. Très-répandu en ITALIE sous le nom de **Tokai**. Réussit généralement assez bien dans les essais de vinification qui en ont été faits, tandis qu'on ne saurait en dire autant pour le noir.

Pineau gros grain. *Cat.* Lux.
— **grosse variété.** *Cat.* Lux.
— **hâtif.** *Cat.* Lux.
— **jaune de Nikita.** *Cat.* Lux.
— Metz. AC. 331.
— **moreau? noir.** *Cat.* Lux. Serait-ce le **Pinot mouret?**

Pineau moreau noir gros. *Cat.* Lux.
— **noir.** *Cat.* Lux. AC. 327, 329. *Vign.* Tout le monde connaît ce fameux cépage de la Bourgogne, celui qui peut-être a occasionné en Italie les plus grands désappointements aux cultivateurs de cépages étrangers. Pour qu'il donne de bons vins, il faut qu'il soit cultivé à éperon, dans des terres peu riches où sa vigueur soit modérée ; il ne lui faut ni la taille longue, ni des terres trop fertiles, qui lui feraient produire des récoltes abondantes. Le viticulteur doit chercher à le placer à peu près dans les mêmes conditions qu'en Bourgogne, où sa croissance est très-modérée et où il est toujours taillé à un, ou, au plus, à deux éperons. J'ai, toutefois, dégusté deux vins exquis faits en Italie avec le **Pineau noir,** l'un par le marquis LÉOPOLD INCISA de la Rocchetta, l'autre par le comte GALLESIO PIUMA, neveu du célèbre auteur de la *Pomone.*

[**Pineau noir** ou **Rougui.** *Cat.* Lux.]

Pineau noir de Coulange. *Cat.* Lux.
— — **plant de la Dôle.** *Cat.* Lux. Le nom de **Plant de la Dôle** se donne au **Gamet.**

Pineau noir Salvaguin? *Cat.* Lux. pour **Salvagnin.** Dans le Jura et en Suisse, on appelle ainsi le **Pinot commun.** OD. 167.

Pineau Pommier. Semis de M. POMMIER. SIM. L. Plus précoce que l'ordinaire, et moins que le **Pinot Madeleine.** Semblable pour le reste.

Pineau rougin. *Cat.* Lux. Serait de couleur intermédiaire entre le noir et le gris, si toutefois c'est une variété constante; plus précoce que l'ordinaire.

Pineau vert noir. *Cat.* Lux. De la Champagne?
— **violetter.** Décr. MUL.
— **weisclawner blanc.** *Pép.* **Weiss clâvner** signifie **Pinot blanc.**

Ayant voulu conserver fidèlement l'orthographe employée par divers auteurs et dans les catalogues, il en résulte que, comme on écrit **Pineau** et **Pinot,** les détails que je donne sur les **Pinots** sont nécessairement divisés en deux. Je ne me suis pas arrêté à cette difficulté, parce que cette manière de procéder est d'ailleurs plus conforme au caractère d'un dictionnaire.

Pinella blanca. Padoue. Dr CARP. rapp.
— **d'Arquà.** Vénétie. *Alb.* T.

Pinet noir et Pinet blanc. Nièvre. GUY. III, 173; aussi dans le Cher, d'après ST., qui le croit id. au **Pinot.**

[**Pine wood grape.** Syn. **Vit. Lincecumii** et **Post oak grape.**]

Pinjela weiss. TRUMMER. H. GOET.

Pinot à grains longs. G. *Bic.* M'a paru avoir des feuilles plus rugueuses que le commun.

Pinot à grains luisants ou **Pinot mouret.** PUL. MEND.

Pinot aigret ou de Volnay, ou **dru.** OD. 172; plus robuste ; feuilles plus sinuées, légèrement cotonneuses.

Pinot blanc ou **Chardonay.** OD. 183. Dess. REND. *Vign.* II, 11, (102). *Bic.* (3). Différent du **Pinot noir** même pour le feuillage et le port. PUL. pense avec raison qu'on doit appeler ce raisin **Chardenay** et non **Pinot blanc.** Pour produire des vins très-légers, secs, presque incolores, on ne trouvera rien de mieux que ce raisin, qui donne les **Chablis,** les **Pouilly** et les **Montrachet** de Bourgogne. On donne aussi à ce cépage les noms de **Morillon blanc, Épinette, Arnoison,** etc., etc. Sa feuille, en été, ressemble tout à fait à celle du **Petit Gamai.**

Pinot blanc de la Loire ou **Gros Pinot de la Loire;** syn. de **Chenin blanc.** Donne plus de produit que le précédent, mais de moins bonne qualité. Il pourra pourtant, sur des collines bien exposées au soleil, donner d'excellents vins. *Bic.* (48).

Pinot blanc du roc-en-tuf. Vigne présentée à Lyon par la Société de viticulture de Vendôme; inconnue à PUL.

Pinot blanc précoce.
— **blanc vrai.** G. Quelquefois le **Pinot gris** a sur une branche, quelque grappe grise ou même blanche. Ces rameaux plantés en boutures ont conservé cette modification de couleur, et la plante produite par ces boutures est tout à fait semblable au **Pinot noir,** sauf pour la couleur du fruit.

Pinot cendré. OD. 182, 320, ou **Tokai gris** de RENDU qui le dit id. au **Pinot gris.**

Pinot cendré de Hongrie. G. OD., id. à **Sarfejer** ou **Sarfehér.**

Pinot Crepet ou **Crepey** de la Côte-d'Or. Dijon. *Bic.* OD. 175 dit que c'est par erreur que ST., dans son *Ampélographie rhénane,* l'a fait syn. de **Pinot noir.** Il paraît que ses raisins sont plus gros que ceux de tous les autres **Pinots.** PUL. le dit id.

Pinot d'Aï. Champagne. G. Id. au **Pinot doré.** Marne. ROUG.; sert à faire le **Champagne.**

Il m'a paru avoir la feuille plus lisse que le **Pinot** de BOURGOGNE. PUL. ne le croit pas différent.

Pinot d'Aunis. OD. 149, 157. Syn. de **Chenin noir** de la VIENNE. PUL. Le **Chenin blanc**, comme le **noir**, sont syn. des **Pinots de la Loire**.

Pinot de Bouloir? G.

— **de Bourgogne.** *Bic. Pép.* La BOURGOGNE est le pays où l'on trouve le plus ce cépage auquel on doit tous les vins les plus fins de cette région. Voyez aussi **Pineau noir.**

Pinot de Chambertin. *Bic Pép.* BOURGOGNE.

— **de Fleury.** OD. 170. Canton d'ÉPERNAY. Ce serait, de tous les **Pinots**, celui qui aurait les entre-nœuds les plus courts.

Pinot de Migraine. G. *Bic.* Cette désignation et beaucoup d'autres indiquent des variétés obtenues par une continuelle sélection des sarments.

Pinot de Mikita? *Cat.* LER.

— **de Pernant.** *Bic.* G. Dess. *Vit.* I, 137. PUL., peut-être plus robuste que le **Pinot ordinaire**; j'ai lu quelque part qu'il avait les grappes plus allongées que les autres **Pinots**.

Pinot de Ribauviller. OD. 172. Dess. RENDU, id. au **Pinot noirien.** PUL. écrit **Ribeauvillers.**

Pinot de Schauenbourg. G. OD. 171. Il m'a paru, en le décrivant, lui trouver les feuilles plus sinuées et plus rugueuses qu'aux autres. ST. le décrit sous le nom de **Schwartz silvaner.**

Pinot de la CÔTE-D'OR. *Pép. Bic.* Le comte OD. le croit id. au **Pinot de Ribeauviller** de RENDU.

Pinot de la VIENNE. G. *Bic.* M'a paru id. au **Chaucé noir** dans les deux localités différentes où je l'ai cultivé.

Pinot des coteaux de la Loire. Syn. de **Chenin blanc.**

Pinot de VOLNAY. Syn. de **Pinot aigret.** OD. 172.

Pinot d'ISCHIA. G. C'est le **Pinot Madeleine,** le plus précoce de tous. Je crois que le nom de **Pinot Madeleine** serait le plus convenable pour le caractériser, parce que les Français ajoutent ce nom de **Madeleine** à divers fruits plus précoces que d'autres, tels que pêches, prunes, etc., tandis que le mot d'**Ischia** ne signifie rien. Pourquoi aussi cette dénomination de **Précoce de Gênes**, puisqu'on ne cultive ce **Pinot** ni à ISCHIA ni à GÊNES?

Pinot dru. Syn. de **Pinot aigret.** OD. 172.

Pinot du JURA. OD. 173. Id. au **Pinot commun.**

— du MANS. G.

— du POITOU. OD. 145, 376. Syn. de **Chauché noir,** différent des **Pinots,** beaucoup plus robuste. Dans la VIENNE, le **Chaucé** et le **Cabernet**, sont les deux cépages les plus fins. GUY. II, 554.

Pinot franc. Dess. AL. C'est le **Pinot commun.** de la BOURGOGNE. [Par erreur. (PUL.)]

Pinot Gamay noir du BEAUJOLAIS. *Bic. Pép.* Assemblage de deux variétés distinctes.

Pinot gris ou Burot. OD. 177, 375. Dess. RENDU. Appelé communément et à tort **Tokai** en PIÉMONT.

Pinot gros blanc de la LOIRE. MEND. *Bic.* C'est le **Chenin blanc.**

Pinot gros noir. *Pép.* Id. au **commun**; je l'ai reçu directement de BOURGOGNE.

Pinot gros noir de la LOIRE. *Bic.* Doit être le **Chenin noir** de LOIR-ET-CHER.

Pinot gros Teoulier? G. Voyez **Teoulier.**

— **grosse race.** *Pép.* Id. au **commun.** *Bic.*

— **longuet.** OD. 155. Variété du **Gros Pinot** de la LOIRE, moins productive et moins méritante. J'ai noté ailleurs que c'est une mauvaise variété du **Chenin blanc** ou **Pinot** de la LOIRE.

Pinot menu. Variété du **Chenin blanc** qui a la pellicule ou peau moins dure que le **Pinot longuet.** RENDU le décrit sous le nom de **Menu Pinot de Vouvray.** INDRE-ET-LOIRE. Appelé aussi **Pinot verdet** et **Orbois.** LOIR-ET-CHER.

Pinot Meunier. NORD-EST DE LA FRANCE. Plus rustique que les autres, couvert d'un duvet blanc, même à la face supérieure des feuilles; appelé à cause de cela **Pinot mugnajo** *(pinot meunier)*; c'est le **Meynur des Hongrois.** Cultivé dans l'arrondissement de PARIS. Dess. GOET.

Pinot Morillon blanc. G. C'est le **Chardonay** ou **Épinette blanche.**

Pinot Morillon noir. C'est le **Pinot Madeleine, Ischia** de PUL.

Pinot mouret. OD. 175. A des raisins plus noirs, moins pruinés. HAUTE-SAÔNE. *Bic.* Je l'ai reçu de BOURGOGNE.

Pinot noir. CÔTE-D'OR. OD. 156. *Dess. vit.* I, 14. *Bic.* (27). GUY. III, 61, dit que ce raisin est cultivé en BOURGOGNE depuis douze siècles et que la grande réputation de ses vins est due à la supériorité de ce cépage et à sa culture spéciale, à l'exclusion de toute autre variété.

Pinot noir d'Aunis. Syn. de **Chenin noir.** OD. 157. *Bic.* (48).

Pinot noir d'ESPAGNE. MUL. *Bic.* (48). S'est trouvé chez moi le **Chaucé** du POITOU.

Pinot noir de la LOIRE. CHINON (FRANCE). Raisin tardif, mais très-fertile, d'une belle couleur bleu-noir; le comte OD. le trouve semblable en tout au **Chenin noir**, seulement un peu plus tardif.

Pinot noir de l'HÉRAULT. G. Je l'ai eu du baron MEND. et il s'est trouvé id. au **Saint-Rabier.** *Bic.* (48) (32).

Pinot noir de RIBEAUVILLER. Dess. RENDU. *Bic.* Id. au **commun ;** je n'ai pu du moins constater aucune différence entre ces deux cépages.

Pinot noir du POITOU. Syn. de **Chaucé noir.** OD. 145.

Pinot noirien. OD.167. Dess. RENDU. RENDU, ayant dessiné comme deux raisins différents le **Pinot noir** et le **Ribeauviller,** nous fournit la preuve qu'il ne faut pas admettre comme des variétés de petites différences accidentelles qui ne peuveut être également appréciées de tous et partout.

Pinot petit. *Pép. Bic.*

— **petit** de la MOSELLE. G. Id. au **Noir menu.**

Pinot Pommier. *J. vit.* V. 129 ; semblable au **Pinot ordinaire,** mais plus précoce. *Bic.* Obtenu de semis par M. POMMIER.

Pinot rouge de Bourgueil. *Pép. Bic.* S'est trouvé être le **Cabernet,** peut-être par suite d'une erreur commise dans l'expédition.

Pinot rougin. CÔTE-D'OR. OD. 176. Ainsi appelé parce qu'il a une coloration entre le **noir** et le **gris,** peut-être pas toujours constante, mais accidentelle.

Pinot teinturier à tacher. CÔTE-D'OR. *Bic.* On reconnaît facilement deux de ces **Pinots teinturiers :** l'un plus coloré : le **mâle,** et l'autre, moins brun, que les FRANÇAIS appellent **femelle.** Le premier a jusqu'à la moelle du sarment de couleur brune vineuse et pourrait à cause de son feuillage servir de plante ornementale dans les jardins pendant l'automne.

Pinot teinturier de Barbantal. *Bic.*

— **teinturier mâle.** *Bic.*

Pinot verdet. TOURAINE. Syn. de **Menu Pinot?** ou **Petit Chenin blanc.** OD. le dit aussi une bonne variété? du **Chenin blanc.**

Qu'on remarque que les **Pinots** de la LOIRE ou **Chenins** n'ont rien de commun avec les **Pinots** de BOURGOGNE.

En donnant brièvement aux lecteurs de ce catalogue les différentes indications sur divers **Pinots,** que j'ai pu recueillir dans les auteurs, je n'ai pas eu l'intention de leur persuader que toutes ces variétés sont distinctes entre elles, ce qui serait loin d'être exact. J'ai voulu leur fournir seulement en peu de mots les principales notions qu'ont données sur elles les écrivains les plus autorisés. J'espère apporter ainsi mon tribut à la monographie du **Pinot** de BOURGOGNE et de ses variétés, lorsque cette œuvre sera entreprise par un des ampélographes distingués que possède la France. Quant à moi, je suis persuadé qu'en réduisant à un peu plus d'une demi-douzaine toutes les variétés que j'ai mentionnées, on n'aurait pas à craindre d'en avoir oublié une seule.

Pinotta. Citée parmi les vignes introduites récemment à MIRANDOLE (MODÈNE). *G. V. V.* II, 58.

Pintolillo bianco. ALTAMURA. MEND. *Bic.* (16).

Piombino ou **di Zipro.** AC. 235 le décrit parmi les cépages VÉRONAIS.

Piona rossa. BRIANZA. LOLLI.

Pionosta nera. POUILLES.

Pipione. G.

Pipona. ISTRIE. AC. décr. 198.

Piquant Paul? *Cat.* LUX. Je crois que c'est une de ces altérations ingénieuses, plus curieuses les unes que les autres, que se permettent quelquefois les écrivains qui veulent interpréter les noms vulgaires en leur donnant une signification quelconque de leur fantaisie. Je crois que c'est le **Pique-poule** qu'on a voulu désigner. Le professeur NUITZ, viticulteur distingué et passionné que j'ai connu, voulant donner une étymologie à tous les noms vulgaires des raisins, avait rédigé un Catalogue qui aurait fait sans aucun doute le désespoir de tout ampélographe qui aurait cherché à l'interpréter. J'ai trouvé aussi le **Piquant Paul** dans le Catalogue de VILLIFRANCHI.

Piquat. CORRÈZE. LOT et DORDOGNE. OD. 279. *Bic.*

Pique de fer. *Cat.* LUX.

Piqueperrette noir. HAUTE-GARONNE.

Piquepont. Syn. de **Folle blanche** dans le GERS, d'après RENDU.

[**Piquepoul blanc.** (Ecrit aussi **Piquepoule**), Variation du **Piquepoul noir et gris,** absolument semblable aux deux autres, excepté pour la couleur du raisin. Cette variété a été multipliée et cultivée en grand dans les vignobles de POMEROLS et de PINET (HÉRAULT), afin d'en obtenir des vins de piquepouls très-blancs, recherchés par le commerce de CETTE. (BOUSC.)]

[**Piquepoul Bouschet.** Hybride à jus rouge obtenu par M. H. BOUSCHET du croisement du **Petit Bouschet** avec le **Piquepoul noir;** gain d'un semis de 1857.]

[**Piquepoul crochu.** VAUCLUSE. C'est le **Calitor.** (BOUSC.)]

[**Piquepoul de la brune.** VAUCLUSE. C'est le **Piquepoul gris** de l'HÉRAULT. (BOUSC.)]

[**Piquepoul d'Uzès** (GARD). C'est l'**Œillade noire** de l'HÉRAULT. (BOUSC.)]

Pique-poule. *Cat.* LUX. HAUTE-GARONNE. AC.

324. D'après BOUSCHET a des feuilles semblables au **Jouanen** ou **Luglienga bianca.** Je dirai, tout en maintenant cette observation, que les sinus inférieurs sont plus distincts et les lobes supérieurs moins allongés. Voyez aussi **Picpoul** et **Piquepoul.**

Pique-poule brune. *Cat.* LUX.

— — **Causeron.** *Cat.* LUX. [Pour **Canseron.** (PUL.)]

Pique-poule gris. Id. au **rouge.**

— — **noir.** *Cat.* LUX. HÉRAULT, GARD, AUDE, PYRÉNÉES-ORIENTALES, DORDOGNE, BOUCHES-DU-RHÔNE, VAUCLUSE. MAR. AC. 320, 323, 325. *Vign.* IX, 161. Je crois que ce cépage pourrait être introduit avec avantage dans les parties méridionales de l'ITALIE où la vigne est cultivée sans appui, par ceux qui désirent produire des vins de prix pour la table qui ne soient pas trop chargés en couleur. Sur les coteaux de SALUCES, ses produits sont très-abondants ; mais sa maturité tardive porte la vendange à une époque très-avancée qu'il n'est pas souvent possible d'attendre.

Pique-poule pique Perret. *Cat.* LUX.

— — **rousse ?** AC. 330.

— — **Sorbier.** DORDOGNE. AC. 329. [Paraît être le **Pécouï-touar.** (PUL.)]

Pique-poule Sorbier noir. *Cat.* LUX.

Le **Piquepoul** est supérieur pour la bonté de ses produits au **Carignan,** au **Mourvèdre,** à l'**Aramon,** au **Morrastel** et autres cépages du MIDI DE LA FRANCE.

Piran noir ou **Spiran** ou **Aspirant.** GARD, HÉRAULT. ASPIRAN, est le nom d'un village de l'Hérault. MAR. écrit le nom du cépage comme celui du village. OD. 412. Dess. RENDU. C'est le meilleur raisin de table de ces pays. Sur les coteaux de SALUCES, il n'est pas aussi estimé pour la table, sans doute parce qu'il n'y arrive pas à une parfaite maturité.

Piran blanc, Spiran ou **Aspirant.** G. OD. 414.

Piran gris. OD. 413. Paraît moins tardif que les autres. A les caractères identiques au **noir.** Je crois que c'est le raisin auquel on peut rigoureusement appliquer l'épithète de **gris** à cause de sa couleur singulière.

Piricone. SICILE. TERMINI. Raisin de cuve. MEND.

Piricoul ? G.

Pirriconi nero. Banlieue de PALERME. AC. 292.

Pisana. G.

Pisanella. LUCQUES. MEND. *Bic.*

Piscacchia. PROV. NAP.

Piscara. G.

Piscia di guaglia ? PROV. NAP. AC. 306.

Pisciancio bianco. TOSCANE. Id. à l'**Acquatrello ?** MEND. *Bic.*

Pisciancio nero. FLORENCE. G. PICC. MEND. J'ai eu sous ce nom deux raisins différents classés l'un *Bic.* (44), l'autre *Bic.* (15).

Piscianino. G.

Pisciara. AC. 160 le décrit parmi les raisins des CINQ TERRES.

Pisciaretta. G.

Pisciosa. RIVIÈRE LIGURIENNE DU PONENT.

Pis-de-chèvre blanc. OD. 370. Syn. de **Ketsketsetsu** de HONGRIE. *Cat.* LER. *Bic.* (48). *Vign.* I, 55 (28). A les grains ellipsoïdes et singulièrement terminés en pointe, soit du côté de l'insertion du pistil, soit du côté du pédicelle.

Pis-de-chèvre de la CRIMÉE? *Cat.* LUX.

— **rose.** G. OD. 371. Je le crois id. au suivant :

Pis-de-chèvre rouge. OD. 371. Syn. de **Vöros-Ketsketsetsu** de HONGRIE. GANIER. PUL. *Bic. Vign.* I, 5 (3). Raisin de table.

Pisocca. G.

Pisoloto. ISTRIE. AC. décr. 197.

Pissadella nera. VOGHERA. *Bic.*

Pisseux. Voyez **Baude.**

Pisse-vin. HYÈRES. Syn. d'**Aramon.** PELL.

Pissota dans le CARPIGIANO. Décr. AGAZ. Syn. de **Uva Pelegrina.**

Pistamatta. ITALIE MÉRIDIONALE. OD. 570. Doit être syn. de **Nireddie** ou **Niureddu.**

Pistolese. G.

Pistoletto. ASTI. Décr. INC. Id. au suivant.

Pistolino. ALEXANDRIE. Dess. ALEX. Syn. de **Uvalino.**

Piston. SCIOLZE. Grappe pyramidale. Grain rond, légèrement rougeâtre ; pulpe compacte ; croquant, doux. Doit être tardif.

Pisutello pour **Pizzutello.**

Pitmaston white cluster. SIM. L. [Bon raisin blanc précoce décrit par ROBERT HOGG. (*The fruit manual.*) (PUL.)].

Pitrisi. SICILE. Raisin blanc de cuve. NIC. ANG. MEND. *Bic.*

Pitrisi niuru. SICILE ; ou **Petrisi.** Cultivé à PALERME pour la cuve.

Pitruseddu ou **Bagascedda.** SICILE. Id. au **Corinthe,** d'après le baron MEND.

Pitrusu. TERMINI. AC. décr. 174.

Pizzadella. STRADELLA. VOGHERA. AC. décr. 60.

Pizzamosca. SPEZIA. *Bic.* M. le chev. DELLA TORRE, ex-consul du royaume d'ITALIE a eu l'obligeance de m'envoyer ce cépage. Il a un goût musqué très-délicat et est excellent pour la table et pour la cuve.

Pizzellute de ROME. SOD. C'est, je crois, le **Pizzutello.**

Pizzoletto nero de la Romagne. FRO.
Pizzutedda. Sicile.
Pizzutella de Portici. *J. bot.* Naples. *Bic.*
— Sicile. G.
— Toscane et Romagne. AC. 272.
— **bianca.** Bari. MEND. *Bic.* Le baron MEND. m'écrit qu'il est différent du **Pizzutello** de Rome. Dans ce cas, il serait mal dénommé et l'on devrait changer son nom.
Pizzutelletto. Rome. AC. décr. 133.
Pizzutello bianco. G. AC. décr. 132 et 293 parmi les raisins romains. Décr. INC. *Bic.* (37?) (33?). Il y a peut-être deux variétés.
Pizzutello de Rome. G. OD. 411, 426, 537. Voyez *Uve pregevoli* (*Ann. Vit.En.*, fasc. 50).
Pizzutello nero ? AC. décr. 139. J'ai reçu ce cépage sous le nom de **Corniola nera** de Milazzo, mais ses grains et ses grappes m'ont paru d'une dimension moindre que ceux de la variété blanche.
Pizzuto nero. Trani. MEND. *Bic.* (44).
Plan Colay ou **Grosse rougeasse.** Genève. AC. 321.
Planka ? *Pépin. Bic.*
— **monka bianca.** Hongrie. PUL. *Bic.* (47).
Plant à la Barre. *Cat.* Lux. Est syn. de **Danugue** dans le département des Bouches-du-Rhône. Je l'ai examiné à Clermont-Hérault, chez M. BOUSCHET.
Plant blanchette ou **blanchet.** Isère. AC. 325, 328.
Plant blanc-sale. Veyteaux, près Montreux. AC. 324.
Plant Calarin. Ain. GUY. II, 354, le croit, à tort, id. au **Cot.** Voyez **Plant de Calerin** qui est syn. de **Corbeau.**
Plant champanois. AC. 324.
Plant d'Abas noir. Isère. Id. à la **Dureza.**
— **d'abondance.** Deux-Sèvres. GUY. II, 631. Syn. de **Gamai.**
Plant d'Alicoc. Suisse. OD. 297. Vigne qui produit, en abondance, un vin spiritueux de bon goût et se conservant longtemps, d'après HENON, directeur des jardins de la ville de Lyon.
Plant d'Altesse. Voyez **Altesse** ou aussi **Vionnier.** PUL. le dit id. au **Maclou.** Ne possédant pas ce cépage je ne puis dire s'il est id. au **Vionnier.**
Plant d'Anjou. Lyonnais. C'est le **Gouais noir** ou **Foirard.** GUY. II, 564. Le **Plant d'Anjou blanc,** dans l'Indre, est le **Pinot blanc de la Loire.** [Le **Plant d'Anjou** est le **Foirard blanc** et non le **Pinot blanc de la Loire.** (PUL.)]
Plant d'Arbois. Jura. C'est le **Chasselas blanc,** ou du moins je l'ai reçu sous ce nom de la Bourgogne. *Bic.* Dans le Doubs, d'après le *Vignoble*, il est syn. de **Pulsard.**
Plant d'Arcenant. OD. 219. C'est un **Gamet.**
— **d'Arlay.** Salins (Jura). Syn. de **Gueuche.**
Plant d'Arles. *Cat.* Lux. France méridionale. OD. 491. PUL. le croit id. au **Boudalès.**
[**Plant d'Aunis.** Syn. de **Chenin noir.** A. BOUCHARD. PUL.]
Plant de Badin. Dép. des Hautes-Alpes. S'est trouvé être le **Pinot noir.**
Plant de Béraou ou **Berou.** Lot. OD. 242. Variété ? du **Cot,** plus précoce ; moins sujette à la coulure et cultivée dans les départements du Lot et du Tarn-et-Garonne. GANIER. *Bic.* (28).
Plant de Bevy. OD. 219. C'est le **Gamet Bevy.**
[**Plant de Bomieux.** Vaucluse. Raisin noir; ainsi nommé du village de ce nom. (BOUSC.)]
Plant de Bordeaux. *Bic. Pép.* J'ai reçu de Bourgogne, sous ce nom, le **Cot.**
Plant de Bouze. Syn. de **Gamai Teinturier.** PUL. *Journ. vit.* III, 157.
Plant de Brézé. Deux-Sèvres. OD. 154. Syn. de **Gros Pinot de la Loire** et de **Chenin.** Coteaux entre la Vienne et la Loire.
Plant de Brie. Seine et Seine-et-Oise. OD. 174. Syn. de **Pinot Meunier.**
Plant de Calerin. *Cat.* Lux. ou **Calarin,** ou mieux **Carlerin.** PUL. *Bic.* G. Syn. de **Corbeau** dans le canton de Jujurieux (Ain). Celui que j'ai cultivé est aussi le **Corbeau** de Bourgogne et du Lyonnais. Dans le *Cat.* BUR., on trouve **Plant de colorin noir.** Ain et Aube.
Plant de Chapareillant. Syn. de **Corbeau** dans la haute vallée de l'Isère.
Plant de clair de lune. Syn. de **Chenin blanc.**
Plant de Couton. Lot. GUY. II, 33.
— **de Crac Rubyssayre ?** *Cat.* Lux. Dans le *Cat.* BUR., on trouve **Plant de Croc.** Lot. [Raisin noir, petites grappes, petits grains (BOUSC.)]
Plant de Cumières. Bourgogne. OD. 170. Syn. de **Plant médaillé.** C'est un **Pinot** à grappe un peu longue, à bourgeons cotonneux à la pointe, d'après OD. *Bic.* (35 ?).
Plant de Dame. *Cat.* Lux. *Pépin.*
Plant de Dame blanc. Lot-et-Garonne. GUY. 421. Est aussi syn. de **Folle blanche,** d'après GUY, 310 et PUL.
Plant de Dame noire. Lot-et-Garonne. PUL. J'ai reçu sous ce nom le **Terret noir** et un raisin blanc ; je ne puis donc rien en dire. GUY.

425 lui donne pour syn. **Enràgeat noir,** qui devrait être la **Folle noire?**

Plant de Delhys. AFRIQUE. PUL.

— **de Delice.** SAHUT, pép. à MONTPELLIER. Grandes feuilles profondément sinuées, lisses dessus, cotonneuses dessous.

Plant de Demoiselle. *Cat.* LUX.

— **des Allicots** ou des **Ariquoques.** Voyez **Plant d'Alicoc.**

Plant des bois. Pépinière de MACHETAUX. OD. 245. Syn. de **Teinturier.**

Plant d'Espagne blanc. *Cat.* LUX. [Ce plant ne figure plus dans la dernière édit. du *Cat.* LUX.]

Plant d'Espagne noir. *Cat.* **LUX. Syn. de Carignane,** d'après MAR.

Plant de Gaillac. *Cat.* LUX.

— **de Gibert.** G. Doit être la **Mérille** du BORDELAIS.

Plant de Grèce. GUY. 310 le cite parmi les syn. de la **Folle blanche.**

Plant de Haretaut. On cultive sous ce nom, dans le canton de ROUSSILLON (ISÈRE), un raisin qui diffère du **Persan** par sa feuille très-sinuée et ses raisins presque ronds. PUL. *Rap. amp.*

Plant de la Biaune. Syn. de **Sirah.**

— **de la Biaune blanc.** G.

— **de la Bronde.** OD. 214. C'est un **Gamet.**

Plant de la Dôle. GENÈVE. AC. 321, 326. OD. 213, 294. C'est un **Gamet** cultivé en SUISSE et très-apprécié par le comte OD. *Bic.* Je l'ai reçu de GANIER, son vigneron et héritier de sa collection de vignes.

Plant de Languedoc. *Cat.* LUX.

— **de la Treille.** OD. 210. Syn. de **Gamai Nicolas.**

Plant de la Vaux? AC. 329. PUL. écrit de **Lavaut.**

Plant de Lédenon. PROVENCE et VAR. OD. 466. 514. Syn. de **Morrastel.**

Plant de Limaigne. On appelle ainsi le **Gamai** dans les vignes des bords de l'ALLIER, dans l'AUVERGNE (FRANCE). [C'est sans doute **Plant de Limagne** qu'il faudrait dire.]

Plant de Maillé. Syn. de **Chenin blanc.**

Plant de Malain. *Bic.* OD. 221. C'est un **Gamet** dit de **Malain.**

Les différents noms des **Gamets** proviennent souvent des personnes qui, dans des régions diverses, cherchèrent à multiplier les sarments qu'ils avaient trouvé les plus fructifères et qui en définitive ne sont que des variations du **Petit Gamai du Beaujolais.** Voyez PUL. *Les cépages du Beaujolais.*

Plant de Manosque. VAR et BOUCHES-DU-RHÔNE. OD. 460. Syn. de **Grand Téoulier.**

Plant de Marche. ARGENTON. INDRE. GUY. II, 566.

Plant de Marseille. *Bic.* OD. 419 le donne comme syn. de **Majorquen.** PELL. et PUL. admettent aussi cette synonymie.

Plant de Merot ou **de Luzech.** LOT-ET-GARONNE. GUY. 420 et II, 33. Serait une variété très-fertile du **Cot.**

Plant de Montmeillant pour **Montmelian.** *Cat.* LUX. OD. 552. *Bic.* C'est ainsi que dans le LYONNAIS et la SAVOIE on appelle le **Corbeau** de BOURGOGNE.

Plant de Michel. Voir **Plant Michel.**

— **de Moirans.** Syn. de **Corbeau,** principalement dans le LYONNAIS.

Plant de Molleron. DRÔME. GUY. II, 243.

— **de Ortlieb.** AC. 329. *J. bot.* de GENÈVE.

— **de Paris.** *Bic.* Ce nom se trouve dans le catalogue du marquis INC. et dans celui de la Société BURDIN. Est syn. de **Frankental** dans le JURA français, et en effet j'ai reçu ce raisin sous ce nom.

Plant de Pernant. C'est un **Pinot.** *Bic.*

Plant de Perrache. OD. 216. *Bic.* C'est un **Gamet.** PERRACHE est un des faubourgs de LYON.

Plant de Porto. OD. 460. le croit syn. de **Grand Téoulier** dans les environs de MARSEILLE. PELL. est du même avis; mais à la p. 519 le comte OD. pense que l'on peut appeler de ce nom l'**Alvarilhao.**

Plant de Pougalle. *Cat.* LUX. BUR. BOUCHES-DU-RHÔNE. [COMICE de TOULON ; raisin noir de grande culture. (BOUSC.)]

Plant (gros) de Provence. JURA. VIV. Le **Gros Plant,** à NANTES, est syn. de la **Folle verte** d'OLÉRON.

Plant de Quercy. G. Syn. de **Cot** ou **Malbek** d'après quelques personnes. Pourtant PUL. le décrit à part. Une plante qu'il m'a envoyée sous ce nom et qui avait des raisins ovales m'a paru différer du **Cot** et a été classée. *Bic.* (44).

Plant de Raguse. OD. 572. Introduit en FRANCE, près de MARSEILLE, par un capitaine de marine. *Vitis minuta, uva parva ; acinis albido sub fulvis, rotundis, dulcibus et raris,* d'après M. GOUFFE, botaniste de MARSEILLE.

Plant du Roi. G. *Bic.* J'ai reçu sous ce nom, de la BOURGOGNE, le **Cot ou Malbek.** Cette synonymie se trouve aussi dans GUY, III, 143.

Plant de Sainte-Marie. SAVOIE. Est syn. de **Gamai blanc.** TOCH.

Plant de Saint-Emilion. TARN-ET-GARONNE. Syn. de **Chaucé gris.** OD. 147.

Plant de Saint-Gilles. GARD. OD. 462. Syn. de **Mourvèdre** ou **Espar.** MAR.

Plant de Saint-Julien. METZ. AC. 332.

Plant de Saint-Peray. Syn. de **Roussane** dans quelques localités de la SAVOIE.

Plant de Saint-Rémy. Est syn. de **Roussane**. Il paraît que dans le département du RHÔNE, il est syn. de **Gueuche**.

Plant de Saint-Romain. ROANNAIS. PUL. C'est le **Petit Gamet**.

Plant de Salès. ANCIENNE PROVENCE. OD. 154, 491. Syn. de **Gros Pinot de la Loire** ou pour mieux dire de **Chenin blanc**. OD. 12.

Plant de Salès blanc. *Cat.* LUX. ANCIENNE PROVENCE. LEROY écrit **Plant de Salet**. Id. au précédent.

Plant de Savoie. Syn. de **Corbeau** dans la partie haute de l'ISÈRE.

Plant des Demoiselles. BOUCHES-DU-RHÔNE. VIV. C'est peut-être le **Cornichon** qui est appelé en arabe **Doigt de donzelle**.

Plant de Seyssel. OD. 231. La **Roussane** de la DRÔME avait été expédiée de LYON, sous ce nom, au comte OD.

Plant des Palus. Syn. de **Verdot**. BORDELAIS.

— **des Pauvres**. AVEYRON. GUY. II, 51.

— **des trois ceps**. MONTBRISON. OD. 216. C'est le **Gamai** de SAINT-GALMIER.

Plant de Souillac. Voyez **Mouraud**. PUL.

— **de Tâche**. ARBOIS. Syn. de **Teinturier** du JURA. OD. 248.

Plant de Thoisey. AIN. OD. 200, le dit syn. de **Tressot**. Je crois avoir vu contester cette synonymie quelque part. [Le **Tressot** n'existe pas à THOISSEY (AIN). Le cépage qu'on connaît sous le nom de **Plant de Thoissey** est un **Gamai**. (PUL.)]

Plant de Tonnerre. *Bic.* OD. 183. INDRE-ET-LOIRE. Syn. de **Rousseau** et de **Pinot blanc** dans l'YONNE, où le **Rousseau** est souvent aussi syn. de **Pinot blanc**.

Plant de Toulaud. ARDÈCHE. OD. 363. *Bic.* C'est un **Chasselas blanc** de FONTAINEBLEAU, très-cultivé près de SAINT-PERAY, commune de TOULAUD, d'où il est expédié en paniers à PARIS, à LYON et même à LONDRES. D'après le comte OD. ce raisin était préféré à tous les autres par la reine Victoria.

Plant de Tréfort. AIN. C'est le **Gouais noir** ou **Gueuche**.

Plant de Troyes. *Bic.* J'ai reçu de BOURGOGNE sous ce nom le **Chasselas blanc**.

Plant d'Évelles. Syn. de **Gamet** dans la BOURGOGNE.

Plant de Vuné. MARSEILLE. BESSON, pépin. Raisin tardif, à grosse grappe blanche.

Plant dit fendant ou **Ordinaire**. VEYTEAUX, près MONTREUX.

Plant doré d'Aï. C'est le **Pinot noir** de la CHAMPAGNE. GUY. le dit une variété de **Pinot**. [Le **Pineau doré d'Ay** est absolument semblable au **Pineau noir** de la BOURGOGNE. (PUL.)]

Plant d'Orléans. GERS. **Teinturier**.

Plant dressé. TARN. Syn de **Quillart** ou **Jurançon**, GUY. II, 12 ; ainsi appelé parce que ses sarments sont érigés.

Plant droit. *Cat.* LUX. Id. au **Plant dressé**. Cependant je trouve dans le *Cat.* BUR. un **Plant droit noir** de VAUCLUSE.

Plant du bois. TARENTAISE. Syn. d'**Ocanette**.

— **Dufour**. ALPES-MARITIMES. OD. 460 Syn. de **Grand Teoulier** dans les HAUTES et BASSES-ALPES.

[**Plant du Portugal**. J'ai reçu sous ce nom le **Mourvèdre** du GARD du *Jard.* des *Pl.* de DIJON. (BOUSC.)]

Plant dur. HÉRAULT. GUY. 247 le cite parmi les vignes fines de la région. [Syn. de **Carignane** dans l'HÉRAULT.]

[**Plant du Roi** ou **Gros noir**. LUX. C'est le **Cot à queue rouge**. (BOUSC.)] Voyez le **Plant du Roi**.

Plant du Rif. Vigne de l'ISÈRE ressemblant assez aux **Baclan** du JURA ? Dans le *Cat.* INC. est écrit par erreur **Plant du Biff**. PUL. écrit **Durif**. *Bic.* (23). Est très-productif sur les coteaux de SALUCES. [Le **Plant Durif** a été répandu et propagé dans l'ISÈRE (canton de TULLINS) par le docteur DURIF. C'est de là que lui vient son nom. (PUL.)]

Plant du Saint-Père. JURA. PUL. le croit id. à l'**Olivette blanche**.

Plant gentil. ALSACE. Voyez **Traminer** et **Savagnin**.

Plant gris. Syn. d'**Aligoté**.

— **Malin?** SIM. L. Pour **Gamai de Malain ?**

Plant médaillé. OD. 171. C'est un **Pinot** de BOURGOGNE id. au **Plant de Cumières**.

Plant Meunier. OD. 174. C'est le **Pinot Meunier**.

Plant Michel. CORRÈZE. GUY. II, 127.

— **Modo**. OD. 256. Syn. de **Trousseau** ; d'après d'autres, syn. de **Maldoux** ou **Mondeuse**.

Plant noble. INDRE-ET-LOIRE. Syn. de **Pinot** ; il en est de même en ALLEMAGNE.

Plant Pascal. *Cat.* LUX. BOUCHES-DU-RHÔNE. A. 329. OD. Syn. aussi de **Pascaou**.

Plant pignola nepiola? *Cat.* LUX.

— **pire**. GENÈVE. *J. bot.* AC. 326.

— **riche**. GARD. HÉRAULT. OD. 472. Syn. d'**Aramon**. MAR.

Plant Romain de l'YONNE. *Bic.* J'ai reçu de la BOURGOGNE le **Cot** sous ce nom.

Plant rouge d'Autriche. SUISSE.
— **Tokai rose.** AC. 325.
— **vert.** *Cat.* LUX. Cépage de VAUCLUSE. AC. 324, le cite parmi ceux de l'YONNE. GUY. II, 51, et III, 389 le cite parmi ceux de la CHAMPAGNE et le dit syn. du **Pinot ou Morillon noir** et du **Mansois** de l'AVEYRON.

Plant vert doré. CHAMPAGNE. Dess. et décr. par RENDU. GUY. le cite aussi parmi les cépages de la CHAMPAGNE.

Plant volé. Syn. de **Chenin blanc.** BOUCHARD.

Planta de mula. ESPAGNE. *Cat.* LUX. Me paraît assez semblable au **Danugue** du VAR ou du moins très-rapproché de ce cépage? *Bic.* (38). Raisin noir, à grosses grappes; pour en porter une il semblerait nécessaire, d'après son nom, d'avoir un mulet? Il ne faut pas évidemment prendre la chose à la lettre. Voyez **Danugue** (*Ann. Vit. En.*, février 1876). [La vigne que j'ai reçue sous ce nom de M. DE ROVASENDA n'est pas du tout syn. de **Danugue. La Planta de la mula** mûrit plus tôt; sa grappe est moins grande, les grains en sont plus gros et meilleurs. (PUL.)]

Plants gentils. Voyez **Plant gentil.**

Plassa. *Bic.* (11). PIGNEROL. PIÉMONT. Raisin noir, de cuve, un peu grossier, cultivé dans les communes de FENILE, BIBIANA, BRICHERASIO, SAN-SECONDO. Je l'ai supposé syn. de **Scarlatino.** Le fruit qui fut envoyé sous ce nom, en 1876, à l'Exposition de CHIERI fut trouvé id. au **Cuor duro** de CUMIANA.

Plava Goristjie. Syn. de **Bettlertraube blaue.** H. GOET.

Plava velka. Syn. de **Kolner blaue.** H. GOET.

Plavaz rubro. DALMATIE. *Bic.* (5). Raisin noir, qu'il sera utile de comparer avec le **Palvanz.**

Plavez gelber. Décr. MUL.

Plemenika. CROATIE. H. GOET. Syn. de **Gutedel?**

Plessard. Syn. de **Poulsard.** Appelé aussi **Plessaud** et **Pleussaud** dans le JURA, et **Plossard.**

Plussard ou **Plussart noir.** *Journ. vit.* III, 348. Voyez **Poulsard.**

Poche (Raisin de). *Cat.* LUX.

Poctener. ARR. D'IVRÉE. Dans quelques communes syn. de **Picotener ou Nebbiolo.**

Poerina bianca. ITALIE. VIV. SIM. L. Précoce, gros grains.

Pogayen. Vigne cultivée à l'HERMITAGE. OD. 229. [Nous n'avons jamais trouvé ce cépage à l'HERMITAGE lors des visites que nous avons faites à ce vignoble. (PUL.)]

Pohapshovina. Syn. de **Fischtraube weisse.** H. GOET.

Poisin bianco ou **Poisino.** ALEXANDRIE. Id., si je ne me trompe, au **Bertolino.**

Poison blanc. *Cat.* LUX.

Pokoves. Syn. de **Shopatna weisse.** H. GOET.

Polino. G.

Poll-Pascha röthlich. GRÈCE. SCHMIDT. H. GOET. Raisin de table.

Pollana. Décr. AL. D'autres écrivent **Pollone.**

Pollara nera. GÊNES. FRO.

Pollasecca. Syn. d'**Arlandino** dans quelques localités de la Prov. d'ALEXANDRIE.

[**Pollock.** (B.) V. amér. (*Labrusca.*) Fruit pourpre, foncé ou noir.]

Pollora nera. AC. 161 la décrit parmi les raisins des CINQ TERRES. Une des meilleures espèces.

Polofrais. SAVOIE. Syn. de **Hibou** dans la MAURIENNE. TOCH.

Polognaz. LA CÔTE. CANTON DE VAUD. AC. 330.
— **rouge.** LAUSANNE. SUISSE.

Polombit. UDINE. AC. 295.

Polverina bianca. RIVOLI. Décr. NASI.

Pomella bianca. *Alb.* T. Peut être id. à **Dolziola?**

Pomella veronese. AC. décr. 236.

Pomestra. Voyez **Bermestia.**
— **bianca** de TRAPANI ou **Trivoti.** MEND. *Bic.*

Pommerer. Id. à **Trollinger** ou **Frankental.**

Pommo nero. POUILLES. Raisin de cuve.

Pomoria de BOLOGNE, d'après FRO.
— **bianca.**

Poncinaro. BARI. MEND. *Bic.*

Pontak en BOHÊME. Syn. de **Teinturier** ou **Farber.** ST. et BAB.

Porcello. Raisin blanc de cuve; peut être id. à **Ducignola.** NIC.

Porchera. VOGHERA.

Porchiacchella nera. VÉSUVE. FRO.

Porcina nera. PROV. NAP.

Porcinale ou **Chiallo.** *Amp. Pugl.* Voyez **Porcinaro nero.**

Porcinara. POUILLES. Syn. de **Nero amaro?** PERELLI.

Porcinaro nero. ANDRIA, CORATO, FAGGIANO. Paraît être un raisin de second ordre.

Porcinola ou **Forcinola.** VÉSUVE et MONTE SOMMA. FRO.

Porciuola (pour **Porcinola**). Je l'ai vu citer parmi les vignes NAPOLITAINES.

Porientat et **Porienat.** ISÈRE. Voyez **Baude.** La **Baude** a un raisin noir. Je lis dans les *Essais* du Dr FLEUROT que le **Porienat** de l'ISÈRE a une grappe petite, étroite, longue, conique, serrée? grains verts jaunâtres, légèrement rosés, ronds ou presque ronds, 12 mill. sur 12, à pulpe molle. Il y aurait donc la variété blanche et la noire ?

Porporina. FINALBORGO. LIGURIE. *Bic.* M'a été envoyé avec quelques autres espèces par mon cousin le comte FRANCO ARNALDI.

Porteric. *Cat.* LUX. ; blanc, d'après BURY. [Raisin blanc, à grains oblongs, moyens. (BOUSC.)]

Portin. *Cat.* LUX.

Portina nera. BOLOGNE. CRESC.

Porto. *Cat.* LER. Peut-être id. au suivant. Voyez aussi **Oporto.** On a pu aussi employer ce nom pour le **Plant Porto** qui est syn. de **Grand Téoulier.**

Portoghese. Voyez **Portugieser.**

Portugais blanc. OD. 359. Syn. de **Van der lahn traube** de VIENNE.

Portugais sans nom? *Cat.* LUX.

Portugal (Vigne du) sans nom. *Cat.* LUX.

Portugieser blauer. *Bic.* Dess. SING. *Vign.* I, 77 (39). Dess. GOET. Cépage précoce, faisant un vin de table, très-répandu en AUTRICHE et en ALLEMAGNE. OD. 360 lui donne pour syn. le **Blauer Oporto.** *Bic.* (2). M. PUL. m'écrivait que ses vignerons faisaient tant de cas du **Portugieser,** à cause de sa robusticité et de sa fertilité qu'il s'était décidé à le multiplier largement dans ses vignes. Sur les coteaux de SALUCES, il est également fertile et robuste; mais je trouve peu de goût vineux à ses raisins. Il est possible que les terrains granitiques du BEAUJOLAIS puissent remédier à cet inconvénient. On pourrait mélanger ce cépage avec le **Limberger** ou **Blaufranchiser.** Je ferai remarquer que beaucoup de cépages portent le nom de pays où ils n'ont jamais existé ; aussi ne serais-je pas étonné que le **Portugieser** ne fut pas connu dans le PORTUGAL et qu'il en fut de même pour le **Blaufranchiser** en France. Ce que je dis est peut-être un peu hasardé, mais, puisque cela m'a échappé, je livre cette supposition à l'appréciation des viticulteurs du PORTUGAL et de la FRANCE, sans trop insister sur ce point.

Portugieser früher blauer. Décr. MUL.

— **Leroux.** Je n'ai trouvé aucune différence entre ce cépage et le **Portugieser blauer.** [**Portugieser Leroux** est syn. de **Limberger** ou **Blaufranchiser.** (PUL.)]

Portugieser rother. Décr. MUL. II. GOET le dit de STYRIE et de CROATIE.

Portugieser weisser. Décr. MUL. Syn. de **Pis-de-chèvre blanc?** DITTRICH.

Portugiesische fleischtraube. Syn. de **Pis-de-chèvre blanc?** DITTRICH.

Porzhin ou **Purchinok.** VALACHIE. Id. au **Rômer.** II. GOET.

Poshipon. STYRIE. Syn. de **Mosler** ou **Furmint.** II. GOET.

Posticcia. Cité parmi les cépages parmésans ; moût clair, peu alcoolique.

[**Post Oak grape.** Syn. **Vit. Lincecumii,** et **Pine wood grape.** PLANC. EC. MONTP.]

Pouchou ou **Perigord.** DORDOGNE. GUY. 527. Serait syn. de **Mérille?**

Pougnet. ARDÈCHE. GUY. le croit id. au **Mourvèdre;** PUL. le croit différent.

[**Poule maoôu.** VAUCLUSE. (BOUSC.)]

Pouillot blanc. Cité par GUY. II, 481.

Poulsard ou **Poulsart** et **Plussard.** *Bic.* (39). OD. 261. Dess. RENDU. *Vign.* I, 39 (20). Raisin du JURA, excellent pour la table et pour la cuve. Je le multiplie chaque année; il exige une terre forte et une taille longue ; plus précoce que la **Fresa,** même époque de maturité que le **Malbek;** sujet à la coulure comme ce cépage. Voyez **Pulsard.**

Poulsard à feuilles bronzées. OD.

— **blanc.** OD. 361. *Bic.* J'ai reçu, sous ce nom, de BOURGOGNE, la **Luglienga.** ROUG., *Amp. Sal.*, à la page 207, le cite aussi parmi les syn. du **Lignan** ou **Luglienga** dans le JURA. [Le **Poulsard blanc,** dit M. ROUG., n'a rien de commun avec le **Lignan.** (PUL.)] Le **Poulsard blanc** ou **petit Poulsard** ressemble autant que possible, sauf pour la couleur de ses raisins, au **Poulsard noir;** son feuillage a une teinte un peu plus pâle, mais la forme des feuilles est semblable et son raisin a une riche saveur. Il est donc à désirer que le syn. de **Poulsard blanc** cesse d'être donné au **Lignan** pour ne pas le confondre avec le véritable **Poulsard** du JURA.

Poulsard gris. MEND. J'ai reçu dans le temps le **Pulsart noir** sous ce nom.

Poulsard musqué. G.

— **noir.** *Bic.* G. Raisin de table excellent et très-délicat, bon aussi pour la cuve. Sur les coteaux de SALUCES, dans un terrain argileux, il réussit assez bien et mûrit plus tôt que les autres cépages cultivés avec lui. Je le multiplie chaque année.

Poulsard noir musqué. OD. 264.

[**Poulsard rose** et **Pulsard rouge.** (BOUSC.)] Id. au **Poulsard gris.**

Poumestra. Voyez **Pumestra.** SICILE.

Poumestre. OD. 421. Je le croirais id. à la **Bermestia italienne.** *Bic.*

Poumestre rouge. *Bic.* Je n'ai pas pu voir le fruit de cette plante qui a péri chez moi. Je crois que c'est la **Bermestia violacea** qui est indiquée sous ce nom et qui est dessinée dans le *Vign.* II, 91 (142).

Poumestre rouge. [LARDIER ou **Raisin de poche** et aussi **Pomestre.** Dans le VAR, ce nom est donné à plusieurs variétés ; mais lorsqu'on ne la désigne que sous le nom de **Poumestre,** c'est du **gros Poumestre rouge** que l'on entend parler et qui est le plus répandu. A DRAGUIGNAN, on l'appelle **Bon pastre** et **Bon maître** qui rappellent le souvenir des **Bumasta** des Anciens, du **Pumestra** de SICILE, des **Bermestia** des Italiens, noms donnés à diverses variétés de gros raisins. (BOUSC.)]

Pouple zorège ? G.

Poupo d'Azé. ARIÈGE. C'est le **Colombeau** du VAR. (BOUSC.)]

Poupo Baca. *Cat.* LUX. Dans le *Cat.* BURY. **Poupo Bacco noir** de TARN-ET-GARONNE.

Poupo Laoumo. *Cat.* LUX.

— **Saoumo** dans GUY. 384 et dans le *Cat.* BURY qui le dit un raisin blanc de TARN-ET-GARONNE. [Vigne très-répandue dans l'AGENAIS; on l'y connaît encore sous le nom de **Navarren.** (PUL.)]

Pouquet ou **Quercy.** ARDÈCHE. GUY. II, 75.

Pourple de Constance. TRANSON frères. Une vigne américaine que j'ai reçue sous le nom de **Purple Constantia** m'a paru devoir être classée *Bic.* (80).

Pourrisseux. JURA. Syn. de **Gamai blanc.** ROUG.

Pourrot (16). JURA, ou **Gros noirin.** ROUG. PUL. le met parmi les syn. du **Péloursin.**

Pousse de Chèvre. ISÈRE. Syn. de **Persan.**

Pozone nero. PROV. NAP.

Powel americana. PLANC.

Praestans de SARDAIGNE. Syn. de **Cannonau.** *Fl. sard. Bic.*

Pranger. Syn. de **Elben** sur les bords du RHIN. BAB.

Précoce. *Cat.* LUX. Dans l'EURE-ET-LOIR et dans d'autres endroits est syn. de **Morillon noir** ou **Pinot précoce.**

Précoce blanc. OD. 338. Voyez **Madeleine blanche de Malingre** ou mieux **Malingre précoce.**

Précoce blanc de Keintshein? Syn. de **Lignan** ou **Luglienga.**

Précoce de Hongrie. *Bic.* (19). Doit être différent du **Pinot Madeleine** ou **Ischia.** PUL. l'avait donné d'abord comme id.; mais dans le *Vign.*, il a fini par en faire deux raisins différents.

Précoce de Kienzheim. H.GOET., et **Seidentraube;** tous les deux syn. de **Luglienga.**

Précoce de Malingre. G. *Bic. Vign.* I, 13 (7). Voyez **Malingre précoce.**

Précoce de Riestheim ? SIM. L.

— **de Saumur.** *Cat.* LUX. Voyez **Courtiller precoce musqué.**

Précoce de Vaucluse. Le comte OD. propose de substituer à ce nom celui de **Raisin Vilmorin ;** cette variété, obtenue de semis par M. REYNIER, d'AVIGNON, est très-voisine de la **Luglienga.**

Précoce de Venise ? *Cat.* LER.

— **Houdbine.** PUL. Vigne obtenue de semis.

Précoce musquée. OD. 339. Voyez **Madeleine musquée de Courtiller** ou mieux **Courtiller précoce.** Voyez *Uve pregevoli.* (*Ann. Vit. En.*, fasc. 50). *Vign.* I, 25 (13).

Précoce noir. *Cat.* LUX.

— — **de Gênes.** On appelle ainsi en FRANCE le **Pinot Madeleine** ou **Ischia** qui n'est point un cépage de GÊNES.

Précoce plant de juillet. *Cat.* LUX.

[**Précoce Varacise.** JACQUEMET. C'est la **Madeleine verte de la Dorée.** (BOUSC.)]

Premice. EMILIE. CRESC.

Prenesca nera. BARI. *Bull. amp.* VII. Peut-être pour **Prunesca.**

Prescot. *Cat.* LUX.

Prescott. ISÈRE. PUL. G. Id. à l'**Avàna** de CHAUMONT (SUSE), au **Gamai** d'ORLÉANS, si je ne me trompe, et au **Varenne.** Cépage de très-grande fertilité, même quand il n'a pas encore atteint tout son développement. *Bic.* (11). Je crois qu'on en obtiendrait facilement du fruit en tenant la plante dans un vase sur un balcon.

Pressan ou **Pressens.** SAVOIE. Voyez **Persan.** G.

Preta. MODÈNE. G. AGAZ. MEND.

Pretansana bianca. LUCQUES. Je l'ai vue à une Exposition en 1877.

Prevedone. COME. AC. 292.

Preveiral ou **Perveiral bianco.** PIGNEROL. INC.

Preveiral nero dit aussi **rosso.** PIGNEROL. INC. MEND.

Priccionara nera. POUILLES.

Prichio bianco. BARI.

Prié. VALLÉE D'AOSTE. Décr. GAT. Le **Prié blanc** est la dernière vigne qu'on cultive à des altitudes élevées au-dessous de COURMAYEUR et du MONT-BLANC ; il est id. à l'**Agostenga** des plaines du PIÉMONT et au **Précoce vert** de MADÈRE du comte OD. Il est peut-être plus précoce que la **Luglienga.** C'est une belle chose à voir pour un viticulteur que la culture qui se fait de ce cépage à MORGEX, à environ 900 mètres au-dessus du niveau de la mer, à treilles basses et au milieu des rochers.

Prié rouzo ou **Primetta**. Décr. GAT. *Bic.* (3 ?).

Primaticcio bianco. TOSCANE. MEND. G. D'après GAL., ce nom est donné au **Canajolo bianco** dans les vallées de BIBBIANI et à S. GEMINIANO.

Primaticcio ou **Primativo nero.** TRANI. Voyez **Primitivo.**

Primaticcio Montelupo. TOSCANE. MEND. *Bic.*

— **rosso.** TOSCANE. MEND. *Bic.*

Primayis. *Cat.* LUX.

— **muscat.** VAR. BOUCHES-DU-RHÔNE. MARÈS. OD. 354. Je le crois id. au **Muscat à fleur d'oranger.** [Est id. au **Muscat de Jésus** ou **à fleur d'oranger.** (BOUSC.)]

Primedie. UDINE. AC. 295. Raisin de cuve.

Primetta. VAL D'AOSTE. Décr. GAT. Syn. de **Prié rouzo** ou **Neblou.**

Primeza. Voyez **Mori Veronese.**

Primitivo nero. ALTAMURA. MEND. *Bic.* (16). Donne dans quelques localités un vin liquoreux.

Primitivo nero. BITONTO. MEND. *Bic.*

— — TURI en TERRE DE BARI. *Bic.* (15). *Ann. Vit. En.*, IV, 224. J'ai trouvé que ce raisin était assez précoce et pouvait donner du bon vin, même dans l'ITALIE SEPTENTRIONALE. J'ai reçu sous le nom de **Zagarese** un cépage qui lui est identique.

Prin blanc. SAVOIE. Id. à l'**Altesse verte.**

Prinassa. Arrondissements d'ASTI et de CASALE. Décr. Com. AL. Je le crois id. au **Cari.**

Princ. Syn. de **Traminer.** H. GOET.

Prince Albert. *Pép.* De semis. Id. au **Frankental.**

Prince de Couza. G.

Princens. SAINT-JEAN-DE-MAURIENNE. Syn. de **Persan.**

Principe nero ou **Vernaccia.** PROV. NAP.

Princt-cervena. BOHÊME. Syn. de **Traminer.**

Prinetto. Raisin du HAUT-NOVARAIS.

Prinsan et **Prinsens.** Voyez **Princens.**

Printanier. Provenant du département du RHÔNE. Présenté à l'*Exp.* de LYON de 1872.

Priore. PROV. NAP. G.

Procaccio? ILE D'ELBE. Cité dans l'*Alb.* T. comme syn. probablement du **Trebbiano bianco** de TRÉVISE.

Procanico. PROV. de SIENNE. Cité comme syn. de **Trebbiano.** Dans le *Bull. amp.* VII, où il est décrit à la page 520 ; la Commission de SIENNE hésite à admettre cette synonymie.

Prolific muscat Ingram. Dess. dans la *Flore des Serres* de GAND. A en juger par le dessin on le dirait id. au **Muscat Hambourg.** Voyez **Muscat Ingram Prolific.**

Prolific sveetwater. R. HOGG. Syn. de **Chasselas gros coulard** ou de **Montauban à gros grains.**

Promedie bianca. FRIOUL. MEND. Voyez **Primedie.**

Promère. SEYSSEL. Syn. de **Hibou.** PUL.

Promettaz. CONFLANS. SAVOIE. PUL.

— **rouge.** Cépage différent du précédent.

Prorok. HONGRIE. Syn. de **Süsser Römer.** BAB.

Prosecco. VÉNÉTIE. OD. 571. Ce raisin a été un des premiers expérimentés par le prof. CARP. dess. *Alb.* T. *Bic.*

Prosecco bianco forestiero? *Alb.* T.

— **rosa.** OD. 571. Forme la base des vignobles d'ALMISSA en DALMATIE.

Prossaigne. Voyez **Persagne.** OD. 225 ou mieux **Mondeuse** de la SAVOIE.

Prouvereau ou **Cornet.** PIÉMONT. Est cultivé dans la vallée de SUSE et près de PIGNEROL.

Provareau. DRÔME. Ainsi écrit par GUY. II 254.

Proveral. DRÔME. GUY. II, 237. Vigne de second ordre abandonnée à l'HERMITAGE par les bons viticulteurs.

Provereau noir. *Cat.* LUX. ou **Proveraut** ou **Parveraut** ou **Prouvereau.** DRÔME et ISÈRE. Vigne de grande production, qui dépérit vite et donne des vins médiocres. Syn. de **Cornet** OD. 230. PUL. *Rapp. amp.* A CHAPAREILLAN (SAVOIE), on l'emploie comme syn. de **Corbeau** [Le vrai **Provereau** est bien distinct du **Corbeau** et du **Cornet.** (PUL.)]

Provereu bianco.

Provigis Burgii nera. *Pép.*

Proviné et **Pruiné.** PIÉMONT. *Exp.* AL. SCIOLZI Vigne très-robuste, de longue durée, très-bonne pour les treilles. A des feuilles glabres au-dessous. Grappes coniques, ailées, surmoyennes; grains noirs, pruinés, sphériques, déprimés, peau consistante; pulpe compacte, assez douce de longue conservation. Bon pour la table et la cuve. *Bic.* (6).

Prueras. Syn. de **Chalosse.** OD. 139.

Prugnolino nero. SIENNE. *Bull. amp.* VII, 51[illegible]

Prugnolo. TOSCANE. OD. 563 l'indique parmi les raisins de MONTEPULCIANO. AC. 272 dit que c'est en TOSCANE le nom vulgaire du **Pignolo** Décr. CIN. SINALUNGA.

Prugnolo gentile. SIENNE. *Bull. amp.* VII.

— **rosso toscano** ou **Pignolo,** d'après VILLIFRANCHI. MEND.

Prumyeral. LOT. AC. 331. Je ne sais si le nom exact est **Prunyeral** ou **Prumyeral.** Le **Prunyeral** est syn. de **Cot.**

runa. *J. bot.* Naples. AC. 305. Voyez aussi **Uva Pruna.** *Bic.*
runaccia nera. Asti. Settime. Peut être id. au **Pruiné.** *Exp.* AL.
rune (Raisin de). *Cat.* Lux.
— goutte. *Cat.* LER.
runeaut. Haut-Novarais. C'est, je crois, le **Prunent** dont le nom a été altéré.
runelar. *Cat.* Lux. **Prunelard noir.** Tarn. *Cat.* BUR.
runelar bordelais. Tarn. GUY. II, 12.
— **muscat.** Tarn. GUY, II, 12.
runelas noir. LAUJOULET. *Journ. vit.* Paris.
— et **Prunellas noir.** Tarn-et-Garonne. OD. 415. Syn. de **Ulliade.**
runelat écrit GUY., en citant les vignes de la Corrèze ; il le dit syn. de **Cot rouge.**
runella, écrit GUY., en parlant des vignes de la Dordogne.
runelle noir. Lot-et-Garonne. C'est le **Marocain** ou **Espagnen noir.** (BOUSC.)]
runelle gris. Id. au précédent dont il ne diffère que par la couleur des grains. (BOUSC.)].
runent. Domodossola (Haut Novarais). Y est syn. de **Spana** ou de **Nebbiolo.**
runesca bianca. Bari. MEND. J'en possède une jeune plante qui a été classée par moi *Bic.* (21).
runesca nera. MEND. *Bic.*
runesta. Pouilles. *Ann. Vit. En.*, IV, 224. Cultivée comme raisin de table et de conserve; ses grains sont gros et longs comme des prunes. Id. à la **Bermestia?**
runetta rosa. Val d'Aoste.
rungentile. Marches. Syn. d'**Uva d'oro** (*raisin d'or*)? Il figure parmi les raisins rouges dans la classification faite par l'ingénieur DE BOSIS.
runié ou **Pruiné.** Piémont. Voyez **Proviné.**
runiero. Corrèze. GUY, II, 127.
runus Simonii? Importé de la Chine. SIM. L.
runyeral. Corrèze. Syn. de **Cot** ou **Malbeck.** PICC. m'envoyait de Florence, sous ce nom, un **Pinot blanc Chardonay.** Est écrit **Prumyeral** dans AC.
runyrale. BAB. Syn. de **Walschriessling weisser wolliger.**
uceau. Cher. GUY. III, 200.
ugliese rosa. Cultivée sur les collines romaines. OD. 569. Doit avoir des grains assez gros. [Ecrit par erreur **Pugliesse** dans le *Cat.* Lux.
ugliese rosa piccola. *Cat.* Lux.
— **rossa.** *Cat.* Lux.
ugneddu bianco. Petralia. MEND. *Bic.*
ulce in collo bianco. G. MEND. CIN. Sinalunga. J'ai modifié le nom peu convenable de ce cépage. On aperçoit sur le raisin la trace du pistil qui fait l'effet d'une puce sur sa peau blanche. *Bic.* (8) (16?) OD. 563 dit par erreur que ce cépage a ses raisins garnis de beaux grains noirs. *Bull. amp.* VII, 521.
Pulce in collo rosso. Macerata. Décr. par SANTINI qui lui donne pour syn. à Matelicano le **Trebbiano rouge.**
Pulitana. Valenza. Piémont. AC. décr. 109.
Pulsard. Jura. *Cat.* Lux. Id. à **Pulsart, Poulsard** et **Plussard.** Cépage à raisin noir violacé qui contribue dans le Jura à faire les meilleurs vins rouges. Il donne un raisin véritablement excellent pour la table et pour la cuve ; malheureusement il n'est pas toujours fertile. Il réussit bien sur les coteaux de Saluces. *Bic.* (37) (39?).
Pulsard blanc de Salins. Syn. de **Lignan.** OD. 361.
Pulsard blanc petit. Jura. ROUG. Semblable au **noir** avec le feuillage d'une teinte plus pâle et le raisin d'une riche saveur ; moins répandu que le **Lignan.**
Pulsard Juliatique. *Cat.* Lux. Probablement **Luglienga.**
Pullana. *Exp.* AL. Gros grains ovales arrondis, noirs.
Pulsaré. Haute-Saône. AC. 231.
Pulscher. Voyez **Putzscheer.** ST.
Pumestra bianca. Id. à **Bermestia?** *Bic.* (33). Ces cépages, à mon avis, sont destinés à être mis en treilles ; il est difficile de les contenir dans un petit espace. On en met les grains dans l'eau-de-vie. Le raisin que j'ai reçu sous ce nom différait cependant de la **Bermestia.**
Pumestra niura ou **nera.** G. *Bic.* Le comte FRANCHI DI PONT possède à Centallo un très-bel exemplaire de **Bermestia** violacée qui fructifie abondamment et qui couvre une assez grande terrasse placée à une exposition très-chaude.
Pumoria. Bologne. AC. 295. Voyez **Pomoria.**
Punechiou. Gers. Syn. de **Sauvignon blanc** de Bordeaux.
Pungéral. *Cat.* Lux. Pour **Prunyeral.**
Puppacagna. (*Tétons de chienne.*) *Exp.* AL.
Purcinara. Serait syn. de **Negro amaro** des Pouilles, d'après ce que j'ai lu dans la *Monographie du vin* d'OTTAVI.
Puresin noir. Hongrie, ou **Purscin.** VIV.
Purion des coteaux de la Saône. Syn. de **Giboulot blanc,** c'est-à-dire probablement d'**Aligoté.**
Purple Constantia. *Cat.* LER. *Bic.* (80). C'est un **Muscat blanc** avec la feuille à dents arrondies comme les feuilles de chêne. On me l'a

fait payer 2 fr. chaque plante, mais en vérité il ne vaut pas plus que beaucoup d'autres. [J'ai reçu sous ce nom le **Muscat noir** de l'HÉRAULT. (BOUSC.)]

Purple Texas roth. Vigne américaine. Vignoble de M. BLANKENHORN.

Purpurin noir. *Cat.* LER.

Purscin. HAUTE - HONGRIE. OD. 326. Id. à **Schleentraube** et **Fekete vilagos.**

Putcheer. ALSACE. Voyez **Thal Burger.**

Putzscheere. WURTEMBERG. Syn. de **Tokayer weisser** d'après BABO et aussi de **Thalburger**, d'après ST.

Puvuss. VALENZA (PIÉMONT). AC. décr. 76.

Pyran d'Espagne. *Cat.* LUX. Voyez **Aspirant.**

Q

Quadrat musqué. Syn. de **Passa tutti?** d'après H. GOET.

Quadruneddu. SICILE. MEND.

Quadtler et **Quadler.** HEIDELBERG. Syn. de **Heunisch gelben.** BAB. et ST.

Quagghiana. TERMINI. SICILE. AC. décr. 180.

Quagliano nero. SALUCES. *Bic.* (8) (12). Raisin de table à gros fruit noir, très-délicat et d'une bonté toute particulière, principalement dans les vignobles de BUSCA et COSTIGLIOLE à terrain léger.

Quagliara nera. BARLETTA. *G. V. V.* 1870, p. 16.

Quajan. Nom piémontais du **Quagliano.**

Quajara. Serait id. à la **Pelara veronese.**

Qualitor. HÉRAULT. AC. 322, 325, pour **Calitor.**

[**Quassaick.** (B.) V. amér. Hybride de **Rickett-Clinton** et de **Muscat Hamburg noir.**]

Quassoba. *Bic.* S'est trouvé chez moi le **Corbeau.** J'ignore l'origine de ce nom.

Quebranta tinajas blanca. MALAGA.

Queen Victoria. *Cat.* LER. C'est un **Chasselas blanc.**

Quennoise. *Cat.* LUX.

Quercia nera. Raisin peu méritant des PROV. NAP.

Querciola bianca. Voyez **Querzola.**

Quercy. CHARENTE. OD. 149, 239. Syn. de **Cot à queue rouge et verte.** A les raisins légèrement ovales comme le **Cahors.** OD. le dit id. au **Cot** de TURENNE, ce qui prouve que le **Cot** de TURENNE et celui de la GIRONDE sont un seul et même cépage.

Querzola. BOLOGNE. AC. 294. On cultive aussi la **Querciola Romagnola.**

Quetschentraube. HEIDELBERG. Syn. de **Marckaner weisser.** BAB.

Queue de Chatte. ISÈRE. Canton du ROUSSILLON. Syn. de **Viognier.**

Queue de Renard. VAR. OD. 474. Syn. de **Ugni blanc.**

Queue forte. GERS. Syn. de **Bouchalès.**

Quillard ou **Jurançon.** GARD. OD. 497, 530. *Bic.* (15). Cépage à raisin blanc ainsi nommé parce que ses sarments droits ressemblent à un jeu de *quilles*. Très-productif; il pourrait peut-être convenir là où l'on préfère l'abondance à la bonté du produit.

Quillard blanc.

— **noir?** J'ai eu sous ce nom un autre cépage puisque ce raisin était blanc.

Quillat. OD. 497, 530. Nom donné en CATALOGNE au **Quillard.**

Quille de Cot. AUXERRE. OD. 238. Syn. de **Cot.**

Quillot. GERS. Syn. de **Cot.**

Quintinica negra. SAN LUCAR. ROX.

R

[**Raabe.** (B.) V. amér. Hybride de *Labrusca* et *Æstivalis* ou *Vinifera*. Grains de grosseur moyenne, rouge sombre, presque sans pulpe.]

Rabalaïre ou **Rebalaïre.** Voyez **Aramon.**

Rabbiosa. TRÉVISE. AC. 290, 301. Dr CARP. rapp. Je le suppose id. à la **Rabosa?**

Rabbiosa bianca. AC. 302. Dr CARP. rapp. L'*Alb.* T. dit qu'elle est du district d'ASOLO.

Rabier. *Bic.* On m'a envoyé par erreur sous ce nom, de la CÔTE-D'OR, le **Corbeau** qui est différent. Voyez **Saint-Rabier.**

Rabo de Baca. ESPAGNE. ROX. Grains clairs dorés, charnus, âpres.

Rabo d'Ovelha. PORTUGAL. OD. 521. Raisin blanc.

Rabolina. Syn. de **Velteliner rother?** H. GOET.

Rabosa bianca. *Alb.* T. Dr CARP. rapp.

Rabosa nerà. VÉNÉTIE. *Bic.* (15). La **Rabosa nera** ou **Raboso** est citée par CARP., directeur de la Société œnologique de TRÉVISE parmi les premiers raisins qui avaient servi à ses essais de vinification (rapport du 29 mai 1871). C'est peut-être le cépage le plus important de la VÉNÉTIE.

Rabosa Pignola.

— **veronesé.** *Bic. Alb.* T. On le croit syn. de **Fortana cremonese.** C'est un beau raisin à grappe compacte, pruiné, un peu recourbé en virgule. Je trouve que les grains, petits,contiennent trop de pepins, de sorte qu'ils ne doivent donner que peu de moût eu égard à la quantité de marc.

Rabosina bianca. *Alb.* T.

Racina di Luglio. G. C'est ainsi qu'on appelle en Sicile le **Chasselas lacinié** des Français ou **Petersilien.**

Racciapaluta. Raisin dépeint à l'*Exp.* agricole de CHIETI en 1869, à feuilles quinquélobées; grappe courte, conique, compacte; grains ronds, gros, blancs dorés.

Racciapolone bianco. ABRUZZES, peut-être id. au suivant, appelé aussi **Ciapparone** et **Racciapaluta.**

Racciopolone bianco. PESCARA. MEND. *Bic.*

Racinella de MESSINE. PICC.

Racondin rosso. UDINE. MEND. Voyez aussi **Recondino.**

Radagliaddu nieddu. SARDAIGNE. MEND. *Bic.* Raisin de table et de cuve. Voyez aussi **Ridagliaddu.**

Radowinka. Syn. de **Mirkowacs.** H. GOET.

Rafajone. CORSE. Cité par GUY. 140.

Rafeux blanc. GENÈVE. AC. 325. *Cat.* LER. PUL. écrit **Rafeau blanc.** [C'est ainsi que l'écrit l'obtenteur M. MOREAU ROBERT, d'ANGERS. (PUL.)]

Raffaoncello rosso. TOSCANE. TRINCI décr. 105. VILLIFRANCHI le place avec le suivant:

Raffaoncino rosso. TOSCANE. AC. décr. 272.

Raffaone ou **Raffajone nero.** TOSCANE. Décr. par le Com. agricole de FLORENCE. *Bic.* (48). Je me propose de le confronter avec le **Mammolo,** avec lequel il me semble avoir quelque analogie, sans être peut-être identique. VILLIFRANCHI dit qu'il a des grains gros, longs, à peau mince.

Raffaone grosso. AC. déc. 273. Appelé aussi **Raffaone rosso.** Doit être id. au précédent. TRINCI décr. 104

Raflac ou **Refflat.** OD. 499. Cépage des PYRÉNÉES FRANÇAISES. Je l'ai vu aussi écrit **Rufflac.**

Ragusaner. STYRIE. H. GOET. croit qu'il correspond à l'Augster blanc.

Ragusano bianco. POUILLES. Cité par PERELLI comme un raisin légèrement musqué? A VALENZANO, le **Ragusano bianco** serait syn. de **Greco** de BARLETTA, d'après ce que m'écrit l'avocat CONSOLE, et à LECCE il le serait d'**Asprino bianco.** L'*Amp. Pugl.* le dit aussi syn. d'**Asprino.** J'ai eu du baron MEND. un **Ragusano** ou **Ragosano bianco.** TURI. *Bic.*

Ragusano nero. BARI. MEND. *Bic.*

— — **Castellaneta.** *Amp. pugl.*

— — TURI. Appelé aussi **Asprino.**

Rahuelbene. Voyez **Rauhelbene.**

Raialone rosso scuro. Environs d'ASTI? Très-beau raisin.

Raifler ou **Reifler.** SPRENGER. Syn. de **Valteliner rother.** Le **Raifler blanc** est aussi syn. de **Valteliner weisser.** BAB. Est en AUTRICHE syn. de **Zierfahndler rother,** H. GOET, et, ailleurs, de **Tokayer.** Le **Raifler blanc** est indiqué comme syn. de **Silvaner weisser.**

Rairone. VOGHERA. Je crois qu'il est voisin de l'**Uva rara,** si même il n'est pas identique.

Raisaine. ARDÈCHE. Raisin blanc estimé pour la cuve. *Vign.* II, 77 (135).

Raisin à gros grains. *Cat.* LUX.

— **belle fleur.** J'ai vu sous ce nom, chez un pépiniériste, un raisin semblable au **Gros Guillaume** ou **Danugue** avec des grains noirs très-pruinés. [Ce nom est donné au **Danugue** à DRAGUIGNAN (VAR). (BOUSC.)]

Raisin blanc du Pô. AC. 325, 331.

— **blanc Saint-Alban.** *Jard. des Pl* de DIJON. [C'est le **Muscat de Jésus.** (BOUSC.)]

Raisin Cerise. SAVOIE. Serait syn. de **Hibou.**

[**Raisin Cire.** LUX. Raisin noir; ressemble au **Cot de la Touraine** ou **Malbec** du BORDELAIS. (BOUSC.)]

Raisin Cornichon. OD. 410. Voyez **Cornichon.**

Raisin Crapaud? Se trouve dans BAB. parmi les syn. du **Raisin Decandolle** ou **Grec rouge.**

Raisin d'abondance. Raisin provenant du département du RHÔNE, présenté à l'*Exp.* de LYON, 1872.

Raisin d'Aibatly. OD. 582. Voyez **Aibatlyisium.**

Raisin d'Alep. H. GOET. Voyez **Raisin suisse.**

Raisin d'Autriche. OD. 347. Id. à **Ciotat** ou **Chasselas d'Autriche.**

Raisin de Bourgogne. OD. 422. Collection de

M. ISARN père, près MONTAUBAN. Syn. erroné de **Corazon.**

[**Raisin de Caboul.** Semis de REYNIER, d'Avignon. (BOUSC.)]

Raisin de caisse blanc. MEURTHE. *Cat.* BURY.

Raisin de Calabre *Vign.* I, 79 (40). Voyez **Uva di Calabria.** Chez M. BOUSC. j'ai constaté qu'il avait le feuillage semblable à celui de la **Bicane.** Ailleurs, il a les feuilles petites, étroites, lisses, glabres. Raisin à saveur simple.

Raisin de Calabre noir. MEURTHE. BUR.

[**Raisin de Calcédoine** ou **des Mariniers.** Venu de CONSTANTINOPLE, du jardin du ministre de la guerre. C'est le **Chaouch.** (BOUSC.)]

[**Raisin de Cana.** LUX. C'est le **Grec rouge.** (BOUSC.)]

Raisin de Candolle. AC. 327. Voyez **Grec rouge.**

[**Raisin de Chypre. Uva di Cipro,** du marquis INCISA. (BOUSC.)]

Raisin de crapaud blanc. LOT. BUR. Voyez aussi **Raisin crapaud.**

Raisin de Cuba. Id. au **West's St-Peter's.**

— **de Gabrito.**

— **de Grave.** ALLIER. OD. 234. Syn. de **Danesy petit.** Raisin blanc.

Raisin de Hongrie ou **Tokai gris.** AC. 331.

— **de juillet.** OD. 231. Syn. de **Morillon hâtif** ou **Pinot noir précoce.**

Raisin de la Madeleine. OD. 175, 234. Syn. de **Morillon hâtif** ou **Pinot Madeleine.**

Raisin de Languedoc. Syn. de **Trollinger blauer** ou **Frankental.** H. GOET.

Raisin de la Nièvre blanc. BUR.

Raisin de la Palestine. G. OD. 408. *Bic.* Syn. d'**Olivette jaune à petits grains** ou de **Terra promessa.**

[**Raisin de la Quassoba.** *Cat.* JACQUEMET-BONNEFONT, raisin noir assez précoce, ressemble par sa forme au **Morastel.** (BOUSC.)]

Raisin de limdi Kanath. *Bic.* G. OD. 379. AFGHANISTAN. Obtenu de semis par le comte OD. Voyez **Limdi Kanat.**

Raisin de Lindau? Syn. de **Seidentraube gelbe,** BAB., ou **Luglienga.**

Raisin de Lombardie. Syn. de **Grenache?** CHAPTAL. *Ann. de Pom.* On voit combien cette synonymie est risquée.

Raisin de Lonray noir. SIM. L.

— **de Malaga.** Id. à **Moscatellone** ou **Muscat d'Alexandrie.** Appelé ainsi à PARIS.

Raisin de Mascara noir. BUR.

[**Raisin de miel.** *Cat.* LUX. Raisin blanc, cylindrique; grains sous-moyens. D'après le *Cat.* serait originaire de la Hongrie. (BOUSC.)]

Raisin de miel blanc. BUR.

Raisin de Nikita. G. *Bic* J'ai eu sous ce nom un raisin noir précoce, bon pour la vinification et très-rapproché du **Baclan.**

[**Raisin de Negefabad.** PERSE. *Cat.* LUX. **Cornichon rose.** (BOUSC.)]

Raisin de Notre-Dame. PROVENCE. OD. 491. On le dit énorme, mais mauvais pour la table et la cuve, à cause de son goût très-désagréable.

Raisin de Palestine. Id. à **Terra promessa.**

— **de poche blanc.** *Pép.* Ainsi appelé à cause de la fermeté de ses raisins.

Raisin de Perse noir. BUR.

Raisin de Provence. *J. bot.* GENÈVE. AC. 324.

— **des abymes.** SAVOIE. On donne ce nom en SAVOIE à la **Jacquerre,** parce que ce cépage peuple les vignes des ABYMES DE MIANS. TOCH.

Raisin de St-Jacques. *Bic.* OD. 336, 496. Voyez **St-Jacques.**

Raisin de St-Jean. OD. 337 décr. Syn. de **Jouannenc charnu.**

Raisin de St-Pierre. OD. 337. Syn. de **Jouannenc** dans quelques collections, mais avec risque de confusion, parce que le **St-Pierre de la Charente** est différent.

Raisin de St-Valentin. Syn. de **St-Valentin rose,** d'après les *Ann. de Pom.* OD. 292 le dit syn. de **Fleischroth Valteliner** et appelé ainsi peut-être par confusion de nom entre **Valteliner** et **Valentin.** La planche qui représente ce raisin dans les *Annales de Pomologie* fait croire exacte la syn. avec **Valteliner,** car il a les mêmes caractères. C'est le **Feldlinger** de la maison BURDIN, de TURIN.

Raisin des Balkans. OD. 406 dit que c'est à tort qu'on a appelé ainsi au LUXEMBOURG le **Sabalkanskoï.** [Dans la collection de MAGARATCH (CRIMÉE), on cultive sous ce nom un raisin blanc à grains moyens. M. SERBOULENKO, attaché à cet établissement, n'a pas reconnu le **Sabalkanskoï** de ma collection pour celui qui est cultivé en CRIMÉE sous le nom de **Raisin des Balkans.** (BOUSC.)]

Raisin de Schiraz noir. Obtenu de semis par M. LECLERC.

Raisin de Scutari. OD. 324. Syn. de **Kadarkas fekete** ou **noir,** d'après SCHAMS. [LUX C'est le **Sultanieh.** (BOUSC.)]

Raisin de Servie. Le comte OD. 553 dit que sous ce nom il a rapporté le **Grec rouge** de la collection de SCHAMS en HONGRIE.

Raisin de table. *Cat.* LUX. *Jard. bot.* de GENÈVE. AC. 327.

[**Raisin de Vilmorin**. Ressemble beaucoup au **Jouanen**. (BOUSC.)]

Raisin de Virginie. OD. 404. Nom improprement donné à l'**Olivette rouge** par M. SECONDAT, d'AGEN.

Raisin de Vorlington. OD. 162. Voyez **Petit noir de Worlington** ou **York Madeira**.

Raisin des Boses. H. GOET. Lisez **des Roses**.

Raisin des Carmes. Id. à **West's St-Peter's**.

— **des Dames**. *Bic*. OD. 360, 403. Syn. dans le VAUCLUSE de **Panse jaune** et de **Bicane**. On m'a donné sous ce nom la **Terra promessa** ou **Olivette à petits grains**. *Bic*. (48).

Raisin des roses. *Cat*. Lux. C'est un syn. donné au **Portugieser** par quelques pépiniéristes naturellement enclins à propager des noms pompeux. Ce nom n'est nullement justifié d'après PUL., mais il peut appeler l'attention des clients et procurer de grands profits à ceux qui les vendent.

Raisin d'Ischia. Voyez **Ischia**.

— **d'officier**. MONTPELLIER. OD. 342. Syn. de **Chasselas**.

Raisin doré de Stokwood. *Bic*. De semis. [Très-belle grappe à gros grains obronds, d'un jaune doré, doux, légèrement parfumés. (BOUSC.)]

Raisin d'Orléans, d'après MEY. Id. à l'**Orleaner**.

Raisin du Cap. Voyez **Isabelle**.

Raisin du Frioul. OD. 504. Syn. de **Piccolito bianco**.

Raisin du pauvre. *Bic*. OD. 380, 552. Syn. de **Grec rouge** dans le GARD (FRANCE MÉRIDIONALE).

Raisin grec. VAUCLUSE. *J. bot*. GENÈVE. AC. 325.

Raisin hâtif de Nikita. Voyez **Raisin de Nikita**.

[**Raisin impérial**. Semis de VIBERT, d'Angers; raisin se rapportant au **Boudalès** pour la forme et la grosseur des grains et la maturité précoce. (BOUSC.)] Ce raisin est tout à fait id. au **Bellino** dont il paraît provenir. Voyez **Impérial noir**.

Raisin Isabelle OD. 161. Voyez **Isabella**.

— **Jalabert**. AC. 330. Voyez **Jalabert**.

[**Raisin manual negré**. CATALOGNE. Raisin noir, à gros grains ovoïdes, très-croquants. (BOUSC.)]

Raisin monstrueux. Syn. de **Calebstraube rothe**. H. GOET.

Raisin noir. DRÔME. AC. 324, 327.

— **de Jérusalem**. BOUSC. décr. ; id. à la **Darkaia** de PERSE.

[**Raisin noir de la Grèce**. *Cat*. Lux. C'est le **Frankenthal** (BOUSC.] ?

Raisin de St-Jacques. *Bic*. Voyez **St-Jacques**.

Raisin panaché. AC. 328. OD. 203. Syn. de **Tressot bigarré**.

Raisin perle. AC. 321, 328. OD. 261. Syn. de **Poulsard**.

Raisin perle blanche. *Pép*. OD. 361. *Bic*. Voyez **Perle blanche**; pourtant, autant que je me le rappelle, j'ai eu sous ces deux noms deux raisins différents.

Raisin prune. Voyez **Uva Pruna**. *Bic*.

— **rose de Gandjah**. OD. 433. Cépage de PERSE trop vigoureux pour être fertile ; plus tardif pour mûrir que le **Schiradzouli blanc** de GANDJAH ; demande pour fructifier une taille très-longue ou bien à être greffé sur d'autres variétés plus faibles.

Raisin rose de Kontz. RIVES DE LA SARRE. OD. 286. Syn. de **Roth Heimer**.

[**Raisin rose des Iles Ioniennes**. (BOUSC.)]

— **rouge** de BOURGOGNE. AC. 324, 326, 327, 332.

Raisin sans pepins. OD. 589. Syn. de **Kechmish**.

Raisin St-Antoine. *J. bot*. GENÈVE. AC. 322

— **suisse**. AC. 324, 325. H. GOET. le dit syn. de **Raisin d'Alep** et id. au **Morillon Zweifarbiger**.

Raisin Vilmorin. OD. 341. Syn. de **Précoce de Vaucluse**.

Raisin violet de Madeleine. Syn. de **Morillon violet**. OD.

Raisinotte. OD. 138. Syn. de **Musquette** ou **Guilhan muscat**. BORDELAIS.

Rajoulen. *Cat*. Lux.

Rakszollo. Syn. de **Silberweiss**. H. GOET.

Ramallon. *Cat*. Lux.

Rambola rossa. ÉGYPTE. *Bic*. Je l'ai reçue directement par le Consulat, grâce à l'obligeance de M. le commandeur PEIROLERI. Voyez *Uve pregevoli*. *Ann. Vit. En*., fasc. 50.

Rambelina, Ranfel, Ranfler, Ranfolina, Ranfolak, Ranfoliza frühe. Syn. de **Heunisch rouge**. H. GOET.

Rammler. BAB. Syn. de **Grober Elben**.

Ramounin. Syn. de **Calitor** à MONTPELLIER.

Rampino nero. COME. AC. 292.

Ramulak ou **Ramfulak beli**. Syn. de **Shopatna blanche**. H. GOET.

Ranconat. Syn. de **Grenache**, d'après les *Ann. de Pom*., vol. II.

Ranfoliza spate, Ranfler spater, Ranfolina spate. Syn. de **Velteliner rouge**. H. GOET.

Ranicuglio nero. ALTAMURA. MEND. *Bic*. (47).

Ranina. ISTRIE. AC. décr. 189.

Rapone blanc. TOSCANE. *Cat.* LUX.

— **nero.** AC. 298. Je l'ai eu de M. PICC. *Bic.* (48). Raisin noir, oblong, ressemblant à la **Barbera,** si mon exemplaire est authentique.

Rapone rassone? *Cat.* LUX.

Rappalunga. SPEZIA. *Bic.* Dans la LIGURIE OCCIDENTALE on cultive aussi un raisin qui porte ce même nom.

Rapparella. Cultivée en SICILE. FRO.

Rappatedda. CATANE. *Cat.* PUL.

Rappennolo bianco. TERAMO.

Rara ou **Uva rara nera.** VOGHERA. Id. à la **Bonarda** de GATTINARA.

[**Raritan.** (B.) V. amér. Hybride de **Rickett Concord et Delaware noir.** EC. MONTP.]

Rasola. COME. AC. 292.

Raspirosso. PISE. MEND. G. *Bic.* (32). A la rafle littéralement rouge. Me paraît un raisin de rapport.

Raspirosso ou **Tintuia? nera** de la TOSCANE, d'après FRO.

Raspo bianco. G.

— **rosso.** *Cat.* LUX. TOSCANE. INC. MEND. *Bic.* [Ecrit par erreur **Raspo rasso** dans le *Cat.* LUX.]

Rassaki. GRÈCE. Raisin de cuve. Serait le **Rosaki**? Voyez aussi **Razaki.**

Rattaliau ou **Rattagliau bianca.** SARDAIGNE. Ecrit aussi **Rattagiadu** et **Ridagliaddu** que je crois être la même chose. Il y a un raisin noir de ce nom assez répandu. J'ai trouvé chez moi le **Rattagliau bianco id.** au **Majorquen.** *Bic.* (31).

Rauchfarbige traube. Cultivé à KLOSTERNEUBURG, près VIENNE, dans la vigne d'essai.

Rauchfarbiger et **Raucher.** H. GOET. Syn. de **Zimmettraube rauchfarbige.**

Rauci velke. BOHÊME. C'est le **Pinot noir.**

Rauhelbene. WURTEMBERG. Syn. de **Elben grober.** BAB.

Raulander, Rehfal, Rheingrau sont le **Pinot gris.** H. GOET.

Rausano. Voyez **Ragusano.**

Rauschling blauer. BAB. Syn. de **Gelbholzer,** de **Hudler** et **Klapfer noir.**

Rauschling edler weisser spanischer. Décr. MEY.

Rauschling grosser. ALLEMAGNE et SUISSE. Syn. d'après ST. de **Gros fendant blanc.** OD. 285. AC. 327. Décr. MEY. Raisin de cuve.

Rauschling petit. *Cat.* LUX. D'après ST. syn. de **Ortlieber.** Sa culture diminue en ALSACE, dans le WURTEMBERG et dans le pays de BADE à cause de la pourriture à laquelle il est sujet. C'est le **Klein Rauschling** qui d'abord avait été le plus cultivé à cause de l'abondance de ses produits. Il faudra le confronter avec le **Cépin blanc français.** *Bic.* (11).

Rauschling schwarz blauer, Décr. MEY.

— **schwarzer.** Décr. MEY.

— **weisser.** BAB. Décr. MUL.

— **weisser gemeiner.** Décr. MEY.

Rauschlinger. Voyez **Rauschling.**

Rausch grosser. Voyez **Rauschling weiss gemeiner.** MEY.

Rava de Cirda (cieza). *Cat.* LUX.

Ravanellino. *Exp.* AL. Grain ovale, jaunâtre, transparent. Belle grappe, ni compacte, ni claire.

Raverusto. A rafle blanche. TOSCANE. AC. décr. 273. VILLIFRANCHI dit que sa rafle et sa tige sont longs, minces, blancs ; grains petits, noirs, ronds et fermes.

Raverusto dolce à rafle rouge. TRINCI décr. 102. AC. décr. 274. Id. au suivant.

Raverusto nero. Grappes petites; grains ronds, petits, à peau dure; vin ayant du corps. *G. V. V.* II, 148.

Ravestone nero. G.

Ravinenta. Raisin du HAUT NOVARAIS.

Razaki zolo. HONGRIE. Raisin noir. *Vign.* II, 149 (171).

Razaki rosso ou **Rumunia piros.** GRÈCE. H. GOET.

Razbatnoi. *Cat.* LUX.

Razin nero. SALUCES. *Bic.*

Razza di carruozzo nera du VÉSUVE et de MONTE SOMMA. FRO.

Razzese. *J. vit.* SOD. 98, dit de ce cépage ce qu'on peut dire de beaucoup d'autres, à savoir qu'il produit beaucoup de vin quand il se trouve dans des lieux qu'il aime et qui lui plaisent, comme sur des rivages, des collines et des plaines pas trop grasses et surtout peu éloignées de la mer.

Razzola bianca. SARDAIGNE. G. *Bic.* (38). MEND. Cette vigne se trouve classée dans une case qui indique des caractères qui se rencontrent chez bien peu de cépages.

Réaumur blanc. De semis. SIM. L. Grappe grosse, claire; grains sphériques; maturité précoce.

Reballaïre. HAUTE-GARONNE. Signifie *qui traîne sur le sol.* Syn. d'**Aramon.** MAR. PELL.

Rebazo. SAN LUCAR. ROX. Grains ronds, dorés.

Rebecca. Raisin ambré d'AMÉRIQUE que j'ai vu citer dans la *Revue vinicole* de NEW-YORK et dans PLANC. *Vign. amér.* Je le crois de qualité secondaire. [*Labrusca.* Figure dans la dernière édition du *Cat.* du LUX. EC. MONTP.]

Rebecca weiss. *Cat.* BLANKENHORN.

Rebolla ou **Ribolla bianca.** FRIOUL. *Bic.* (17).

— **nera.** FRIOUL. *Bic.*

Reby noir. SEYSSEL (SAVOIE). Beau raisin noir dont PUL. fait beaucoup d'éloges. *Vign.* II, 25 (109).
Recaldina nera. TRÉVISE. *Alb.* T.
Recandino nero. Dr CARP., rapp.
Recht weiss (*bon blanc*). OD. 301. Syn. de **Weiss grob.**
Red Chasselas. LINDLEY. Syn. de **Chasselas rose royal**, et, d'après ROB. HOGG, syn. de **Chasselas violet.**
[**Red Elben.** V. amér. Syn. de **Rulander.** BUSH.]
Red fox roth. Grape culturist. *Cat.* BLANKENHORN.
[**Red Lenoir.** Syn. de **Pauline.** BUSH.]
— **Muscadine?** Syn. de **Chasselas rose.**
— **Muncy.** Syn. de **Catawba.**
Red River, ou **Cynthiana.** V. amér. PLANC. 172, paraît id. au **Norton's Virginia.**
Reddese rosa. G.
Redega. Syn. de **Gradigiana.** Décr. AGAZ.
Redeja bellina ou **Redezha.** Syn. de **Heunisch rother.** H. GOET.
Redondal. *Cat.* LUX. OD. 510 le dit syn. de **Granacia** dans la HAUTE-GARONNE. GUY. 310 cite le **Redondal noir** comme syn. de **Macabeo?** Dans le vol. II, 12, il le cite aussi comme syn. de **Grenache.**
Redondal blanc. MONTPELLIER. AC. 323. ARIÈGE. GUY. 310.
Reeves muscadine. De semis. *Bic.* Raisin blanc, non musqué, sujet à la pourriture.
Refasco. *Cat.* LUX., pour **Refosco.**
Refflat. Voyez **Ruflac.**
Refosca. Décr. AGAZ. Dr CARP., rapp. Voyez **Refosco.**
Refosca di SPEZZANO. AGAZ.
Refoschino. *Cat.* LUX.
Refosco. *Cat.* LUX. et **Rifosco.** VÉNÉTIE. OD. 571. *Vign.* II, 53 (123). *Bic.* (44)? A ses feuilles avec des nervures sillonnées, rouges au centre, avec les dentelures aiguës, d'un vert glauque qui les rend facilement reconnaissables.
Refosco bianco. UDINE. AC. 295.
— **blauer.** Décr. MUL. Id. au **nero.**
— **minuto.** ISTRIE. *Bic.* M'a paru id. au suivant.
Refosco nero. ISTRIE. AC. décr. 194. *Alb.* T. *Bic.*
Refosco veronese. AC. décr. 236.
— **weisser.** Décr. MUL. D'après H. GOET aurait pour syn. **Trummertraube.**
Refoscone. FRIOUL. AC. 295.
— **nero.** UDINE. MENC. *Bic.* (27)?
Règina (Uva). TOSCANE. AC. décr. 274. *Bic.* On trouve des raisins portant ce nom dans plusieurs régions de l'ITALIE. Les études ampélographiques des diverses commissions provinciales pourront seules nous faire connaître les diverses variétés.
Regina bianca. FAVARA, ou **Gerosolimitana bianca.** MEND.
Regina bianca. FERMO. *Bic.* MARINI.
— — FLORENCE. MEND. Différente de celle de FAVARA. Raisin de table, se conservant bien, d'après VILLIFRANCHI, qui dit: « Espèce de raisin blanc et gros que l'on met principalement en treille, dans les jardins, à l'exposition du midi. »
Regina bianca. SARDAIGNE. *Bic.* Id., je crois, à l'**Apesorgia.** J'ai reçu d'un pépiniériste, avec ce nom, l'**Axinangelus.**
Regina delle Malvasie. SICILE. MEND. *Bic.*
Regina nera. SARDAIGNE. *Bic.* Doit être id. à l'**Apesorgia nera.**
Regina rossa. INC. *Bic.* On appelle ainsi la **Barbarossa piémontaise** dans quelques parties de la PROV. D'ALEXANDRIE.
Regina. TRAPANI. MEND. SICILE.
Regulesa bianca. SARDAIGNE. MEND. Raisin de conserve.
Reichenweiher 'sche ou **Reischlinger.** Syn. de **Ortlieber gelber.** H. GOET.
Reichenweyerer ou **Plant de Riquewihr.** WURTEMBERG, dans ST. Syn. de **Rauschling klein** et **Ortlieber.**
Reifler. *Cat.* LUX. Voyez **Raiffer.**
Remollon. Le Dr FLEUR. (*Essais gleucométriques*) dit que c'est un cépage de l'ISÈRE à grappe moyenne, conique, serrée ; à grains noirs, ronds, 15mm sur 15; à pulpe un peu molle.
Remongiau. *Cat.* LUX. C'est probablement l'**Arremangiau.**
Remoulette. ISÈRE. Syn. de **Roussanne.**
Renacciola ou **Vernacciola.** Décr. dans le *Bull. amp.* X.
Reno (del) gentil bianco. G. *Pép.* MEND.
— — — **nero.** G. *Pép.* MEND.
— — — **rosa.** *Pép.* MEND.
[**Renouvellar.** *Cat.* LUX. ARDÈCHE. (BOUSC.)]
Rentz. CINCINNATI. AMÉRIQUE. PLANC. De l'espèce des *Labrusca.* Grains rouges, sphériques. Du petit nombre des variétés de la tribu des *Labrusca* qu'on croit résistantes au phylloxera. SIM. L. Raisin de cuve. [EC. MONTP.]
Repcalau bianca. BOBBIO.
Rëqua. ROGER. V. hybride amér. méritante. Grappe ailée, grains moyens rouges, à peau mince. SIM. L.
Requette. *Cat.* LUX. ou **Réquete.** GRENOBLE. Syn. de **Mourvèdre.**
Requiem ? PUL.
[**Rerbi labied** (*Occidental blanc*). ALGÉRIE.

Décr. L. BEYS. (*Mess. agr.*, XIX, 419). C'est, d'après PUL., le **Damas blanc.**]

[**Rerbi lakhal** *(Occidental noir)*. ALGÉRIE. Décr. L. BEYS. (*Mess. agr.*, XIX, 419). C'est probablement le **Damas noir.** En KABYLIE (AFRIQUE), les grains dépassent quelquefois, d'après M. L. BEYS., le volume d'une grosse noix.]

Resecco (Uva) du FRIOUL. AC. 282. Peut-être pour **Prosecco?**

Resita des dames. *Cat.* LER.

Restajola. GHEMME. CERL. *Bic.* D'après ce que j'ai pu observer, ses feuilles m'ont paru présenter les caractères de la **Bonarda** de GATTINARA.

Rether. *Cat.* LUX.

Retica ou **Gradesca.** MODÈNE. MEND. *Bic.*

Reuschling blanc. ALSACE et AUTRICHE ? AC. 320, 321 et 332. *Bic.* (11). La vigne que j'ai cultivée sous ce nom, qui est, je crois, exact, m'a paru id. au **Cépin blanc** ou **Grand blanc français.** Voyez aussi **Rauschling.**

Revallaïre. HAUTE-GARONNE, et aussi **Reballaïré.** OD. 472. Syn. d'**Aramon.** Signifie *étalé*. En effet, dans les vignobles du MIDI DE LA FRANCE où les vignes se cultivent sans échalas, on voit à côté du **Mourvèdre** et autres plants à sarments érigés, l'**Aramon** à sarments tombants, rampants sur le sol qui présentent un aspect tout à fait différent.

Revetone. G.

Revier d'Anjou. ISÈRE. Paraît id. au **Ribier** ou **Rouvier.**

Revolat. GRENOBLE. PUL. le trouve id. au **Maclou.**

Rey. *Cat.* LUX.

Rhætica. Veltliner, d'après SCHUBLER.

Rheinelben, ALSACE; et **Rheinelbe,** SUISSE. ST. Syn. de **Elben weisse.**

Rheingauer. Syn. de **Riessling.** MEY. BAB. ST.

Rhein-Hinsch. *Cat.* LUX.

Ria negrara rara. BASSANO. VÉNÉTIE. AC. 301.

Ribeyrenc. AUDE. OD. 482. Syn. de **Spiran.** GUY. 260 le cite parmi les cépages qui entrent dans la composition des vins rouges de LIMOUX.

Ribier. *Cat.* LUX. AIN (FRANCE). *Vign.* I, 89 (45). DRÔME. GUY. II, 240. Appelé aussi **Gros Damas** et **Gros Maroc.** Serait le **Damascener blauer** des Allemands. H. GOET. 66.

Ribier du Maroc. *Cat.* LUX. [N'est autre que le **Ribier.** (PUL.)]

Ribier petit. *Cat.* LUX. ARDÈCHE. Vigne très-fertile et très-estimée. PUL. *Rapp. amp.* Il est aussi appelé **Rouvier.**

Ribolla bianca. UDINE. Dr CARP. rapp. *Alb* T. *Bic.* (17) ou (33)?

Ribolla nera? UDINE. MEND. *Bic.* (39).

Ricanico bianco. PROV. NAP.

Riccio nero. Raisin dessiné à l'Exposition de CHIETI, ayant une grappe claire ; pédicelles longs; grains petits, ovales, noirs-bleus ; feuille quinquélobée.

Richetta bianca. NICE. AC. 296. J'ai étudié ce cépage dans les vignobles de NICE.

Richmond. AMÉRIQUE. De l'espèce *Vulpina.* PLANC. 127.

[**Rickett's seedling grape.** (B.) Vignes américaines de semis, généralement hybrides, obtenues par RICKETT, de NEWBURG. (N. Y.)]

Riclaux. ISÈRE. Voyez **Baude.**

Ricobura bianca. GENOVESAT. FRO.

Ridagliaddu nieddu. SARDAIGNE. Probablement id. au **Canonao.** Voyez ce cépage.

Ridolfi nera? *Pépin.*

[**Riesenblatt** *(grant-leaf, — feuille géante).* (B.) V. amér. *Æstivalis* de semis.]

Riesentraube. BUDE. Syn. de **Grec rouge?**
— **weisse.** BAB.

Rieslër ou **Riessler.** BASSE AUTRICHE. Syn. de **Riesling.** OD. 281, 304. MEY. écrit. **Rieszler.** Ce nom est surtout employé dans la MOSELLE.

Riesling blanc. Cépage des PROVINCES RHÉNANES, et aussi du TRENTIN, d'après FRO. *Bic.* (15). *Vign.* II, 29 (111). OD. 281, 304. AC. 323. REND. dess. et décr. SING. dess. *G. V. V.* C'est le raisin qui produit le célèbre **Joannisberg,** le **Steinberg** et d'autres vins dits *du Rhin* qui sont peut-être les vins cotés aux plus hauts prix parmi tous ceux que produit le monde entier. Il paraît pourtant que la qualité qui vaut à ces vins des prix si avantageux ne doit pas être attribuée entièrement au cépage, mais bien plutôt à la nature du sol combinée avec le climat ; peut-être en partie aussi à la position commerciale de ces pays et, si je ne me trompe, en partie également aux essences ou caramels employés par quelques producteurs qui gardent le secret de leur composition. Le **Riesling blanc** a pour syn. **Gentil aromatique ;** il donne au vin un bouquet très-agréable. Sa culture ne conviendrait guère aux coteaux de SALUCES, parce que sa grappe serrée est sujette à la pourriture.

Riesling jaune. *Cat.* LUX. Cité parmi les cépages du RHIN. *G. V. V.* D'après ST. ce nom dériverait de *riesen?* qui signifie *couler*, c'est-à-dire que le fruit avorte. Id. au **blanc.**

Riessling blauer. *Bic.* Il m'a été donné comme venant de l'AUTRICHE. Décr. BAB.

Riessling echter weisser et aussi **Riesslinger.** Décr. MUL. Signifie *vrai* ou *exact blanc*.

Riessling gros. Rhin. *Bic.* Syn. de **Orleaner** ou **Orlender.**

Riessling Olasz. Hongrie. C'est-à-dire **Walsriesling.** H. GOET.

Riessling petit. Rhin. Dess. REND.

— **rothstieliger.** (BAB. *au pédoncule rouge.*)

Riessling schwarzer. Décr. MUL. et BAB.

Rifosco. Istrie et Goritz. Id. au **Refosco** de la Vénétie. *Bic.* (44).

Rigalico. Sardaigne. Je le crois syn. de **Monica.** *Bic.* (15). (31)? C'est un cépage à grande végétation, à grosses grappes, d'un noir bleuâtre, très-jolies. Raisin de cuve.

Riminese. Toscane. SOD. PICC. *Bic.* (32). Raisin blanc qui m'a paru bon pour la cuve. Peut-être id. à la **Riminese** de Portercole que j'ai vue aussi en Toscane. ROB. LAWL. décrit sous ce nom un raisin à grains oblongs, couleur de rubis.

Afin que les lecteurs puissent connaître le peu de renseignements que celui qui s'occupe d'ampélographie peut trouver dans les auteurs les plus anciens, je vais citer tout ce que GIOVANVETTORIO SODERINI dit sur le **Riminese,** à la p. 98 de son ouvrage:

«Ce cépage, quand il se trouve dans des lieux qu'il aime et désire, comme sur des rivages, collines et plaines pas trop grasses et surtout à la vue de la mer, produit beaucoup de vin.» On voit que l'auteur ne fait même pas connaître la couleur du raisin. Ce qu'il dit du **Riminese,** il le dit également de plusieurs autres cépages.

Rinaldesca. *Cat.* Lux. Toscane. Raisin de cuve. SOD. VILLIFRANCHI le donne comme id. au **Vajano.** ROB. LAWL. le décrit parmi les raisins roses ou rouges.

Rinardesca ou **Rinaldesca grossa.** AC. 274. Syn. de **Vajano toscano,** d'après VILLIFRANCHI.

Rinardese. G.

Riondasca et **Rondasca.** De Biella. Syn. de **Mostera canavese,** d'après le prof. MIL. qui le décrit.

Riondasca bianca. Biella. Prof. MIL. décr. Syn. de **Mostera bianca** et de **Vernasetta.** Cerione.

Riondascone. Voyez **Varenga.** Prof. MIL.

Riotenero. *Pép. Bic.* J'ai reçu sous ce nom le **Cot** de Bordeaux.

Ripalone bianco. Ile d'Ischia. FRO.

Riparia. Subdivision créée dans l'espèce **Cordifolia,** dont le **Taylor** est le type. [Voir **Cordifolia.**]

Ripolo bianco. Naples. *Bull. amp.* VII.

— **nero.** Eboli. *Bull. amp.* VII, 512.

Risaga. *Cat.* Lux. [Crimée. Raisin rose très-tardif, à grains longs, pour la table. (BOUSC.)]

Risaga blauer. Décr. MUL.

Rischling blauer. Le **Pinot noir** serait appelé ainsi?

Risii baba. SPRENG. Syn. de **Zottler.**

Risser. Syn. de **Grober Elben.**

Risset noir. SIM. L.

Rissling ou **Riessling rother.** Décr. MEY. BAB.

Rissling. Dess. SING. Voyez **Riessling.**

— **weisser.** Décr. MEY.

Ritella bianca. Prov. nap.

Ritscheiner blauer ou **Malvasia?** Décr. MUL.

Rive d'Alte? Lot. AC. 331. [Sans doute pour **Rivesaltes.** (PUL.)]

Rivello nero. Barletta. Prof. BRUNI. ACH. *G. V. V.* Appelé aussi **Uva Olivetta.**

[**River grape.** Syn. de **Vit. Riparia.** Vigne américaine.]

[**Riwers muscadine.** *Cat.* des horticulteurs. (BOUSC.)]

Rivesalter? *Cat.* Lux. [Pour **Rivesaltes.** (PUL.)]

Rivesaltes. Var et Bouches-du-Rhône. Syn. de **Grenache.** MAR.

Riveyrenc. Aude. Syn. de **Spiran.** MAR.

Riviciello. Vésuve. MEND. *Bic.*

Rivier. Ardèche. PUL. *Vign.* III, 25 (205). Donne un vin d'ordinaire, agréable, solide et d'une belle couleur.

Rivos-Altos. OD. 510. Syn. de **Granacia,** dans quelques départements méridionaux de la France.

Rizliny laski. Syn. de **Walschriesling.** H. GOET.

Rizliny mali beli. Id. à **Riessling blanc.** H. GOET.

Rizzo bianco. Pouilles et Terre d'Otrante.

Rkatzitelli giallo. Tiflis. Raisin de cuve et de table. SCHAR. H. GOET.

Rnaritelly? *Cat.* Lux. [ou **Rniratelly.** Raisin noir, petites grappes, grains ovales assez petits. (BOUSC.)]

Robin noir. Drôme. PUL. *Vign.* III, 33 (209). Ce nom a été donné par M. PULLIAT à un cépage que M. ROBIN a trouvé dans quelques communes de la Drôme et qui paraît résister à l'oïdium et à l'anthracnose.

Robinet à Conflans (Savoie). Syn. de **Jacquerre.** *Vign.*

Robolla gialla. UDINE. AC. 295. Pour **Ribolla ?**
Robolla verde. UDINE. AC. 295.
Roborante. G.
Robuelà bianca. UDINE. MEND. Raisin de cuve. Peut-être aussi id. à **Ribolla.**
Robuelà gialla. UDINE. MEND.
Robusta. SARDAIGNE. Syn. de **Albumannu.**
Rochalin. OD. 139. Cépage de peu de mérite dans la GIRONDE.
Rochefort. *Cat.* LUX.
Rochelle. *Cat.* LUX. *Cat.* LER. GUY. III, 466 le cite parmi les cépages de SEINE-ET-MARNE.
Rochelle blanche. SEINE-ET-MARNE. AC. 325, 331.
Rochelle blonde. *Bic.* J'ai reçu sous ce nom, de la CÔTE-D'OR, l'**Aligoté.**
Rochelle noire. *Cat.* LUX.
Rochelois. TOULON. Id. au **Barbaroux.** PELL.
Roger's hybrid. AMÉRIQUE. PLANC. 166. Plusieurs variétés hybrides américaines, obtenues de semis par M. ROGER, ont été ainsi appelées et sont distinguées entre elles par le numéro seulement.
Roger's Being. Amérique. *Cat.* LUX.
Rogin. TARENTAISE. PUL.
Rogettaz rouge. TARENTAISE. PUL.
[**Rognon du coq.** Raisin du VAR. (BOUSC.)]
[**Rogosnizza.** DALMATIE.]
Rohditi roth. GRÈCE. Raisin aromatique. H. GOET. SCHAMS.
[**Roher Heunisch.** *Cat.* LUX. pour **Rother Heunisch.**]
Rohrklavner. SCHAFFOUSE. Syn. de **Pinot Teinturier.** BAB.
Rohrtraube. Syn. de **Hudler rother.**
— **blaurothe.** ALLEMAGNE. Syn. de **Rheinwelsch** et **Wullewalsch.** BAB. H. GOET. Raisin de cuve et de table.
Roia ou **Rodia** des anciens. PROV. de BÉNÉVENT. *Bull. amp.*
Roisselet. PIÉMONT. Vignobles subalpins.
[**Rojets.** CATALOGNE. A le feuillage du **Gamay.** (BOUSC.)]
Rolle blanc. NICE MARITIME. *Bic.*
Rollander. Voyez **Rulhender.** BERGSTRASSE.
Rollo. RIVIÈRE LIGURIENNE DU PONENT.
Romain ou **César.** YONNE. G. Est aussi appelé **Picarniau** à AUXERRE. M. DUMONT DEL PORTE dit dans le *Journ. vit.*, V, 231, qu'il donne un vin de longue durée. Ce cépage réussit très-bien dans ma collection. *Bic.* (32) (16). GUY. III, 113, le cite parmi les vignes de l'AUBE, et à la p. 138 parmi celles de l'YONNE; il dit aussi qu'il ne craint pas l'oïdium. Le *Vign.* III, 141 (263), en fait l'éloge.

Romana. MODÈNE. AGAZ. la dit syn. de **Moscatellone** et de **Malvasia di Spagna ?**
Romana. TRENTE et ROVEREDO dans le TYROL. AC. 305. *Bic.* (7). Raisin noir de cuve.
Romana nera. POUILLES. Raisin de cuve, tardif, à grosses grappes.
Romania de Cattara ? *Cat.* LUX.
Romanina nera. BOLOGNE.
Rombola bianca ou **Rombolla.** Raisin des îles de l'ARCHIPEL GREC et principalement de CÉPHALONIE. Ce cépage, d'après ce qu'a eu l'obligeance de m'écrire de CORFOU le comte CARLO BIANCONCINI, donne des vins blancs secs dans le genre du **Meursault,** ou doux dans le genre du **Lunel**; à confronter avec le **Rambola.**
Romans noir. BRIOUDE. AUVERGNE. Ancien cépage qu'on croit être id. à l'**Ulliade noir** ou **Boudalès.**
Romé. ESPAGNE. ROX.
— **noir.** ANDALOUSIE. OD. 245. Syn. de **Teinturier.**
Römer rotholziger. BAB.
— **saurer.** BAB.
— **süsser** ou **Romer Weissholziger.** WURTEMBERG. BAB. Syn. de **Schlehentraube** de HONGRIE? et **Uherka** de BOHÊME.
Romeret ou **Pinot.** AISNE. GUY. 441.
Romorantin blanc. LOIR-et-CHER. Id. au **Pinot de la Loire,** d'après GUY. II, 689.
Ronczi. Syn. de **Pinot Madeleine** en BOHÊME. BAB. écrit aussi **Ranczi.** H. GOET. écrit **Rouci** et dit le
Rouci bilé, syn. de **Pinot blanc.**
— **modré,** syn. de **Pinot noir.**
— **sedivé,** syn. de **Pinot rouge.**
Rondelet. HAUTE-LOIRE. Syn. de **Gamet.** GUY. II, 101.
Ronfoliza. Syn. de **Sylvaner.** BAB.
Ropola ou **Arnopolo nero.** PROV. NAP.
Rosa. *Cat.* LUX. AC. 296, 305. *Bic.* Dans plusieurs localités du PIÉMONT on donne ce nom à un **Muscat noir** dont le parfum rappelle celui de la rose. Le chev. LAWLEY m'a dit qu'il possédait, lui aussi, en TOSCANE, un raisin qui avait le même parfum.
Rosa bastarda. AC. 305. PROV. NAP.
— **bianca.** TOSCANE. MEND.
— CAGLIARI (SARDAIGNE). *Fl. Sard.* A pou syn. **Rubella;** tardif, grains gros, durs, ronds, à peau épaisse. AC. 296.
Rosa di Gerico (*de Jéricho*). MODÈNE. Syn. de **Uva rosa.** Décr. AGAZ.
Rosa ou **Rossa.** FERMO (MARCHES). *Bic.*
— NAPLES. *J. bot.* AC. 305. *Bic.* On a pour la table, dans les PROV. NAP., un raisin de ce nom. Je ne sais si c'est le suivant.

Rosa nera. Prov. nap. AC. 305.

— — **Revelliotti.** *Cat.* Lux. OD. 581 la dit syn. de **Alma-Isioum** de la Tauride. Je crains que cette synonymie n'ait été donnée par erreur. OD. ajoute que ce raisin à grosses grappes est cultivé par ceux qui préfèrent l'abondance de la récolte à sa bonne qualité.

Rosa niedda (*noire*). Sardaigne. D'après la *Fl. Sard.* ce serait un raisin de table à grains noirs ou rougeâtres et ronds. On m'a expédié de Sardaigne, sous ce nom, une espèce de **Bermestia violette.**

Rosa rouge. Trieste. VIV.

— **turchesca dei Pugliesi.** Raisin blanc du Vésuve et de Monte Somma.

Rosaki. Anatolie. G. Grains gros, dorés, bons pour la table.

Rosaki aspro. *Cat.* Lux. Smyrne.

Rosalin. *Cat.* Lux. *Bic.* (38)?

— **blanc.** G. PUL. *Bic.* (43). M'a paru bon pour la cuve.

Rosan. *Cat.* Lux. *Cat.* LER.

— **blanc.** Nice. VIV. A Nice, on l'appelle **Roussan** et, sous ce nom, on indique l'**Ugni blanc** qui, lorsqu'il est bien mûr, se colore légèrement en rose ou est brûlé par le soleil.

Rosario. Prov. de Turin.

Rosario rosso ou **sacra.** Prov. de Bénévent Décr. dans le *Bull. amp.* X.

Rosas szœllo. OD. 316. Vigne hongroise plus que médiocre.

Rosate rouge. Lausanne AC. 320.

Rose (Raisin). *Cat.* Lux.

— **de Gandyah.** *Cat.* LER.

— **de Roussillon.** *Cat.* Lux. [Raisin rose à gros grains musqués, de maturité très-précoce. (BOUSC.)]

Rose monstre. C'est le **Monstrueux** de De-candolle ou **Grec rouge? Barbarossa** dans le pays de Saluces.

Rose non fendant? AC. 328.

— **variété?** Grèce. *Cat.* Lux.

Rosella. Citée parmi les raisins de Grumello del Monte. *G. V. V.*

Rosella d'Ischia. FRO.

Rosellina. Casalasco. Voyez **Rossella.**

Rosentraube. Syn. de **Hüttenbrennertraube rothe.** H. GOET.

Rosette basse. *Cat.* Lux. Voyez **Rossette basse.**

Rosine Sicklers blau. *Cat.* BONNER.

Rosinella. Prov. de Mantoue. AC. 289.

Rosinlein kleine. Est placé par BAB. parmi les syn. de la **Passaretta.**

Rossà. Voghera et Pavie.

Rossa. PICC. *Bic.*

[**Rossa bianca.** Corse. Raisin blanc à grains obronds. (BOUSC.)]

Rossa di Bitonto en Terre de Bari. MEND. *Bic.*

Rossa di Savoia. G.

Rossana. G. Nice. GALLESIO, ou **Belletto bianco.** Différent de la **Roussanne** de l'Ermitage. Ce nom est italianisé. Les Niçards disent **Roussan,** et ce raisin n'est autre que **l'Ugni blanc** avec ses grains brûlés par le soleil.

Rossanico. Raisin du Haut-Novarais.

Rossano. Toscane. Brolio. MEND.

— **rosso.** Canavese. Piémont.

Rossara. *Bic.* AC. 150, la décrit parmi les vignes des Cinq Terres. Je l'ai reçue de Vicence et de Trieste. J'ai dû la classer sous les n[os] (40? 48?), parce que les feuilles étaient tantôt duvetées en dessous, tantôt lisses.

Rossara. Prov. de Pavie.

— **durasa.** Trente. AC. 303.

— **maggiore.** Trente. AC. 303.

— **minore.** Trente. AC. 303.

Rossarina ou **Lambrusca rossa.** Valenza. Comm. BON GAGLIASSO. *Bic.* Id. au suivant:

Rossarino. Décr. AL. D'autres écrivent **Rosserino.** A les nervures des feuilles rouges d'une manière très-tranchée et remarquable. *Bic.* (6). Comme le fruit est noir violacé, je crois que son nom lui vient de la couleur rouge des nervures de ses feuilles.

Rossarola. Cossato. Le prof. MIL. la décr., avec plusieurs syn., parmi lesquels **Brisola** ou **Brezzola**; c'est ce dernier nom qu'il faudrait lui conserver.

Rossarone. Bobbio. *Bic.*

Rossascianco. Rivière ligurienne.

Rossea bianca. Nice. AC. 296. OD. 350 dit que, dans le comté de Nice, ce cépage est syn. de **Barbarossa?** d'après le D[r]. FODÉRÉ; je dois signaler que ni dans les vignes, ni sur les marchés de Nice maritime, je n'ai vu la **Barbarossa** de Finalborgo, ni celle du Piémont, mais seulement le **Grec rouge** sous le nom de **Barberousse.** On m'a montré à Nice, portant le nom de **Rossea,** un raisin à grains rouges violacés, à feuilles cotonneuses en dessous, et par conséquent différent de la **Barbarossa,** et que j'ai cru très-rapproché du **Brachetto** et peut-être même id.

Rosseina ou **Barbarossa.** Verzuolo. C'est le **Grec rouge** qui, probablement, y a été importé par des ouvriers de la localité à leur retour de France où ils vont souvent chercher du travail.

Rosseis bianco. Monticello. Alba. C'est le nom piémontais du **Rossese.**

Rossella. D'autres disent **Rosellina**. ARR. de CASAL. Cépage très-productif.

Rossella. MODÈNE. Décr. AGAZ. Cité parmi les cépages de MIRANDOLE. *G. V. V.* II, 58.

Rossera. CASTEGGIO. VOGHERA. J'ai trouvé sous ce nom la **Bregiola** de GATTINARA. *Bic.*

Rossera. CRÉMONE. AC. décr. 44; PAVIE, à la p. 62; BRESCIA, à la p. 207. Est aussi appelée **Rossea**. Décr. AL. *Bic.*

Rossera ou **Rossarola**. BIELLA. Syn. de **Verdeis grosso** du CANAVASE. Le prof. MIL. l'a décr. et on reconnaît, à sa description, que c'est la **Brezzola** de GATTINARA.

Rossera de VALTELINE. CHIAVENNE. CERL. *Bic.*

Rossera rossa. Cultivée dans le COMASCO, d'après une relation de M. NESSI.

Rossera sper nera. DALMATIE. *Cat.* INC.

— **spessa**. AC. 300 parle de ce cépage comme d'un de ceux que l'on cultive dans le jardin de MONZA.

Rossera tonda de BORGOMANERO. CERL. *Bic.*

Rossero. STRAMBINO. IVRÉE. GAT. le décrit et lui donne pour syn. **Brachetto**. Il résulte de sa description que c'est un raisin rouge, bon à manger ; ce n'est donc ni le **Brachetto** ni la **Brezzola**.

Rossese. *Cat.* LUX. ou **Roxeise**. LIGURIE et PIÉMONT. AC. décr. 157, 297, parmi lès vignes des CINQ TERRES. Dess. AL. GALLESIO dess. et décr. *Bic.* (16). [Sous ce nom se trouvait le **Tibourin** du VAR dans la COLL. du LUX. (BOUSC.)]

Rossese bianca. MORZASCO. ACQUI. Le Dr IVALDI l'a envoyée à l'*Exp.* de PAVIE, en 1873. Elle a des grappes ailées, cylindriques au sommet ; grains dorés, transparents, qui conservent la trace du point pistillaire.

Rossese bianco. MONDOVI (PIÉMONT). Prof. GAGNA. *Ann. Vit. En.* J'ai goûté, à MONDOVI même, un très-bon vin blanc fait avec ce raisin.

Rossese? nero. District de SAN-REMO. PANIZZI. Bourgeon un peu cotonneux ; grains ronds ; feuilles cotonneuses, quinquélobées. Je crois que le **Rossese** de SAN-REMO n'est pas id. à celui que l'on cultive près de MONDOVI et d'ACQUI, parce que celui-ci est blanc et l'autre noirâtre. GALLESIO a décrit le blanc.

Rossese rossa. IVRÉE. PIÉMONT.

Rossetta. AC. 300, 302.

— District de SAN-REMO. PANIZZI. Grains ronds, rouges violacés.

Rossette basse. *Cat.* LUX. PELLINI LUIGI cite ces raisins parmi les mauvais de la VALLÉE PULICELLA.

Rossetto di Francia. FLORENCE. AC. 298. Est aussi cité par VILLIFRANCHI.

Rossetto. HAUT-NOVARAIS.

— vignobles D'ASTI. *Exp.* AL.

— SALUCES. *Bic.* (16). Peu cultivé.

— SOLAROLO (MANTOUE). CERL. *Bic.*

Rossezza de NICE. G.

— de QUARGNENTO. G.

Rossignuola de la VALLÉE PULICELLA. AC. 237 décr.

Rossino. ARIANO (PROV. NAP.).

Rossiola bianca. BOLOGNE.

Rössling et **Rösslinger** à ERFURTH. Syn. de **Riessling**. BAB.

Rosso de LECCE. Voyez **Uva di Bitonto**. *Amp. Pugl.*

Rosso de LECCE ou **Bombino rosso**. BARLETTA. *G. V. V.* 16. *Bull. amp.*

Rossola de PONTE VALTELINA. CERL. *Bic.*

— **rossa**. VALLÈE D'AOSTE.

Rossolello nero et **Rossolella**. PROV. NAP.

Rossolettà. Raisin du HAUT-NOVARAIS.

Rossolo. Je l'ai trouvé cité parmi les raisins de BERGAME et de COMASCO. Je le crois de peu de mérite.

Rossona nera. MONTEBELLUNO. *Alb.* T.

Rossone Tenerone. BROLIO. Grandes feuilles, légèrement tomenteuses au-dessous, à cinq lobes ; sinus profonds arrondis. Grappes coniques rameuses; grains noirs presque ronds ; moins précoce que le **Canajolo**.

Rossone nero. TOSCANE. MEND. INC. *Bic.* ROB. LAW.

Rosuberger. PICC. *Bic.* Raisin blanc à grains petits.

Rosul. BRESCIA. AC. décr. 211.

Roszas Szolo. *Cat.* LUX. [HONGRIE. Raisin noir à grains obronds; maturité précoce. (BOUSC.)]

Roszas rouge. HONGRIE. VIV.

Roszling. Syn. de **Riessling**. MEY.

J'ai tâché de placer dans l'ordre alphabétique les raisins suivants, qu'ils soient d'ailleurs précédés des mots **Roth, Rothe** ou **Rother**, suivant l'orthographe adoptée par divers auteurs.

Rother Asmannshäuser. MOSELLE et BAS-RHIN. Syn. de **Pinot noir**. ST.

Rothe Babotraube. Feuilles petites, incisées; sinus légèrement ouverts, surtout le sinus pétiolaire. Décr. METZ.

Rothe calebstraube. Syn. de **Grec rouge**. DITTRICH.

Rothclauser. Syn. de **Traminer rouge**. BAB.

Roth edel. Syn. de **Gutedel rother**. MEY. Quelques auteurs le placent parmi les syn. du **Traminer**.

Rother edelschön. Syn. de **Chasselas rose**.

Rothelben. Voyez **Elben rother.**

— **elder.** OD. 289. Syn. de **Roth traminer.**

Rother elsässer. Syn. de **Hangling schwarz blauer.**

Rother erdorer. BUDE. Syn. de **Grec rouge?**

Roth franken et **Roth frankisch.** Syn. de **Traminer.** BAB.

Rothe Frankentraube. Syn. de **Gutedel rother.** MEY.

Roth geisler. Est syn. de **Chasselas rose royal.** BOUSC.

Roth gewurtz traminer. Voyez **Gewurtz traminer rother.** OD. 289. Syn. de **Roth traminer.**

Rothgipfler. AUTRICHE. *Bic.* Prof. CARP. CONEGLIANO. H. GOET. dess. Raisin blanc de cuve.

Rother Gutedel. Voyez **Gutedel rother.** Syn. de **Chasselas rose royal.** DITTRICH.

Rother Hangling. Voyez **Hangling rother.**

Roth hausen traube. VIV.

— **heiligenstein.** OD. 289. Syn. de **Roth traminer.**

Roth heimer. OD. 286. ou **Raisin rose** de KONTZ.

Rother Hennisch? *Cat.* LUX. pour **Heunisch.**

Rothinsch. Syn. de **Tokayer.** BAB. STOLZ écrit **Rothynsch.**

Roth Hinsche. BAS-RHIN. AC. 325.

Rother junker. Syn. de **Chasselas rose royal.**

Roth kansen. COLL. DE LA DORÉE. MEND.

Rothe Kintsche blanc. *Cat.* LUX.

— — **noir.** *Cat.* LUX.

Rothklaber, Rothfranke, Rothweiner, Rothklävler, Rothklävner, Rothklauser, Rothfrankisch. Syn. de **Traminer rouge.** BAB.

Rother Kracmost. Syn. de **Gutedel rother.** MEY.

Roth lichter. OD. 289. Syn. de **Roth traminer.** BAB. le place parmi les syn. de **Valteliner rother.** On trouve dans STOLZ le **Rothlichter Feldeliner** comme syn. de **Feldliner rouge** près de STRASBOURG. Ainsi, d'après BAB. et STOLZ, le **Rothlichter** serait syn. de **Feldlinger** et non de **Traminer.**

Rother malvasier. Syn. de **Grec rouge?** DITTRICH.

Roth mehlweisser. ŒDEMBOURG. Syn. de **Feldlinger Lintemer.** ST.

Roth most. Syn. de **Chasselas rose royal.** DITTRICH et BAB. qui le nomme aussi **Rother moster.**

Rother moster. Id. à **Roth most** ou **Chasselas rose royal.** MEY.

Rothe muscat. ZURICH. AC. 326.

Rother reifler. Syn. de **Zierfahndler rother.** H. GOET.

Rothreifler. HONGRIE. Syn. de **Feldlinger rouge.** ST.

Rothe riesentraube. Syn. de **Grec rouge.**

Rother rissling. Décr. MEYER. Voyez **Rissling rother.**

Roth sand traminer. OD. 289. Syn. de **Roth traminer** ou **Savagnin rose.**

Rother Schönedel. Syn. de **Gutedel rother.** MEY.

Rother Silberling. Syn. de **Gutedel rother.** MEY.

Roth silberweiss. BAB. Un des syn. de **Elben rother.**

Roth silitzer. ALLEMAGNE. MEND. COLL. DORÉE.

Roth silvaner. G. Syn. de **Roth Szirifandl?** Décr. *Bic.* On m'a donné, sous ce nom, un cépage moins précoce que le **Pinot gris** avec des grains plus ronds.

Rother spanischer Gutedel. Voyez **Spanischer.**

Roth szirifands ou **zierfahnl.** AUTRICHE. OD. 303 décr. *Bic.* (33 ?). Bon raisin rouge ressemblant beaucoup au **Roth traminer,** mais toutefois un peu différent.

Roth sussling. HAUT-RHIN. Plaines de COLMAR et de THANN. OD. 296. Syn. de **Fendant roux.**

Roth Sylvaner. Voyez **Sylvaner rother.**

Roth traminer. BORDS DU RHIN. OD. 286. 289. Syn. de **Roth Heimer,** id. au **Savagnin rouge** du JURA FRANÇAIS. Excellent pour la cuve ; réussit très-bien sur les coteaux de SALUCES.

Rother Trollinger. Dess. METZGER. Grosse grappe. Cette espèce, à en juger par les feuilles du dessin de METZGER paraît être le **Decandolle.** Voyez **Trollinger rother.**

Rothe. TURGOVIE. AC. 326.

Rothunger. Un des syn. de **l'Elben rother.** BAB.

Rother Urben ou **Saint-Urbin rouge.** BAB.

[**Roth rock of Prince.** Syn. d'**Alexander.** PLANCH.]

Roth valteliner. Syn. de **St-Valentin rose.** *Ann. de Pom.* C'est le **Feldlinger rose.**

Rother Veltliner. Voyez **Velteliner rother** ou **Feldlinger.** Je crois pourtant que le **Velteliner früher rother,** dessiné par GOET. dans son Atlas est la **Malvoisie rose** du Pô.

Rother Verwändler. BUDE. Syn. de **Chasselas violet.**

Roth weiner. Syn. de **Traminer rouge.** BAB.

Rothweisser et **Rothmehlweisse.** HONGRIE.

Syn. de **Feldlinger rouge**. ST. SPRENGER.

Roth welscher. Syn. de **Urban rother**. MEY. Syn. de **Grec rouge**, d'après DITTRICH, et, d'après BAB., de **Trollinger rothe**, qui est aussi le **Grec rouge** des Français.

Rother Yunher. Syn. de **Gutedel rother**. MEY.

Roth zeufand d'Eisenstadt. MEND. *Bic.* Je crois qu'on a écrit par erreur **zeufand** au lieu de **zirifand**, avec lequel il est id. M'a paru très-voisin du **Salses gris**. *Bic.* (r. 19) (27)?.

Rottondina. COME. AC. 292.

Rotundifolia. Voyez **Vulpina**.

Rouci bilé, modré et **sedivé** de BOHÊME. Syn. de **Pinot blanc, noir** et **rouge**. H. GOET.

Roudège. *Cat.* LUX. [Dans la Flore des jardins et des grandes cultures, M. N. C. SERINGE cite le **Roudège blanc**, comme un très-bon raisin de table et de grande culture. (BOUSC.)]

[**Roudeillat**. BOUCHES-DU-RHÔNE. Cité par GARIDEL, et par LARDIER qui le considère comme un des meilleurs raisins pour la table et pour la cuve. Serait-ce le même que le **Roudège?** (BOUSC.)]

[**Rouerganne**. VALLÉE DE L'HÉRAULT. Raisin noir, peu méritant, que l'on rencontrait dans les anciennes vignes de CLERMONT-L'HÉRAULT et qui disparaîtra probablement avec elles. Ce sera une perte peu regrettable. (BOUSC.)]

Rouesseul. VALLÉE DE SUSE, et aussi **Rousseul**.

Rouge. VAUD. AC. 330.

Rougeal. TARN. GUY. II, 12.

Rouge blanc. METZ. AC. 322.

— **de Couteillod?** AC. 328.

— **de France?** AC. 321. *J. bot.* GENÈVE.

— **de l'Hermitage**. *Cat.* LUX.

— **de Lyon**. *Cat.* LUX. ou **Persan**. AC. 326.

Rouge de Médoc. LAUSANNE. AC. 320.

Rouge de Zante à longue queue. GRÈCE. G. OD. 573. Feuilles très-cotonneuses à la page inférieure; grains rouges, très-pruinés. Tardif.

Rouge dit **Trainet?** AC. 326. *J. bot.* GENÈVE.

— **du Cantal**. *Cat.* LUX. *Cat.* LER. Probablement le **Grec rouge**.

Rouge espagnol. LANDES. AC. 329. On appelle sous ce nom, dans l'HÉRAULT, la **Mérille** du BORDELAIS. PELL. 103.

Rouge hâtif. *Jard. bot.* de GENÈVE. AC. 326. BAB. SIM. L.

Rouge ordinaire. *J. bot.* de GENÈVE. AC. 325.

— **Romain**. PUY-DE-DÔME. VIV.

Rougeal. *Cat.* LUX.

Rougean. GERS. Syn. de **Cot**.

Rougeard. ISÈRE. PUL.

Rougeasse. *Cat.* LUX. VAUD. AC. 324. LOT. AC. 329.

Rougenez. LAUSANNE. AC. 320.

Rouget de Salins? H. GOET. Dans le JURA, à SALINS, se trouve un viticulteur distingué, M. ROUGET, avec lequel j'ai eu le plaisir de faire une excursion de LYON à SALINS. [M. H. GOETHE a pris peut-être par erreur, pour un nom de raisin, celui de M. C. ROUGET, de Salins, l'ampélographe distingué du Jura. (PUL.)]

Rouget. Département du JURA. **Pinot noir**.

— **noir**. GIRONDE. VIV.

Rougin. JURA. Syn. de **Bregin**. ROUG. Grande grappe.

Rouillac blanc. *Bic. Pép.?* Raisin de table. Voyez **Rouvillac**.

Roulender gris. Doit être le **Pinot gris**. Voyez **Rulander**.

Roumieu. *Cat.* LUX. ou **Hourka**. GIRONDE. OD. 133. Peut être cultivé sans échalas ou soutiens. *Bic.* PUL. le croit id. au **Cot**. J'ignorais complètement cette synonymie parce que le **Roumieu** que j'avais reçu de M. MAR. et du vigneron du comte OD. était parfaitement id. au **Rabier**.

Roussan. NICE. J'ai vu cultivé, sous ce nom, l'**Ugni blanc** du MIDI DE LA FRANCE, ou **Trebbiano** de TOSCANE.

Roussanne ou **Plant de Tonnerre**. INDRE-ET-LOIRE. Voyez **Rousseau**. [La **Roussanne** a pour syn., en SAVOIE, le **Barbin de Villardery**, le **Bergeron de Chignin**, le **St-Péray**. C'est par erreur qu'on le rend syn. de **Plant de Tonnerre**, de **Rousseau** et encore moins de **Roussette**. La **Roussanne** est connue sous ce seul nom à l'ERMITAGE où elle donne un vin blanc très-estimé. TOCH.] Je ferai observer que les synonymies du comte ODART se rapportent peut-être au cépage de l'INDRE-ET-LOIRE et de l'YONNE.

Roussanne ou **Roussette**. ERMITAGE. OD. 230. PUL. *Vign.* II, 79 (136). Un des cépages les plus estimés, dans la DRÔME, pour la cuve. D'après TOCH., c'est à tort que le comte OD. a réuni ces deux noms de **Roussanne** et de **Roussette** et qu'il les a fait aussi syn. de **Plant de Tonnerre**.

Roussanne la grosse. *Cat.* LUX.

— **la petite**. *Cat.* LUX.

Roussaou. ARDÈCHE. Vigne à belle grappe jaune rose, estimée pour la vinification, que PUL. a trouvée dans une excursion qu'il fit dans ce département. *Vign.* II, 125 (159). PUL. *Rapp. amp.*

Rousse. Isère. OD. 278 décr.

— ou **Roussette** de l'Ain. PUL. *Vign.* II, 155 (174). *Bic.* (36). Beau raisin de couleur blanche brûlée.

Rousse blanche. Haute-Vienne. GUY. II, 141.

Roussé. Vallée d'Aoste. Id. à **Roussin.** GAT.

Roussea blanc. *Cat.* Lux. Probablement id. à **Rossea** de Nice.

Roussea noir. *Cat.* Lux.

Rousseau. Yonne. OD. 183. Id. au **Plant de Tonnerre** de l'Indre-et-Loire. Plus précoce que le **Pinot blanc** auquel il ressemble.

Rousselet. Arrondissement de Marseille. Id. au **Barbaroux** du Var. PELL. Dess. RENDU. Vendu, en Piémont, sous le nom de **Greca rosea.** Beau raisin rouge, pruiné, pour la cuve et aussi pour la table, ne donnant pas de grands produits et qu'il ne faut pas confondre avec le **Grec rouge** ou **Decandolle.**

Rousselet noir. *Cat.* Lux. J'ai eu ce **Rousselet** d'un pépiniériste ; il s'est trouvé id. au **Vermentino blanc** du comte OD.

Rousselin jaune. Corrèze. GUY. II, 127.

Rousselle. *Cat.* Lux.

— **blanc.** *Cat.* Lux. [Ne figure pas dans l'édition de 1876 du *Cat.* Lux.]

Rousset nericcio. Pizzocorno. Voghera.

Roussette. *Cat.* Lux. AC. 321. Dans l'Ain, dans l'Ardèche et dans la Drôme est souvent syn. de **Roussanne.** J'ai eu, sous ce nom, un raisin très-ambré que j'ai dû classer. *Bic.* (36). [La **Roussette,** la **Roussette haute,** la **Grosse Roussette** sont un seul et même cépage cultivé sous ces noms dans l'Ain et dans la Haute-Savoie. Dans le département de la Savoie, on lui donne le nom **d'Altesse** en vigne basse, **d'Altesse verte,** de **Prin blanc** en treillages. Toutes ces **Roussettes** n'ont aucun rapport avec la **Roussanne,** avec la **Marsanne,** avec le **Vionnier.** C'est avec la **Roussette haute** que l'on fabrique les vins mousseux de Seyssel et d'**Altesse** en Savoie. (TOCH.)]

Roussette basse. Seyssel. *Vign.* II, 69 (161).

— **blanche.** AC. 330. La **Roussette haute** de Seyssel et de Frangy est id. à l'**Altesse** de la Drôme. TOCH. La **Roussette basse** de la Haute-Savoie et de l'Ain est id. à la **Marsanne** de la Drôme. TOCH.

Roussette blanche. Isère. GUY. II, 253.

— **(grosse),** de la Savoie.

— **haute** ou **Altesse,** de Seyssel.

— Lucey. Savoie.

Roussillon. ISARN. Coll. Dorée. MEND.

— Var et Bouches-du-Rhône. G. *Cat.* Lux. OD. 510 le dit syn. de **Granaxa** d'Aragon dans quelques départements du Midi de la France. MAR. le dit également.

Roussin masciou, ou **maschio** (*mâle*) ou **gros.** Val d'Aoste. Décr. GAT.

Roussolet. Dess. REND. Id. à **Rousselet.** Voyez aussi **Greca rosea** et **Barbaroux.**

Rouvelac. *Cat.* Lux. Voyez **Rouvillac.**

Rouvier. Voyez **Ribier petit.** GUY. II, 75, cite ces raisins parmi ceux de l'Ardèche.

Rouvillac blanc, et aussi **Rouillac.** G. PUL. *Bic.* (28, 32). Je crois qu'on a donné ce nom à un raisin de Sardaigne et qu'on l'a fait passer pour un raisin obtenu de semis. Il est aussi cultivé sous le nom de **Vermentino** à Busca et à Caraglio.

Roux ? très-bon. *Pép. Bic.* (16). Sauf erreur, j'ai eu sous ce nom le **Gueuche** du Jura qui m'a donné, dans un terrain léger, des raisins assez méritants pour la vinification, tandis qu'on fait peu de cas de ce cépage dans le Jura. M. PULLIAT fait observer, avec raison, que ce cépage pouvait très-bien réussir dans un climat plus convenable.

Rouxal. *Cat.* Lux.

Rouxalin blanc. Lot. GUY. II, 33.

Rouzes. Trente. AC. 303.

Rovello ou **Roviello bianco.** Prov. Nap. *Bull. amp.* III, 187.

Rover Zoëlo ? *Cat.* Lux.

Rovere. Vogherese. Décr. AL.

Roveretto bianco. G.

Royal-Ascot Black (*noir*). SIM. L.

Royal. *Cat.* Lux. Madrid, Murcie et Grenade. OD. 508 le dit id. au **Jami noir.** SIM. L. dit qu'il a des grains oblongs.

[**Royal del Plan.** *Cat.* Lux. Le même que le **Jami** de Grenade, le **Grenadina** à Paxarète, le **Perruno noir** de DON ROXAS. (BOUSC.)]

Royal del Plant ? PUL.

— **muscadine.** LINDLEY. Syn. de **Chasselas doré.**

Royal vine Jard. *Cat.* LER. [Atération du mot suivant. (PUL.)]

Royal wineyard. *Pép. Bic.* (75). S'est trouvé être un raisin blanc musqué. [Variété anglaise décrite par ROBERT HOGG (*The fruit manual*). (PUL.)] [Obtenu de semis, en Angleterre, par M. WILLIAMS, horticulteur à Holloway, près de Londres, figuré dans l'*Illust. hort.* (BOUSC.)] L'*Illustration horticole*, IIe livr., novembre 1865, en donne le dessin et dit qu'il est de la famille des **Chasselas** et que sa grappe a ordinairement 35 centimètres de longueur ; ses grains sont ronds.

Rubattone nero. *Exp.* AL.

Rubella. Syn. de **Uva rosa**. *Fl. Sard.*

Rubial de Cohejin. *Cat.* Lux.

— **d'Itellin**. *Cat.* Lux. [Ne figure pas dans l'édition de 1876 du *Cat.* Lux.] [C'est le **Morastel** de l'Hérault. (BOUSC.)]

Rubino di Spagna. Vérone. AC. décr. 237.

Rubiola. J'ai trouvé cette variété citée comme un syn. de **Margigrana** des Romagnes.

Rudesheimer grosser. Syn. de **Riesentraube weisse**. BAB.

Rudia. *Cat.* Lux. Peut-être pour **Rugia**? Belle variété de raisin blanc. C'est le **Listan** d'Andalousie. (BOUSC.)]

Rufiac femelle. Hautes-Pyrénées. *Bic.* PUL. GUY. le cite parmi les raisins blancs cultivés à souche haute.

Rufiac mâle. Hautes-Pyrénées. Probablement id. au précédent.

Rufola. *Cat.* Lux.

Rugia ou **Ruggia**. Messine et Calabre. MEND. *Bic.* Raisin de table tardif. Peut-être la **Rodia** des anciens Romains?

Ruhländer. Allemagne et France orientale. D'après MUL. est syn. de **Klävner** ou de **Pinot**. Dans la traduction de MEY. et aussi dans BAB. je trouve écrit **Ruländer**. D'après le comte OD. serait syn. d'**Auxerrois vert**, et à la p. 287 de **Grau Klœvner**; sa grappe serait un peu plus grosse que celle du **Pinot gris**. Il me semble (si je puis me permettre d'exprimer ici mon opinion) que les différences signalées par le célèbre ampélographe français sont trop peu importantes pour qu'on doive en tenir compte.

Ruin nera. AC. 161 la décrit parmi les vignes des Cinq Terres.

Ruizia nera. Espagne. ROX.

Rulaender et **Rolaender** écrit ST. 88 qui le dit syn. de **Pinot gris**, principalement dans le Bas-Rhin, parce qu'il y a été propagé par un certain M. RULAND.

Ruland. VIV.

Ruländer ou **Ruhländer** est en général syn. de **Pinot gris**. Dess. GOET.

Ruländer grosser. Est décrit par MEY. qui le dit syn., si je ne me trompe, de **Klevner grauer** ou **Pinot gris**? Dans H. GOET, je le trouve comme syn. de **Burgunder**; et là le **Burgunder** serait aussi le **Pinot**, si toutefois le **Burgunder grosser** n'est pas le **Trollinger**?

Ruländer. Amérique. PLANC. PUL. *Vign.* III, 27 (206). Syn. de **Sainte-Geneviève**. [Les Allemands ont donné en Amérique ce nom de **Rulandêr** qui est, chez eux, la dénomination de **Pinot gris** à un **Æstivalis** résistant parfaitement au phylloxera qui produit un petit raisin semblable à celui du **Pinot gris** et qui est franc de tout goût foxé. (PELL.)] [Syn. de **Louisiana**.]

Rumamellas. Suisse. PUL. Très-voisin de la **Luglienga**.

Rumenina. Istrie. AC. décr. 189.

Rummaria. *Cat.* LER.

Rumonya. *Cat.* Lux. [ou **Rumonina**. C'est l'**Okor szemu szöllö**. (BOUSC.)]

Rumunya piros. Roumanie. Raisin rouge de table. Syn. de **Razaki**.

Rundbeerige cibebe. Décr. MEY. Voyez aussi **Cibebe**.

Rungauer. Syn. de **Ortliebêr gelber**. BAB.

Ruopolo ou **Aglianicone nero**. Voyez **Aglianica**.

[**Rupestris** *(Vitis rupestris)*. PLANCH. Vigne amér. Petit arbuste buissonneux, souvent dépourvu de vrilles; vrilles discontinues quand il en a; quelquefois un peu grimpant; feuilles petites, généralement plus larges que longues, échancrées en cœur ou tronquées à la base, très-légèrement lobées, avec des dents profondes et aiguës, glabres (ou parsemées de quelques poils), d'une couleur glauque ou vert pâle; nombreux individus mâles; grappes petites à grains de grosseur moyenne d'un noir bleuâtre, mûrissant de bonne heure et d'une saveur agréable. Semble très-rustique, croît dans les terrains rocailleux et secs. Probablement bon porte-greffe résistant au phylloxera. EC. MONTP.]

Rusa. Valachie. Syn. de **Traminer**.

Rusciola. Polesine. AC. 293.

Rusica et **Russira**. Istrie. *Bic.* M'a paru ressembler au **Marzemino**.

Ruspara. AC. 155 le décrit parmi les raisins des Cinq Terres.

Ruspura écrit FRO.

Rüssel. Syn de **Riessling**. BAB.

Ruzitza ou **Russica**. Syn. **Steinschiller rother**. H. GOET.

Ruzolotto. Bologne. AC. 294.

Ry-Bobac. *Cat.* Lux. [Très-beau cornichon à grains roses. (BOUSC.)]

Ryton-muscat. Raisin couleur d'ambre. *Cat.* SIM. L.

Ryvola bila ou **cervena**. Bohême. Syn. de **Valteliner rother** ou **grüner**. H. GOET.

S

[**Saabi.** TURQUIE. Raisin blanc, à grains oblongs; pour la table. (BOUSC.)]

Saabi ou **Sahabi noire.** AU DELA DU CAUCASE. SCHAR. H. GOET. Raisin de table.

Sabalkanskoi. BULGARIE. *Cat.* LUX. OD. 406. Voyez *Uve pregevoli. Ann. Vit. En.*, fasc. 48. *Bic.* (38) (34). *Journ. vit.* V, 226. *Vign.* Raisin de grande apparence à cause de ses gros et longs grains rouges violets.

Sabalkanskoi rouge. Id. au précédent.

Sabnina ou **Sarjavina.** Syn. **Portugieser rother.** H. GOET.

Saccarola. Syn. de **Neret de Saut.** CANAVESE. (ARR. D'IVRÉE). Dess. BON.

Sacolara veronese. Syn. de **Ciresa.** AC. décr. 226.

Sacra ou **Sagra rouge.** BÉNÉVENT. Décrit dans le *Bull. amp.* X; est syn. de **Rosario rouge.**

Sacy blanc. *Cat.* LUX.

Sagarese. Voyez **Zagarese.** Cultivé dans les POUILLES. *Ann. Vit. En.*, IV, 225.

Sageret. *Cat.* LER. De semis.

Sagra. Cultivé dans les POUILLES. *Ann. Vit. En.* IV, 224. MEND. *Bic.*

Sagra nera. BARI. MEND. *Bic.*

Sagrantino rosso. FOLIGNO. Décr. *Bull. amp.* XII, 434.

Sainte-Anne blanche. *Pép. Bic.*

St-Antoine. G. *Cat.* LUX. Syn. d'**Antonia** d'après le *Cat.* LER. Je le crois, au contraire, syn. de **San Antoni.**

St-Denis. *Bic. Pép.*

St-Emilion. *Cat.* LUX. *Cat.* LER. GUY. le cite II, 136, parmi les raisins de la CORRÈZE, et II, 458, parmi les espèces blanches de la CHARENTE.

St-Jacques. OD. PUL. *Bic.* (27). Raisin précoce, noir, à petites grappes, différent des **Pinots.**

St-Jacques (ou **Raisin de**). PYRÉNÉES-ORIENTALES. Précoce, noir. Raisin de table. G.

St-Jaume? *Cat.* LUX. JAUMES. LANDES. AC 325.

St-Jean blanc. *Cat.* LUX.

St-Joseph. *Cat.* LUX.

St-John's (c'est-à-dire de **St-Jean**). R. HOGG. Syn. de **Luglienga.**

St-Laurent précoce. *Pépin. Bic.* J'ai reçu, sous ce nom, le **Pinot Madeleine** ou **Ischia.**

St-Laurent musqué. Voyez **Muscat St-Laurent.**

St-Louis. *Pépin.* G. Je le crois un **Chasselas blanc.** [Semis de VIBERT, d'Angers; ressemble au **Némorin** par le feuillage. (BOUSC.)

St-Martin. *Cat.* LUX.

Saintongeois. G. OD. 147. Syn. de **Dégoûtant** dans le POITOU (FRANCE) et de **Folle noire?**

St-Peray blanc. *Pépin. Bic.* La **Marsanne** m'a été donnée sous ce nom. TOCH. dit qu'on donne ce nom, en SAVOIE, à la **Roussanne** de la DRÔME.

St-Péray de Manosque. *Cat.* LUX.

St-Pierre. ALLIER. *Cat.* LUX. Bon raisin blanc doré, très-productif. *Bic.* (12) (28). GUY. 527 cite un **raisin de St-Pierre** parmi les espèces de la DORDOGNE.

St-Pierre blanc. CHARENTE. *Bic.* OD. le dit différent? de celui de l'ALLIER. GUY. II, 458 le dit un mauvais cépage. PELL., 128 dit qu'il a reçu, sous ce nom, le **Colombaou.**

St-Rabier. DORDOGNE. GUY. 527.

St-Rabier. DORDOGNE. *Bic.* (43) (47). Raisin noir de cuve, de bonne qualité. Voyez aussi **Maraouet.**

St-Rabier. HAUTE-VIENNE. GUY. II, 140. Serait, dans ce département et dans la CHARENTE, syn. du **Cot?** Il faut remarquer que GUY., célèbre comme œnologue, était peu connaisseur en fait de cépages.

St-Rabier blanc. CHARENTE. VIV.

St-Remy. LYONNAIS. C'est le **Gouais noir** ou **Foirard** du JURA.

St-Robier blanc. CHARENTE. AC. 329. Pour **Rabier?**

St-Urbain rouge. Syn. de **Urben rother** et **Rothwelscher.**

St-Valentin. *Cat.* LUX. Je l'ai vu cité par un pépiniériste comme un raisin de la VALTELINE?

St-Valentin rose. *Ann. de Pom.* décr. Voyez **Raisin de St-Valentin.** Serait syn. de **Feldlinger rose** du RHIN et de **Fleisch Roth Valteliner** d'OD. Après avoir vu la planche qui représente ce raisin dans les *Ann. de Pom.* je suis porté à croire que c'est l'espèce que je cultive sous le nom de **Feldlinger rose** qui serait son synonyme.

St-Venin. *Cat.* LUX.

[**Sainte-Catherine.** (B.) V. amér. (*Labrusca*). Grains gros, couleur chocolat, dur, *foxé*, de peu de valeur.]

Sainte-Geneviève. AMÉRIQUE. Syn. de **Rulander** d'AMÉRIQUE. [Syn. de **Louisiana.**]

Sainte-Marie. *Bic.* G. Savoie. Id. au **Gamet blanc**. S'est trouvé chez moi un **Pinot blanc**. [La **Sainte-Marie** est un raisin blanc auquel, par erreur, on a donné pour syn. le **Gamet blanc**. Il s'en rapproche, mais la feuille du **Gamay** est plus ronde, le raisin plus petit, plus serré, plus précoce, plus doux que celui de la **Sainte-Marie**. (TOCH.)]

Saissaissine. Isère.

Sakourdi Chala. Caucase. PUL. écrit:

Sakourdrchala. *Bic.* Est syn. de **Okor szemu** et de **Dodrelabi**.

Salagnin. Isère. PUL. Voyez **Servanin**.

Salamanna bianca. Toscane. Syn. **Zibibo bianco**. Décr. AGAZ. Syn. de **Moscatello romano**. GAL. dess. et décr. Le *G. V. V.* dit qu'il est cultivé à Barletta. Voyez *Uve pregevoli*. *Ann. Vit. En.*, fasc. 50. C'est le **Moscatellone** du Piémont et le **Muscat d'Alexandrie** des Français. D'après VILLIFRANCHI, le nom de ce cépage viendrait de ce qu'il a été introduit par Ser ou Monsieur ALAMANNO SALVIATI dont on a fini par faire d'abord **Seralamanna** et puis **Salamanna**.

Salamanna nera. Le **Muscat Hambourg** pourrait s'appeler **Salamanna noire** quant au fruit, mais ses feuilles sont différentes.

Salamanna rossa? Je n'ai pas encore vu un **Moscatellone rouge**; je sais cependant que M. LAWLEY le cultive à Florence. J'ai reçu d'un pépiniériste, sous le nom de **Salamanna rossa**, un tout autre raisin. [Il existe parfaitement une **Salamanna rossa**. Nous l'avons reçue en tous points semblable à la variété blanche, sauf la couleur, de M. le baron MENDOLA, sous le nom inexact de **Visparu**. C'est le **Moscato gordo incarnado** de la Catalogne. (PUL.)]

Salamençais ou Salamancès. Lozère. Syn. de **Picpoule**. GUY. II, 68.

Salamina. Syn. de **Majoletto**. Décr. AGAZ.

Salamino. Modène. Dans un rapport de la Société œnologique de Modène, il est dit que le **Salamino** sert à donner de la couleur et qu'il n'a pas d'autres qualités.

Salanaise. Givors. Syn. de **Mondeuse**.

Salaverd nero. Pignerol. Piémont.

Salée gris. *Cat.* LER.

Salem. ROGER. Vigne américaine hybride, obtenue de semis d'une vigne américaine fécondée avec le **Frankental?** Grappe courte, grains sphériques, violets. SIM. L. [Hybride de ROGER, n° 53, grains gros, chair assez tendre, un peu *foxée*. EC. MONTP.]

Salemitana nera et **bianca**. Voyez **Gerosolimitana**. MEND.

[**Saler, Salet** et **Salis.** Isère. Syn. de **Péloursin**.]

Salerna bianca. Nice et San Remo. AC. 296, 298.

Salerna nera. *Cat.* Lux. Nice et San Remo. *Bic.* Un des raisins noirs les plus méritants de la Prov. de San Remo. J'ai vu aussi ce raisin à Nice, et il m'a beaucoup plu, à cause de ses gros raisins bien mûrs, noirs, croquants, ovales comme ceux de l'**Ulliade**. OD. 583 le cite parmi les cépages niçards. Le chev. RAMBALDI, président de la Commission ampélographique de Porto-Maurizio et viticulteur très-distingué, m'a dit qu'il considérait ce cépage comme celui qui convenait le mieux à sa région pour la vinification. Les Niçards lui préfèrent la **Folle** ou **Belletto nero** et ne cultivent la **Salerna** que dans de petites proportions. C'est aussi un raisin de table.

Salerne. *Cat.* Lux. C'est, je crois, le nom français de **Salerna**.

Salernitana. G.

Salet. Syn. de **Péloursin**. Isère.

Salges. *Cat.* Lux. Pour **Salses?** C'est un de ces noms écorchés dont fourmille ce catalogue.

Salicette blanche. *Cat.* LER. PUL. *Bic.* De semis. [Semis de VIBERT, d'Angers, raisin blanc de table. (BOUSC.)]

Salisbury violet. BAUMAN. Syn. **Frankental**. ST.

Salmatrese nero. Lucques. Exposition de 1877. Feuilles tomenteuses en dessous, quinquélobées, sinus arrondi au centre, sinus pétiolaire ouvert; grappe rameuse, grains petits, oblongs.

Salmentina bianca. Piscara. MEND. *Bic.* (16). Beau raisin. Si les vignes qu'on m'a envoyées avec ce nom étaient bien la **Salmentina bianca**, ce cépage serait id. à la **Malvoisie longue** ou de Chianti.

Salmiggiata. Prov. de Pavie. Peut-être id. au **Sarmeggiato bianco**.

Salomino? *Cat.* Lux. Peut-être au lieu de **Palominos?** ou de **Salamino?**

Salses gris ou **Salces** ou **Gris de Salses.** Pyrénées-Orientales. OD. 377. *Bic.* (48). Id. à **Guindolenc**. N'est pas à dédaigner pour une bonne vinification.

Salumer. Haut-Rhin. *Journ. vit.* II, 69. Bon raisin gris-rouge.

Salvagnin de la Suisse. OD. 173. Syn. de **Pinot** du Jura ou **Pinot noir**.

Salvagnin noir. Jura et **Cortaillod** en Suisse. OD. 167, 293. Syn. de **Pinot** du Jura.

Salvagnin rose. AC. 329. Voyez **Savagnin**.

— **rouge.** AC. 324.

Salvagnin vert ou **naturé**. Voyez **Savagnin blanc.**

Salvaner, Salviner ou **Scharwaner,** syn. de **Sylvaner grüner** *(vert)*. H. GOET.

Salvatico. ST-GIMIGNANO. TOSCANE. *Bull. amp.* VII, 528.

Salvator. *Cat.* LUX. [Sans doute pour **Salvatore.**]

Salvatore. OD. 569 dit que la couleur de ce raisin est rouge clair. COLLINES ROMAINES.

Salvener. Voyez **Silvaner** (MEY.) et **Sylvaner.**

Salviner. D'après ST., c'est le nom donné au **Savagnin blanc.** Je trouve ce nom très-convenable pour distinguer le **Savagnin blanc** du **rouge.**

Samentraube Hartwegische. Syn. de **Trollinger rother.** BAB.

Samezzana. Com. AL. Voyez **Sarmezzana.**

Sammartina. G.

Samolo.

Samoreau noir. SEINE-ET-MARNE. GUY. III, 466, 467. Le **Samoreau** est aussi cultivé dans l'YONNE. Je lis **Sanmoireau** dans AC.

Samoy. *Cat.* LUX. BOUSC. *Bic.*

Sampiera. BOLOGNE. AC. 295. Raisin noir, d'après FRO. J'ai vu aussi figurer ce nom parmi les raisins blancs.

San Antoni. PYRÉNÉES-ORIENTALES et ESPAGNE. Dénomination espagnole. Très-beau raisin noir de table et très-bon, à gros grains très-durs et croquants. OD. 493. Dess. et décr. RENDU. PUL. *Vign.* I, 69 (35). Voyez *Uve pregevoli. Ann. Vit. En* , février 1876. *Bic.* (38).

Sancinella di Salerno bianca.

Sancinella ou **Sanecinella bianco-rosea.** POUILLES. Raisin de table croquant et très-ferme. L'avocat CONSOLE trouve qu'il est id. à l'**Insolia** de LIPARI du baron MEND.

Sancinella nera. Voyez aussi **Sanginella.**

Sancinellina bianca.

— **nera.** Cultivée, ainsi que la précédente, dans le *J. bot.* de NAPLES. FRO.

Sancti Urbani. Voyez **Urban.**

[**Sand grape.** PLANC. Syn. **Vit. Rupestris.**]

Sant Agostino. *Bull. amp.* XII, 438.

Sant' Albano. J'ai eu, sous ce nom, le **Muscat à fleur d'oranger.**

Sant'Anna nera. VOGHERAIS et HAUT-NOVARAIS.

Sant' Antonio bianco. G.

— — **nero.** G.

San Colombano. TOSCANE. AC. décr. 262. OD. 427. LAWL. *Bic.* (48). Il y a le **blanc** et le **rouge.**

San Colombano. FERMO. *Bic.*

— — **a raspo rosso.** TOSCANE. ROB. LAWL. le dit syn. de **Colombana** de PECCIOLI. J'ai constaté aussi cette synonymie.

San Colombano bianco. Décr. par le *Com. agr.* de FLORENCE. *Bic.*

San Colombano bianco de PECCIOLI. *Bic.* Voyez **Colombano di Peccioli.**

San Francesco bianco. ABRUZZES. Raisin dessiné à l'*Exp.* de CHIETI; à grappe claire avec des grapillons pendants; grains gros, ovales, blanc-pâle.

San Francesco nero. Grains ovales, longs, noirs violets; grappe courte à pédoncule long. Dans le *Bull. amp.* X, je trouve la description d'un **San Francesco** ou **Orsina** ou **Zinardo** de BÉNÉVENT, qui est peut-être identique.

San Francisco nero. SAN SEVERINO. ILE D'ISCHIA. PROV. NAP.

San Francisco rosso du VÉSUVE et MONTE SOMMA. FRO.

Sanecinello. Un des raisins blancs cultivés dans les POUILLES (*Ann. Vit. En.*, IV, 224). Voyez **Sanginella.**

Sanginella. BARI. MEND. *Bic.*

— **bianca.** TRANI. MEND. *Bic.* (38?) (40). Dans les PROV. NAP., la **Sanginella** est une des meilleures espèces. Peut-être id. à la suivante.

Sanginella bianca. PROV. DE NAPLES et CALABRE. AC. 304. Très-beau et excellent raisin de table, d'après le baron MENDOLA. *G. V. V. Bic.* (40).

Sanginella nera. PROV. NAP.

Sanginella ou **Sancinella rouge.** BÉNÉVENT. Décr. dans le *Bull. amp.* X.

San Giovello? G.

San Giovese. ITALIE CENTRALE. MARCHES. AC. 139, 297. Décr. GAND. *Ann. Vit. En.* Décr. GAL. *Bic.* Est seulement cité par AC. parmi les vignes romaines. Serait id. au **San Gioveto** d'après les *Ann. Vit. En.*, 47, et d'après l'ingénieur DE BOSIS. *Bull. amp.* II.

San Giovetano.

San Gioveto. *Cat.* LUX. TOSCANE. AC. décr. 262. *Bic.* LAWL. SOD. CIN. Prof. BECHI. *Ann. Vit. En.*, 278. AC. 282 dit qu'on en fait un bon raisin sec dans le four. Le **San Gioveto,** mêlé au **Canajolo** et à la **Malvasia bianca** (non parfumée), forme la base des bons vins de TOSCANE. D'après mes essais de culture, je crois qu'il réussirait parfaitement en PIÉMONT et qu'il s'associerait très-bien avec la **Fresa** et la **Barbera.**

San Gioveto dolce. Décr. par le *Com. agr.* de FLORENCE. Il diffère du précédent. L'un et l'autre sont figurés et décrits dans l'ampélographie italienne publiée par le ministère de l'agriculture.

San Gioveto forte. AC. décr. 263. Décr. *Com. agr.* de FLORENCE. C'est le cépage le plus répandu sur les divers points de la TOSCANE. AC. le dit id. à l'**Inganna Cane** *(trompe chien)*, ce qui est très-inexact. *Bic.* (37? 39?). Cette espèce est difficile à classer, car on ne peut guère définir si le bourgeonnement et la page inférieure des feuilles peuvent être dits cotonneux ou non et si les feuilles sont trilobées ou quinquélobées. Par des descriptions faites séparément dans diverses localités, je l'ai classé dans les cases 33, 37 et même à la case 39. Un viticulteur toscan devra résoudre ces doutes.

San Gioveto grosso. Décr. par le *Com. agr.* de FLORENCE.

San Gioveto nero. FLORENCE. AC. 299.

— — **piccolo.** MONTELUPO. *Bic.* 39). Id. au **San Gioveto forte.**

San Gioveto romano. AC. décr. 263.

— — ou **Zucchese.** LUCQUES. *Bic.* MEND.

Sanginosa. PROV. NAP.

Sanguigna. *Soc. agr.* de ROVERETO.

San Jacopo. LUCQUES. *Bic.* S'est trouvé, chez moi, id. à la **Luglienga.**

San Lorenzo. G.

San Marco bianco. Raisin de LOMBARDIE et de VÉNÉTIE, d'après FRO.

San Martino bianco. MANTOUE. AC. 289.

San Matteo nero. SALERNE. (NAPLES.)

Sanmoireau. SEINE. AC. 324, 329. Voyez aussi **Samoreau.**

San Nicola. AMALFI.

San Nicolò. FABRIANO.

[**Sanouyet.** *Cat.* LUX. Id. avec la **Persaigne.** (BOUSC.)]

Sanpelgrina. Voyez **Uva pelegrina.** *Cat.* AGAZ. Cité aussi parmi les raisins blancs de SASSUOLO. MODÈNE.

St-Peray blanc. G. SAVOIE. Id. à la **Roussette** de la DRÔME. TOCH.

San Petronio veronese. AC. décr. 238.

San Pietro (Uva). AC. décr. 275; appelé aussi **Uva grossa di Spagna.** Donnerait, d'après VILLIFRANCHI, un vin rouge peu coloré. Aurait des feuilles très-découpées.

San Pietro nero. TERRE D'OTRANTE.

Sans pareil noir. NÉRAC (LOT-ET-GARONNE). VIV. GUY. 423. Vigne recherchée à cause de sa précocité et de sa fertilité.

San Valentino rosa. G.

San Vincenzo del piano. G.

San Vincenzo forte. G.

Santa Caterina bianca. MILAZZO. MEND. *Bic.*

Santa Isabel. GRENADE. ROX. Gros grains blancs, ronds, peu sapides.

Santa Chiara nera. PROV. NAP.

Santa Margherita. MANTOUE. AC. 290.

Santa Maria bianca. Au delà du Pô DE PAVIE. AC. décr. 53. *Bic.*

Santa Maria bianca. TOSCANE. AC. décr. 267, 274. TRINCI décr. 93. Id. à l'**Uva di Santa Maria.** D'après VILLIFRANCHI, commence à mûrir au commencement d'août, et, lorsqu'il est tout à fait mûr, est tacheté de petits points bruns. Fructifie beaucoup; grappes longues, claires; grains petits, oblongs, à peau mince.

Santa Maria nera. LUCQUES. *Bic.*

— — ou **Uva Santa Maria.** FERMO. *Bic.*

[**Santa Morena.** OD. C'est le **Gros Damas violet.** (BOUSC.)] Je soupçonne que la vigne observée par M. BOUSCHET n'était pas la **Santa Morena,** car le comte ODART dit positivement à la page 423 que le raisin de celle-ci est rouge clair, et c'est ainsi que je l'ai trouvé, en effet, dans ma collection.

Santa Morena rossa. ESPAGNE. G. OD. 423. *Bic.* (38). Très-beau raisin de table. Voyez *Uve pregevoli. Ann. En. Vit.,* fasc. 50.

Santa Paula. *Cat.* LUX., de XÉRÈS. ROX. Grains rouges ; est différente de la suivante.

Santa Paula de Granada. ROX. Doit être le **Pizzutello** ou **Doigts de donzelle,** ainsi que cela résulte de sa description. En comparant sa description avec celle de ROGIER, ROX. remarque que ce cépage a des feuilles tantôt entières, tantôt quinquélobées, ce qui me fait soupçonner, d'après les observations identiques que j'ai faites dans ma collection, qu'il existe deux cépages différents sous le même nom; je m'en assurerai plus tard. OD. 410 le dit aussi syn. de **Cornichon** à MADRID et en ANDALOUSIE.

Santa Paula est aussi un raisin SICILIEN.

Santa Sofia bianca ou **Fiano.** PROV. NAP.

Santiago noir. ESPAGNE. PUL. *Bic.* (38). M'a paru id. au **San Antoni.**

Santoro ou **Brucanico.** SINALUNGA. CIN.

— **passerino** ou **Uva passera bianca.** CIN. SINALUNGA.

San Zoveto. TRINCI décr. 112. Voyez **San Gioveto nero.**

Saoule-Bouvier. Syn. de **Calitor gris** dans l'HÉRAULT. MAR. Est cité dans le *Journ. de vit.* II, 282, comme un **raisin blanc** du GARD et du LANGUEDOC.

Sapa. TOSCANE (BROLIO). MEND.

Sapajo comune. AC. décr. 275. Ainsi appelé parce qu'on en fait la **Sapa** (moût de raisins cuits) qui sert ordinairement à fabriquer la moutarde. VILLIFRANCHI.

Sapajo grosso. TOSCANE. AC. 275.

Saperavi. G. *Cat.* LUX. ou **Didi Saperavi.** RÉGIONS CAUCASIQUES. PUL. *Bic. Vign.* XII, 1878.

Sapina nera. G.

Sapinay. HAUTE-LOIRE. Syn. de **Meunier.** *Cat.* BUR. SAUMUR.

Saracina nera. PROV. NAP. Un des meilleurs raisins de cuve.

Saragiolo. SIENNE. ELCETO. *Bull. amp.* VII, 528.

Saratoga. Syn. de **Catawba ?**

Sardovany, peut-être au lieu de **Jardovany?** OD. 316. Vigne hongroise plus que médiocre.

Sar fehér. HONGRIE. *Bic.* H. GOET. le dit syn. de **Alfölditraube.**

Sarfejer. HONGRIE. *Bic.* OD. 182 le dit syn. de **Pinot cendré ;** on prononce **Chair feir.** Serait une variante ? du **Pinot gris.**

Sarfejer de Weszprin. MEND. G. OD. 320 ou **Sar fehér.** HONGRIE. *Bic.* (47)? (43). Je possède, je crois, le raisin décrit par OD. sous ce nom. Il a de belles grappes et de gros raisins ambrés, mous, juteux ; raisin de table, mais qui ne réussit pas bien chaque année.

Sarfejer szoello. OD. 319, app. 21, signifie *raisin blanc de fange ;* est le même que **Sarfejer** et **Hamvas szoello,** ou **Grand Tokayer,** c'est-à-dire **Pinot cendré.** (**Szoello** signifie *raisin.*) Ce cépage est cultivé dans le comté de COMORN ; semblable au **Pinot gris.**

Sarcula. CRESC. Voyez **Malixia.**

Sarfiger? *Cat.* LUX.

Sarga margit. Syn. de **Honigler blanc.** H. GOET.

Sargia nera. SARDAIGNE. PUL.

Sarmegà bianco. Je le crois id. à **Sarmeggiato.** BOBBIO.

Sarmeggiato bianco. BOBBIO. *Bic.* (48). J'ai goûté de très-bons vins faits avec ce cépage par M. SESTINI.

Sarmezzana. *Exp.* AL. D'après son nom, je l'aurais cru id. au **Sarmeggiato;** mais à l'Exposition d'ALEXANDRIE, on a présenté sous ce nom un raisin à grappe conique, compacte et à grains ronds noirs.

Sarmezzato. PAVIE. Je le crois id. au **Sarmeggiato.**

Sarno nera. SALERNE.

Sarpin. Syn. de **Pinot Meunier.** PUY-DE-DÔME.

Sarpinay. Vigne grossière. BRIOUDE (HAUTE-LOIRE) PUL. *Rapp. amp.*

Sarrante-Ecklisia blanche. GRÈCE. Raisin de table, précoce. SCHMIDT. H. GOET.

Sarravesa ou Squagliatola. SARDAIGNE *Bic.* G. Syn. **Inæqualis,** grains ronds, blancs. *Fl. Sard.* Vins communs.

Sarvagnin petit. *Cat.* LUX. On désigne, sous ce nom, en SAVOIE, le **Pinot noir.** TOCH.

Sarvagnin noir. JURA. Est aussi cultivé près de SEYSSEL, en SAVOIE.

Sarvagnin ou **Servagnin blanc ?** SEYSSEL.

Sarvant blanc pour **Servant ?** AC. 323.

Sarvinien cendré. YONNE. AC. 328.

Sarvoigny. *Cat.* LUX.

Sarvoisien. *Cat.* LUX. [Raisin blanc, moyen, à grains oblongs, jaune doré. (BOUSC.)]

Sata nera. ROVEREDO. *Bic.* (33 ?).

Satiné jaune ? *Cat.* LER.

Satschinak blau. SERBIE. SAVITZ. H. GOET.

Sattarino. G. Syn. de **Satta.** *Soc. agr.* de ROVEREDO.

Sauerschwarz. (*Aigre-noir.*) Syn. de **Heunisch schwarzer,** peut-être une espèce de **Lambrusca ?**

Saugé ou **Morillon blanc.** GUY. III.

Saumansois. Voyez **Mansois.**

Saurer kleinberger. Voyez **Huns.** ST.

Sauterne weisser. H. GOET. le dit syn. de **Geisdutte ;** je crois cette synonymie douteuse.

Sauvage. *Cat.* LUX. FRANCE. Les Napolitains ont le **Selvatica :** noms génériques qui peuvent s'appliquer à un grand nombre de cépages.

Sauvaget. *Cat.* LUX. NICE. OD. 534 le cite parmi les raisins blancs de la SAVOIE et de NICE. J'ai pu en prendre la description dans les vignobles niçards. PUL. a eu l'obligeance de me communiquer cette description et celle d'autres cépages qu'il a faites à NICE et en SAVOIE et que je reproduirai dans le cours de cet ouvrage.

Sauvagneux. Syn. de **Savagnin.**

Sauvagnin blanc. OD. 274. Syn. de **Gamet blanc** dans quelques vignobles de FRANCE.

Sauvagnin rouge. AC. 327.

Sauvagnun et **Sauvagneux.** Syn. de **Savagnin.** OD. 270.

Sauvignon GIRONDE. AC. 321, 325. Excellent cépage de premier ordre, dans le BORDELAIS, qui donne les vins de SAUTERNE et de CHATEAU-YQUEM *Bic.* (47). Réussit parfaitement sur les coteaux de SALUCES. Il y a le **Sauvignon rouge** et le **blanc.** Je ne crois pas qu'on puisse planter un meilleur cépage pour la bonne vinification. Son fruit a une légère saveur que je comparerai à une figue sèche sucrée et qui, dans quelques vins que j'ai goûtés en FRANCE, se traduisait en un bouquet très-agréable rappelant l'amande amère. En ALLEMAGNE, on donne à ce cépage le nom de **Feigentraube** (*raisin figue*).

Sauvignon à gros grains. G. *Bic.* Syn. de **Sauvignon** de la CORRÈZE ou **Muscadelle**. *Bic.* (43). Tout à fait différent du précédent.

Sauvignon blanc. *Cat.* LUX. GIRONDE. Décr. et dess. REND. *Journ. vit.* III, 396. AC. 323. *Bic.* Dans le JURA, quelques personnes désignent ainsi, bien à tort, le **Gamet blanc**.

Sauvignon de la CORRÈZE. OD. 137, 374. Id. au **Sauvignon à gros grains**. *Bic.* Raisin de table.

Sauvignon de la NIÈVRE ou **blanc fumé**. Le comte OD. 327 le croit différent de celui de BORDEAUX.

Sauvignon de POUILLY-SUR-LOIRE. Décr. et dess. RENDU. C'est le **Sauvignon blanc** du BORDELAIS.

Sauvignon jaune. G. *Bic* Id. au **blanc**.

Sauvignon noir. G. PUL. Appelé aussi **Noirin**. En définitive, c'est un **Pinot**. [Il faut écrire **Savagnin noir du Jura** et non **Sauvignon noir**, dénomination inconnue dans ce vignoble. (PUL.)]

Sauvignon rose. GIRONDE. *Bic.* Id. au **blanc** par ses caractères; n'en diffère que par la couleur de ses raisins.

Savagnin. JURA. AC. 321, 326, 327. OD. 136. En BOURGOGNE, on donne improprement ce nom au **Sauvignon**; dans quelques parties de la SAVOIE, au contraire, il désigne le **Pinot noir**. Très-bon raisin, d'un produit modéré mais régulier, de très-bonne qualité, dont la peau épaisse résiste très-bien aux pluies de l'automne. J'ai dégusté, à POLIGNY (JURA), des vins faits en 1803 avec ce raisin; ils étaient très-bien conservés et excellents. *Bic.* (43). On ne doit pas confondre le **Savagnin** du JURA avec le **Sauvignon** de la GIRONDE. Le **Savagnin** est id. au **Traminer** du RHIN et produit assez quand il est taillé en cornets. Il y en a deux variétés identiques: une à fruit rouge et l'autre à fruit blanc.

Savagnin blanc du JURA. Tout à fait différent du **Sauvignon** de la GIRONDE. *Vign.* II, 109 (151).

Savagnin jaune. OD. 272. *App.* 20. *Bic.* Décr. par RENDU, qui donne ce nom au **Savagnin vert** du comte OD. Dans le JURA, d'après OD. 272, on désigne à tort, sous ce nom, l'**Épinette** ou **Arnoison blanc**, qui est aussi appelée **Pinot blanc**.

Savagnin noir. JURA. OD. 270. C'est une variété du **Pinot**, à grappe un peu plus longue, qu'on appelle aussi **Noirin**.

Savagnin vert du JURA. *J. vit.* I, 188. OD. 270, 290. *App.* 20. *Bic.* (43). Le **jaune** et le **vert** sont, je crois, identiques.

Savignon. AFRIQUE. G. *Pépin*. *Bic.* S'est trouvé, chez moi, un **Mourvèdre**.

Savogeat. LAUSANNE. AC. 320.

Savoignin. Syn. de **Savagnin**. OD. 270.

Savouette, ou Mollette, ou Mondeuse blanche. J'ai vu ce cépage à CHITRY, près RUMILLY (SAVOIE), dans les domaines de mon très-gracieux ami le comte DE GRENAUD DE LA TOUR.

Savouret. GUY. 385. [Est syn. de **San Antoni**. PELL.]

Savoyan ou **Gros rouge?** AC. 321, OD. 348.

Savoyance. ST-IMIER, ou **Savoyanne**, syn. de **Mondeuse**.

Savoyant. Serait un syn. de **Cabernet?** dans le département de l'AIN.

Savoyant. En SUISSE, au contraire, serait syn. de **Chetouan** de l'AIN ou de **Mondeuse**. OD. 294. Il en est de même en SAVOIE, d'après GUY. II, 306.

Savoyard et **Savojarda**. G. *Cat.* LUX. OD. 276. C'est le **Corbeau** de BOURGOGNE. *Bic.*

Savoyer. GENÈVE. AC. 326.

Savoyet. ISÈRE. Syn. de **Mondeuse**.

Sazenella bianca. G.

Sbracato. G.

Sbulzina. UDINE. AC. 295.

Scafatta du VÉSUVE. *Pép.*

Scala bianca. SICILE. Très-sucrée. FRO.

Scalidda bianca. SICILE, région de l'ETNA. MEND. Raisin de cuve.

Scaliger. *Cat.* LER. SIM. L. Grains ovales, verdâtres; grappe serrée.

Scarcit. BORDELAIS. OD. 475. Syn. de **Fer Servadou**.

Scarlatino. SUSE et PIGNEROL. INC. Je l'ai supposé id. à la **Brunetta**; on le croit ailleurs id. à la **Plassa**.

Scassacarretta nera ou **Castagnara**. VÉSUVE et MONTE SOMMA. FRO.

Scattiscente. Je l'ai trouvé cité parmi les raisins de la BASILICATE.

Scavuzza bianca. TRAPANI. MEND.

Schaaffttraube blaue. BAB.

Schaffauser. *Cat.* LUX.

— **rothe**. *J. bot.* de GENÈVE. AC. 322.

Schaibkürne. Syn. de **Kölner noir**. H. GOET.

Schakari-bura blanc. ERIVAN. SCHAR. Raisin de table. H. GOET.

Schaouka blanche. SIM. L. **Cornichon?**

Scharvener. SILÉSIE. Pour **Silvaner**.

Schehen traube. *Cat.* LUX.

Scheuchner blauer. BABO. Serait syn. de **Kolner blauer** de STYRIE.

Scheuchner rother.

Schiancapalmento. POUILLES. Voyez **Biancolisano.**

Schiava ou **Sciava.** AC. 218 la décrit parmi les vignes du VICENTIN ; est aussi cultivée en LOMBARDIE et dans la PROV. DE PAVIE. CRESC. la décrit parmi les cépages de l'EMILIE. *Ann. vit.*, 249. Un échantillon envoyé de ROVESCALA à l'*Exp.* de PAVIE, en 1877, avait la grappe conique, ailée. noire. Dans le rapport de M. NESSI sur les cépages de COME, je trouve la **Schiava** parmi les syn. de **Margellana.**

Schiava bianca. COME. AC. 292. CONEGLIANO. *Alb.* T.

Schiava gentile. BERGAME. *Bic.*

— **nera.** LOMBARDIE. AC. 290, 292, 301, 302. TRÉVISE. Dr CARP. rapp. *Alb.* T. SOD.

Schiava rossa. PROV. DE MANTOUE. AC. 289.

— **veronese.** AC. décr. 238.

Schiavetta. AC. 303 la cite parmi les cépages de TRENTE ; est citée aussi parmi les cépages de la région de la VALTELINE. *G. V. V.*

Schiavoltiello nero. PROV. NAP. *Bull. amp.* Syn. de **Mangiottiello.**

Schiavona bianca. MODÈNE. Décr. AGAZ.

— dite **Negrona.** *Alb.* T.

— de BOLOGNE. FRO.

Schiettarola ou **Pignolo.** PAYS D'ASTI. *Bic.* M'a été envoyée de CASTELLINALDO par le marquis CARLO CLAVESANA. *Bic.* (47).

Schilcher. Syn. de **Wildbacher noir.** H. GOET.

[**Schiller.** (B.) V. amér. (?) EC. MONTP.]

Schioppetta bianca. PESARO, ou **Malvasia** *Bull. amp.* II.

Schiradzouly blanc ou **Blanc de Gandjah.** PERSE. OD. 433, 589. Raisin de table et de cuve. *Vign.* I, 53 (27). *Bic.* (37).

Schiradzouly rose. PERSE.

Schira-isioum. CRIMÉE. OD. 582. Donne du vin en abondance, mais de peu de valeur et se conservant peu.

Schiras. *Cat.* LUX. Exposé par RODA dans une collection de raisins à MILAN. Raisin noir de la collection de MONZA. *Bic.* (43). Voyez aussi **Pépin de Schiraz.**

Schiras rouge. PUL.

— **traube weisser.** Décr. MUL.

Schirwan-schach noire. BAZU, AU DELA DU CAUCASE. SCHAR. Raisin de cuve. H. GOET.

Schittarola. Voyez **Teneretta.** *Alb.* T.

Schittosa. Voyez **Cagnina.** *Alb.* T.

Schlankamenka. Je trouve ce nom dans un catalogue des raisins exposés à VIENNE par la *Soc. agr.* de ROVEREDO. J'ai reçu de PUL. (sauf erreur) une **Planka monka,** de HONGRIE. H. GOET. écrit **Slankamenka** de HONGRIE et le dit un raisin blanc de table.

Schlechen. *Cat.* LUX.

Schlehentraube. OD. 326. Syn. de **Purscin,** à BUDE. Raisin noir très-estimé pour la cuve.

Schleitheimer. Syn. de **Traminer blanc.** H. GOET.

Schliégé. METZ. Syn. de **Trollinger** ou **Frankental.** ST. SCHAR.

Schlitzeredel. ALSACE. Syn. de **Cioutat.**

Schmeckendë. Syn. de **Muscat** en AUTRICHE, d'après BAB.

Schmeckende rothe. Syn. en AUTRICHE de **Muscat rouge** et équivalant au **Saporito rosso,** d'après MEY.

Schnodweisse. Syn. de **Elbên gröber.** BAB.

Schombauer (Raisin de). *Cat.* LUX.

Schönedel. SAXE. Syn. de **Gutedel** ou **Chasselas.** ST. BAB.

Schönfeilner. Syn. de **Sylvaner grüner.** H. GOET.

Schuylkill. AMÉRIQUE. PULL. [BUSH. (*Labrusca*) EC. MONTP.]

Schuytzil. AMÉRIQUE. J'ai trouvé ce nom quelque part.

Schwaben traube. BORDS DU RHIN. OD. 290. Syn. de **Grün Muscateller.**

Schwabler. RÉGIONS RHÉNANES. OD. 302. Syn. de **Grün Silvaner.**

Schwartz ou **Blauer trolling.** OD. 367. Syn. de **Frankental.**

Schwartz hambourg traube. Voyez **Trollinger gelbholziger schwarze,** MEY., que je crois aussi être le **Frankental.**

Schwartz Klewner. ALSACE. OD. 167, 287. Syn. de **Pinot noir.**

Schwartz klœfner. OD. 171. Id. au précédent.

Schwartz muskateller. Voyez **Muscateller schwarze.**

Schwartz silvaner ou **salviner.** OD. 171. *Bic.* **Pinot noir.**

Schwartz Traminer. OD. 290. *Bic.* ST., qui connaît certainement ces raisins, nie qu'il existe un **Traminer noir.** J'ai reçu sous ce nom deux cépages différents : le **Pinot noir** et le **Traminer** ou **Savagnin blanc.**

Schwartz welscher. Voyez **Trollinger gelbholziger schwarze.** MEY.

Schwarzblaue Frankentraube. Décr. MEY.

Schwarz weyrauch. Syn. de **Muscat schwarze,** MEY., ou **Muscat noir.**

Schwarze melonen traube. Syn. de **Gamai noir.** DOCHNAL.

Schwarzelben, Schwarzelbling, est syn. de **Elben schwarzblaue.** MEY.

Schwarzheunsch. ALSACE. Voyez **Heunisch.**

Schwarzer ? *Cat.* LUX.

Schwarzer Elben. Dess. METZ. avec des feuilles quinquélobées, sinus réguliers, un peu ronds ; grappes moyennes, grains ronds.

Schwarzer Muscat Gutedel. Chasselas musqué noir. Dess. METZGER.

Schwarzer muscat traube. Syn. de **Muscateller schwarzblauer.** MEY. ou **Muscat noir.**

Schwarzer Riesling employé pour syn. de **Pinot noir.** DITTRICH.

Schweizertraube. Syn. de **Hudler rother.** BAB.

Sciaa. BRESCIA. AC. décr. 206.

— BERGAME. *Bic.* Je le crois id. à **Schiava,**

Sciaccarello. CORSE. OD. 555. S'est trouvé, chez moi, la **Clairette blanche.** *Bic.* (47).

Sciaccàrello bianco. OD. 556.

— **nero.** CORSE. G. Je lis dans OTTAVI que le **Sciaccarello nero** est la **Barbera piémontaise.** Cette assertion me paraît très-douteuse, et, malgré l'autorité en fait de choses agricoles de ce professeur, je crois qu'on ne saurait l'admettre sans preuve ou du moins sans vérification. [Je persiste à croire que le **Sciaccarello nero** de CORSE n'est autre chose que la **Barbera** du PIÉMONT. Tout se ressemble dans ces deux cépages, hormis le dessous de la feuille, qui dans la **Barbera** présente quelque chose de soyeux, tandis qu'elle est glabre dans le **Sciaccarello ;** mais cela dépend du climat. Plus on approche du Nord et plus les végétaux sont poilus ; ils sont en quelque sorte mieux habillés. (J.-A. OTTAVI.)—Cette théorie de M. OTTAVI ne sera pas admise par la plupart des ampélographes. Constater que la feuille est cotonneuse dans la **Barbera** et glabre dans le **Sciaccarello,** n'est-ce pas prouver suffisamment que ces deux cépages sont différents.

Sciaccarello rosso. OD. 556.

S' ciaeta. BRESCIA. AC. décr. 210. Ne donne pas de bon vin.

Sciampagna (*Champagne*). Cité parmi les raisins de GRUMELLO DEL MONTE. *G. V. V.*

Scianchellara. Syn. de **Fortana grassa.** Décr. dans AC. 41.

S'ciapa-duja. AOSTE. Dess. BONAF. Syn. de **Croassa d'Ivrea** dans le pays d'ASTI. Le dessin de M. BON. représente une belle grappe à gros grains noirs bleus ; il répond à la description du **Croassera** faite par GAT. ; seulement la grappe n'est pas cylindrique, mais pyramidale.

Sciassina. Cultivée dans le HAUT-NOVARAIS.

Sciava bianca. COME. AC. 292.

— **nera.** COME. AC. 292.

— **veronese.** Voyez **Schiava.**

Sciocchera ou **Scochera bianca.** BOBBIO.

— **nera.** BOBBIO.

Sciocona. G. LOMBARDIE.

S' ciopanùla ou **croccante.** BRESCIA. AC. décr. 212.

S' ciopanùla fina. Syn. de **Uva d'or fina** BRESCIA. AC. décr. 213.

Sclavo ou **Uva schiavà.** OD. 566. D'après l'étymologie du nom, on pourrait supposer avec OD. 566 que ce raisin est originaire de l'ESCLAVONIE.

Sclenzhizh. STEYERMARK. Syn. de **Sylvaner**

Scochera nera. BOBBIO. **Sciocchera.**

Scopetiano. G.

Scorticone nero. BOLOGNE. FRO.

Scorzamara. PARME. Cépage à grains noirs ovoïdes qui m'a été expédié par **M.** CHIERIC (JEAN), officier.

Scot. *Cat.* LUX.

Scotch white Cluster. *The fruit 's manual.* ROBERT. Syn. de **Van der Laan.**

Scottione. G.

Scrocco. TOSCANE. INC. *Bic.* Sous ce nom il m'a été envoyé un tout autre cépage par le marquis L. INCISA, qui, dans son catologue, croit que le **Scrocco** est id.? à **Scrous ? Astigiano.** Cette synonymie est inexacte, parce que le **Scrous** est noir ou blanc et le **Scrocco** est un raisin rouge, ainsi que cela résulte de la description de ROB. **LAWL.**

Scros ou **Scrouss bianco.** LU (PROV. D'ALEXANDRIE).

Scros nero. ALEXANDRIE. Je ne connais pas encore ce raisin. J'ai lu dans les mémoires de GAR-VAL. qu'il a une grappe ailée, compacte, puis cylindrique à la pointe. Voyez aussi **Scrouss nero.**

Scrossera ou **Scrosera bianca.** SAMBUY. *Exp.* AL.

Scrouss et **Scruss nero.** AC. décr. 104. Signifie *croquant.* Je crois qu'on l'appelle aussi **Cassano** à LU. Décr. INC. Décr. ALEX.

[**Scupernon du Jardin d'acclimatation** (*Riparia*) et non **Scupernong,** comme on pourrait le supposer. EC. MONTP.]

Scupernong. G. OD. 160. Vigne américaine de l'espèce des *Vulpina* ou *Rotundifolia.* On la croyait résistante au phylloxera et on recommandait sa culture comme porte-greffes ; mais on s'est ensuite aperçu qu'il fallait renoncer à la cultiver, à cause des difficultés que présente sa propagation, soit par bouture, soit par la greffe. Voyez PLANC. et *Cultivateur de la région lyonnaise,* n° 15. [Écrit **Scuppernong**

par BUSCH et PLANCHON. Se développe généralement mal dans le midi de la France, où il n'a fructifié que rarement ; les fruits mûrissent difficilement et sont mauvais pour la vinification. Les greffes de *V. Vinifera* sur **Scupernong** réussissent très-difficilement. EC. MONTP.] M. LALIMAN assure qu'il a perdu plusieurs Scupernongs à cause du phylloxera. *Études,* p. 56.

Scuppernong rouge. Syn. de **Bland.** N'est pas un vrai **Scupernong**. PLANC.]

Scutariner blauer. Syn. de **Kadarka blaue.** H. GOET.

Sebastiano. *Cat.* Lux. OD. 427. Vigne apportée de CONSTANTINOPLE par le maréchal SEBASTIANI.

Sebastopol. PUL.

Sécal blanc. TARN. Syn. de **Jurançon.** GUY. II, 12.

Seccajone et **Seccajolà.** Je crois que c'est le **Canaiolo** qu'on a l'habitude de faire sécher en TOSCANE.

Secohai. *Cat.* Lux.

Secretary. (B.) V. amér. Hybride de RICKETT. **Clinton** et **Muscat Hamburg.** Gros grains noirs.]

Seelamber. ALSACE. Voyez **Thalburger.**

Seedling ingram. Vigne de semis. Gros grains noirs, ronds, très-aplatis au sommet. (BOUSC.)]

See stock. Cultivé à l'École expérimentale de KLOSTERNEUBURG, près VIENNE.

Seeweinbeere en AUTRICHE. Syn. de **Furmint** d'après MUL.

Segar box ou **Segar grape.** AMÉRIQUE. Ainsi appelé parce qu'on avait trouvé les boutures de ce cépage dans une boîte de cigares perdue par un voyageur. Syn. de **Jacquez.**

Segar grape. Syn. de **Jacquez** ou **Lenoir.** AMÉRIQUE. Résistant au phylloxera.

Segrone bianco. BARLETTA. *G. V. V.*

Seidentraube gelbe. Décr. MUL. ou **Uva seta gialla** (*raisin soie jaune*). Id. à **Früh Leipziger.** BABO. C'est la **Luglienga.**

Seidentraube grüne. BAB. Serait la **Luglienga verde.**

Selenika ou **Seleniak debeli.** Syn. de **Hainer, grosser, grüner.** H. GOET.

Selenzhic ou **Seleni Kleshez.** Syn. de **Sylvaner grüner.** H. GOET.

Selvatica. On désigne dans les PROV. NAP. sous ce nom un raisin de peu de mérite.

Sémeillon pour **Sémillon.** Orthographe du marquis d'ARMAILHACQ que les autres auteurs n'ont pas adoptée.

Semidanu bianca. SARDAIGNE. Grains ronds, petits, mais doux, juteux. *Fl. Sard.* MORIS. Fait des vins communs. MEND. *Bic.*

Semidanu noir. *Cat.* LUX. SARDAIGNE. Syn. de **Læta.** MORIS. *Fl. sard.*

Semillon. *Cat.* LUX. BORDELAIS. Dess. REND. *Vign.* II, 103 (148). Bon raisin blanc de cuve, fertile, qui se comporte bien sur les coteaux de SALUCES. *Bic.* (32). Il est plus fertile que le **Sauvignon,** mais a moins de mérite.

Semillon blanc. OD. 135. *Journ. Vit.,* III, 538, entre dans la confection des vins blancs si renommés du BORDELAIS.

Sémillon colombar blanc. CHARENTE. VIV.

— **(gros) rouge.** GIRONDE. VIV.

Sempre verde immatura (*Toujours vert, non mûr*). ISTRIE. AC. décr. 189. D'après l'*Alb.* T. est peut-être id. à **Verdisa bianca** de TRÉVISE. Ce nom pourrait s'appliquer à plusieurs raisins d'espèce différente.

Senasqua nera. Vigne américaine, hybride de mérite secondaire. SIM. L. PLANC.

[**Seneca.** BUSH. V. amér. très-semblable, sinon identique au **Hartford.**]

Seneca chief. *Cat.* BLANKENHORN.

Senica del Cherzo. Citée dans l'*Alb.* T. Voyez **Marzemina nera.**

Senza grana. BOBBIO. Je suppose que c'est la **Passeretta?**

Senza seme. MODÈNE. Décr. AGAZ. Si c'est la **Passeretta,** il vaudrait mieux lui laisser son nom habituel.

[**Seouvan.** VAR. C'est le **Servan** de l'HÉRAULT. (BOUSC.)]

Septembro. Le comte OD. 277 le croit id. au **Chasselas rose** et dit que son nom indique l'époque de sa maturité.

Septembrot. *Cat.* Lux. OD. 348. Syn. de **Chasselas violet.** Cette assertion serait contraire à la précédente. Je crois exacte cette dernière synonymie et inexacte la précédente. [Le **Septembro** de la vallée du GRÉSIVAUDAN est bien le **Chasselas violet.** (PUL.)]

Seralamanna. Id., je crois, à **Salamanna.** AC. décr. 275 et 298, et dit, d'après VILLIFRANCHI, qu'elle a été ainsi appelée du nom du sieur ALAMANNO SALVIATI, qui l'avait fait venir d'ESPAGNE ?

Sercial. ESPAGNE. *Cat.* LUX. OD. 522. *Bic.* (4.) (43?). Id. au **Sercial de Madère.** Raisin blanc pour la vinification. J'ai eu l'occasion de l'étudier, l'ayant reçu de plusieurs de mes correspondants.

Sercial de Madère. *Cat.* LER. *Bic.*

Sercial du Jura ? C'est un nom erroné donné par des pépiniéristes car il n'existe aucun **Sercial** dans le JURA, et, en effet, ce **Sercial** s'est trouvé, chez moi, un **Chasselas blanc.** *Cat.* LER. *Bic.*

Sérénèze. Serait le raisin le plus sucré de la vallée de l'ISÈRE. PUL. *Bic.*
Sergolese nero. ROMAGNES. AC. décr. 138.
Serine. *Cat.* LUX. Voyez **Sirah.** *Bic.* Le comte OD. cite une **Serine blanche** et une **noire.** Dans quelques localités, on donne à tort ce nom à la **Persagne,** qui est différente de la **Sirah** de l'ERMITAGE.
Serine de côte rôtie. *Journ. vit.* II, 253. *Bic.* Voyez **Sirah.**
Serine grosse. *Cat.* LUX. *Bic.* Les distinctions de **grosse** et de **petite** proviennent, le plus souvent, de la culture et non de différences existant réellement dans les cépages.
Serine noire. Décr. et dess. RENDU. OD. 223. Id. à la **petite Sirah** de l'ERMITAGE, d'après la Commission ampélographique du RHÔNE.
Si l'on réfléchit que le comte OD. a cultivé pendant plusieurs années la **Serine** et la **Sirah** sans reconnaître l'identité de ces deux cépages; que plusieurs ampélographes ont fait de même, et que ce ne fut que plus tard que M. PUL. la reconnut en parcourant les vignes où les raisins connus sous ces noms sont cultivés sur une grande échelle, il faudra bien admettre que l'étude de l'ampélographie n'est pas une chose aussi facile qu'on pourrait le croire.
Serodino. *Cat.* LUX. AC. 325, 330, cite le **Sirodino** de la VALLÉE DU PÔ.
Serofegno. Voyez **Sorvigno nero.** PROV. NAP.
Serotina. Syn. de **Axina de Angiulus.** *Fl. Sard.*
Serpe. G. Voyez aussi **Uva serpe.**
Serpenta. AMALFI NAPOLITANO.
Serpentara. PROV. DE SALERNE.
Serrà. SAN REMO. AC. 298. A grappe étroite.
Serravillano. PIÉMONT. *Ann. Vit. En.* Voyez **Servavillano.**
Servadau? *Cat.* LUX. Pour **Servadou?**
Servagnie. ISÈRE. Voyez **Servanin.**
Servagnier. Doit être employé quelque part comme syn. de **Pinot noir.**
Servagnin. VAUD. AC. 328.
— **blanc?** SEYSSEL. PUL.
— **rouge.** AC. 320, 327.
Servah isioum. CRIMÉE. OD. 582. Donne beaucoup de vin, mais du vin de peu de valeur et de peu de durée.
Servan. HÉRAULT. OD. 414 le donne comme id. au **Verdehoia** de GRENADE. [HÉRAULT. GARD. C'est le **Verdal** du VAR. Raisin blanc, à gros grains verdâtres très-fermes, tardif. Sous ce nom de **Servan,** on cultive, dans la VALLÉE DE L'HÉRAULT, une autre variété tardive très-fertile; c'est un raisin de garde que l'on suspend pour être conservé en hiver. Dans la même localité, le nom de **Verdal** est donné à l'**Aspiran.** (BOUSC.)]
Servanin. Dép. du RHÔNE. *Vign.* III, 41 (213). Raisin aussi estimé que le **Chasselas** pour la table. D'autres écrivent aussi **Servagnie** et **Servanit.** [Le **Servanin** est un raisin noir de cuve très-cultivé et très-estimé dans le canton de MORESTEL (ISÈRE). (PUL.)]
Servant blanc. INC. *Bic.* Je crois que c'est le **Servan.**
Servat. *Cat.* LUX.
Servavillano nero. Raisin à grosses grappes, grains sur-moyens; cultivé à BAROLO dans les LANGHE (PIÉMONT). *Bic.* (11). Bon aussi pour la table.
Servignin. YONNE. AC. 329.
Servinien. *Cat.* LUX.
— **blanc.** YONNE. VIV.
— **cendré.** YONNE. VIV. Syn. de **Pinot gris,** d'après ST.
Servonien. BOURGOGNE. OD. 136. Syn. de **Sauvignon.**
Servoyen. YONNE. Syn. de **Sauvignon.**
Settara bianca. VICENCE. AC. 221 décr.
Settembrina. HAUT-NOVARAIS. COME et PAVIE. Raisin blanc un peu précoce. AC. 292. *Bic.*
Sfasciacanale. Syn. de **Pagadebito.** Prov. d'ANCONE.
Sfondabotti. Syn de **Pagadebito.**
Sgavetta ou **Sganetta.** Raisin fin de SASSUOLO (MODÈNE). *G. V. V.* II, 98.
Sgorbera ou **Croà.** Partie au delà du Pô de la PROV. DE PAVIE. AC. décr. 59, 291. On donne aussi, si je ne me trompe, ce nom de **Croa** au **Vermiglio;** je ne saurais dire si ce second cépage est id. à **Sgorbera.**
Sgorbera bianca. AC. décr. 58, 291.
Sgranarella (MARCHES), ou **Malvasia bianca.**
Sgranarone. BOLOGNE.
Sgrignolotto bianco. ROMAGNANO (NOVARE).
Sguizzera. BOLOGNE.
Shakèr. AMÉRIQUE. Syn. de **Union Village.** PLANC.
Sherman nero. AMÉRIQUE. SIM. L. Grappe petite, grains moyens, un peu serrés. [EC. MONTP.]
[**Sherry.** AMÉRICAIN. Syn. de **Black July** (BOUSC.)]
Shipo et **Shiponski.** Syn. de **Mosler.** H GOET.
Shlahtnina. ESCLAVONIE. C'est le **Chasselas** H. GOET.
Shopatna weisse. STYRIE. Décr. MUL. H GOET. donne pour synon. **Bela modrina Beli blank, Pokovez Siprina,** etc., d'après TRUMMER.
Shopatna traube blaue. Décr. MUL.

Shota. Syn. de **Wipbacher blanc.** H. GOET.
Siaccarello. *Cat.* LER. Voyez **Sciaccarello.**
Siacquariello nero. PROV. NAP.
Sibadi-Malvoisie. LOT-ET-GARONNE. GUY. 421.
Sicilia bianca. SALERNE.
— **nera.** SALERNE.
— **rossa da mensa** (*rouge de table*). PROV. NAP.
Sicilien. ANCIENNE PROVENCE (FRANCE). OD. 360. Id. à la **Panse précoce ;** est figuré dans le *Vignoble*, I, 95 (48). **PELLLICOT,** l'illustre et regretté doyen des viticulteurs français, en parle avec beaucoup d'éloges dans son *Vigneron provençal.* Je trouve ce raisin très-agréable à manger.
Sideritis. *Cat.* LUX. OD. 430, 576. Signifie *dur comme fer* et ne sert ni pour la cuve ni pour la table. OD. le supposa fertile dans son pays d'origine ; mais pendant les douze ans qu'il le cultiva, il ne put jamais en voir les fruits.
[**Sideritis mauro.** GRÈCE. *Cat.* LUX. C'est le **Gros Guillaume.** (BOUSC.)] L'auteur doute de l'identité de ces deux cépages.
Sidéritis noir. SMYRNE. VIV.
Sidetritis ? *Cat.* LUX.
[**Sieboldi** (*Vitis Sieboldi*). Syn. de *Vit. Ficifolia.*]
Siebon burger. *Cat.* LUX.
Signora. NAPLES. AC. 304. On cultive aussi dans le VOGHERAIS un raisin de ce nom.
Signorina. TRENTE. AC. 303.
Sigotier. HAUTES-ALPES et BOUCHES-DU-RHÔNE. OD. 467. Syn. de **Bouteillan.**
Silberrœuschling. Voyez **Rauschling.** ST. 174.
Silberling rother. Syn. de **Chasselas rose royal.** DITTRICH et aussi BAB.
Silber weiss (*blanc d'argent*). RENDU. Id. à **Savagnin blanc.**
Silberweiss. Syn., en AUTRICHE, de **Räuschling,** d'après BAB. et ST.
Silberwissling. Est aussi syn. de **Chasselas.** BRESLAVIE.
Silla blanc. *Cat.* LUX.
[**Silla** ou **Cilla.** Raisin rose des PYRÉNÉES-ORIENTALES. (BOUSC.)]
Silosder de Zara. DALMATIE. *Bic.* (15). J'ai reçu, sous ce nom, la **Malvasia bianca** de BROLIO et de TRIESTE, ou **Zante.** J'ai vu cette vigne dans une collection de cépages qui avait été expédiée de l'île de CORFOU à M. PUL. par M. BIANCONCINI. On la trouve aussi dans les vignobles des MARCHES et des POUILLES, de sorte qu'on peut dire qu'elle se trouve sur tout le littoral de la mer ADRIATIQUE.
Silvaner. Décr. MEY. On cultive ce cépage plutôt pour la quantité que pour la qualité de son produit. Voyez aussi **Sylvaner.**
Silvaner blauer ou **Zierfahnler.** Décr. MUL.
Silvaner blauer rother.
— **grüner.** HESSE RHÉNANE. Décr. MUL. Est figuré dans l'atlas de GOET. Décrit par le baron DAEL, de KENT, dans le *Bull. amp. international,* VII, 609.
Silvaner grünhlichgelber. Décr. MEY.
— **muscat ?** PICC.
— **rouge** ou **Roth Silvaner.** OD. 303 le dit syn. de **Roth Szirifand.** Il est décrit par MEY., qui donne **Zierfahnler** pour son synonyme. Ce cépage me donne chaque année à VERZUOLO un moût de très-bonne qualité.
Silvanu. PALMA, SICILE. Syn. de **Niuru grossu.** MEND.
Simoro noir ou **Gros bec.** MOSELLE. VIV. OD. 258. Syn. de **Noir** de LORRAINE. GUY. III, 326 le dit id. à **Gueuche?**
Simorot ou **Meunier.** METZ. AC. 329.
[**Singleton.** Syn. de **Cawtaba.** BUSH.]
Siora. UDINE. AC. 295. Syn. de **Signora.**
— **colorata.** VOGHERA.
Sipa. *Cat.* LUX.
Siprina. CROATIE. Syn. de **Shopatna.** H. GOET.
Sirabel. BRESCIA. AC. décr 211.
Siracusa. NAPLES. AC. 305. *Exp.* AL.
Sirah. Sirac, Sirak ou **Syras** et **Syrrah.** Excellent cépage, pour la cuve, de l'ERMITAGE et de CÔTE-ROTIE. *Bic.* (47). *Vign.* II, 31 (112). Ressemble à une petite **Barbera.** Réussit bien dans les terrains calcaires et je dirai même partout.
Siramuse noire. DRÔME. *Vign.* II, 79.
Sirane franche. Syn. de **Syrrah.**
Siranie. Nom donné dans la DRÔME à la **Sérénèze** de GRENOBLE.
Sireno. Raisin peu méritant des PROV. NAP.
Sirodino nero. ITALIE. VIV. MEND.
Sirrha. *Cat.* LER.
Sitrudad. Mentionné par BAB. parmi les syn. du **Cioutat.**
Sizlva szöllo. Raisin blanc, précoce. *Cat.* LER. et SIM. L., qui dit qu'un raisin de ce nom est cultivé en CORSE ?
Skadarka lema ou **Skakar.** H. GOET. Syn. de **Kadarka noir.**
Skitatihan. *Cat.* LUX.
Slankamenka blanche. HONGRIE. Syn. de **Mayarka.** LAS TORRES. H. GOET.
Slarina. ALEXANDRIE. Nom piémontais dérivé de **Celerina.** Professeur MIL. décr. *Bic.*
Slarina agglomerata. PIÉMONT. AC. 104.
— **rara.** PIÉMONT. AC. décr. 116.
Slatshina eichenblattrige ou *à feuilles de chêne.* Décr. MUL.

Small German. AMÉRIQUE. Syn. de **York Madeira.** PLANC. 159.

Smarzirola veronese. AC. décr. 247. Doct[r]. CARP, rapp.

Smederewka. SERBIE. Syn. de **Szemendrianer weisser.** H. GOET.

Sneriola ? Décr. AL. Variété de **Lambrusca ?** Peut-être est-ce le nom vulgaire de **Cenerola?**

Socco de GENÈVE. *Bic.* C'est le **Pinot teinturier** le plus coloré ; je l'ai eu de M. BOUSCHET.

Soggiovese. BARI. MEND. *Bic.* (16). J'ai eu sous ce nom un raisin blanc qui m'a paru bon pour la vinification ; mais je crains qu'il y ait eu quelque erreur dans l'envoi.

Solferino bianca. *Cat.* LER. BURDIN et autres. *Bic.* (48). Je crois que ce nom a été donné par les pépiniéristes ou par quelque semeur pour en faciliter la vente. [Semis de MOREAU ROBERT. 1859. (PUL.)]

Solognina verde. BORGOMANERO. CERL. *Bic.*

— di VERGANO. CERL. *Bic.*

Somarello nero. BARI. BITONTO. On lui donne pour syn. **Mondonico** dans l'*Amp. Pugl.* Dans le *Bull. amp.* X, on trouve sa description avec le syn. de **Mondonico** de BÉNÉVENT. On en fait aussi mention dans le *Bull. amp.* IV, 257.

Somarello ou **Somariello rosso.** BARLETTA. TRANI. *Amp. Pugl.*

Somarello rosso. BARI. MEND. *Bic.*

Somariello et **Sommarello nero.** POUILLES. *Bull. amp.* I. *G. V. V.* 15. *Ann Vit. En.*, IV, 224.

Sommariello. TRANI. MEND. *Bic.* Raisin noir à longue grappe, classé par moi au (1).

Soms szölö ou **zoello.** HONGRIE. PUL. *Bic.*

So Nicola. FAGIANO. POUILLES. Décr. *Bull. amp.* I.

Sopressata nera. SALERNE (NAPLES).

Sora nera. CONEGLIANO. *Alb.* T.

Sorba. G.

Sorca. *Cat.* de la *Pép.* com. de ROME.

Sorguek. PERSE et ARMÉNIE. OD. 587. Grappes rouges-claires.

Soria. VALENZA. AC. 115. décr.

Soricella bianca. *J. bot.* NAP.

— **nera.** *J. bot.* NAP. FRO.

Sorlegna nera. PROV. NAP.

Sorvegna bianca. ILE D'ISCHIA. FRO.

— **nera.** ILE D'ISCHIA. FRO.

Sorvigno bianco. PROV. NAP.

— **nero.** PROV. NAP.

[**Souaba el Lalgiah** *(Doigts de Vénus)*. ALGÉRIE. Décr. L. BEYS. (*Mess. agr.*, XIX, 421). C'est très-probablement le **Raisin Cornichon** que M. PUL. a reçu de MASCARA sous le nom de **Doigts de la Renégate** (*Mess. agr.*, XX, 172).]

[**Soudagk.** CRIMÉE. Donne des vins communs. (BOUSC.)]

Soul bouvier et **Soule bouvier.** HÉRAULT. VIV.

[**Southern Fox grape.** Syn. de *Vitis Vulpina.* PLANC.]

Souvagnou Ribayre. AUVERGNE. Syn. de **Brumeau.**

Souvenir du Congrès. *Pépin.* SIM. L.

Sovravillano bianco ? G. Le vrai nom est **Servavillano.**

Sovravillano nero. Voyez **Servavillano.**

Spaccabotti. UDINE. AC. 255.

Spaccapalo bianco. G.

— **nero.** G.

Spagna. *Bic.* Raisin des campagnes ROMAINES. Voyez aussi **Uva Spagna.** On cultive, sous ce nom trop générique, diverses espèces de raisins blancs et noirs.

Spagna. BERGAME. *Bic.* J'ai reçu sous ce nom un **Muscat noir.** Voyez **Muscat grec.**

Spagna. GRUMELLO DEL MONTE. *G. V. V.* VÉRONE. Dr CARP. rapp.

Spagna bianca. BRIANZA.

Spagnol ou **Spagnoil.** NICE. Voyez **Espagnoil.**

Spampanato. G.

Spampignolo. Raisin du HAUT-NOVARAIS. Voyez **Spanpignolo.**

Spana. HAUT-NOVARAIS. AC. décr. 252. OD. 539. Décr. AL. *Bic.* (48). Id. au **Nebiolo di Piemonte,** le roi des cépages de la HAUTE ITALIE pour la vinification ; il produit le Barolo, le Gattinara, le Lessona, le Ghemme, le Fara, le Campiglione, etc., etc., c'est-à-dire les vins les plus célèbres des provinces subalpines. Qu'on voie sa description sous le nom de **Nebbiolo** dans l'*Economia rurale* du 25 mars 1872. C'est aussi avec ce nom qu'il a été décrit et dessiné par GAL.

Spana grossa. OD. 540. *Bic.* C'est un résultat de la culture et non une variété de raisin.

Spana monferrina. *Bic.* On appelle ainsi la **Fresa** à GATTINARA, à cause d'une certaine ressemblance qu'a la grappe de ce cépage avec celle de la **Spana.**

Spana piccola. OD. 541. Syn. de **Melaschetto.** *Bic.*

Spa.n.arolo. COME. AC. 292.

Spanello. HAUT NOVARAIS.

Spanich kloevner. OD. 287. Id. au **Gros noir** du CHER et différent du **Gros noir** du JURA.

Spanier weisser. BAB. le décr. comme syn. du **Muscat d'Espagne.**

Spanina. GHEMME. On le croit plus distingué

que la **Spana**. Les études des Commissions ampélographiques élucideront cette question ainsi que bien d'autres. On l'appelle aussi **Span rachino**. Cette variété a fructifié chez moi depuis que j'ai publié la première édition de cet ouvrage et j'ai pu reconnaître qu'elle est id. à la **Fresa**. Entre GHEMME et GATTINARA, il n'y a qu'un fleuve, la Sesia ; le même cépage est nommé **Spànna Monfrina** sur la rive droite et **Spannina** sur la rive gauche. Les deux sont id. à la **Fresa**.

Spanpignolo. HAUT NOVARAIS. On appelle ainsi le **Pignolo**, dont la grappe est semblable à celle de la **Spana**.

Spar. Syn. d'**Espar**. HÉRAULT. MAR.

Spargola ? TOSCANE.

Spargoletta bianca. SASSUOLO de MODÈNE. *G.V.V.*

Sparse grosse. VAUCLUSE. AC. 322. Je crois qu'il s'agit de l'**Eparse** ou **Raisin de la terre promise**, qui est très-répandu et dont la longue grappe est claire, et c'est pour cela que les Français lui ont donné ce nom.

Sparse merine. VAUCLUSE. AC. 330.

Spät malvasier. OD. 466. *Spät* veut dire *tardif*, et ce raisin ne l'est pas. *Bic.* (36?) (44?).

Später Burgunder et **Später weisser**. **Burgunder** syn. de **Gamai blanc**? DOCH. et DITTRICH.

Spätes Morchen. MEY. RHINGAU. Syn. de **Pinot noir**. ST.

Spätroth. Syn. de **Zierfahndler rother**. H. GOET.

Speciosa. Syn. de **Arremangiau**. *Fl. Sard.*

Speierer et **Speiermer**. Syn. de **Pinot gris** dans l'OBERLAND BADOIS. ST. Voyez aussi **Speyerer**.

Spergola. TERAMO.

Speriglia. PROV. NAP.

Sperlin. Syn. de **Alfoldy traube weisser**. H. GOET.

Speron di gallo. Doit être le **Pizzutello**.

Spetacina. Raisin de l'ARR. DE LODI.

Speyerer. Mentionné par BAB. parmi les syn. du **Clavner rother** ou **Pinot gris**. H. GOET. y ajoute comme syn.:

Speyermer et **Spieler**.

Spezia. G.

Spillettone. G.

Spinarolo bianco. TRENTIN.

Spinetta bianca. G. *Pépin.*

Spiran ou **Piran noir**, et aussi **Aspiran**, du nom d'un village de l'HÉRAULT. *Bic.* OD. 412. C'est le meilleur raisin de table parmi les raisins indigènes de l'HÉRAULT. Dans les collines de SALUCES, il n'est guère apprécié pour la table. [Ecrit **Spirant** dans le *Cat.* LUX.]

Spiran blanc. OD. 414, 471. *Cat.* LER. D'après PUL. n'a ni les caractères du **noir** ni du **gris**.

Spiran gris. OD. 413. Voyez *Uve pregevoli. Ann. Vit. En.*, fasc. 50.

Spiran verdal. Id. au précédent.

— **verdaou**. G. OD. 414, 471. Syn. de **Spiran noir**. N'a aucun rapport avec le **Verdal** ou **Servan blanc** de l'HÉRAULT.

Spitzelbling et **Spitzkleinberger**. Voyez **Elben gröber**.

Spitzwalscher blauer. Syn. de **Eichel-traube**.

Spoletino. FOLIGNO. Décr. *Bull. amp.* XII.

Spollecarella nera. VÉSUVE et MONTE SOMMA. FRO.

Sporta. G.

Spriema ou **Aglianico mascolino**. PROV. NAP. *Bull. amp.* III.

[**Springmill Constantia**. Syn. d'**Alexander**. PLANC.]

[**Spofford seedling**. Syn. de **Tokalon**.]

Spron. Voyez **Eperon**.

Squarciafoglia bianca. MODÈNE. Décr. AGAZZ. Citée parmi les vignes de SASSUOLO. *G.V.V.*

Srana Janka. Syn. de **Mehlweiss**. H. GOET.

Srebonina. CROATIE. Syn. de **Elbling**. H. GOET.

Stanwich Wilderik. De semis. C'est un **Chasselas blanc**.

Steendruyf. CAP DE BONNE-ESPÉRANCE. OD. 593. Vigne à raisin blanc provenant des BORDS DU RHIN ; c'est peut-être le **Riessling**.

Steinschiller rother. HONGRIE. Raisin de cuve. Cultivé dans la vigne expérimentale de KLOSTERNEUBURG.

Steinschiller weisser. HONGRIE. Raisin de cuve.

Stepenaz. ISTRIE. AC. décr. 187 et 193.

Sthlizerroth. *Cat.* LER.

Stiacciola nera. TOSCANE. Raisin de cuve.

— **rossa**. MONTELUPO, ou aussi **Diacciola**, je crois. MEND. *Bic.* (48). Raisin noir.

Stilwell's Sweetwater blanche. SIM. L.

Stiocchetto ou **Stiacchetto**. TOSCANE.

Stioccola, G.

Stioccolone. G.

Stoppet. MANTOUE. AC. 290.

Stradese bianca? LUCQUES. *Bic.* (47).

Straihntraube. Syn. de **Trollinger blauer**. H. GOET.

Strangolabecco bianca. SPEZIA. On me l'a indiquée dans les vignobles de la SPEZIA.

Strasburgo. Raisin de BROLIO. Baron MEND.

Strassburger. HAARDT. Syn. de **Klein Rauschling**

Strassera. ARR. DE COME. **D'après** l'ing. CERL. paraît id. à la **Bonarda** de GATTINARA. On cultive aussi un raisin de ce nom dans la partie élevée de la PROV. DE NOVARE.

Strozza di cani niura. SICILE. MEND. Ce nom a été modifié, parce qu'il n'était pas convenable. Je crois que les classes civilisées de la Société doivent donner l'exemple des manières convenables aux classes moins bien élevées, au lieu d'adopter pour les raisins les expressions inconvenantes dont se servent ces dernières.

Stozza rete bianca. LUCQUES. *Bic.* (12). Ce nom a été aussi légèrement modifié.

Strozza rete gentile.

Struckens? *Cat.* SIM. L.

Suarda bianca. GRUMELLO DEL MONTE. *G. V. V.*

Suavis. *Bic.* Nom donné dans la *Fl. Sard.* au **Girò** de SARDAIGNE.

Suchiola bianca. CORSE. Je l'ai vue dans le Jardin du Com. agr. de TOULON.

[**Sucré (le).** Semis de VIBERT. Raisin blanc à grains plus gros que le **Chasselas.** Chair fondante. Feuillage rappelant celui du **Listan.** (BOUSC.)]

Sucré blanc. PUL.

— de MARSEILLE, rouge. SIM. L. De semis.

Sucrin. LOIR-ET-CHER. GUY. II, 689. Syn. de **Lignage** et de **Massé doux.**

Sudunais blanc. TOURS. Syn. de **Mauzac blanc** dans le LANGUEDOC. PELL. 89. OD. 475.

Suffianoi. *Cat.* LUX.

Sugherino TOSCANE. MEND.

Suina bianca. TRÉVISE. *Alb.* T. Syn. de **Rabosina?**

Suisse (Raisin de). *Cat.* LUX. *Cat.* LER.

— **à trois couleurs.** AC. 319.

Suizat. *Cat.* LUX.

[**Sulivan.** Semis de VIBERT, d'ANGERS ; raisin blanc de table. (BOUSC.)] [Semis de MOREAU ROBERT, 1851. (PUL.)]

Sulivan blanc. Raisin provenant du dép. du RHÔNE, présenté à l'Exposition de LYON, 1872. *Vign.* SIM. L. Grains ovales, ambrés.

Sulliman. AMÉRIQUE. VIV.

Sultan. *Bic.* De semis. Ressemble au **Majorquen,** dont probablement il provient.

Sultane de SMYRNE. *Cat.* LUX.

Sultaniè de la Carabournou. *Cat.* LUX.

Sultanieh. Raisin de l'ASIE MINEURE, sans pepins, que je crois id. à la **Passaretta.**

Sultanieh d'eski baba *(du vieux père).* Le comte OD. 432 le croit syn. du **Keckmish-ali-violet.**

Sultanieh. TURQUIE. OD. 587. MEND. *Cat.* LER. Syn. du **Kekmish blanc** de PERSE. *Bic.* (33). Peut-être id. à la **Sultanina** du commerce.

Sultanina. *Journ. vit.* V, 246, 13 janvier 1870.

— **rosea.** J'ai vu chez M. BESSON, pép. à MARSEILLE, une très-belle **Sultanina,** c'est-à-dire un raisin à grains petits, très-ovales et sans pepins; caractères appartenant tous à la **Sultanina.**

Sulzenthaler blauer. STYRIE. Décr. MUL.

Sumer Grap. Vigne américaine de l'espèce des *Æstivalis.* [**Sumer Grap.** est syn. d'*Æstivalis.* (PUL.)]

[**Sumoll** ou **Sumoy.** CATALOGNE. Raisin noir à grains oblongs, très-commun dans les vignobles. (BOUSC.)]

Sundgauer. BADE. Syn. de **Ortlieber.** ST.

Surinaz grosso. ISTRIE. AC. décr. 189.

— **piccolo.** ISTRIE. AC. décr. 190.

Surin ou **Fié.** *Bic.* OD. 135. Syn. de **Sauvignon** sur les bords de la LOIRE et de la VIENNE.

Surin jaune. *Bic.* OD. 374. Id. au **Sauvignon blanc.**

Surin rouge ou rose. *Bic.* G. OD. 373. Id au **Sauvignon rouge.**

Surin vert. *Bic.* G. OD. 374. Id. au **jaune.**

Susina italiana. VÉRONE ou **Uva da Composta.**

Susomariello nero ou **Cozzomariello.** POUILLES. Je crois que c'est le même que **Sommariello.** *Bic.* CERL. Sa feuille me paraît se rapprocher de celle de la **Calabresa bianca.** Ce cépage est aussi appelé du nom de **Colore;** c'est celui qu'on cultive le plus dans le district de BARI.

Susquehannah schwartz. *Cat.* BLANKENHORN.

Susquehannal. AMÉRIQUE. VIV.

Sussedel. Syn. de **Blauer clavner** ou **Pinot noir.** BAB.

Sussgröbes. WURZBURG. Syn. de **Elben.** BAB.

Süssling rother. Syn. de **Chassèlas rose.** DITTRICH. et ST.

Sussrother ou **Susschwarze.** Syn. de **Hangling blauer,** d'après H. GOET.

Susstrauben. Syn. de **Ortlieber,** d'après BAB. et de **Chasselas** sur le BAS-RHIN, d'après ST.

Suszchwarze. Synonyme de **Frankentraube schwarzblaue.** MEY.

Suszling. Syn. de **Burgunder weiss,** d'après MEY.

Svilanka. CROATIE. Syn. de **Seidentraube.** H. GOET. ou **Luglienga.**

[**Sweet Mountain.** Voyez **Vitis Berlandieri.**]

Sylvaner. DIERBAK. *Vitis austriaca.* Décr. MEY. Voyez **Silvaner.**

Sylvaner et **Salvener blauer.** Identique à

Zierfahnler et aussi à **Œsterreicher blauer.** Est aussi mentionné par BAB.

Sylvaner grüner. BAB. Serait syn. du **Zierfahnler** des Autrichiens ? et du **Zierfandler** des Hongrois ? Est décrit par MUL. et cité parmi les raisins du RHIN.

Sylvaner muscat. *Bic.* PICC. J'ai reçu sous ce nom le **St-Rabier noir,** qui n'est pas un **muscat.**

Sylvaner rother. BAB.

— **rouge.** *Bic.* M'avait paru se rapprocher du **Pinot précoce ;** mais la plante que j'avais observée n'était pas probablement le **Sylvaner rouge,** car, ayant visité depuis lors les vignobles des bords du RIHN, j'ai reconnu que le **Silvaner** ou **Zierfahnler** est différent des **Pinots.** Sa feuille est plus entière et plus arrondie. Ce cépage a de très-grandes qualités et un moût très-sucré, aussi je ne puis m'expliquer pourquoi sa culture n'est pas plus étendue.

Sylvaner weisser muskat. Syn. de **Feigentraube,** d'après H. GOET.

Syling. AMÉRIQUE. Cépage cultivé dans la VIRGINIE ; donne un vin supérieur à celui que produit la **Barbera?** d'après un rapport de SECCHI DE CASALI sur l'Exposition de PHILADELPHIE.

Syorotihu. *Cat.* LUX.

Syrah de l'HERMITAGE. Voyez **Sirah.**

Syrian. *Cat.* LER.

Syridie. GRÈCE. SCHMIDT. Gros raisin de table. H. GOET.

Syrrah la grosse. G. *Cat.* LUX.

— **la petite.** *Cat.* LUX. OD. 228. TOCH. et PUL. expliquent très-bien comment ces variétés de grosse et de petite proviennent de la culture et non de caractères inhérents à la plante.

Szalai, Szigeti et **Szala.** HONGRIE. Syn. de **Mosler** ou **Furmint.**

Szegszardi Muskateller. HONGRIE. SIM. L.

Szemendrianer magyarka. OD. 321. BANAT DE HONGRIE. Syn. de **Szold szoello.**

Szigethy-Szoello. OD. 307. Syn. de **Furmint** dans le COMITAT DE VESZPRIN.

Szirifand d'Autriche. *Cat.* LER. ST. le donne comme syn. de plusieurs espèces de raisins, et entre autres du **Sylvaner grüner.**

Szirifandl jaune. OD. *App.* 24.

— **klein rother.** ŒDENBURG. ST. le dit syn. de **Barat-tzin-szoelo ?** de HONGRIE.

Szold-szoello. HONGRIE. OD. 320 ou *Raisin vert.*

Szrebro Belo. HONGRIE. Se trouve, dans BAB., parmi les syn. de **Rauschling.**

T

Tabersa rouge ou **blanche.** PERSE. H. GOET. SCHAR.

Tachant. PUY-DE-DÔME. C'est le **Teinturier.**

Tachat de l'Isère. C'est le **Teinturier.** OD. 248, 277.

Tachat du Jura ou **Teinturier.**

Tachly myskett. CRIMÉE. Semblable au **Moscatellone.**

Tachoir. HAUTE-LOIRE. C'est le **Teinturier.**

Tadon nero. SALUCES, LANGHE et MONTFERRAT. *Bic.* (12). Dess. INC. La description faite par GAT. d'un **Tadone** de VALPERGA se rapporte à un raisin tout à fait différent du **Tadone** de la prov. de CUNEO. Le **Tadone** de SALUCES et D'ALBA, PROV. DE CUNEO, fait de grosses grappes et donne un vin alcoolique et coloré. Il exige une taille longue.

Tadon bianco. SALUCES. *Bic.* Raisin peu productif, qui n'a aucun mérite et est différent du **Tadon noir.**

Tafeltrauben. Raisin de table.

Taffei weisse. AU DELA DU CAUCASE. SCHAR. H. GOET.

Taggia. G. *Pépin.* Raisin blanc de maturité tardive, à grosses grappes. *Bic.* (31). A comparer avec les raisins de la RIVIÈRE DU PONANT.

Takiak. PERSE et ARMÉNIE. OD. 587. Grappes rouge clair.

Takweri rothblau. SCHARRER. H. GOET. Raisin de table.

Talache. *Cat.* LUX. [Sans doute pour **Taloche** ou **Saloche.** (PUL.)]

Talb theïr. MASCARA. ALGÉRIE. Signifie **œil d'oiseau.**

Talianzha shipnina. CROATIE. Syn. de **Urbanitraube weisse muskirté.** H. GOET.

Tallardier. Syn. de **Molard.** HAUTES-ALPES. PUL.

[**Talman' seedling** et **Tolman.** (B.). V. amér. (*Labrusca*). Ressemble beaucoup à l'**Hartford.**]

Taloche blanche. TARN. GUY.

Taloppo bianco. SARDAIGNE. MEND. *Bic.* (47). Se dit aussi **Galoppo.** Est id. à l'**Axinangelus** et au **Crujidero,** s'il n'y a pas eu d'erreur dans l'envoi qui m'a été fait de ce cépage.

Tamiarello bianco. LECCE, ou **Tammiello.** Décr. *Bull. amp.*

Tânat noir femelle. PYRÉNÉES FRANÇAISES. PUL. *Bic.* (28). Je le crois id. au suivant. Tous les deux me paraissent aptes à faire du bon vin sur les coteaux de SALUCES; ils sont fertiles.

Tanat noir mâle. PUL. G. C'est, selon moi, le même que le précédent. D'après GUY. 343, ce raisin, mélangé avec le **Mansenc** et le **Gouchy,** donne de très-bons vins dans les HAUTES-PYRÉNÉES. OD. 494 est du même avis. Je me propose de le multiplier, parce que je le trouve plus productif que le **Cot.**

Tannat. *Cat.* LUX.

Tantovina eichenblattrige (*à feuilles de chêne*). Décr. MUL.

Tantovina blaue. Décr. MUL.

Taquet. *Cat.* LUX. D'après M. ROUG. est syn. de **Valais** à SALINS (JURA).

Taragoni d'Espagne. *Cat.* de la pép. com. de ROME.

Tarant bila. BOHÊME, ou **Taschner.** Syn. de **Elbling weiss?** H. GOET.

Tarantino nero. VÉSUVE et MONTE SOMMA. FRO.

Tarmonica nera. *Pépin.*

Tarney ou **Tarnay coulant.** GIRONDE. OD. 132. PUL. écrit **Tarnay.** MEND. *Bic.* (32) (16?).

Tarragona. *Cat.* LUX.

Tarragonais. Raisin provenant du département du RHÔNE, présenté à l'*Exp.* de LYON de 1872.

[**Tasker's grape.** Syn. d'**Alexander.** PLANC.]

Tataro. Si l'on ne s'est pas trompé de nom, c'est un raisin de la collection de KLOSTERNEUBURG.

Taubenschwarz. Syn. de **Hängling blauer.** H. GOET.

Tauraso. J'ai lu dans la *Monographie du vin* d'OTTAVI que c'est une vigne de FOGGIA qui fait un excellent vin de table.

Tav tzitela. CAUCASE. *Bic.* (48). G. PUL. Signifie *tête rouge.* C'est pourtant un raisin blanc.

Taylor blanc ou **Bullit.** Vigne américaine de l'espèce des *Riparia,* des plus résistantes au phylloxera. Se distingue du **Clinton** parce qu'il a le bourgeon glabre, brillant et le raisin blanc. *Bic.* (51). [Exige pour réussir de bonnes terres d'alluvions fraîches et riches, sans être humides. Excellent porte-greffe. M. LALIMAN a obtenu de semis une variété à feuille duveteuse et à fruit noir, auquel il a donné le nom de **Taylor-Planchon.** EC. MONTP.]

[**Taylor improved.** Sous-variété. EC. MONT.]

Tazzalenghe nera. FRIOUL. Dr CARP. rapp.

Tazzelanghe nera. UDINE. G. Probablement id. à la précédente.

Tchitilouri. CAUCASE. PUL. *Bic.* (44). Raisin blanc qui n'a aucun mérite.

[**Tchavouche.** (CONSTANTINOPLE.) *Cat.* LUX.]

[**Tchikerdeshis.** *Cat.* LUX.]

Tedesca nera. VICENCE. AC. 301.

— **rossa** ou **Zeppolino imperiale.** Id. au précédent, puisque TRINCI, qui le décrit, appelle rouges les raisins noirs.

Teinturier. *Cat.* LUX. AC. 325, 330. *Bic.* OD. 245. Décr. INC. Syn. de **Nerone?** Décrit par ROUG. du JURA. Avec le simple nom de **Teinturier,** j'ai eu un raisin à suc coloré qui ne m'a paru être ni le **Pinot,** ni le **Gamet,** et que j'aurai classé presque comme un **Baclan teinturier.** *Bic.* (48). Les **Teinturiers** ont le défaut de produire trop peu. Aussi les pépiniéristes annoncent-ils le suivant :

Teinturier abondant. *Pép. Bic.*

— **d'Égypte.** MEND.

— **de Genève.** *Bic.* MEND.

— **du Cher.** MEND. PUL. *Bic.* M'a paru être le **Teinturier femelle,** c'est-à-dire le moins coloré.

Teinturier du Jura. OD. 248, 277.

— **femelle.** G. *Bic.*

— **hâtif rose.** *Pép.* J'ai reçu de BOURGOGNE, sous ce nom, un véritable **Gamet teinturier** qui a le feuillage un peu plus foncé que le **Gamet** ordinaire, mais qui a identiquement la même forme. J'ai jugé très-convenable de le multiplier.

Teinturier mâle. G. Dénomination par laquelle les Français veulent exprimer une plus grande coloration; ils disent aussi qu'un raisin est *trois fois coloré* ou a trois couleurs, et quelquefois même qu'il est *sept fois coloré* ou a sept couleurs.

Teinturier rouge de Bouze. CÔTE-D'OR. *Pép. Bic.* Tous les Teinturiers que je viens de citer ne constituent, à mon avis, que trois variétés : un **Gamet** et deux **Pinots,** l'un plus coloré que l'autre ; il y en a une quatrième qui, je l'ai dit, m'a paru un **Baclan teinturier.** Il y a aussi les **Bouschet** à suc également coloré et plus productifs que les **Teinturiers.**

[**Teinturin ordinaire.** *Coll.* BOUCHEREAU. C'est un **Cot à queue verte.** (BOUSC.)]

Tekete goer. SIM. L. au lieu de **Fekete?**

Telegraph. De DOWN. AMÉRIQUE. PLANC.

— De BUSH. Obtenu par semis d'un **Æstivalis?** PLANC. 189. [Le **Telegraph** envoyé à l'Ecole d'agr. de MONTP. par MM. BUSH et MEISSNER se rattache au type *Labrusca* ; un autre **Telegraph** provenant du champ d'essai de *Las Sorres* est un *Æstivalis.* EC. MONTP.]

Teloro de ROMAGNE. G.

Tempestiva nerà. PROV. NAP.

Tempranas blancas. MALAGA. OD. 505, 525. Syn. de **Listan** d'ANDALOUSIE. Très-cultivé comme raisin de table dans les environs d'ALICANTE.

Tempranilla. GRENADE. OD. 505. Syn. aussi de **Listan.**

Tempranillo. LOGRONO. ESPAGNE. OD. 516. Plus précoce que le **Listan.**

Temprano. *Cat.* LUX. Le **blanc** est id. au **Tempranas blancas.** Le **noir** est syn. de **Listan morado.** *G.V.V.*

Tender pulp. Vigne américaine de l'espèce des *Vulpina.* PLANC. 127.

Tendretta nera. Dr CARP. rapp.

Tendrise. VICENCE. AC. décr. 221.

Téneron. OD. 408. Voyez aussi **Olivette de Cadenet,** à laquelle ce nom a été donné par M. REGNIER, d'AVIGNON.

Téneron. VAUCLUSE. Id. à l'**Olivette de Cadenet.**

Téneron de Cadenet. GANIER. *Bic.* Id. au précédent et, si je ne me trompe, au **Crujidero** et à l'**Axinangelus.** [Improprement nommé **Olivette de Cadenet;** id. à la **Grosse panse** de PROVENCE. (BOUSC.)]

Téneron rouge. VILLELAURE. PROVENCE. Décrite par PUL. et par moi dans les vastes domaines de M. TRONE, notre compagnon de voyage, malheureusement mort aujourd'hui, mais dont je n'oublierai jamais l'exquise politesse ni la franche cordialité.

Tenerello nero. MONTELUPO. TOSCANE. MEND. PICC. *Bic.* (47).

Teneretta nera. *Bic.* ou **Schittarola.** CONEGLIANO. *Alb.* T.

Teneretta. CONEGLIANO. *Alb.* T. Décrit en outre de celui qui précède.

Tenerone ou **Grogellone.** SINALUNGA. TOSCANE. CIN. décr. N'a aucun rapport avec celui de FRANCE.

Tenerone bianco. TOSCANE. MEND. *Bull. amp.* VII, 538. SIENNE. Décr. *Bull. amp.* IX, 782.

Tenerone rosso. TOSCANE. *Bull. amp.* VII, 528.

Téoulier et **Téoulié (grand).** VAR. HAUTES et BASSES-ALPES. FRANCE. PELL. l'a décrit. *Bic.* (32). Raisin de bonne conservation qui n'a pas beaucoup de jus, mais qui est bon à manger et donne un bon vin coloré. PELL. dit que les grains de ce raisin sont ronds. Dans un terrain frais à BICOCCA, je les ai trouvés oblongs ou légèrement ovales?

Terana. ESPAGNE. ROX. Semblable au **Listan.**

Terbian. PIÉMONT, pour **Trebbiano.** Voyez ce mot. AC. décr. 84.

Terbiana veronese. AC. décr. 248.

[**Tercia blanc.** VAUCLUSE. On m'a montré sous ce nom l'**Augibi à grains ronds.** (BOUSC.)]

Teresella nera du VÉSUVE et de MONTE SOMMA. FRO.

Terlaner bianco. TYROL. MACH

Terlat ou **Gamai blanc.** GUY.

Termarina. Voyez **Tramarina rossa.** AGAZ.

Terminisa. TRAPANI. MEND. Raisin de table.

Terny pour **Tarnay,** ou **Coulant** dans l'ouvrage de M. PETIT LAFITTE: *la Vigne dans le Bordelais,* où, si je ne me trompe, il le fait syn. de **Mansenc** ou **Mancin,** comme il l'écrit. Toutes ces variantes démontrent, à mon avis, l'utilité d'un dictionnaire ampélographique. [Dans les manuscrits de M. DUPRÉ DE SAINT-MAUR, ouvrage le plus complet que nous ayons sur les vignes de la GUYENNE, on lit **Terny** et non **Tarnay.** Comme syn., il porte à PAUILLAC les noms de **Maussein** et de **Coulant,** d'après le même auteur. (PUL.)]

Terodola bastarda. VÉRONE. AC. 239.

— **veronese.** AC. décr. 239. Docteur CARP. rapp.

Teroldega maggiore. TRENTE. AC. 304.

— **minore.** TRENTE. AC. 304.

Teroldiga. C'est le nom qu'on donne aux cépages précédents dans l'arr. de PADOUE.

Terra nera. *Pépin. Bic.* J'ai reçu sous ce nom le **Brachetto.**

Terra promessa. VÉRONE. AC. 290. *Bic.* (47). *Exp.* AL. C'est l'**Olivette à petits grains** ou **Éparse** des Français. Elle fait une grappe rameuse, très-longue, presque d'un mètre. Elle doit être placée dans un terrain riche et cultivée en treille pour que ses longues grappes puissent se développer. Les grains ovales, surmoyens, sont jaunâtres et à pulpe ferme

Terra promessa bianca. ROME. AC. 293. *Bic.*

— — — VOGHERA.

— — **nera?** AC. 293. Raisins romains. Vigne de treille. Je ne connais pas une **Eparse noire** id. à la **blanche.**

Terrain. VAUCLUSE. Voyez **Terret.** PUL.

Terran bianco. ISTRIE. AC. décr. 187.

— **grosso.** ISTRIE. AC. décr. 191.

— **mezzano.** ISTRIE. AC. décr. 191.

— **minutissimo.** ISTRIE. AC. décr. 192.

— **piccolo.** ISTRIA. AC. décr. 192.

Terrano nero. LOMBARDIE et VÉNÉTIE. *Bic.* (44). M'a paru un raisin assez bon pour faire du vin. J'ai reconnu plus tard qu'il était id. au **Refosco.** Les **Terrano** d'ITALIE n'ont rien de commun avec les **Terrains** ou **Terrets** de FRANCE.

Terret avalidouire. Voyez **Terret coulaïre.**

— **Barry?** *Cat.* LUX. [Ecrit **Teret Bary** dans le *Cat.* LUX.]

Terret Barry Bernardy? *Cat.* Lux.

— **blanc.** Midi de la France. OD. 481. Les **Terrets** ont des feuilles avec des sinus bien arrondis vers le centre; grappes moyennes ou grosses et grains assez gros, légèrement ovales. Ainsi le **blanc,** le **noir** et le **gris** ont les mêmes caractères et ne diffèrent que par la couleur de leurs raisins.

Terret bourret gris. Vigne du Midi de la France. *Journ. vit.* V, 44. Dess. RENDU. OD. 481. *Bic.* (40)?

Terret coulaïre. OD. 481 et aussi **Terret avalidouïre.** On appelle ainsi le **Terret noir** sujet à la coulure. MAR. croit qu'il y a là une maladie plutôt qu'une variété de vignes. Feuilles bordées en rouge en automne.

Terret de Bellegarde. *Cat.* Lux. Probablement ainsi appelé du nom d'une localité. Cette dénomination doit être mise de côté.

Terret de Montpellier. *Bic.* AC. 322 le cite parmi les vignes du jardin botanique de Genève ; c'est certainement une des variétés déjà mentionnées. Parmi celles-ci, AC. cite de nouveau deux autres fois le **Terret** sans autre indication. Les cultivateurs officiels des jardins botaniques ne se donnent souvent pas la peine de s'enquérir des véritables noms des variétés qui se trouvent dans leurs collections. Il faut être bon viticulteur pour reconnaître et apprécier l'importance de la détermination des cépages.

[On cultive dans le Languedoc trois variétés sous les noms de **Terret noir, Terret gris** ou **Terret bourret** et **Terret blanc,** qui sont semblables pour tous leurs caractères et ne diffèrent que par la couleur de leurs raisins. Les deux derniers paraissent être des variations du **Terret noir** fixées par le bouturage et la greffe. On rencontre fréquemment dans les vignes de **Terret gris** ou **Terret bourret** des grappes mêlées de grains noirs et même de grains mi-partie gris et mi-partie noirs. Le **Terret blanc** est plus rare. Ces vignes très-fertiles, et des plus anciennement cultivées dans l'Hérault et le Gard, donnent des vins blancs ou noirs de bonne qualité, lorsqu'ils proviennent de coteaux ou de terres médiocres. (BOUSC.)]

Terret du pays. OD. 481. On donne, dans l'Hérault, ce nom au **Terret noir.**

Terret noir. *Cat.* Lux. Appelé aussi **Terrain** dans Vaucluse. OD. 480. Dess. RENDU. *Bic.* (48).

Terr gulmeck blanc. *Cat.* Lux. Crimée. OD. 582. Appelé **Feg Hiri** en Hongrie D'après PALLAS, c'est le meilleur raisin de la Tauride pour faire le vin blanc. Il mûrissait bien dans la coll. de la Dorée. Il a de grandes feuilles très-duvetées en dessous, des grappes avec des raisins moyens, oblongs, compactes, blancs ponctués de rouge, avec une peau très-fine; raisins très-sucrés. [Ecrit **Terr Gulmex** dans le *Cat.* Lux., édit. de 1876.]

Terodora. Lombardie et Vénétie. FRO.

Terrizuolo. Pouilles. *Ann. En. Vit.,* vol. IV, p. 224.

Terron. AC. décr. 154, 298, parmi les raisins des Cinq Terres.

Tertigella. *Exp.* AL.

Testa di vacca. D'après OD. 410 est syn. de **Cornichon** à Rome et dans l'Italie septentrionale. Voyez **Cornichon. Testa** est mis probablement au lieu de **Tetta,** qui signifie *mamelle.*

Teta. *Cat.* Lux.

— **de negra.** Grenade, Malaga, etc. Grains très-gros, noirs. ROX.

Teta de vaca blanca ou **Gracilis.** ROX. Dans le *G.V.V.* II, 123, l'ingénieur MARSICH dit que cette variété a les grains oblongs et clairs. D'après OD. ce nom, en italien, est id. à **Pizzutello;** cette assertion mérite d'être vérifiée. En Espagne, cette **Teta de vaca** n'est pas id. à la **S. Paula,** qui est leur **Pizzutello.**

Teta de vaca negra. San Lucar et Trebugène. Ressemble un peu au **Cabriel.**

Tête de nègre. OD. 175. Syn. de **Pinot Mouret.**

Téton de chèvre noir. Lot-et-Garonne. GUY. 425.

Tetta ozina. G.

Teutrau bianco. Nice. AC. 296.

Texas blak caster. Raisin d'Amérique, noir à saveur de fraise. PUL. *Bic.*(61). J'ai reçu sous ce nom le **Catawba rose.**

Thal burger blanc. Alsace. *Bic.* BAB. le met parmi les syn. du **Heunisch weisser.**

Thalburger ou **Putscheer.** D'après ST., est syn. de **Grand Tokai** et a été introduit de Hongrie dans le Wurtemberg. H. GOET. le dit aussi syn. de **Tokai blanc** de Hongrie. Le comte OD. 318 conteste la synonymie ou au moins l'affinité du **Thalburger** ou **Putscheer** avec le **Hars levelu** ou **Grand Tokai.** Je l'ai reçu de M. PUL. Je l'ai classé au (11) et il m'a semblé tout à fait identique à l'**Elben weiss.**

Thalroth. BAB. Syn. de **Heunisch blauer.**

Tharand rother ou **welscher.** Syn. de **Trollinger.** (BAB.)

Thebouli. Algérie. Mascara. PUL.

[**Theodosia.** (B.) V. amér. Semis d'*Æstivalis*;

grain noir, se rapprochant pour la grosseur du **Delaware** et du **Creveling**.]

Thomas. Variété américaine de la tribu des *Vulpina,* très-rapprochée du **Scupernong**. PLANC.

Thomson's golden champion grape. On dit que c'est une variété obtenue de semis dans les serres d'ANGLETERRE. Dessinée dans l'*Illustration horticole belge,* janvier 1869.

Thullier petit. *Cat.* LUX.

[**Thumbergi**. Syn. *Vitis Ficifolia.*]

[**Thurmond**. Syn. de **Black July**. PLANC.]

Tibidrago. ISTRIE. **Grosso** et **piccolo**. AC. 197 les décrit tous deux.

Tibouren. *Cat.* LUX. VAR. G. *Bic.* (32). OD. 418, 469. *Vin capiteux. Journ. vit.,* 5e année, p. 860. PUL. écrit **Tibourin**.

Tibourin blanc. VAR. Serait une variété du noir. Chez M. PELL., à LA GARDE, où je l'ai vu, il m'a paru avoir des caractères différents du noir. Il avait des grains ronds, dorés, tandis que les grains du noir sont oblongs.

[**Tiburin**. *Cat.* LUX. Sans doute pour **Tibouren**.]

Tignolo. SINALUNGA. Voyez **Pignolo**.

Tihany weiss. HONGRIE. Syn. **Somlauer**. LAS TORRES. H. GOET.

Timorasso ou **Timorazza**. BOBBIO. ALEXANDRIE. Dess. AL. Raisin blanc, très-bon, dont la culture est assez étendue dans les arrondissements de NOVI et de TORTONE. Je l'ai étudié à l'*Exp.* de PAVIE. Feuilles cotonneuses; grains ronds, gros.

Tingente. Voyez **Zinzillosa**. SARDAIGNE.

Tingitora nera. NAPLES. FRO.

Tinta ou **Negramol**. OD. 525. D'après ROX. est syn. de **Tintilla** à MOGNER. ESPAGNE.

Tinta da Minha. G. Le comte OD. 521 a eu à se louer de ce cépage portugais, à fruit noir, qui donne un très-bon vin chargé en couleur; il réussit bien aussi sur les collines des environs de SALUCES. *Bic.* (43) (27).

Tinta Francisca. Le comte OD. 245 le dit syn. du **Gros Teinturier**, dans les vignes du HAUT DOURO (PORTUGAL). Il dit ensuite, à la p. 521, que ce cépage donne un bon vin presque aussi coloré que celui du **Touriga**.

Tintiglia nera. PROV. NAP. Je trouve dans le *Bull. amp.* X, la description de celle de BÉNÉVENT.

Tintilla. *Cat.* LUX. OD, 462, 464 et 513, le dit syn. de **Mourvèdre**, dans les vignobles de ROTA, XÉRÈS et autres. ROX. décrit la **Tintilla**. Quoiqu'il lui donne aussi pour syn. **Alicante**, on reconnaît, par la description qu'il en donne, que c'est un raisin tout à fait différent du **Granaxa** ou **Alicante**.

Tintilla di ROTA ou **Beni-Carlo**. MEND. Voyez **Mourvèdre**.

Tintillo. Est aussi syn. de **Mourvèdre** dans quelques localités d'ESPAGNE. OD. 513.

Tinto. *Cat.* LUX. AC. décr. 284. OD. le dit syn. de **Mourvèdre** dans la NERTHE et dans les environs de MALAGA, où le **Tinto** est pris pour le **Tintillo**; il en est de même dans la DRÔME. Dans le département de VAUCLUSE et dans quelques autres endroits, on l'emploie comme syn. de **Grenache**. ROX. dit que, comme on ne cultive guère en ANDALOUSIE que des raisins blancs pour faire du vin, on est dans l'usage de désigner sous le nom générique de **Tinto** les divers cépages à fruit noir, qui s'emploient pour faire des vins rouges et dont on se sert aussi pour colorer un peu plus les vins blancs eux-mêmes. Il est donc probable que ce nom de Tinto ne s'applique pas à une seule variété. [Dans le VAUCLUSE, le **Tinto** c'est le **Mourvèdre**. (BOUSC.)]

Tinto blanc. *Cat.* LUX. OD. 142 le dit syn. de **Malvoisie** de SITGES, du département de VAUCLUSE.

Tinto cao. PORTUGAL. OD. 521 dit que ce cépage fait un bon vin noir qui n'est bon à boire que longtemps après qu'il a été fait.

Tinto d'Alicante de LORCA. *Cat.* LUX.

— **de Minha**. *Cat.* LUX.

— **traube**. Syn. de **Teinturier**, d'après MEY.

Tintora. MODÈNE. MEND. G. AGAZ. TOSCANE. FRO.

Tintora nera. ILE D'ISCHIA. *J. bot.* NAPLES. FRO. *Bic.*

Tintora Lanzara. PROV. NAP. A comparer avec la **Vernaccia nera**. SALERNE.

Tintorello. TOSCANE. MEND. *Bic.*

Tintoria grossa. G. *Bic.* Syn. de **Teinturier**. Décr. AGAZ.

Tintoria piccola. G.

Tintorino colorato. VOGHERA. *Bic.*

Tintous. GERS. Voyez **Teinturier**.

Tiraldega. **Tiroldela** et **Tiroldigo**. TRENTIN. *Bic.* Je l'ai trouvé id. au **Frankental**.

Tiraldola ou **Tiroldola** du TRENTIN. FRO. Voyez aussi **Teroldola**.

Tiro bianco. Raisin cultivé en SICILE.

Tirolan. CROATIE. Syn. de **Trollinger**. H. GOET.

Tiru biancu. SICILE. PUL. Id. à **Tiro**.

Tita bianca. Au delà du CAUCASE? SCHAR. H. GOET.

Tita de bacca. Syn. **Mamillaris**. MORIS. *Fl. Sard.*

Tita vacchina. SARDAIGNE. MUL. Id. au précédent.

Tittiàcca bianca SARDAIGNE ou **Càpezzolo di vacca.** MEND.

Tiussa. UDINE. AC. 295.

Tivolese bianco. *Exp.* de CHIETI. Dessiné avec des grappes ailées, irrégulières, plutôt claires que compactes; grains ronds sur-moyens, blancs dorés.

Toccanese. BASILICATE. PUL. A comparer avec le **Mangiaguerra.**

Toccarina di San Biasi. MEND. *Bic.*

Todor fehér bianca. HONGRIE. *Cat.* C. BRON.

Todttrager. Id. à **Velteliner.**

Tottenham muscat. *Cat.* DAUVESSE. ORLÉANS.

Tokai. *Cat.* LUX. AC. décr. 80, 131. *Bic.* Dess. BON. Dess. AL. Décr. AGAZ. D'après TOCH., on donne improprement ce nom au **Pinot gris** en SAVOIE et dans plusieurs localités du PIÉMONT.

Tokai blanc. G. *Cat.* LUX. Décr. INC. *Bic.*
— de HONGRIE. *Cat.* LUX. *Cat.* LER. On m'a donné sous ce nom le **Pinot gris.**

Tokai de jardin. G. OD. 350. Syn. de **Fendant roux** à la *Coll.* d'ANGERS. Syn. aussi de **Muscat à fleur d'oranger?** d'après BOUSC. J'ai eu sous ce nom le **Chasselas rouge royal.**

Tokai de TOSCANE?
— **gris.** G. ou **rouge.** Décr. INC. **Pinot gris.**

Tokai musqué. OD. 389. Catalogue des frères AUDIBERT. Syn. de **Muscat à fleur d'oranger.** Nom à supprimer, parce qu'il n'y a aucun rapport entre le **Pinot gris** et le **Muscat à fleur d'oranger.**

Tokai nero. G. *Bic.* Le **Pinot gris** m'a été envoyé avec ce nom.

Tokai précoce. *Bic.* C'est le **Pinot Madeleine.**

Tokai rose. *Bic.* **Pinot gris.**
— **noir. Pinot noir.**
— **turco.** G.?

Tokalon noir (*le beau*). AMÉRIQUE. PLANC. 157. SIM. L. [*Labrusca.*]

Tokayer blauer. Décr. MUL. BAB.
— **rother.** BAB.
— **weisser.** Décr. MUL. BAB.
— — **langer.** BAB. Probablement id. au **Hars levelu; id.** au **Thalburger,** d'après ST.

Tokos. *Cat.* LER.

[**Tomentosa.** *Cat.* LUX.]

Tommasa. VOGHERA.

Topolina. Syn. de **Mehlweiss?** H. GOET.

Toppia. VOGHERAIS. AC. décr. 57.

Torbat bianca. SARDAIGNE. Raisin de cuve. MEND. *Bic.*

Torbiana. CRÉMONE. AC. décr. 35, 294.
— de VÉRONE et du MANTOUAN. AC. décr. 248, 290, en la disant id. à celle de TOSCANE. Dr CARP. rapp. Je crois que c'est le **Trebbiano** dont le nom a été altéré.

Torbiano de BOLOGNE. FRO. Voyez **Trebbiano.**

Tordella nera. VICENCE. AC. 301.

Tornarin. LA TOUR DU PIN. Est syn. de **Mondeuse.**

Torok goher noir ou **Nagy szemu feketê.** *Bic.* OD. 325. *Cat.* LER. Signifie en hongrois *turc précoce.* J'ai eu du baron MEND. et de M. GANIER sous ce nom le **Okor szemu** ou **Dodrelabi.** J'ai eu, au contraire, de M. PUL., qui l'avait peut-être reçu directement de HONGRIE, un raisin à fruit noir, à la rafle couverte d'une scorie couleur de rouille, caractère singulier; et jusqu'à preuve du contraire, je considérerai ce dernier cépage comme le vrai **Torok.** *Bic.* (47). OD. 325 dit que cette vigne est très-estimée.

Torok szolo. *Cat.* LUX.

[**Török szöllö noir.** LUX. J'ai reçu sous ce nom un petit raisin noir semblable au **Pinot.** (BOUSC.)]

Torralba. *Cat.* LUX.

Torron bianca. GENOVÉSAT. FRO.

Torrontes. ESPAGNE. G. OD. 507. ROX. lui assigne des raisins compactes, ronds, dorés. MEND. *Bic.* (47). S'est trouvé chez moi id. au **Crujidero,** si la plante que j'ai reçue est bien le **Torrontes.**

Tosca commune. Le cépage le plus répandu à SASSUOLO (MODÈNE). Décr AGAZ.

Tosca gentile. Décr. AGAZ.

Tosta nera ou **da passi.** PROV. NAP. *Bull. amp.* VII, 544.

Tostarello ou **Dolcino.** MARCHES.

Tostola nera. NAPLES. AC. 306.

Tostola bianca. POUILLES. *Bic.* Voyez **Turchesca.**

Tostolella ou **Duracina nera.** VÉSUVE. FRO.
— ou **Maiorina.** NAPLES.

[**Tottenham Park muscat.** *Cat.* LUX.]

Touar au lieu de **Pécoui-touar** à DRAGUIGNAN.

Toulouse. *Cat.* LER.

Touriga nero. PORTUGAL. Produit les vins de PORTO. OD. 520. *Journ. vit.* IV, 107.

Tournemire. AVEYRON. GUY. II, 51.

Tournerin. ISÈRE. Syn. de **Mondeuse.** Je crois que, par erreur, H. GOET a ajouté à ce raisin, comme syn., le nom de M. TOCHON, ampélographe distingué de la SAVOIE.

Toussan et **Toussant.** LOT-ET-GARONNE. Raisin noir de cuve qui réussit bien sur les coteaux de SALUCES. PUL. *Bic.* (12).

Touzan. *Cat.* LUX.

Tozzola ou **Tosta bianca** ou **Bambino**. MONTELLO. PROV. NAP.

Tracca. *Exp.* AL.

Trainez rouge. *Cat.* LUX. LAUSANNE. AC. 320.

Tralcio rosso *(sarment rouge)*. CIN. SINALUNGA.

Tralucenta bianca. SARDAIGNE. Syn. de **Arratalau** et **Pelluscens**.

Tramarina rossa. Syn. **Uva Passerina** et **Passeretta**. Cité parmi les raisins de MIRANDOLE (MODÈNE). *G. V. V.* Décr. AGAZ. Une autre espèce du même nom a été décrite par le même auteur.

Tramin rouge des sables. RHIN. OD. 289. Syn. de **Roth traminer** ou **Savagnin**.

Traminer légitime. OD. 290.

— **noir?** OD. Voyez **Savagnin**.

— **rouge**. ALSACE et PALATINAT. OD. 289. Syn. de **Roth traminer**. Id. à **Gentil rose** d'ALSACE et à **Savagnin rose**.

Traminer. Raisin d'ALLEMAGNE et du PALATINAT. OD. 288. Ecrit à tort par d'autres **Tramirer** ou **Tramier**. ST. cite l'auteur allemand TRAGUS qui, il y a plus de 350 ans, signalait le **Traminer** comme étant cultivé dans le PALATINAT. Dans le TRENTIN, il existe un village du nom de TRAMIN, et quelques personnes croient que c'est de ce village que le **Traminer** a tiré son nom. ST. dit qu'on ne cultive pas le **Traminer** à TRAMIN, et que, lorsque BRONNER fit une excursion agronomique dans le TYROL, il ne put trouver dans ce village aucune vigne qui eût les caractères du **Traminer** du RHIN ou **Savagnin français**. Ce cépage offre cet avantage que ses fruits ne pourrissent jamais, à cause de l'épaisseur de leur peau. Son moût est de très-bonne qualité, et si son rendement était un peu plus abondant, je n'aurais pas hésité à le multiplier sur une large échelle.

Traminer rother. Décr. MUL. Dess. GOET.

— **weisser**. Décr. MUL. **Savagnin blanc**.

Tramontaner. OD. 349. Syn. de **Chasselas royal rose** ou **Geisler**.

Tramündler, en SUISSE, est syn. de **Chasselas rose royal**.

Trana africana. *Pép.*

Tranese. ALTAMURA. Syn. de **Urnaccia** ou **Guarnaccia**. *Bull. amp.*

Trapat. *Cat.* LUX.

Trappler. BAB. 164. Serait syn. de **Champagner Curzstieliger**.

Travaglina. PAVIE. *Bic.*

Trayen. (*Troyen*). *Cat.* LUX.

Trebbianello. AC. décr. 139, 293, 294 et le cite parmi les vignes ROMAINES. Dans le *Bull. amp.* on lui donne pour syn. **Greco bianco**. Ce cépage est aussi cultivé à BOLOGNE.

Trebbianino ou **Trebbiano piccolo**. Décr. AGAZ. MODÈNE.

Trebbianino comune. MODÈNE et PLAISANCE. AGAZ. décr. *Bic.*

Trebbianino. TORTONE et VOGHERA, ALEXANDRIE ou **Trebbiano gentile**.

Trebbiano. AC. décr. 55, 84, 291, 299. Dess. ALEX. Décr. INC. *Vign.* I, 171 (36). Depuis l'arr. de TORTONE jusqu'à la PROV. D'ALEXANDRIE, en descendant jusqu'aux ROMAGNES, on trouve sous le nom de **Trebbiano** des raisins qui ne sont pas tous de la même espèce. Pour déterminer ces différentes espèces, on pourra compter sur les études des Commissions ampélographiques provinciales qui ont été organisées dans toute l'ITALIE. Voyez aussi **Tribbiano**. Je connais les **Trebbiano** de ROME, de TOSCANE, de SPEZIA, de TORTONE, de BIELLE, de la LOMBARDIE, qui sont réellement six variétés bien distinctes.

Trebbiano bianco. ITALIE CENTRALE. AC. 297, 299 ou 535. Décr. AGAZ.

Trebbiano della fiamma. CESENA. *Ann. Vit. En.*, fasc. 45.

Trebbiano dell' occhio (*de l'œil*). CESENA. *Ann. Vit. En.*, fasc. 45.

Trebbiano di Lucca (*de Lucques*). *Bic.*

— **di Piacenza** (*de Plaisance*). *Bic.*

— **de Solignano**. MODÈNE. AGAZ. MEND.

Trebbiano di Spagna (*d'Espagne*). AC. décr. 276. OD. 411, 426. Décr. AGAZ. Syn. de **Trebbiano romano**. Décr. OD. Syn. de **Pizzutello de Rome?**

Trebbiano di Spezia. Différent de celui de TOSCANE et de celui d'ALEXANDRIE.

Trebbiano di Tortona.

— **falso** (*faux*). OD. 537. Dénomination que le comte OD. a empruntée au prof. MIL. et qu'il faut supprimer, parce que celui-ci suppose que l'**Erbalus** est id. au **Trebbiano**, ce qui n'est pas exact, et appelle **Trebbiano falso** un raisin de ce nom qui n'est pas id. à l'**Erbalus**. Le D^r^ GAT., d'IVRÉE, adoptant aussi l'assertion du prof. MIL., a donné à l'**Erbalus** le syn. de **Trebbiano**, propageant ainsi une erreur qu'il aurait dû relever, s'il avait cultivé ou seulement comparé ensemble ces deux espèces.

Trebbiano fino. OD. 535.

— **fiorentino**. G. AC. décr. 276. Décr. par le *Com. agr.* de FLORENCE. Décr. ROB. LAWLEY. TRINCI décr. **Tribiano**. 106. *Bic.* (11). Il est sûr que le **Trebbiano** de TOSCANE que j'ai observé à POGGIO SECCO, chez le chev. LAWL. et que j'ai reçu de diverses localités est tout à fait semblable à l'**Ugni blanc** français.

Trebbiano gentile. MEND. G. décr. AL.

— — CESENA. *Ann. Vit. En.*, fasc. 44.

Trebbiano gentile. MONTEPULCIANO. Raisin de cuve. Différent des autres **Trebbiano**, d'après le baron MEND. *Bic*.

Trebbiano giallo. AC. décr. 135, 294. G. OD. 535, 568. COLLINES ROMAINES.

Trebbiano greco. G. Doit être le **Trebbiano** d'ESPAGNE ou l'**Uva greca bianca**. TRINCI décr. 108 et lui donne la même synonymie.

Trebbiano grosso di Montelupo. TOSCANE *Bic*. MEND.

Trebbiano grosso. Décr. AL.

— **maschio**. G. Dans quelques localités des MARCHES, **Trebbiano** est aussi syn. de **Malvasia bianca**.

Trebbiano Montanaro. FORLI. Raisin blanc.

— **nero**. G. *Pépin*. *Bic*. On m'a donné sous ce nom une **Malvasia nera**.

Trebbiano perugino. AC. décr. 276. OD. 411, 527, le dit id. au **Pizzutello?** de ROME, ce dont je doute. Sous le même nom, j'ai reçu le **Trebbiano** de TOSCANE ou l'**Ugni blanc**.

Trebbiano piccolo. Décr. AGAZ. Identique au **Trebbianino**.

Trebbiano. ROME. *Bic*. Il y a le **jaune** et le **vert**, que je crois différents de celui de TOSCANE. AGAZ. décrit le **Trebbiano Romano** et le dit syn. du **Trebbiano** d'ESPAGNE. Je l'ai reçu de la villa GUERINI, près ROME.

Trebbiano rosso. TOSCANE. MEND.

— **Solofra**. PROV. NAP. Id. au **Trebbiano** des ROMAGNES.

Trebbiano verde. ROME. AC. décr. 135, 293. OD. 538 Serait id., si je ne me trompe, au **Verdicchio blanc** des MARCHES.

Trebbiano verde. PLAISANCE. *Bic*.

Trebbiano viccio . Serait syn. de **Pecorino** des MARCHES.

Je n'assume pas ici la tâche hérissée de difficultés de débrouiller les différences qui se trouvent entre tous les **Trebbiano ;** je craindrais d'abord de ne pas y réussir, et la chose prendrait beaucoup de temps et dépasserait les limites assignées à un simple dictionnaire indicatif. Si je le puis, je publierai plus tard les recherches que j'ai faites à ce sujet.

Trebbianolo. Raisin du HAUT NOVARAIS.

Trebna Liel blanche. BOHÊME. *Cat*. C. BRON.

Trebulanus. OD. 535. Raisin mentionné par PLINE, et qui serait, d'après BACCIO, le **Trebbiano** d'aujourd'hui.

Tredis Pera. CAUCASE.

Treille blanc du JURA. GANIER. *Bic*.

— **noir** du JURA. GANIER. *Bic*.

Treitsche. WISSEMBOURG. Syn. de **Tokayer weisser**. BAB.

Trempanillo. ROX, pour **Tempranillo**.

Trentham blak. *Cat*. des frères TRANSON.

Trentina ou **Negrara**. AC. 302.

Tressagne. Voyez **Tressailler**.

Tressailler blanc de l'ALLIER. OD. 235. *Bic* (12). Je crois que c'est par erreur que GUY III, 158, le dit syn. de **Lyonnais blanc**. Vigne très-robuste et très-productive, même souche basse. Réussit bien sur les coteaux d SALUCES.

[**Tressalier**. *Cat*. LUX. Voyez **Tressailler**.]

Tresseau ou **Tressot**. Placé par erreur parn les syn. du **Pinot noir** par BAB. et METZ Dans l'YONNE, on cultive séparément les **Pinots** et les **Tressots**. GUY. III, 131.

Tressiot. *Cat*. LUX. Probablement pour **Tressot?**

Tressot et **Tresseau à bon vin**. YONNE. OD 200. *Bic*. (16). Ne doit pas être confond avec le **Trousseau**. Est id. au **Verrot**, qu quelques personnes écrivent **Vero**. *Journ. vi* II, 93.

Tressot bigarré. YONNE. OD. 203. Variét plus curieuse qu'utile, qui a des raisins rayé ou panachés de blanc et de noir ; la moitié d raisin est quelquefois blanche et l'autre moit noire ; d'autres fois les raisins sont tout blan ou tout noirs. Ce raisin présente des différence de couleur plus constamment que le **Pinot gris**, dont les fruits sont bien aussi bigarré mais très-rarement. Ces modifications de couleur sont quelquefois peu importantes et peine reconnaissables.

Tressot blanc. OD. 203.

— de l'YONNE ou **Verrot**, donné à tort p ST. dans son *Ampélographie rhénane*, comn syn. de **Pinot noir**. OD. 188.

Tressot le clair ? ou **Leclerc rouge**. OD. 20 *Bic*. (16, 32)? Différent ? du **Tressot à bon vin**.

Tressot panaché. Voyez **Bigarré**.

— **trop bon**. Variété inférieure au **Tressot à bon vin**, dont les jets de coule grise n'aoûtent pas bien et restent courts. O

Trevisanella du PADOUAN. Id. à la **Bianchet gentile** de TRÉVISE, d'après l'*Alb*. T.

Trevolte (Uva di). TOSCANE. Probablement i au **Triboti** de SICILE ou **Trivoti?** Qu'on li sur ce cépage une savante dissertation GAL. Le baron MEND. fait très-bien observ que ses gros raisins, ellipsoïdes, violets clai tachetés de rouge brun à la partie exposée soleil, sont verdâtres près des pédicelles. C'est un caractère distinctif de ce raisin.

Trezillon de HONGRIE. HAUT-RHIN. Syn. de **Pinot Meunier**.

Tribbiano. FERMO. MARCHES. *Bic.* ROB. LAWL. décr. le **Tribbiano florentino** et le divise en **T. sciolto** et **T. verde.**

Tribbiano. Voyez **Trebbiano.** TOSCANE. BECHI *Ann. Vit. En.*, 278.

Tribian. *Cat.* LUX.

— **Labinski.** ISTRIE. AC. décr. 187.

Tribiano bianco. AC. décr. 257 parmi les raisins milanais.

Triboti ou **Tribotri nera.** SICILE, ou **Trifera.** MEND. Raisin de table. NIC. ANG.

Tribotu biancu. RIPOSTO. MEND.

— **nostru.** AC. décr. 178 parmi les vignes de TERMINI.

Tricarpo ou **Trifero** ou **Uva di tre volte.** BÉNÉVENT Décr. *Bull. amp.* X.

Tricogna nera. G.

— **rossa.** G.

Trifera ou **Uva di tre volte.** Dess. par GAL., qui dit que ce cépage est surtout cultivé dans l'île de SCIO (ASIE-MINEURE).

Triga bianca. SARDAIGNE. PUL.

— **rossa.** SARDAIGNE. PUL.

Triglia. G. ou **Trillia** ou **Treggia.** FINALBORGO. LIGURIE. Gros raisin à grappe très-allongée, rameuse, claire, gros grains oblongs d'un noir violacé, à maturation tardive. Chez M. OLGINATI et chez Mme NESSI-AMBROSOLI, j'ai vu près de COME la **Triglia** ou **Treggia** en espalier contre un mur, sous le nom de **Grignolò nero.**

Trigna nera. EBOLI.

Trignarulo nero. PROV. NAP. Syn. de **Palummina.** *Bull. amp.* III.

Trignon. CORRÈZE. GUY. II, 136.

Trinchera. NICE MARITIME. Je me suis assuré, à NICE même, qu'on cultive sous ce nom le **Mourvèdre.** PUL., qui a examiné ce raisin dans le comté de NICE, a aussi constaté cette identité. Il faut donc laisser de côté cette assertion de GAL. que **Trinchera** est id. à **Crovino** de FINALBORGO. J'ai cultivé ce dernier cépage, qui est tout à fait différent du **Mourvèdre.**

Trinchera, Fuella et **Crovino,** sont trois cépages bien distincts, à raisins noirs.

Trinchiera. *Cat.* LUX. OD. 530. Syn. de **Trinchera.** NICE.

Trion. AMÉRIQUE. DOWN. Syn. de **York Madeira.**

Tripier. VAR. *Cat.* LUX. AC. 329. *Cat.* LER. *Bic.* PICCIOLI. J'ai reçu sous ce nom le **Mourvèdre.** A NICE, on m'a montré sous ce nom le **Braquet** ou **Calitor.** J'ai vu aussi à MONTPELLIER, chez M. SAHUT, une vigne de ce nom à feuilles entières, grandes, à grosses grappes, à grains petits, noirs. Dans SIM. L. le **Tripier** est indiqué comme raisin blanc?

Tripiera. *Cat.* LUX. Je le crois un cépage niçard.

Tripiera noir. OD. 533. NICE.

Trippa di bo bianca (*Tripe de bœuf blanche*). PIÉMONT. Décr. INC. MEND.

Trippa di bo nera. G. Décr. INC. MEND. *Bic.* (11). A de grosses grappes.

Trippa di bo rossicia? (*Tripe de bœuf rougeâtre*). Décr. INC.

Tritanco? bianco. *Pép.* MEND. G.

[**Triumph.** (B.) V. amér. Hybride de **Concord** et de **Chasselas musqué.** Syn. **St-Alban de Joslyn.** Grains très-gros, de couleur blanche, tout à fait exempts de saveur *foxée.*]

Trivoltino. FRO. Syn. de **Agresta nera** de la TOSCANE.

Trivoti napulitanu ou **Triboti** de SICILE. Je le crois id. au **Trevolte** de GALLESIO et peut-être à l'**Agresto.** MEND. *Bic.* (38).

Trivoti. SICILE.

[**Trobats.** CATALOGNE. (BOUSC.)]

Trobadu et **Torbato.** SARDAIGNE. MEND. Peut être id. au **Torbat.**

Troccanello bianco. MARCHES. *Bull. amp.* II. Syn. de **Pecorino?**

Troggia. G.

Troja. Cultivé dans les POUILLES. Raisin noir, le plus répandu dans le district de BARLETTA et dans une partie de la CAPITANATE.

Trojana. TURI. MEND. *Bic.* (16). Raisin noir, si c'est bien cette variété qui m'a été envoyée. Je crois que **Troja, Trojana** et **Uva di Troja** sont identiques. Le raisin est ailé, à gros grains et d'un rapport considérable.

Troller est employé pour **Trollinger.**

Troller welscher. Syn. du **Trolling gelbholziger schwarzblauer.** MEY.

Trollinger. Décr. MEY.

— **blauer.** Syn. de **Frankentaler.** Décr. MUL. BAB. Dess. GOET.

Trollinger gelbholziger schwarzblauer. Décr. MEY. C'est, je crois, le **Frankental.**

Trollinger muskateller blau. BAB. Devrait être un **Frankental** musqué.

Trollinger rother ou **Roth walscher** (*italien rouge*). Décr. MUL. Syn. de **Grec rouge.** BAB. Dans le *Bulletin ampélographique international,* H. GOET. trouve cette synonymie inexacte et dit que le **Trollinger rother** est id. au **blauer** (*noir*), sauf la couleur du fruit.

Trollinger schwarzer. Décr. MUL.

— **weisser** BAB. Décr. MUL.

Trollinger weissholziger. BAB.
Trompe Chambrière. *Cat.* Lux.
Tronco. NOTTA. *Bic.* (34). *Pép.* Raisin blanc à gros grains de maturation tardive.
Tronquière. Vigne de la GAUDE, citée par GUY. 32, et que je crois être la **Trinchera** ou le **Mourvèdre,** qui y est cultivé sous ce nom.
Tropiano bianco. PALERME. AC. 292. Voir aussi **Truppiano.**
Troppelao. MASSA et CARRARA. AC. 298.
Troussais, Troussé et **Troussey.** POLIGNY. JURA. Syn. de **Valais.**
Trousseau. JURA. **Tresseau, Trissaut** et **Trussot.** DOUBS. Il entre dans la composition des meilleurs vins rouges du JURA. S'est trouvé, chez moi, id. au **Chaucé** du POITOU. Cette synonymie que m'indiquaient mes expériences, est confirmée par GUY. II, 554. AC. 324. Dess. RENDU. *Vign.* 97 (49). *Bic.* (48). J'ai observé récemment que ce cépage avait résisté au *Peronospora* d'une façon toute particulière dans des terrains calcaires.
Trousseau blanc. *Cat.* Lux.
— **noir.** *Cat.* Lux. *Bic.*
Trouvé blanc. *Cat.* Lux.
Troyen ou **Troy-cep.** LOIRE. Syn. de **Foirard** ou **Gueuche.** GUY. III, 24.
Truisseau? noir. AC. 330.
Trummertraube weisse. STYRIE. Syn. de **Refosco bianco?** H. GOET.
Trumünder. AC. 322.
Truppiano verde. SICILE. *G. V. V.* 214.
Trusseau. *Cat.* Lux. Voyez **Trousseau.**
Trussiaux. Syn. de **Trousseau.**
[**Tryon.** Syn. de **York Madeira.** DOWN.]
Tschinuri weiss. CAUCASE. SCHAR. H. GOET.
Tsin-Tseau ou **Tsintsaô** ou **Chichaud.** ARDÈCHE. Figuré dans le *Vign.* II, 87 (140), comme différent du **Cinqsaut** du GARD.
Tsoti. GRÈCE. SCHMIDT. H. GOET. Raisin de table.
Tubiana. TERMINI (SICILE). MEND.
— **bianca.** TERMINI (SICILE). AC. décr. 173.
Tubiana niura. TERMINI (SICILE). AC. décr. 179.
Tuccarinu niuru. SICILE. MEND. Raisin de cuve.
Tufo. Raisin TOSCAN. AC. 284.
[**Tuley.** Syn. de **Black July.** PLANCH.]
Tulopeccio. Raisin de l'OMBRIE.
Tunis bianco. SARDAIGNE. PUL.
Turbiana. Voyez **Torbiana.**
Turca bianca. TRANI. MEND. *Bic.* (36). Il y a aussi un **Uva Turca.** J'ai reçu cette même variété sous le nom de **Monarca.**
Turca bianca. BARI. Beau raisin de table, à grandes grappes, que j'ai trouvé très-remarquable. Il est probablement id. au suivant. MEND. *Bic.*
Turchesca bianca. NAPLES ou **Uya rosa.** On la cultive dans les POUILLES pour la table et pour faire sécher ; le raisin est très-gros, très-doux ; on lui donne aussi le nom de **Tostola.**
Turchetto. VÉRONAIS. AC. décr. 240.
Turfanto mauro. ASIE-MINEURE. Signifie *précoce noir.* Est principalement cultivé à SMYRNE. OD. 430, 575.
Turin ou **Turino.** Syn. de **Corbeau** dans le JURA. ROUG.
Türkheimer. ALSACE. Syn. de **Ortlieber.** ST. BAB.
Turkische weisse Cibebe. Syn. de **Pis de chèvre blanc?**
Turner. Voyez **Räuschling.** MEY.
Turresca. Un des raisins blancs des POUILLES. *Ann. Vit. En.* IV, 224. Probablement pour **Turchesca.**
Tusca nera. DE CRESC. BOLOGNE.
Tyrolensis. SCHUBLER. Syn. de **Traminer.**

U

Ua de cà. CHIARI (BRESCIA). AC. décr. 212. C'est, je crois, la **Luglienga. Ua** signifie **Uva** (*raisin*), en patois lombard.
Ua de San Giacom. BRESCIA. AC. décr. 210.
Ua d'or fina ou **Scioparula fina.** BRESCIA. AC. décr. 213.
Ua orsolina nera. CHIARI (BRESCIA). AC. décr. 207.
Ua ozilina ou **Lambrusca.** BRESCIA. Agréable aux oiseaux. AC. décr. 209.
Ua salvadega. BRESCIA. AC. décr. 210. Est aussi syn. de **Lambrusca.**
Uarnera. HAUT NOVARAIS.
Uba de Passera. ESPAGNE. *Bic.* MAR. INC.
— **larga.** MAR.
Ubbriachello bianco. POUILLES. *Ann. Vit. En.* IV, 224.
Ubies nera. MALAGA. *G. V. V.* II, 123.
Ubiller. FRANCE. *Cat.* INC.
Ubis. *Cat.* Lux.

Uccellina bianca. CESENA. *Ann.vit.* 45.
— **nera.** CASSANO ALBESE. COME.
— **rossa.** AZATE, VARESE. Feuilles lisses, glabres en dessous, à cinq lobes; grains à peu près ronds.
Uccellino. Décrit par J.-B. CROCE. Voyez **Occellino.**
Uchetta. LOMBARDIE. Décr. INC. Serait id. à **Ughetta.**
Uesa. TYROL. Syn. **Seidentraube.** H. GOET. ou **Luglienga.** Voyez **Uvesa.** Je doute fort de cette synonymie.
Ueta ou **Piccola uva.** BRESCIA. AC. décr. 212.
Uga Santa Maria. PIZZOCORNIO (VAL DE STAFFORA).
Ughetta. *Cat.* LUX. VOGHERA et LOMBARDIE? Décr. INC. Exp. AL. Grains noirs, ovales. C'est la meilleure espèce pour faire du vin dans la vallée de STAFFORA (PAVIE).
Ughetta de CANNETO ou de SOLENGA. AC. décr. 59. Id. au **Vespolino** de GATTINARA. Décr. et dess. par GAL. Variété très-fertile.
Ughettina. Raisin de l'ARR. DE LODI, si je ne me trompe.
Ughino. G.
Ugliola. G.
Ugne et aussi **Ugni.** MIDI DE LA FRANCE. AC. 326.
Ugne blanche. *Cat.* LUX.
— de MONTPELLIER. AC. 328.
Ugne fine. MIDI DE LA FRANCE. OD. 491.
— **lombarde.** GARD. OD. 154, 491. MAR. 281. Syn. de **Chenin** ou **Gros Pinot** de la LOIRE.
Ugne noire. *Cat.* LUX. Doit être l'**Aramon.**
Ugne rouge. Sous ce nom, il m'est venu du GARD le **Grec rouge.** (BOUSC.)]
Ugne weisse. Décr. MUL.
Ugni blanc et aussi **Ugne** et **Uni.** FRANCE MÉRIDIONALE. OD. 474, 490, 535. Décr. MAR. *Bic.* (11). PELL. *Journ. vit.* IV, 464. Dess. REND. *Vign.* II, 117 (155). Vigne très-productive, id. au **Trebbiano** de TOSCANE. Maturité un peu tardive. Est appelé **Roussan** à NICE, à cause de la couleur un peu rosée de son raisin quand il est mûr. [Au Congrès des vignerons de MARSEILLE, M. BOUCHEREAU, de BORDEAUX, désigna l'**Ugni blanc** sous le nom de **Muscadet aigre.** (PELL.)] Cette espèce a très-bien résisté au *Perosponora* en ITALIE en 1880.
Ugni noir. OD. 472. Associé au **Pecoui touar,** il donne un vin faible et plat. *Journ. vit.* V, n° 30, p. 486, le dit syn. **d'Aramon.** M. PUL. a reçu sous ce nom, de M. BOUSC., l'**Olivette noire.**
Ugoné. PAVIE. AC. décr. 61.

Uherka. BOHÊME. Syn. de **Romer susser.** BAB.
Uhernicze. Id. à **Uherka.** BAB.
[**Uhland.** (B.) V. amér. Semis de **Louisiana.** EC. MONTP.]
Ulliade grüne. BAB.
Ulivello. TOSCANE. *Bull. amp.* VII, 528 et IX, 785. MEND. Voyez aussi **Olivella.**
Ulliade. *Cat.* LUX. GARD. HÉRAULT. AC. 330. MAR. OD. 148, 414. *Bic.* Id. à **Cinsaut,** à **Marocain** de la CHARENTE, à **Morterille** et à **Boudalès.** Voyez *Uve pregevoli. Ann. Vit. En.*, fasc. 48. Un des meilleurs et des plus beaux raisins de table pour la fin de l'automne. Je la croirai préférable, pour faire du vin, à l'**Avarengo,** à la **Mostera,** au **Cari** et à plusieurs autres espèces qu'on cultive en PIÉMONT. C'est un cépage dont on pourrait, je crois, essayer utilement la culture dans l'ITALIE CENTRALE et MÉRIDIONALE. PUL. a dessiné et décrit dernièrement dans le *Vignoble*, II, 83 (138), sous le nom **d'Ulliade,** un autre raisin, et il a donné le nom de **Boudalès** à l'espèce que les auteurs qui l'ont précédé indiquaient comme **Ulliade.** Il faudrait alors réformer toutes les informations antérieures au sujet de ce raisin.
Ulliade ou **Œillade blanche.** G. OD. 416.
Ulliade cinq-saou. HÉRAULT. VIV.
— du GARD. Syn. de **Marocain** de la CHARENTE. OD.
Ulliade musquée? *Pép. Bic.* N'est pas musquée et est tout à fait id. à l'**Ulliade noire.**
Ulliade noire. G. *Bic.*
— **rose.** Je l'ai vue mentionnée dans quelques mémoires de GARN.-VAL. relatifs à diverses expositions de raisins. Cela pourrait avoir été une **Ulliade** peu mûre.
Ulliade rouge. AC. 327.
Una. V. amér. PLANC. 158. [*Labrusca.* EC. MONTP.]
Underhill's seedling (*Labrusca*). V. amér. PL. 157.
Ungar blaue. BAB.
Ungarische schwarzblaue, Zibebe ou **Zibibo hongrois bleu foncé.** Syn. de **Ochsenauge blaue.** Décr. MUL.
Ungerlein. Syn. de **Gutedel kleinen.** BAB.
Ungherese nera. *Alb.* T.
Unie blanc. BOUCHES-DU-RHÔNE. AC. 330.
Unik. Syn. de **Kolner blauer.** H. GOET.
Uni negré. Syn. d'**Aramon,** en PROVENCE.
Union village. V. amér. Un des raisins américains les plus gros. PL. 153. SIM. L. Grains noirs, sphériques. [*Labrusca.* EC. MONTP.]
Uni noir. Syn. d'**Aramon,** en PROVENCE.
Uni perlé. BAS-RHIN.

Urban ou **Vitis Sti Urbani**. Décr. J.-G. MEYER.

[**Urbana**. (B.)V. amér. (*Labrusca*). Grain moyen, blanc jaunâtre.]

Urbanitraube blaue. Décr. MUL.

— **weisser muskirte**. CROATIE. TRUMMER. H. GOET.

Urbanitraube blaue. Décr. MUL.

Urben rother. Décr. MEY.

Urnaccia nera. TUGLIE (LECCE). Syn. de **Vernaccia** et **Guarnaccia**. *Amp. Pugl.*

Usela. ALPIGNANO. Dess. BON.

Uselin et **Uslin nero**. SUSE et PIGNEROL. C'est, je crois, l'**Occellino** de RIVOLI dont on a écrit le nom d'après la prononciation piémontaise.

Uselin bianco. PIGNEROL (PIÉMONT).

Usolia bianca. PALERME. AC. 292.

— **nera**. PALERME. AC. 292.

Usseireul. PIGNEROL (PIÉMONT). Je crois que c'est l'**Insolia**.

Ussulara nera. VICENCE. MEND. *Bic*. (47). Me paraît identique à la **Pavana** que j'ai reçue d'UDINE.

Uva ou **Vite di Damasco** (*raisin* ou *vigne de Damas*). SUISSE. AC. décr. 279 parmi les raisins de TOSCANE. Peut-être est-ce le **Damascener** des Allemands. Voir aussi **Ua**, d'après la prononciation lombarde, en cherchant les raisins qui sont précédés par le mot **Uva**.

Uva Abróstine nera ou **Colore dolce**. TOSCANE.

Uva Affricògnola dòlce. TOSCANE.

— **Africana**. Déc. INC. [C'est le **Cioutat** ou **Chasselas à feuilles de persil**. (BOUSC.)]?

Uva Agherusti, Averusti, Raverusto. TOSCANE (auteurs anciens). TARG.

Uva Albarola. GÊNES. OD. 560. Voyez **Albarola**.

Uva Baggiana ou **Verdonà**. TARG.

— **Balzellona nera**. Grains oblongs.

— **Barbarossa**. OD. 550. Voyez **Barbarossa**.

Uva Bernardina bianca. *Bic*.

— **Bianca carnosa**. Cultivée dans les POUILLES. *Ann. Vit. En.* IV, 274. AC. décr. 201.

Uva bianca di Stroppo. VALLÉE MAIRA. Baron MANUEL. Id. au **Gouais blanc** français. *Bic*. (12).

Uva bianca Romanesca. Villa GUERINI. ROME. *Bic*.

Uva Bigia. Décr. GAT. C'est le raisin qu'on appelle aussi simplement **Grisa**.

Uva Bosco. GÊNES. *Bic*. Raisin très-commun.

— **Bottara bianca** de RIMINI. MEND. *Bic*. (31) (15). Probablement synonyme de **Cacciò**.

Uva Brugnona. Voyez **Brugnona**.

— **Caccinella** ou **Uva di Madonna**. MARCHES. *Bull. amp.*

Uva Cacciò. Voyez **Cacciò**.

— **Capriola**. TRINCI.

— **Carne**. MANTOUE. AC. décr. 289. J'ai observé ce cépage à AZATE, VARESE. Gros grains ronds, noirs violacés, bons pour la table; feuilles lanugineuses molles en dessous, allongées, à trois ou cinq lobes; sinus profonds, celui du pétiole ouvert.

Uva Carola. VALENZA (PIÉMONT). AC. décr. 106.

Uva Carola grossa. VALENZA (PIÉMONT). AC. décr. 96.

Uva Castagnola. NAPLES. INC. *Bic*.

[**Uva Castel Alfieri**. INC. (BOUSC.)]

— **Castellana**. MARCHES. A CASTELFIDARDO serait id. au **Trebbiano Romano**.

Uva Castigliana (**Uve Castigliane**). SOD.

— **Catalanesca**. NAPLES. INC. *Bic*. (46?). Le confronter avec la **Sanginella**.

Uva Catona nera. TOSCANE. FRO.

— **Cavalla**. Voyez **Prungentile**.

— **Cenerenta**. VENISE. *G. V V.* 43.

— **Cerasa rossastra**. LOMBARDIE. Décr. INC. *Bic*.

[**Uva Cerasola**. SICILE. MEND. (BOUSC.)]

— **Ceresuola**. NAPLES. INC. *Bic* [**Ceresuala**.]

Uva Cerusa. *Cat.* LUX.

— **Chiarello** de NAPLES. LASTRI.

— **Chiusa**. Voyez **Chiapparone**.

— **Cignanese**. TARG. *Dictionnaire*.

— **Ciliegiona tonda**. TARG. *Dict*.

— **Cimice** (*Raisin punaise*). Dans quelques localités, on appelle ainsi l'**Isabelle** d'AMÉRIQUE à cause du goût de renard de ses raisins ou *goût foxé* ainsi que le disent les Américains. Il y a aussi en TOSCANE la **Cimiciattola**, que je crois différente. A LUCQUES, à l'Exposition de 1877, j'ai vu l'**Uva cimice**, qui n'était pas l'**Isabelle**; elle avait les grains noirs, ronds et d'une grosseur au-dessous de la moyenne.

Uva Coradella pour **Uva di Madonna**. MARCHES. *Bull. amp.*

Uva Corna. Je crois ce cépage id. au suivant

— **Cornetta**. ROME. AC. décr. 133. Syn. de **Pizzutello** ou **Cornichon** dans quelques localités.

Uva Cotogna. Territoire de MONTEPULCIANO AC. décr. 278.

Uva Crespina.

— **d'aceto** (*raisin de vinaigre*). Voyez **Prungentile**.

Uva d'Acqui. OD. 531. On nomme ainsi le **Dolcetto,** principalement en LOMBARDIE.

Uva d'Agliano grossa. *Bic.* Décr. INC. Voyez **d'Agliano.**

Uva d'Agliano piccola. G.

— **d'Aleppo** (*raisin d'Alep*). AC. 301.

— **d'Ales.** IVRÉE. Mentionné par GAT.

— **dall' occhio** ou **Greco bianco.**

— **dall' occhio.** FANO. Id. à **Trebbianello?** ou à **Greco?**

Uva d'Amoss. BIELLA. Syn. de **Neretto di S. Giorgio.** MIL. décr.

Uva d'Antom. SALUCES. Id. à **Morsano** de CARAGLIO. Raisin noir de cuve de grande fertilité. *Bic.* (12) (28?).

Uva da tavola (*raisin de table*). ROME. AC. décr. 294.

Uva da tavola nera. Exp. AL. Grains un peu ovales.

Uva dei cani (*raisin des chiens*) pour **Canajola nera.** MARCHES. D'après l'*Amp. Pugl.*, il serait aussi syn. d'**Aglianico** à CORATO et SAGLIANO. D'après le prof. SANTINI, qui le décrit dans son *Ampelografia Maceratese*, ce cépage serait au contraire syn. de **Cacciume** ou **Empibotte noir.**

Uva dei galli (*raisin des coqs*). PESARO.

— **del fico** (*raisin du figuier*). MANTOUE. AC. décr. 289.

Uva della Caristina rossa. *Cat.* LUX.

— **della lambrusca selvatica.** SOD.

— **della Maddalena bianca.** SCIOLZE. *Bic.* Voyez **Agostenga.**

Uva della Madonna. AC. décr. 198 parmi les vignes de l'ISTRIE. C'est aussi un raisin blanc des MARCHES id. à l'**Uva Santa Maria.** *Bull. amp.* II. *G. V. V.* 43.

Uva della Madonna bianca. Exp. AL. Grains gros, oblongs et presque ovales. Grappe conique. Décr. INC. Cultivée à BOLOGNE.

Uva della Pergola (*raisin de la treille*). POUILLES.

Uva della Rovere nera. ROCHETTA TANARO. *Bic.* Décr. INC. A ALEXANDRIE, on a décrit une **Rovere bianca** bonne à manger.

Uva della Terra promessa (*R. de la Terre promise*). PIÉMONT. AC. décr. 88. C'est l'**Olivette à petits grains.**

Uva delle Pascene. CESENA. RIMINI. Syn. de **Dolcetto bianco** ou **Dolcino.** GAND. *Ann. Vit. En.* Je l'ai vu aussi écrit :

Uva delle Passerè (*R. des moineaux*). PESARO.

— **del Lion.** Syn. de **Cari** dans quelques localités de l'arr. d'ASTI.

Uva dell' occhio piccola. PESARO. Syn. de **Pecorino bianco.**

Uva del Maso. VICENCE. AC. décr. 221.

— **del Merlo.** Exp. AL.

— **del piccolino.** Je l'ai vue citée parmi les vignes de l'arr. de LODI.

Uva de Rey (*raisin de roi*). XÉRÈS. ROX. Gros raisins blancs.

Uva detta Brucanico gentile. TOSCANE. AC. décr. 280. Voyez **Brucanico.**

Uva detta di Bertinoro. Voyez **Uva di Bertinoro.**

Uva detta forte di Spagna. TOSCANE. AC. décr. 278.

Uva detta Marzomino ou **Marzemino.** TOSCANE. AC. décr. 280.

Uva detta Piccolito. AC. décr. 282. Voyez **Piccolito.**

Uva detta Resecco. FRIOUL. AC. décr. 282.

— — **Tinto di Spagna.** TOSCANE. AC. décr. 284.

Uva detta Tufo. TOSCANE. AC. décr. 284.

Uva di Belagio bislunga. COME. AC. décr. 292.

Uva di Belagio rotonda. COME. AC. décr. 292.

Uva di Bertinoro. CESENA. GAND. *Ann. Vit. En.* IV, 45.

Uva di Candia rossa. Syn. de **Tramarina rossa.** Décr. AGAZ.

Uva di Bitonto rossa. TRANI. MEND. *Bic.* (47). Décr. dans l'*Amp. pugl.* avec le syn. de **Rosso di Lecce** ou **Bombino rosso.**

Uva di Canosa. Dans la CAPITANATE serait syn. de **Uva di Troja.**

Uva di Castellalfieri. Voyez **Castellalfieri.** Décr. INC.

Uva di Cipro (*de Chypre*). G. Décr. INC. Voyez **Cipro nero.**

Uva di Crimea. *Bic.* (44). Chev. NASI. Raisin noir de table venu sans nom de la CRIMÉE.

Uva di cui ignoro il nome (*dont j'ignore le nom*). C'est ainsi que AC. 80, 101, 110, 117, désigne plusieurs raisins qu'il décrit.

Uva di Dama. *Bic. Pépin.* Paraît être la **Terre promise.**

Uva di Damasco. TOSCANE. AC. décr. 279.

Uva di donne bianca. SQUINZANO, POUILLES et TERRE D'OTRANTE.

Uva di Gerusalemme (*de Jérusalem*). AC. décr. 279. *Bic.* Serait la **Terre promise,** apportée de la PALESTINE par des religieux. Appelée aussi **Maraviglia** (*merveille*), à cause de ses longues grappes.

Uva di Gerusalemme. SARDAIGNE. MEND. Identique, je crois, à la précédente.

Uva di Lione (*de Lyon*). VILLAFRANCA D'ASTI. Syn. de **Prunaccia** ou **Prinasso.** Je la crois id. au **Cari.**

Uva di Mendrisio. COME. AC. décr. 292.
— **di Milano** (*de Milan*). Cultivée sur les coteaux de SAN COLOMBANO. LODI.
Uva di Napoli (*de Naples*). Exp. AL.
— **di Natalia.** BARLETTA. *G. V. V.* Id. à **Uva dei Cani.**
Uva d'Incisa. MASIO. *Bic.* (16). Je crois ce cépage id. au **Neretto** de MARENGO; s'est trouvé chez moi plus productif.
Uva di Palermo. MEND. D'un jardin de CASTRO FILIPPO.
Uva di pergole. G. D'après OD. 409 est syn. d'**Olivette noire.** Le baron MEND. cite un raisin de ce nom excellent à manger, provenant de ROME.
Uva di Po. MANTOUE. AC. décr. 289.
— **di San Giovanni.** SARDAIGNE. MEND. INCISA le dit id. au **Moscatellone sardo.**
Uva di San Giovani. G. Décr. CIN., SING.
— **di San Marino** ou **Montanarino.** PESARO.
Uva di San Pietro. TOSCANE.
— — — — **bianca.** SARDAIGNE. MEND. INC. ? *Bic.* (5) (21).
Uva di San Rocco nera. *Alb.* T.
— **di Savoia.** TOSCANE. AC. décr. 282.
— **di Siria.** MASSERANO. *Bic.* Chev. FILIPPONE.
Uva di Stroppo. VAL MAIRA. *Bic.*
— **di tre volte.** TOSCANE. AC. décr. 283. OD. 175, 335. Syn. de **Vigne d'Ischia** des Français et non pas de **Pinot Madeleine.** Est aussi cultivé dans les POUILLES. *Ann. Vit. En.* IV, 224. Id. à la **Trifera** de GAL.
Uva di Troja ou **Canosa.** BARI. Voir **Troia.** *Bic.*
Uva di Viarigi. Variété blanche du district d'ALBA, qui est vendue peut-être la dernière au printemps, pour la table, sur le marché de TURIN, parce qu'elle est de facile et longue conservation.
Uva di Zita. BARLETTA. *G. V. V.*
— **d'Odone,** ou **Nebbiolo d'Alba.** SALUCES. *Bic.* Diffère du vrai **Nebbiolo.**
Uva d'Oro. Voyez aussi **Doro.** *Bic.* G. MEND., AC. décr. 59, 229, parmi les vignes cultivées dans les plaines VÉRONAISES. C'est celle qui domine dans le MANTOUAN. Une vigne de ce nom est aussi citée parmi les cépages de la partie de la PROV. DE PAVIE AU DELA DU Pô, de toute la LOMBARDIE et de la VÉNÉTIE, des MARCHES, des ABRUZZES et de la campagne de ROME. Syn. de **Dall' Oro.** Décr. par AGAZ. et par SOD. *Bull. amp.* II. C'est un raisin noir qu'on appelle **Raisin d'Or,** probablement à cause de la richesse de son produit, si toutefois il s'agit dans ces différentes provinces de la même variété, ce dont je doute fort, car j'ai reconnu que ce nom était syn. de plusieurs espèces différentes. Ainsi on donne en ITALIE, le nom d'**Uva d'oro** à un très-grand nombre de variétés blanches ou noires pour indiquer combien elles sont précieuses.
Uva dorpico. TARG.
— **dura.** PIÉMONT. AC. décr. 177.
— **Fallachina ? nera.** NAPLES. Décr. INC. *Bic.* Ce cépage est mort chez moi avant d'avoir fructifié.
Uva Ficogna. TARG.
— **Fiore.** TOSCANE. G. MEND.
— **Forcola.** PESARO. *Bull. amp.* II.
— **Forte** d'ESPAGNE. AC. décr. 278.
— — **nera.** *Alb.* T.
— **Fragola.** Décr. AGAZZ, qui le croit syn. de **Garber's Red Fox ?** C'est l'**Isabelle.**
Uva Francese. ROME. AC. décr. 294. Dans le *Bull. amp.* II, on le fait syn. de **Prungentile?**
Uva Fraola. FERMO. *Bic.* C'est l'**Isabelle** d'AMÉRIQUE.
Uva Frati rossa. PAVIE.
— **Fratina.** PIÉMONT. Serait syn., d'après AC. 106, de **Fresa grossa?**
Uva Galletta. TOSCANE. AC. décr. 279. *Exp.* AL. Voir **Galletta.**
Uva gentile. TOSCANE. MICHELI. *Vitis parvo ac rarioro botro, acinis rotundis, albo-fulvis, subdulcibus, ac durioribus.*
Uva de MALAGA. MICHELI. *Acinis ovatis, rubonigris, mollioribus, dulcibus?*
Uva Gerusalemme nera. TERRE D'OTRANTE.
— **Gignanese.** LASTRI.
— **Gioconda bianca** (*raisin agréable blanc*). SARDAIGNE. Décr. INC. *Bic.* (48). Ce cépage se rapproche du **San Colombano;** ses feuilles sont finement bullées à cinq et même à sept lobes. Ses raisins se sont bien conservés dans mon fruitier jusqu'à la fin de janvier.
Uva Giolina bianca. PIÉMONT. AC. décr. 87. Décr. INC. *Bic.* Id. à **Pizzutello.**
Uva Giolina nera. AC. décr. 118.
— **Gloria di Napoli** (*gloire de Naples*). G. SOD.
Uva Gola. BERGAME. *Bic.*
— **gran di gallo.** Décr. INC. *Bic.*
— **grassa bianca.** BOBBIO. Voyez **Grassa.** Se trouve aussi en TOSCANE, dans les territoires de PISE et de LUCQUES.
Uva grassa rossa. MONGIARDINO, SAN MARZANOTTO. ARR. d'ASTI.
Uva Greca. PIÉMONT. AC. décr. 74. On donne facilement cette épithète de **Greca** ou **Greco** à plusieurs cépages dans diverses régions de l'ITALIE.

Uva Grigia. Voyez **Grisa**. Décr. INC.
— **Grimalda**. Décr. INC.
— **grossa**. MARCHES et TOSCANE. *Bull. amp.* I.
— **grossa bianca**. TOSCANE. SOD.
— **grossa di Spagna**. Syn. de **Uva di San Pietro**. AC. décr. 275.
Uva grossa liora. MOMBERCELLI (PIÉMONT). *Bic.* (15) (31)?
Uva grossa. MONTELUPO (TOSCANE). MEND. 111, 271. *Bic.*
Uva grossa nera. ANCONE. Serait syn. de **Cacciò**? FERMO.
Uva lacciona nera. TOSCANE. FRO.
— **lacrima**. TOSCANE. G. AC. décr. 299. Serait aussi appelé de ce nom dans les POUILLES le **Nero amaro**. PER. On trouve également une **Uva Lacrima** dans les MARCHES et une autre dans les PROV. NAP.
Uva Leonzia. MODÈNE. G.
— **liatica**. OD. 554. Syn. de **Aleatico nero**.
— **lividella**. PISE.
— **lonza**. TOSCANE. TRINCI.
— **luce**. PIÉMONT. Décr. AL. Syn. de **Agostana**. *Amp.* LEAR. et DEM.
Uva lugliola. TOSCANE. AC. décr. 280.
— **lunga bianca**. NOVOLI. LECCE. MEND. dit que son raisin est exquis.
Uva lunga nera. NOVOLI. MEND. Bon raisin de table.
Uva madonna. Exp. AL. Est aussi de l'ITALIE CENTRALE.
Uva marchigiana. On appelerait ainsi l'**Uva Canajola** à ASCOLI? Est appelée **Margigiana** dans le langage vulgaire.
Uva martinaccio. MICH.
— **mela**. PESARO.
— **merla**. MACERATA.
— **mescolino**. Voyez CIMICIATTOLO.
— **Michele**. PROV. NAP.
— **mina ou minna**. CERRIONE. Syn. de **Rosserra** à BIELLA, Prof. MIL. GAT. décrit aussi une **Uva mina** de SETTIMO ROTTARO (IVRÉE).
Uva molle. LECCE. *Amp. Pugl.*
— **molle nera**. PROV. NAP.
— **Montanina**.
— **Montumo**. BOLOGNE. MEND. *Bic.*
— — **bianca**. BOLOGNE. MEND. *Bic.*
— **mora**. PIÉMONT. AC. décr. 117. TARG. *Dictionnaire*. Ce livre ne contient que les noms des vignes, sans aucun détail sur elles.
Uva morbidella ou **Biancame**. CESENA. *Ann. Vit. En.*, *Bull. amp.* II.
Uva moro di Navarra. INC. (BOUSC.)]Voir **Moro**.
Uva morone nera. TOSCANE.
— **Mosca**. NAPLES. INC. J'ai vu en 1877, à l'Exposition de LUCQUES, un raisin de ce nom ayant de petits grains blancs.
Uva Moscarella. NAPLES. INC. *Bic.* (33).
— **Moscarellona**. NAPLES. INC. *Bic.*
— **Mostaja**. MICH.
— **Navarra** d'ARTIMINO. MICH.
— **nera**. COME. AC. décr. 292. Nom générique à supprimer.
Uva nera a noce. NOVOLI. MEND.
— — **d'Amburgo** (TOSCANE) ou **Uva nera** de M. WARNER. AC. décr. 220.
Uva nera d'ARQUATA DEL TRONTO. MEND. *Bic.*
— — de NAPLES. *Bic.* INC.
— — de TUGLIE ou **Susomaniello**.
— — **gentile**. NAPLES.
— — **passera di Corinto**. SOD.
— **nonna nera**. FERMO.
— **odoratissima** (*très-odoriférante*). Décr. INC. Voyez **Odoratissima**.
Uva ovata. ALEXANDRIE. Voyez **Bertolino**.
— ou **Vite di Damasco**. SUISSE. AC. décr. 279 parmi les vignes de TOSCANE. C'est peut-être le **Damascener** des Allemands.
Uva ou **Vite di Savoia**. TOSCANE. AC. décr. 282.
Uva Paccà. ASCOLI PICENO. MEND. *Bic.* (88)?
— **pagadebito**. G. OD. 557. Voyez **Pagadebito**. Je crois que dans l'ITALIE CENTRALE et dans la BASSE ITALIE, on donne ce nom à plusieurs cépages différents, blancs ou noirs, pour indiquer qu'ils sont d'un bon rapport.
Uva Pallino. MICH.
— **Pane**. Dess. à l'*Exp.* de CHIETI. Paraît être une **Bermestia**. Grains gros, ovales, rouges violets, de couleur peu naturelle; grappe claire, à grapillons bien séparés. Voyez aussi **Pane**.
Uva Papa. MODÈNE. Décr. AGAZ. *Bic.*
— **Paradisa**, de BOLOGNE. AC. 281 le cite parmi les cépages TOSCANS. OD. 417 le cite lui aussi comme un bon cépage. ROB. LAWL. le décrit parmi les raisins PISANS. Voyez **Paradisa**.
Uva Parese. ABBRUZES. PUL.
— **Passera**. Voyez **Passerina**.
— **Passerina**. TOSCANE. AC. décr. 781. Syn. de **Tramarina rossa**, d'après AGAZ. qui la décrit.
Uva Passolina nera. OD. 428 la donne aussi comme syn. de **Corinthe** dans l'ITALIE MÉRIDIONALE.
Uva Pasticcia du MODENAIS.
— **Pastora**. Variété de **Luglienga** cultivée à VALENZA du PIÉMONT, dont parle AC. à la p. 85.
Uva Patriarca di Belagio. ARR. DE COME.

Id. à **Grignolò ?** D'autres la donnent comme syn. de **Margellana.**

Uva Pazza. Syn. de **Trifera.**

— **Pellegrina.** Décr. AGAZ. Syn. de **Sanpelgrina.**

Uva Perdillo. MICH.

— **Perla** G.

— **Persia.** ROCHETTA TANARO ? ASTI. Décr. INC. *Bic.*

Uva Piede di Palumbo (*pied de pigeon*). NAPLES. *Jard. bot.* Syn. de **Dolcetto** du PIÉMONT, d'après FRO.; je n'admettrai pas cette synonymie sans vérification, à moins toutefois qu'on ne donne à NAPLES le nom de **Pied de pigeon** à tous les raisins qui ont leurs nervures rouges au centre des feuilles.

Uva Pignola. ITALIE SEPTENTRIONALE et CENTRALE. OD. 548. Décr. INC. Voyez **Pignola.**

Uva Plandra. NIZZA DELLA PAGLIA. C'est, je crois, le **Cortese.** *Bic.* (31).

Uva Premice ou **précoce.** MICH.

— **Principe.** VOGHERA. AC. décr. 55.

— **Proprio.** On donne ce nom à un raisin de l'OMBRIE.

Uva Prugna. BASILICATE. PUL. A l'Exposition de raisins qui eut lieu à PAVIE en 1878, j'ai vu une **Uva prugna** avec des raisins ovoïdes allongés, envoyé par M. de FILIPPI.

Uva Pruna. Voyez **Regina.**

— **Pruna.** *Bic.* (36 ?). J'ai reçu sous ce nom un beau raisin de table dont je n'ai pu trouver aucun synonyme jusqu'à présent. Le chev. LAWL. m'en a envoyé aussi un autre de FLORENCE que je ne connaissais pas, mais dont je viens de reconnaître l'identité avec le **Cipro nero.**

Uva Raffione. LASTRI. *Cours d'agriculture.*

— **ragia.** TERNI. Grappe rouge. Peut-être est-ce le **Rugia ?**

Uva rampina. TOSCANE. TARG.

— **rara.** VOGHERA. *Bic.* Id. à la **Bonarda** de GATTINARA et de CAVAGLIA. Je ne l'appellerais pas **Bonarda ;** mais je préfère de beaucoup pour ce cépage le nom de **Uva rara,** car ses grappes sont réellement bien claires.

Uva Raverusto dolce. TOSCANE.

— **Regina.** ALEXANDRIE. AC. 94. La **Barbarossa** de PIÉMONT y est souvent appelée de ce nom. Décr. AL. Voyez **Regina.**

Uva Regina bianca. SARDAIGNE. *Cat.* INC. [TOSCANE. Id. au **Rosaki aspro** de SMYRNE, au **Lagrima di Maria** de SICILE. (BOUSC.)]?

Uva Regina dei Toscani. AC. décr. 274. Voyez **Regina.** Décr. INC. Syn. de **Piccolit ?** d'après un rapport du Dr CARP.; mais cette synonymie me paraît douteuse.

Uva regina rossa de SARDAIGNE. INC.

[**Uva regine de Neapel?** LUX. Raisin rose grappe cylindrique, vigoureuse. (BOUSC.)]

Uva retica. MODÈNE. Syn. de **Gradigiana** Décr. AGAZ.

Uva Ribes. Décr. AGAZ.

— **riccia.** PROV. NAP.

— **Rinaldesca.** ITALIE CENTRALE. Syn. d **Vajano,** d'après VILLIFRANCHI. On écri aussi **Rinardesca.**

Uva Romana. Voyez **Trebbiano.** Décrit dans l'Ampélographie de MACERATA du pro SANTINI qui lui donne pour syn. **Biancone Vernaccia ? Chiapparone ? Pagadebiti Castellá ? Uva Castellana ? Scrocciap** et autres.

Uva Rosa. NAPLES, ou **Turchesca bianca** *G. V. V.* 15.

Uva Rosa du VÉSUVE. MEND. *Bic.*

— — de NOVOLI. MEND. *Bic.* (27)?

— — SARDAIGNE. Voyez aussi **Rosa.** Vi robuste. MEND. *Bic.*

Uva Rosa. TOSCANE. *Cat.* LUX. Décr. INC Décr. AGAZ. CIN., SING. Dans le *Bull. amp* IX, 784, on trouve la description de celle c SIENNE.

Uva rossa. CALUSO. IVRÉE. Décr. GAT. *Ann Vit. En.* 153.

Uva rossa. DALMATIE. OD. 571.

— — d'AMBURGO. TOSCANE. AC. décr. 28 Cépage intéressant.

Uva rossa de TERLIZZI ou **Uva di Bitonto** BARLETTA.

Uva rossa. Pour **Moscatello rouge d'Espagne.** Voyez ce mot.

Uva Rossera. Décr. INC. Voyez **Rossera.**

— **Rovoia.** INC. *Bic.*

[**Uva Rovosa.** ITALIE. INC. (BOUSC.)]?

— **Russia rossiccia.** TRAPANI. MEND.

— **Sacra.** BARLETTA. Décr. *Amp. Pugl.*

— **Sacra bianca da tavola** (*raisin sac blanc de table*). BARI. MEND. *Bic.* M'a pa peu différer, par la feuille, de l'**Uva Santa** SARDAIGNE, mais je n'ai pu les comparer l' à l'autre sur place. *Bull. amp.* I. *G. V. V.* 15.

Uva sacra ou **Sagra nera.** *G. V. V.*

— **Salamanna.** TOSCANE. Id. au **Moscatellone di Piemonte.** OD. 594. Syn. de **Muscat d'Alexandrie** et de **Moscatel gor bianco** d'ESPAGNE.

Uva San Giogheto pour **Sangioveto.** A teurs anciens.

Uva San Marino. PESARO.

— **San Martino di Spagna.** SOD. Grapp serrées, grains ronds.

Uva Santa (*raisin saint*). SASSARI. SARDAIG MEND. G. Voyez *Uve pregevoli. Ann. V*

En., fasc. 50. *Vign.* III, 169 (277). Raisin de table très-beau, prodigieux même. Les classifications que j'ai faites de ce raisin dans des lieux différents ne s'accordent pas toutes entre elles pour le moment. *Bic* (47 ?

Uva Santa Maria. MARCHES. Id. à l'**Uva di Madonna.** TRINCI. décr. MEND. *Bic.* (32?). Décr. *Bull. amp.* VI, 439, et dans l'Ampélographie de MACERATA du professeur SANTINI.

Uva Santa Sofia. PUL.

— **Santoro.** TOSCANE.

— **sapa.** TOSCANE. AC. 298.

— **sapa noire.** *Cat.* LUX. Ce nom est également employé pour désigner les raisins dont le moût est destiné à faire des vins cuits ; cette pratique est en usage dans quelques pays de l'ITALIE CENTRALE et MÉRIDIONALE.

Uva sapaja. SINALUNGA. Syn. de **Mostarda.** Décr. par CIN.

Uva sapina. MICH.

— **schiava.** OD. 566. Voyez **Schiava.**

— **secca.** TOSCANE.

— **seccajuola.** MONTELUPO. MEND. *Bic.* (48). En TOSCANE, on est dans l'usage de faire dessécher au fourneau, pour les conserver, le **San Gioveto** ou le **Canajolo.** AC. 282.

Uva serpe *Bic.*

— **Signora.** BOLOGNE.

— **Spagna.** ROME. VILLA GUERINI. *Bic* Je crois que souvent sur les COLLINES ROMAINES on désigne d'une manière générique sous ce nom les raisins de belle apparence destinés à la table.

Uva Spagnuola. Syn. de **Uva di San Pietro.**

Uva Spillettone. MICH.

— **Svizzera.** AC. 283. Il paraît qu'on désigne sous ce nom le **Tressot bigarré.**

Uva Tarantina ou **Pedicinuta bianca.** VALENZANO. *Amp. Pugl.*

Uva Tarmonica bianca. ASTI. *Bic.* Décr. INC.

Uva Tedesca. LOMBARDIE. OD. 543. Syn. de **Marzemina.** AC. le décr. 285 sous le nom de **Zeppolino.** TRINCI le décrit aussi à la p. 114.

Uva tenera. Raisin blanc du MODENAIS.

Uva Tinta de Aragon. CATALOGNE. (BOUSC.)]

— **tomatica.** ASTI. *Bic.* Décr. INC.

— — **nera.** PIÉMONT ? MEND.

— **Toppia.** VOGHERAIS. AC. décr. 291. Voyez aussi **Mourradela.**

Uva Tranese nera. TERRE D'OTRANTE. Voyez aussi **Tranese.**

Uva Treggia. LIGURIE. Voyez **Treggia** ou **Triglia.**

Uva Troia. Très-répandu dans la PROV. DE BARI et dans la CAPITANATE ; très-fertile ; donne un vin coloré.

Uva Troiana rossa. NOVOLI en TERRE D'OTRANTE. MEND.

Uva Turca. TOSCANE. AC. décr. 284. Diffère peu de la **Lugliola?** Raisin de table.

Uva uvello. FERMO. *Bic.*

— **Valdona.** LASTRI.

— **variegata.** *Pépin.*

— **verde.** BASILICATE. MEND. *Bic.* (48).

— **vernatico.**

— **vespaja.** Voyez **Vespaia.**

— **vesprina** à PESARO. Syn. de **Dolcetto bianco** de CESENA, d'après GAND. *Ann. Vit. En.*

Uva zampina. PISE.

— **zuccaja.** MONTELUPO. MEND. *Bic.* (47). ROB. LAWL. le décrit parmi les cépages à raisins blancs. J'en ai conservé en bon état jusqu'à la fin de février.

Uva zuccari. MICH.

— **zuccarino niuru.** SICILE. MEND. Voyez **Zuccarina.**

Uvadica bianca. LOMBARDIE et VÉNÉTIE, d'après FRO.

Uval ou **Uvale nera.** ARR. D'IVRÉE. Mentionné par GAT.

Uvaliero. *Cat.* LUX.

Uvalino nero. ALEXANDRIE. INC. Dess. AL. *Bic.* (16). Le cépage que je cultive sous ce nom et que je pris moi-même sur les collines de SAN STEFANO BELBO est id. au **Neretto** de MARENGO, mais plus productif et moins sujet à la coulure. Il en est de même d'un autre **Uvalino** que le comte CORSI m'a envoyé de NIZZA DELLA PAGLIA.

Uvalone nero. Décr. INC. Décr. AL. *Bic.*

Uvana. AVIGLIANA. G. Raisin rougeâtre, à grains ovales, grappe ailée ; destiné à la vinification. Appelé aussi **Buvana.**

Uvarella. ABRUZZES. Voyez **Pecorino.**

Uvari del Campo nericcia. BRA (PIÉMONT).

— **gris.** BRA (PIÉMONT).

Uvarino. LANGHE. Je le crois id. à **l'Uvalino.** On le cite aussi parmi les cépages de BOLOGNE.

Uvazzo nero. PROV. NAP.

Uvese bianca. TRENTE. AC. 304.

— **nera.** TRENTE. AC. 304. *Bic.* (5).

Uvetta nera. Très-cultivé dans l'arrondissement de VOGHERA. Voyez **Ughetta.** Id. au **Vespolino** de GATTINARA. Raisin d'un bon rapport. Dess. et décr. par GAL. avec le titre de **Uvetta** di CANNETO.

Uvetta, Uva passerina. AC. décr. 45, 281. Dess. AL. Dans le dessin de la Commission d'ALEXANDRIE, je crois que l'**Uvetta** est différente de l'**Uva passeretta.**

Uvone. LOMBARDIE et VÉNÉTIE. FRO.

Uaiano nero. AGAZ. *G.V.V.* II, 149. C'est le **Vajano.**

Uajano rosso. TOSCANE. AC. 277. TRINCI. décr. 109; id. au **noir.** Il appelle **rosse** (*rouges*) les raisins **noirs.**

(Ces deux derniers cépages ne sont pas à leur place alphabétique.)

V

Vaccà. SAN REMO (LIGURIE). AC. 297.

Vacca bianca. PROV. NAP.

Vaccaja et **Vaccara.** CASALE. OTTAVI. MEND.

[**Vaccarese** (la **grosse** et la **petite**). Raisin du département de VAUCLUSE. (BOUSC.)]

Vaccone. CESENA. Syn. de **Pagadebito,** d'après GAND.

Vaccume bianco. MACERATA. *Bull. amp.* XI, 225.

Vaccume nero. MACERATA. Décrit par le prof. SANTINI.

Vache. Dans l'ALLIER, syn. de **Mondeuse?** d'après GUY. III, 156.

Vadré noir. CHATEAUROUX (INDRE). GUY. II, 564.

Vaiano. TOSCANE et EMILIE. G. OD. 562, ou **Valiano nero.** OR. CIN. SINALUNGA. DE CRESC., INC., PICC. *Bic.* (48).

Je crains de ne pas avoir ce cépage, parce que j'ai reçu sous ce nom une vigne qui me paraît se rapprocher du **San Giovetto dolce,** belle et bonne espèce qui réclame une taille longue, et que j'ai classée au (48). D'après le marquis INC., **Vajano** est syn. de **Mazzese;** d'après VILLIFRANCHI, il est syn. de **Rinaldesca.** D'après le baron MEND., ce cépage a de grosses grappes, rares, à petits grains.

Pour prouver que les pépiniéristes ne connaissent pas souvent les vignes qu'ils vendent, je citerai ce fait que dans le Catalogue d'un établissement qui se trouve dans la région où ce cépage est indigène, le **Vajano** porte le nom du comte ODART sans autre indication, ce qui ferait croire que l'établissement l'a reçu de cet ampélographe, tandis que les vignes des environs sont peuplées de ce plant.

En lisant mes observations critiques sur les inexactitudes des pépiniéristes ou des personnes qui cultivent des pépinières, que mes lecteurs ne supposent pas que quelque ressentiment ou quelque amertume anime mon esprit contre ces personnes. J'ai été trop souvent témoin des désappointements et des dommages occasionnés à des viticulteurs, par des envois erronés de vignes, pour que je puisse hésiter un seul instant à élever la voix contre de semblables abus de confiance, afin de tenir mes lecteurs en garde.

Si les améliorations en viticulture dépendent, en premier lieu, de la bonne qualité des cépages, pourquoi ne rendrait-on pas responsables des dommages qu'ils occasionnent ceux qui livrent une marchandise toute différente de celle qu'ils annoncent dans leurs prospectus?

Vaira. VAL D'AOSTE. Grappe claire.

Valais blanc. JURA. Syn. de **Chasselas.** ROUG.

Valais noir. JURA. Décr. *Vign.* I, 109 (55). Je l'ai reçu de GANIER, qui l'écrit **Valet.** *Bic.*

Valdeck. SIM. L.

Valderbara bianca. ROVEREDO. *Bic.* (11).

Valdona.

Valenasca. Raisin du HAUT NOVARAIS.

Valenci real blanc. *Cat.* LUX. [ESPAGNE. Id. avec la **Grosse Panse de Provence.** Le même cépage se trouverait dans l'ancienne *Coll.* du LUX. sous les noms de **Valenciana, Valencien de la Palme, Valencien de Cutillas, Valencin Mollard de Aledo.** (BOUSC.)]

Valenci real blanc. *Cat.* LUX.

— — **crujidero.** *Cat.* LUX.

[**Valencien.** Sous ce nom, plusieurs vignes d'ESPAGNE étaient mentionnées dans la *Coll.* du LUX. et différaient de la **Grosse Panse** de PROVENCE; elles avaient pourtant avec elle quelque ressemblance pour le feuillage et le raisin; l'une d'elles m'a paru id. avec le **Crujidero.** (BOUSC.)]

Valencin ? *Cat.* LUX.

Valency. PROV. DE GRENADE. ESPAGNE. OD. 424. A pour syn. **Zurumi.** INC. GAN. *Bic.*

Valency real curgidero ?? *Cat.* LUX.

— **superior de Alhama.** OD. 517 le cite parmi les cépages remarquables d'ESPAGNE. [Gros raisin à grains ellipsoïdes de la tribu des **Panses.** (BOUSC.)]

Valentin. AC. 329. Voyez **Saint-Valentin.** Je crois qu'il a été décrit dans les *Annales de Pomologie.*

Valentin blanc. ALPES-MARITIMES. AC. 324.

Valentina nera. *Alb.* T.

Valentino bianco. SALUCES. *Bic.* (31).

Valentino bianco. TRÉVISE. Dr CARP., rapp.

— **nero.** SALUCES. *Bic.* (47). Grandes grappes allongées ; vin clàir.

Valenza ou **Frascone nero.** PAVIE.

Valenziana ou **Valenzana.** Syn. de **Bregiola.** HAUT NOVARAIS.

Valet noir ou **Valais Jura.**

Vallino. *Pépin. Bic.* Sous ce nom, qu'on a, je crois inventé, on m'a donné le **Pizzutello.**

Valmasia. AC. 292. Pour **Malvasia.**

Valmunica nera. CRESC.

Valnez real. ESPAGNE. VIV.

Valpolicella. BOBBIO.

Valteliner ou **Velteliner.** ALLEMAGNE. Je le crois id. au **Feldlinger rouge** qui représente peut-être le mot prononcé en allemand et écrit en italien. Voyez aussi **Velteliner.**

Valteliner rother. BAB. le dit syn. de **Feldliner,** ce qui me confirme son identité avec le **Feldlinger.**

Valtellina. BERGAME. *Bic.*

— Citée parmi les cépages de GRUMELLO DEL MONTE. *G. V.V.*

Valtellina ou **Valtelin rouge,** Syn. de **Saint-Valentin rose ou Feldlinger.** *Ann. de Pom.* de BELGIQUE. *Vign.* I, 117 (59).

Valtellina weisser. BAB.

Van der Lahn. ALLEMAGNE. *Bic.* Raisin blanc de table servi principalement dans les banquets à VIENNE. *Vign.* I, 111 (56). Est appelé aussi **Lahntraube.** OD. 538 l'appelle **Von der Lahn.**

Vasa. ESPAGNE. ROX. Petits grains oblongs, noirs.

Vanille traube weisse. Raisin blanc vanillé, cultivé dans la vigne expérimentale de KLOSTERNEUBURG, près VIENNE. BAB. [Le **Vanille traube** des Allemands est notre **Muscat de Jésus, Muscat fleur d'oranger.** (PUL.)] J'ai eu récemment l'occasion de vérifier sur les bords du Rhin l'exactitude de cette observation de M. PULLIAT. (R.)

Varacise précoce. *Cat.* JACQUEMET-BONNEFONT. Id. avec la**Madeleine verte** de la DORÉE. (BOUSC.)

Varano. TOSCANE. Voici ce qu'en dit GIOVANVETTORIO SODERINI, p. 100: *Ce raisin, détaché de la souche en lune vieille, à midi, avant d'être bien mûr, et suspendu au plafond, se conserve très-bien.*

Vardea. OD. 573 au lieu de **Verdèa,** par suite d'une erreur typographique.

Varenca. GHEMME. HAUT NOVARAIS. CERL. *Bic.*

Varenga ou **Riondascone.** BIELLA. Prof. MIL. décr.

Varenne. MOSELLE. Appelé aussi **Gamai de Varennes,** quoique ce ne soit pas tout à fait un **Gamet.**

Varenne blanche. MOSELLE, MEURTHE, MEUSE et VOSGES. OD. 260. *Bic.* (11). Moins cultivée que la **noire.**

Varenne noire. MOSELLE, MEURTHE, MEUSE et VOSGES. OD. 260. *Bic.* (11). PUL. la dit syn. de **Gamai d'Orléans;** elle produit beaucoup sur les coteaux de SALUCES. GUY. III, 351, dit que ses gros grains pourrissent facilement; que ses feuilles sont larges et présentent de larges dents en forme de scie et que c'est un *cépage demi-fin.* Comme pourtant la **Varenne** a les grains ronds, il me semble qu'on ne doit pas la classer parmi les **Gamets.** Cette vigne est très-fertile et très-utile pour la culture à souche basse sans échalas. Je crois que l'**Avana,** le **Prescot,** la **Varenne** et le **Gamai d'Orléans,** sont le même cépage.

Ayant découvert dernièrement l'identité du **Varenne** français et de l'**Avana** de CHAUMONT (SUSE) (PIÉMONT), je soupçonne que ce dernier nom doit être une altération du premier.

Varetta bianca. FUBINE. ALEXANDRIE.

— **nera.** FUBINE.

— **rossa verde** de FUBINE. G. Grappe claire ? Raisin de table.

Varianti bianca. MESSINE. MEND.

Varietà nuova? di seme? *(Variété nouvelle de semis.)* NICE. AC. 296. Par suite du phylloxera et de l'introduction des pepins d'AMÉRIQUE, cette dénomination pourra désormais être appliquée à des milliers de vignes.

Variété blanche du BAS-RHIN. *Pépin.* AC. 319.

Variola grigia. ROCCHETTA TANARO. Décr. INC. *Bic.*

Variuni nera. SICILE. NIC. Raisin de cuve.

Varlentin. *Cat.* LUX. A NICE, j'ai entendu prononcer **Verlantin blanc.** On me montra un cépage de ce nom qui me parut semblable au **Columbeau.** [Le **Varlentin** de NICE nous a paru différer du **Colombeau** par une grappe beaucoup plus grosse et par des grains plus volumineux. (PUL.)]

Varlentin blanc. OD. 533. Vigne du COMTÉ DE NICE. Nous avons à SALUCES le **Valentin blanc** et le **noir,** que je ne crois pas id. à ceux de NICE, quoique je n'aie jamais cultivé ces derniers.

Varlentin noir. OD. 533.

Varnaccia ou **Carnaccia?** Décr. INC. Voyez **Vernaccia.**

Varnaccia. SARDAIGNE. MORIS. Voyez **Ver-**

naccia. Le vin produit par ce cépage est un des meilleurs de la SARDAIGNE.
Varovo. TRENTE. AC. 304.
Varresana bianca. Vermentino? dans le GENOVESAT, d'après AZZ. *G. V. V.* II, 146. Grappes grosses, grains ronds à peau dure, couleur d'or glacé, de saveur douce ; précoce.
Varroni. VICENCE. AC. 300.
Varvuvussu. PETRALIA. MEND. *Bic.*
Vasco de Gama. *Cat.* LER. [Semis de MOREAU-ROBERT. (PUL.)]
Vaspera. G. ou **Vespera.** ALEXANDRIE.
Vaubonenc. NICE. Voyez **Babonenc.**
Vecia veronese. Voyez **Mori.**
Vecciacco, ASCOLI, ou **Pampanone.**
Veggué. *Cat.* LUX
Veilchenblau geissedut. ALLEMAGNE. OD. 371. Syn. de **Voros Ketsketsetsu** ou **Pis-de-chèvre rouge.**
Velika belina. Syn. de **Mirkowacs.**
Velka zherna ou **Velka sipa.** Syn. de **Kölner noir.** H. GOET.
Velonna bianca. BARLETTA. *G. V. V.*
Veltaple. PICC. *Bic.* S'est trouvé un **Teinturier.**
Veltelinèr rother. *Bic.* Décr. MUL. Dess. dans l'Atlas de GOET.
Velteliner weisser. Décr. MUL.
Veltelini piros. HONGRIE. PUL. Id. à **Velteliner rouge.**
Veltliner (Vitis rhœtica). Décr. J.-G. MEY.
Venango. AMÉRIQUE. PL. 158. SIM. L. Grains violets clairs. [*Labrusca.*]
Venasca. Raisin du HAUT NOVARAIS.
Vennentino. Syn. de **Vermentino** dans les vignes du GÉNOVESAT. OD. 441.
[**Venn's black muscat.** *Cat.* LUX.]
Ventrice. PUL.
Venturiez blanc. NICE MARITIME. PUL.
Verano. CESENA. AC. 297.
Verbesino, pour **Barbesino** ou **Grignolino.**
Verbouschegg. OD. 304. Cépage qui concourt à faire le vin dit du **Margrave** dans le duché de BADE.
Verbu russu. RIPOSTO (SICILE). MEND.
Verdaccia bianca. VICENTIN. AC. 302. Peut-être pour **Vernaccia?**
Verdaguilla à SAN LUCAR et XÉRÈS (ESPAGNE). ROX. Grains verdâtres, acidulés, très-compactes.
Verdal. *Cat.* LUX. A GRENADE, en ESPAGNE, le **Verdal** a des grains rares, oblongs, verts, âpres, d'après ROX. *Bic.* OD. 414, 442, le dit id. au **Servan blanc** et syn. dans les départements des HAUTES et BASSES-ALPES de **Malvasia de Sitges.** D'après MAR., on appelle ainsi le **Spiran gris** dans l'HÉRAULT. Je l'ai vu dans le Jardin expérimental du comice de TOULON.' [Le **Verdal** ou **Servant** de l'HÉRAULT est un beau raisin blanc verdâtre, qu'on garde pendant l'hiver. J'ai reçu de l'HÉRAULT le **Spiran gris** sous le nom de **Verdaï.** Le comte ODART faisait grand cas du **Spiran gris.** Le **Verdal** est appelé **Verdaou** en provençal. (PELL.)]
[**Verdal blanc.** PROVENCE. Syn. de **Servan blanc** du LANGUEDOC ; raisin de conserve à gros grains blancs, oblongs, verdâtres, tardif ; différent de la **Malvasia de Sitges.** On donne dans la VALLÉE DE L'HÉRAULT, le nom de **Servan** à un raisin tardif, à grains ronds, surmoyens, blancs, que l'on conserve pour l'hiver. (BOUSC.)].
[**Verdal noir. Verdal gris.** VALLÉE DE L'HÉRAULT. Syn. de l'**Aspiran noir** et **gris** des environs de MONTPELLIER, où l'on désigne une variété à grains violets au sommet, verdâtres à la base par le nom d'**Aspiran verdaou.** (*Botanicum Monspeliense* de MAGNOL.) (BOUSC.)]
Verdal rosso?
Verdalbara. TRENTE. AC. 304.
Verdanel. *Cat.* LUX. Cité par GUY. 384 et II, 12, parmi les raisins blancs du TARN.
Verdanne. CHAMBÉRY. Syn. en SAVOIE de la **Rousse** de l'AIN. TOCH.
Verdaou. *Cat.* LUX. [ou **Plant de Veneou.** PROVENCE. Cité par LARDIER. C'est probablement le **Servant blanc** de l'HÉRAULT. (BOUSC.)]
Verdaro. URBINO. Voyez **Verdicchio bianco.**
Verdasse ou **Verdesse musquée,** ou **Verdesse muscade** (ISÈRE), appelée aussi **Muscadelle** à CLAIR. A des feuilles glabres à la page inférieure et une saveur musquée relevée.
Verdat blanc. ISÈRE. PUL.
Verdazza. CONEGLIANO. *Alb.* **T.**
Verdazzo. Décr. AL.
Verd-boss. PAVIE. M'a paru id. à **Pruiné.**
Verde albana bianca. VICENCE. AC. 302.
— **Paola.** SAN REMO. AC. 297. Voyez aussi **Verde polla** du GENOVESAT. OD. 427.
Verdea. ARCETRI (TOSCANE). OD. 563 décr. AC. décr. 277, 304, et la dit syn. de **Bergo bianco ;** SOD. dit que c'est un cépage très-estimé. TRINCI. décr. 110 ; d'après CIN., la **Verdea Toscana** est syn. de **Vernaccia** à SINALUNGA. D'après l'*Alb.*T., elle est peut-être id. à la **Verdise bianca** de TRÉVISE. Le Dr CARP. rapp. la donne aussi comme syn. de **Verdiso bianco.** Il paraît que c'est la **Verdea** qui a inspiré ces vers, à BETTINI ;

.... Versate omai versate
Anfore preziose, in questi vetri
Manna di Chianti e Nettare d'Arcetri.

Verdea bianca. VOGHERA (PIÉMONT). INC. Dess. et décr. AL. *Bic.* (47). Je croirais difficilement que la **Verdea** d'ALEXANDRIE (PIÉMONT) soit id. à celle de TOSCANE.

Verdea del poggio. G.

— **matta bianca** (*folle blanche*). VOGHERA.

Verdea ou **Verdeca**. Cépage des POUILLES, GRAVINA et BITONTO. Fruit blanc, verdâtre. La **Verdeca bianca** ou **Verdera** (POUILLES) est un peu tardive, d'après l'avocat CONSOLE, de PUTIGNANO (BARI); son raisin est très-doux et est très-estimé des viticulteurs à cause aussi de la belle couleur vert clair de son vin.

Verdea spargola.

— TRENTE. AC. 304.

— **zeppa** (*très-serrée*). G.

Verdeca ou **Alvino verde**. BARLETTA. *Amp. Pugl.* décr. C'est aussi un raisin de la PROV. DE NAPLES.

Verdecchia ou **Verdecchio** de BOLOGNE. FRO. **Verdecia** d'après CRESC.

Verdecchia bianca. LUCQUES. MEND. *Bic.* (11). Id. au **Verdicchio?** des MARCHES?

Verdecchio. MONTELUPO. *Bic.* (31).

— Raisin des ABRUZZES. A confronter avec le **Montonico?**

Verdehoja. GRENADE. OD. 414. Syn. de **Verdal** ou **Servan blanc**.

Verdeillo? *Cat.* LUX.

Verdeis. Décr, prof. MIL. A BIELLA, a pour syn. **Uva rossa?** GAT. décr. au contraire séparément la **Verdese** de VALPERGA et l'**Uva rossa** de CALUSO. Sur le marché de TURIN, on vend en hiver un raisin de ce nom provenant des environs d'ABA, à grappe serrée et qui a la spécialité de pouvoir être gardé longtemps l'hiver. Voir aussi **Verdese**.

Verdelet. BRIOUDE. Ancien cépage abandonné.

Verdelho. ESPAGNE. OD. 524. *Bic.* (35). *Vign.* I, 29 (15). Ce raisin blanc a des grains petits, obovales, qui le font reconnaître très-facilement. Excellent pour la vinification.

Verdelho de MADÈRE. *Bic.* Id. au précédent.

Verdello. SIENNE. *Bull. amp.* IX, 787. Voir **Verdone**.

Verdellino. SIENNE. *Bull. amp.* IX, 784.

Verdepolla. GÊNES, ou **Verdepola bianca**. Cité comme un bon cépage par le comte OD. 427. Grains ronds, conservant la base pistillaire.

Verdera. Raisin du HAUT NOVARAIS.

Verdesa. COME.

Verdesca bianca. VÉSUVE et MONTE SOMMA. Ile d'ISCHIA. FRO.

Verdescania. CASERTA. MEND. *Bic.* (34).

Verdescanio. NAPLES. AC. 305.

Verdese. PROV. MILANAISES. AC. la décrit à la p. 256 et la croit id. à la **Schiava** et peut-être à la **Verdea Toscana?** D'après l'*Alb.* T., serait id. à la **Verdisa bianca** de TRÉVISE? M. NESSI (Ant.), viticulteur très-habile des environs de COME, m'écrit qu'en LOMBARDIE, et surtout dans sa province, plusieurs variétés portent ce nom.

Verdese, Verdesio ou **Verdeis bianca**. PIÉMONT. Décr. INC. Décr. AL. Un raisin blanc de ce nom, provenant de l'arrondissement d'ALBA, est vendu pour la table sur le marché de TURIN jusqu'à une époque avancée de l'hiver. A des grappes coniques, compactes ; des grains ronds.

Verdese verte. *Cat.* LUX. *Vign.* III, 3 (194).

Verdesse. ISÈRE. Voyez **Verdasse**.

Verdet. TOURAINE. Syn. de **Menu Pinot** et **Petit Chenin blanc**. D'après OD. 139, ce cépage est d'un mérite secondaire pour la vinification, dans la GIRONDE.

Verdet blanc. *Cat.* LUX.

— **Chalosse blanc**. LOT-ET-GARONNE.

Verdette blanche. RUMIGNY (SAVOIE).

Verdicchio. CORATO. Syn. d'**Alvino verde** de BARLETTA?

Verdicchio bianco. BARI. MEND. *Bic.* ·

— — Principalement cultivé dans les MARCHES et les ABRUZZES. *Bic.* Un des meilleurs raisins pour faire du vin, je dirai même le premier, dans ces régions. Dess. et décr. dans le premier fascicule de l'*Ampelografia italiana.*

Verdicchio. FERMO. *Bic.* Id. au précédent. Le prof. SANTINI ajoute, après l'avoir décrit, que les excellentes qualités de cette variété ont été cause de la grande extension que sa culture a prise dans l'arrondissement de MACERATA.

Verdicchio Marino. FERMO. *Bic.*

— MONTELUPO. MEND. *Bic.*

Verdicchio nero. ANCONE. Semblable à **l'Uva d'oro**. Est dit aussi syn. de **Asprino**, dans le *Bull. amp.* Le prof. SANTINI le décrit dans son Ampélographie de MACERATA et le dit syn. de la **Balsamina grossa**.

Verdicchio scirolese nero. MACERATA. *Bull. amp.* XI, 225.

Verdiga. BOLOGNE. CRESC.

— **bianca**. *Alb.* T.

Verdiger. Syn. de **Verdise bianca** de TRÉVISE, d'après l'*Alb.* T.

Verdigiano. *Cat.* LUX.

Verdin. *Cat.* Lux.

Verdionas. Espagne. Raisin blanc très-cultivé pour la table, dans les environs d'Alicante. OD. 525.

Verdione bianco. Voghera.

Verdisa nera. *Alb.* T.

Verdiscania. *J. bot.* Naples. *Bic.*

Verdisco bianco. Palagiano. Lecce. Syn. de **Alvino verde** de Barletta?

Verdise, Verdisco ou **Verdiga,** ou **Vardiga bianca.** *Alb.* T.

Verdiso. Raisin des Etats vénitiens, que j'ai vu cité dans un rapport de CARP. de Trévise comme un des premiers qu'il a essayés pour la vinification. Voir aussi le **Verdese** des Provinces milanaises.

Verdolino. Toscane. MEND. Pris aussi, dans les Abruzzes, pour syn. de **Montonico?**

Verdona. Rivière ligurienne du Ponant.

Verdone. Un des raisins blancs cultivés dans les Pouilles (*Ann. Vit. En.* IV, 224). Cultivé aussi dans la Prov. de Naples et dans celle de Sienne. Ce dernier est décrit dans le *Bull. amp.* IX, 784 où on lui donne pour syn. **Verdea, Verdicchio** et **Verdello.**

Verdone bianco. Altamura. MEND. *Bic.* Peut être id. au **Verdicchio** de la Marche d'Ancone?

Verdone bianco. Andria. Décr. *Amp. Pugl.*

— **nero.** Altamura. MEND. *Bic.* On lui donne pour syn. **Asprino** dans l'*Amp. Pugl. Bic.*

Verdone nero. Altamura. MEND. *Bic.*

— — Barletta. Trani. Donne des vins de table délicats. *Coltivatore di* Casale.

Verdonna. Citée parmi les cépages parmésans. Cultivée principalement sur la montagne. *G. V. V.*

Verdot. Bordelais. Décr. et dess. RENDU. Comte OD. Décr. Comm. AL. *Bic.* (11) (27)? Fertile. Grains assez petits. Réussit bien sur les coteaux de Saluces.

Verdot gros. OD. 130.

— **petit.** OD. 130.

Verdun. C'est ainsi qu'on appelle dans l'Ardèche le **Gamet Liverdun.** GUY. III, 196, le cite parmi les cépages du Cher ; mais il paraît, d'après ce qu'on lit à la p. 199, que c'est un raisin blanc.

Verdusca. AC. 155 le décrit parmi les raisins des Cinq Terres.

Verduz. Frioul. AC. 295.

Verduzzo bianco. Udine. Conegliano. *Alb.* T. Dr CARP. rapp. *Bic.* (31).

Verduzzo folto. *Alb.* T.

— **gentile.** *Alb.* T.

Vereau. *Cat.* Lux.

Verey galamb. *Cat.* Lux. [Raisin de grande culture. (BOUSC.)]

Vergara. Raisin du Haut Novarais.

Vergia. PUL.

Vergoleuse. Naples. AC. 306,

Vergonese. Prov. de Come, ou **Ughetta** de Belagio. Petites grappes cylindriques ; grains petits, ovoïdes noirs.

[**Vergué.** *Cat.* Lux.]

Verin (le) violet. Semblable à la **Bermestia violacea.**

Verin. *Pép. Bic.* On m'a donné sous ce nom la **Taggia bianca.**

Verju bianco. G.

Verjus. *Cat.* Lux. Syn. de **Bermestia** en France. OD. 421. Dans le *Traité des vignes d'*Andalousie, de DON ROXAS, ce mot de *Verjus* est employé pour désigner les grains verts, non mûrs, qui se trouvent mêlés à des grains noirs mûrs à l'époque de la vendange dans certaines espèces de raisins. Ce mot désigne aussi le jus des raisins qui ne sont pas encore arrivés à maturité.

[**Verjus** ou **Bourdelas.** Syn. de **Gros Guillaume** de Provence. (BOUSC.)]?

Verjus Bordelas Agyras. AC. 322.

[**Verjus hâtif blanc.** Lux. Raisin de table tardif, de garde pour l'hiver. (BOUSC.)]

Verlantin. Voyez **Varlentin.**

Vermai ou **Vermaglio.** Saluces. Id. à **Valentino.**

Vermeglia. San Remo (Ligurie). AC. 297.

Vermei nera. Pizzocornio. Val de Staffora (Vogherais).

Vermentini. *Cat.* Lux.

Vermentino. *Cat.* Lux. Génovesat. Ligurie. AC. 298. OD. 402, 441, 561. *Vign.* I, 65 (33) *Bic.* (47?). Décr. GAL. Bon raisin principalement pour la table.

Vermentino bianco. Caraglio. Arrondissement de Saluces. *Bic.* J'ai vu à Mondovi un cépage de ce nom qui avait une belle grappe longue pyramidale, et qui m'a paru différent de celui de Saluces.

Vermentino de Corse.

Vermietta. Voghera. *Bic.*

Vermiglio. Tortone. Voghera. Dess. Al. Donne un vin très-coloré ; très-sujet à l'oïdium. *Bic.*

Vermillon. Haute-Loire. GUY. II, 100, le croit id. au **Pinot gris.**

Vermione. Voghera.

Vermouth. G.

Vernacce. SOD. Pour **Vernaccia.**

Vernaccia. On cultive sous ce nom, en Italie plusieurs raisins, soit rouges, soit blancs, ainsi qu'on peut s'en convaincre par les noms d épages qui suivent. Un d'eux, appelé aussi Vernazza, se cultive en LOMBARDIE et dans la 'ROV. DE PAVIE et est décrit par AC. 257. Le rof. MIL. décrit une variété de ce nom armi les vignes de LESSONA et lui donne pour yn. **Rossarola.** Je l'ai reçue de GATTINARA t elle s'est trouvée id. à **l'Erbalus.** GAT. écrit la **Vernaccia** parmi les vignes du VAL 'AOSTE. Décr. aussi à AL.

rnaccia bianca. BOLOGNE. MEND. *Bic.* RESC.

rnaccia bianca. CRÉMONE. AC. décr. 40. écr. AGAZ. Syn. **Vernazza,** raisin de LOMARDIE et de la PROV. DE PAVIE. M. le baron IZZINI, d'ALA, ampélographe consciencieux t très-exact décrit la **Vernaccia** de TRENTE laquelle il donne plusieurs synonymes et u'on peut classer, d'après sa description, au ° (27).

rnaccia bianca. FERMO. *Bic.* GAND. *Ann. it.* IV. CESENA.

rnaccia bianca. SARDAIGNE. Syn. de **Ausera.** Donne un vin amer, un peu âpre, mais gréable au palais, moins alcoolique que les utres vins sardes. Grains blancs, ronds? *Fl. ard. Bic.* (39). INC. décr. S'est montré dans a collection d'une fertilité des plus grandes.

rnaccia bianca. TYROL. MACH. H. GOET. donne avec le nom de **Vernatsch weisser** t cite aussi le nom de **Vernaccia rouge.**

rnaccia di collina. PLAISANCE. *Bic.*

— **nera.** AC 47 le décrit parmi les aisins de CRÉMONE.

rnaccia nera. RIMINI. MEND. *Bic.* C'est un es meilleurs raisins noirs de la MARCHE 'ANCONE. Décrite par le prof. SANTINI armi les vignes de MACERATA.

rnaccia nera. SALERNE (PROV. NAP.)

— — VALLÉE DE SUSE (PIÉMONT).

— **rossa.** CRÉMONE. AC. décr. 47.

— **toscana.** Décr. par CIN., qui dit u'elle est syn. de **Verdea** à SINALUNGA. La **Vernaccia** de SIENNE est décrite dans le *Bull. amp.* IX, 783.

rnaccia. VICENCE. Syn. de **Cenese.** Décrit ar AC. 221.

rnaccina. ARR. DE VICENCE. INC. *Bic.*

rnacciola ou **Renacciola.** MONSELICE, BÉNÉVENT. Décrit *Bull. amp.* X. G.

rnaccione. BÉNÉVENT. *Bull. amp.* X.

rnaietta. PAVIE. *Bic.* Voyez **Vermietta.**

rnair. ISÈRE. PUL. le croit id. au **Peloursin noir.** Le Dr FLEUR. l'écrit **Vernaire** et dit que ce cépage a une grappe moyenne, cylindrique, étroite, longue, non compacte, grains rougeâtres noirs ou violacés, ronds ; 14 mill. sur 14; pulpe presque molle.

Vernaire. PICC. *Bic.* (23). Raisin blanc, grains presque ronds ; m'a paru être la **Vernaccia Sarda.** Chez M. QUARELLI, ex directeur de l'établissement BURDIN, j'ai vu un **Vernaire blanc** à grains ronds, tardifs ; grappe courte, ailée, serrée ; feuilles arrondies, sinus pétiolaire fermé, nervures rougeâtres au centre.

Vernalico.

Vernalsch grauer. TYROL? H. GOET.

Vernaseira. GIAVENO (TURIN). Bourgeonnement cotonneux couleur paille ; feuilles entières, grossières, à trois lobes, légèrement cotonneuses en dessous ; grappe claire, longue ; grains ronds noirs ; raisin de cuve.

Vernasetta bianca. CAVAGLIA et CERRIONE Syn. de **Riondasca bianca** de BIELLA, d'après le prof. MIL.

Vernasino bianco. BOBBIO. *Bic.* J'ai reçu sous ce nom différentes variétés dont quelques-unes étaient id. au **Barbesino** de BOBBIO. *Bic.* (15) (31).

Vernassa. SUSE. Raisin rougeâtre à grandes grappes. AC. désigne sous ce nom un autre raisin qu'il décrit à la p. 72 et qui est blanc.

Vernassione bianco. VOGHERA.

Vernatsch weisser. TYROL. Ou **Vernaccia bianca.** MACH.

Vernay noir. ISÈRE. HEYRIEU. PUL.

Vernazu. BRESCIA. AC. décr. 213.

Vernazza. BRESCIA. AC. décr. 209. BOLOGNE, 295. Syn. de **Vernaccia blanc,** d'après la description d'AGAZ.

Vernazza bianca. ROVEREDO. *Bic.* (15). Diffère de la **Vernazza** de GATTINARA.

Vernazza fina. BRESCIA. AC. décr. 214.

— de **Gattinara.** Est id. à l'**Erbalus** de CALUSO. *Bic.*

Vernazza gentile. TRENTE. AC. 304.

— **rossa.** AC. 225 la décrit parmi les vignes milanaises.

Vernazza veronese bianca. AC. décr. 248 et la suppose id. à la **Vernaccia de Syracuse** des Toscans.

Vernazza veronese nera. AC. décr. 240.

Vernazzone. MANTOUE. AC. 289.

Verné. ISÈRE. Syn. de **Peloursin noir.** *Vign.* III, 7 (196).

Vernengo da Montiferro bianco.

Verò. MANTOUE. AC. 289.

Verò. NIÈVRE. GUY. III, 173 dit qu'il le croit id. à la **Mondeuse?**

Veroccia bianca. BOLOGNE.

Veron. NIÈVRE et DEUX-SÈVRES. GUY. II, 531. OD. 126, 149. Syn. de **Carmenet.**

Véronais. Arrondissement de SAUMUR. OD. 126. Syn. de **Carmenet.**

Verot gros. FRANCE. En général, **Verot** ou

Verrot sont syn. de **Tressot.** Ce sont des cépages de l'YONNE, c'est-à-dire de la région qui est entre la CHAMPAGNE, la BOURGOGNE et l'ORLÉANAIS.

Verot petit. YONNE. *Bic.* (16). A été chez moi id. au **Tressot,** et, après avoir remarqué cette identité, j'ai été satisfait de la trouver confirmée par des auteurs français.

Verpelin blanc. TARENTAISE. PUL.

Verpolja. Syn. de **Oberfelder blauer.** H. GOET.

Verrot à petits grains ou **Petit Verrot.** YONNE. OD. 203. Variété très-peu productive, d'après BOUCHARDAT. Le comte OD. en doute, en voyant combien sa culture est étendue. GUY. III, 146, dit que sa culture s'est beaucoup propagée dans l'YONNE pendant ces dernières années.

Verrot blanc. OD. 293. Syn. de **Tressot blanc.**

Verrot de COULANGES (YONNE). Syn. de **Tressot.** OD. 200.

Verrot moussù. *Cat.* LUX. Le comte OD. croyait que cette variété était également un **Tressot.**

Versa blanc. *Cat.* LUX.

Versala. G.

Verschetzer rother. Syn. de **Steinschiller rother.** H. GOET.

[**Verstan.** *Cat.* LUX.]

Vert. *Cat.* LUX.

— **blanc.** MOSELLE. AC. 331. ROUG. le cite parmi les cépages du JURA, à raisins globuleux et lui donne pour syn. **Gueuche blanc,** qui est bien différent du **Gueuche** de l'OGÉRIEN.

Vert chenu. Voyez **Chênu gros.** Canton d'HEYRIEUX (ISÈRE).

Vert de MADÈRE. Syn. de **Vert précoce** de MADÈRE ou **Agostenga.**

Vert doré. *Journ. vit.* V, 439. Syn. de **Pineau noir,** dans la CHAMPAGNE. Ce nom est tout à fait impropre, car il semble se rapporter à un raisin blanc.

Vert doux. AC. 326. OD. 358 le dit syn. de **Von der Lahn traube** de VIENNE.

Vert fourchier. *Cat.* LUX.

— **noir.** MOSELLE. AC. 330. Le comte OD. 257 le croit de la famille des **Pinots** ; c'est un raisin dont la culture s'étend beaucoup à cause de sa fertilité ; ses raisins ont la peau très-épaisse et on croit qu'ils ne peuvent donner qu'un vin médiocre. GUY. III, 325, pense que ce cépage est id. au **Plant vert** ou **Pinot** de CHAMPAGNE. **Vert noir,** dans l'ISÈRE, serait syn. de **Péloursin noir.** PUL. *Vign.*

Vert plant. MEUSE. GUY. III, 349. **Pinot.**

— **précoce** de MADÈRE. OD. 537. Est id. à la **Madeleine verte** de la DORÉE et à l'**Agostenga** du PIÉMONT ou **Prié blanc** de MORGEX (VALLÉE D'AOSTE).

Vertecchia bianca. TOSCANE. ROB. LAWL.

Vertecchio. *Cat.* de la Pép. comm. de ROME.

Vervandler rother. BUDE. Syn. de **Chasselas violet.**

Vervoshek Debelli, Velka topolina, Velk Vervoshek, Verbain Shakmali, Verbooz Vervoschek, seraient tous des syn. de **Tan towina,** d'après H. GOET.

Verzaro ou **Verzello.** PESARO. Serait le **Ver dicchio bianco** de FERMO.

Verzicana.

Verzicchio. Voyez **Verdicchio.**

Verzolina. SARDAIGNE. *Bic.* Voyez **Bariador gia.**

Vesentina. VÉRONAIS. AC. décr. 241.

— ou **Vicentina.** ROVEREDO. *Bic.* (47 S'est trouvé chez moi id. à la **Pavana** d FRIOUL.

Vesentinella. Voyez **Pelosetta.**

Vesentinon. Voyez **Vesentina.** ARR. DE VÉRON

Veslaver. UDINE. C'est certainement par erreu que le **Cabernet** m'a été envoyé sous ce nom Dans quelques localités d'AUTRICHE, on désign sous le nom de **Veslaver,** le **Portugiese** qui fait le vin dit **Veslaver.**

Vespaja bianca. TOSCANE. ROB. LAWL. C'e aussi un raisin de SICILE qui porte encore da ce pays le nom d'**Orisi.** MEND.

Vespajuola. BASSANO. AC. 301.

Vespalora, Vispalora et **Visparo.** SICILE.

Vesparo. SICILE. FRO. [Le nom de **Vespar** vient du dégât fait par les guêpes sur ce rais très-sucré. Dans le GERS, la guêpe se nomm **Vespa,** ou plutôt **Bespa.** (PELL.)] La guê est aussi appelée **Vespa** en ITALIE.

Vesparo. BORDELAIS. Syn. de **Cot ?** Je n'ai p pu trouver d'où vient cette synonymie, qui me paraît pas acceptable.

Vesparola. ROME. AC. 139, 293.

Vespera. Décr. AL.

Vespolina. GHEMME. HAUT NOVARAIS. CER *Bic.*

Vespolino et **Nespolino.** HAUT NOVARA L'espèce la plus répandue. *Bic.* (47). OD. 54 Syn. de **Uvetta** de CANNETO.

Vespolino. LUCQUES. MEND. *Bic.* N'est pas même que la précédente.

Vespolone. Raisin de la PROV. DE NOVARE.

Vesprina (Uva) ou **Vesprino.** Syn. de **Dc cino bianco,** à PESARO.

Veste di monaca (*robe de religieuse*). FRIOU *Bic.* S'est trouvé chez moi id. au **Blau fra chischer.** Ce nom d'un raisin qui m'est ve du FRIOUL est probablement une traduction

Barat-tzin-szoello *(couleur robe de religieuse)*; nom de raisin hongrois qui, à ce que je crois, s'applique au **Pinot gris.**

Vésuve (Raisin du). *Cat.* LUX. AC. 319. *Pép.*

Vetrancone nero. VÉSUVE. MEND. *Bic.* (35).

[**Vevay.** Syn. d'ALEXANDER.]

Vianne rouge. VOREPPE. Serait id. au **Provereau** de la DRÔME.

Viaresca nera. BOLOGNE. FRO.

Vicaine. *Pépin.* pour **Bicane.**

Vicaino bianco? G.

— **verde.** G.

Vicane noire. RHÔNE. OD. *App.* 18. GUY. II, 642. Voyez **Bicane.** [Le raisin connu dans le MAINE-ET-LOIRE sous le nom de **Vicane noire** du RHÔNE est syn. de **Gamai noir beaujolais.** (PUL.)]

Vicanne? *Cat.* LUX.

Vicentina. MANTOUE. AC. 290. Appelé aussi **Visentina** et **Vesentina.** D'après le baron PIZZINI d'ALA (TRENTE), ce cépage serait syn. ou du moins une sous-variété de **Pavana.**

Viclaire blanc. DOUBS (JURA). GUY. II, 396. C'est, je crois, le **Savagnin** ou **Traminer.**

Vicome. CHARENTE-INFÉRIEURE. AC. 321.

Vicomte d'Olivette? *Cat.* LUX.

[**Victoria.** (B) V. amér. (*Labrusca*). Fruit de couleur ambrée brillante.]

Vidogne. Nom donné par JULIEN au **Viduno** de l'île de MADÈRE. OD. 522.

Viduno. MADÈRE. OD. 522. D'après JULIEN, ressemble un peu au **Chasselas français.** Le comte OD. dit que ce plant est avec raison un des plus répandus dans l'île de MADÈRE et qu'il donne le meilleur vin sec, là où manque le **Sercial.** Cet auteur ne croit pas que personne en FRANCE le possède.

Vidure. BORDELAIS. Syn. de **Cabernet.** Signifie *Vigne dure.*

Vien de Nus ou **Gros Vien.** VALLÉE D'AOSTE. Décr. GAT.

Viesanka. CROATIE. Syn. de **Hangling.** H. GOET.

Vigiriego. MALAGA. OD. 517 le cite parmi les cépages espagnols de mérite et dit qu'il y a la variété **blanche** et la **noire.** ROX. donne à ce raisin le syn. de **Prostrata.** La variété **blanche** a des grains verdâtres, oblongs. ROX. cite aussi la

Vigiriega bianca de MOTRIL.

— **negra.** XÉRÈS. Plus âpre que la **blanche.**

Vigne d'Astrakan. COLL. DE LA DORÉE. MEND.

Vigne de Canada blanche. G. [EC. MONTP.]

— **de Candolle.** FRANCE. *Cat.* INC. Id. au **Grec rouge.**

[**Vigne de Cieza.** ESPAGNE. LUX. (BOUSC.)]

— **de Karabournou.** OD. 430. *Bic.* Voyez **Karabournou.**

Vigne de la Chine. G. La forme de ses feuilles est très-particulière, les sinus sont larges, irréguliers, les lobes rétrécis paraissent rongés par des chenilles. *Bic.* PUL.

Vigne de Limdi Kanat. OD. Voyez **Limdi Kanat.**

[**Vigne de Potés.** ESPAGNE. *Cat.* LUX. (BOUSC.)]

— **de Wood.** *J. bot.* LYON. PUL.

— **de Yeddo roth.** JAPON. Voyez **Yeddo.**

— **de Zoala.** PUL.

— **d'Ischia.** OD. 175, 335. Ce nom a deux significations ; il est syn. du plus précoce des **Pinots,** c'est-à-dire du **Pinot Madeleine,** et de l'**Uva di tre volte.** Je ne trouve pas exacte la première synonymie et je garderai **Ischia** pour la seconde. C'est, en effet, le second de ces raisins et non le premier qui est dans l'île de ce nom et dans les PROV. NAP.

Vigne dure. Syn. de **Cabernet franc** dans les GRAVES (GIRONDE), parce que ses sarments sont très-durs à la taille. Ce nom a été ensuite modifié ; on en a fait **Vidure** et **Vuidure.**

Vigne verte. de MADÈRE. INC.

[**Vignes du Soudan.** M. LECART a proposé la culture, pour la production directe, d'un certain nombre d'espèces de vignes à tiges annuelles et à racines tuberculeuses, qu'il a rencontrées dans le SOUDAN, et dont il a donné une description malheureusement imparfaite au point de vue botanique. La **Vitis macropus** (voir ce mot) semble répondre à l'une de ces descriptions. Les diverses espèces de l'AFRIQUE TROPICALE paraissent assez voisines des **Ampelopsis,** parmi lesquels les classent certains auteurs. Quelques-unes d'entre elles donnent néanmoins des fruits comestibles ; mais il est peu probable que l'on puisse les faire vivre, en Europe, autre part qu'en serre chaude.]

Vignirolles. *Cat.* LUX.

Vilagos. HONGRIE. Syn. de **Silberweiss.** H. GOET. et par conséquent de **Traminer.**

Vildeline. HAUT-RHIN. Pour vins blancs. *Journ. vit.* II, 69.

Vilder ou **Wilder.** Vigne américaine noire.

Vilemot. *Cat.* LUX.

Villadrid de MONTAUBAN. *Cat.* LER.

Villandri? blanc. *Cat.* LUX.

Villarbasse bianca. Raisin de table. Chev. NASI. RIVOLI (PIÉMONT).

Villiboner. WURTEMBERG. Syn. de **Pinot gris.** BAB. ST.

Villodri? TARN-ET-GARONNE. VIV.

[**Vinifera** (*V. Vinifera*). Espèce qui a donné lieu à tous les cépages *cultivés* dans l'ancien continent. Arbrisseau sarmenteux atteignant à l'état sauvage d'assez grandes dimensions ; à tige cylindrique grêle divisée par des nœuds d'où sortent les rameaux, feuilles, vrilles et fleurs. Vrilles non continues. Feuilles palmées à cinq lobes, plus ou moins incisées, divisées ou dentées, vertes et glabres. Fruit en baie globuleuse ou ovale, de volume variable, sans goût particulier, chair non pulpeuse. Graine peu volumineuse terminée par un *bec* allongé, *chalaze* peu apparente placée vers le tiers supérieur, pas de *raphé* visible. Les racines pourvues d'un chevelu abondant et d'une structure riche en tissu cellulaire, lâche et succulent, les rend impropres à résister par elles-mêmes aux attaques du phylloxera.] Il serait possible qu'une bonne partie des vignes américaines (les *Æstivalis* en tête) fussent admises plus tard comme des subdivisions de la grande famille du *V. Vinifera*. (R.)

Vino rosso. *Cat.* LUX.

— verde. MOLFETTA. Syn. de **Alvino verde** de BARLETTA.

Vinoso. GIOV. VETTORIO ; SOD.

Vint tint. Syn. de **Teinturier.**

Viogné et **Viognier.** CÔTE-RÔTIE. Voyez **Vionnier.**

Violetter Muskateller. Serait syn. de **Muscat violet** de MADÈRE.

Vionnier blanc. *Cat.* LUX. OD. 226. DÉP. du RHÔNE et de la LOIRE. RENDU. dess. *Bic.* (32). Précieux pour la bonté des vins qu'il produit.

Vionnier de CÔTE-RÔTIE. Id. au précédent.

— jaune. OD. 227. *App.* 17. *Bic.* Le comte OD. admet les trois variétés : le **vert**, le **jaune** et le **petit** ; je crois que ces variétés ne sont que de simples modifications dues à la culture.

Vionnier petit. OD. 227.

— vert. OD. 227. *App.* 17.

Virdisi bianca. G. SICILE. *Bic.* (38). D'après le baron MEND. a de gros grains, est bonne pour la cuve et pour la table.

[**Virdisi grossu.** SICILE. MEND. (BOUSC.)]

Virdulidda. TRAPANI. G. MEND.

Virgilia grata. Serait syn. de **Chasselas,** d'après BURGER et BAB.

Virgiliana. ROX. Grains ovales noirs.

Virginia Norton. Voyez **Norton's Virginia.**

Viririega. H. GOET. Serait la **Luglienga.**

[**Viroulat.** Cépage du ROUSSILLON. (BOUSC.)]

Visanello. PROV. DE MACERATA. Syn. de **Pecorino.** *Bull. amp.* II.

Visentina. Vigne du TRENTIN, d'après FRO. Voir **Vicentina.**

Visontai. *Cat.* LUX.

Vispalora. TERMINI. MEND. *Bic.* (31) (47?). AC. décr. 174. Voyez aussi **Ciminisa,** son syn. d'après NIC.

Vispara bianca. MEND. et **Visparu.** SICILE. Voir **Vespara.**

Vitazzo del vecchio. *Bull. amp.* VII, 528.

Vite Besgano. AC. 251 dit qu'elle est syn. de **Grignolò,** et que son raisin noir est préférable pour la table que pour la cuve.

Vite bifera de PLAISANCE. AC. 306.

— d'Acqui. AC. 255 le décrit parmi les raisins MILANAIS et croit que c'est le **Dolcetto.**

Vite dell' uva d'oro. (*vigne du raisin d'or*). LOMBARDIE. AC. 251. Raisin noir de cuve.

Vite Firenze (*Florence*). AC. décr. 256 parmi les raisins MILANAIS.

Vite Moradella. Colline de SAN COLOMBANO (LOMBARDIE). AC. décr. 251.

Vite Vignelli. MANTOUE. AC. 290,

Vitigno di Canossa (*cépage* de CANOSSA). Syn. de **Uva di Troia.** *Bull. amp.* I. *G. V. V.* 16.

Vitigno di Luca. BARLETTA. *G. V. V.* 16.

Vitis Aminea. SCHUBLER et MARTIN. Serait le **Gutedel** ou **Chasselas?** C'est le nom d'un ancien raisin cité par VIRGILE, qu'on peut maintenant appliquer à volonté à quelque variété que ce soit, sans crainte qu'on puisse fournir une preuve pour vous démentir. De même pour la **V. Apiana.**

[**Vitis Amurensis.** Voyez **Amurensis.**]

— Apiana et **Vitis Scirpula.** On croit que les anciens désignaient ainsi le **Muscat blanc.**

[**Vitis arizonica.** Ressemble à la **V. Californica,** mais elle n'est tomenteuse que quand elle est jeune ; elle devient ensuite glabre, avec des baies moitié moins grosses. On les dit d'un goût douceâtre. EC. MONTP.]

Vitis Aurelianensis. Voyez **Orleaner.** Je l'ai vu aussi employée comme syn. **d'Épinette blanche?**

[**Vitis Alsembergii.** *Cat.* LUX. AMÉRICAINE. (BOUSC.)]

[**Vitis Bainesii** de l'AFRIQUE tropicale et occidentale. Succulente, glauque, à tronc ovoïde charnu en forme de navet ; rameaux érigés sans vrilles, feuilles ternées, brièvement pétiolées (les plus basses quelquefois simples), les folioles ovales oblongues, inégalement découpées, deux stipules opposés, subulo-lancéolés, fleurs en cyme, pédicelles glanduleux, pétales cohérentes calyptiformes en s'ouvrant.]

[**Vitis Berlandieri.** PLANC. EC. MONTP. Souche assez vigoureuse. Rameaux grêles et rampants, à section polygonale vers l'extrémité. Vrilles discontinues. Floraison très-tardive. Grappes moyennes, ailées et serrées (sur les pieds fertiles). Grains petits, noirs, pruinés, sans goût particulier ; pulpe très-peu abondante. Graine moyenne, renflée, à bec court ; *chalaze* généralement allongée et se confondant avec le *raphé*, qui se perd presque toujours dans le sillon qui le renferme. Feuilles moyennes ou petites, orbiculaires ou cordiformes, quelquefois trilobées, épaisses, d'un vert foncé et généralement luisant à la face supérieure, d'un vert plus pâle en dessous, chez les formes glabrescentes, avec un duvet grisâtre chez les formes tomenteuses. Paraît très-résistante au phylloxera et très-rustique, mais reprend très-difficilement de bouture, d'après les expériences faites à l'Ecole d'agriculture de Montpellier. Synonymes: **Surret mountain** (incorrectement) pour **Sweet mountain**. DOUYSSET et **V. Cordifolia coriacea** Dr DAVIN.

[**Vitis candicans**. Voyez **Candicans** et **Mustang**.]

[**Vitis californica**. Voyez **Californica**.]

— **Cathartica**. DIERBACH. Voyez **Heunisch**.

[**Vitis canescens**. Voyez **Canescens**.]

— **Cariboea** ou **Indicans**. M. LALIMAN cite ce cépage comme résistant au phylloxera près de l'ISTHME DE PANAMA.

Vitis Chenopodia. DIERBACH. Voyez **Gänsfüszler**.

[**Vitis cinerea**. Voyez **Cinerea**.]

— **Clavenensis**. DIERBACH. C'est le **Clœvner** ou **Pinot**.

[**Vitis Cordifolia**. Voyez **Cordifolia**.]

— **Damascena**. BABO.

— **Duracina major**. BABO.

[**Vitis Æstivalis**. Voyez **Æstivalis**.]

[**Vitis Figariana**. WEB. AFRIQUE TROPICALE. Voisine des **Cissus**.]

Vitis Fissilis. Voyez **Räuschling**.

— **Frankonia**. SCHUBLER et MARTIN. Voyez **Frankentraube**.

Vitis Labrusca. FLORENCE. AC. 298.

[**Vitis Labrusca**. Voyez **Labrusca**.]

— **Laciniosa**. AC. décr. 299. Voyez **Chasselas lacinié**.

[**Vitis Lincecumii**. Voyez **Lincecumii**.]

[**Vitis macropus**. Probablement l'une des vignes du SOUDAN indiquées par M. LECART. Succulente, glauque, à tronc ovoïde charnu en forme de navet ; à rameaux courts, érigés, herbacés, à feuilles à cinq folioles, la plus basse trifoliée; folioles ovales elliptiques brièvement pétiolées, les plus jeunes principalement recouvertes d'un duvet blanc tomenteux, ondulées et pliées ; avec deux stipules opposés largement lancéolés, en fleurs en cyme, pétales cohérentes calyptriformes.]

[**Vitis monticola**. Voyez **Monticola**.]

— **Nicarina**. DIERBACH. Voyez **Fütterer**.

Vitis Ortlibii. Voyez **Ortlieber**. BAB.

[**Vitis Ovisburgii**. AMÉRICAINE. LUX. (BOUSC.)] Je crois avoir reçu ce plant de l'Association agricole d'IVRÉE, sous le nom de **Orwigis-Burgii**. A en juger sur les petits plants que j'ai en pépinière, ce serait une **Isabelle?** C'est une des espèces américaines introduites eu ITALIE, il y a cinquante ans.

Vitis Pendula. Voyez **Hanglinge**. MEYER, DIERBACH.

[**Vitis Proy**. AMÉRICAINE (*Labrusca*). (BOUSC.)

— **Psythia**. Syn. de **Rundbeerige Cibebe?**

Vitis Pulverulenta. DIERBACH. Voyez **Meunier**.

Je renonce à indiquer les vignes latines citées par les auteurs anciens et dont le lecteur trouvera les noms de quelques-unes dans l'épigraphe de cet ouvrage, parce que personne ne pourrait, je crois, les rattacher à celles qu'on cultive aujourd'hui.

[**Vitis rupestris**. Voyez **Rupestris**.]

[— **vinifera**. Voyez **Vinifera**.]

[— **vulpina**. Voyez **Vulpina**.]

Vitis Solonis. AMÉRIQUE. *Bic.* PUL. On croit qu'à cause de ses racines filiformes, c'est l'espèce qui résiste le mieux au phylloxera. Elle est très-robuste et prend un grand développement. J'ai fait sur ce cépage des greffes qui ont prospéré d'une façon remarquable. [EC. MONTP.]

Ce cépage ainsi que d'autres résistants au phylloxera se trouvent disséminés sur plusieurs points de l'Italie, sans que les propriétaires qui les possèdent se doutent de l'importance très-grande qu'elles pourraient avoir, en cas d'invasion du fléau si redouté. J'invite les viticulteurs italiens à examiner attentivement les variétés américaines qu'ils possèdent.

Vitis Tyrolensis. DIERBACH. Syn. de **Traminer**.

Vitis Vinifera austriaca.

— — **Xantokarpa**. SCHUBLER. Syn. de **Ortlieber**.

Vitraille. GIRONDE. OD. 131. Syn. de **Merlot**. *Bic.* Vigne très-utile pour les collines de SALUCES.

Vitterer. BAB. Syn. de **Fürterer**.

Vjoû de Vinsenso. AC. 158 la décrit parmi les vignes des CINQ TERRES.

Vogel schnabel Salzman. Syn. de **Eichel-traube weisse**. BAB.

Vogel traube blauer ou **Vite selvatica** (*vigne sauvage*) ou **Raisin blanc des oiseaux**. Décr. MUL.

Vogeltraube weisser ou **Uccellina bianca**. Décr. MUL.

Voirar ou **Voirard**. St-Pierre d'Aoste. Décrit par moi sur place.

Vojas Dinka. *Cat.* Lux.

Vollovina grossa. Istrie. AC. décr. 193 H. GOET. écrit **Volovina** et **Volovna**, et la dit syn. d'**Urbanitraube noir**.

Vollovina minuta. Istrie. AC. décr. 193.

Volpato. G.

Volpe. G. ou **Volpina**. Lucques. Je l'ai vue à l'Exp de 1877. Feuilles à dents aiguës, très-légèrement tomenteuses en dessous; grains ronds, pruinés, ambrés, caractères qui conviennent tous aussi au **Trebbiano** de Toscane. Le mauvais état des sarments exposés ne m'a pas permis de m'assurer de l'identité de ces deux cépages.

Volpin. Asti. Saluces. Celui de Saluces est très-peu cultivé et me paraît id. au **Neretto** de Marengo.

Volpola bianca. AZELL. *G. V. V.* II. AC. décrit 278 et lui donne pour syn. **Cimiciattola**; TRINCI le décr. aussi à la p. 111.

Volpolo. G. ou **Volpolino**. Lucques. Raisin blanc de saveur légèrement aromatique. *Bic.* (32).

Volpone bianco. Prov. d'Ancone.

Volporone. G.

Voltoline. SOD. Estimée pour le vin qu'elle donne.

[**Volurma**. *Cat.* Lux.]

Von der lahn traube. Vienne. OD. 358. *Bic.* GANIER. Voyez **Van der lahn**. PUL. écrit **Van der laan**.

Vorlington ou **Worlington**. *Bic.* Raisin américain noir. Je l'ai reçu de M. GANIER sous le nom de **Petit noir parfumé** de Vorlington et l'ai trouvé id. au **York Madeira**.

Vörös. *Cat.* Lux. Signifie *rouge*.

— **denka**. Magyarath. Hongrie. OD. 318. **Muscat rouge**. C'est, je crois, le **Dinka**.

Vörös ketsketsetsu. Hongrie. OD. 371. Id. à **Pis de chèvre rouge**.

Vorthington. Amérique. Syn. de **Clinton**. DOWN.

Voslauer traube, d'après J. MULL. est syn. de **Portugieser**. Voyez **Portugieser**. Voyez aussi **Veslaver**.

Voueirar. Donne un vin fin, mais ce cépage est très-sujet à la coulure. Je n'ai pas trouvé dans quelle localité on le cultive.

Vougeot. Côte-d'Or. Syn. de **Pinot noir** ou **Franc Pinot**, cultivé au Clos Vougeot.

Vovoko ou **Volovijak**. Syn. de **Ochsenauge blaue**. H. GOET.

Vrai Chasselas musqué. G.

Vranek blauer. Décr. MUL.

Vugava della Drazza ou **Brazza**? G. INC. *Bic.*

Vuidure. *Cat.* Lux. Bordeaux. Altération de **Vigne dure**. Syn. de **Cabernet** ou **Carmenet**.

Vuidure Sauvignonne. OD. *App.* 10. Syn. de **Cabernet Sauvignon**.

Vuina ou **Frumintana**. Sicile. AC. décr. 180 parmi les cépages de Termini.

Vulpina ou **Rotundifolia**. Espèce de vignes américaines très-résistantes au phylloxera. [Ecorce des jeunes rameaux non striée couverte de nombreuses petites lenticelles (au moins sur le bois des rameaux), bois dur, sans gros vaisseaux, moelle peu abondante. Baies peu nombreuses dans chaque inflorescence, mûrissant successivement et se détachant une à une à la maturité. Vrilles continues. PLANCH. Graines allongées, traversées d'une extrémité à l'autre par un sillon continu, pas de *chalaze* saillante, ni de raphé.]

W

Wachteleitraube ou **Œuf de caillé**. Décr. MUL. **Wachteleiertraube** dans H. GOET.

Waghartraube frühe. Id. à **Czerna zibeba**. DOCH.

Waldeck blanc. De semis? SIM. L.

Wälscher blauer. Id. à **Burgunder blauer**. DOCH.

Wälscher früher blauer. Décr. MUL.

— **weisser**. A Strasbourg est syn. de **Orléans jaune** ou **Orleaner**.

Wälschriessling beerheller ou *couleur de bière*. Décrit MUL. et BAB.

Wälschriessling blauer. Décr. MUL.

Wälschriesling weisse. *Bic.* Dess. GOET. Décr. MUL. et BAB. Je le croirais différent du **Riessling blanc**.

Walter. Vigne hybride américaine. PL. 167. [EC. MONTP.]

Waltham Cros blanc. Muscat à grosses grappes et à gros grains. SIM. L.

[**Waltham Cross seedling**. *Cat.* Lux.]

Wanzenweinbeer. Syn. de **Moscato giallo**. H. GOET.

Warnertraube. SPRENGER. Syn. de **Blussard**.

Warren et **Warenton**. AMÉRIQUE. Syn. de **Herbemont**. *J. Vit.* 417. *Cat.* LER. *Bic.* C'est un des cépages les plus estimés; il est appelé **Bags of wine** (*sac à vin*) par M. DOWN. [EC. MONTP.]

[**Weehawken**. (B.). Semis de **Vinifera**.]

Weihrauch de Provence. Syn. de **Muscat violet?**

Weihrauch blauer. (*bleu intense*). Décr. MUL.

Weihrauch schwarzer. Syn. de **Muscat noir**. BAB.

Weihrauch weisser. Syn. de **Muscat blanc**. HONGRIE. BAB.

Weinbeerlein. Un des syn. de **Passeretta**. BAB.

Weiss Arbst. BADEN. Syn. de **Pinot blanc**. Voyez **Weissgelber Klevner**.

Weiss Augster. HONGRIE (*blanc d'août*). G. OD. 327, etc. En le décrivant il serait mieux de dire **Augster weisser**, en mettant le nom avant l'adjectif, de façon à ce qu'il se trouve avec les noms identiques des autres collection, et des autres pays.

Weiss Beereller. *Cat.* Lux.

— (*blanc*). OD. 301. Doit être un cépage de la BASSE-HONGRIE qui donne un vin apprécié, jaune, clair, d'un goût agréable, particulier aux vins de ce pays.

Weiss des Allemands. PUL. Est le même que le précédent.

Weiss elben. Voyez **Elbling**. Décr. MEY.

— **Elder** ou **Edler?** ALSACE. OD. 255, 272. Syn. de **Épinette blanche** ou **Morillon blanc**.

Weiss gipfler grüner. Syn. de **Veltelıner grüner**. H. GOET.

Weiss grob. AUTRICHE. OD. 301 dit qu'il peut être id. à l'**Orleaner** de RUDESHEIM. *Bic.* (16). Celui qui m'a été envoyé m'a paru id. au **Honigler** de BUDE. L'**Orleaner** a, au contraire, les grains ovoïdes.

Weiss honigler traube. *Bic.* OD. 321. Cépage de BUDE (HONGRIE). Syn. de **Budai Fejer**. Bon raisin blanc, très-fertile, précoce. Voyez **Honigler**.

Weiss Klef. AC. 329.

— **Klefstn?** *Cat.* Lux.

— **Klœvner**. OD. 272, 287. Syn. de **Épinette blanche** ou **Pinot** dans le BAS-RHIN.

Weiss lauber. Syn. de **Hudler rother**. BAB.

Weiss logler. PUL. *Bic.* (12). M'a paru un bon raisin de cuve et de table.

Weiss muskateller. BAB. Voyez **Muskateller**.

Weiss rothgyfla? *Cat.* Lux.

— **Silber**. Syn. de **Pinot blanc** à RIBEAUVILLER.

Weiss spitzwelscher. Syn. de **Pizzutello bianco**.

Weiss stock. OD. 301. Syn. de **Weiss grob**. Dans la STYRIE est syn. de **Elben weisse**. BAB.

Weiss Tokayer. PUL.

— **traminer**. Voyez **Traminer** ou **Savagnin blanc**. *Bic.* OD. 290 le croit id. au **Fromenté blanc** de l'AUBE et au **Gentil blanc** d'ALSACE.

Weiss turkische cibebe. Syn. de **Pis-de-chèvre blanc?** DITT.

Weiss walsck. *Cat.* Lux.

Weisswelsch. Syn. de **Rauschling**. BAB.

Weisse afner. *Cat.* LER. PICC. *Bic.?* S'est trouvé chez moi le **Pinot gris**.

Weisse Babotraube. Feuille à sinus pétiolaire fermé, les autres peu profonds; grappe subconique, légèrement ailée; grains gros, presque ronds, point pistillaire déprimé. Dess. METZ.

Weisse cibebe. Décr. MEY.

— **gutedel**. Voyez **Gutedel**.

— **Honigtraube**. Voyez **Honigler**. Décr. MEY.

Weisse Krakgutedel. Voyez **Gutedel** ou **Chasselas**.

Weisse Lamberstraube. Feuilles peu découpées. Grappe grosse, peu compacte, légèrement ailée, irrégulière. Dess. METZ.

Weisser Burgunder. Voyez **Gamai bianco**. DITT.

Weisser Candolle. Feuilles à sinus pétiolaire fermé, à très-petites dentelures, sinus supérieurs bien marqués; grappes petites, claires, grains ronds? Dess. METZ.

Weisser Elben. Feuilles peu ou irrégulièrement découpées, sinus pétiolaire fermé, pétiole court, grappe sous-moyenne, très-ailée, un peu compacte, grains ronds. Dess. METZ.

Weisser Elbling. Décr. MEY. Voyez **Elbling**.

Weisser Gutedel, Chasselas. Dess. METZ.

— **Heunisch**. Feuilles peu découpées, pointe un peu lancéolée, grappe subcylindrique, compacte, légèrement ailée; grains avec le point pistillaire très-marqué. Dess. METZ.

Weisser Langer tokayer. Dess. METZ. A confronter avec le **Hars levelu**.

Weissêr Mèthling. Décr. MEY.
— **Muskateller** ou **Muscateller.** Voyez **Muscateller weisser.** Id. au **Mos cato bianco** de Canelli. Décr. METZ.
Weisser Rauschling. Feuilles entières, sinus pétiolaire presque ouvert, dentelures peu profondes ; grappe claire ; grains ronds, quelques-uns avortés. Dess. METZ.
Weisser Rissling. Voyez **Riesling.**
— **Rulânder.** Syn. de **Pinot blanc** ou **Épinette.**
Weisser Spanier. Feuille ondulée, grappe à grappillons détachés, clairs ; grains ronds, gros. Dess. METZ.
Weisser Steinschiller. *Cat.* LER.
— **tokayer.** Paraît être le **Pinot blanc.** Dess. METZ.
Weisze afner noir. PICC. *Bic.* Sous ces noms qui me paraissent contradictoires, j'ai reçu le **Pinot gris.** Serait-ce une erreur au lieu de **Weiss zapfner,** qui est le **Furmint?**
Welika szelena ou **Szelenika.** Syrmie. OD. 322. Syn. de **Szold Szoello?**
Wellington superbe. Américain. *Soc. agr.* d'Ivrée (Piémont).
Welltliner. *Soc. agr.* de Roveredo. Voyez **Velteliner.**
Welsche engbeerige filzige ou **Raisin d'Espagne?** Décr. MEY.
Welsche traube. AC. 326.
Welscher. OD. 368. Syn. de **Frankènthal.**
Welschriessling. *Bic.* Dr CARP. Conegliano.
West's St.-Peter's. De semis. *Vign.* I, 139 (70). Raisin noir de table. D'après ROBERT HOGG et LINDLEY, ce cépage aurait pour syn. **Money's St-Peters, Oldaker's St-Peters, Poonah, Raisin des Carmes, Raisin de Cuba** et **Blak Lombardy.**
Wett large. G.
Weyrauch weisser ou **Weyrer** en Hongrie. Syn. de **Muscat,** d'après BAB.
White cap. Amérique. Espèce de **Labrusca.** PLANC.
White cucumber grape. Syn. de **Pizzutello.**
[**White Delaware.** (B.) V. amér. Fruit blanc, cépage chétif à l'Ecole d'agr. de Montpellier.]
White fox. *Cat.* Lux. [EC. MONTP.]
— **muscat** ou **Alexandria.** Syn., chez les Anglais, de **Muscat d'Alexandrie** ou **Moscatellone.**
[**White muscadine.** Syn. de **Scupernong.** PLANCH.]
White. Nice. *Cat.* des frères TRANSON.
[**Whitehall.** (B.) V. amér. (*Labrusca*). Pourpre foncé.]

Wiesetheider ou **Fürderer.** Wurtemberg. Un des syn. de **Fürterer.** BAB.
Wiesse. *Cat.* Lux.
Wildbacher noir. Cité parmi les cépages d Rhin. *G V.V. Bic.* (12).
Wildbacher blauer. Dans BAB. se trouv parmi les syn. de **Bernard traube.**
Wildbacher echter blauer. Décr. MUL.
— **früher blauer.** Décr. MUL.
— **schlehen blauer.** Décr. MUL
— **spät blauer.** *Bic.* Décr. MUL
Wilder grap. ROGER. Vigne hybride Américaine obtenue de semis. [Résistant au phylloxera d'après PLANC. ; n'a pas résisté à l'Ec d'agr. de Montpellier.]
Wilder noire. Vigne américaine hybridée ave des vignes européennes. PL. 161. Grain ronds. SIM. L.
Wildtraube. Syn. de **Teinturier?** ST.
Wilhehmstraube weisse. H. GOET.
Williboner. Syn. de **Clevner grauer.** MEY
Wilmington blanche. Américaine. PLANC 159.
[**Wilmington red.** (B.) V. amér. (*Labrusca*. Syn. de **Wyonning red.**]
[**Winne.** Syn. d'**Alexander.** PLANCH.]
[**Winslow.** V. amér. (B.) **Riparia,** raisi noir.]
[**Wintergrape.** Syn. de **V. Cordifolia.** PLANC.]
Wipbacher ahornblätteriger. Syn. d **Ahorntraube.** H. GOET.
Wipbacher weisser. Carniole. Syn. d **Mehlweinbeer.** H. GOET.
Wissbacher weisser. Syn. de **Mehlweiss** Décr. MUL.
Wit diro. G.
Wœlsch et **Wœlscher.** OD. 304. Cépage d Grand Duché de Baden qui concourt à forme le vin du Margrave. Syn. de **Gutedel** o **Chasselas.** ST. le cite parmi les raisins de l Suisse.
Wohrenkönig blâue. Syn. de **Chailloche** DOCH.
Wolfe. Amérique. Voyez **York Madeira** PLANC. 159.
Wood. *Cat.* LER.
Woronzow. Crimée. VIV.
Wurmbrandt traube weisse. TRUMMER H. GOET.
Wurzburger. *Cat.* Lux.
[**Wylie's new seedling grapes.** (B.) Américains. Hybrides divers obtenus par le docteu WYLIE. Les principaux sont : **Jane Wyli** (*Clinton* et *Vinifera*). — **Wylie** n° 6 *Clinto* et *Red Frontignac*). — **Harry Wylie.** — *Vylie* n° 4. — **Wylie** n° 5 (*Delaware* et *Clin*

ton). — **Garnet** (*Red Frontignac* et *Clinton*). — **Wylie** n° 8. — **Wylie** n° 11. — **Peter Wylie** n° 1 (*Halifax* et *étranger* par *Delaware* et *étrangère*). — **Robert Wylie.** — **Gill Wylie** (*Concord* et *étranger*). — **Delaware** et **Concord** n° 1. — **Herbemont hybride.** **Hybride de Scupernong** n° 5. — **Halifax** et **Delavare** n° 30. — **Halifax** et **Delaware** n° 88. — **Halifax** et **Hybride** n° 55. L'Ecole d'agriculture de Montpellier possède le **Peters Wylie** et les **Wylie** n°s 5 et 6.

[**Wyman.** Syn. de **Tokalon.**]

X

[**Xarello.** CATALOGNE. (BOUSC.)]

[**Xeres** du GARD. *Coll.* du Comice de TOULON. **Chéres.** GARD. OD. Syn. de **l'Augibi à grains ronds** de l'HÉRAULT. (BOUSC.)]

Xérès blanc. AC. 319. A pour syn. **Verdal.**

Xeriki. ZANTE et CORFOU. Raisin de table.

Xibib. ARABIE. OD. 417. Grains oblongs, rouge violet clair, très-gros.

Ximénes loco. XÉRÈS. SAN LUCAR. ROX. A les grains comme ceux du **Rebazo.**

Ximenes Zumbon. ESPAGNE. *Bic.* (37). D'après ce que je lis dans ROX. sur ce raisin, j'incline à croire qu'il est id. au **Pedro Ximenes,** ainsi que cela résulte aussi des observations que j'ai faites dans ma collection. Le **Jaen blanc** s'en rapproche beaucoup par ses caractères, d'après ROX.

Ximenes. ROX. Voyez **Pedro Ximenes.**

Y

Yagné. *Cat.* LUX. [et **Yague.** ROUSSILLON. **Yaga** et **Ysagues.** (BOUSC.)]

[**Yamai boto.** Syn. japonais de *Vit. ficifolia.* DE LUNARET.]

Ycalés. *Cat.* LER. Au lieu de **Hycalés.**

Yeddo (Vigne de). JAPON. Portée en EUROPE par les marchands de graines japonaises de vers à soie. A de belles grappes roses-bleues, longues, claires. G. *Vign.* I, 137 (69). *Bic.* (34). Voyez *Uve pregevoli. Ann. Vit. En.*, fasc. 50.

[**Yellow muscadine.** Syn. de **Scupernong.**]

Yerugo. *Cat.* LUX.

York clairet. *Cat.* LUX. *Cat.* LER. ou **York claret.** J'ai trouvé sous ce nom le **Clinton** dans quelques collections.

[**York Lisbon.** Syn. d'**Alexander.**]

York's claret. G. AMÉRIQUE. PUL.

— **Madeira.** *Cat.* LUX. *Cat.* LER. *Bic.* Id. à **Vorlington,** d'après PUL. Id. au **noir parfumé** de VORLINGTON du comte OD. N'a pas une végétation aussi robuste que l'**Isabelle**; on a observé pourtant qu'il résiste mieux au phylloxera que toute autre variété américaine. [Appelé **York's Madeires noir** dans le *Cat.* LUX. édit. de 1876.] [Paraît très-résistant au phylloxera et très-rustique ; semble appelé à jouer le rôle de porte-greffe dans les terrains secs et caillouteux. EC. MONTP.]

York's rouge. PUL. *Bic.* (61). S'est trouvé chez moi être le **York's Madeira.**

Yolet blanc. AC. 323.

Yulard. PICC. *Bic.* (22). Raisin noir à grains tantôt ovales, tantôt presque ronds, irréguliers.

Yves seedling. Vigne américaine venue de semis du **Hart-ford prolific.** [Cette vigne américaine ne résiste pas au phylloxera ; elle a été tuée chez moi à côté d'un **Rulander** qui qui se porte très-bien. (PELL.)] [La véritable orthographe d'après BUSH et MEISSNER est **Yves' seedling.**]

Z

Zabalkanski. Voyez **Sabalkanskoi.** *Vign.* I, 33 (17)

Zaccarese nera. *Exp.* AL. Grappe cylindrique, grains ronds.

Zagarese nero. BARI. Excellent pour faire du vin. *Bic.* (16). Plus précoce que l'**Uva Troia**; je le crois répandu dans les POUILLES.

Zagarésè nero ou **Sagarese.** TRANI. MEND. *Bic.* (16). J'ai reçu sous le nom de **Primitivo** un cépage id. à celui-ci.

Zagarese nero. TURI. MEND. *Bic.* Appelé aussi **Alicante** de BARLETTA.

Zambotta. VÉNÉTIE. AC. 301.

Zampina nera. PORRETTA. BOLOGNE.

Zano Zöllö. PUL. Raisin blanc de HONGRIE, fertile, assez précoce. *Bic.* (11) (15).

Zané. CASALE. D'après AC. 99 qui l'a décrit serait une variété de **Nebbiolo?** Décr. AL. *Bic.* (16). Raisin de cuve et de table. A des grappes noires, compactes, de maturation un peu tardive ; c'est pour cela que sa culture ne convient guère aux coteaux de SALUCES, trop frais en comparaison de ceux de l'ARR. DE CASAL.

Zanello. Décr. AL. Id. à **Zané**.

Zanetta bianca. COME. Cultivée à RONAGO par M. NESSI (Ant.) qui suppose que cette vigne est d'origine piémontaise. Donne de grandes et jolies grappes.

Zanisrebe rothsaftige. CAUCASE. Syn. d'**Alkernistraube** de CROATIE. TRUMMER. H. GOET.

Zante (Blanc de). OD. 573 dit qu'il a eu ce raisin de l'île de ZANTE, de l'établissement BAUMAN.

Zante bianca. *Cat.* LUX. *Bic.* On lui donne beaucoup d'autres noms, tels que **Marruga ??** di VAL D'ARNO (nom inexact), **Malvasia di San Nicandro, Malvasia cannilunga** de NOVOLI, **Malvasia** d'AREZZO, **Malvasia** de TRIESTE, etc., etc. C'est un des cépages les plus répandus en Italie. Il a une végétation très-robuste, donne du bon vin, mais souffre beaucoup de l'oïdium. Id. à la **Malvasia bianca di Bari**. Dans la collection de M. PULLIAT j'ai observé ce cépage parmi ceux qu'il avait reçus de l'île de CORFOU. Un de ses caractères particuliers c'est le pli qu'ont plusieurs feuilles, du sinus pétiolaire à un des sinus supérieurs. C'est le raisin qui donne aux vins toscans plus de finesse et modère leur couleur.

Zante bianca blanquettte d'ESPAGNE. *Cat.* LUX.

Zante bianca Calkisch. *Cat.* LUX.
— — **cotonneux?** *Cat.* LUX.
— — **Gauscha**. *Cat.* LUX.
— — **rossone Tokai**. *Cat.* LUX.
— **jaune**. *Cat.* LUX.
— **noir**. *Cat.* LUX. **Zante nera.**
— — **bon plant**. *Cat.* LUX.
— **noir gros**. *Cat.* LUX.
— **(noir de)** à grains oblongs. OD. 574.
— **(rouge de)** à longue queue. OD. 574.

[**Zantel gelber**. AUTRICHE. LUX. Son feuillage rappelle celui du **Furmint de Tokai**. (BOUSC.)]

[**Zanto rossone Tokai**. *Cat.* LUX.]

Zanzighello. MANTOUE. AC. 289.

[**Zapfener**. *Cat.* LUX.]

Zapfete Günter. *Cat.* LUX.

Zapfner. OD. 307. Syn. de **Furmint** dans les territoires de RUST et de ŒDENBURG.

Zappato. Syn. de **Negrello** à VITTORIA, COMISO, BISCARI et CHIARAMONTE (SICILE).

Zappolino nero. TOSCANE. PICC. *Bic.* Voyez **Zeppolino.**

Zapponara bianca. BARLETTA. *Amp. Pugl. G. V. V.*

Zapponara nera. BARLETTA. *Amp. Pugl. G. V. V.*

Zapponeta trifera nera. AZZ. *G. V. V.*

Zebibo. Voyez **Zibibo.**

Zedik. Serait syn. de **Corinthe.**

Zeiten Zeiten. PICC. *Bic.* S'est trouvé chez moi un **Chasselas blanc**.

Zekroula Khabistoni. CAUCASE. PUL. *Bic.*

Zelenika bianca. ISTRIE. AC. décr. 188.

Zelina. CONEGLIANO. *Alb.* T.

Zeludina. CROATIE. Syn. de **Eicheltraube**. H. GOET.

Zenin. EST DE LA FRANCE. OD. 278. Grains petits qui résistent mal à l'humidité, saveur délicate. Ce cépage doit être cultivé à souche basse et taillé court.

Zenzenezilzen. GOET.

Zenzillosa. SARDAIGNE. Voyez **Zinzillosa.**

Zenzola nera. VÉSUVE. FRO.

Zeppolino imperiale. TOSCANE. AC. décr. 285. Syn. de **Uva tedesca**, d'après TRINCI et AC.

Zeppolino rosso. AZZ. *G. V. V.*
— **bianco**. RIDOLFI. MEND. *Bic.*

Zerpoluso nero. PROV. NAP.

Zervei de Gatto (*cerveau de chat*). VÉRONAIS. AC. décr. 241. Syn. de **Cruina**. AC. décr. 228.

[**Zezel es Suasse**. Voyez **Zizet el Souass**. (AFRIQUE.) *Cat.* LUX.]

Zibebe weisse ou **Frühe weissé**. Syn. de **Seidentraube** ou **Luglienga** en ALLEMAGNE, d'après H. GOET.

Zibebo. AC. décr. 83, 199.

Zibibbo. ITALIE. OD. 417. AC. décr. 175. parmi les vignes de TERMINI. Décr. 285 parmi celles de TOSCANE. VÉNÉTIE. *Alb.* T.

Zibibbo bianco. AC. 301, 304. OD. 405. Décr. AGAZZ. Syn. de **Salamanna**. SOD. NICOL. Syn. de **Panse commune**, d'après OD.

Zibibbo giallo d'ARQUATA DEL TRONTO. MEND. *Bic.*

Zibibbo moscato. AC. décr. 219 parmi les raisins du VICENTIN.

Zibibbo nero. AC. 301, 304. SOD.
— **oblungo bianco** non musqué. POUILLES. Ressemble au **Moscatellone** par la grosseur, la beauté et la forme des grappes et des raisins; mais il en diffère par sa saveur simple et, je crois aussi, par son feuillage.

Zibibbo del giglio (*du lys*). Je l'ai vu dans le jardin du la Soc. d'hort. de FLORENCE. Sa feuille ressemblait à celle de l'**Insolia blanche** et la grappe approchait de celle de la **Teta di Vacca.**

Zibibbo rotondo. Exp. AL. AC. décr. 286.

— **rosso.** OD. 404 pense qu'il est id. à l'**Olivette rouge** des FRANÇAIS ?

Zibibbo veronese. AC. décr. 241 le **rouge** et 249 le **blanc.**

Zibibo di Marcellinara. CALABRE. MEND. *Bic.* S'est trouvé chez moi id. au **Moscatellone** de PIÉMONT ou **Salamanna** des TOSCANS.

Zibibo nostrale. SICILE. C'est le **Moscatellone.** MEND. *Bic.*

Zibibo toscano. Couleur vineuse claire; décrit par VILLIFRANCHI; il est différent du **Zebibo sicilien** ou **Moscatellone;** le baron MEND. admet aussi cette différence.

Zibibbu masculinu. SICILE, ou **Regina delle Malvasie.** MEND. *Bic.*

Zibirra bianca. VÉSUVE et MONTE SOMMA. FRO.

Ziegel roth. SLESIE. BAB. Syn. de **Valteliner rother.**

[**Ziegen Zitgen.** LUX. Id. au **Kakour noir.** (BOUSC.)]

Zierfahnler. *Cat.* LUX. ou **Zierfandler.** *Soc. agr.* de ROVERETO et *Cat.* de KLOSTERNEUBURG. Décr. par J. MUL. comme syn. de **Silvaner rother.** [Raisin d'AUTRICHE. (BOUSC.)]

Zierfahnler gelber. Syn. de **Walschriesling beerheller.** MUL.

Zimmetraube rauchfarbige ou **Uva cannella,** couleur de fumée. Décr. MUL.

Zimmetraube blauer ou **Uva cannella.** Décr. MUL. Cultivé à KLOSTERNEUBURG sous le nom de **Zimmtraube blaue,** figuré dans l'atlas de GOETHE.

Zina di vacca. D'après AC. 131 a aussi pour syn. **Empibotte ?** Est de la PROV. DE ROME et aussi de celle de NAPLES.

Zina di vacca bianca. *Cat.* divers.

— — **nera.** *Cat.* divers.

— — **violacea.** *Cat.* divers.

Zinardo. Voir **Orsina** ou **St-Francesco** de BÉNÉVENT.

Zinerchi. TRAPANI. MEND. Raisin blanc de cuve ou **Passeretta;** cultivé aussi à LIPARI. *G. V. V.* 15. Appelé aussi **Boasedda.**

Zingarello nero. TURI. MEND. *Bic.* (48) (31?). *G. V. V.* Raisin de cuve.

Zinna ou **Empibotte.** ROMAGNE.

Zinna di vacca nera ou **Menna di vacca.** *Bull. amp.* X. On suppose que c'est le **Bumastè** des anciens.

Zinnericu. MESSINE. MEND. Espèce de **Passaretta nera.**

Zinzillosa. Décr. INC. ou **Tintorina.** *Bic.* Me paraît n'être pas éloigné par ses caractères du **Morrastel.** MORIS, dans la *Fl. Sard.*, lui donne pour syn. **Infectiva ?** *Bic.* (48) (43?).

[**Zirifandl rose d'Eisenstadt.** AUTRICHE. LUX. (BOUSC.)]

[**Zirifandl jaune de Saint-Georges.** LUX. (BOUSC.)]

[**Zirifandl rouge de Thalern.** LUX. (BOUSC.)]

Zirifland. *Cat.* LUX. Evidemment au lieu de **Zirifandl.**

Zirifauld ? rose. *Cat.* LUX.

Zirifondl ? (petit blanc). *Cat.* LUX.

Zironi di Spagna. MEND. *Bic.* (31) ou (15 ?). Le raisin que j'ai reçu sous ce nom n'est pas id. au **Girò** que j'ai reçu de SARDAIGNE.

Zironi Sardu ou **Girò ?** *Bic.* G.

Zisiga. DE CRESC. ou **Rubiola.** Grains longs. Raisin de cuve.

Zitara nera. VÉSUVE et MONTE SOMMA. FRO.

Zitgen zitgen. *Cat.* SIM. L.

Zitzentzen ? HONGRIE. Syn. de **Pis-de-chèvre.**

Zizet el Souass. AFRIQUE. PUL.

Zoelo Szoëlo ? *Cat.* LUX.

Zold Bakar. *Cat.* LUX. [HONGRIE. Raisin blanc légèrement parfumé; grains serrés, un peu oblongs. (BOUSC.)]

Zolia. Voyez **Insolia.** MEND.

Zoppa precoce bianca. PIZZOCORNIO. VAL DE STAFFORA. VOGHERA. *Bic.*

Zorcana. VICENCE. AC. 301.

Zoruna. ESPAGNE. D'après BAB., c'est le **Muscat blanc.**

Zottelwelscher. *Vitis italica.* GOCK. Décr. J.-J. MEY. ST. le donne pour syn. **d'Olivette** des Français. Syn. de **Urban rother.** (MEY.) et de **Trollinger rother.** BAB.

Zottelwelscher filziger (*Vitis pensilis italica*). Décr. MEY.

Zottler weisser. BAB. décr.

Zoveana nera. VICENCE. AC. 302. Peut-être pour **Doveana.**

Zozet (el) suas vassa. *Pépin.* Voyez **Zizet.**

Zucari. GRENADE. ROXAS. *Acinis umbilicatis nigris.*

Zuccaja bianca. TOSCANE. MEND. SOD.

Zuccajo giallo.

Zuccajo grosso. TOSCANE. AC. décr. 286. Décr. *Com. agr.* de FLORENCE.

Zuccajo minuto. TOSCANE. AC. décr. 286.

Zuccaria. FLORENCE. *Ann. Vit. En.* 278.

Zuccarina. AC. décr. 185 parmi les raisins de TERMINI.

Zuccarina niura. RIPOSTO. MEND.

Zuccarino. TRANI. MEND. *Bic.*
— **nero**. TRANI. *Bic.* (47)?
Zuccarinona. Syn. de **Farinona**?
Zuccaya? *Cat.* LUX.
Zucchera nera. PROV. NAP.
Zuccherina bianca. BARLETTA. Décr. *Amp. Pugl. Bic.*
Zuccherina rossa. Raisin de table. SALERNE. PROV. NAP. *Bull. amp.* VII, 544.
Zuccherino di Bitonto. MEND. *Bic.*
— **nero**. BARI. *G. V.V. Bic.* (15).
Zucchese. LUCQUES. Serait syn. de **San Gioveto**? *Bic.*
[**Zuglia nera**. *Jard. bot.* de DIJON ; raisin noir, tardif, de la tribu des **Cornichons**. (BOUSC.)]
Zunza di Troia. MILAZZO. MEND. *Bic.*
Zurich. *Cat.* LUX.]
Zuricker. *Cat.* LUX. Voyez **Räuschlin** MEY.
Zuricker traube. AC. 331.
Zuritrube. BABO, parmi les syn. de **Elb weisse**.
Zuriwifs Thurthal. Syn. de **Räuschlin** BAB.
Zurumi. OD. 424. Raisin de la province GRENADE en ESPAGNE. Syn. de **Valen blanc**. ROX. Grains blancs, oblongs, très-s voureux.
Zuzomaniello nero. ANDRIA. Dans l'*Am Pugl.*, on lui donne pour syn. **Uva ner** Voyez **Susomaniello**.
Zuzzumanello nero. BRINDISI. Id. au précédent.

En terminant ce travail je me plais à espérer que le lecteur qui s'occupe d'ampélographie se rendra facilement compte des nombreuses difficultés qu'on a à surmonter pour rassembler les noms des vignes de toutes les régions, où l'on cultive cette plante, pour en faire un catalogue général. Comme il est impossible qu'une seule personne puisse connaître exactement tous les noms qui lui tombent sous la plume, il doit arriver souvent qu'en citant des variétés, elle commette les mêmes erreurs, les mêmes inexactitudes que les auteurs qui ont écrit avant elle. Mais son travail même imparfait ne sera pas perdu ; car, d'une manière ou d'une autre, on finira par relever les fautes que le compilateur a pu laisser ou qu'il a faites lui-même en cherchant à corriger celles des autres.

Qu'il me soit permis après cela d'offrir aux viticulteurs le résultat de mes travaux et le fruit de mes observations.

Dans ce dictionnaire, le viticulteur italien trouvera réunis en ordre la plus grande partie des cépages non-seulement de notre Péninsule, mais encore de quelque partie du monde que ce soit et d'une manière beaucoup plus ample et beaucoup plus complète que tout ce qui a été fait jusqu'à présent, chez aucune autre nation : au moyen des numéros entre parenthèses qui se trouvent après le mot de *Bic.*, il pourra ensuite relever sur le tableau de classification les caractères principaux de plusieurs cépages.

Celui qui voudra s'adonner à l'étude des cépages, du choix desquels dépend principalement la qualité des vins, pourra, grâce à cet *Essai ampélographique,* abréger beaucoup et d'une manière certaine la route obscure et mal tracée que j'ai eu à parcourir à travers de longues recherches et des expériences difficiles.

Si cette étude, rendue ainsi plus facile, peut offrir quelque attrait aux hommes de loisir ; si elle peut contribuer à l'accroissement de la viticulture, que je crois la plus belle et la plus productive de toutes les industries agricoles ; enfin si elle peut être utile à mon pays, je serai amplement dédommagé de toutes mes fatigues, car j'aurai atteint le but que j'ambitionnais.

APPENDICE

[**Aburtiva**. AMÉRIQUE. (Coll. de M. de VIVIE.) stérile.]

[**Aetoniki kondro** (*griffe d'aigle à gros grain*). GRÈCE. EC. MONTP. A grain noir, gros, allongé.]

Aetoniki Mauron (*griffe d'aigle à grain noir*). GRÈCE. EC. MONTP. A grain allongé, noir, un peu moins gros que celui du précédent.]

[**Aetoniki Psilo** (*griffe d'aigle à grain menu*). GRÈCE. EC. MONTP. Raisin de table, oblong en forme de cornichon recourbé.]

[**Alexandrina**. AMÉRIQUE. (Coll. de VIVIE.]

[**Amata**. AMÉRIQUE. (Coll. de VIVIE.)]

[**Arrot** ou **Arrot blanc**. AMÉRIQUE. (*V. Labrusca.*) (Syn. du **Monticola** du Jardin des Plantes de BORDEAUX.) Ressemble assez au **Cassady**. Très-vigoureux. Grains moyens, ronds, blanc verdâtre, recouverts d'une fleur blanchâtre, assez pulpeux. Goût particulier peu foxé. EC. MONTP.]

[**Augoulato**. (*Ovoïde*). GRÈCE. EC. MONTP. Raisin de table, blanc.]

[**Basilostaphylo** (*raisin du roi*). GRÈCE. EC. MONTP. Raisin de table, blanc, ovoïde, très-allongé, ressemble au **Rosaki**.]

[**Canadensis native vine**. AMÉRIQUE. **V. Riparia sauvage,** donné sous ce nom par le Jardin d'acclimatation. EC. MONTP.]

[**Caroline**. AMÉRIQUE. (*V. Labrusca.*) EC. MONTP.]

[**Chipewa**. AMÉRIQUE ? EC. MONTP.]

[**Croton**. AMÉRIQUE. Hybride du **Delaware** et du **Chasselas de Fontainebleau** obtenu par UNDERHILL. Grappes de 8 à 9 pouces de long, moyennement compactes et ailées; baies de moyenne grandeur, d'une couleur jaune verdâtre, transparentes, et d'un aspect remarquablement délicat; chair fondante et douce. EC. MONTP.]

[**Dunn**. AMÉRIQUE. (*V. Æstivalis.*) EC. MONTP.]

[**Echloni**. AMÉRIQUE (*V. Labrusca*). A feuilles quinquelobées ou entières; grains presque ronds, moyens, d'un noir intense, très-foxés, d'une végétation moins fougueuse que l'**Isabelle**. (D'après M. de VIVIE, cité par M. LESPIAULT.)]

]**Edenbourg**. AMÉRIQUE. (Coll. de VIVIE.)]

[**Ferrand's Michigan seedling**. AMÉRIQUE. Obtenu de semis par M. FERRAND, pépiniériste à COGNAC, et proposé comme porte-greffe, ressemble aux **Vialla, Franklin,** etc.; peu répandu. EC. MONTP.]

[**Florence**. AMÉRIQUE. EC. MONTP.]

[**Greinn's hybrids**. AMÉRIQUE. Hybrides de **Taylor** par des **Labrusca**. Très-beaux raisins blancs (I et II) à l'EC. MONTP.]

[**Gusman**. AMÉRIQUE. (Coll. de VIVIE.)]

[**Harwood**. AMÉRIQUE. **Æstivalis à gros fruit,** probablement identique à l'**Herbemont à gros grains,** à l'**Herbemont Improved** et au **Bottsi**. EC. MONTP.]

[**Herbemont Improved**. AMÉRIQUE. Vraisemblablement identique au **Harwood** et à l'**Herbemont à gros grain** EC. MONTP.]

[**Hermann blanc**. AMÉRIQUE. EC. MONTP.]

[**Hertgella**. AMÉRIQUE. (Coll. de VIVIE.)]

[**Isabelle blanche de semis**. AMÉRIQUE.]

[— **jaune de semis**. AMÉRIQUE.]

[— **rose de semis**. AMÉRIQUE.]

[— **noire de semis**. AMÉRIQUE.]

[— **Columbus**. AMÉRIQUE.]

Cités par M. LESPIAULT comme renfermés dans la collection de M. de VIVIE.

[**Janes ville**. AMÉRIQUE (*V. Labrusca*). Très-vigoureuse. EC. MONTP.]

[**Karystino**. GRÈCE. Syn. de **Karistiana roth** ou **Grün**. EC. MONTP.]

[**Katchebourié** du KASHMIR (*V. Vinifera*). Grappe bien fournie; grain très-gros, rond, blanc.]

[**Kawaury** du KASHMIR (*V. Vinifera*). Grappe très-forte; grain très-gros, peu serré, rond, rouge. Le vin est de qualité inférieure, aigrelet, mais alcoolique. EC. MONTP. Une première année d'existence au milieu du phylloxera l'indique comme probablement non résistante.]

[**Lenoir à gros grain**. AMÉRIQUE (*V. Æstivalis.*) Obtenu de semis du **Lenoir** par

M. F. SABATIER, de MONTPELLIER. EC. MONTP.]

[**Macrophylla** (sous-entendu **Vitis**). AMÉRIQUE. (Coll. de VIVIE.)]

[**Mauron Augoulato** (*Ovoïde noir*). GRÈCE. EC. MONTP. Ovoïde, noir, ressemble à l'**Avgoulato.**]

[**Opiman** du KASHMIR (*V. Vinifera*). Grappe belle et grande ; grain très-gros, ovoïde, très-sucré. EC. MONTP. Ne semble pas résistant au phylloxera.]

[**Palmata.** AMÉRIQUE. (Coll. de VIVIE.)]

[**Phraoula** (*fraise*). GRÈCE. EC. MONTP.] Cépage de vigueur médiocre. Raisin de table, grappe longue et lâche, grain gros, sphérique; très-tardif.

[**Professeur Planchon.** AMÉRIQUE. Synonyme de l'ancien **Schuykill** de PULLIAT. (Voir ce mot.) EC. MONTP.]

[**Robson seedling.** AMÉRIQUE. Celui qu'on cultive à l'EC. MONTP. paraît être la **Pauline.**]

[**Rodités** (*rosé*). GRÈCE. EC. MONTP.] Raisin de table et de cuve plutôt précoce.

[**Schedweeter.** AMÉRIQUE. (Coll. de VIVIE.)]

[**Sederitès.** GRÈCE. Rose très-tardif, dur, moyen. EC. MONTP. (Syn. de **Sideritis**).]

[**Sirihi.** GRÈCE. Vigne de treille. Raisin noir, très-gros, à pédoncule gros, à section carrée, jaune et cassant, arome particulier. EC. MONTP.]

[**Suzanne.** AMÉRIQUE. (Coll. de VIVIE.)]

[**Thuny.** AMÉRIQUE. (Coll. de VIVIE.)]

[**Tourbat.** FRANCE (ROUSSILLON). Cépage vigoureux ; feuille ressemblant à celle de la **Carignane,** quinquelobée (peu profondément), bullée, à sinus pétiolaire fermé ; face supérieure luisante, d'une nuance un peu jaunâtre ; face inférieure à nervures saillantes, duveteuse. Grappe lâche ; grain blanc verdâtre, ellipsoïde, moins gros que celui du **Grenache.** Vient sur les terrains rocailleux peu profonds. EC. MONTP. Serait-ce le **Torbat bianca** de la SARDAIGNE ?]

[**Vigne des Côtes de Guinée.** AMÉRIQUE. *Labrusca.* rapportée des CÔTES DE GUINÉE, évidemment importée dans cette région par les nègres de LIBERIA. EC. MONTP.]

[**Virgalio.** AMÉRIQUE. (Coll. de VIVIE.)]

Vitis Bombycina (BAKER) de l'AFRIQUE TROPI-CALE peut-être la **Chantinii** de LECART. Vr **Vitis** à fleurs à cinq pétales et à fruits édules

Vitis cœsia (AFZELIUS) de l'AFRIQUE TROPI-CALE. **Cissus** à quatre pétales.

[**Vitis Cordifolia.** AMÉRIQUE. (Revoir ce m dans le texte.) Aujourd'hui nettement sépar de la *V. Riparia*, dont elle diffère par s sarments à mérithalles plus courts, à écor lisse et adhérente ; par ses feuilles général ment plus épaisses, plus luisantes, à dents o tuses ; sa graine a la *chalaze* arrondie et raphé *saillant* et *proéminent*, comme chez l *V. Æstivalis.* Les boutures de cette espèce, l'encontre de celles de la *V. Riparia*, repre nent très-difficilement. EC. MONTP.]

[**Vitis Leonensis** (HOOKER fils). Vrai **Vitis** cinq pétales et à fruit comestible de l'AFRIQU TROPICALE (peut-être la **V. Chantinii** de LE CART.)]

[**Vitis Monticola.** AMÉRIQUE. (Revoir ce m dans le texte.) M. MILLARDET pense que **V. Berlandieri** de M. PLANCHON (voir mot) est la vraie **V. Monticola** de BUC KLEY et de DURAND. M. PLANCHON ob jecte que les caractères du **V. Berlandier** ne correspondent pas à la diagnose de BUC KLEY, notamment en ce qui concerne l baies, qui sont noires et très-petites et n blanches et de grosseur moyenne.]

[**Vitis Riparia.** AMÉRIQUE. Bien séparée au jourd'hui de la *V. Cordifolia.* (Voir **Ripari** dans le texte et **V. Cordifolia** à l'Appendice

[**Vitis Schimperiana** (HOCHSTETTER) d l'ABYSSINIE, du SENNAAR, de la GUINÉE et d l'ANGOLA. Racines vivaces, tiges herbacée feuilles rondes, raisins nombreux, petits, pe savoureux, mais comestibles (peut-être la **Vit Durandii** de LECARD).]

[**Vitis stipulacea** (BAKER). De l'AFRIQUE TRO-PICALE. Pas de vrilles.]

[**Vitis Talinea.** AMÉRIQUE (?). (Coll. de VIVIE.

[**Vitis Troy.** AMÉRIQUE (?). (Coll. de VIVIE.)]

[**Wells large Black** ou **Webbs larg black?** AMÉRIQUE (*V. Labrusca*). Très-v goureux. EC. MONTP.]

[**Vitis serpens** (HOCHSTETTER) de l'AFRIQU TROPICALE.]

MÉTHODE PROPOSÉE POUR LA CLASSIFICATION DES CÉPAGES

R. à Raisins Rouges — B. à Raisins blancs — N. à Raisins Noirs

SAVEUR SIMPLE

	FEUILLES GLABRES EN DESSOUS.								FEUILLES TOMENTEUSES EN DESSOUS.							
	Feuilles entières ou à 3 lobes				Feuilles à 5 lobes				Feuilles entières ou à 3 lobes.				Feuilles à 5 lobes.			
	Bourgeonnement glabre.		Bourgeonnement tomenteux.		Bourgeonnement glabre		Bourgeonnement tomenteux.		Bourgeonnement glabre.		Bourgeonnement tomenteux.		Bourgeonnement glabre.		Bourgeonnement tomenteux.	
	Unicolore	à folioles colorées.	Unicolore	à folioles colorées.	Unicolore	à folioles colorées.	Unicolore	à folioles colorées.	Unicolores	à folioles colorées.	Unicolore	à folioles colorées.	Unicolore	à folioles colorées.	Unicolore	à folioles colorées.
	GRAINS SPHÉRIQUES OU DÉPRIMÉS															
a	1	2	3	4	5	6	7	8	9	10	11	12	13	14	15	16
	GRAINS DOUTEUX OU PRESQUE RONDS.															
b	17	18	19	20	21	22	23	24	25	26	27	28	29	30	31	32
	GRAINS FRANCHEMENT OVALES.															
c	33	34	35	36	37	38	39	40	41	42	43	44	45	46	47	48
	SAVEUR MUSQUÉE OU DE FRAISE															
	GRAINS SPHÉRIQUES OU DÉPRIMÉS.															
a	51	52	53	54	55	56	57	58	59	60	61	62	63	64	65	66
	GRAINS DOUTEUX OU PRESQUE RONDS.															
b	67	68	69	70	71	72	73	74	75	76	77	78	79	80	81	82
	GRAINS FRANCHEMENT OVALES.															
c	83	84	85	86	87	88	89	90	91	92	93	94	95	96	97	98

EXPLICATION DU TABLEAU DE CLASSIFICATION

Le tableau que j'ai composé pour la classification des cépages exige quelques explications.

En divisant les raisins en Blancs, en Rouges et en Noirs, il faut, pour la classification, trois tableaux pareils, qu'on pourra distinguer par les lettres initiales *b*, *r* et *n*.

Ainsi un raisin *b* (12) sera un raisin blanc, à saveur simple, à feuilles tomenteuses en dessous, entières ou au plus trilobées, à grains ronds, à bourgeon tomenteux, aux folioles colorées en rouge, lorsqu'elles ont atteint la moitié de leurs dimensions ordinaires.

Un raisin *n* (97) sera un raisin noir, à saveur musquée (ou à goût de fraise, comme chez les vignes américaines), à feuilles tomenteuses en dessous et divisées en cinq lobes, à grains ovales, à bourgeon tomenteux unicolore et tout blanchâtre.

Il en est de même pour les raisins rouges et pour tous les autres numéros que contient le tableau.

On a divisé la centaine de numéros en deux parties de 48 numéros chacune, en laissant de côté les deux derniers numéros de la première et de la seconde cinquantaine, à savoir 49 et 50, et 99 et 100. On pourra réserver ces numéros pour les raisins anormaux et exceptionnels.

Les premiers 48 numéros sont destinés aux raisins à saveur simple. Les autres 48, de 51 à 98, indiquent des raisins parfumés (1), et cela pour les raisins blancs comme pour les rouges et les noirs.

Ces 48 numéros, tant de la première que de la seconde partie, c'est-à-dire de 1 à 48 et de 51 à 98, sont divisés eux-mêmes en trois parties de 16 petites cases chacune, desquelles :

La première, de 1 à 16, est destinée aux raisins ronds ;

La seconde, de 17 à 32, aux raisins à peu près ronds, douteux ou variables ;

La troisième, de 33 à 48, aux raisins toujours et franchement ovales ;

La même chose pour les trois autres groupes de 16 chacun, de 51 à 66, de 67 à 82 et de 83 à 98.

De telle sorte, par exemple, que les 16 carrés de 17 à 32, comme ceux de 67 à 82, indiquent des grains de raisins douteux ou presque ronds ; ceux de 17 à 32, à saveur simple, et ceux de 67 à 82, à saveur parfumée.

Ce sont les divisions que j'appellerai horizontales, à cause de la manière dont elles figurent dans le tableau.

Arrivant aux divisions verticales, ces six séries de 16, placées les unes sur les autres comme on le voit dans le tableau, se subdivisent toutes en deux parties de 8 petites cases chacune, en partageant en deux tout le tableau de haut en bas en *e e* : les premières indiquent toujours les feuilles glabres en dessous, et les secondes les feuilles cotonneuses, lanugineuses ou ayant un léger duvet blanchâtre.

Eu égard aux sinus des feuilles, ces 8 petites cases se subdivisent encore verticalement en *f f*, tant pour les feuilles glabres que pour les tomenteuses : les quatre premières indiquent les feuilles entières ou trilobées, et les quatre suivantes les feuilles à cinq lobes. Après cela, toutes

(1) Parmi les raisins parfumés, je n'admets que ceux qui ont la saveur musquée ou le goût de fraise (foxé), qui est particulier à certaines vignes américaines. Tout autre parfum ne serait pas toujours assez sensible pour qu'on pût en faire un caractère de classification.

les quatre cases sont encore subdivisées en deux, selon que les bourgeons sont glabres ou tomenteuses, et, de ces deux, les nombres impairs indiquent les bourgeons unicolores (c'est-à-dire tous verts uniformes, s'ils sont glabres, et blancs-jaunâtres s'ils sont tomenteux); les nombres pairs indiquent les bourgeons dont les folioles, ouvertes à moitié de leur grandeur, se teignent en rouge et sont brûlées par le soleil.

Ce n'est pas à moi qu'il appartient de faire l'éloge du système que j'ai adopté ni d'en signaler les défauts; je me borne à l'expliquer, pour qu'on puisse le comprendre plus facilement et l'apprécier à sa juste valeur. J'al pensé qu'il était préférable d'avoir un système de classification même médiocre, plutôt que de n'en avoir aucun, et que ce sont précisément les fautes ou les lacunes que mon système peut présenter qui pourront, par la suite, permettre à d'autres de le corriger, de l'améliorer ou de le remplacer par de nouvelles combinaisons.

Il est certain qu'en se familiarisant avec cette division par séries horizontales de 16 subdivisions en 8, en 4 et en 2, on n'aura pas besoin d'avoir sans cesse le tableau sous les yeux pour se rappeler ces divisions, et l'on pourra, en lisant les numéros, comprendre leur signification et relever les principaux caractères du cépage.

Il sera plus difficile de pousser plus loin mon système de classification, et, en prenant en considération les très-nombreux caractères dont on ne s'est pas encore préoccupé dans mon tableau, de parvenir à faire ressortir les différences qui permettent de séparer les diverses variétés maintenant comprises dans la même case. C'est ce que je désirerais faire plus tard, si les forces ne me font pas défaut; mais ce n'est pas encore le moment d'entreprendre un pareil travail.

En proposant mon système de classification, j'ai voulu tenir compte, autant que possible, de ce que d'autres auteurs, surtout parmi les Italiens, avaient fait avant moi, afin que leurs descriptions de cépages pussent s'adapter plus facilement à ma classification, celle-ci tenant compte des caractères spécifiés par ces auteurs. C'est pour cela que j'ai maintenu la division des feuilles en trilobées et quinquélobées, adoptée par Acerbi, Gatta et autres.

On pourra objecter à mon travail que, tandis que quelques cases contiendront un très-grand nombre de cépages, d'autres n'en auront point ou presque point. Si, par exemple, une vigne a les feuilles glabres, il arrivera rarement que son bourgeonnement soit tomenteux. C'est là peut-être le plus grand défaut de mon système de classification. Toutefois le bourgeonnement tomenteux pourra, dans ce cas, s'entendre d'une manière relative, en tenant compte même d'un léger duvet aux feuilles du haut qui s'entr'ouvrent, quoique les feuilles d'en bas soient glabres. De toute manière, il sera toujours avantageux d'avoir commencé par établir plusieurs divisions importantes et d'avoir un moyen expéditif de les indiquer avec une lettre de l'alphabet, pour la couleur du raisin, et avec un chiffre, pour les autres caractères principaux.

Autant que cela m'a été possible, je n'ai voulu établir aucune division sur les caractères de *grand, moyen* ou *petit*, pour aucune partie de la plante, ainsi que l'ont fait quelques auteurs allemands ; ces caractères sont trop variables, en effet, suivant le climat, le sol, la culture, et, dans beaucoup de cas, ils rendraient très-perplexes les personnes qui voudraient arriver par eux à la détermination des cépages.

J'ai voulu m'appuyer principalement sur la *tomentosité* des feuilles ; c'est là, à mon avis, le caractère principal sur lequel on observe le moins de variation de climat à climat et de terrain à terrain différents. Ce caractère est donc de première importance, à cause de son uniformité et de sa constance.

Il est de fait que le feuillage vert, le bourgeonnement, le port de la vigne, dans leur ensemble, constituent pour l'ampélographe une somme de caractères plus importants que ne pourraient lui en fournir les autres parties, telles que le fruit ou les sarments dépouillés de leurs feuilles. Je crois en effet qu'un viticulteur, quelque habitude qu'il eût d'ailleurs d'un grand nombre de cépages, ne saurait en reconnaître une centaine de variétés par le seul examen des fruits coupés, auxquels on aurait même laissé un morceau de sarment, mais sans feuilles ; tandis qu'il reconnaîtrait facilement, à mesure qu'il les aurait sous les yeux, ces mêmes variétés, quoique dépourvues de fruits, par la seule observation des caractères que celles-ci présentent dans l'ensemble de leur végétation.

Je ne veux pas dire par là qu'il ne faille tenir aucun compte des caractères que les fruits peuvent présenter ; loin de moi une pareille idée, je veux seulement prouver combien on se tromperait si l'on croyait pouvoir exclure les caractères de la végétation. Ce n'est donc pas sans étonnement que, dans une discussion qui eut lieu dans un Congrès ampélographique, je constatai que quelques personnes, sans doute peu au courant de la matière, ne faisaient que peu ou pas de cas des caractères offerts par les feuilles.

Je crois qu'il n'est pas sage de la part d'un observateur de se montrer exclusif et de ne s'appuyer uniquement que sur tel ou tel caractère. Si nous voulons arriver à triompher de l'immense difficulté que présente une classification des vignes qui permette de les reconnaître, il faut ne négliger aucun des caractères qui se présentent à notre observation dans chaque saison, et n'en exclure aucun de parti pris, surtout les plus importants. Nous devons, au contraire, progresser dans leur étude d'après leur degré d'importance et de fixité.

J'ajouterai, en ce qui concerne la tomentosité des feuilles, qu'il arrive quelquefois qu'une plante à feuilles glabres, dans certaines circonstances, peut-être à la suite d'un très-grand développement ou pour toute autre cause, montre sur les feuilles les plus basses et les plus vieilles, placées aux premiers bourgeons des sarments, un duvet incolore plus ou moins développé qui ne se trouve pas sur les feuilles de la partie moyenne et de la cime. Quelquefois, si je ne me trompe, dans des terrains maigres et secs, ce duvet ne se manifeste pas. Je crois donc plus exact et plus pratique de classer comme glabres ces feuilles dont le duvet incolore ne se montre pas tout d'abord, mais paraît plus tard comme conséquence pour ainsi dire posthume, et peut être partielle d'une végétation exubérante. Cela dit, je m'en rapporte, pour la description des cépages, à la formule italienne qui se trouve dans le fascicule premier du *Bulletin ampélographique*, pour ce qui concerne les diverses dénominations à donner aux diverses tomentosités des feuilles d'après leur nature, et je me bornerai à assurer à l'ampélographe encore novice qu'il ne se trompera certainement pas, s'il ajoute une grande importance à l'observation de la tomentosité des feuilles et à ses degrés différents, ainsi qu'à tout l'ensemble de la plante en végétation.

Un autre caractère principal des feuilles, après la tomentosité, consiste dans le nombre des lobes et dans les sinus intermédiaires.

Comme les vignes à feuilles entières ont quelquefois et même souvent plusieurs feuilles lobées, j'ai mis ensemble les feuilles entières et les trilobées, et à part celles à cinq lobes ; il m'a paru que cette division était plus commode pour distribuer également les plantes, et plus facile à suivre, parce qu'on peut, dans les feuilles trilobées, trouver une plus large marge de division entre les feuilles entières et celles à cinq lobes, selon la plus grande proportion de celles-ci. Naturellement pour ce caractère comme pour d'autres, il y a des variétés qui se distinguent d'une manière bien tranchée et hors de contestation, et celles-là rendent facile et agréable le travail de l'ampélographe. D'autres, au contraire, semblent tantôt trilobées, tantôt quinquélobées, suivant tel ou tel sujet ou suivant la partie de la plante qu'on examine. Dans ce cas, on devra s'en tenir à ce que l'on aura constaté dans la majorité des plantes observées ; et, dans chaque cas, celui qui les étudie pourra manifester ses doutes par deux numéros au lieu d'un seul, en mettant un point d'interrogation après celui qui lui paraîtra le moins certain.

La forme des raisins, que j'ai voulu aussi prendre en principale considération, m'a présenté des difficultés auxquelles je ne m'attendais pas. Peut être est-ce à cause du terrain en grande partie argileux, qui retient facilement l'humidité, et par suite des pluies fréquentes auxquelles, surtout au printemps, sont sujettes les collines de Verzuolo, où se trouve ma collection, que plusieurs des raisins que j'observais me montrèrent l'inconstance de ce caractère et une propension pour les raisins à prendre la forme légèrement oblongue. Cela me donne à penser que les raisins, par suite de l'abondance du suc nutritif, étaient poussés, au moment où ils se formaient, à prendre de plus fortes dimensions dans le sens de la longueur, qui est la première direction de leurs fibres nutritives, du pédicelle à l'extrémité ; que, plus tard, ils ne pouvaient s'accroître proportionnellement en largeur, lorsque survenait la grande sécheresse pendant les chaleurs de l'été, et par suite la rareté des sucs qui devait principalement se faire sentir dans les dernières voies parcourues par les canaux nourriciers, à savoir : lorsque ces sucs retournent du sommet du raisin tout autour de sa circonférence.

Quelle que soit la cause des variations que j'ai observées, le fait est que plusieurs raisins à grains ronds, d'après quelques auteurs, ont été trouvés chez moi légèrement oblongs et quelques-uns à des degrés variant d'une année à l'autre, mes observations à cet égard ayant été répétées plusieurs fois.

J'ai cru devoir signaler ces différences, afin qu'on ne croie pas à une dénomination erronée en voyant des descriptions différentes ; j'ai l'intention de chercher à découvrir jusqu'à quel point ces anomalies peuvent se montrer et les inconvénients qu'elles peuvent entraîner pour le diagnostic des variétés décrites.

Je dois faire remarquer, toutefois, que quelques auteurs ont décrit, à la suite d'observations peut-être trop superficielles, comme ayant des grains ronds, des raisins regardés par d'autres comme légèrement oblongs ; de sorte qu'on ne doit pas attribuer complétement à l'exposition ou au climat la différence qui peut se trouver dans mes descriptions, comparées à celles d'autres auteurs.

Il convient de poser pour règle que, pour apprécier d'une manière exacte et certaine les caractères des raisins, il sera toujours nécessaire ou du moins très-utile de pouvoir faire des observations sur diverses souches et sur le plus grand nombre possible de sujets de la même variété, placés de préférence à des expositions différentes, pour éviter de prendre pour règle un accident fortuit ou exceptionnel dû à l'exposition ou à quelque influence locale. En examinant plusieurs ceps d'une même variété, il sera plus facile de se rendre compte de la physionomie générale et des traits caractéristiques de la variété observée.

Pour arriver ensuite à la classification, il faut non-seulement apprécier exactement les caractères, mais les définir d'une manière absolue et tranchante, sans quoi il serait inutile de la tenter, et c'est en cela que consiste la principale difficulté des classifications.

En décrivant une vigne, on peut bien dire que ses feuilles sont presque glabres, les grains de raisin presque ronds ; mais, quand il s'agit de la classer et de la mettre dans une série ou dans une autre, il est nécessaire de définir nettement si elle a ou non tel caractère, et il n'y a pas de moyen terme à prendre ; tous ces mots de *plutôt, un peu, presque*, doivent disparaître pour faire place à un oui ou à un non. J'ai, toutefois, cherché un moyen pour échapper autant que possible à cette nécessité absolue.

Mes lecteurs remarqueront que, dans mon Catalogue, quelques cépages portent deux numéros différents de classification. C'est le résultat d'observations faites dans des lieux différents, sur des raisins identiques qui n'avaient pas toujours été décrits de la même manière, parce que certains de leurs caractères étaient douteux et d'une définition moins facile.

Le seul moyen d'exprimer ces doutes était de leur donner deux numéros de classification.

Ces doutes pourront être levés au moyen d'observations faites dans d'autres lieux et dans d'autres conditions, si elles sont dues seulement à des influences locales ; je me réserve, de mon côté, de faire de nouvelles études sur ces sortes de vignes ; si l'on reconnaît que cette variabilité de certains caractères est persistante, on devra, de cette instabilité même, faire un caractère distinctif pour les définir comme présentant ces anomalies.

Dans les **Lambrusques** d'Alexandrie, par exemple, tandis que les feuilles ont constamment la même forme, la même apparence, on trouve les grains de raisin tantôt parfaitement ronds, tantôt légèrement ovales, tantôt ni ronds ni ovales, mais entre deux ; et sur la même plante, tantôt plus, tantôt moins, suivant l'année. Il faut donc nécessairement désigner cette variété par plusieurs numéros, afin de caractériser cette instabilité. Il en est de même pour d'autres variétés qu'il serait trop long d'indiquer ici.

J'avoue que si j'avais à recommencer mon travail, je voudrais examiner s'il serait possible de ne pas considérer la forme des grains comme un caractère fondamental ; mais au point où je suis arrivé, il n'est plus temps de faire de nouvelles études à ce sujet ; elles pourront être entreprises par ceux qui ne sont pas enchaînés par des études déjà faites. Il ne me reste qu'à prévenir de la valeur peu certaine de ce caractère.

J'ai voulu établir des divisions dans ce tableau de classification, afin de distinguer les bourgeons en glabres ou en tomenteux, et les folioles en colorées ou non, parce que ces caractères permettent de reconnaître plusieurs cépages qui se ressemblent beaucoup sur plusieurs autres points : par exemple, le **Morrastel** diffère du **Mourvèdre,** et le **Sèmillon** du **Sauvignon,** par la coloration des folioles. Plusieurs variétés ont les bourgeons toujours unicolores, blanchâtres s'ils sont tomenteux, comme le **Trebbiano** de Toscane, ou tout verts s'ils sont glabres, comme le **San Gioveto forte.** Les **Muscats blancs,** au contraire, et les **Chasselas** ont constamment leurs folioles rougeâtres. L'observation de ces caractères est donc utile pour le diagnostic de ces variétés. D'autres cépages se trouvent sur les limites entre le oui et le non, de manière à faire beaucoup hésiter sur la place qu'il conviendrait de leur assigner, et pour ceux-là on sera peut-être forcé de chercher d'autres caractères qui soient plus tranchés; mais je n'ai pas cru devoir renoncer pour cela aux signes distinctifs qui permettent de séparer les variétés qui les possèdent.

Je n'ose guère espérer que beaucoup de viticulteurs veuillent s'appliquer à classer les raisins qu'ils reconnaissent au moyen du système que je propose ; bien souvent on ne prend pas même la peine d'examiner ce qui est proposé par un autre que soi-même ; mais, néanmoins, je désire vivement qu'il soit mis à l'épreuve. Classer au moyen de mon système, dans diverses divisions, tous les raisins d'un si grand nombre de pays viticoles est certainement un travail très-long et fatigant. Distribuer au contraire, d'après ces divisions, les raisins d'une seule région me paraît chose facile et n'exigeant pas beaucoup de temps.

J'ose pourtant espérer que j'aurai contribué à fournir aux Commissions ampélographiques italiennes, comme à toutes les personnes qui étudient les vignes, un moyen facile de coordonner les sujets de leurs études, ainsi que le terrain qui permettra plus tard aux diverses Commissions de faire d'utiles comparaisons, en mettant en parallèle de province à province les raisins qui, dans les classifications, viendront à présenter les mêmes caractères et qui resteront indiqués avec les mêmes numéros.

Montpellier, Imprimerie centrale du Midi. — HAMELIN Frères.

www.ingramcontent.com/pod-product-compliance
Lightning Source LLC
Chambersburg PA
CBHW060341200326
41519CB00011BA/2006